高职高专"十二五"规划教材

精细化工生产技术

徐　燏　王训遒　马啸华　主　编

U0376142

化学工业出版社

·北京·

本书根据高职高专教育的特点和要求，坚持基础知识够用为度的原则，重点介绍了精细化工产品的生产技术和基本原理。

全书共分十二章，首先介绍了精细化工产品的定义、分类、生产和分离技术及单元反应原理，然后介绍了精细陶瓷、多孔材料、无机膜材料等新型无机精细材料，又分章介绍了表面活性剂、合成材料用化学品、农用化学品、石油与煤炭化学品、水处理（剂）化学品、涂料和胶黏剂、化妆品、食品添加剂、工业与民用洗涤剂等几大类典型的精细化工产品的主要生产技术。

本书可作为高职高专院校化工类专业教材和企业培训教材，同时，还可作为从事精细化工生产及管理人员的参考书。

图书在版编目（CIP）数据

精细化工生产技术/徐燏，王训遒，马啸华主编 . —北京：
化学工业出版社，2011.8（2024.8 重印）
高职高专"十二五"规划教材
ISBN 978-7-122-11553-9

Ⅰ. 精…　Ⅱ.①徐…②王…③马…　Ⅲ. 精细加工-化工产品-生产技术-高等职业教育-教材　Ⅳ.TQ072

中国版本图书馆 CIP 数据核字（2011）第 113951 号

责任编辑：徐雅妮　　　　　　　　　　文字编辑：林　媛
责任校对：宋　夏　　　　　　　　　　装帧设计：王晓宇

出版发行：化学工业出版社（北京市东城区青年湖南街 13 号　邮政编码 100011）
印　　装：北京盛通数码印刷有限公司
787mm×1092mm　1/16　印张 22¼　字数 585 千字　2024 年 8 月北京第 1 版第 10 次印刷

购书咨询：010-64518888　　　　　　　售后服务：010-64518899
网　　址：http://www.cip.com.cn
凡购买本书，如有缺损质量问题，本社销售中心负责调换。

定　　价：49.00 元

前　言

精细化工产品品种繁多，附加值高，用途广泛，产业关联性强，又可直接服务于国民经济的诸多行业和高新技术领域，大力发展精细化工已成为各国调整化学产业结构，提升化学工业产业能级和扩大经济效益的战略重点。精细化率已成为衡量一个国家或地区化学工业发达程度和化工科技水平高低的重要标志。精细化工是化工行业最具有活力的新兴领域之一。

精细化工产业之所以发展迅速，和化学结构与其特殊性能之间的关系和规律有关，所具有的特殊性能广泛应用到激光技术、信息记录与显示、能量转换与生命科学、电子学、光学等多学科的知识相互交叉与综合；新品种的研究将出现由量变到质变的飞跃，其合成工艺技术也由经验方式转为定向分子设计阶段，从而创造出性能更优异、具有突破性的、完全新型的精细化工产品。

目前，我国精细化工与世界经济发达国家相比存在一定的差距，这在一定程度上制约着整个化学工业发展的速度，加速发展我国的精细化工也势在必行。为此，许多高校的化工类及相关专业设置"精细化工"课程，为精细化工行业的发展培养专业人才，提供智力支撑。编者根据多年的教学和科研实践经验，按照现代化工发展的要求，改革教材，并结合精细化工产品的特点编写本教材。

精细化工生产技术是化工类及相关专业的一门必修的重要专业技术课程，其目的是使学生掌握一定的精细化工产品的基本知识和理论，熟悉一些常见的、典型的化工产品的生产技术，为其从事精细化工及相关岗位的就业奠定基础。通过本课程的学习，可培养学生工程观念，提高其技术岗位的综合素质，丰富和完善其专业技能和实际生产能力。

本教材以典型无机、有机精细化工产品的生产技术为基础，重点介绍精细化工产品的基本原理和生产工艺技术。在编写过程中，注意学生对实际专业技能的需要，力求在体系和内容上有所新意。

本教材的特点是：本着基础知识够用为度的原则，力求理论分析简明扼要，重点是运用这些基本理论指导生产实际，结合先进精细化工产品生产技术实例，详细叙述操作方法，理论联系实际，尽快使理论转化为能力。

1. 本教材既有精细化工产品的分类、组成、结构与性质等基本理论知识，又有典型精细化工产品的生产方法；既有大宗精细化工产品的介绍，还有前沿精细化工产品的介绍。因为专业不同，对教学内容上的要求不同，所以各专业可结合自身实际，对课程内容酌情取舍。

2. 章节中尽可能加入反应历程、反应设备、生产工艺等典型化工产品的生产实例等内容。

3. 注重先进理论与实例内容的紧密结合，体现出现代精细化工发展的实际，追踪前沿的精细化工生产技术，力求所介绍的内容具有先进性、技术性、创新性。

本教材可作为高职高专院校化工类专业和企业培训用教材，同时，还可作为从事精细化工生产及管理人员的参考书。

本书主编为濮阳职业技术学院徐燏、郑州大学化工与能源学院王训遒、商丘师范学院马啸华；副主编为辽宁科技学院李双奇、濮阳职业技术学院杨河峰、山东化工技师学院窦锦民、荆州理工职业学院钟飞。编写分工如下：濮阳职业技术学院徐燏编写第一章和第八章第一、二节，商丘师范学院马啸华编写第二章和第七章第五节，郑州大学化工与能源学院王训遒编写第九章，辽宁科技学院李双奇编写第十章和第十二章，濮阳职业技术学院杨河峰编写第八章第三、四节和第十一章第三～六节，山东化工技师学院窦锦民编写第三章和第九章第二节部分内容，荆州理工职业学院钟飞编写第五章和第十一章的第一、二节，濮阳职业技术学院肖传豪编写第六章和第七章第一～四节，商丘师范学院黄华伟编写第四章。全书承蒙郑州大学化工与能源学院王训遒博士和濮阳职业技术学院教授级高级工程师杨河峰主审，并提出许多宝贵意见。在编写过程中郑州大学研究生王卉和本科生徐宁参与了资料整理，同时得到编写单位和同事给予的大力支持与帮助，在此向他们表示深切的谢意。

　　本书在编写过程中，参阅了大量的文献资料，并列在书后，在此不再一一表示感谢。由于编者们学识水平和经验有限，书中难免有不妥之处，敬请读者批评指正。

编者

2011 年 5 月

目　录

第一章 绪 论

【基本要求】
1. 了解精细化工的范畴与特点；
2. 了解与精细化工有关的生产技术；
3. 了解精细化工产品开发过程；
4. 理解精细化工绿色化技术。

第一节 精细化工简介

精细化工是精细化工产品生产工业的简称。精细化工率的高低已成为衡量一个国家或地区化工发展水平的主要标准之一。随着石油化工和基础化工利润空间的萎缩，越来越多的发达国家以及大型的石化公司将核心产业向精细化工方向发展，在欧美、日本等化工业较为发达的国家或地区及著名的跨国化学公司把精细化工产品工业作为调整化工产业结构、提高产品附加值、增强国际竞争力的有效举措，世界各国精细化工业呈现出快速发展的趋势，产业集中程度也进一步提升。中国等发展中国家也十分重视精细化工产品的发展，加快引进西方先进技术，改造传统化工生产，并多方引进外资建设大型、先进的精细化工生产设备，把精细化工产业，特别是新领域精细化工产品作为化学工业发展的重点之一，并列入国家计划。目前，精细化工产业也成为一个重要的独立分支和新兴工业经济效益的增长点。作为即将从事化工行业的学生，学习精细化工产品的基础知识和相关生产技术十分必要。

一、精细化工产品的范畴和定义

精细化工产品又称精细化学品，是指化学工业中与通用化学品或大宗化学品相区分的一个专用术语。至今仍没有一个公认的比较严格的定义。精细化工产品通常具有特定应用功能，合成工艺步骤和化学反应繁杂且产量少、附加值高。例如，各种试剂（或催化剂）、医药、化学助剂及功能高分子等。通用化工产品一般来说，是应用广泛、生产技术要求较高且产量大的基本化工产品。例如，石油化学工业中的合成树脂、合成纤维等合成材料；无机化工中的酸、碱、盐等。国外发达国家又将精细化学品再分为精细化学品和专用化学品，其主要依据是产品的功能，销售量小的化学型产品称为"精细化学品"，如试剂、染料等；而销量小的功能型产品称为"专用化学品"，如催化剂、黏合剂等。二者的主要区别归纳如下。

① 精细化学品多为单一化合物，其组成可用化学式表示出来；而专用化学品很少是单一化合物，常常是多种化学品组成的复合物，通常无法用化学式表示组成。

② 精细化学品通常为最终使用性产品，应用广泛；而专用化学品的加工度高于精细化学品，也是最终使用产品，但用途较窄。

③ 精细化学品一般可用一种方法和类似方法制造。不同厂家的产品基本上无差别；而专用化学品的制造各个厂家互不相同，产品有所差别，甚至可完全不同。

④ 精细化学品是按其所含的化学成分来销售，而专用化学品是按其功能来销售的。

⑤ 精细化学品的生命期相对较长，而专用化学品的生命期短，产品更新很快。

⑥ 专用化学品的附加值高，利润率更高，技术秘密性更强，更需要依靠专利保护或对技术诀窍严加保密。

本书所介绍的精细化工产品包括上述的两个方面。所以，得到较多人认可的精细化工产品可定义为：在基本化工业产生的初级或次级产品基础上，进行深加工而制成的具有特有功能、特定用途，批量小、品种多、附加值高且技术密集的一类化工产品。

二、精细化工产品的分类

精细化工产品的范围非常广泛，而且随着一些新兴精细化工行业的不断涌现，其范围和种类也日益增多。因此，较科学地对精细化工产品进行分类，目前还没有很好的方法。通常有结构分类和应用分类，由于同一类结构的产品其功能可以完全不同，应用对象也可以不同，因而结构的分类不能适用。如按大类属性区分，可分为无机和有机精细化工产品两类。目前，各国较统一的分类原则是以精细化工产品的特定功能和行业来分类。我国 1986 年 3 月 6 日原化工部颁布的《关于精细化工产品分类的暂行规定》将精细化工产品分为 11 大类，即：①农药；②染料；③涂料（包括油漆和油墨）；④颜料；⑤试剂和高纯物；⑥信息用化学品（包括感光材料、磁性材料等）；⑦食品和饲料添加剂；⑧黏合剂；⑨催化剂和各种助剂；⑩化学药品和日用化学品；⑪功能高分子材料（包括功能膜、偏光材料等）。但该分类并没包含全部的精细化工产品，如精细陶瓷、生物催化剂（酶）等。现在我国国内的有关文献，将精细化工产品分为 18 类，即：①医药和兽药；②农药；③黏合剂；④涂料；⑤染料和颜料；⑥表面活性剂和合成洗涤剂、油墨；⑦塑料、合成纤维和橡胶助剂；⑧香料；⑨感光材料；⑩试剂和高纯物；⑪食品和饲料添加剂；⑫石油化学品；⑬造纸用化学品；⑭功能高分子材料；⑮化妆品；⑯催化剂；⑰生化酶；⑱无机精细化工产品。随着我国精细化工的发展，今后可能会不断地补充和修改。国外发达国家也有自己的分类方法，可通过查看相关资料了解，在此不再赘述。

三、精细化工产品的特点

按精细化工产品的种类、功能、研发、生产及应用综合分析，精细化工产品主要有以下几个方面的特点。

1. 品种多、批量小

尽管精细化工产品涉及范围宽泛，可应用于各个行业和领域，但就某种产品而言，通常都有特定的功能，应用面窄、针对性强。尤其是某些专用化学品和特制配方的产品，使得一种类型的产品常常有着多种牌号。随着精细化工产品应用领域的不断扩大，商品化的不断创新，使得精细化工产品具有多品种的特点。例如，目前使用的表面活性剂品种高达 5000 多种，不同化学结构的染料品种也有 5000 种以上。应用于各种生产过程的化学助剂种类和品牌众多，我国将助剂划分为 20 大类，每大类又分为不同的品种，仅印染助剂中的匀染剂就有 30 多种，柔软剂有 40 种之多。精细化工产品相对于大宗化工产品而言生产量小，其产品一般针对性强，有的是为某一产品的要求而加入的辅助化学品，如各种工业助剂，不像基础化工原料、大型石油化工等化工产品生产量都很大，除表面活性剂外，很少有精细化工产品的年产量在万吨以上。

2. 具有特定功能

与大宗化工产品性能不同，精细化工产品均具有特定的功能，专用性能强而通用性弱，而且多数精细化工产品的特定功能直接与消费者使用相关，人们对精细化工产品的功能是否符合他们的要求可快速地反映到生产厂家的决策中去。

3. 生产投资少，产品附加值高、利润大

由于精细化工产品一般产量较小，故装置规模也较小，较多的生产采用间歇法进行，其设备通用性强，与连续化生产过程使用的大装置比较，其设备投资少、见效快，即投资率高。

$$投资率 = \frac{附加值}{固定资产} \times 100\%$$

利用设备的通用性，即使在配制新品种或新剂型生产时，技术难度也不一定很大，但新品种的销售价格比原品种价格一般要高出许多，其利润更大。

附加值是指在产品中扣除原材料、税金和设备厂房的折旧费后剩余部分的价值。这部分价值是从原料开始经加工至成品的过程中实际增加的价值，包括利润、工人薪酬、动力消耗及技术开发的成本，所以称为附加值。附加值和利润并不相等，因为，若某种产品加工深度大，会使工人劳动和动力消耗加大，同时技术开发成本也会增加，而利润则受到如技术垄断、市场需求等因素的影响。据国外技术权威部门统计，若对石油化工原料投入100美元成本，可产出初级产品200美元的价值，再产出有机中间体后为480美元，如果进一步加工成塑料、合成橡胶和合成纤维以及清洗剂和化妆品等，则产出价值800美元的中间产品。如再进一步加工成用户直接使用的家庭用品、纺织品、鞋、汽车材料、书刊印刷物等，则其总价值可高达10600美元，相比原投资100美元的成本增值了106倍。

4. 技术密集度高

精细化工是综合性较强的技术密集型工业，而且产品更新换代快，市场寿命短，技术专利性强。因此，一种精细化工产品的研发需要多学科相互配合及综合利用。通常需要经过大量的化合物筛选及配方的优化工作，如果再考虑环保和产品毒性控制的要求，要获得高质量、高效率、性能稳定且具有市场竞争力的精细化工产品，就必须掌握多项先进技术和严格的科学管理。

技术密集反映在生产过程中就是工艺流程较长，单元反应多，原料复杂且中间过程控制要求严等方面。例如，感光材料中的成色基，合成单元反应达十几步之多，总收率有时低于20%。在制药过程中，不仅使用合成材料，还要采用天然产物，或是生化方法制得的半人工合成中间体。并且对产物及原料的纯化常常用到多种高新技术，如异构体或旋光异构体的分离技术。常常需要各种现代化分析仪器如红外（IR）光谱仪、核磁共振（NMR）仪、高压液相色谱（HPLC）仪等对原材料检测或对反应进行控制。

技术密集还表现在情报密集、信息快。由于精细化工产品是根据具体应用对象设计的，它们的要求经常发生变化，一旦有新的要求就必须满足，需要重新设计化合物的结构，或对原有的结构进行改进，最终催生新产品。许多有实力的化学公司采用新型计算机信息处理技术对国际化学界研究的新化合物进行储存、归纳分类及功能检索，以便快速设计及筛选等。

技术密集还反映在精细化工产品生产中技术保密性强，专利垄断性强。这几乎是生产精细化工产品各公司的共同特点。他们通常采用自己独有的技术进行生产，参与国际间的市场激烈竞争，特别是有实力的大公司，在自己生产产品的同时，已开发出两种或者更多新产品。一旦同行生产出与自己现有相似的产品，就立即推出新产品，以维持其垄断地位。因此精细化工产品市场寿命很短，通常只有3～4年市场寿命的产品为数不少，在这种激烈竞争而又不断改进的形势下，专利权的保护非常重要。

5. 大量采用复配技术

由于精细化工产品要满足各种专门用途，应用对象特殊，因此，通常很难用单一化合物来满足需求，在制造和生产中大量使用复配技术成为精细化工产品的又一特点。例如，合成纤维纺织使用的油助剂，其要求必须满足可增进润滑，减少摩擦，提高可纺织性的要求，必

须具备平滑性、抗静电性、有集束式抱合作用、耐热性好、挥发性低、对金属无腐蚀、可洗性好等功能。而且合成纤维的形式和品种不同，如有长丝、短丝之分，加工方式又分高速和低速，另有不同的加工工序如纺丝、纺纱、织布、浆纱、拉伸、后处理等，因此不可能要求单一的油剂组分可满足各种要求。实际上油剂中除含有起平滑作用的润滑剂（平滑剂）、抗静电剂外，还含有表面活性剂，制作乳液所需的乳化剂、稳定剂、分散剂。有时用到溶剂、防尘降剂等，满足这些要求的油剂只能通过适当的工艺才能配制，配方中通常含有几种甚至十几或几十种物质。类似的情况还体现在农药、涂料、黏合剂及化妆品上。因此，在精细化工生产中配方是关键技术之一，通常是专利技术。掌握复配技术是使产品具有市场竞争能力的重要内容。复配技术也是制约我国精细化工发展的薄弱环节之一，必须引起足够的重视。

6. 商品性强、竞争激烈

精细化工产品的种类繁多，用户对其选择性要求较高，再加上精细化工产品生产投资少、效益高、建厂快，导致一有好的项目生产企业竞相上马，容易短时间造成市场饱和，所以市场竞争十分激烈。因此，掌握好应用技术和技术的应用服务是企业组织生产的两个重要环节，并在技术开发的同时进行，以便增强竞争体制、开拓市场空间、提高企业声誉。及时将市场信息反馈到生产计划中去，不断开发新产品提升竞争力，确保产品销路通畅，增强企业的经济效益。

四、精细化工在国民经济中的地位

新中国成立以前，我国虽有农药、医药、油漆和染料等精细化工产品的生产，但仅能生产少量或加工低档次产品，其规模小，工艺和设备落后，精细化工产品品种合计不足百种，而无机精细化工几乎是空白。新中国成立后，随着国民经济的高速发展，精细化工产品的生产迅速发展，生产门类不断扩展，品种不断增加。目前已能基本满足国民经济各部门的需要，且有部分出口创汇。特别是无机新材料的发展尤其突出。

目前，人类已进入电子信息技术高速发展时代，为研制运算速度更快的巨型机和功能更高级的微型机，就必须更高一层地解决大规模和超规模集成电路的制备问题，以及声光记录、转换传输和存储等问题。精细化工不仅可以提供优质的半导体材料、磁性材料，而且还要提供大量用于集成电路加工的超纯化学试剂和超纯电子气体。光纤通信在20世纪70年代还仅是科学家和工程师们研究的课题，而现在光纤已逐步替代金属线材。光学纤维的实用化不仅引起邮电、通信、电视广播、夜视技术、工业探伤、医疗诊断等技术革命，而且对印刷业、自动检测和控制技术产生巨大的影响。

精细化工对国防建设和空间技术的发展越来越重要。许多新材料已经广泛应用于飞机、火箭、导弹、卫星和核武器等制造方面。空间技术的发展对航天器的喷嘴、燃烧室衬里、前椎体、尾椎部、喷气式发动机叶片等使用材料提出了更高的要求，要求耐高温而不被氧化，具有优良的耐蚀性、耐磨性和抗震性能；另外，在空间实验使用的"航天器"，夜间作战使用的激光测距和制导系统、卫星遥感遥测系统、现代军事设施的隐身术等，新型精细化工材料越来越呈现极其重要的作用。

开发精细化工产品，还可使原有低档次的产品提升档次，增加经济效益，增强产品在国际市场的竞争力，并出口创汇。

五、精细化工的发展趋势和重点

近几年来，我国精细化工发展速度很快，不仅有大批的精细化工产品投入市场，而且所占化工总产值的比例逐年上升。但是与国外发达国家相比，还存在一定的差距。大力发展精细化工需要制定切实可行的发展规划，明确主要发展方向、加快发展的速度。今后一段时期国内外精细化工产品的发展趋势体现在以下方面。

① 精细化工产品在化学工业中所占的比例迅速增大。国外发达国家已有 20 世纪 70 年代 40%的精细化率迅速提升到 60%。发展中国家也不例外，但不如发达国家的比例大。

② 精细化工产品的新品种、新产品不断增加，尤其是适应高新技术发展的精细化工新领域不断涌现，因此精细化工涉及的领域越来越广，多学科的交叉渗透在新领域中的作用越来越重要。

③ 精细化工产品在高新技术方面得到广泛应用的同时，在精细化工产品的生产、制造、复配、包装、储运等环节上也日益广泛采用各种高新技术，高新技术的大量采用大大促进了精细化工产品的发展，产品质量也日益提高，技术含量和附加值不断增加。

我国精细化工生产起步较晚，和发达国家的差距主要体现在以下方面。

① 发展水平较低，产量较少。以表面活性剂为例，美国的产量为 3850kt，日本为 1200kt，而中国仅为 360kt。按人均消费计，美国为 14kg，日本为 11kg，而中国仅为 0.3kg。

② 产品品种少，档次低，世界精细化工产品有 10 万种之多，而中国还不到 2 万种。以皮革化学品为例，国外约 2000 种，而中国仅 80 种，德国 BASF 公司就生产 530 种。

③ 精细化率低，我国仅为 35%，发达国家高达 60%左右。

④ 研发力量和能力不强，特别是具有高素质的科研、开发人员的数量远不能满足精细化工产品发展的需要。

另外，应该重点做好以下几个方面：增加适应市场需要的各种新产品的开发的力度，同时对传统的大宗精细化工产品做好更新换代；开辟精细化工产品的新领域，随着高新技术的发展，汽车、办公设备、建筑、精细陶瓷、精细无机盐、印刷、液晶材料等许多新领域使用的化学品会不断涌现，适用于生命科学、生物工程、电子信息以及功能高分子材料等前沿科学领域的精细化工产品的开发会更加活跃；抓住全球经济一体化的发展机遇，尽可能采用先进生产装置和设备，优先发展关键技术。对于推进精细化工行业技术进步有着重要作用的关键技术要优先发展。这些关键技术包括新型催化技术、新分离技术、超细粉粒技术、复配技术及生物技术等。尽可能采用多功能、多用途组合单元反应设备和先进的综合性生产流程，充分利用先进的检测和控制技术确保生产的稳定、高效和安全性。优化配置资源，充分回收和利用副产物，严格控制环境污染。许多精细化工生产过程中的副产物，可作为另一精细化工产品的原料。例如，石油化工生产乙烯过程中的 C_4 和 C_5 馏分，低分子聚乙烯，生产芳烃过程中的 C_4 馏分，聚丙烯生产过程中的无规聚丙烯，尼龙生产中的混合二元酸等，都是发展精细化工产品的重要原料，充分利用这些副产物，既可较好地解决环境污染问题，又可降低生产成本。发展相应技术，充分回收和利用精细化工生产过程中的"三废"物质，重视在生产中的环境监测和治理，积极推进我国精细化工产业的良性发展。

第二节 精细化工生产技术简介

一般来说，为满足客户需要，对精细化工产品的形态、纯度，特别是专门功能的技术要求很高。无机精细化工产品的生产工艺和技术通常较为简单，其关键技术是物质分离和提纯。而有机精细化工生产技术较为复杂，主要包括分子设计理论与方法技术、反应合成技术、工艺技术、剂型配方技术、绿色精细化工技术、分离提纯技术等。其中反应合成技术、剂型配方技术、分离提纯技术是有机精细化工产品生产中最重要的技术。在此主要介绍有机精细化工产品的生产技术。

一、常规技术

1. 合成工艺技术

精细化工产品经实验室研究和中型试验后，积累了大量的数据和经验，基本上可以进行工业化规模的产品生产。但是，生产过程中经常遇到收率低、质量合格率低和成本较高等问题，需通过试验不断查找产生的原因，改进工艺条件逐步加以解决。由于精细化工产品更新换代较快，即使生产的各项指标已经较理想，也应该在现有的基础上有所创新，以增强产品的竞争力。一般情况下，影响精细化工产品合成反应的因素有原料质量不过关，温度、压力、原料配比等工艺条件不合适及后处理方法不适当等，有针对性地找出问题的症结，进一步调整生产工艺技术以保证产品质量。通常查找的试验方法有以下几种。

（1）对比试验技术　对比试验的目的是为了和原反应的收率及质量进行比较。需要选用高纯度的试剂作为原料做试验，若二者的结果相近，说明影响反应的原因与原料的质量无关，否则，说明原料质量存在问题。有时，不同原料对反应产物的收率和质量影响也不同，从经济效益的角度考虑，尽可能应用工业规格的原料。因此必须对所有使用的各种原料逐一进行对比试验，才可能保证产品质量和收率的原料的规格标准要求。当对反应原理较熟悉时，可以仅对有嫌疑的几个与产品质量有关的原料做对比试验进行判别。可见，对比试验是一种合成精细化工产品的常规技术，可确定原料质量标准，使其对反应收率和产品质量的影响降低到最低水平。

（2）生产优化技术　该技术的目的是出于多种考虑，如当反应条件选择不够理想，反应偏离预期结果较大。可以通过单因次优选法或多因次优选法对原反应条件进行核实。单因次优选法较为简单，即固定其他条件，只改变一个条件，观察其对反应的影响。在进行多因次优选法时，可利用正交试验设计法，通过进行较少的试验次数，便可找到对反应有较大影响的条件和因素，确定较优的反应条件。

（3）工艺改进技术　改进技术旨在通过寻找反应过程、生产过程等的薄弱环节，有针对性地提出改进方案，以提高产品质量和收率。首先从反应机理入手，对反应过程中的主副反应研究分析，找出主副反应的规律特点，合理设计方案，有针对性地更换试剂，或改变反应条件，或改进操作方法等，以达到促进正反应进行，而有效抑制副反应的目的。还可以通过生产实践过程寻找影响生产的原因，查找制约生产过程的薄弱环节，提出相应的改进方法。例如，为证实反应收率不高的原因是由于某一环节上的条件所致，则可有意改变这一条件，观察其对反应是否有明显的影响；或有意在较差的条件下进行，观察其是否对反应有更坏的影响等，以此找到影响生产过程的真正原因所在，为有效改进生产过程提供准确可靠的依据。在实际生产过程中，有时会一时查找不到影响生产的原因，上述方法单独使用或几种联合进行，为促进生产过程高效、安全、稳定地进行提供了保证。

2. 生产操作技术

生产工艺技术规程和岗位技术安全操作法（简称工艺规程和岗位操作法）是企业生产维持正常的依据，是要求各级生产指挥人员、技术人员、技术管理人员及企业职工必须严格遵守的规范。不同的产品生产或不同的生产工艺，都有各自的工艺规程和岗位操作法，是一项综合性的技术文件，具有技术法规的作用。工艺规程和岗位操作法是企业技术管理的基础，是组织指导生产的依据，是安全生产的保证，必须遵守。企业的技术、教育、安全等部门应定期组织操作人员和有关管理人员进行认真学习，并定期按照操作工的技术等级标准进行考核，对调入新岗位的操作工，更是如此，考核合格方可独立操作。生产企业在贯彻执行工艺规程和岗位操作法时，要求做到"五统一"和"三把关"，即岗位统一操作、原料统一规格、化验统一方法、计量统一标准、计算统一基础；把好原料关、中间体关和产品关。生产企业对工艺规程和岗位操作法十分重视，它关系到产品的规模、质量、经济效益和安全生产等方面。所以，严格执行这项技术法规，确保产品质量和安全生产，真正做到人人把关，岗岗把关，不合格的原料不投料，不合格的中间体不交下步岗，不合格的产品不出厂，否则任何偏离都会造成不良的后果。

3. 剂型复配技术

剂型复配技术是精细化工与基本化工最显著的不同，因为精细化工中的剂型复配技术主导着产品的最终性能，因而备受人们重视。剂型复配技术是与分子设计、化学合成及工业制造技术同等重要的精细化工技术。其核心内容是将单一化合物通过剂型复配而发挥出更为显著、有效的实际应用效果，并降低对应用对象及环境、生态的危害。在精细化工生产中，多组分混合后，各组分比其单独使用时的简单加和效果要大得多，这种加和增效或助剂增效在染料、农药及洗涤剂行业的使用更为普遍。剂型复配技术还体现在固体和液体形态的控制与应用方面。例如，为便于使用和运输，固体粉末染料用分散剂可加工成液体染料，研究发现，固体颗粒的超细化明显提高染料的上色速度，农药、医药的生物利用度及活性。

另外，为便于控制使用精细或专用化学品并稳定其使用效果，控制释放技术成为精细化工中一项重要的新型配方技术，在镇痛缓释药物、长效杀虫剂及热敏（压敏）染料中已有应用。目前，这项技术不太成熟，其原因主要是助剂辅料及制备技术缺乏、不成熟。

二、特殊技术

1. 模块式多功能集成生产技术

间歇性是精细化工产品生产的主要方式，这是由其特点决定的。但间歇式生产的周期较长，即存在投料、放料、加压或加热、清洗等诸多非生产操作时间，且操作费用和物料损耗也较多。

所谓模块式多功能集成生产技术，即集反应、分离、储存、清洗等各单元操作于一体，实现流程综合性、装置的多功能性，具有较强的灵活性和适应性，既保持了间歇操作的优势，又避免了其不足，便于多品种的轮换生产。如"无管路化工厂"、"多用途的装置系统"及多功能生产装置等柔性生产系统。模块式多功能集成生产技术，兼有生产综合性和生产装置多功能性等优点，对工程制造技术及生产操作技术人员的要求较高。

2. 特殊反应技术

特殊反应技术包括新型催化合成技术、生化合成技术、反应-分离耦合技术、超声波化学合成技术、微波化学合成技术、临界合成技术等。

新催化技术如相转移催化、生物酶催化、场效催化等新型催化技术。相转移催化是指能使分别处于互不相溶的两种溶剂中的反应物发生反应或加速其反应速率的过程，能起这种作用的物质即为相转移催化剂。在精细化工产品非均相合成中经常采用该技术，它具有操作简单、条件温和、收率高、反应容易分离等优点。

酶是由生物细胞产生的具有催化活性的特殊蛋白质，参与生物体内一系列新陈代谢反应。生物酶催化剂与化学催化剂相比，具有很高的催化活性、专一性，反应条件温和、耗能低污染小等优点，在医药和农药等精细化工产品的合成中生物酶催化剂的应用有着特殊的意义。为提高酶的稳定性和耐受性，采用化学或生物的方法对酶分子进行改造或修饰，提高酶的活性和稳定性。在此基础上提出仿酶催化的概念。仿酶指人工模拟酶，又称人工酶或酶模型，仿酶研究就是吸收酶中起主导作用的因素，利用有机化学、生物化学等方法设计和合成某些天然酶简单的非蛋白质或蛋白质分子，以这些分子作为模型来模拟酶对某作用底物的结合和催化过程。生物技术是直接利用生物质精细化工实现可持续发展的关键技术，在医药、生物农药、食品添加剂、酶制剂、有机酸等生产领域应用更具有意义。

反应-分离耦合技术主要体现在反应过程和物质分离过程的装置一体化，包括反应-精馏耦合、反应-萃取耦合、反应-结晶耦合、反应-膜分离耦合等。该技术可使生成的产物立即得到分离，以打破化学平衡限制，提高反应效率、简化生产工艺。较典型的反应-精馏的耦合技术是应用于年产数十万吨级甲基叔丁基醚的汽油添加剂的工业生产合成装置上，反应-萃取耦合技术通常应用在中药、香料有效成分的提取，反应-结晶耦合技术广泛应用在超细超纯纳米颗粒和炸药颗粒的制备过程。

光、电、等离子体等场效催化技术多处于实验室开发过程，即将进入实用阶段。

3. 特殊分离技术

在精细化工生产中，精馏、萃取、过滤、吸附、结晶和离子交换等单元操作是常见的分离方法，除此之外还用到某些特殊的分离技术，如膜分离技术、超临界萃取技术等。

膜分离技术的关键是分离膜。分离膜是指两相之间的一个不连续的界面，通常是由气相、液相或它们的组合而形成的，常用的有固膜和液膜。固膜一般是由高分子聚合物或无机材料构成，液膜是由乳化液膜或是支持液膜形成。不同的膜具有不同的选择渗透作用。膜分离过程就是借助膜的特定选择渗透功能，在不同的外在条件，如压力、电场、浓度差等作用下，对混合液中的溶质和溶剂进行分离、分级、提纯和富集的过程。依外在条件不同，膜分离有电渗析、超过滤、反渗透等，通常在常温下进行，不发生相变化，特别适合于热敏性物质的分离、大分子物质的分离、无机盐的分离、恒沸物等特殊液体的分离过程，在精细化工生产中具有特殊的意义。

超临界萃取技术主要是利用超临界流体作为萃取剂。超临界流体兼有气液两重性，其密度接近液体而黏度和扩散系数却与气体相似，既具有液体作溶剂的萃取能力，又具有扩散速率快的优点。该过程一般在高压条件下进行，通过减压使之脱离超临界状态，实现溶剂与被萃取物的分离。超临界萃取的操作温度低、过程速率快，通常适用于热敏性物质或高沸点物质的提取过程。

二氧化碳是最常用的超临界流体，它具有无毒、无污染、惰性氛围下可避免产物氧化等优点，特别适合于动植物中天然有效成分的提取与精制过程。

4. 极限技术

极限技术主要有加热、超高温或超低温、超高压或超高真空、超微颗粒等。如加热技术，包括电、红外及远红外线、微波加热等。红外及远红外线加热装置主要由辐射器、加热箱、反射光装置、温度控制装置所构成。由红外线和远红外线辐射器发射的射线，被加热吸收而产生热效应，适用于中、低温的加热、烘烤及干燥。物质颗粒尺寸的大小影响着物质的某些性质。一般微小型的颗粒尺寸范围在 $1\mu m \sim 10mm$ 之间，微米型的颗粒尺寸范围在 $1nm \sim 1mm$ 之间，而 $1nm \sim 1\mu m$ 之间称为纳米级颗粒。超微颗粒通常是尺寸在 $1 \sim 100nm$ 之间的颗粒。超微颗粒在磁性、电绝缘性、化学活性等方面都表现出与宏观颗粒所不同的性质，其表面积、表面张力、颗粒间的结合力非常大，对光有着强烈的吸引力及明显高于块状金属的磁性，比金属块熔点低，具有良好的低温超导能力和较高的化学活性等。

第三节 分离提纯技术

一、分离提纯在精细化工生产上的意义

精细化工生产中的分离与提纯技术，又称反应后处理技术，是指反应结束后，对反应混合物进行分离或提纯目的产物的过程。当反应在液相中进行时，还应包括母液的处理。反应

后处理涉及的化学反应较少，多数为化工单元操作过程。在实际的精细化工产品生产中，有时化学合成步骤与化学反应并不很多，但诸如蒸馏、结晶、过滤、干燥等分离提取步骤与工序却很多，操作反复多次进行，非常繁琐。如何更好地进行反应产物后处理，对提高反应收率，保证产品质量，减轻劳动强度及提高劳动生产率有着重要的现实意义。

有效进行反应产物的后处理，首先要了解该混合物中可能存在的物质种类、组成和含量，找到各组分的性质差异性。然后，通过试验，拟订出合理方案，设计方案一定本着工艺操作尽可能简化，提高劳动生产率和降低成本的原则，且尽量采用新工艺、新技术和新设备。如果出现后处理时产品收率或产品质量下降的情况，可能是以下原因导致的。

（1）产品收率低　如果洗涤溶剂选择不当、重结晶溶剂溶解度过大等，会使产物流失，导致产品收率低。这时可根据物料衡算查找原因。对于工艺过程较简单的情况，可由操作损耗率来判断。减少产物流失，提高产品收率的方法，除了改进后处理方法外，还可以通过提高选择溶剂和加强回收等方面解决，如选择恰当的溶剂、直接回收、母液套用及加强生产管理、综合利用资源等。

（2）后处理方法选用不当　若后处理方法选用不当会引起产物的变质或分解等，可从产品在处理前后的数量和质量是否变化进行分析或通过分解变质现象来判断。去除杂质的数量有时虽然很少，但对于下一步反应的收率影响很大，必须尽可能地除去。如果原处理方法不当，应立即寻找新的合理的后处理方法替代。

二、常见的分离提纯技术及其新发展

精细化学品生产中常用的分离提纯技术，包括沉淀法、蒸馏法、萃取法、升华法、柱色谱法、结晶法等。

1. 沉淀分离提纯技术

沉淀分离是一种典型的分离方法。因其耗时长、分离效果较差，在实际工作中如有其他方法可代替尽量避免采用。但沉淀分离法也可以通过改变沉淀条件、选择特效试剂等方法提高分离效率，获得较满意的结果。

在沉淀形成过程中，由聚集速率和定向速率决定沉淀颗粒的结构和大小。聚集速率是指离子聚集出晶核的速率，定向速率是指沉淀的离子排列于晶格上的速率。在溶液中形成沉淀时如果聚集速率远远大于定向速率时，超过一定浓度的离子极迅速地聚集成许多微小的晶核，却来不及排列于晶格上，这时得到的是无定形沉淀，或成为非晶型沉淀。相反，则形成晶型沉淀。晶型沉淀颗粒较大，易于过滤；由于其表面积较小，吸附杂质的机会较少，易于洗涤，沉淀也较纯净。非晶型沉淀由于聚集速率极大，原来水化离子所含的水分子来不及脱掉，使生成的沉淀中含水较大，体积十分疏松，过滤困难；而且因表面积很大，吸附杂质的机会较多，洗涤较困难，沉淀较不纯净。介于二者之间的还有凝乳状沉淀，其颗粒大小也介于前两种沉淀之间。

制备晶型沉淀时，为获得较粗大的颗粒，在沉淀作用开始时溶液中沉淀物质的过饱和程度不应该太大，沉淀作用应该在适当稀的溶液中进行，并且加入的沉淀剂也用稀溶液；在沉淀作用开始后，为了维持较小的过饱和度，沉淀剂应该在不断搅拌作用下缓慢加入，而且沉淀作用应该在热溶液中进行；沉淀作用完毕后还应该经过陈化使得晶体更加纯净，晶粒更加完整粗大。对于非晶型沉淀，为得到结构较为紧密的沉淀，一般要求在较浓的热溶液中进行，要求迅速加入沉淀剂，这样可减少水化程度；而且为防止生产胶体溶液并促使沉淀凝聚，可以加入适量的电解质；沉淀形成后不必陈化。为进一步改善沉淀条件，可采用均相沉淀。均相沉淀不是将沉淀剂直接加入溶液中，而是通过在溶液中进行化学反应，使缓慢产生的沉淀剂均匀地分布在整个溶液中，这样可获得结构紧密、颗粒粗大的沉淀。在沉淀过程

中，溶液始终保持着较小的相对过饱和度。当沉淀从溶液中析出时，有些杂质本身不能单独形成沉淀，但却可能随同生成的沉淀一起析出，这种现象称为共沉淀。共沉淀不仅可发生在沉淀表面，即吸附共沉淀，也可以使杂质包藏在沉淀内部，即包藏共沉淀。共沉淀现象应尽可能避免。

2. 蒸馏分离提纯技术

蒸馏是有机化合物分离与提纯的一种重要方法，它利用液相中各组分沸点的差异，通过蒸发汽化，再冷凝来分离不同沸点的物质。常用的蒸馏方法有常压蒸馏、分馏、减压蒸馏、水蒸气蒸馏、共沸蒸馏5种。其中：常压蒸馏适用于各物质沸点相差大于30℃的两组分或多组分液系；水蒸气蒸馏适用于具有一定挥发性又与水不互溶的体系（100℃时蒸气压大于1333.3Pa）、高温易分解体系、氧化体系、黏稠的树脂状体系；减压法适用于沸点大于120℃的体系，或高温易分解氧化的体系；分馏法适用于各物质沸点相近的液系；恒沸法适用于具有最高或最低恒沸化合物的双组分或多组分互溶液系。随着常规蒸馏技术理论的成熟，人类对绿色生产技术和环境化工等提出了更高的要求，分子蒸馏等新技术迅速发展。

所谓分子蒸馏技术是利用不同物质的分子运动平均自由程的差异实现分离目的的，又称短程蒸馏，是蒸馏过程由宏观到微观发展的技术创新，作为环境友好的分离技术，分子蒸馏技术当今备受重视。适用于在沸点温度下易氧化、分解或聚合的物质不能使用传统蒸馏法的分离。分子蒸馏的作用利用了液体分子受热时会从液面溢出、不同分子溢出后的运动自由程不同的特点而完成分离。

3. 萃取分离提纯技术

萃取分离是利用溶剂从固体或其不互溶的溶液中提取所需物质来实现物质分离的技术之一，也可以用于除去产物中的少量杂质。随着各种新技术的发展，萃取技术不断改进优化，新型萃取技术不断出现和完善。近年来出现的萃取新技术主要有超临界萃取、微波萃取、固相微萃取、双水相萃取、液膜萃取等，其独特的优势在精细化工中发挥着极其重要的作用。

4. 升华分离提纯技术

当容易升华的物质中含有不挥发的杂质时，通常采用升华法进行物质的精制。一般来说，用升华法得到的物质的纯度较高，在精细化工中的应用十分广泛。升华分离过程的特征是应用固气平衡原理进行分离，升华物受热后不经熔化可直接变成蒸气，遇冷介质冷凝时又复变成固体。在升华过程中，到升华温度点时，晶体物质表面和内部同时发生升华，剧烈作用下容易将杂质带入升华蒸气中。因而在实际操作中，应控制升华只发生在固体表面，即在低于升华点温度下进行，始终保持固体的蒸气压略低于外压。实验室除常压升华分离法外，还有真空升华、低温升华、冷冻升华干燥等。升华作为一种混合物的有效分离及产品的精制方法，可适用于以下情况。

① 被分离的物质不稳定或对温度和氧化作用比较敏感。为制得一定晶型、粒度和外形的产物，需要控制操作条件直接从气相冷凝产生固体。

② 挥发性组分与不易挥发组分相混体系的分离。混合物的分离必须有较大的挥发性差异，并且较难挥发组分对热相对稳定。

③ 升华物在固态就有较高的蒸气压，有利于提高过程的处理能力和混合物体系的回收利用或精制挥发性组分的收集。

5. 柱色谱分离提纯技术

色谱分离相对于萃取、蒸馏和重结晶等方法而言，是一种高效的分离方法。一般适用于气液相的分离，特别适用于微量物质的分离和性质极其相似组分的分离。色谱法按分离操作方式可以分为柱色谱、薄层色谱和纸色谱。其中柱色谱也称层析分离，主要用于物质的分离，常用的是以硅胶或氧化铝作固定相的吸附柱。实验操作主要由装柱、加样、脱洗、收集等四步骤组成。

6. 结晶分离提纯技术

溶液结晶在物质分离纯化中有着重要作用，在工业发展的推动下，结晶技术和相关理论的研究不断被推向新的阶段，新型结晶技术和新型结晶器的开发不断取得新进展。目前重要的结晶方法主要有：萃取结晶，蒸馏-结晶耦合，氧化还原-结晶液膜，溶析结晶，高压结晶，膜结晶，超临界流体（SCF）结晶技术等。

第四节　精细化工开发技术简介

一、精细有机合成路线与工艺设计

有机合成是现代有机化学的核心内容，其主要任务是利用有机反应从结构或功能相对简单的有机物生产具有特定组成、结构或功能的目标有机物，为人们生活、生产和科学实验奠定物质基础。科学合理的有机合成要求将原料通过适当的有机反应和合适的合成路线结合起来，高效地形成目标有机化合物。对于结构简单的目标化合物的合成或许凭借经验即可完成，但对于结构复杂的目标化合物的合成，往往需要经过多步有机反应和较长的路线才能完成。

可见，有机反应的选择是否合适、经由的路线是否合理不仅直接影响合成的效率，甚至决定合成工作的成败。由于可供选择的有机反应众多，组合后形成的路线更多，怎样能从众多的有机反应中选择合适的反应，如何形成合理的合成路线，不仅需要对有机反应本身的规律深入探讨，而且需要对整个合成过程中涉及的各类有机物质的结构和性质以及与其相关的有机反应之间的匹配情况进行细致的考察。对于结构复杂的有机物的合成仅靠经验无法完成，一定要经过严密的设计和科学的论证才能找到有效的合成路线，更好地完成合成任务。

虽然有机合成设计的思想很早就应用于有机合成的实际工作中，但早期的有机合成缺乏科学系统的理论指导，只被少数具有丰富经验的研究人员掌握，对有机合成的发展的贡献有限。下面简介一下有机合成设计的最基本方法——反合成分析法的基本原理。

1. 反合成分析法的基本原理

有机合成是从原料出发，依据一定的路线，经过一系列有机反应，最终获得所需要的目标有机化合物的过程。一个特定有机物的合成可以经过各种不同的路线或反应来完成。合成路线的确定还需要考虑合成任务要求即合成目标。如实验室合成与工业生产对合成路线和技术的要求会有很大的差别。一个好的实验室合成路线，可能根本不适合工业生产，反之亦然。因此，即使对同一个目标有机化合物，也需要根据合成目的的不同，确定最适当的合成路线。在确定简单的目标有机化合物的合成路线时，可以直接比较目标化合物与已有的原料化合物的结构差异，结合合成的目的再选择适当的有机合成反应和技术，实现从原料向目标产物转化，完成合成任务。

但是对一个目标化合物与原料存在较大结构差异的复杂有机合成很难建立原料与目标化合物之间的转换关系。这时就需要从产物的结构考察入手，依据有机合成反应，通过逻辑推理和分析思考，逐步将目标化合物简化，直至在目标产物和原料之间建立符合有机合成反应规律的联系。这样的一个目标化合物入手，逐步反推到原料的分析过程就称为反合成分析。形式上，反合成分析就是合成的逆过程，因此也称为逆合成。为了与合成步骤前进箭头"——→"表示相区别，反合成步骤用反推箭头"⟹"表示。

合成路线：原料 $\longrightarrow$ 中间体 1 $\longrightarrow$ 中间体 2 $\longrightarrow \cdots \longrightarrow$ 中间体 $n \longrightarrow$ 产物

反合成路线：产物 $\Longrightarrow$ 中间体 $n \Longrightarrow$ 中间体（$n-1$）$\Longrightarrow \cdots \Longrightarrow$ 中间体 1 $\Longrightarrow$ 原料

反合成分析的基本原则是对分子结构的每一步改变都必须建立在可靠的有机合成反应的基础上。

2. 合成路线的评价

通常，一个有机物的合成，可以从多种原料出发经由多种不同的路径完成。那么，哪一条才是最佳的合成路线呢？这需要综合考察每一条可能路线的特点，结合特定的目的进行评判。尤其是对精细有机化学品生产工艺路线的选择，更要结合实际情况才能作出正确的选择，但没有统一的标准可参照。一般来说，一条合成路线的优劣主要从以下方面进行评判。

（1）原料和试剂　原料和试剂是合成工作的物质基础。因此，在选择工艺路线时，首先要考虑每一条合成路线所用的各种原料和试剂的价格、来源和利用率等。

（2）反应步骤和总收率　合成路线的长短和最终的目标产物的收率直接影响到合成工艺的价值，在精细有机合成工艺路线的设计中尤其重要。对合成路线中反应步骤和产物总收率的计算是衡量合成路线优劣最简单和最直接的标准。合成路线的步数与总收率是密切相关的，这是因为目标产物的总收率是线性合成路线中每一步反应收率的连乘积，任何一步反应的收率低，都会导致总收率的大幅下降。假如某化合物由十步反应完成，其中每一步的收率都是 90%，该合成路线的总收率为 $(0.9)^{10}=35\%$，而不是 90%；三步完成的路线总收率为 $(0.9)^3=73\%$；如果三步中有一步的反应收率为 60%，则该合成路线的总收率仅为 $0.6 \cdot (0.9)^2=49\%$。由此可见，即使每一步的收率保持不变，合成反应的步骤越多，总收率也越低，原料消耗越大，生产成本就越高。而如果其中有一步的收率较低，则总收率就下降很大。其次，反应步骤的增多，会使生产周期延长、生产设备和操作步骤增加。所以，尽可能采用步骤较少、收率高的合成路线。

（3）中间体的分离与稳定性　有机合成反应多伴有副反应发生，因此精细有机化学品生产中常需要对每一步或两步的中间体进行分离提纯，以防止副产物等杂质影响后续的合成与分离工作。成功分离出中间体的关键是其要有一定的稳定性，特别是对于产量大、反应和操作条件难控制的工业化生产过程。一条合成路线中的不稳定的中间体越多，该合成路线的实用性越低。

（4）反应条件和设备要求　金属有机化合物是一类非常有用的合成试剂，能发生很多选择性很高的反应，广泛用于实验室研究。但是金属有机化合物在工业生产中的应用却并不广泛，就是因为它们很活泼，通常需要无水、无氧等苛刻的反应和操作条件。有些精细化学品的合成反应需要在高温、高压、低温或严重条件下进行，需要使用特殊设备，必然造成生产成本升高和工艺路线复杂化。

（5）安全、环境、资源和能源问题　对可能用于实际生产的精细有机化学品的合成路线的评价，除了需要考虑化学方面的技术问题外，还需要考虑安全、环境、资源和能源等社会经济因素。有些反应经常使用易燃、易爆和有毒的溶剂、原料，或产生有害的中间体和副产物。为了保证安全生产和操作人员的人身安全和健康，应尽量不使用或少使用易燃、易爆和有毒性的原料，同时还要考虑中间体和副产物的毒性问题。化学污染是环境污染的重点问题，化工生产中产生的废气、废液和废渣又是化学污染的主要来源。另外，自然资源和不可再生的能源是有限的，因此选择实际生产的精细有机化学品的合成路线时必须考虑生产时可能对环境的影响、对资源和能源消耗问题。

总之，对一条合成工艺路线的评价需要综合上述问题，结合特定的目的，综合考虑才可能做出合理的评价。

二、精细有机合成工艺开发过程的一般程序

精细有机合成从实验室开始的分子结构设计、小试到后期的中试乃至工业化生产，涉及多个方面的研究和开发，如精细化学品的结构设计与合成；精细化学品的合成工艺研究；精细化工的工程开发及精细化学品的应用研究等。

1. 精细化学品的结构设计和合成

精细化学品有的是已知结构的物质，主要研究其合成方法；新的精细化学品则利用构效关系进行分子设计，然后再研究其合成方法。也有的精细化学品其结构未知，还要进行剖析以确定其结构。

精细化学品合成的研究与开发首先在实验室进行。精细化学品的实验室研究（小试）就是以有机合成为基础，验证有机合成的设想，选择合适的起始原料，"打通"合成路线，寻找适宜的反应条件，摸索出关键的技术路线，为小规模放大（中试）和工业化生产打下基础。

2. 实验室研究（小试）

从实验室研究到工业化生产，不是呈线性关系，不仅仅是量的变化，而且涉及质的突变。因此，研究开发精细化学品，首先要做好小试研究，探索反应规律，积累反应经验，加快其产业化的开发。在小试阶段主要的研究方向是原料和工艺路线的选择，从而研究出最佳的工艺路线。

（1）原料选择　精细化学品的成本中原料成本占70%以上，因此，在实验室研究选择原料和试剂时要关注原料的来源，如石油产品、煤化工产品或天然原料等。否则成本过高或原料来源受到限制，都会造成无法进行工业化生产。其次，要合理地选择原料。建设节约型生态化的社会就是要提高资源的利用率，综合利用可再生产资源，同时要利用二次资源，如造纸液中木质素的回收利用等。

此外，依据绿色化学的理念，寻找对环境和人类无害的原料。生物质是理想的石油替代原料。生物质包括农作物、植物及其他任何通过光合作用生成的物质。由于其含有较多的氧元素，在产品制造中可以避免或减少氧化步骤的污染。同时，用生物质作原料的合成过程较以石油作原料的过程危害性小得多。

一般用化学试剂作为小试的原料，有时原料也用纯度较高的工业品，但工业品原料需要简单的预处理以除去少量杂质，确保反应不受干扰；有的工业杂质含量较高时，更需要提纯后才允许使用。

（2）合成反应　反应进行前，先要对目标分子结构特征有充分的认识，从概念、方式、构象及功能等方面充分了解，发展新的合成反应和新的方法学，使精细有机合成设计策略得以实现。选择有机反应的基本原则是：尽量利用原子经济性反应，反应条件尽可能温和，催化活性剂选择性高，高效、高产、操作简单易行，符合绿色化的要求。

（3）溶剂　选择溶剂，不仅要考虑溶剂的合适性，还要考虑溶剂本身的危害性（如毒性、易燃、易爆等），由于溶剂在合成反应中的大量使用，其危害性和安全性是选择溶剂的重要因素。此外，在溶剂选择时必须考虑其对人类健康及环境的影响，可以考虑绿色溶剂（如水、乙醇、超临界流体等）的使用。

（4）反应条件　一般是在实验室中由试验确定最优的工艺条件（如摩尔比、反应温度、压力、反应时间、催化剂的选择、用量、回收方式，产物的分离与提纯等）和工艺路线。同时探索反应的产率、选择性，这些都可以由多种试验方法进行研究，最终获得最佳实验方案。

（5）反应机理　由小试实验也可以进行反应机理的研究工作。通过分析了解有机合成机

理的动力学控制或热力学控制等，了解化学反应工程方面的传质传热等问题。只有充分了解反应机理，才能更好地控制反应以及提高反应效率。

(6) 分析检测　通过实验室的研究可以建立起精细化工生产的质量控制体系，如原材料、中间体半成品以及产品的分析检测方法，同时建立工艺流程中间控制体系。

(7) 后处理　通过实验室的研究可以初步确定目标产物的分离提纯以及产物的特殊处理，如不同的晶型有不同的结晶方法。

(8) 复配增效　精细化工的复配增效技术，俗称"1+1＞2"技术。精细化工产品在多组分混合后，各组分比单纯使用时的简单加和效果要好。特别是精细化工产品经过相应助剂的处理，可以显著提高使用效果。如染料经过助剂进行商品化加工后其上染率、颜色鲜艳度、染色坚牢度等均可大幅度提高。

(9) 应用技术　在研究开发精细化学品的同时要研究开发其应用技术，这样可以更好地发挥精细化学品的使用功能。

3. 中试放大

为了使小试方案应用到大生产，一般要进行中试放大试验，这是过渡到工业化生产的重要阶段，往往每放大一级，都伴随着放大效应，因此，一些工艺参数都要进行适当的调整。

在小试已取得一定技术资料和经验的基础上，设计和选择较为合理的工艺路线，而工艺路线通常由若干个工序组成，每个工序又包括若干个单元反应，再将单元反应和单元操作有机组合起来，从而形成了工艺操作规程，中试旨在不断优化工艺，以达到最佳的工艺。与此同时，中试阶段还要考虑设备的选型定型，成本估算和投资估算，进行项目的可行性分析，据此进行车间设计乃至厂房设计。

需特别指出的是，当工艺规程确定之后，设备和辅助设备选型和设计也起着相当重要的作用，因为从实验室的玻璃仪器到工业装置，不仅是空间体积的简单放大，实际上涉及化学工程领域的诸多问题，即具有所谓的放大效应。

目前中试放大的方法一般有经验放大法、部分解析法和数学模型放大法等。

4. 工业化试验

工业化试验是投入工业化生产的最后环节，俗称试生产。生产性试验是验证中试成果，为工业化生产打下扎实的基础。

工业化试验中化工设备和装置的设计愈来愈重要。在实验室阶段化学反应是在小型的玻璃仪器中进行，反应过程的传热传质都比较简单。对于精细化工的单元反应装置，在工业化生产时，传热传质以及化学反应过程都有很大的变化，不同的反应对设备的要求也不同，而且工艺条件与设备条件之间是相互关联、相互影响的，情况较为复杂，需要经过数学模型进行反应器的设计，以及反复中试的基础上，方可进行工业化试验。精细化工的工业性试验的难点也在于此。对于精细化工的单元操作和设备经过中试后，比较容易进入工业化设计和工业化试验。此外，对于复配性精细化工产品，其在反应装置内进行简单的化学反应，经过中试后可以直接进入工业化生产，技术难度不大。

精细有机合成反应放大都是在釜式反应器中进行，而釜式反应器存在着显著的放大效应。从常规的反应温度和加料方式来看，工业试验的温度控制和加料方式与实验室相同，但是温度效应和浓度效应则不一致。从宏观方面来看，小试和工业化没有区别，而在微观上，在局部两者在温度和浓度上差异很大。因此，工业化实验就是关注且解决工业化和小试的差异。对于放热反应，由于要放出热量，而且所进行的化学反应不是在整个釜内均匀进行，往往集中在某一个区域，要解决这一问题，就要采取加强搅拌、改变加料方式（如采用喷雾的方式滴加液体物料）、实现反应温度的低限控制、物料稀释等措施。

工业化试验的要点包括以下方面：首先，进行充分的工业化前的准备工作，中试可靠性要高，一切可能出现的偏差和事故，在小试和中试时及时发现并解决，从而保证工业化试验的顺利进行；其次，人员进行培训，设备要进行模拟操作，生产工序配套，从原料投入到商品化包装乃至三废处理等辅助工序都要到位；生产试验完成后，确定操作规程，进行原料的可行性评价、设备和装置的可行性评价、安全和可行性评价，同时进行经济分析，为以后工业化大生产提供技术和经济资料。

第五节　精细化工绿色化技术

一、绿色精细化工的内涵

精细化工由于品种繁多，合成工艺精细，生产过程复杂，原料利用率低，对生态环境造成的影响最为严重。因此，发展绿色精细化工具有重要的战略意义，是时代科学发展的要求，也是我国化工业发展的必然选择。所谓绿色精细化工，就是运用绿色化学的原理和技术，尽可能选用无毒无害的原料，开发绿色合成工艺和环境友好的化工过程，生产对人类健康和环境无害的精细化工产品。

精细化工产品是高新技术发展的基础，探索和研究既具有高选择性，又具有高原子经济性的绿色合成技术，对精细化工产品的制备至关重要。全力推进和实现化工原料的绿色化，合成技术和生产工艺的绿色化，精细化工产品的绿色化，使精细化工真正成为绿色生态工业。

1. 精细化工原料的绿色化

尽可能选用无毒无害的化工原料进行精细化工产品的合成，是发展绿色精细化工的基础和保证。虽然目前90%以上的有机化学品及其制品的生产均以石油为原料进行加工合成，但随着石油等资源的日渐枯竭，一个充分利用可再生资源替代石油的时代即将来临。在可再生资源的利用中，人们普遍集中于生物质资源的研究。所谓生物质包括各种植物、农产品、林产品、海产品以及某些工业或生活废弃物等。例如，植物的主要成分木质素和纤维素，每年以约1640亿吨的速度再生，以能量折算相当于目前全球石油产量的15～20倍。将廉价易得的生物质资源转化为有用的工业化学品，尤其是精细化工产品是绿色精细化工的重要发展战略方向。

2. 精细化工工艺技术的绿色化

精细化工工艺技术的绿色化，要求化学化工科技人员坚持科学发展观审视传统化学工程与工艺过程，以与环境友好为出发点，提出新的化学理念，改进传统合成路线，创新环境友好型化工生产过程。在化学工业生产中，90%以上的石油化工产品的生产都用到催化剂，开发高选择性的催化剂可以从根本上减少或消除废弃物的产生，因此，催化剂的开发和应用是现代化工业的核心问题之一。

3. 精细化工产品的绿色化

精细化工产品的绿色化，就是根据绿色化学的新观念、新技术和新方法，研究和开发无公害的传统化学品的替代品，设计和合成更安全的化学品，采用环境友好的生态材料来实现人、社会、环境的协调与和谐。

传统化学工业以大量消耗资源、粗放经营为特征，加之产业结构不尽合理，科学技术和管理水平较为落后，使我国的生态环境和资源受到严重污染和破坏。因此，确立"原料—工业生产—产品使用—废品回收—二次资源"的新模式，采用"源头预防及生产过程全控制"

的清洁工艺代替"末端治理"的环保策略，紧紧依靠科技进步，大力发展绿色化学化工，走资源、环境、经济、社会协调发展的道路才是我国现代化工发展的必由之路。

二、绿色精细化工的发展对策

1. 加强绿色精细化工的宣传和教育

近10年来，欧美等发达国家的绿色化学及其应用技术发展迅猛，许多国家已将绿色化作为一种政府行为，组织实施。我国各级政府部门及相关企业应充分认识发展绿色精细化工的必然性，积极推进化学工业的绿色化。我国人口基数大，矿产资源相对短缺，生态环境比较脆弱，必须改变传统的以大量消耗资源，牺牲环境为代价，粗放经营为特征的经济发展模式，大力发展绿色技术及其产业。为此，应加强宣传和教育力度，正确认识绿色精细化工的内涵，制定相关的扶持政策，督促落实《中华人民共和国清洁生产促进法》，顺应时代潮流，加快我国绿色精细化工的发展。

2. 加快发展绿色精细化工的关键技术

精细化工产品品种多，更新换代快，合成工艺精细，技术密集度高，专一性强。加快发展绿色精细化工，必须优先发展绿色合成技术。例如，新型催化技术是实现高原子经济性反应的关键技术，还可以减少废物的排放。特别是不对称催化合成技术已成为合成手性药物、香料、功能高分子材料等精细化工产品的关键技术。另外，像生物催化技术、有机电化学合成技术等新型高新技术都是发展精细化工实现绿色化的关键技术。

3. 加大实施清洁生产工艺

对现有精细化工企业的生产工艺用绿色化学的原理和技术进行科学评估，借鉴当今先进的科技成果进行技术改造，实施清洁生产工艺是绿色化研究的重要课题。国内外的诸多成功实例表明，清洁生产工艺不仅是切实可行的，而且是最经济的生产模式。

4. 加大科技创新力度

创新是科学技术不断进步的不竭动力，是一个民族的灵魂。研究分析美国的"总统绿色化学挑战奖"发现，其核心内容体现了观念创新、品种创新和技术创新。加快我国的精细化工绿色化，既要跟踪时代，更要自主创新，勇于进行理念、方法和工艺技术的探索与创新，突破关键技术，推动产学研的结合，加快科技成果的转化与应用。紧紧依靠人才，培养和造就一批高素质的从事绿色合成技术研究开发和清洁生产管理的科技人才队伍，为实施现代精细化工的绿色化发挥骨干作用。

5. 加强国际间的学术交流与合作

绿色化学是21世纪的中心科学，绿色化学及其应用技术在欧美等发达国家发展很快，精细化工的绿色化已成为现代化学工业的一个重要发展方向。主动跟踪国际绿色化学研究及其产业的发展动向，广泛开展和加强国际间的学术交流与合作，尽可能多地吸收国外的新学科、新工艺和新技术成果，促进我国精细化工产业结构的优化和绿色化率的提升。

三、绿色化学原理和技术

(一) 绿色化学原理

目前，绿色化学是国际化学化工研究的前沿科学领域，它吸收了当今物理、化学、生物、材料、信息等科学的最新技术成果，旨在从根本上消除或减少化工产品的设计、生产和应用中有害物质的使用与产生，使所研究开发的化学品和工艺过程更加环境友好。绿色化学是具有鲜明社会需要和科学目标的新兴学科，经近10余年的探索，取得了一定的成果，已经总结出一些理论和原则。P. T. Anastas 和 J. C. Warner 所倡导的绿色化学12原则是：

① 防止污染优于污染的治理；

② 提高合成反应的"原子经济性"；

③ 在合成反应中，尽可能不使用和不产生对人体健康和环境有害的物质；

④ 设计安全的化学品；

⑤ 使用无毒、无害的溶剂和助剂；

⑥ 设计中能量的使用要讲效率；

⑦ 尽可能利用可再生资源；

⑧ 尽可能减少不必要的衍生步骤；

⑨ 采用高选择性的催化剂；

⑩ 设计可降解的化学品；

⑪ 防止污染的快速检测和监控；

⑫ 防止事故和隐患的安全生产工艺。

以上这些原则，有力地推动了绿色化学的理论研究和化工实践，为政府决策和宣传教育以及公共认识提供了思路，同时也为今后绿色化工的发展指明了方向。

（二）绿色精细化工技术简介

1. 无机合成反应的绿色化技术

无机合成反应的绿色化技术包括水热合成法、溶胶-凝胶法、局部化学反应法、低热固相反应法、流变相反应法、先驱物法、助熔剂法、化学气相沉淀法及聚合物模板法等。下面就某些重要的方法进行简单了解。

（1）水热合成法　是指在密闭系统中，以水为溶剂，在一定温度和水的自身压力下，原始混合物进行反应合成无机材料的一种方法。所以设备通常为不锈钢反应釜或衬塑料的高压釜。水热法按反应温度分为低温合成法（100℃以下）、中温水热合成法（100～300℃）和高温高压水热合成法（300℃以上）。它成功地应用于沸石等多孔材料的制备中。水热合成法的特点是制备的粒子纯度高、分散性好、晶型好且可控及生产成本低。用水热合成法制备的粉体一般无须烧结，可避免在烧结过程中带来的晶粒长大和杂质混入等问题。其不足是要求高温高压设备，因此投资较大，操作不安全。除用水作溶剂外，还可以使用其他的溶剂进行合成，从而形成了溶剂热合成技术。

（2）溶胶-凝胶法　就是将烷氧金属或金属盐等先驱物在一定条件下水解缩合成溶胶，然后经溶剂挥发或加热等处理使溶液或溶胶转化为网状结构的氧化物凝胶的过程。该方法包含由溶液过渡到固体材料的多个物理化学步骤，如水解、聚合、成胶、干燥脱水、烧结致密化等步骤。所用的先驱物通常是容易水解并能形成高聚物网络的金属有机物，该方法已广泛用于玻璃、陶瓷及相关复合材料的薄膜、微粉和块体的制备。该方法的特点是：①通过各种反应溶液的混合，容易获得所需的均相多组分体系；②材料制备温度可大幅度降低，从而在较温和的条件下合成陶瓷、玻璃等功能材料；③溶胶或凝胶的流变性有利于通过某种技术（如喷射、浸涂等）制备各种膜、纤维或沉积材料。

溶胶-凝胶法也存在以下问题：①所使用的原料价格昂贵，有些原料有害；②整个溶胶-凝胶过程所需时间较长，需要几天或几周；③凝胶中存在大量微孔，在干燥过程中因逸出许多气体及有机物而产生收缩，造成材料尺寸的变化和材料的破裂。

（3）局部化学反应法　是通过局部化学反应或局部规模反应制备固体材料的方法。局部化学反应通过反应物的结构来控制反应性，反应前后主体结构大体上或基本上保持不变。它可以在相对温和的条件下发生，提供了低温进行固体合成的新途径。局部化学反应得到的产物在结构上与起始物质有着确定的关系，运用这些反应常常可以得到由其他方法所不能得到或难以得到的固体材料，并且这些材料具有独到的物理和化学性质，以及独特的结构。它包括脱水反应、嵌入反应、离子反应、同晶置换反应、分解反应和氧化还原反应。

（4）低热固相反应法　固相反应是指有固体物质直接参与的反应，包括经典的固-气反应、固-气反应和固-液反应。低热固相反应就是固相物质在室温或近室温下进行的化学反应。按照参加反应的物种数，固相反应分为单组分固相反应和多组分固相反应。在工业应用中，固相反应的优点是生产周期短、无须使用溶剂、反应选择性高、产品的纯度高且易于分离提纯。

（5）流变相反应法　是一种用流变混合体系制备新化合物的过程。把反应物通过适当的方法混合均匀，加入适量水或其他溶剂调制成固体粒子和液体物质分布均匀不分层的黏稠固液混合系统，即流变相系统，然后在适当的条件下反应得到所需产物。处于流变态的物质一般在化学反应上具有复杂的组成或结构；在力学上表现出固体的性质又表现出液体的性质，或者说似液非液，似固非固；在物理组成上是既包含固体颗粒又包含液体物质，可以流动或缓慢流动的宏观均匀的一种复杂系统。

将固体颗粒和液体物质的均一混合物作为一种流变体来处理有许多优点，即固体颗粒的表面积能得到有效利用，与流体接触紧密、均匀、热交换良好，不会出现局部过热现象，过程温度也便于调节和控制。在该状态下很多物质会表现出超浓度现象和新的反应特性。因此，流变相反应是一种节能、高效、减少污染的绿色合成技术。

（6）化学气相沉淀法　是将含有组成材料的一种或几种化合物气体导入反应室，通过化学反应形成所需要的材料的方法。化学气相沉淀法进行材料合成具有以下特征：①适于在远低于材料熔点的温度下进行材料合成；②对于由两种或以上元素构成的材料，可调整这些材料的组成；③可控制材料的晶体结构；④可控制材料的形态（粉末状、纤维状、树枝状、管状等）；⑤不需要烧结助剂，可以合成高纯度的高密材料；⑥结构控制一般能够从微米级到亚微米级，在某些条件下能够到达纳米级水平；⑦能够制成形状复杂的制品；⑧能够对复杂形态的底材进行涂覆；⑨能够进行亚稳态物质及新材料的合成。一般的化学气相沉淀技术是一种热化学气相沉淀技术，沉淀温度一般在 $900\sim2000℃$ 之间。沉淀温度主要取决于薄膜材料的特性，一般在 $800℃$ 以上。该技术已广泛应用于复合材料合成方面。

（7）聚合物模板法　是选用一种价廉易得、形状易控、具有纳米孔道的基质材料的空隙作为模板，导入目标材料或先驱物并使其在该模板材料的孔隙中发生反应，利用模板材料的限域作用，达到对制备过程中的物理和化学反应进行调控的目的，最终得到微观和宏观结构可控的新型材料的合成技术。适用于合成的常用模板有多孔玻璃、分子筛、大孔离子交换树脂、高分子化合物及表面活性剂等。由模板中微孔的类型可合成出粒状、管状、线状和层状结构的材料。模板法的主要优点是：①多数模板可方便地合成，且其性质可在广泛范围内精确调控；②合成过程相对简单，很多方法适合批量生产；③同时解决纳米材料的尺寸与形状控制及分散稳定性的问题；④特别适合一维纳米材料的合成。模板法现已成为重要的纳米材料的合成方法。

2. 有机合成反应的绿色化技术

催化剂是化学工艺的基础，是许多化学反应，特别是有机合成反应实现工业应用的关键。催化作用包括化学催化和生物催化，使用催化剂的目的不仅是加快化学反应速率、提高化学反应的选择性和目的产物的收率，而且从根本上抑制副反应的发生，减少或消除副产物的生成，最大限度地利用各种资源，保护生态环境，这正是绿色化学所追求的最终目标。

新型催化技术是实现高原子经济性反应、减少废物排放的关键技术。抗帕金森药物Lazabemide 的合成就是一个典型的实例。传统的合成方法是从 2-甲基吡啶出发，经过 8 步合成反应，总产量仅有 8%。Hoffmann-La Roche 公司采用钯催化羰基化反应，从 2,5-二氯吡啶出发，仅一步反应合成了 Lazabemide，其原子经济性达到 100%，并且可达到年产

3000t 的生产规模。尤其是不对称催化合成技术，现已成为合成手性药物、香料、功能材料等精细化工产品的关键技术。又如生物催化技术具有清洁高效高选择性，合成反应中可避免使用贵金属和有机溶剂，反应产物易于分离纯化，能耗低。应用生物催化技术可将廉价的生物质资源转化为化工中间体和精细化工产品。我国的生物质资源十分丰富，年产总量大约 $5 \times 10^9 t$，其中制糖的废弃物——甘蔗渣约为 $3.4 \times 10^7 t$，利用甘蔗渣进行生化发酵生产乙醇可得 $1.3 \times 10^7 t$，具有可观的经济效益。电化学合成技术特别是有机电化学合成是发展绿色精细化工的关键技术之一，这是因为有机合成反应无需有毒或危险的氧化或还原剂，"电子"就是清洁的反应试剂，通过改变电极电位合成不同的有机化学品，反应在常温常压条件下进行即可。例如，生产对氨基苯酚采用硝基苯为原料进行电化学合成，比较起采用对硝基氯苯为原料的化学合成法而言更加清洁高效，是一种绿色化的合成途径。

近 20 年来，超临界流体技术尤其超临界 CO_2 流体技术发展迅速，利用超临界 CO_2 流体技术萃取在提取生理活性物质方面具有广泛的应用前景；超临界 CO_2 流体作为环境友好的反应介质以及超临界 CO_2 流体参与的化学反应，可实现通常难以进行的化学反应；超临界流体技术也为薄膜材料和纳米材料等制备提供了一种全新的方法。因此，超临界流体技术作为一种绿色化学化工技术在精细化工、医药工业、食品工业及高分子材料制备等领域具有广泛的应用。

四、绿色化学化工过程的评估

可持续发展是绿色化学的理论基石，绿色化学是实现可持续性发展战略的有力科技支撑。如何确定化学化工过程"绿色化"的评价指标，有效判断化学化工过程中的"绿色性"，全面评价绿色化学技术，对于加强可持续性的量化研究非常重要。

绿色化学研究的目标是运用现代科技的原理和方法，开发能减少或消除有害物质的使用与产生环境友好的化学品及其技术的过程，从源头上预防污染，从根本上实现化学工业的"绿色化"，走资源-生态-社会协调发展的路子。只有化学科学家和化学工程师协同努力，才能完成绿色化学的目标。其具体任务包括原料绿色化、化学反应和合成技术的绿色化、工程技术的绿色化以及产品的绿色化。

那么，绿色化学化工过程的评价指标是什么？长期以来，习惯用产物的选择性（S）或产率（Y）作为评价化工反应过程或某一合成工艺优劣的标准，然而这种评价指标是以单纯追求经济效益最大化为前提，没有考虑对环境的影响，无法评判废物排放的数量和性质，往往是有些产率很高的工艺过程对生态环境带来的破坏越严重。因此，确立一个化学化工过程"绿色性"的评价指标，是进行化工研究开发和做好评估的首要问题。

1. 原子经济性

原子经济性是衡量所有反应物转变为最终产物的量度。即高效的有机合成反应最大限度地利用原料分子的每一个原子，使之结合到目标分子中，达到零排放。原子经济性又称原子利用率，可表示为：

$$原子经济性(AE) = \frac{目标产物的相对分子质量}{反应物质的相对分子质量总和} \times 100\%$$

对于一般的合成反应：

$$A + B \longrightarrow C$$

$$AE = \frac{C 的相对分子质量}{A 的相对分子质量 + B 的相对分子质量}$$

如果所有的反应物都完全结合到产物中，则合成反应是 100% 的原子经济性。理想的原子性反应是不使用保护基团，不会形成副产物，因此，加成反应、分子重排反应和其他高效率的反应是绿色反应，而消除反应和取代反应等原子经济性较差。

原子经济性是绿色化学的重要原理之一，通过对化学工艺过程的计量分析，合理设计有机合成反应过程，提高反应的原子经济性，可以节省资源和能源，提高化工生产过程的效率。但是，仅用原子经济性来考察化工反应过程过于简化，它没有考察产物收率、过量反应物、试剂的使用、溶剂的损失以及能量的消耗等问题。所以应与其他评价指标结合才能做出科学的评估。

2. 环境因子和环境系数

环境因子最初定义为每产出 1kg 产物所产生的废弃物的质量，即将反应过程中的废弃物总质量除以产物的质量。

$$E\text{ 因子} = \frac{\text{废弃物总质量（kg）}}{\text{产物质量（kg）}}$$

其中废弃物是指目标产物以外的所有副产物。由此可见，环境因子越大，则废弃物越多，对环境的负面影响越大。由于化学反应及其过程的操作复杂多样，环境因子必须从实际生产过程中所获得的数据求出，这是由于环境因子不仅与反应有关，而且还与其他单元操作有关。严格来说，环境因子只考虑废弃物的量而不是质，还不能作为真正评价环境影响的合理指标。例如 1kg 的氯化钠和同质量的铬盐对环境的影响并不相同。以此，可将 E 因子乘以一个对环境不友好因子 Q 得到一个参数，称为环境系数（EQ）。

一般规定低毒无机物（如 NaCl）的 $Q=1$，而重金属盐、某些有机物中间体和含氟化合物的 Q 为 $100 \sim 1000$，具体视其毒性 LD_{50} 值而定。因此，环境系数及相关方案将成为评价一个化工反应过程"绿色性"的重要指标。

3. 质量强度

为全面评价有机合成及其反应过程的"绿色性"，科学家提出反应的质量强度概念，即获得单位质量产物消耗的所有原料、助剂、溶剂等物质的质量。可表示为：

$$\text{质量强度}(MI) = \frac{\text{在反应或过程中所消耗的总质量（kg）}}{\text{产物的质量（kg）}}$$

上式中的总质量是指在反应或过程中消耗的所有原（辅）材料等物质的质量，包括反应物、试剂、溶剂、催化剂等，也包括所消耗的酸、碱、盐以及萃取、结晶、洗涤等所用的有机溶剂的质量，但是水不包括在总质量中，因为水本质上对环境是无害的。

由质量强度的定义，可以得出与 E 因子的关系式：

$$E\text{ 因子} = MI - 1$$

由此可以清楚地看出，质量强度（MI）应当越小越好，这样生产成本低，耗能少，对环境影响就比较小。因此，质量强度（MI）是一个很有用的评价指标，对于合成化学家特别是企业领导和管理者来说，评价一种合成工艺或化工生产过程是极为有用的。

通过质量强度也可以衍生出绿色化学的一些有用的量度。

① 质量产率　质量产率（MP）为质量强度倒数的百分数，即：

$$\text{质量产率} = \frac{1}{MI} \times 100\% = \frac{\text{产物的质量}}{\text{在反应或过程中所消耗的总质量}} \times 100\%$$

② 反应质量效率　反应质量效率（reaction mass efficiency，RME）是指反应物转变为产物的百分数，可表示为：

$$\text{反应质量效率}(RME) = \frac{\text{产物的质量}}{\text{反应物的质量}} \times 100\%$$

例如：反应 $A + B \longrightarrow C$，则

$$\text{反应质量效率}(RME) = \frac{\text{产物 C 质量}}{A\text{ 的质量} + B\text{ 的质量}} \times 100\%$$

③ 碳原子效率　由于有机化合物中都含有碳原子，因此也可以用碳原子的转化程度来

表示反应的效率，称为碳原子效率（CE），即是反应物中的碳原子转变为产物中碳原子的百分数。可表示为：

$$碳原子效率=\frac{产物的物质的量×产物中碳原子的数目}{反应物的物质的量×反应物中碳原子的数目}×100\%$$

具体如何计算原子经济性（AE）、质量强度（MI）、质量产率（MP）、反应质量效率（RME）和碳原子效率（CE），以下面实例说明。

例如：苯甲醇（10.81g，0.1mol，M_w108.1）和对甲基苯磺酰氯（21.9g，0.115mol，M_w190.65）在混合溶剂甲苯（500g）和三乙胺（15g）中反应，得到磺酸酯（23.6g，0.09mol，M_w262.29），产率90%。由此可得：

$$原子经济性(AE)=\frac{262.29}{108.1+190.65}×100\%=87.8\%$$

$$碳原子效率(CE)=\frac{0.09×14}{0.1×7+0.115×7}×100\%=83.7\%$$

$$反应质量效率(RME)=\frac{23.6}{10.81+21.9}×100\%=72.1\%$$

$$质量强度(MI)=\frac{10.81+21.9+500+15}{23.6}=23.2kg/kg$$

$$质量产率(MP)=\frac{1}{MI}×100\%=4.3\%$$

由以上分析可知，该反应 AE<100%，这是由于有副产物 HCl 生成；CE<100%是由于反应物过量（如对甲苯磺酰氯过量 15%）和目标产物的产率为 90%所致；RME 为 72.1%同样是由于反应物过量和产率的原因。

建立绿色化学化工过程评价体系是进行评价的主要内容。绿色化学 12 原则和世界经济协作与开发组织（OECD）确立的可持续发展化学内涵，为绿色化学化工过程的评价提出了指导性意见和科学规范，也是进行全面科学评价的依据。对于绿色化学化工过程绿色性的评价，不能用单一的评价指标，涉及绿色化学工艺和绿色化学工程技术，还包括成本经济关系和环境安全等因素，是一个完整评价体系。概括起来包含以下方面。

① 质量评价指标　包括反应的原子经济性，质量强度（总质量/产物质量）；附加的溶剂强度（溶剂质量/产物质量）；废水强度（废水质量/产物质量）；反应质量效率，纯度。

② 能量评价指标　加热消耗能量（MJ/kg 产物）；冷却消耗能量（MJ/kg 产物）；过程所需电能（MJ/kg 产物）；制冷循环耗能（MJ/kg 产物）。

③ 污染物评价指标　例如，持久性毒物和生物积累性毒物（kg/kg 产物）；室温性气体（MJ/kg 产物）。

④ 安全因素　例如，热污染、危险化学品、压力（高压/低压）危害、有害副产物等。

⑤ 反应工程技术　对于合成化学家来说，他们往往注重于合成化学反应的发生条件、反应机理和试剂的应用等问题，而有时疏忽围绕着反应进行的相关技术。一旦合成反应不能正常进行，他们更多关注的是改变反应的条件，而没有很好地研究完成反应的不同设备。化学反应过程中的物质和能量的传递、混合、相转移、反应器的设计等问题，通常化学工程师们考虑得较多，而合成化学家们关注得不够。事实上，如果没有合成化学家和化学工程师的通力合作，很多研究开发往往是无效的。只有绿色化学工艺和绿色反应工程技术的联合开发，才能真正实现化学化工工程的绿色化。

例如，产品设计的绿色化；工艺过程的绿色化，实现高选择性、高效、高新技术的优化集成；化工系统过程的绿色化（计算机化学工程、系统分析、过程模拟、多尺度的集成优化、合成优化与控制）；设备高效多功能和微型化等。

4. 成本关系讨论

合理利用和节省资源，减少废弃物的排放，是降低生产成本、提高经济效益的有力举措。在讨论化学化工反应过程的评价指标时，必须考虑所用原材料的成本影响。以原子经济性评价指标为例，若反应过程的原子经济性较低，必然反映出：反应物的分子没有全部结合到目标产物中，使原材料和能源没有得到有效的利用；合成技术复杂，工艺步骤多，流程长；纯化和分离需要除去副产物、未反应物、试剂、溶剂等；D. J. C. Constable等通过对4种药物的合成研究，探讨了原子经济性和生产成本间的关系，提出了7种成本最小化的模式。

① 成本最小化模式一 最小的过程化学计量法＋标准产率、反应物化学计量和溶剂。即在化学反应过程中，所有反应物和试剂均按化学计量法进行，不得过量。其他成本按标准计量即工厂实际应用和得到的数据计算。

② 成本最小化模式二 反应的原子经济性为100%＋标准产率、溶剂和过程化学计量法。即反应物全部结合到目标产物中，原子经济为100%，其他成本按标准计量即工厂实际应用和得到的数据计算。

③ 成本最小化模式三 产率为100%＋标准溶剂和过程化学计量法。即成本是基于所用的反应物，过程添加的化学品和溶剂均为标准数量，但产率为100%。

④ 成本最小化模式四 溶剂100%回收利用＋标准产率和过程化学计量法。即反应过程中各种溶剂100%回收利用，其他成本均按标准计量即工厂实际应用和得到的数据计算。

⑤ 成本最小化模式五 反应的原子经济性为100%，过程化学计量和溶剂回收利用。即反应物全部结合到目标产物中，反应的原子经济性为100%，过程中添加的化学品均为化学计量，不得过量；各种溶剂100%回收利用。

⑥ 成本最小化模式六 产率为100%，溶剂回收利用和过程化学计量法，即成本基于产率为100%，各种溶剂均回收再用，其他成本均按标准计量即工厂实际应用和得到的数据计算。

⑦ 成本最小化模式七 产率为100%，溶剂回收利用，反应物换热过程均为化学计量法。即理论上的成本最小化模式，各种反应物和过程均为化学计量，所有溶剂100%回收利用，过程中各步产率均为100%。

以上七种模式的总成本结果见表1-1，表中总成本为药物合成过程中实际应用的各种材料的成本。

表1-1 四种药物的成本比较情况

模式	总成本/%			
	药物1	药物2	药物3	药物4
成本最小化模式一	86	99	92	97
成本最小化模式二	87	40	84	69
成本最小化模式三	71	32	56	57
成本最小化模式四	63	84	64	55
成本最小化模式五	36	22	40	21
成本最小化模式六	34	16	20	11
成本最小化模式七	20	15	12	8

分析上表数据发现：对于合成药物过程，改善反应的原子经济性是降低生产成本和提高企业经济效益的重要内容。如果采用高产率的合成反应，减少反应物的过量使用，进一步搞好溶剂的循环及回收利用问题，也是降低生产成本、提高经济效益的有效方式。

思 考 题

1. 什么是精细化工产品？
2. 精细化工产品是如何分类的？
3. 精细化工生产具有什么特点？
4. 今后精细化工发展的趋势和重点体现在哪些方面？
5. 精细化工生产涉及哪些常规技术和特殊技术？
6. 分离提纯在精细化工生产中具有哪些意义？
7. 常见的分离提纯技术有哪些？其新发展方向是什么？
8. 精细化工开发过程主要考虑哪些方面？开发的一般程序有哪些？
9. 发展精细化工绿色化技术有什么重要意义？
10. 绿色化学原理是什么？目前有哪些有效的绿色化技术？
11. 什么是原子经济性？
12. 绿色化工过程评价的指标参数有哪些？

第二章 单元反应原理

【基本要求】

1. 理解并掌握精细有机合成单元反应的基本理论；
2. 了解这些单元反应在工业生产中的广泛应用情况；
3. 掌握目标化合物的合成原理和优化合成工艺条件。

精细化工产品尽管涉及面很广，但分析其常用的合成过程，仅涉及十几个合成单元。故本章根据精细化工产品生产中常用的磺化及硫酸化、硝化、卤化、氧化、还原、烷基化、酰基化反应等几个单元反应，较详细介绍其理论知识、反应试剂、历程、方法及影响因素等内容。

第一节 磺化及硫酸化反应

向有机分子中引入—SO_3 基团的反应称为磺化或硫酸盐化反应。磺化是向有机分子中引入磺基（—SO_3H），或其相应的盐、磺酰卤基（—SO_2Cl）的化学过程。反应生成的新键是 C—S 键或 N—S 键，分别称为碳磺化和氮磺化反应，得到的产物是磺酸化合物（RSO_2OH 或 $ArSO_2OH$ 及盐类）。硫酸化一般是指有机化合物分子中引入硫酸酯基（—OSO_3H）的反应。反应生成的新键是 C—O—S 键。磺酸盐和硫酸盐的用量很大，除作为洗涤剂、乳化剂、渗透剂、润湿剂、分散剂、离子交换树脂外，也是染料及医药工业的重要中间体，磺基还可以转化为羟基、氨基、氰基等，由于磺化反应的可逆性，在有机合成中也常作为导向剂，暂时引入磺基，完成反应后再将其脱落。

一、磺化剂、硫酸化剂

工业上常用的磺化剂有三氧化硫、硫酸、发烟硫酸和氯磺酸。选用磺化剂时，还必须考虑产品的质量和副反应等其他因素。因此，各种形式的磺化剂在相应的场合有其有利的一面，根据具体情况选用。

1. 三氧化硫

理论上讲，三氧化硫应是最有效的磺化剂，因为在反应中只含直接引入 SO_3 的过程。

$$R—H + SO_3 \longrightarrow R—SO_3H$$

使用由 SO_3 构成的化合物作磺化剂时，首先要用某种化合物与 SO_3 作用构成磺化剂，磺化反应结束后又重新放出与 SO_3 结合的物质。可用下式表示：

$$HX + SO_3 \longrightarrow SO_3 \cdot HX$$
$$R—H + SO_3HX \longrightarrow R—SO_3H + HX$$

2. 硫酸和发烟硫酸

硫酸由于制造和使用时的考虑，有两种规格，即 $92\% \sim 93\%$ 的绿矾油和 $98\% \sim 100\%$ 的水合物，也可看作是三氧化硫与水以摩尔比 1∶1 组成的络合物。

有过量的三氧化硫存在的为发烟硫酸。工业上常用的发烟硫酸有两种规格，即游离三氧

化硫含量分别为 $20\%\sim25\%$ 和 $60\%\sim65\%$，均具有最低共熔点，常温下为液体，便于使用。

3. 氯磺酸

氯磺酸（$HOSO_2Cl$）是单硫酰氯，可以看作是 $SO_3 \cdot HCl$ 的络合物。达到沸点 $52℃$ 时则离解为 SO_3 和 HCl，易溶于氯仿、四氯化碳、硝基苯以及液体二氧化硫，除单独使用外，也可以与溶剂配合使用。

4. 其他磺化剂

其他反应剂还有硫酰氯（SO_2Cl_2）、氨基磺酸（H_2NSO_3H）、二氧化硫和盐硫酸根离子。硫酰氯是由二氧化硫与氯反应而成的，氨基磺酸是由三氧化硫和硫酸与尿素反应而成的：$H_2NCONH_2 + H_2SO_4 + SO_3 \longrightarrow 2H_2NSO_3H + CO_2$

氨基磺酸是稳定不吸湿的固体，在磺化和硫酸化反应中，它类似于三氧化硫叔胺配合物，不同之处是氨基磺酸在高温无水介质中应用，主要用于醇的硫酸化。二氧化硫可以直接用于磺氧化和磺氯化反应，与三氧化硫一样，二氧化硫是亲电子的，其反应大多数是通过自由基反应。

二、磺化及硫酸化反应历程

硫酸可按多种方式离解，在 100% 的硫酸中，硫酸分子通过氢键而缔合。100% 硫酸略能导电，综合散射光谱测定证明有 HSO_4^- 存在，因 100% 硫酸中约有 $0.2\%\sim0.3\%$，可按下列反应式离解：

$$2H_2SO_4 \longrightarrow H_3SO_4^+ + HSO_4^-$$

$$2H_2SO_4 \longrightarrow SO_3 + H_3O^+ + HSO_4^-$$

$$3H_2SO_4 \longrightarrow H_2S_2O_7 + H_3O^+ + HSO_4^-$$

发烟硫酸也略能导电，这是因为发生了以下反应的结果：

$$SO_3 + H_2SO_4 \longrightarrow H_2S_2O_7$$

$$H_2S_2O_7 + H_2SO_4 \longrightarrow H_3SO_4^+ + HS_2O_7^-$$

因此，在浓硫酸和发烟硫酸中可能存在 SO_3、$H_2S_2O_7$ 和 $H_3SO_4^+$ 等亲电质点，且均可参加磺化反应，都可以把它们看作是不同溶剂化的三氧化硫分子。

1. 磺化反应历程

（1）芳烃的取代反应 芳香族化合物主要用直接磺化（亲电取代反应）。常用的磺化剂有浓硫酸、发烟硫酸等。磺化反应一般按下列历程进行。

$$2H_2SO_4 \Longleftrightarrow SO_3 + H_3O^+ + HSO_4^-$$

反应历程一般是按两步反应进行的。首先，亲电质点向芳环发生亲电攻击，生成 σ 络合物；然后，在碱（HSO_4^-）的存在下脱去质子得到苯磺酸。动力学研究证明，其中 σ 络合物的生成是反应速率的控制步骤。

（2）链烯烃的加成反应 烯烃的磺化加成反应有两种反应历程，即生成离子中间体和自由基中间体，最后得到的是双键全部被加成的产物或明显的取代产物。

① 离子型历程 首先是亲电试剂和链烯烃的 π 电子系统之间形成一个键，生成一种正

碳离子。但是烯烃加成可以有几种途径，生成几种产物。普谢尔（Puschel）提出了 α-烯烃磺化反应历程。

② 自由基历程　亚硫酸氢钠在氧或过氧化物存在下按自由基历程与烯烃发生加成反应，生成磺酸钠盐。

$$HSO_3^- + O_2 \longrightarrow SO_3^- \cdot + HOO \cdot$$

$$SO_3^- \cdot + CH_2{=\!\!=}CHR \longrightarrow {}^-O_3S{-}CH_2{-}\overset{\cdot}{C}H{-}R$$

$$R{-}\overset{\cdot}{C}H{-}CH_2{-}SO_3^- \cdot + HSO_3^- \longrightarrow R{-}CH_2CH_2{-}SO_3^- + SO_3^- \cdot$$

2. 硫酸化反应历程

(1) 醇的硫酸化反应　醇的硫酸化从形式上可以看成是硫酸的酯化，是按照双分子置换反应历程进行的。醇类进行硫酸盐化，硫酸既可以作为溶剂，又是催化剂，反应历程中包括S—O 键断裂：

$$H_2SO_4 = HO{-}SO_3H$$

$$R{-}O{-}H + HO{-}SO_3H = ROSO_3H + H_2O$$

当以氯磺酸为反应剂时，反应历程为：

$$ClSO_3H = Cl{-}SO_3H$$

$$R{-}O{-}H + Cl{-}SO_3H = ROSO_3H + HCl$$

当用气态三氧化硫进行醇类的硫酸盐化时，化学反应几乎立刻发生，反应速率受气体的扩散控制，化学反应在液相的界面上完成。

(2) 链烯烃的加成反应　加成反应是按马尔科夫尼科夫规则进行，链烯烃质子化后生成的正碳离子是速率控制步骤：

$$R{-}CH{=\!\!=}CH_2 \underset{}{\overset{+H^+}{\rightleftharpoons}} R{-}\overset{+}{C}H{-}CH_3 \overset{HSO_4^-}{\longrightarrow} R{-}\underset{\underset{OSO_3H}{|}}{C}H{-}CH_3$$

3. 磺氧化和磺氯化反应历程

烷烃不能直接进行磺化反应，可间接通过自由基反应，在氧化剂（O_2 或 Cl_2）存在下，用 SO_2 进行磺化，所以叫磺氧化和磺氯化。即烷烃和二氧化硫在氧化剂氧（或氯）的存在下，进行的磺氧化（或磺氯化）反应，此反应为自由基的链锁反应。

(1) 磺氧化反应　二氧化硫用氧同烷烃的反应是在 20 世纪 40 年代发现的，在 50 年代开始工业应用。该反应的产物是仲链烷磺酸盐：

$$R{-}CH_2{-}CH_3 + SO_2 + \frac{1}{2}O_2 \overset{h\nu}{\longrightarrow} R{-}\underset{\underset{SO_2OH}{|}}{C}H{-}CH_3$$

$$R{-}\underset{\underset{SO_2OH}{|}}{C}H{-}CH_3 + NaOH \longrightarrow R{-}\underset{\underset{SO_3Na}{|}}{C}H{-}CH_3 + H_2O$$

该反应用紫外线、γ 射线、臭氧、过氧化物或其他自由基引发剂引发。反应历程包括下列过程：

$$R{-}H \longrightarrow R \cdot + \cdot H$$

$$R \cdot + SO_2 \longrightarrow RSO_2 \cdot$$

$$RSO_2 \cdot + O_2 \longrightarrow RSO_2O_2 \cdot$$

$$RSO_2O_2 \cdot + RH \longrightarrow RSO_2O_2H + R \cdot$$

$$RSO_2O_2H + H_2O + SO_2 \longrightarrow RSO_3H + H_2SO_4$$

$$RSO_2O_2H \longrightarrow RSO_2O \cdot + \cdot OH$$

$$\cdot OH + RH \longrightarrow H_2O + R\cdot$$

$$RSO_2O\cdot + RH \longrightarrow RSO_3H + R\cdot$$

其中，RSO_2O_2H 的生成是控制整个反应过程的关键步骤。

（2）磺氯化反应　直链烷烃通过磺氯化可得仲烷基磺酸盐：

$$R-H + SO_2 + Cl_2 \xrightarrow{h\nu} RSO_2Cl + HCl$$

$$RSO_2Cl + 2NaOH \longrightarrow RSO_3Na + H_2O + NaCl$$

饱和烃和环烷烃与二氧化硫及氯气的混合物用紫外光照射，则发生磺氯化作用，这个反应称为里德光化学磺氯化作用。光化学磺氯化作用为自由基历程。

链引发 $$Cl_2 \xrightarrow{h\nu} Cl\cdot + \cdot Cl$$

链增长 $$RH + Cl\cdot \longrightarrow R\cdot + HCl$$

$$R\cdot + SO_2 \longrightarrow RSO_2\cdot$$

$$RSO_2\cdot + Cl_2 \longrightarrow RSO_2Cl + Cl\cdot$$

链终止 $$Cl\cdot + Cl\cdot \longrightarrow Cl_2$$

$$R\cdot + Cl\cdot \longrightarrow RCl$$

$$RSO_2\cdot + Cl\cdot \longrightarrow RSO_2Cl$$

该过程可用自由基引发剂（过氧化物）来引发，化学引发剂容易生成自由基。

三、影响磺化及硫酸化反应的因素

1. 被磺化物的结构

芳烃的结构对磺化反应的影响研究得比较深入。当环上存在供电子基团，使芳环邻、对位富有电子，有利于 σ 络合物的形成，则磺化较易进行；当存在吸电子基团时，则不利于 σ 络合物的形成，使反应较难进行。同时，磺基的体积较大，所以磺化时的空间效应比硝化、卤化大得多，空间阻碍对 σ 络合物的质子转移有显著影响。在磺基邻位有取代基时，由于 σ 络合物内的磺基位于平面之外，络合物在质子转移后，磺基与取代基在同一平面上便有空间阻碍存在。取代基体积愈大，则位阻愈大，磺化速率越慢。

2. 磺基的水解

芳磺酸在含水的酸性介质中，在一定温度下会发生水解反应使磺基脱落。这可看作是磺化的逆反应。

$$ArSO_3H + H_2O \rightleftharpoons ArH + H_2SO_4$$

H_3O^+ 是反应的活性质点，水解时参加反应的是磺酸阴离子，在一定条件下，靠近磺酸阴离子的 H_3O^+ 有可能转移到芳环中，与和磺基相连的碳原子连接，最后使磺基脱落。其历程：

σ-络合物

对于有吸电子基的芳磺酸，芳环上的电子云密度降低，磺基难水解。对于有供电子基的芳磺酸，芳环上电子云密度高，磺基易水解。此外，介质中 H_3O^+ 浓度愈高，水解速率越快。磺化和水解的反应速率都与温度有关，温度升高，水解速率增加值比磺化速率快，故一般情况下，水解的温度比磺化温度要高。

3. 磺基的异构化

磺基不仅能够发生水解反应，在一定条件下还可以从原来的位置转移到其他位置，通常是转移到热力学更稳定的位置，称为"磺基的异构化"。一般认为，在含有水的硫酸中，硫酸的异构化是一个水解-再磺化的反应，而在无水硫酸中则是内分子重排反应。

温度变化对磺酸的异构化也有一定的影响。以萘用浓硫酸磺化为例，在 60℃ 以下主要生成 α-萘磺酸，而在 160℃ 主要生成 β-萘磺酸。这种异构体的比例随温度的变化而变化。温度对甲苯磺化异构化的影响如表 2-1 所示。

表 2-1　温度对甲苯磺化异构体分配的影响

磺化产物	异构磺酸生成比/%							
	0℃	35℃	75℃	100℃	150℃	175℃	190℃	200℃
邻甲苯磺酸	42.7	31.9	20.0	13.3	7.8	6.7	6.8	4.3
间甲苯磺酸	3.8	6.1	7.9	8.0	8.9	19.9	33.7	54.1
对甲苯磺酸	53.5	62.0	72.1	78.7	83.2	70.7	56.2	35.2

4. 磺化剂的浓度和用量的影响

用硫酸作磺化剂时，每引入一个磺基，同时生成 1mol 的水，使得硫酸的浓度降低较快。而芳环磺化反应速率明显地依赖于硫酸浓度。水的生成使磺化反应速率大为减慢，当酸的浓度降低到一定程度时，反应几乎停止进行。这时的剩余硫酸称为"废酸"。其浓度通常用含三氧化硫的质量分数（%）表示，称为磺化的"π值"。容易磺化的过程，π值较小；难以磺化的过程，π值较大。有时废酸浓度高于 100% 硫酸，即 π 值大于 81.6。例如：硝基苯的磺化，π值为 82.0，这时需要发烟硫酸等作为磺化剂。各种芳烃的 π 值如表 2-2 所示。

表 2-2　各种芳烃化合物的 π 值

磺化反应	π 值	$w(H_2SO_4)$/%	磺化反应	π 值	$w(H_2SO_4)$/%
苯单磺化	64	78.4	萘二磺化(160℃)	52	63.7
蒽单磺化	43	53	萘三磺化(160℃)	79.8	97.3
萘单磺化(60℃)	56	68.5	硝基苯单磺化	82	100.1

由 π 值概念可以定量地说明磺化剂的开始浓度对磺化剂用量的影响，假设在酸相中被磺化物和磺酸的浓度极小，可以忽略不计，则就可以推导出每摩尔有机化合物在一磺化时，可按下式求出利用的硫酸或发烟硫酸 x 的用量：

$$x = \frac{80(100-\pi)n}{\alpha - \pi}$$

式中　　x——原料酸的用量，kg；

　　　　α——磺化剂中 SO_3 的质量分数，%；

　　　　π——废酸中 SO_3 的质量分数，%；

　　　　n——引入磺基的个数。

对有机化合物进行一磺化时，当用 SO_3 作磺化剂（$\alpha=100$）它的用量由上式可以看出为 80kg，相当于理论用量。当磺化剂的开始浓度 α 降低时，磺化剂的用量就会增加。当 α 降低到废酸的浓度 π 值时（即 $\alpha\approx\pi$），磺化剂的用量将增加到无限大。由于废酸一般都不能回收，如果只从磺化剂的用量来考虑，应采用三氧化硫或 65% 发烟硫酸，但是浓度太高的磺化剂会引起许多副反应等问题。另外，生成的磺酸一般都溶解于酸相中，而酸相中磺酸的浓度也会影响反应速率，所以上述简化公式并不适用于计算磺化剂的实际用量。在实际工作中为保证收率，一般都采用浓硫酸，这样酸的用量较少，同时采取物理或化学方法脱水以降低水对酸的稀释作用。比如，使用过量的烃不断带走反应生成水；或者，向磺化物中加入能与水作用的物质（BF_3）。

5. 助剂

磺化过程中加入合适的少量助剂，对反应常有明显的影响，主要表现为抑制副反应、改变定位和使反应变易等方面。

磺化时的主要副反应是多磺化、氧化及不希望有的异构体和砜的生成。生成砜的有利条件是磺化剂的浓度、温度都比较高，此时芳磺酸能与硫酸作用生成芳砜阳离子，而后与芳烃反应生成砜。在磺化液中加入无水硫酸钠可以抑制砜的生成。

$$Ar-SO_3H+2H_2SO_4 \rightleftharpoons ArSO_2^+ + H_3O^+ + 2HSO_4^-$$

$$（或\ ArSO_3H + SO_3 \rightleftharpoons ArSO_2^+ + HSO_4^-）$$

$$ArSO_2^+ + ArH \longrightarrow ArSO_2Ar + H^+$$

在萘酚进行磺化时，加入硫酸钠可以抑制硫酸的氧化作用；羟基蒽醌磺化时加入硼酸，使羟基转变为硼酸酯基，也可抑制氧化的副反应。

蒽醌在使用发烟硫酸磺化时，加入汞盐与不加汞盐分别得到 α-蒽醌磺酸和 β-蒽醌磺酸。另外，催化剂的加入有时可以降低反应温度，提高收率和加速反应。如当吡啶用三氧化硫或发烟硫酸磺化时，加入少量汞可使收率由 50% 提高到 70%。

四、磺化及硫酸化方法

1. 三氧化硫法

用三氧化硫磺化，反应不生成水，磺化剂利用率较高，其用量接近理论量。实际工业应用可以高达 90% 以上。使用三氧化硫做磺化剂明显的优点就是反应迅速，三废少，经济效益高。所以近年来的应用日益增多，它不仅可用于脂肪醇、烯烃的磺化，而且可直接用于烷基苯的磺化。三氧化硫做磺化剂也存在一些缺点。首先，三氧化硫熔点为 16.8℃，沸点为 44.8℃。液相区比较狭窄，给使用上带来困难。其次，三氧化硫活泼性很高，反应非常激烈，放热量大，这样很容易引起物料局部过热而焦化。所以在反应中应注意控制温度和加料顺序，并及时散热，以防止爆炸事故发生。而且磺酸黏度非常高，不利于散热，以致在反应过程中易产生过磺化，有砜等副产物生成。

为了抑制副反应，改善产品质量，在工艺及设备上均需采取相应措施。该反应的快慢主要是由三氧化硫在气相中的扩散速率决定的。三氧化硫的浓度对反应有较大影响。工业生产中通常是用干燥空气把其稀释成 3%～8%（体积）的气体。磺化器的结构也很重要，结构优良的磺化器能很好地解决传质、传热的问题。在罐式磺化器中采取三氧化硫多段通入和强烈的搅拌器；在膜式磺化器中可采用增加扩散距离或通入保护风技术。图 2-1 是工业较先进的双膜反应器的结构图。

2. 过量硫酸磺化法

被磺化物在过量的硫酸或发烟硫酸中进行磺化的方法称为过量硫酸磺化法。该方法的优点是适用范围广，缺点是硫酸过量较多，废酸多，生产能力低。

若被磺化物在反应温度下是固态，则在磺化锅中先加入磺化剂，然后在低温下加入被磺化物，再升温至反应温度。若反应物在磺化温度下是液态的，一般在磺化锅中先加入被磺化物，然后再慢慢加入磺化剂，以免生成较多的多磺化物。因此在过量磺化中，加料次序取决于原料的性质、反应温度以及引入磺基的数目与位置。在制备多磺酸时，常采用分段加酸法，目的是使每一个磺化阶段都能选择最适宜的磺化剂浓度和反应温度，从而使磺基进入所需位置，得到所需的磺化产物。

3. 共沸去水磺化法

共沸去水磺化法只适用于沸点较低易挥发的芳烃，例如苯和甲苯的磺化。苯的一磺化如果用过量硫酸法，需使用过量较多的发烟硫酸。为克服这一缺点，工业上多采用共沸去水磺化法。此方法是向浓硫

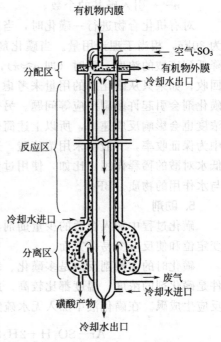

图 2-1 双膜反应器的结构

酸中通入过量的过热苯蒸气，利用共沸原理，由未反应的苯蒸气带走反应所生成的水，从而使得磺化剂浓度不会下降太多，使硫酸利用率大大提高。从磺化锅逸出的苯蒸气与水经冷凝分离后，可回收苯循环利用。因为此方法利用苯蒸气进行磺化，因此工业上称为"气相磺化"法。

苯的共沸去水磺化也可以用塔式或锅式串联的连续法，但国内各厂生产能力不大，故都采用分批磺化法。

4. 氯磺酸磺化法

氯磺酸是一种强磺化剂，由于氯原子电负性较大，硫原子上带有较大部分正电荷，它的磺化能力很强，仅次于三氧化硫。其结构式为：

$$\overset{\delta^-O}{\underset{\delta^-O}{\overset{\|}{S}}}\overset{\delta^+\ OH}{\underset{Cl^{\delta^-}}{}}$$

采用等物质的量或稍过量的氯磺酸磺化，得到的产物是芳磺酸。

$$ArH + ClSO_3H \longrightarrow ArSO_3H + HCl\uparrow$$

氯磺酸遇水立即分解放出大量气体和热量，容易发生事故，因而所有原料及设备都必须干燥无水。

$$ClSO_3H + H_2O \longrightarrow H_2SO_4 + HCl\uparrow$$

5. 亚硫酸盐磺化法

这是一种利用亲核置换引入磺基的方法，用于将芳环上的卤素或硝基置换成磺基，通过这条途径可制得某些不易由亲电取代得到的磺酸化合物。

例如：2,4-二硝基氯苯与亚硫酸氢钠作用，可制得 2,4-二硝基苯磺酸钠，经还原便可得到间二胺磺酸，它是一种重要的染料中间体。

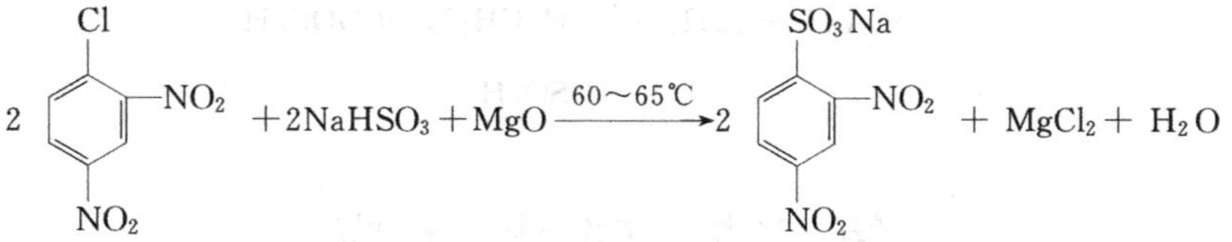

$$2\ \text{(Cl, NO}_2\text{, NO}_2\text{-苯)} + 2NaHSO_3 + MgO \xrightarrow{60\sim65\,℃} 2\ \text{(SO}_3Na\text{, NO}_2\text{, NO}_2\text{-苯)} + MgCl_2 + H_2O$$

6. 烘焙磺化法

这种方法多用于芳香族伯胺的磺化，此方法可使硫酸的用量降低到接近理论量。将芳伯胺与等物质的量的硫酸混合制成芳胺硫酸盐，然后在高温下烘焙脱水，同时发生分子内重排，得到芳胺磺酸。磺基进入氨基的对位，当对位存在取代基时则进入邻位。例如，苯胺磺化得到对氨基苯磺酸，其反应历程为：

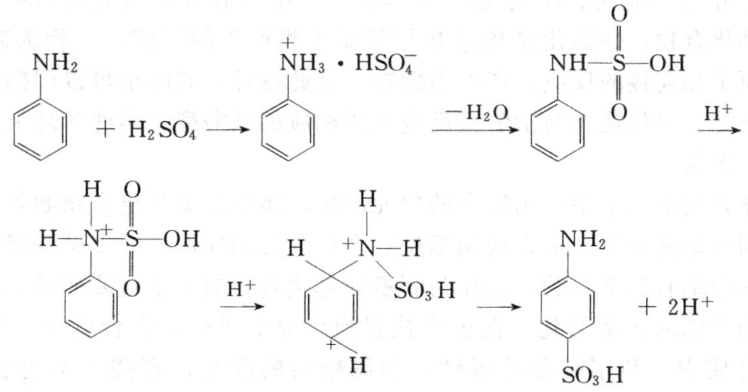

$$\text{苯胺} + H_2SO_4 \longrightarrow \overset{+}{NH_3}\cdot HSO_4^- \xrightarrow{-H_2O} NH\!-\!SO_2OH \xrightarrow{H^+}$$

$$\xrightarrow{H^+} \text{(中间体)} \longrightarrow \text{对氨基苯磺酸} + 2H^+$$

烘焙磺化法在工业上有三种方式：

① 芳胺与硫酸等物质的量混合制得固态硫酸盐，然后在烘焙炉内于 $180\sim230\,℃$ 下进行烘焙；

② 芳胺与硫酸等物质的量混合直接在转鼓式球磨机中进行成盐烘焙；

③ 芳胺与等物质的量硫酸在三氯苯介质中，于 $180℃$ 下磺化并蒸出反应生成的水。

7. 高级醇硫酸化法

具有较长碳链的高级醇经硫酸化可制备阴离子型表面活性剂。通常用碳原子数 $C_{12}\sim C_{18}$ 的月桂醇、十六醇、十八醇和油醇（十八烯醇）等为原料，经硫酸化得到相应的硫酸酯盐。高级硫酸酯盐的水溶性及去污能力比肥皂好，因为它是中性，不会损伤羊毛，耐硬水，因此被广泛地用于家用洗涤剂，其缺点是水溶液呈酸性，容易发生水解，高温时也易分解。高级醇与硫酸的反应是可逆的：

$$ROH + H_2SO_4 \Longleftrightarrow ROSO_3H + H_2O$$

为防止逆反应，醇类的硫酸化常采用发烟硫酸、三氧化硫或氯磺酸作反应试剂。

8. 天然不饱和油脂和脂肪酸酯的硫酸化法

天然不饱和油脂或不饱和蜡经硫酸化后再中和所得产物总称为硫酸化油。天然不饱和油脂常用蓖麻籽油、橄榄油、棉籽油、花生油等；鲸油、鱼油等海产动物油脂作原料品质较差。硫酸化可使用硫酸、发烟硫酸、氯磺酸等。

除了天然油脂类外，还有不饱和脂肪酸的低碳醇酯，它经过硫酸化也能制得阴离子表面活性剂。例如：油酸与丁醇反应制得的油酸丁酯经硫酸酯化后可得到磺化油 AH：

$$CH_3-(CH_2)_7-CH\!=\!CH-(CH_2)_7-COOH + C_4H_9OH$$

$$\xrightarrow[\text{回流}]{H_2SO_4} CH_3-(CH_2)_7-CH=CH(-CH_2)_7-COOC_4H_9 + H_2O$$

$$\xrightarrow[0\sim5℃]{H_2SO_4} CH_3-(CH_2)_7-\underset{\underset{OSO_3H}{|}}{CH}(CH_2)_8-COOC_4H_9$$

第二节　硝化反应

硝化反应是指向有机化合物分子中引入硝基生产硝基化合物的反应。硝基化合物在燃料、溶剂、炸药、香料、医药、农药等许多化工领域广泛应用。

$$ArH + HNO_3 \longrightarrow ArNO_2 + H_2O$$

又可进一步分为 C-硝化、O-硝化和 N-硝化。其中 C-硝化是指硝基和碳原子相连接的反应，产物为硝基化合物；O-硝化是指硝基与氧原子相连接的反应，产物为硝酸酯；N-硝化是指硝基与氮原子相连接的反应，产物为硝铵。除此以外，有时也可以用硝基去置换其他原子或官能团。例如：卤代烷能与硝酸银反应生成相应的硝酸酯；某些芳环上的磺酸基或乙酰基也可以被硝基置换。

芳烃的硝化是精细化工中应用较多的单元反应，脂肪族硝基化合物制备比较困难，比如甲苯气相硝化制备硝基甲苯。低碳链硝基烷烃多作为溶剂使用，而多硝基烷烃则大多属于炸药类产品。引入硝基有三个目的：①作为制备氨基化合物的一条重要途径；②利用硝基的极性，使芳环上的其他取代基活化，促进亲核置换反应的进行；③合成赋予特定功能的化合物。如在染料合成中，利用硝基的极性，加深染料的颜色；有些硝基化合物可作为烈性炸药。

一、硝化剂类型

从无水硝酸到稀硝酸都可以作为硝化剂。由于被硝化物性质和活泼性的不同，硝化剂常常不是单独的硝酸，而是硝酸和各种质子酸（如硫酸）、有机酸、酸酐及各种路易斯酸的混合物。此外还可使用氮的氧化物、有机硝酸酯等作为硝化剂。

1. 硝酸

硝酸分子的氮、氧原子都处于同一平面，根据电子衍射研究表明，硝酸分子具有如下结构：

$$HO:N\overset{\displaystyle O}{\underset{\displaystyle O}{\diagup\kern-0.5em\diagdown}}$$

硝酸分子间还存在着氢键。从结构上看硝酸具有两性的特征，它既是酸，又是碱。硝酸对强质子酸和硫酸等起碱的作用，对水、乙酸则起酸的作用；当硝酸起碱的作用时，硝化能力就增强；反之，如果起酸的作用时，硝化能力就减弱。

2. 混酸

硝酸与硫酸的混合物称为混酸。当硫酸和硝酸相混合时，硫酸起酸的作用，硝酸起碱的作用，其平衡反应式为：

$$2H_2SO_4 + HNO_3 \Longleftrightarrow NO_2^+ + H_3O^+ + 2HSO_4^-$$

因此在硝酸中加入强质子酸（例如硫酸）可以大大提高其硝化能力，混酸是应用广泛的硝化剂。

3. 硝酸与乙酸酐混合硝化剂

它广泛地用于芳烃、杂环化合物、不饱和烃、胺、醇等的硝化。是仅次于硝酸和混酸常用的重要硝化剂，其特点是反应较缓和，适用于易被氧化和易为混酸所分解的硝化反应。

4. 硝基盐硝化剂

常用的硝基盐有 $NO_2^+BF_4^-$ 和 $NO_2^+BF_6^-$。该历程的特点是它的硝化能力比混酸强得多，可以不考虑 NO_2^+ 的生成速率对反应的影响。

5. 硝酸盐与硫酸硝化剂

硝酸盐和硫酸作用产生硝酸与硫酸盐。实际上它是无水硝酸与硫酸的混酸：

$$MNO_3 + H_2SO_4 \rightleftharpoons HNO_3 + MHSO_4$$

M 为金属。常用的硝酸盐是硝酸钠、硝酸钾，硝酸盐与硫酸的配比通常是 $(0.1 \sim 0.4):1$（质量比）左右。按这种配比，硝酸盐几乎全部生成 NO_2^+。所以适用于如苯甲酸、对氯苯甲酸等难硝化芳烃的硝化。

6. 氮的氧化物

氮的氧化物除了 N_2O 以外，都可以作为硝化剂，如三氧化二氮（N_2O_3），四氧化二氮（N_2O_4）及五氧化二氮（N_2O_5）。这些氮的氧化物在一定条件下都可以和烯烃进行加成反应。

二、硝化反应历程

1. 混酸或浓硝酸硝化

此类硝化反应的活性质点为 NO_2^+，从以下平衡反应式可以看出：

$$H_2SO_4 + HNO_3 \rightleftharpoons HSO_4^- + H_2^+NO_3$$

$$H_2^+NO_3 \rightleftharpoons H_2O + NO_2^+$$

$$H_2O + H_2SO_4 \rightleftharpoons H_3O^+ + HSO_4^-$$

总的平衡反应式：

$$2H_2SO_4 + HNO_3 \rightleftharpoons NO_2^+ + H_3O^+ + 2HSO_4^-$$

实验表明，在混酸中硫酸浓度增高，有利于 NO_2^+ 的离解。硫酸浓度在 $75\% \sim 85\%$ 时，NO_2^+ 浓度很低，当硫酸浓度增高至 89% 或更高时，硝酸全部离解为 NO_2^+，从而硝化能力增强，如表 2-3 所示。

表 2-3　由硝酸和硫酸配成的混酸中 HNO_3 的转化率

混酸中的硝酸含量/%	5	10	15	20	40	60	80	90	100
硝酸转变为 NO_2^+ 的转化率/%	100	100	80	62.5	28.8	16.7	9.8	5.9	1

对芳烃的硝化历程以苯为例可以用下式表示。

动力学研究认为芳烃用混酸硝化时，首先是 NO_2^+ 向芳烃发生亲电攻击生成 π 络合物，然后转变成 σ 络合物，最后脱去质子得到硝化产物。其中生成 σ 络合物步骤是反应速率的控制阶段。

2. 硝基盐硝化

常用的硝基盐有 $NO_2^+BF_4^-$ 和 $NO_2^+BF_6^-$。该历程的特点是它的硝化能力比混酸强得多，可以不考虑 NO_2^+ 的生成速率对反应的影响。以苯为例的硝基盐硝化历程：

3. 稀硝酸硝化

酚、酚醚以及某些 *N*-酰基芳胺常常采用稀硝酸作硝化剂。反应历程为芳烃首先与亚硝酸作用生成亚硝基化合物，然后硝酸再将亚硝基化合物氧化成硝基化合物，硝酸本身则被还原，重生成新的亚硝酸：

$$ArH + HNO_2 \longrightarrow ArNO + H_2O$$
$$ArNO + HNO_3 \longrightarrow ArNO_2 + HNO_2$$

4. 在乙酸酐中硝化

其硝化特点是反应较缓和，适用于易被氧化或者易被混酸所分解的硝化反应。广泛用于芳烃、杂环化合物、不饱和烃化合物、胺、醇等的硝化。经光谱分析，硝酸的醋酸溶液包括下列组分：HNO_3、$H_2^+NO_3$、CH_3COONO_2、$CH_3COONO_2H^+$、NO^+、N_2O_5。

三、硝化方法

工业硝化方法主要有以下几种方法。

（1）稀硝酸硝化法　一般用于含有强的第一类定位基团的芳香族化合物的硝化，反应在不锈钢或搪瓷设备中进行，硝酸过量约 $10\% \sim 65\%$。由于反应中不断生成水，使得硝酸稀释很快，硝化能力下降也快，硝酸的使用极不经济。所以，工业应用实践较少。

（2）浓硫酸介质中的均相硝化　当在反应温度下，被硝化物或硝化产物是固态时，就需要把被硝化物溶解在大量的浓硫酸中，然后加入硫酸和硝酸的混合物进行硝化。

（3）非均相混酸硝化　当在反应温度下，被硝化物和硝化产物是液态时，常常采用非均相混酸硝化的方法。通过强烈搅拌，使有机相被分散到酸相中以完成硝化反应。工业上常采用这种硝化法。

（4）有机溶剂中的硝化法　为了防止被硝化物和硝化产物与硝化混合物发生反应或水解，硝化反应可以采用在有机溶剂中进行，硝化用的有机溶剂有冰醋酸、氯仿、四氯甲烷、二氯甲烷、硝基甲烷、苯等，其中常用的是二氯甲烷。

（5）气相硝化法　苯与 NO_2 在 $80 \sim 190℃$ 通过分子筛处理便转化为硝基苯。用一氯化钯作催化剂，由氯苯可得到硝基氯苯的异构体。

硝化反应的特点可归纳为：①在进行硝化反应的条件下，反应是不可逆的；②硝化反应速率快，是强放热反应，其放热量约为 $126kJ/mol$；③在多数场合下，反应物与硝化剂是不能完全互溶的，常常分为有机层和酸层等方面。

四、硝化反应的影响因素

1. 被硝化物的性质

硝化反应是芳环上的亲电取代反应，芳烃硝化反应的难易程度，与芳环上取代基的性质有密切关系。当苯环上存在给电子基团时，硝化速率较快，在硝化产品中常常以邻、对位产物为主。反之，当苯环上连有吸电子基时，硝化速率降低，产品中常以间位异构体为主。然而卤苯例外，引入卤素虽然使苯环钝化，但得到的产品几乎都是邻、对位异构体。

2. 硝化剂

硝化剂对硝化反应的影响也是十分重要的。不同的硝化对象，往往需要采用不同的硝化方法。相同的硝化对象，若采用不同的硝化方法，常常会得到不同的产物组成。因此在进行硝化反应时，必须要选择合适的硝化剂。在混酸中硝化时，混酸的组成是重要的影响因素，硫酸浓度越大，硝化能力越强。混酸中硫酸的浓度还影响产物异构体的比例。例如：1,5-萘二磺酸在浓硫酸中硝化，主要生成 1-硝基萘-4,8-二磺酸；在发烟硫酸中硝化时主要生成 2-硝基萘-4,8-二磺酸。

不同的硝化介质也常常改变异构体组成的比例。带有强供电子基的芳烃化合物（如苯甲醚、乙酰苯胺）在非质子化溶剂中硝化时，得到较多的邻位异构体，而在可质子化溶剂中硝化得到较多的对位异构体。

某些添加剂能够改变异构体的分配比例，如向混酸中加入适量磷酸或在磺酸离子交换树脂参与下进行硝化，可增加对位体的收率。磷酸的作用可能使硝化活泼质点有所改变。

3. 相比与硝酸比

相比也称酸油比，是指混酸与被硝化物的质量比。在固定相比的条件下，剧烈的搅拌最多只能使被硝化物在酸相中达到饱和溶解，因此增加相比就能增大被硝化物在酸相中的溶解量，这对于加快反应速率常常是有利的；相比过大，设备生产能力下降，废酸量大大增多；相比过小，反应初期酸的浓度过高，反应太激烈，难于控制。工业生产中，常加入适量的废酸来调节相比，这样反应平稳，利于反应热的分散和传递，而且废酸的总量并不增多。

硝酸和被硝化物的摩尔比称为硝酸比。理论上两者应该符合化学式计算当量，但实际工业生产中硝酸的用量一般高于理论量。当采用混酸为硝化剂时，硝酸比的大小取决于被硝化物硝化的难或易，对于难硝化的物质硝酸过量 15% 左右，对于易硝化的物质硝酸过量 2%～5%。

4. 反应温度

硝化反应是一个强放热反应。这样大的热量若不及时移走，会发生高温，造成多硝化、氧化等副反应，甚至还会发生硝酸大量分解，产生大量红棕色二氧化氮气体，易于发生爆炸，造成生产事故。因此在硝化设备中一般都带有夹套、蛇管等大面积换热装置。

对于均相硝化反应，温度直接影响反应速率和生成物异构体的比例。一般易于硝化和易于发生氧化副反应的芳烃（如酚、酚醚等）可采用高温硝化。在非均相系统中反应温度对乳化液的黏度、表面张力、芳烃在酸中的溶解度以及反应速率常数等都有影响。

5. 搅拌作用

硝化反应多属于非均相体系，为了保证反应能顺利进行和提高传热效率，必须有良好的搅拌装置。加强搅拌，有利于提高反应速率。但在达到一定的转速后，继续增强搅拌对液滴的分散不再有明显效果，因而反应速率也无明显变化。

硝化反应中尤其是在间歇硝化反应的加料阶段，停止搅拌或搅拌器桨叶脱落，导致搅拌失效将是非常危险的，因为这时两相很快分层，大量活泼的硝化剂在酸相积累，一旦重新搅拌，就会突然发生激烈反应，在瞬间放出大量的热，使温度失控，而导致发生事故。因此要十分注意并采取必要的安全措施。

五、工业硝化工艺流程

工业硝化有直接硝化法和间接硝化法。而广泛采用的方法是混酸直接硝化法，其优点是：①硝化能力强，反应速率快，副反应少，生产能力高；②混酸中硝酸用量接近理论量，几乎可全部利用，而且硝化后废酸可回收利用；③混酸中硫酸的比热容大，能暂时吸收反应中放出的大量热，使硝化反应较平稳地进行；④混酸对铁不起腐蚀作用，因此反应设备可采用普通碳钢、不锈钢或铸铁制造，降低了设备成本。图 2-2 为混酸直接硝化工艺流程。

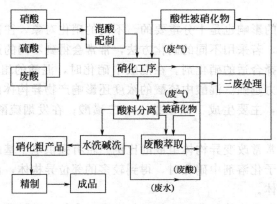

图 2-2 混酸直接硝化工艺流程

第三节 卤 化 反 应

向有机物分子中引入卤素的反应称为卤化反应。根据引入卤素原子的不同,分别称为氟化、氯化、溴化和碘化。

引入卤基的目的有两种,一种是制备特定功能的精细化工产品;二是由于有机物分子引入卤原子后,分子极性增加,可通过卤素的转换制备含有其他取代基的衍生物,如卤素置换成羟基、氨基、烷氧基等。例如制备卤素衍生物,它们是染料、农药、香料、药物的重要中间体(如氯苯、四氯苯酞等)。某些精细化工产品中引入卤素,可改进性能,例如含氟氯嘧啶活性基的活性染料,具有优异的染色性能;铜酞菁分子中引入不同氯、溴原子,可制备不同黄光绿色调的颜料等。

引入卤原子的方法主要有加成、取代和置换原有取代基(如羟基、磺酸基、重氮基等)三种类型。用于取代和加成卤化的卤化剂包括卤素(Cl_2、Br_2、I_2)、氢卤酸和氧化剂($HCl+NaClO_3$),及其他卤化剂($SOCl_2$、ICl)等。置换其他取代基的卤化试剂有 HF、KF、HCl、HBr 等。

一、脂肪烃及芳烃侧链卤化

1. 反应历程

脂肪烃及芳烃侧链的取代卤化反应属于游离基反应,又称自由基反应。卤素的反应活性次序为:$F_2 > Cl_2 > Br_2 > I_2$。由于氟的反应活性比较剧烈,且难以控制,会使有机物裂解成为碳和氟化氢。碘的反应活性又太差,与烷烃通常不能发生取代反应。因此有实际意义的只是氯、溴与烷烃的取代反应。分子中不同 C—H 键的反应活性次序为:

$$叔 C—H > 仲 C—H > 伯 C—H$$

其反应一般经历三个阶段:链引发、链传递及链终止。

链引发 $$Cl_2 \xrightarrow[\text{或热}]{\text{光}} 2Cl \cdot$$

链增长 $$Cl \cdot + RH \longrightarrow R \cdot + HCl$$

$$R \cdot + Cl—Cl \longrightarrow RCl + Cl \cdot$$

链终止 $$Cl \cdot + Cl \cdot \longrightarrow Cl_2$$

$$R \cdot + Cl \cdot \longrightarrow RCl 等$$

链引发阶段，即自由基的产生阶段。产生自由基的方法有三种。①热解法，许多有机化合物分子在高温下能发生均裂分解。②光解法，许多分子吸收光能而被激活，处于激发态的分子则比其基态物种的共价键更容易断裂。这种分子受光激活，诱导均裂而产生自由基的方法称为光解法。③电子转移法，金属离子具有得失电子的性能，它们常常被用于催化某些过氧化物的分解。

2. 影响因素

（1）引发条件　游离基反应的发生取决于引发条件。光照引发以紫外光照射最为有利，因为紫外光的能量较高，引发游离基光量子能量较强。所以在工业生产中常采用富含紫外光的日光灯光源来照射，其波长范围在 $400\sim700nm$ 之间。

（2）反应温度　只有在 $100℃$ 以上，氯分子的热离解才具有可以观察到的速度。这说明热离解自由基氯化反应的温度，必须在 $100℃$ 以上。需要较高的反应温度。当温度升高时，侧链取代的反应速率大于环上加成的反应速率，因此，侧链氯化均要求在高温下进行。提高反应温度有利于提高取代反应速率，同时有利于减少环上加成氯化副反应。

（3）催化剂　进行侧链氯化反应时，环上取代及加成氯化副反应也是同时进行的，因此要加入催化剂控制反应途径。当有催化剂存在时，环上取代氯化的活化能低于侧链氯化的活化能，其速率常数大多比侧链氯化快几个数量级。因此通过游离基反应进行芳环侧链的卤化时，应当注意不要使反应物中混入能够发生环上取代氯化的催化剂。因此，通入反应器的氯气需经过滤器，以除去可能携带的铁锈，反应常在玻璃制成的或衬玻璃、衬搪瓷、衬铅的反应器中进行。

（4）杂质　水的存在有利于环上取代氯化过程，所以生产中常加入一些 PCl_3，与原料中带入的少量水分结合，以利于侧链取代氯化过程。少量的氧气，也会抑制反应的产生。因其与高度活泼的游离基结合，从而使链反应终止。

（5）氯化深度　芳烃侧链氯化为一连串反应，它是由氯与甲苯的摩尔比——氯化深度决定。随着氯化深度的增加，侧链多氯取代物的生成量也增加，通常以控制氯化液相对密度来控制氯化深度。氯化液相对密度越大，氯化深度越大，生成的多氯化物越多。

二、芳环上的取代卤化

1. 反应历程

芳环上的取代氯化是在催化剂存在下，芳环上氢原子被氯原子取代的过程。芳环上的取代氯化反应常常用于合成单氯化物，也生成一些多氯取代产物，具有连串反应的特点，它是合成芳烃氯衍生物的重要途径。苯环的卤代为亲电取代反应，其历程为：

$$\pi 络合物 \qquad \sigma 络合物$$

E^+ 为进攻芳环的亲电试剂，σ 络合物形成难易直接决定了亲电取代反应发生的难易。黑暗中纯苯与氯在略高的温度下不反应，但在路易斯酸存在下，可实现环上取代氯化。在亲电取代反应中，使用的催化剂有很多，如 FeX_3、I_2、H_2SO_4 等，它们都可促使卤素分子解离成卤正离子（X^+），作为进攻芳环的活泼质点。氯化反应历程可能是催化剂如三氯化铁使氯分子极化，氯分子离解成亲电试剂氯正离子：

$$Cl_2 + FeCl_3 \Longrightarrow Cl^+ + FeCl_4^-$$

生成的氯正离子再对芳环发生亲电进攻，生成 σ 络合物，然后脱去质子，得到环上取代氯化产物：

$$\text{(benzene)} + Cl^+ \underset{\text{慢 } k_1}{\rightleftharpoons} \text{(σ-complex, H Cl)}^+ \xrightarrow{\text{快 } k_2} \text{(chlorobenzene, Cl)} + H^+$$

$$H^+ + FeCl_4^- \rightleftharpoons HCl + FeCl_3$$

催化剂的用量极少，仅为原料的万分之一。

2. 影响因素

(1) 芳环上取代基　当苯环上有吸电子基团存在时，由于形成 σ 的络合物能量较高，不稳定，反应要求的活化能高，反应较难进行，常需加入催化剂。而当苯环上连有供电子基团时，这些基团的存在，使生成的 σ 络合物进一步稳定下来，降低反应的活化能，反应容易进行，甚至可以不用催化剂，室温下即可反应。

(2) 操作方式　苯的氯化有间歇法和连续法。间歇法是往反应器中加入苯，然后通氯气，直到反应物中苯、氯苯和多氯苯的比值达到规定数值为止；连续法生产时，氯气和苯连续地进入反应器，并自反应器连续地流出达到规定成分的反应产物。连续法又有单级塔式、多级槽式之分，多级槽式是在每一级氯化器中都通入新鲜的氯气。如选择不慎会造成副产物过多、生产浪费等不良后果。

(3) 原料的纯度　在苯的氯化反应中，一般不希望原料中含有其他杂质，最有害的是含有硫化物。如噻吩能与催化剂 FeCl₃ 生成不溶于苯的黑色沉淀而包住 FeCl₃ 的表面，使催化剂失效，而且生产过程中分解出 HCl 与原料中的水分作用生成盐酸腐蚀设备；同时，水的存在可大大溶解催化剂，导致催化剂离开反应区。可用恒沸法或者加干燥剂（固体碱、氯化钙）法除去原料中的水。

(4) 氯化深度　氯苯的用途较二氯苯多，环上取代氯化为连串反应，因此常用控制氯化深度来调控一氯化物和多氯化物的生成比例。氯化深度越浅，产品中一氯化物的比例越大，但反应混合物中回收的苯量将愈多，操作费用及损耗将增大，设备生产能力也将下降，因此要慎重选择反应深度，并按实际需要进行调节。可由测定出口处氯化液相对密度方法来控制氯化深度。

(5) 反应温度　一般反应温度越高，反应速率越快。一氯苯生产中，普遍采用在氯化液的沸腾温度下（70～80℃），于塔式反应设备进行反应。过量苯的汽化可带走反应热，便于控制反应温度有利于连续化生产，并可使生产能力大幅度提高。

(6) 反应介质　常用的介质有水、硫酸和有机溶剂。若原料和其产物都是固体，且反应易于发生时，可以用水作介质，使反应在悬浮状态下进行；当氯化比较困难（如蒽醌的氯化），则常常选用硫酸或发烟硫酸作介质；当要求反应在较缓和的条件下进行，或是为了定位的需要，有时可选用适当的有机溶剂。如萘的氯化采用氯苯为溶剂，水杨酸的氯化采用乙酸作溶剂。

三、加成卤化

具有双键、三键或某些含有芳香环及小环脂环烃的有机化合物，可以通过加成卤化来制取卤代烷、卤代烯烃或卤代环烃。卤化氢、卤素等用于双键的加成主要有亲电加成和游离基加成两种不同的历程。

1. 亲电加成卤化

烯烃容易与氯、溴或其氢化物发生加成反应，碘一般不与烯烃反应，氟与烯烃的反应太剧烈，无实用价值。卤化氢、卤素等对双键的加成分两步进行。首先是极化形成的带有部分正电荷的质子对分子进行亲电进攻，形成一个碳正离子中间体，第二步是碳正离子一旦形成，卤负离子很快从环的背面和碳结合，生成反式加成产物。一些用作催化剂的 Lewis 酸的存在，可以促使卤化剂分子的极化，有利于反应的发生。

第一步

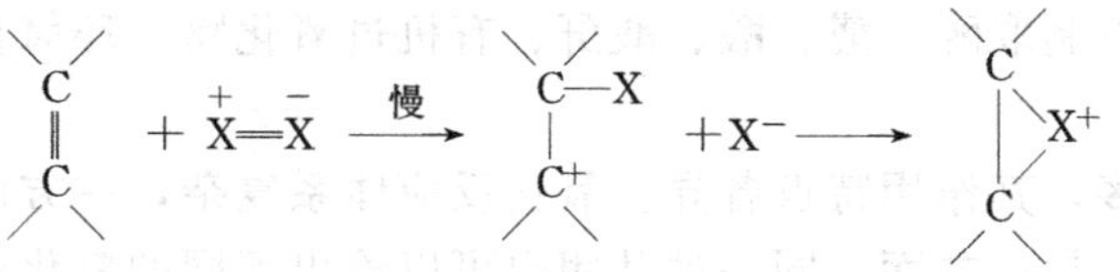

第二步

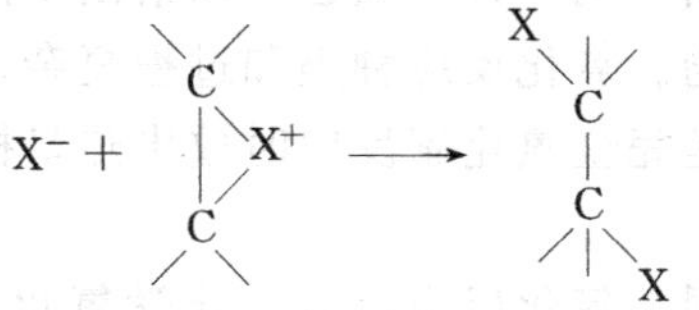

烯烃的反应活性次序如下：

$$R_2C=CH_2 > RCH=CH_2 > CH_2=CH_2 > CH_2=CHCl$$

如果卤化剂是卤化氢，那么与不对称烯烃的加成反应符合马尔科夫尼科夫规则。

当烯烃上带有强的吸电子基团时，键上的电子云密度下降，反应速率减慢。不对称烯烃和卤化氢的加成符合反马氏规则。卤化剂的活性次序如下：

$$HI > HBr > HCl$$

2. 游离基加成卤化

在光、高温或过氧化物引发剂的存在下，双键与卤化剂可以发生游离基加成反应。以卤素为例，其历程如下：

链引发 $\quad\quad\quad\quad\quad Cl_2 \xrightarrow{h\nu} 2Cl\cdot$

链传递 $\quad CH_2=CH_2+Cl\cdot \longrightarrow CH_2Cl=CH_2$

$\quad\quad CH_2Cl=CH_2\cdot+Cl-Cl \longrightarrow CH_2Cl-CH_2Cl+Cl\cdot$

链终止 $\quad\quad\quad\quad Cl\cdot+Cl\cdot \longrightarrow Cl_2$

$\quad\quad 2CH_2Cl-CH_2\cdot \longrightarrow CH_2Cl-CH_2-CH_2-CH_2Cl$

$\quad\quad CH_2Cl-CH_2\cdot+Cl\cdot \longrightarrow CH_2ClCH_2Cl$

值得注意的是烯烃与 HBr 只发生自由基加成反应，而且是反马氏规则。

第四节　氧　化　反　应

氧化反应是工业生产中很重要的单元工艺反应，本节主要讨论发生在碳原子上的氧化反应。如石蜡氧化制高碳脂肪酸是工业制备肥皂和润滑剂的原料；苯和萘氧化制备顺丁烯二酸酐和邻苯二甲酸酐；异丙苯氧化制备苯酚；芳烃侧链氧化制备工业醇、醛和羧酸等；烃类的氨氧化法制备腈化物等精细化工产品。

一般来讲，向有机分子中引入氧或电负性比碳大的杂原子，或者有机物分子中脱除氢原子的反应称为氧化反应。向有机化合物分子中引入氧原子，形成 C—O 键的反应如：

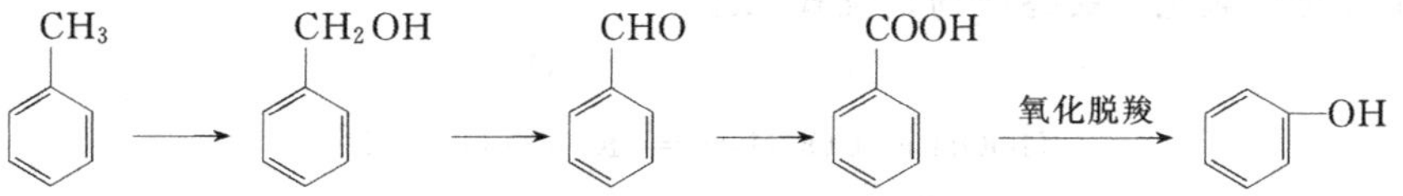

使有机化合物分子中失去一部分 H 的反应，如：

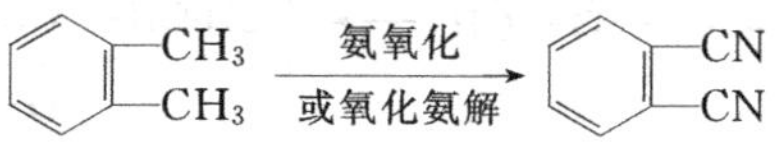

通过氧化反应可以制取醇、醛、酸、酸酐、有机过氧化物、环氧化物、酚、醌和腈类等化合物产品。

氧化剂的种类很多，其作用特点各异。氧化反应体系复杂，一方面一种氧化剂可对不同的基团发生氧化反应；另一方面，同一种基团也可以给出不同的氧化产物，这就使得氧化反应产物是组成相当复杂的混合物。氧化反应种类和过程复杂，可生成多种产物，反应的选择性不高，为强放热反应，特别是完全氧化副反应时放出热量极大，若不及时移出，会引起飞温甚至爆炸。

按氧化剂和氧化工艺的不同，氧化反应可分为化学氧化、电化学氧化和空气氧化反应。电化学氧化反应在工业生产中的应用较少，在此主要介绍化学氧化反应和空气氧化反应。

一、化学氧化反应

化学氧化是指利用空气和氧以外的氧化剂，使有机物发生氧化的反应。

1. 化学氧化剂

化学氧化剂种类较多，如无机高价化合物、有机化合物、有机过氧化物、硝基和亚硝基等。常用氧化剂有高锰酸钾、二氧化锰、重铬酸钠、三氧化铬和硝酸等。

2. 化学氧化法的特点

其主要优点是反应条件比较温和，容易控制，操作简便、技术方法成熟。只要选择合适的化学氧化剂，就能获得良好的结果。由于化学氧化剂氧化能力强，故一般不需要催化剂。且化学氧化剂具有高度的选择性，它可以用于制备醇、醛、酮、酸、酚、醌、环氧化合物、过氧化物及羟基化合物等各种有机产品。尤其是对产量小、价值高、品种多、复配型、高纯度的精细化工产品生产，有着广泛的应用。缺点是化学氧化剂价格较高，虽然某些氧化剂的还原产物可以回收利用，但仍存在废水的处理问题。另外，化学氧化大都采用分批操作，设备生产能力低；腐蚀设备。

3. 化学氧化反应

(1) 过氧化氢氧化剂　过氧化氢是一种温和、微弱酸性及较高选择性的氧化剂。其最大优点是没有三废问题，产品易提纯。过氧化氢参与氧化反应，其反应历程同介质的 pH 值及具有还原作用的过渡金属催化剂的存在等有关。

① 在碱性介质中　过氧化氢分解成亲核性离子 HOO^-，可选择性地氧化 α,β-不饱和羰基化合物或羟基化合物，α,β-不饱和砜等，是制备相应的环氧化合物的常用方法。

$$HOOH+OH^- \rightleftharpoons HOO^- +H_2O$$

② 在酸性介质中　过氧化氢异裂成 OH^- 和 OH^+，后者是亲电性氧化剂。在有机酸介质中，过氧化氢与有机酸首先反应生成过氧酸。而后进行氧化反应，所得环氧产物遇酸开环，常用于烯烃的氧化，最终产物是反式二醇。

③ 在还原性过渡金属离子（如 Fe^{2+}）催化剂存在下，过氧化氢均裂，以 $HO\cdot$ 形式进行氧化反应。如与 α-二醇、α-羟基酸的氧化反应等。

（2）高锰酸钾氧化剂　高锰酸钾是一类强氧化剂，高锰酸钠易潮解，而钾盐具有稳定的结晶状态，不易潮解，故常用作氧化剂。高锰酸钾在碱性、中性或酸性介质中均能发生氧化作用，所以应用范围较广，由于介质的 pH 值不同，其氧化性能也不同。高锰酸钾中锰为 +7 价氧化能力很强，主要用于将甲基、伯醇基或醛基氧化为羧基。

在中性或碱性水介质中，锰由 +7 价还原为 +4 价，也有较强的氧化能力。在强酸性介质中它由 +7 价被还原为 +2 价，因其氧化能力太强，选择性差，只适用于制备个别非常稳定的氧化产物，而锰盐难于回收，所以工业上较少使用酸性氧化法。

$$MnO_4^- + 2H_2O + 3e \rightleftharpoons MnO_2 + 4OH^-$$
$$MnO_4^- + 8H^+ + 5e \rightleftharpoons Mn^{2+} + 4H_2O$$

因此高锰酸钾的气化反应通常是在碱性或中性介质，在稀酸或弱酸（如乙酸）介质中，高锰酸钾主要用于将芳香环上的甲基氧化为羧基，其反应式可以表示如下：

$$ArCH_3 + 2KMnO_4 \longrightarrow ArCOOK + 2MnO_2 + KOH + H_2O$$

此类氧化反应常在水中进行，温度在室温至 100℃ 之间，将稍过量的固体高锰酸钾慢慢加入到有机物的水溶液或水悬浮液中，可将氧化反应顺利完成，直至红色的高锰酸钾不再褪色为止。过量的高锰酸钾可用还原剂如亚硫酸氢钠、甲醇、乙醇等加以分解，还原生成二氧化锰沉淀。若氧化产物溶于水，就可以过滤除去二氧化锰。滤液中的产物可用酸化的方法析出。如果氧化产物不溶于水，则随二氧化锰一同滤出，再从滤饼中提取氧化产物。较简便的方法是先把氧化产物酸化，再通入二氧化硫或加入亚硫酸氢钠，使二氧化锰转化成可溶性盐类：

$$MnO_2 + SO_2 \longrightarrow MnSO_4$$

然后再把氧化产物分离。对于难溶于水的有机原料也可以用丙酮、二氯甲烷、乙酸或吡啶等溶剂先行溶解，而高锰酸钾不溶于非极性有机溶剂，所以便形成有机相和高锰酸钾水溶液两相，为了使氧化反应顺利进行，必须要保持良好的搅拌或添加少量相转移催化剂来促进两相间的氧化反应。实际氧化过程如下：

用高锰酸钾氧化时，生成的氢氧化钾会引起副反应，向反应液中加入硫酸镁或在反应中通入二氧化碳，可消除生成碱的影响。使反应介质维持中性，提高收率。

$$2KOH + MgSO_4 \longrightarrow K_2SO_4 + Mg(OH)_2 \downarrow$$

二、空气氧化反应

1. 气相空气氧化反应

有机原料蒸气与空气的混合物在高温（300～500℃）通过刚体催化剂，有机物发生适度氧化生成所需氧化产品的反应称为气相催化氧化。

气相催化氧化具有以下特点：①反应速率快，生产效率高，生产工艺比较简单，便于自动控制，适宜于大规模工业生产；②采用空气或氧气作为氧化剂，不消耗化学氧化剂，也不用各种溶剂，价格便宜，来源广泛，对反应器没有腐蚀性；③气相催化氧化反应过程是典型的非均相气-固催化反应，包括外扩散、吸附、表面反应、脱附和内扩散五个步骤。由于反应的温度较高，又是强烈放热的，为了抑制平行和连串副反应，提高反应的选择性，必须严格控制氧化反应的工艺条件；④选择适宜的催化剂比较困难，催化剂无通用性，但可反复使用；⑤要求反应原料和氧化产物在反应条件下有足够的热稳定性；⑥气固催化反应传热效率较低，使反应热及时移出比较困难，需强化传热，通常是在列管式固定床或流化床中进行的，反应器的结构比较复杂。为了维持反应的适宜温度，反应器内有足够的传热装置，以及时移走氧化反应释放出的巨大热量。

气相催化氧化连续化生产效率高，工艺较简单，便于自动控制，催化剂可长期使用。但较难得到活性高、选择性好的催化剂，催化剂的通用性差。因此这种工艺目前还只限于生产不多的产品，如表2-4所示。

表2-4　氧化反应类型及氧化产物

氧化反应类别	典型氧化产物	氧化反应类别	典型氧化产物
烯烃环氧化	环氧乙烷	芳烃氧化	顺酐、苯酐、蒽醌、萘醌
烯烃氧化	丁二烯、丙烯醛、丙烯酸、顺酐	醇氧化	甲醛、乙醛、丙酮
烃类氨氧化	丙烯腈、甲基丙烯腈、苯甲腈、邻苯二甲腈		

（1）催化剂　用于气相空气氧化反应的固体催化剂活性组分通常有两类：一类是贵金属，如银、铂、钯等；另一类是金属氧化物，大多是过渡金属的氧化物，应用得最多的是V-O，V-P-O，V-Mo-P-O，Mo-Bi-P-O等。除少数氧化反应直接使用银网、铂网作为催化剂外，多数催化剂的活性组分是附着在耐热的载体上。常用的载体有硅胶、刚玉、沸石、磁球等。

气相催化氧化反应过程是典型的非均相气-固催化反应，包括扩散、吸附、表面反应、脱附、扩散五个步骤。关于过渡金属氧化物的作用，一般认为过渡金属氧化物是传递氧的媒介物。即

$$氧化态催化剂 + 原料 \longrightarrow 还原态催化剂 + 氧化产物$$
$$还原态催化剂 + 氧（空气）\longrightarrow 氧化态催化剂$$

（2）烯烃气相空气氧化　烯烃环氧化最重要的产物是环氧乙烷和环氧丙烷。这些有机物分子中都含有三元氧环的结构，化学性质活泼。在碱性或酸性催化剂作用下，三元氧环容易开环，与水、醇、氨、胺、酚或羧酸等亲核物质发生加成反应，生成乙氧基化产物，重要的二次产物有乙二醇、乙醇胺、聚醚类非离子表面活性剂和乙二醇醚类等。

现在环氧丙烷采用有机过氧化氢氧化法生产，环氧乙烷则采用乙烯直接氧化法生产。乙烯在银催化剂上用空气或氧气直接环氧化生成环氧乙烷，具有原料简单、工艺先进、无腐蚀性、无大量三废和能合理利用反应热等的优点。

$$CH_2\!=\!CH_2 + \frac{1}{2}O_2 \longrightarrow CH_2\!\!-\!\!CH_2$$
$$\underset{O}{\diagdown\diagup}$$

(3) 气相空气氧化反应影响因素

① 反应温度　乙烯环氧化时，存在完全氧化的副反应参与激烈竞争，而影响竞争的主要因素是反应温度。随着反应温度的升高，虽然主副反应速率均得到加快，反应转化率也增加；但由于完全氧化副反应的速率增大更快，释放的热量更多，如不及时移走反应热，必然导致反应温度的失控，产生飞温现象；与此同时，反应的选择性也会下降，催化剂的使用寿命缩短。因此为了保持催化剂的活性，反应温度不宜过高，一般控制在 220～260℃。

② 反应压力　加压氧化，可以提高乙烯和氧的分压，加快反应速率，提高反应器的生产能力；此外，也有利于从反应气体产物中分离环氧乙烷，所以工业上大多采用加压氧化，通常操作压力为 1～2MPa，也不宜太高，以防止环氧乙烷的聚合及催化剂的表面积炭或磨损。

③ 空气速率　空速的大小不仅影响转化率和选择性，也影响催化剂的收率和单位时间的放热量，必须全面衡量，工业上采用的混合气空速为 7000h^{-1}左右。

④ 原料的组成　在氧化过程中，进入反应器的原料乙烯通常是由新鲜乙烯和循环乙烯混合而成的，其组成不仅会影响经济效果，还关系到反应的安全程度，为了使原料气中氧含量低于爆炸极限浓度，必须控制乙烯的浓度。当以空气为氧化剂时，因有大量氮气存在，乙烯的浓度约为 5%，氧的浓度 6%左右；当以纯氧为氧化剂时，为使反应不太剧烈，要用氮气或甲烷稀释原料，乙烯浓度取 15%～20%，氧的浓度取 7%左右。

⑤ 原料的纯度　乙烯直接环氧化反应中，原料中的某些杂质可能带来不利影响。如乙炔和硫化物能使银催化剂永久性中毒；铁离子对环氧乙烷异构化为乙醛有催化作用，造成选择性下降；碳链大于三的烷烃和烯烃能够发生完全氧化而放出大量的热量；H_2、Ar 的存在使氧的爆炸极限浓度下降，增加爆炸的危险性。

2. 液相空气氧化反应

液相空气氧化反应是指液体有机物在催化剂作用下通空气进行的催化氧化反应。反应是在气液两相间进行，大多采用鼓泡型反应器。液相空气氧化由于使用的是空气或氧，不消耗化学试剂，只加少量催化剂，所以较化学法经济。其反应温度低，压力不太高，比气相空气催化氧化较为优越。此外，液相空气氧化的反应选择性也较好。例如：甲苯、乙苯或异丙苯在气相空气催化氧化时都生成苯甲酸或深度氧化产物，而在液相空气催化氧化时，甲苯可以生成苯甲醛、苯甲酸；乙苯则可以生成苯乙酮、乙苯过氧化氢等；异丙苯可以生成异丙苯过氧化氢。因此，液相空气氧化法在工业上常用来生产有机过氧化物和有机酸。如条件适宜，也可使氧化反应停留在氧化的中间阶段生成中间氧化产物，如醇、醛和酮。

(1) 氧化反应历程　某些有机物遇到空气可以发生氧化反应，但其速率不快，有较长的诱导期，这种现象叫作"自动氧化"。在实际生产中，为了提高自动氧化的速率，需要加入催化剂或引发剂。在一定的反应条件下进行，自动氧化是自由基链式反应。其反应历程包括链引发、链传递和终止三个步骤。

① 链引发　被氧化物在自由基引发剂（可变价金属盐、自由基、热能、光辐射和放射线辐射）的作用下，发生碳氢键均裂而生成自由基的过程。

$$R\!-\!H \xrightarrow{\text{能量}} R\cdot + H\cdot$$

② 链传递　这是指自由基 R· 与空气中的氧作用生成有机过氧化氢物的过程。

$$R\cdot + O_2 \longrightarrow R\!-\!O\!-\!O\cdot$$

$$R-O-O\cdot + R-H \longrightarrow R-O-O-H + R\cdot$$

③ 链终止　自由基 R· 和 ROO· 在传递过程中相遇合适的自由基结合成稳定的化合物，生成醇、酮、羧酸及其衍生物等。

$$R\cdot + R\cdot \longrightarrow R-R$$
$$R\cdot + R-O-O\cdot \longrightarrow R-O-O-R$$

（2）液相空气氧化反应产物　氧化反应的最初产物是有机过氧化氢物。如果它在反应条件下是稳定的，则可以成为自动氧化的最终产物。但大多数情形下，它是不稳定的，将进一步分解而转化为醇、醛、酮或被继续氧化为羧酸。

① 生成醇

$$R-CH_2-O-OH + R-CH_3 \longrightarrow R-CH_2OH + \overset{\cdot}{O}H + R\overset{\cdot}{C}H_2$$

② 生成醛或酮

$$R-\overset{H}{\underset{H}{\overset{|}{C}}}-O-O\cdot + Co^{2+} \longrightarrow R-\overset{H}{\overset{|}{C}}=O + OH^- + Co^{3+}$$

③ 生成酸

$$R-\overset{O}{\overset{\|}{C}}-H + Co^{3+} \longrightarrow R-\overset{O}{\overset{\|}{C}}\cdot + H^+ + Co^{2+}$$

$$R-\overset{O}{\overset{\|}{C}}\cdot + O_2 \longrightarrow R-\overset{O}{\overset{\|}{C}}-O-O\cdot$$

$$R-\overset{O}{\overset{\|}{C}}-O-O\cdot + R-\overset{H}{\underset{H}{\overset{|}{C}}}-H \longrightarrow R-\overset{O}{\overset{\|}{C}}-O-O-H + R-\overset{H}{\underset{H}{\overset{|}{C}}}\cdot$$

$$R-\overset{O}{\overset{\|}{C}}-O-O-H + Co^{2+} \longrightarrow R-\overset{O}{\overset{\|}{C}}-O\cdot + OH^- + Co^{3+}$$

$$R-\overset{O}{\overset{\|}{C}}-O\cdot + R-\overset{H}{\underset{H}{\overset{|}{C}}}-H \longrightarrow R-\overset{O}{\overset{\|}{C}}-OH + R-\overset{H}{\underset{H}{\overset{|}{C}}}\cdot$$

（3）影响因素

① 催化引发剂　氧化反应属于自由基链式机理，其反应速率主要受链引发反应速率的影响，引发反应的活化能很高，加速反应的方法有两种：一种是加入引发剂；另一种是加入催化剂——过渡金属离子。通过这两种方法可大大降低引发反应的活化能，从而缩短反应的诱导期，加速反应。常用的是 Co、Mn、Cr、Mo、Fe、Ni、V 等。有机过氧化氢物作为产物时，不能采用催化剂，而只能采用引发剂加速反应。

② 氧化深度的影响　对多数氧化反应，特别是在制备不太稳定的有机过氧化氢物和醛、酮类产物时，随着反应物转化率的提高，副产物（包括副产阻化物质和焦油）会逐渐积累起来，使反应速率逐渐变慢。另外随着转化率的提高，连串副反应使产物分解和深度氧化，造成选择性和收率下降。因此，为保持较高的反应速率和选择性，常需使转化率保持在一个较低的水平。对于稳定的产物，如羧酸，则可以采用高转化率深度氧化的方法。

③ 被氧化物的结构　链引发开始生成自由基的过程需要较大的活化能，才能使有机物

的 C—H 键断裂，而有机物分子中不同的 C—H 键的离解能大小次序为：叔 C—H＜仲 C—H＜伯 C—H。因此，反应优先发生在叔碳原子上。

④ 抑制剂的影响　当反应体系存在有某种能夺取自由基的杂质时，就会造成链终止。这类杂质称为抑制剂。通常自动氧化反应中自由基的浓度不大，所以抑制剂对反应的影响非常敏感，即使只有少量抑制剂的存在，也会使反应显著降速。最强的抑制剂是酚、胺、醌和烯烃类化合物，此外水、甲酸也有抑制作用。因此要严格检查反应原料中的杂质含量，尤其是应该脱除有抑制作用的杂质。

第五节　还　原　反　应

还原反应是精细化工生产中重要的单元反应之一。从广义上讲，凡使反应物分子得到电子或使参加反应的碳原子上的电子云密度增加的反应称为还原反应；从狭义上讲，凡使反应物分子的氢原子数增加或氧原子数减少的反应称为还原反应。常用的还原反应有催化氢化、化学还原、电解还原三种形式，本节主要讨论前两种还原方法。

一、催化氢化还原反应

在催化剂存在下，有机化合物与氢的反应称为催化氢化。其中催化剂以固体形式存在于反应体系中的称为非均相催化氢化，而催化剂溶于反应介质的称为均相催化氢化。

非均相催化加氢反应采用固体催化剂，被加氢物可以是气相也可以是液相，构成气-固或气-液-固非均相催化反应体系。通常气-固催化加氢反应用于被加氢物易气化的情形。气-液-固催化加氢则常用于被加氢物不易气化或稳定性差的情况。

均相催化加氢反应采用过渡金属络合物为催化剂，被加氢物为液相，催化剂溶于反应液相。宏观上为气-液反应，氢气溶于反应液后反应。均相催化反应具有活性高，无扩散阻力等优点，但催化剂与产物的分离是其技术关键，限制了它的应用。本节重点讨论非均相催化加氢反应。

催化氢化又可分为催化加氢和催化氢解两种反应。催化加氢在精细化工中广泛用于不饱和碳氢化合物、含氧及含氮化合物以制取饱和碳氢化合物、酸类和胺类等。反应的官能团包括：$C=C$、$C\equiv C$、芳环、$C=O$、$C=N$、$C\equiv N$ 等。

$$CH\equiv CH \xrightleftharpoons{+H_2} CH_2=CH_2 \xrightleftharpoons{+H_2} CH_3-CH_3$$

$$N\equiv C-(CH_2)_4-C\equiv N \xrightleftharpoons{+4H_2} H_2N-CH_2-(CH_2)_4-CH_2-NH_2$$

$$\begin{matrix} R \\ | \\ C=O \\ | \\ R \end{matrix} \xrightleftharpoons{H_2} \begin{matrix} R \\ | \\ CH-OH \\ | \\ R \end{matrix}$$

$$ArNO_2+3H_2 \xrightarrow{催化剂} ArNH_2+2H_2O$$

催化氢解是指在催化剂存在下，含有碳-杂键（C—Z）的有机物分子氢化时碳杂键断裂，伴随有小分子杂原子氢化物（HZ）生成。反应涉及键的断裂，包括链烷烃、脂环烃和侧链芳烃的氢解，常见的有脱卤氢解、脱苯氢解、脱硫氢解和开环氢解。例如：

$$R-\overset{\overset{\textstyle O}{\|}}{C}-O-CH_2-\langle\bigcirc\rangle \xrightarrow[\;C_2H_5OH\;]{H_2,\;Pd/C} R-\overset{\overset{\textstyle O}{\|}}{C}-OH \;+\; CH_3-\langle\bigcirc\rangle$$

$$RSH + H_2 \longrightarrow RH + H_2S$$

在精细有机合成反应中氢解反应常常用于反应后期导向基或保护基的消除。

1. 催化氢化反应历程

非均相加氢反应具有多相催化反应的特征。分子态的氢是没有还原能力的,只有在催化剂的作用下,即氢分子吸附在催化剂表面上,生成活泼的氢原子。同时催化剂对不饱和有机分子也进行吸附,可使 π 键打开,生成两点式的活性中间体。活性态氢原子和两点式的活性中间体,在催化剂表面上接近,类似不自由的游离基加成反应。

$$\left.\begin{aligned}H_2 + 催化剂 &\xrightarrow{(1)} H_2\cdots\cdots催化剂\\ ArNO_2 + 催化剂 &\xrightarrow{(2)} ArNO_2\cdots\cdots催化剂\end{aligned}\right\} \xrightarrow{(3)}$$

$$ArNH_2\cdots\cdots催化剂 \longrightarrow ArNH_2 + 催化剂$$

具体的反应可以概括为以下五个步骤:

① 反应物分子扩散至催化剂表面;

② 反应物分子吸附在催化剂表面;

③ 吸附的反应物发生化学反应形成吸附的产物分子;

④ 吸附的产物分子脱附;

⑤ 产物分子扩散离开催化剂表面。

氢的吸附过程及作用机理:

$$H_2(g) \rightleftharpoons H_2(a) \rightleftharpoons 2H \rightleftharpoons 2H^+ + 2e \rightleftharpoons 2H^+ - M^-$$

式中,g 表示气体状态;a 表示吸附状态;M 表示金属。

在反应中,氢的吸附为解离吸附,氢分子在催化剂表面吸附时离解为氢原子,被加氢物和氢在催化剂活性中心(用 * 表示)聚集到一起,即两者吸附在相邻的活性中心上进行表面反应。

$$A=B + H-H \longrightarrow A=B\quad H\quad H \longrightarrow A\quad\overset{BH}{\underset{}{\,}}\quad H \longrightarrow HA-BH$$

例如:

$$* + CH_2=CH_2 \rightleftharpoons *\cdots CH_2=CH_2 \rightleftharpoons CH_2-CH_2 \rightleftharpoons CH_2-CH_2$$

$$CH_2-CH_2 + H_2 \xrightarrow{-*} \overset{CH_3}{\underset{}{CH_2}} + H \xrightarrow{-2*} CH_3-CH_3$$

催化剂活性中心在加氢反应的整个过程中的化学吸附及表面反应中起着重要的作用。

2. 氢化催化剂

加氢反应通常要采用催化剂以使反应速率足够快,且反应向着目的产物的方向进行。氢化还原常用的催化剂主要是过渡金属元素,如镍、铂、钯、铑、钌等。由金属氢化物的混合物所制成的新型加氢催化剂,如亚铬酸铜等,其价格便宜,使用方便,也已在生产中广泛应用。

选择催化剂时主要考虑三个方面的因素。

① 能量因素（即吸附能力） 催化剂对被加氢物必须有一定的吸附能力。吸附力太弱不能影响反应活化能；吸附能力太强则生成产物不易脱附。两者均不利于反应，只有吸附能力适中，才适合用作催化剂。

② 电子因素 实验证明外层 d 电子数为 8～9 个的过渡元素，最适于氢的活化，最适宜作为催化剂。

③ 几何因素 加氢催化要求催化剂的晶体结构是面心立方晶格或是六方晶格，晶格能参数为 0.24～0.408nm。

常用的加氢催化剂有金属及骨架催化剂、金属氧化物催化剂、复合氧化物或硫化物催化剂、金属络合物催化剂等，为适用不同工艺要求制成不同的形状，如流化床催化氢化要求制成细粉状。

(1) 金属及骨架催化剂 常用的金属催化剂有 Ni、Pd、Pt 等。金属催化剂是把金属吸附在载体上。载体通常是多孔性物质，如二氧化硅、刚玉、活性炭、硅胶等。这样不仅节约金属，而且能提高加工效率，使催化剂具有较高的热稳定性和机械强度。由于多孔性载体比表面巨大，传质速度快，因此催化活性也得到提高。工业最常用的是骨架镍，目前已有商品化的骨架镍催化剂供应。骨架镍随其制法不同有各种不同牌号。基本方法都是将铝镍合金粉用氢氧化钠溶液处理，铝即生成铝酸钠溶入碱液，剩下的是海绵状的具有氢催化活性的骨架镍。此种催化剂的特点是催化活性高，几乎可以用于所有官能团的加氢反应，具有足够的机械强度和良好的导热性。但易于中毒、自燃。

(2) 金属硫化物催化剂 这类催化剂中常用的是硫化钴、钼或镍。特点是具有较强的抗中毒性能，但活性较低。例如：采用硫化钴为催化剂，在 $200\sim225℃$、$10\sim15MPa$ 可将硫酚进行环加氢。它也可用于羰基的还原，但在还原的同时，也有环加氢现象发生。

(3) 金属氧化物催化剂 常用的氧化物加氢催化剂有 CuO、MoO_3、Cr_2O_3 和 NiO 等。催化剂的活性比金属差，反应要求高温、高压以保证足够的反应速率，抗毒性较强。由于反应温度高，需要在催化剂中添加高熔点的组分，以提高其耐热性能。

(4) 金属络合物催化剂 这类加氢催化剂的中心原子多为贵金属，如 Ru、Rh、Pd 等的络合物。也有些非贵金属，如 Ni、Fe、Cu 等的络合物。其特点是活性高，选择性好，反应条件缓和，适用性较广，抗毒性较强。但由于络合物是均相催化剂，溶于反应液相，因此催化剂分离较困难，且这类催化剂多为贵金属，所以其技术关键是催化剂的分离和回收。

3. 催化氢化反应的影响因素

氢化还原的反应速率、选择性主要决定于催化剂的类型，但与加氢反应的条件也有密切关系。

(1) 原料的纯度和结构 工业氢主要来源于食盐电解、天然气转化、水煤气净化以及水的电解。氢化还原反应中，应控制有机物的纯度，因有机物中的微量杂质易引起催化剂中毒，活性下降。如硝基苯的气相加氢中，为避免噻吩对 $Cu-SiO_2$ 催化剂的毒害，采用由石油苯制得的硝基苯。

有机物的结构与加氢活性有一定关系，这与反应物在催化剂表面的吸附能力、活化难易程度有关，也和反应物发生加氢反应时受到空间障碍的影响有关。不同催化剂其影响也不一样。在大部分情况下，醛基、硝基和氰基较易加氢，而芳环较难。芳烃的加氢反应速率随芳环上取代基的增加而降低。对于烃类加氢反应有以下规律：

$$烯 > 炔 > 芳烃$$

对含氧化合物加氢，醛、酮、酯、酸的加氢产物都是醇，加氢能力为：

$$醛 > 酮 > 酯 > 酸$$

（2）反应温度和压力　某些加氢反应只有达到一定温度时才会发生，有时反应温度不同，反应方向和选择性也会改变。温度升高，反应速率增加。反应为放热过程，温度升高对加氢反应平衡不利，会造成平衡转化率下降，同时对被加氢物也会产生不良影响如热裂解。这些反应温度受到反应平衡的限制，存在一段适宜的反应温度。例如硝基苯气相加氢时，要求控制反应温度在 250～270℃ 为宜，若温度高达 280～300℃，可引起有机物的焦化，使苯胺颜色变深，此外还有下列副反应：

$$\underset{}{\text{NO}_2}\text{—C}_6\text{H}_5 + 4\text{H}_2 \longrightarrow \text{C}_6\text{H}_6 + \text{NH}_3 + 2\text{H}_2\text{O}$$

并加速了催化剂表面的积炭过程。

　　压力对加氢反应有很大的影响，在气相加氢时，提高压力相当于增大氢的浓度，因此反应速率可按比例加快；对于液相加氢，实际上是溶解在液相中的那部分氢参加反应。因此提高氢气压力，反应速率也会明显加快。加氢还原中所使用的压力与所选用催化剂的活性也有密切关系。催化剂活性高，则压力就用低的。若压力过大会导致深度加氢、氢解，选择性下降。

　　（3）设备与操作　在液相加氢的釜式反应器中，搅拌效率的高低涉及相对密度较大的催化剂能否均匀地分散在反应介质中，发挥应有的催化效果，因此搅拌器的选型与设计是关键问题。涡轮式搅拌器能达到使气相分散、固相悬浮的较好效果。

　　在液相加氢鼓泡塔式反应器中，塔内物料传质条件是靠高速氢气流建立的，气、液、固三相物料的流动状态与氢气的流速大小密切相关，随着气速逐渐增大，使物料达到湍流状态最好。

　　环形加氢反应器如图 2-3 所示，其工作原理是物料用泵连续通过外部热交换器，经喷嘴的喷射作用，使气-液-固三相物料达到混合而发生化学反应，由于环形反应器能强化热量和质量的传递，从而提高反应的选择性。

　　（4）加氢反应溶剂　溶剂在加氢过程中起重要作用，它影响氢化速率，也影响反应方向。这主要因为溶剂使催化剂对被加氢物的吸附特性发生了变化，从而改变了氢的吸附量。它还可使催化剂分散得更好，有利于相间传质。溶剂不同，氢化速率不同，生成物也不同。例如用骨架镍为催化剂，进行环戊二烯的加氢，若使用甲苯或环己烷作溶剂，则生成环戊烯；若使用乙醇和甲醇作溶剂，能吸收 2mol 氢，生成环戊烷。

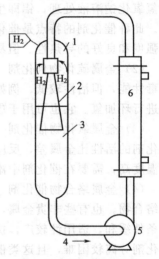

图 2-3　环形加氢反应器示意

1—高压釜；2—混合和反应区；
3—反应物、溶剂、催化剂
悬浮液；4—循环物料；
5—循环泵；6—热交换器

常用的低压加氢溶剂有石油醚、环己烷、甲基环己烷等。其活性顺序与极性顺序基本一致。极性大的溶剂中加氢反应速率快。

　　溶剂除以上作用外，还可用来提供反应的液相状态、调节黏度、带出反应热等。对溶剂的要求是在反应条件下不易被加氢，且易与产物分离。

二、化学还原反应

　　化学还原一般设备投资少，方便易行，条件温和，且选择性高，用途较广，特别是小批量生产选用化学还原方法更适宜。例如，要选择性地还原不饱和酮、酸、酯和酰胺的羰基成羟基，同时分子中的不饱和键保留，采用氢化法还原不宜掌握，用化学法氢化铝锂还原就能方便地达到目的。有的化学还原剂还有立体选择性，即一个被还原物，若采用不同的化学还原剂，可得到不同的空间结构产物。

1. 还原剂

常用的还原剂有以下几类。

① 活泼金属及其合金，如 Fe、Zn、Na、Zn-Hg、Na-Hg 等。特别是汞齐，在不同的化学环境下具有多种不同的还原作用。

② 低价元素的化合物，它们多数是比较温和的还原剂，如 Na_2S、$Na_2S_2O_3$；$FeCl_2$、$SnCl_2$ 等。

③ 金属氢化物，它们的还原作用都很强，如 $NaBH_4$、$LiAlH_4$、$LiBH_4$ 等。

④ 烷基铝（异丙醇铝、叔丁醇铝等）、有机硼烷、甲醛、葡萄糖等。

2. 反应历程

许多有机化合物能被金属活动序中位于氢以前的金属还原。这些还原反应有的是在供质子溶剂（如酸、醇、水等）存在下进行的，有的是反应后用供质子溶剂处理而完成的。金属与供质子剂的还原作用应看成是"内部的"电解还原，即一个电子从金属表面转移到待还原的有机分子上，形成"负离子自由基"，然后随即与供质子剂提供的质子结合成自由基，接着再从金属表面取得一个电子，形成负离子，再从供质子剂取得质子而完成还原反应的全过程。历程如下：

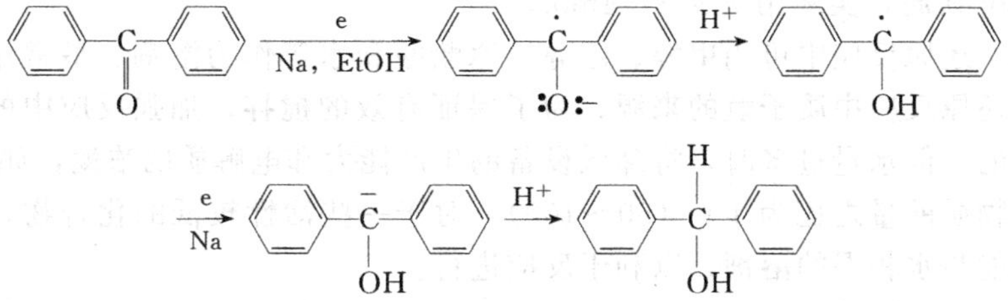

若反应过程中无供质子剂存在，负离子自由基可以二聚，形成双负离子，反应后再经供质子剂处理，即可得双分子还原产物。历程如下：

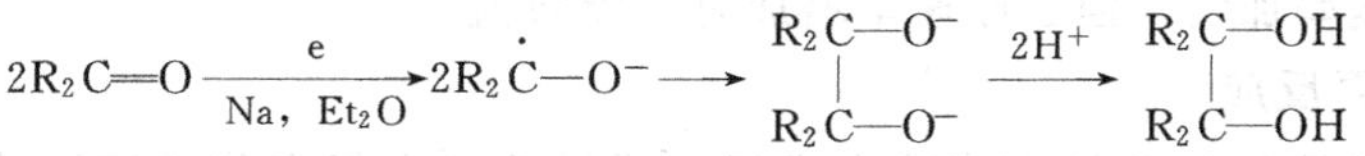

在强酸条件下，锌或锌汞齐可使醛、酮羰基分别还原成甲基、亚甲基，这类反应被称为 Clemmensen 反应。历程如下：

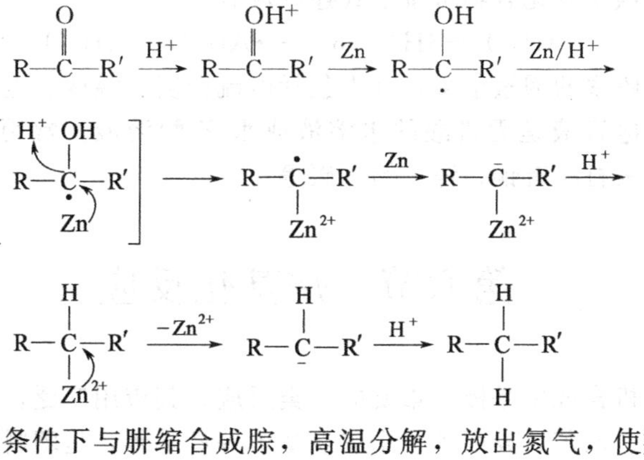

肼、醛、酮在强碱条件下与肼缩合成腙，高温分解，放出氮气，使羰基还原成亚甲基的反应称为 Wolff-Kishner-黄鸣龙反应。

$$\begin{array}{c} R \\ | \\ C=O \\ | \\ R' \end{array} \xrightarrow{H_2NNH_2} \begin{array}{c} R \\ | \\ C=NNH_2 \\ | \\ R' \end{array} \xrightarrow[\text{或 KOH, } \triangle]{NaOR} \begin{array}{c} R \\ | \\ CH_2 + N_2 \uparrow \\ | \\ R' \end{array}$$

反应历程如下：

$$\backslash C=O + H_2NNH_2 \longrightarrow \backslash C=\ddot{N}-NH_2 \xrightarrow{OH^-} \backslash C=\ddot{N}-\overset{\cdot}{N}H \Longleftrightarrow$$

$$\backslash \overset{|}{C}-\ddot{N}=\ddot{N}-H \xrightarrow[-HO^-]{H_2O} \backslash \overset{H}{\underset{|}{C}}-\ddot{N}=\ddot{N}-H \xrightarrow{HO^-} \left[\begin{array}{c} H \\ | \\ C-N=N \end{array}\right] \xrightarrow{-N_2} \backslash \overset{|}{C}: \xrightarrow[-HO^-]{H_2O} \backslash CH_2$$

3. 影响因素

(1) 被还原物的结构　对于不同结构的有机化合物，采用活泼金属还原时，反应条件不同。具有类似吸电子结构的化合物，取代基的吸电子效应使被还原基团上的电子云密度降低，亲电能力增加，有利于还原反应的进行，反应温度可较低。具有类似供电子结构的化合物，取代基的给电子效应使被还原基团上电子云密度增加，亲电能力减弱，不利于还原反应的进行。

(2) 金属的品质和用量　由于还原反应在金属表面进行，因此金属的物理和化学状态对反应有很大的影响。显然，洁净和质软的金属屑较优。还原速率还部分地取决于金属颗粒的韧度和多孔性。不同的物质和不同的还原剂进行还原时用量各异。以 1mol 硝基物为例，理论需要 2.25mol 铁屑，实际用量为 3～4mol。

(3) 溶剂　还原反应中可用甲醇、乙醇、冰醋酸和水等作为溶剂。最常用的溶剂是水，而水同时又是还原反应中质子氢的来源。为了保证有效的搅拌，加强反应中的传热和传质，水一般是过量的。但水量过多时，将降低设备的生产能力和电解质的浓度，如硝基物还原一般采用与水的物质的量之比为 1∶(50～100)。对于一些活性较低的化合物，可加入甲醇、乙醇、吡咯等能与水相混的溶剂，以利于反应进行。

(4) 电解质　电解质的存在可促进铁屑还原反应的进行。因为加入电解质可以提高溶液的导电能力，加速金属的腐蚀过程。还原速率取决于电解质的性质和浓度。适当增加电解质浓度，可使还原速率加快，但还原速率增加有一极限值。

三、电解还原反应

电解还原一般是在水或水-醇溶液中进行，通过改变电极电位或溶液的 pH 值得到不同的还原产物。可将硝基化合物还原成亚硝基、羟氨基化合物、氧化偶氮化合物、偶氮化合物或氨基化合物。芳香族硝基化合物可按下式还原成胺：

$$ArNO_2 + 6H^+ + 6e \longrightarrow ArNH_2 + 2H_2O$$

影响产品质量和收率的因素很多，其中包括电流密度、温度、电极组成、电解液以及促进剂等。常用的阴极电解液是无机酸的水溶液或水-乙醇溶液，常用的促进剂是氯化亚锡、氯化铜、钼酸等，阴极材料有铜、镍、铅、碳等。

第六节　烷基化反应

烷基化在精细有机合成中是极为重要的一类反应，其应用广泛，合成的产品涉及诸多领域。如合成的苯乙烯、乙苯、异丙苯、十二烷基苯等烃基苯，是塑料、医药、溶剂、合成洗涤剂的重要原料。烷基化合成的醚类、烷基胺是重要的有机合成中间体，有些烷基化产物本身就是药物、染料、香料、催化剂、表面活性剂等功能性产品。如环氧化物烷基化（O-烷化）可制得重要的聚乙二醇型非离子表面活性剂，采用卤烷化剂进行氨或胺的烷基化（N-烷化）合成的季铵盐是重要的阳离子表面活性剂、相转移催化剂、杀菌剂等。

在有机化合物分子中的碳、硅、氧和硫等原子上引入烃基的反应称为烃基化反应。引入的烃基包括烷基、烯基、炔基或芳基，也可以是有取代基的烃基，如羧甲基、羟甲基、氰乙基等，其中以引入烷基最为重要。在有机物分子中的碳、氮、氧等原子上仅引入烷基的反应叫烷基化反应。尤其是甲基化、乙基化和异丙基化最常见。

本节主要讨论芳环碳原子上的 C-烷基化，氨基氮原子上的 N-烷基化和羟基氧原子上的 O-烷基化。

一、C-烷基化反应

芳香族化合物在催化剂作用下，用卤代烷、烯烃等烷基化剂直接将烷基引到芳环上，称为芳环上的 C-烷基化反应。利用这类烷基化反应可以合成一系列烷基取代芳烃，在工业生产中广泛应用。

1. C-烷基化剂

① 卤代烷的结构对烷基化反应的影响较大，当卤代烷中的烷基相同，而卤素原子不同时，则反应活性的顺序为：

$$RF > RCl > RBr > RI$$

当卤烷中的卤素原子相同，而烷基不同时，反应活性顺序为：

$$\text{—CH}_2X > R_3CX > R_2CHX > RCH_2X > CH_3X$$

氯化苄的活性最大，氯甲烷的活性最差。此外，不能用卤代芳烃，如氯苯或溴苯来代替卤烷，因为联结在芳环上卤素的反应活性较低，不能进行烷基化反应。

② 烯烃中的乙烯、丙烯、异丁烯等也是最常用的烷基化剂，可用三氯化铝、氟化氢等作催化剂。

③ 醇、醛和酮都是较弱的烷基化剂，醛、酮常用于合成二芳基或三芳基甲烷衍生物。

④ 芳香族化合物及芳族杂环化合物都能进行 C-烷基化反应。稠环芳烃如萘、蒽等，更容易进行烷基化反应。杂环中的呋喃系、吡咯系等物质虽对酸较敏感，但在适当条件下，亦能进行烷基化反应。

芳环上的取代基对 C-烷基化反应影响较大，当环上有烷基等供电子基团时，烷基化反应容易进行；但当环上有—NH₂、—OR、—OH 等供电子基团时，因其可以与催化剂络合，而降低芳环上的电子云密度，不利于烷基化反应的进行；当环上有—X，—COOH 等吸电子基团时，则不容易进行烷基化反应。此时，必须选用更强的催化剂、提高反应温度，才能进行烷基化反应。当芳环上有硝基时，烷基化反应也不能进行。由于硝基苯能溶解芳烃和三氯化铝，因此，烷基化反应时可以作溶剂。

应该注意的是在低温、低浓度、弱催化剂、反应时间又较短的条件下，烷基进入的位置遵循亲电取代反应规律。

常用的烷基化剂有卤烷、烯烃和醇类等。

2. 催化剂

C-烷基化反应是在催化剂存在下进行的。芳香族化合物的 C-烷基化反应是亲电取代反应，催化剂的作用是将烷化剂转化为活泼的亲电质点——烷基正离子。最早催化剂是三氯化铝，后来发现许多具有良好催化活性的催化剂，采用的有如下几种，其催化活性如下。

酸性卤化物：$AlCl_3 > FeCl_3 > SbCl_5 > SnCl_4 > BF_3 > TiCl_4 > ZnCl_2$

质子酸：$HF > H_2SO_4 > H_3PO_4$、阳离子交换树脂

酸性氧化物：$SiO_2\text{-}Al_2O_3$、分子筛、$M(Al_2O_3 \cdot SiO_2)$

不同催化剂的活泼性相差很大。当芳香族化合物不够活泼时，需要用活泼催化剂。当化合物比较活泼时（例如酚类和芳胺等）则需要用温和催化剂以避免不必要的副反应。

3. C-烷基化反应历程

芳环上的 C-烷基化反应历程是在酸催化作用下的亲电取代反应。常用的烷基化剂是烯烃和卤代烷，其次是醇、醛和酮。催化剂多为路易斯酸、质子酸或酸性氧化物，催化剂的作用是使烷化剂极化成活泼的亲电质点，亲电质点进攻芳环生成 σ 络合物，再脱去质子而变成目的产物。

(1) 烯烃为烷基化剂的反应历程　烯烃在能提供质子的催化剂作用下，可质子化生成烷基正离子，然后烷基正离子与芳环发生亲电取代反应在芳环上引入烷基。质子酸催化时，先加成到烯烃分子上（仍然遵循马氏规则）形成活泼亲电质点碳正离子：

$$R\text{—}CH{=}CH_2 + H^+ \Longleftrightarrow R\overset{+}{C}HCH_3$$

形成的活泼碳正离子紧接着与芳烃形成 σ 络合物，再进一步脱去质子生成芳烃的取代产物——烷基苯：

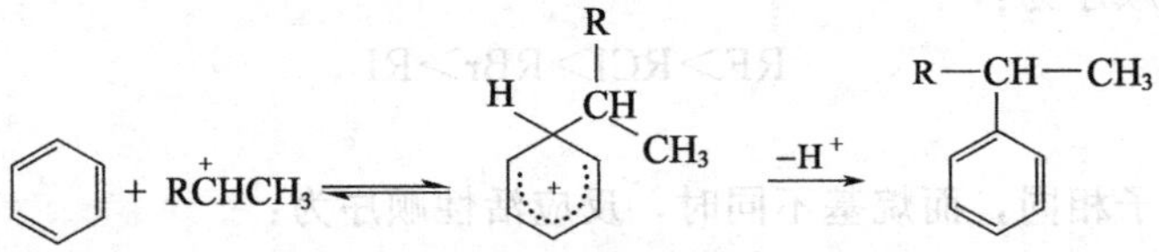

用三氯化铝作催化剂时，$AlCl_3$ 使卤烷转变为活泼的亲电质点，即烷基正离子：

$$R\text{—}Cl + AlCl_3 \Longleftrightarrow R\overset{\delta+}{—}\overset{\delta-}{Cl}{:}AlCl_3 \Longleftrightarrow R^+ \cdots AlCl_4^-$$

分子络合物　　　离子对或离子络合物

在液态烃溶剂中，$AlCl_3$ 能与 HCl 作用生成络合物，该络合物又能与烯烃反应而形成活泼的碳正离子：

$$HCl + AlCl_3 \longrightarrow \overset{\delta+}{H} \cdots \overset{\delta-}{Cl} \cdot AlCl_3$$

$$R\text{—}CH{=}CH_2 + \overset{\delta+}{H} \cdots \overset{\delta-}{Cl} \cdot AlCl_3 \Longleftrightarrow [R\overset{+}{C}HCH_3] \cdot AlCl_4^-$$

如苯和丙烯的烷基化反应制备异丙苯的反应：

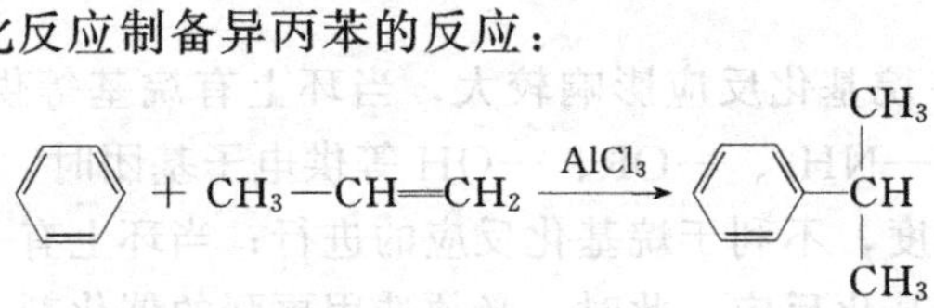

异丙苯早期曾作为航空汽油的添加剂提高油品的辛烷值，现在其主要用途是再经过氧化和分解大量生产苯酚和丙酮。

(2) 卤代烷为烷基化剂的反应历程　用卤代烷的烷基化也是亲电取代反应。首先是生成活泼的亲电质点，其离子的烷基化反应历程可表示如下：

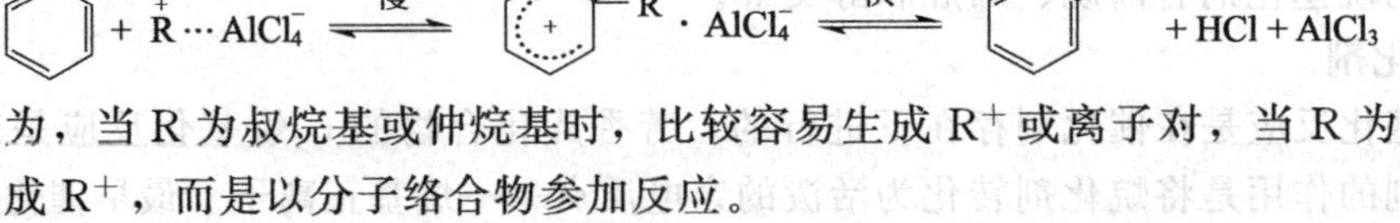

一般认为，当 R 为叔烷基或仲烷基时，比较容易生成 R^+ 或离子对，当 R 为伯烷基时，往往不易生成 R^+，而是以分子络合物参加反应。

(3) 醇为烷基化剂的反应历程　用醇烷基化时，当以质子酸作催化剂时，醇和质子首先

结合成质子化醇，然后离解成烷基正离子和水。

$$ROH+H^+ \rightleftharpoons ROH_2^+ \rightleftharpoons R^+ +H_2O$$

如用无水三氯化铝作催化剂，则因醇烷基化生成的水会分解三氯化铝，所以需用与醇等摩尔比的三氯化铝：

$$ArH+ROH+AlCl_3 \longrightarrow ArR+Al(OH)Cl_2+HCl$$

烷基化反应的活泼质点则按下列途径生成的：

$$ROH+AlCl_3 \xrightarrow{-HCl} ROAlCl_2 \rightleftharpoons R^+ +AlOCl_2^-$$

渗透剂 BX，俗称拉开粉，在合成橡胶生产中用作乳化剂，在纺织印染工业中大量用作渗透剂，其合成反应：

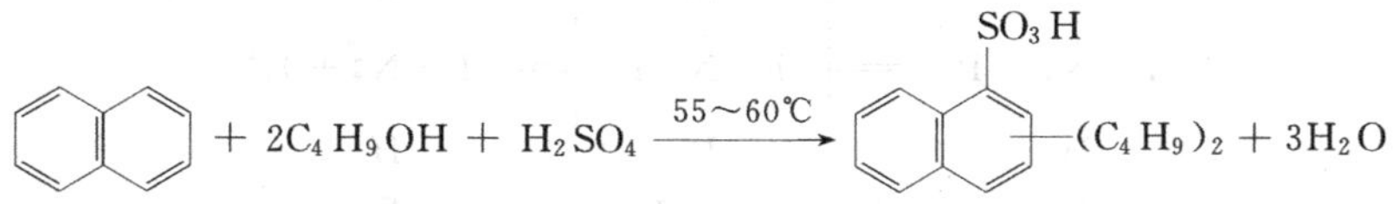

4. C-烷基化反应特点

由于烷基是供电子基，当芳环上引入烷基后，更易发生傅-克反应，所以烷基化是连串反应。又由于同烷基相连的碳原子电子云密度较大，催化剂活性质点又易接近它使烷基脱去发生可逆反应。由于烷基化剂形成碳正离子向稳定的结构转化，它又易发生重排反应。

二、N-烷基化反应

氨、脂肪族或芳香族胺类氨基中的氢原子被烷基取代，或者通过直接加成而在氮原子上引入烷基的反应都称为 N-烷基化反应。这是制取各种脂肪族和芳香族伯、仲、叔胺的主要方法，工业应用十分广泛，其反应通式如下：

$$NH_3+R-Z \longrightarrow RNH_2+HZ$$
$$R'NH_2+R-Z \longrightarrow R'NHR+HZ$$
$$R'NHR+R-Z \longrightarrow R'NR_2+HZ$$

式中 R—Z 代表烷基化剂，包括醇、卤烷、酯等化合物。R 只代表烷基；Z 则代表—OH，—Cl、—OSO₃H 等基团。此外还有用烯烃、环氧化合物、醛和酮类作烷化剂的。氨基是合成染料分子中重要的助色团，而 N-烷基化具有深色效应。此外制造医药、表面活性剂及纺织印染助剂时也常要用各种伯、仲或叔胺类中间体。引入的烷基简单的有甲基、乙基、羟乙基、氯乙基等，此外，还有苄基以及脂肪族长碳链烷基。

1. N-烷基化剂

常用的烷基化剂是以下几种。

① 卤烷，如氯甲烷、碘甲烷、氯乙烷、溴乙烷、氯苄、氯乙酸、氯乙醇等。

② 醇和醚，如甲醇、乙醇、甲醚、乙醚、异丙醇、丁醇等。

③ 酯，如硫酸二甲酯、硫酸二乙酯、磷酸三甲酯、对甲苯磺酸甲酯等。

④ 环氧化合物，如环氧乙烷、环氧氯丙烷等。

⑤ 烯烃衍生物，如丙烯腈、丙烯酸、丙烯酸甲酯等。

⑥ 醛、酮，如各种脂肪族和芳香族的醛、酮。

前三类烷基化剂发生的是氢原子取代反应，最后两类烷基化剂则是加成到氮原子上。最后一类烷基化剂则先与氨基发生脱水缩合，生成缩醛胺，再经还原转变为胺，因此又称为还原烷基化。在前三类烷基化剂中，反应活性最强的是硫酸中性酯，如硫酸二甲酯；其次是各种卤烷；醇类烷基化剂的活性较弱，必须用强酸催化或在高温下进行反应。

2. N-烷基化反应及历程

醇的烷基化活性较弱，反应需在强酸（如浓硫酸）催化剂存在下才可进行，其催化作用是由于强酸离解出质子，能与醇生成活泼的烷基正离子 R^+。

$$R-\overset{\cdot\cdot}{\underset{\cdot\cdot}{O}}H+H^+ \rightleftharpoons R-\overset{+}{O}H_2 \rightleftharpoons R^+ + H_2O$$

烷基正离子与氨或胺的氮原子上的未共有电子对能形成中间络合物，然后脱去质子成为伯胺，由于伯胺的氮原子上继续存在有未共有电子对，能和烷基正离子 R^+ 继续反应生成仲胺、叔胺，直至生成季铵离子为止。具体历程如下：

$$
\text{H}-\underset{\underset{\text{H}}{|}}{\overset{\overset{\text{H}}{|}}{\text{N}}}:+\,R^+ \rightleftharpoons \left[\text{H}-\underset{\underset{\text{H}}{|}}{\overset{\overset{\text{H}}{|}}{\overset{+}{\text{N}}}}-R\right] \rightleftharpoons R-\underset{\underset{\text{H}}{|}}{\overset{\overset{\text{H}}{|}}{\text{N}}}:+\,H^+
$$

$$
R-\underset{\underset{\text{H}}{|}}{\overset{\overset{\text{H}}{|}}{\text{N}}}:+\,R^+ \rightleftharpoons \left[R-\underset{\underset{\text{H}}{|}}{\overset{\overset{\text{H}}{|}}{\overset{+}{\text{N}}}}-R\right] \rightleftharpoons R-\underset{\underset{\text{R}}{|}}{\overset{\overset{\text{H}}{|}}{\text{N}}}:+\,H^+
$$

$$
R-\underset{\underset{\text{H}}{|}}{\overset{\overset{\text{R}}{|}}{\text{N}}}:+\,R^+ \rightleftharpoons \left[R-\underset{\underset{\text{H}}{|}}{\overset{\overset{\text{R}}{|}}{\overset{+}{\text{N}}}}-R\right] \rightleftharpoons R-\underset{\underset{\text{R}}{|}}{\overset{\overset{\text{R}}{|}}{\text{N}}}:+\,H^+
$$

$$
R-\underset{\underset{\text{R}}{|}}{\overset{\overset{\text{R}}{|}}{\text{N}}}:+\,R^+ \rightleftharpoons \left[R-\underset{\underset{\text{R}}{|}}{\overset{\overset{\text{R}}{|}}{\overset{+}{\text{N}}}}-R\right]
$$

胺类用醇进行的烷基化是一个亲电取代反应，胺的碱性越强，反应越易进行；对于芳香族胺类，如果环上带有其他给电子基团时，芳胺容易发生烷基化；而环上带有吸电子基团时，则烷基化较难进行。氨及胺类的碱性（或供电性）强弱顺序通常是：

$$脂肪胺>氨>芳胺$$

卤烷和酯类，特别是强酸的酯是比较活泼的烷基化剂，反应条件要比用醇时缓和得多，一般不超过 $100℃$。

其反应历程可表示为：

$$
ArNH_2 + \overset{\delta^+}{R}-\overset{\delta^-}{X} \longrightarrow Ar-\underset{\underset{\text{H}}{|}}{\overset{\overset{\text{H}}{|}}{\text{N}}}:\cdots R\cdots X \longrightarrow Ar\overset{+}{N}H_2R + X^-
$$

用卤烷为烷化剂，反应中要放出卤化氢，为了使反应顺利进行，常常要加缚酸剂，如 $NaOH$、MgO 等。

环氧乙烷是一种活泼性较强的烷基化剂，碱性或酸性催化均能加速这类反应。酸催化下其反应历程如下：

$$
\underset{\underset{\delta^-}{O}}{\overset{\delta^+}{CH_2-CH_2}} + H^+ \longrightarrow \underset{\overset{+}{O}}{CH_2-CH_2} \longrightarrow \overset{+}{CH_2}-\underset{\underset{OH}{|}}{CH_2}
$$

$$
C_6H_5NH_2 + \overset{+}{CH_2}-\underset{\underset{OH}{|}}{CH_2} \longrightarrow \underset{\underset{+NH_2C_6H_5}{}}{CH_2}-CH_2OH \xrightarrow{-H^+} C_6H_5-NHCH_2CH_2OH
$$

硫酸酯、磷酸酯和芳磺酸酯都是很强的烷基化剂，这类烷基化剂的沸点较高，反应可在常压下进行，由于酸类的价格比醇和卤烷都高，所以其实际应用不如醇或卤烷广泛。硫酸酯与胺类烷基化的反应式如下：

$$R'NH_2 + ROSO_2OR \longrightarrow R'NHR + ROSO_2OH$$
$$R'NH_2 + ROSO_2ONa \longrightarrow R'NHR + NaHSO_4$$

硫酸的中性酯很容易释放出它所结合的第一个烷基，而放出第二个烷基则比较困难。

芳香族或脂肪族胺类都能与烯烃发生 N-烷基化反应，这是通过烯烃的双键与氨基中的氢加成而完成的。常用的烯烃有丙烯腈和丙烯酸酯，烷基化就能分别引入氰乙基和羧酸酯基。烯分子上连接有一个吸电基团，吸电基团使双键极化，使得 β-C 可以参与氨基或羟基的亲电加成反应。历程如下：

$$R\ddot{N}H_2 + \overset{\delta^+}{CH_2} = \overset{\delta^-}{CH} - CN \longrightarrow RNHCH_2CH_2CN$$

$$R\ddot{N}H_2 + \overset{\delta^+}{CH_2} = \overset{\delta^-}{CH} - \underset{\delta^+}{C} \overset{O^{\delta^-}}{-} OH \longrightarrow RNH(CH_2CH_2COOH)$$

$$R\ddot{N}H_2 + \overset{\delta^+}{CH_2} = \overset{\delta^-}{CH} - \underset{\delta^+}{C} \overset{O^{\delta^-}}{-} OR' \longrightarrow RNH(CH_2CH_2COOR')$$

三、O-烷基化反应

这里主要讨论醇、酚羟基上的氢被烷基所取代的反应的 O-烷基化反应。芳醚的制备不宜采用烷氧基化的合成路线，而需要采用酚烷基化（即 O-烷基化）的合成路线。

1. O-烷基化剂

芳环上的羟基一般不够活泼，所以需要使用活泼的烷基化剂，如氯甲烷、氯乙烷、氯乙酸、氯苄、硫酸酯、对甲苯磺酸酯和环氧乙烷等。只有在个别情况下，才使用甲醇和乙醇等弱烷基化剂。

2. O-烷基化反应历程

(1) 用卤代烷的 O-烷基化反应　用卤代烷的 O-烷基化是亲核取代反应，对于要烷基化的醇或酚来说，它们的负离子 $R'O^-$ 的亲核性远大于醇或酚的亲核性。因此，在反应物中总是加入碱性试剂，如钠、氢氧化钠、氢氧化钾、碳酸钠或碳酸钾等，以生成 $R'O^-$ 负离子。

$$R'OH + NaOH \Longrightarrow R'ONa + H_2O$$
$$R'ONa + RX \xrightarrow{O\text{-烷基化}} R'-O-R + NaX$$

式中，R'表示烷基或芳基，R 表示烷基，X 表示卤素，所用的碱也叫缚酸剂。

(2) 用酯的 O-烷基化反应　硫酸酯及碳酸酯均是良好的烷基化剂。在碱性催化剂存在下，硫酸酯与酚、醇在室温下即能顺利反应生成醚类，具有较高的产率。

(3) 用环氧乙烷的 O-烷基化反应　环氧化合物易与醇发生开环反应，生成羟基醚。开环反应可用酸或碱催化，但往往生成不同的产品，酸与碱催化开环的反应过程是不相同的，开环的反应过程如下：

一般情况下，伯醇反应迅速，仲醇反应慢，叔醇反应困难。对于同系物低碳醇反应活性而言，高碳醇反应活性低。对于酚类芳环上有供电子基团反应活性则高。

（4）醇或酚直接脱水成醚　醇或酚的脱水是合成对称醚的方法。醇的脱水反应通常在酸性催化剂存在下进行。常用的酸性催化剂有浓硫酸、浓盐酸、磷酸、对甲苯磺酸等。

$$HO(CH_2)_4OH \xrightarrow{(NH_2)_2SO_2} \square + H_2O$$

二元醇进行酸催化脱水或催化脱水均可合成环醚，如1,4-丁二醇在硫酰胺催化下进行分子内的脱水，生成四氢呋喃。

第七节　酰基化反应

有机化合物引入酰基后可以改变原化合物的性质和功能。如染料分子中的氨基或羟基酰化前后的色光、染色性能和牢度指标都有所变化，医药分子中引入酰基可以改变药性。酰化的另一个作用是提高胺类化合物在化学反应中的稳定性或使芳香族亲电取代反应发生在氨基的邻、对位，以满足合成工艺的要求。

向有机化合物中的碳、氮、硫等原子上引入酰基的过程称为酰化反应。酰基是指从含氧的无机酸、有机羧酸或磺酸等分子中除去羟基后所剩余的基团。

酸类	结构式	酰基	表达式
硫酸	HO—S—OH (O, O)	硫酰基	HO—S— (O, O)
硝酸	N—OH (O, O)	硝酰基	N— (O, O)
甲酸	H—C—OH (O)	甲酰基	H—C— (O)
乙酸	CH₃—C—OH (O)	乙酰基	CH₃—C— (O)
苯甲酸	Ph—C—OH (O)	苯甲酰基	Ph—C— (O)
苯磺酸	Ph—S—OH (O, O)	苯磺酰基	Ph—S— (O, O)

碳原子上的氢被酰基取代的反应叫做碳酰化，生成的产物是醛、酮或羧酸。氨基氮原子上的氢被酰基取代的反应叫做氮酰化，生成的产物是酰胺。羟基氧原子上氢被酰基取代的反应叫做氧酰化，生成的产物是酯，也称酯化反应。酰化反应通式可用下面表示：

$$R-C(=O)-Z + G-H \longrightarrow R-C(=O)-G + HZ$$

式中 RCOZ 为酰化剂，Z 代表卤元素、OCOR、OH、OR′、NHR′ 等。GH 为被酰化物，G 代表 ArNH、R′NH、R′O、Ar 等。本节重点讨论前两种酰化反应。

一、酰化剂

常用的酰化剂主要有如下几种。

① 羧酸，如甲酸、乙酸、草酸及萘甲酸等。

② 酸酐，如乙酸酐、马来酸酐、邻苯二甲酸酐、硫酸酐等。

③ 酰氯，如碳酸二酰氯、乙酰氯、苯甲酰氯、苯磺酰氯、三氯化磷、三氯氧磷等。

④ 羧酸酯，如氯乙酸乙酯、乙酰乙酸乙酯等。

⑤ 酰胺，如尿素，N,N-二甲基甲酰胺等。

⑥ 其他，如二硫化碳、双乙烯酮等。

二、酰化反应历程

氮和氧酰化属于酰化剂对官能团上氢的亲电取代反应。酰化反应历程如下：

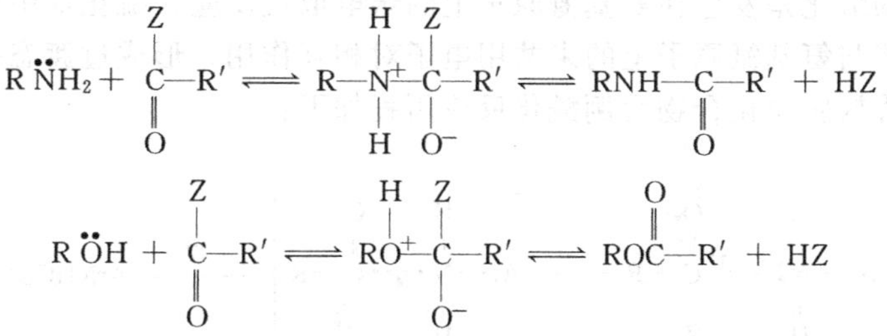

碳酰化是亲电取代（或加成）反应，最常用的酰化剂是酰卤和酸酐，其次是羧酸和烯酮。碳酰化反应的历程通常看作酰卤和路易斯酸催化剂首先生成下列正碳离子中间体（a）、（b）和（c）：

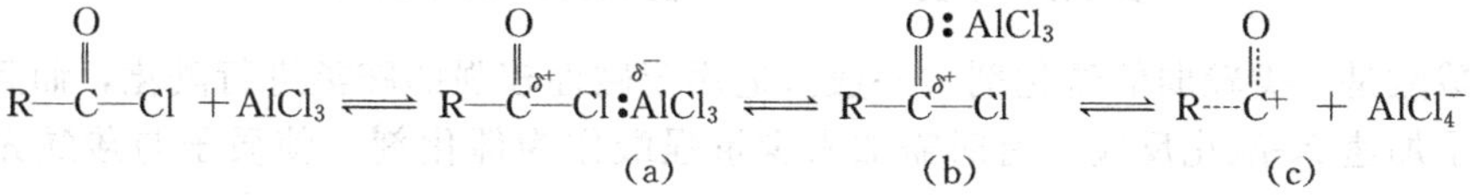

进攻芳环的中间体可能是（b）或（c），它们与芳环作用生成芳酮与三氯化铝的络合物。

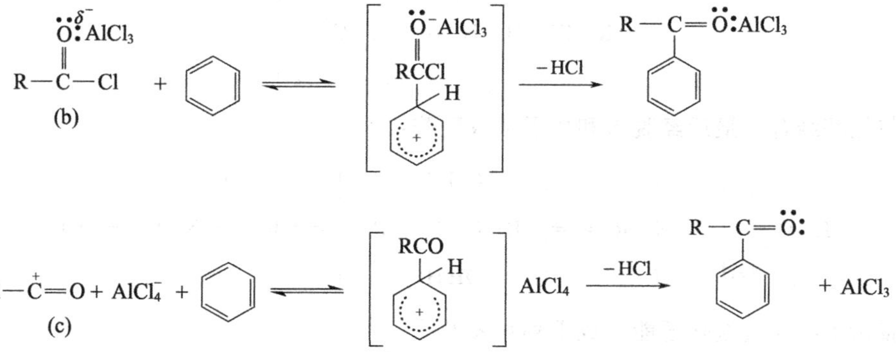

三、酰化剂和被酰化物结构的影响

酰化反应是亲电取代反应，酰化剂是以亲电质点参加反应的，酰化反应的难易与酰化剂的亲电性、被酰化物的亲核能力及空间效应有密切关系。

酰化剂的反应活性取决于羰基碳上部分正电荷的大小，正电荷越大，反应活性越强。R 相同的羧酸衍生物，离去基团 Z 的吸电子能力越强，酰基上部分正电荷越大。所以反应活性：

$$R-\overset{\delta_1^+}{C}-Cl > R-\overset{\delta_2^+}{C}-O-C-R > R-\overset{\delta_3^+}{C}-OH$$

脂肪族酰化反应中，其反应活性随烷基碳链的增长而减弱。因此，在引入长碳链的酰基时，需要使用活泼的酰氯作酰化剂。

芳香族羧酸由于芳环的共轭效应，使酰基碳上部分正电荷被减弱。当离去基团 Z 相同时，脂肪羧酸的反应活性大于芳香羧酸，高碳羧酸的反应活性低于低碳羧酸。

被酰化基团反应活性取决于官能团的电性。当是供电子基团时，活性减弱；当是吸电子基团时活性增强。

四、N-酰化反应

胺类化合物的酰化是发生在氨基氮原子上的亲电取代反应。酰化剂中酰基的碳原子上带有部分正电荷，能与氨基氮原子上的未共用电子对相互作用，形成过渡态络合物，最后再转化成酰胺。以芳香族胺类化合物为例酰化反应历程如下：

$$Ar-\overset{H}{\underset{H}{N}}: + \overset{\delta^+}{C}-R \longrightarrow \left[Ar-\overset{H}{\underset{H}{N}}\cdots\overset{O}{C}-R \right] \xrightarrow{-HZ} ArNHCOR$$

以羧酸做酰化剂为例：用羧酸对胺类进行酰化是合成酰胺的重要方法，反应有水生成，是一个可逆反应，其酰化反应通式如下：

$$R'NH_2 + RCOOH \rightleftharpoons R'NHCOR + H_2O$$

由于羧酸是一类较弱的酰化剂，一般只适用于碱性较强的胺类进行酰化，而且反应速率较慢。为了加速 N-酰化反应，有时需加入少量强酸作为催化剂。使质子与羧酸先形成中间加成物：

$$R-COOH + H^+ \rightleftharpoons R-\overset{+}{\underset{OH}{C}}-OH$$

再与氨基结合，最后经脱水和质子形成酰胺：

$$R\cdots\overset{+}{\underset{OH}{C}}-OH + \overset{H}{\underset{H}{N}}-R' \rightleftharpoons \left[R-\overset{OH}{\underset{OH}{C}}-\overset{H}{\underset{H}{N^+}}-R' \right] \rightleftharpoons R-\overset{O}{C}-NHR' + H_3O^+$$

苯胺衍生物通过酰化还能合成下列重要产品：

（解热镇痛类药物中间体）

五、C-酰化反应

C-酰化是在芳环上引入酰基，制备芳酮或芳酯的过程。它是以酰卤或酸酐为酰化剂，对芳环进行亲电取代（或加成）的反应，属于傅列德尔-克拉夫茨反应中的重要一类，反应时必须加入路易斯酸或质子酸等催化剂以增强酰化剂的亲电能力，使反应得以顺利进行。该C-酰化反应的特点是产物分子中形成新的 C—C 键，所以也是缩合（非成环缩合）反应。

以苯的酰卤 C-酰化反应为例。通常视为酰卤和路易斯酸催化剂生成下列正碳离子中间体：

$$R\overset{+}{\underset{\underset{Cl}{|}}{C}}\!-\!O\ \overset{-}{AlCl_4} \rightleftharpoons R\!-\!\overset{+}{C}\!=\!O\cdot\overset{-}{AlCl_4} \rightleftharpoons R\!-\!\overset{+}{C}\!=\!O + \overset{-}{AlCl_4}$$

这些中间体在溶液中呈平衡状态；上式中左边是络合物形式的正碳离子中间体，右边是离子形式的正碳离子中间体。然后与苯发生酰化反应。

噻吩和酰氯在苯做溶剂，四氯化锌为催化剂进行酰化反应：

$$\text{噻吩} + CH_3COCl \xrightarrow[\text{室温}]{SnCl_4,\ 苯} \text{噻吩-COCH}_3 + HCl$$

生成的 2-乙酰噻吩是合成医药的中间体。

思 考 题

1. 什么是磺化及硫酸化单元反应？各具有哪些特点？其重要性体现在哪里？

2. 芳香族磺化的主要磺化方法有哪些？影响磺化及硫酸化反应因素有哪些？怎样完成磺化生产工艺和磺化物的分离？

3. 常用的磺化及硫酸化试剂有哪些？各自的特性是什么？

4. 如何完成脂肪烃的磺化，试写出磺化反应历程的类型。

5. 试写出磺氧化和磺氯化反应历程。

6. 什么是工业 π 值？具有什么意义？

7. 什么是硝化单元反应？其特点和重要性有哪些？

8. 有机物引入硝基的目的是什么？

9. 有哪些工业硝化的方法？其各自的特点是什么？

10. 影响硝化反应的因素有哪些？

11. 试写出芳烃硝化反应历程。

12. 为什么稀硝酸只适用于活泼芳烃的硝化反应？

13. 什么是卤化单元反应？其特点和重要性体现在哪里？

14. 写出芳环上取代卤化反应的反应历程。

15. 卤化反应影响因素有哪些？各因素是如何影响的？

16. 比较脂肪烃及芳环侧链卤化与芳烃卤化的反应历程及反应影响因素各有哪些不同？

17. 卤化反应中催化剂的作用原理是什么？

18. 有机物氧化反应的特点、分类及其重要性各是怎样的？

19. 试写出空气氧化反应的反应机理及其反应影响因素。

20. 试写出空气催化氧化制苯酐的历程。

21. 用过氧化物完成氧化反应的机理有哪些？

22. 试写出还原反应的定义、分类及意义。

23. 常用的还原剂有哪些？各有什么特点？

24. 列举几种还原反应所进行的历程及所采用的还原方法。
25. 试写出烷基化单元反应的定义、分类、特点及其重要性。
26. 常用的烷基化反应试剂有哪些？各具有什么活性和特点？
27. 试写出 C-烷基化反应历程及反应工艺。
28. 列举 C-酰基化单元反应的定义、特点、重要性，常用的酰化反应试剂。
29. 写出酰化反应通式，C-酰基化反应历程及其影响因素。

第三章 无机精细化工产品

【基本要求】

1. 了解无机物精细化工的有关概念；
2. 熟悉精细陶瓷材料的种类、功能及生产技术方法；
3. 了解多孔材料的分类、性能及用途；
4. 了解无机膜材料的性能和用途。

    无机精细化工是精细化工的重要组成部分，在整个精细化工大家族中，相对起步较晚、产品较少。然而，近年来，无论是门类还是品种都在飞速增长，并且对其他部门或化工本身的发展起着不可替代的重要作用。

    多少年来，尽管工农业、医药和日常生活中都要消耗大量的无机盐，但无机盐工业一直主要是作为基础原料工业的面貌生存和发展的。因精细化工的兴起，才使无机盐工业逐步由单纯原料性质转变成为原料-材料工业。特别是随着无机功能材料品种日益增多，其对国民经济各部门的作用越来越显著，从而引起人们的普遍重视。

    无机精细化工产品按产品的功能划分为无机精细化学品和无机精细材料两大类。从化学结构来看，无机精细化学品除单质外，还包括无机过氧化物、碱土金属化合物、硼族化合物、氮族化合物、硫族化合物、卤族化合物、过渡金属化合物、锌族化合物以及金属氢化物等。许多无机精细化学品在近代科技领域中获得广泛的应用。由这些物质出发进一步制造的许多无机精细化工产品已成为当代科技领域中不可缺少的材料。无机精细材料是近年科技发展中的一个新领域。由此可见，无机精细化工材料的开发，标志着一个国家科学技术和经济发展的水平。

    从应用角度，无机精细材料可分为工程材料（即结构材料）和功能材料两大类。无机精细材料包含高性能结构材料（精细陶瓷）、纤维材料、能源功能材料、阻燃材料、微孔材料、超细粉体材料、电子信息材料、涂料和颜料、水处理材料、试剂和高纯物等。

第一节 精细陶瓷材料

一、精细陶瓷概述

    陶瓷是人类最早使用的材料之一。陶瓷（ceramic）来自希腊字"keramos"即烧结器皿的意思。陶瓷原来多指瓷器、玻璃、水泥、各种耐火材料等。现代社会由于科学技术的飞速发展（如电子技术、航天技术、能源开发等），人们越来越迫切地谋求高功能、高性能的新材料，于是各种具有机械、物理和化学优良性能的新型陶瓷应运而生。许多具有电磁功能、光学功能、机械功能、耐高温功能及生物功能等的陶瓷，正在广泛应用于电子、机械和原子能工业及医药等各方面，新型陶瓷工业将成为未来工业的基础。

    精细陶瓷这一术语来自日本的"fine ceramics"，美国则称高级或近代陶瓷（advanced

ceramics) 或高效陶瓷 (high performance ceramics)，也有人称工程陶瓷。精细陶瓷与传统陶瓷在工业材料的分类中同属于非金属陶瓷材料。一般认为采用高度精选的原料，具有能精确控制的化学组成，按照便于进行结构设计及控制的制造方法进行制造、加工的，具有优异特性的陶瓷称为精细陶瓷。精细陶瓷在制造原料、成型、烧结及产品的应用、结构等方面均不同于传统陶瓷。主要具有如下特点：产品的原料全部是在原子、分子水平上分离、精制的高纯度的人造原料制成；精密的成型工艺，制品的成型与烧结等加工过程，均需精确的控制；产品具有完全可控的显微结构，以确保产品应用于高技术领域。精细陶瓷由于不同的化学组成和显微结构，决定其不同于传统陶瓷的性质与功能，既具有传统陶瓷的耐高温、耐腐蚀等特性，又具有光电、压电、介电、半导体性、透光性、化学吸附性、生物适应性等优异性能。因此，精细陶瓷已成为近代技术的重要组成部分。

精细陶瓷按化学组成可分为氧化物和非氧化物两大类（如表 3-1 所示），也可以按功能分类（如表 3-2 所示）。

表 3-1　精细陶瓷种类

种　　类		举　　例
氧化物		Al_2O_3, SiO_2, MgO, ZrO_2, $BaTiO_3$, Fe_2O_3, BeO, $Pb(Zr,Ti)O_3$, ZnO, UO_2
非氧化物	碳化物	SiC, TiC, B_4C, WC
	氮化物	Si_3N_4, AlN, TiN, BN
	硼化物	ZrB_2, TiB_2, LaB_6
	硫化物	ZnS, TiS, MoS_2
	硅化物	$MoSi_2$

表 3-2　陶瓷按功能分类

功　能	特　　性	举　　例
热学功能	耐热	Al_2O_3, ZrO_2, TiN, BeO, TbO_2
	绝热	WC, TiC, AlN, SiC, Al_2O_3, ZrO_2
	导热	BeO, AlN, BN
力学功能	高温高强度	MgO, ZrO_2, Al_2O_3, Si_3N_4, SiC
	热冲击性	Al_2O_3, MgO, TiO_2, Si_3N_4
	高硬度	SiC, TiC, WC, Al_2O_3, ZrO_2, Si_3N_4
	耐磨性	B_4C, SiC, Al_2O_3, ZrO_2, Si_3N_4, WC, BC
化学功能	耐腐蚀性	Al_2O_3, SiC, Si_3N_4, ZrO_2, TiN, B_4C, BN
	催化性	γ-Al_2O_3, SiO_2, TiO_2
电磁功能	绝缘性	Al_2O_3, $2MgO \cdot SiO_2$, MgO, SiO_2
	导电性	ZrO_2-Y_2O_3-CeO_2(Cr_2O_3), ZrO_2
	压电性	PbO, $(Ti,Zr)O_2$
	介电性	$BaTiO_3$, TiO_2
	磁性	$(Mn,Zn)O$, Fe_2O_3, $BaO \cdot 6Fe_2O_3$
	半导体性	TiO_2, $BaTiO_3$, $In_2O_3 \cdot SiC$
光学功能	透光性	Al_2O_3, MgO, Al_2O_3, Y_2O_3(ThO_2)
	发光性	Al_2O_3, Cr-Nd 玻璃
生物功能	人造骨骼	Al_2O_3, P_3O_{12}
	触媒载体	SiO_2, Al_2O_3

通常根据精细陶瓷的特性与相应用途可将精细陶瓷分为以下三类。

① 电子陶瓷，主要应用于制作集成电路基片、点火原件、压电滤波器、热敏电阻、传感器、光导纤维等及磁芯、磁带、磁头等磁性体的电子陶瓷，如氧化铁、氧化锆陶瓷等。

② 工程陶瓷，主要应用于切削工具，各种轴承及各种发动机的工程陶瓷，特别是汽车

发动机，热效率可提高 40%。如碳化硅、氮化硅、氧化锆、氧化铝陶瓷等。

③ 生物陶瓷，主要应用于制作人工骨骼、人工牙根及人工关节、固定化催化剂载体等的生物陶瓷，如氧化铝陶瓷、磷灰石陶瓷等。

二、精细陶瓷的制备工艺

(一) 精细陶瓷粉体的制备

精细陶瓷与金属材料相比，具有硬度大、耐磨性能好、耐热及耐腐蚀性等优异特点。但性脆，耐冲击强度低，故精细陶瓷的加工性能较差，加工难度较大。精细陶瓷的制造工艺大致如下：

$$原料粉末调整 \longrightarrow 成型 \longrightarrow 烧结 \longrightarrow 加工 \longrightarrow 成品$$

一般首先制备高纯度和高超细原料粉体，然后采取各种成型方法制成各种半成品，再根据不同组成，不同要求，采取不同的烧结方法制成所需要的产品，如图 3-1 所示。

原料粉体的纯度、粒径分布均匀性、凝聚特性及粒子的各向异性等，对产品的显微结构及性能有极大的影响。因此，制备精细陶瓷的原料粉体是制造精细陶瓷工艺中的首要问题。目前已有多种制造原料粉体的方法，大致可分两种，粉碎法和合成法，前者主要采取各种机械粉碎方法，此法不易获得 $1\mu m$ 以下的微粒，且易引入杂质。后者则是在原子、分子水平上通过反应、成核、成长、收集和处理来获得的。因此可得到纯度高、颗粒微细及均匀性良好的粉体，此法应用较广泛。

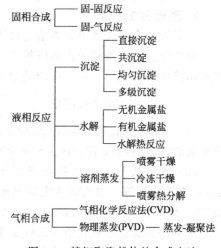

图 3-1 精细陶瓷粉体的合成方法

1. 固相合成法

以固态物质原料制备粉体的方法，包括固-固反应法和固-气反应法。

(1) 碳化硅粉体的固-固反应合成法

① 二氧化硅碳还原法 二氧化硅粉末与炭粉在惰性气氛中加热至 1500～1700℃ 反应生成 α-SiC。其中，SiO_2 的原料由卤化物 Si 的烷基氧化物或烷基化合物制备，炭则由碳氢化合物制备。

$$SiO_2 + 3C === SiC + 2CO \quad (1500\sim1700℃)$$

② 硅粉炭还原法 硅粉与炭黑在惰性气氛中加热于 1000～1400℃ 可得 SiC。

$$Si + C === SiC \quad (1000\sim1400℃)$$

上述两种方法均有利于制得高纯、微细的 SiC 粉末。

(2) 氮化硅粉体的固-气反应合成法 利用高纯度 SiO_2 粉末和炭粉通 N_2 加热可生成 Si_3N_4

$$3SiO_2 + 6C + 2N_2 \xrightarrow{1200\sim1500℃} Si_3N_4 + 6CO$$

此反应中控制 CO 的分压和反应温度很重要，且炭要过量，以防二氧化硅还原不完全。此种方法易得粒径均匀的高纯度 α-Si_3N_4 原料粉体，反应较易控制。缺点是残留炭去除困难。最近日本研究从稻壳中制取 SiO_2，用于生产氮化硅获得成功，使原料成本大大降低。在原料 SiO_2 与 C 中加入少量 Si_3N_4 粉体，对促进反应物生成和粒子形状、粒径控制，均有明显的效果。另外一种最广泛使用的方法是：

$$2Si(s)+2N_2 \Longrightarrow Si_3N_4 \qquad \Delta H=732kJ/mol$$

硅粉的纯度、粒度不同，得到的产品性质不同。该工艺一般生成 α 相和 β 相氮化硅的混合物，然而用于烧结所需的原料是 α-Si_3N_4，因此，要严格控制升温速度、氮气的加入速度并适当地加入氧气，以防止 β-Si_3N_4 的生成。最近日本开发出了引入适量的氢气，以控制氧的分压，使 α-Si_3N_4 的含量增加。该工艺的优点是工艺简单，产品易进行烧结。缺点是反应温度高，设备要求也高。

（3）氮化铝粉体的固-气反应合成法　氮化铝 AlN 是六方晶系，是精细陶瓷中最难烧结，同时也是将来最有发展前途的产品之一，它可取代二氧化铝集成电路板。

将氧化铝和炭的混合物装进电炉中，通氮气，直接还原成 AlN：

$$Al_2O_3+C+N_2 \xrightarrow{约1600℃} 2AlN+3CO$$

可得到平均粒径为 $0.6\mu m$ 的氮化铝粉体，如用这种粉体加入 1% CaO 作烧结助剂，在 1900℃ 条件下烧结，可得透明烧结体 AlN。

2. 液相合成法

一般液相合成大致可分难溶盐的沉淀、水解及溶剂蒸发等三类方法。

液相中获得精细粒子大小依赖于过饱和溶液的成核及其连续的成长，而溶液的过饱和，则是由溶解度的变化、化学反应及溶剂的蒸发而形成。由液相制备粉体的基本过程为：

$$金属盐溶液 \xrightarrow[溶剂蒸发]{加入沉淀剂} 盐或氢氧化物 \xrightarrow{热分解} 氧化物粉体$$

（1）难溶盐沉淀法　难溶盐沉淀法制得氧化物粉体的特性，由沉淀和热分解两过程决定。此法特点是组成易控制，能合成复合氧化物，易添加微量成分，且可获得良好的混合均匀性。

（2）水解法　水解法制备稳定氧化锆（ZrO_2）粉体是将锆盐（$ZrOC_{12} \cdot 8H_2O$）和 Y_2O_3 在水中溶解，加入碱性物质氨水，反应生成共沉淀物，再经过滤、干燥，在 800℃ 煅烧 1h，得到平均粒径 $0.02\mu m$ 的 YSZ 粉体，其制备过程如图 3-2 所示。

水解法制备稳定氧化锆（ZrO_2）粉体的主要反应式为：

$$Zr(OH)_2^{2+}+2OH^- \Longrightarrow Zr(OH)_4$$

$$Zr(OH)_4 \xrightarrow{熟化} ZrO(OH)_2 \xrightarrow{燃烧} ZrO_2+H_2O$$

钛酸钡粉体的制备：将水加到异丙醇钡的戊醚钛乙醇溶液中，可得纯度为 99.998%，平均粒径为 5nm 的 $BaTiO_3$。其反应式如下：

$$Ba(OC_3H_7)_2+Ti(OC_5H_{11})_4+4H_2O \longrightarrow BaTiO_3 \cdot H_2O(g)+2C_3H_7OH+4C_5H_{11}OH$$

$$BaTiO_3 \cdot H_2O(g) \longrightarrow BaTiO_3+H_2O(g) \quad (50℃, 真空)$$

（3）溶剂蒸发法　此种方法不使用沉淀剂，可避免引入杂质。将溶液分成小液滴，使其迅速蒸发，以保持在溶剂蒸发过程中溶液的均匀性。由于喷雾的具体过程不同可分为冰冻干燥法、喷雾干燥法及喷雾热分解法等，如图 3-3 所示。用此种方法可合成复杂的多成分氧化物粉末，且可制得球状粉体，流动性能良好，易于加工。

3. 气相合成法

此种方法可分为蒸发凝聚法（PVD）及气相反应法（CVD）。前者是将原料加热至高温，使之汽化，然后急冷，凝聚成微粒状物料，适用于制备单一氧化物、复合氧化物、碳化物或金属微粉。后者是用挥发性金属化合物的蒸气，通过化学反应合成的方法。此种方法除适用于制备氧化物外，还适用于制备液相法难于直接合成的氮化物、碳化物、硼化物等非氧化物；蒸气压高且反应性强的金属氯化物是此种方法最常用的原料。进入 20 世纪 80 年代以后，气相法发展迅速，正在逐步走向工业化。

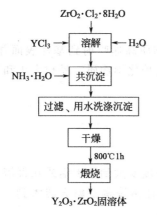

图 3-2 共沉淀法制备 ZrO_2 的 YSZ 粉体

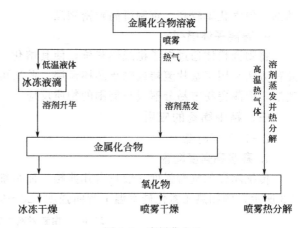

图 3-3 溶剂蒸发法

用 $SiCl_4$ 与 NH_3 在 1000℃或 $SiCl_4$ 和 N_2、H_2 混合气体在 1200~1500℃下反应：

$$3SiCl_4 + 4NH_3 \xrightarrow{1000\sim1500℃} Si_3N_4 + 12HCl$$

$$3SiCl_4 + 2N_2 + 6H_2 \Longrightarrow Si_3N_4 + 12HCl$$

反应产物 SiN_4 加热到 1200~1600℃可得到 α-Si_3N_4，如图 3-4 所示。

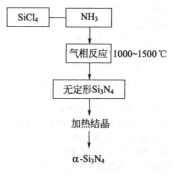

图 3-4 气相法制备 α-Si_3N_4 的工艺流程

（二）精细陶瓷的烧结方法

要使精细陶瓷具有优异的性能，必须精密控制这些材料的显微结构。其中，烧结是使精细陶瓷获得预期显微结构的关键工序。它可以减少形体中的气孔，增强颗粒之间的致密程度，从而提高产品的机械强度。陶瓷的烧结方法因陶瓷的组成差别而有所不同。

1. 热压烧结法（hot pressing，HP）

粉体置于压模中，从上到下用 10~50MPa 的压力，边单轴加压边加热到高温的烧结方法。此种方法能形成高强度、低孔隙率制品。适用于切削工具等的制造。但是，它难于大量生产形状复杂的制品。

2. 热等静压法（hot isostatic pressing，HIP）

粉体置于能承受压力 50~200MPa 及 2000℃高温的真空容器中，以惰性气体为压力介质，采取边加热边从各方向施加压力压缩粉体的方法。另一种方法是预烧结体 HIP 法，是通过一次无压烧结制成没有开口气孔的闭口气体烧结体，它是不需模套而直接在高压气体中烧结的方法。和 HP 法相比，它可以在较低的温度下就能达到完全的致密化，制得的产品硬度高，韧性强。不用模具就可制得形状复杂的制品，但设备昂贵。近年来人们开发了 O_2-HIP 设备。其压力介质为 20％（体积分数）的 O_2 混合入 Ar 中的混合气体。另外还开发了加热温度到 2600℃的超高温 HIP 设备和压力达 1000MPa 的超高压 HIP 设备。

3. 化学气相沉积法（chemical vapor deposition，CVD）

将原料气体加热，使其发生化学反应形成陶瓷沉积于基片上。此法不需加入烧结助剂，有效孔隙率为 0，可形成高纯度致密层，由于与基体间的热膨胀不同，易产生应变。

4. 反应烧结法

制造 Si_3N_4 常采用的方法，例如将加热的 Si 粉体置于容器中，通入氮气、氢气混合气体使与 Si 反应，生成氮化硅的同时进行烧结。此法能制得形状复杂的制品，成本低且不加助剂。但气孔率较高，难制得高致密制品。

5. 等离子体喷射

将陶瓷粉体通过电子枪或燃料枪，使其熔化，熔化的物质高速喷射到基片表面并固化。此种方法常用于基片镀层或轴承芯棒镀层。此法可适用于各种化学物质，晶粒大小和形状的镀层，但陶瓷粉末易分解或与周围的物质反应。

三、精细陶瓷的应用

（一）工程陶瓷

1. 高温高强度陶瓷

传统陶瓷的抗弯强度一般只有几兆帕，而精细陶瓷的强度要大到几十倍或几百倍，如表3-3所示。例如热压氮化硅室温下弯曲强度620～965MPa，比传统陶瓷耐火砖大到一百倍，

表 3-3 陶瓷材料在室温下强度

材 料	弯曲强度		拉伸强度	
	/MPa	/ksi[①]	/MPa	/ksi[①]
Al_2O_3（0～2％气孔率）	350～580	50～80	200～310	30～45
烧结 Al_2O_3（气孔率<5％）	200～350	30～50	—	—
氧化铝瓷（90％～95％Al_2O_3）	275～350	40～50	172～240	25～35
热压 BN（<5％气孔率）	48～100	7～15	—	—
热压 B_4C（<5％气孔率）	310～350	40～50	—	—
热压 TiC（<2％气孔率）	275～450	40～60	240～275	35～40
烧结稳定的 ZrO_2（<5％气孔率）	138～240	20～35	138	20
热压 Si_3N_4（<1％气孔率）	620～965	90～140	350～580	50～80
烧结 Si_3N_4（1％～5％气孔率）	414～580	60～80	—	—
反应结合 Si_3N_4（15％～25％气孔率）	200～350	30～50	100～200	15～30
热压 SiC（<1％气孔率）	621～825	90～120	—	—
烧结 SiC（约2％气孔率）	450～520	65～75	—	—
反应烧结 SiC（10％～15％游离 Si）	240～450	35～65	—	—
结合 SiC（约20％气孔率）	14	2		

① 1ksi=1bf/in²=6894.76Pa。

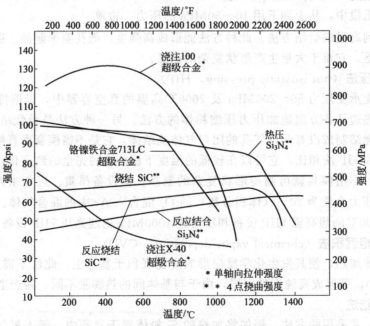

图 3-5 碳化物和氮化物陶瓷和超级合金的强度与温度的关系

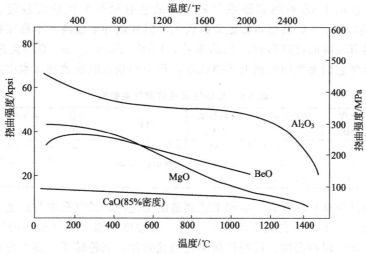

图 3-6　氧化物和硅酸盐陶瓷的强度与温度的关系

它的强度相当于优质合金钢的强度。更可贵的是它在高温下仍可保持高强度,如图 3-5、图 3-6 所示。例如,热压碳化硅和热压氮化硅在 1400℃ 左右的高温下仍可保持约 620MPa 的水平,而超级合金钢的强度在高温下却大大下降。1980 年美国 Locus 公司生产的牌号为 "Sialon" 的氮化硅陶瓷其室温抗弯强度高达 1050MPa,1300℃ 时为 700MPa,有人称其性能 "轻如铝,强如钢,硬若金刚石",其制造工艺较简单,深受各国陶瓷商的欢迎。

表 3-4　典型工程材料的弹性模量

材料	平均弹性模量		材料	平均弹性模量	
	/GPa	/psi×10^6		/GPa	/psi×10^6
Si_3N_4	304	44	橡胶	0.0035~35	500~5×10^5
SiC	414	60	铁	197	28.5
金刚石	1035	150			

　　精细陶瓷的弹性模量也很大,极不易变形。弹性模量 E 是弹性应力与弹性应变 ε 之间的比例常数,即产生单位应变 ε 所需要的应力。从微观角度来看,精细陶瓷材料均为强共价键或强离子键结合的物质,因此其 E 值均较大,如表 3-4 所示。

　　对于高温高强度陶瓷的性能往往不仅考虑其抗机械冲击性(弹性模量,抗弯曲强度等)还要考虑其抗热冲击性。虽然两者在破坏的表现上相同,均是使陶瓷内部产生裂纹,并促使裂纹迅速扩展,最后导致完全破裂。但前者是由于外力的作用,而后者却是由于陶瓷内部产生热应力所致,影响热震性能的重要因素是物质的热膨胀系数与热导率。如图 3-7 表示了温度对弹性模量的影响。

　　表 3-5 列出了一些陶瓷材料热震性能的参数,一般来说,材料的热膨胀系数越小,热震性能越

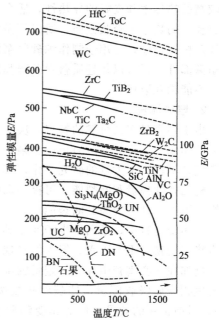

图 3-7　温度对弹性模量的影响

好，由表 3-5 可看出 LAS 的热膨胀系数最小，故它有最好的抗热震性能。Si_3N_4 相对于 LAS 抗热震性能较差。SiC 虽然热膨胀系数较大，但其热导率较高，不易在物体内部产生温度差，故其仍具有较高的抗热震性。总的来看，LAS、Si_3N_4、SiC 等陶瓷都有十分优越的抗热震性，如果将它们突然加热到上千摄氏度，再冷却到室温或放到冰水中也不会开裂。

表 3-5 某些材料热抗震性能参数

材料	强度/MPa	热膨胀系数/C^{-1}	弹性模量/MPa	材料	强度/MPa	热膨胀系数/C^{-1}	弹性模量/MPa
Al_2O_3	345	7.4×10^{-6}	3792	热压 Si_3N_4	69	2.5×10^{-6}	3103
SiC	414	3.8×10^{-6}	4000	硅酸铝锂(LAS)	138	-0.3×10^{-6}	689
烧结 Si_3N_4	310	1.4×10^{-6}	1655				

(1) 氮化硅高温高强度陶瓷 不同工艺制造的氮化硅，其气孔率与致密程度虽不同，但它们强度都很高，在 1200℃ 的高温下基本不变；其硬度也很大，是最硬的物质之一。它极耐高温且具有优异的耐冲击性。可制作耐腐蚀涡轮叶片，涡轮转子，柴油发动机的热衬，晶体管模具等。利用氮化硅的耐磨性和硬度大的特点可用作切削工具、滚珠轴承座圈、密封磨环等。又根据它的良好的耐腐蚀性可用于制造球阀及耐腐蚀部件。氮化硅可耐多种熔融有色金属的侵蚀，特别是铝液，所以在冶金工业上可用做接触铝液的结构部件，如测量温度的热电偶套管及输送铝液的电磁泵部件，如管道阀门、铸铝的永久性模具等。在生物医学工程上，它还可制造人造关节和人造骨等。

由于氮化硅是一种很好的绝缘材料。所以在电子工业中可用作绝缘部件。可制成薄膜用作基片，也可冲制成各种形状经烧结作电子管里的云母片。它还具有透过微波的性能，用作高速飞行器中的雷达天线罩。

总之，尽管氮化硅陶瓷只有近几十年的历史，但由于它具有优越的综合性能，已得到了多方面的应用，因此是很有发展前途的新型高温、高强度结构材料之一。

(2) 碳化硅高温高强度陶瓷 碳化硅与氮化硅具有类似的结构，它与氮化硅一样具有高温高强度，耐腐蚀性，二者都被列入制造燃气轮机叶片最合适的材料。与氮化硅相比，它具有较高的热导率和良好的导热性，适合于在高温下用作热交换器的材料。除此之外，由于它具有较小的热中子吸收截面，所以可做核反应堆中核燃料的包装材料。利用 SiC 的高温耐磨性能及机械强度，可用于制作细砂浆泵的密封件、火箭尾喷管的喷嘴、金属浇铸的喉嘴及各种耐磨部件，还可以作轻质盔甲及防弹用品等。应当指出，氮化硅陶瓷与碳化硅陶瓷各有所长，不能相互取代。

2. 增韧陶瓷

由于陶瓷具有共价键的特点，决定了它不像金属那样有较强的塑性变形的能力，而是在外力的作用下，容易使应力集中在某一局部，表现出脆性。近年来，各国学者在高强度高韧性陶瓷领域进行了大量的研究工作，其中增韧陶瓷的研究进展最为迅速。实验表明，通过提高陶瓷的弹性模量和断裂能，可提高陶瓷的韧性。一般来说，控制陶瓷的显微结构对弹性模量影响不大，却可提高其断裂能。

在陶瓷材料中，常因发生相变而导致内应力增加，从而引起材料的开裂。所以陶瓷工艺中常将相变视为不利因素。但人们发现在某些情况下，利用相变可提高材料的断裂韧性和强度，例如在一类陶瓷中加入一定量的细分散相物质，当受到外力作用时，这些细分散相物质可发生相变而吸收能量，使裂纹扩展减缓或终止，从而大幅度提高材料的 K 值（断裂韧性）。目前常用的效果最佳的相变物质是 ZrO_2、Y-TZP，Mg-PSZ，Al_2O_3/Y-TZP 系陶瓷，其韧性可达 $10\sim20MPa \cdot m^{1/2}$。表 3-6 列出了二氧化锆增韧陶瓷的韧性和强度提高的情况。

表 3-6 二氧化锆增韧陶瓷的断裂能和强度

陶瓷材料	单一基体		基体+ZrO₂		陶瓷材料	单一基体		基体+ZrO₂	
	K_{IC} /MPa·m$^{1/2}$	σ /MPa	K_{IC} /MPa·m$^{1/2}$	σ /MPa		K_{IC} /MPa·m$^{1/2}$	σ /MPa	K_{IC} /MPa·m$^{1/2}$	σ /MPa
c-ZrO₂	2.4	180	2～3	200～300	Al₂O₃	4	500	5～8	500～1300
PSZ	—	—	6～8	600～800	莫来石	1.8	150	4～5	400～500
TZP	—	—	7～12	1000～2500	Si₃N₄	5	600	6～7	700～900

近年来，二氧化锆陶瓷的研究非常活跃。据报道，用 SiC 晶须和二氧化锆复合氧化铝，可得韧性达 $6.2～7.7MPa·m^{1/2}$，抗弯强度为 $940～1240MPa$ 的高强度、高韧性复合陶瓷。增韧二氧化锆陶瓷，又称部分稳定氧化锆陶瓷。二氧化锆有三种晶型，单斜晶体、正方晶体和立方晶体。

$$单斜晶体 \xrightarrow{1170℃} 正方晶体 \xrightarrow{2370℃} 立方晶体$$

室温下稳定的 ZrO_2 为单斜晶体，在 1100℃ 左右转变为四方晶体。这种转变伴有很大的体积变化，几乎使体积减小 9%。当温度冷下来又发生一次体积膨胀，致使 ZrO_2 体内的内应力大到足以引起断裂甚至破碎，或使强度大大降低。在二氧化锆中掺杂适当的添加剂，如氧化钇会使其生成立方晶体。这种结构在整个的温度范围内是稳定的，不会发生相变化，称其为稳定的二氧化锆（YSZ）。如果控制添加氧化钇（Y_2O_3）或氧化镁（MgO）的量，可得到稳定的立方晶系和不稳定的单斜晶系的混合物，这种材料称部分稳定氧化锆。

氧化锆陶瓷的热导率比氯化硅低 4/5，膨胀曲线与铸铁和铝相近。用这种陶瓷制成的部件较易与其他金属部件连接，可用于制作柴油机的活塞顶、气缸套和气盖等。氧化锆陶瓷不仅具有耐高温和抗氧化性。而且在一定条件下产生电能，可用于制作氧化锆氧量分析仪，广泛应用于钢铁工业（钢水定氧仪）、钢炉工业及汽车工业（控制汽油燃烧）。利用氧化锆在高温下导电的性能，可制作高温发热元件。

利用氧化锆的高韧性、耐腐蚀性、可制成室温下的高强度、高韧性、耐磨和耐腐蚀制品。如塑料薄膜切割机，非铁加工用冲模，精密水泵用柱塞，粉碎用轧辊等。

最近日本研究制成一种部分稳定氧化锆，其抗弯强度达 2500MPa，是一切陶瓷中最高的，达到了高强度合金钢的水平，因此有"陶瓷钢"的美称。

(二) 功能陶瓷

1. 光学陶瓷

具有光学性能的陶瓷称为光学陶瓷。光学陶瓷不仅有透光性还有耐热性、耐腐蚀性、光传输、及变色现象等性能。

近年来，由于原料粉末的高纯化、高微粒化、高均匀化及热压等烧结技术的不断进步，开发出了透光性好的氧化物陶瓷。

目前研究最多的是以透明氧化铝为代表的氧化物陶瓷（如氧化镁、氧化锆、氧化钇、氧化镧等）及一些多种氧化物组成的陶瓷，如尖晶石（MgO 与 Al_2O_3 组成），锆钛酸铅镧，透明铁电陶瓷（由氧化铅、氧化锆、氧化钛和氧化镧组成），常以 PLTZ 表示。此外，还有许多能透过各种不同波段红外线陶瓷，如氟化镁陶瓷（$0.45～9\mu m$）、硫化锌陶瓷（$0.57～15\mu m$）、硒化锌陶瓷（$0.48～22\mu m$）、碲化镉陶瓷（$2～30\mu m$）。这些陶瓷不仅能透光，而且硬度大、机械强度高、耐高温、抗化学腐蚀性强，甚至能经受强辐射。某些透光陶瓷还有铁电性、顺磁性等。故透明陶瓷的应用极其广泛。

(1) 耐热透明光学陶瓷 这种陶瓷可同于制造光学透镜、红外滤光镜、高温透光镜等光学元件。尖晶石透明陶瓷还可用作超高速飞机的挡风板，高级轿车防炸弹瞄准器，坦克观窗等。又由于它能透过无线电微波，可用于导弹的雷达天罩。

（2）耐蚀光学陶瓷　透光氧化铝可制作高压钠灯的发光管，这种灯的折射率可达90％以上，发光率达130m/W（水银灯为52m/W），是一种有价值的节能灯。透光陶瓷还可制作比钠耐腐蚀性更强的碱金属灯，如锂灯、铷灯、铯灯及金属卤化物灯等。金属卤化物灯是一种添加了各种金属卤化物的高压汞灯，发光率达$70\sim801m/W$，光色好，适用于对显色要求高的体育馆、电视台等场所使用。

（3）电光陶瓷　电光陶瓷是指具有光电效应的陶瓷，如PLTZ陶瓷。PLTZ不仅能透过可见光和红外光，还具有强介电性，在外加电场作用下（电压千伏以上），使晶体产生极化而引起折射率的变化。可用于制作光盘、光阀门、图像存储器、显示元件及光栅、信息处理的模拟空间调节器等。还可制作核闪光护目镜及观看立体电影的PLTZ立体眼镜。

（4）光色陶瓷　这种陶瓷材料在光照射下可着色，停止照射又褪色。光色陶瓷可用于制造变色片、全息照相存储器和显示器件。

（5）激光陶瓷　目前应用于激光器的最重要的陶瓷材料有红宝石（掺Cr^{3+}的Al_2O_3），掺钕的钇锆石榴石（$Y_3Al_5O_{12}$：Nd^{3+}，简称YAG：Nd^{3+}）及渗钕硫氧化镧（La_2O_2S：Nd^{3+}）。用YAG：Nd^{3+}制造的激光器热导率和工作效率都很高，其性能优于红宝石。而La_2O_2S：Nd^{3+}又比YAG激光器的效率高$8\sim10$倍，所以它是很有希望的激光材料。

（6）光纤陶瓷　由石英和多元系玻璃（TiO_2-Na_2O-PbO-SiO_2）制成的光导纤维比一般纤维具有频带宽、通讯容量大、损耗小、重量轻、耐高温、耐腐蚀、绝缘好、无短路、无干扰等特点。例如，一根光纤可传输5000门电话或四个频道的电视。它是理想的通讯材料。现已广泛应用于信息系统、医疗器械及自动控制等方面。

2. 电子陶瓷

利用电磁反应为应用目的的陶瓷称为电子陶瓷。不同种类的电子陶瓷对于温度、压力、光、湿度、气体等物理化学性的环境变化而产生不同的特性反应，其中主要的是电磁反应，根据电磁反应可将电子陶瓷分为电介体、压电体、热释电体、半导体、绝缘体陶瓷等。

（1）介电陶瓷　具有介电性（不导电性）的陶瓷称介电陶瓷。材料的介电性是指材料在电场中发生的极化。电子、离子、原子核、偶极子在电场作用下取向效果得出的总极化率称介电常数ε。表3-7列出了一些陶瓷材料的介电常数。介电材料大量用于制作电容器，储存在电容器内电荷的多少决定于电容器两板间介质材料的e值。e值越大，储存的电荷越多，例如，材料的$\varepsilon=15$，则电容器能储存的电荷为两极之间在真空下能储存电荷的15倍，所以介电常数大的$BaTiO_3$非常适合于设计小型、大容量的陶瓷电容器。近年，随着电子电路微型化，正在开发小型、大容量的电器。如，叠层陶瓷片是集成电路IC元件，这种电容器为每片厚度$20\sim40\mu m$。它将对微波技术的发展产生极大的推动作用。

表3-7　陶瓷与有机材料的介电常数

材　料	ε	材　料	ε
MgO	9.6	$BaTiO_3+10\%CaZrO_3+1\%MgZrO_3$	5000
BeO	6.5	$BaTiO_3+10\%CaZrO_3+10\%SrTiO_3$	9500
Al_2O_3	$8.6\sim10.6$	橡胶	$2.0\sim3.5$
TiO_2	$15\sim170$	酚醛树脂	7.5
$BaTiO_3$	1600		

由表3-7可知，纯净的$BaTiO_3$陶瓷ε值为1600。如果在其中加入$SrTiO_3$、$CaZrO_3$、$MgZrO_3$等添加物，其ε值增大为9500。另一重要的介电性质为介电强度，它是指材料经受电场不被击穿的能力。一般单晶陶瓷比多晶陶瓷具有较高的介电强度。有机材料也具有较高

的介电强度。

(2) 压电陶瓷　当晶体受到应力作用产生应变时，晶体两端会出现正负电荷现象称为极化；反之，受到外加电压时，就会引起应变，这种现象称为压电效应。具有压电效应的陶瓷，可进行电能和机械能的转化。强电介体在不加电压的状态下，其正负电荷重心不重合，具有自发偶极。对刚刚烧制成的强电介体陶瓷，其自发极化方向零乱，但在适当的温度下，对其施加高压电，则自发极化方向沿电场方向产生自发极化矢量和自发极化，这种处理称极化处理。强介电陶瓷经极化处理后就变为压电陶瓷。

目前应用最广的压电陶瓷是由 ABO_3 型化合物制成的，多数是由 $PbTiO_3$-$PbZrO_3$ 双成分系固溶体与各组分的过饱和体的相界附近组分中加入各种杂质构成的。另外，钛酸钡系陶瓷，钛酸铅系陶瓷及锆钛酸铅系陶瓷等。压电陶瓷的应用极其广泛，作为振子的应用有压电振子、复合振子、滤波器、压电变压器、振荡器等。作为陶瓷换能器，广泛应用于超声波清洁器，超声波机及超声波破损检验，还可用在雷达系统所需要的延迟天线中，将换能器接到一根棒上（波导管）接受电的输入，再将输入的电波转换成声波，沿导管的另一端将声波转换成为原来的电力输入。这种换能器也可用于彩色电视机中的拾音器，水听器，驱蚊器，各种探伤仪，加速度表，应变仪和声呐等。还可用于高电压发生和导弹、炮弹的引信及各种武器上的触发器，压电点火式气体打火机，照相闪光灯。以及加速测力器、高频探头等。利用压电陶瓷的电致伸缩效应制作微位移器。到目前为止，它的应用已普及工业、农业、国防和科学技术各个领域。现在我国压电陶瓷的生产工厂已不下四五十个，每年产量有几百吨，元件数量上千万个。

(3) 热释电陶瓷　因温度变化引起自发极化值变化的现象称热释电现象。具有热释电现象的陶瓷称为热释电陶瓷。当温度恒定时，由自发极化出现在表面的电荷与吸附存在于空气中相反的电荷产生电中和。若温度发生变化，自发极化的大小产生变化，于是中性状态受到破坏，而产生电荷的不平衡，若将此不平衡的电荷作为电信号取出，则可作为红外传感器。依据此原理，可作火焰检测器、温度测量仪、可用于上升、下降快的强脉冲激光输出测量等。

(4) 半导体陶瓷　半导体陶瓷共同特点是电阻率随温度、电压、周围气体环境的变化而变化。元素周期表中从 Ti 到 Zn 一系列过渡金属氧化物，大多数属于这类陶瓷。具有半导体性能的陶瓷有许多重要用途。一是利用陶瓷电阻率随温度上升显示出不同的电阻率，可制成各种类型的热敏电阻。正特性热敏电阻（PTC），其主要成分是 $BaTiO_3$、$SrTiO_3$、$PbTiO_3$，当温度上升时，电阻升高可用于恒温发热器、火灾探测器、过热保护器、电子驱虫器等的加热器及马达启动器。负特性热敏电阻（NTC），如 NiO 中掺入微量的 Li_2O 或 CoO、FeO、MnO 中掺入 Li_2O 形成的 p 型半导体。当温度上升时电阻降低，显示了其高温下的导电性。NTC 热敏电阻可广泛用作测量温度的电阻温度计。二是利用对陶瓷施加电压超过某特定值时，电阻率急剧下降的特性可制作变阻器。常使用的变阻器有，ZnO 中加入 Bi_2O_3 和其他掺杂物的变阻器，$Zn(OH)_2$ 中掺入 Pr_2O_3 等稀土氧化物和其他氧化物的氧化锌系变阻器，$BaTiO_3$ 陶瓷和银电极边界的变阻器，Fe_2O_3 和 Ti_2O 的变阻器，SiC 变阻器。电流通过这种材料时会产生热量，并迅速释放，从而在异常电压下可保护电路，制造电路中的稳压器，各种继电器接点的火花消除器。利用半导体陶瓷电阻率随周围环境的气氛而变化的特点，可制成气敏电阻元件。它可代替人鼻的作用，且能嗅出许多人鼻不能鉴别的气体。目前这种鉴别的气体已达 40 多种。广泛用于化工系统的危险气体的生产装置、运输管道、储藏溶液的装置等。

(5) 电绝缘体陶瓷　陶瓷的电阻率一般在 $10^7 \sim 10^{20} \Omega \cdot m$，是优良的绝缘材料。绝缘体陶瓷不仅具有高的电阻率而且具有耐化学腐蚀和高温稳定性。多数氧化物陶瓷及硅酸盐陶瓷都是良好的绝缘体，尤以氧化铝应用最为广泛。氧化铝陶瓷又名刚玉，硬度仅次于金刚石、BC、BN 和 SiC 等少数几种物质。它的机械强度是一般陶瓷的 2~3 倍或 5~6 倍。它不仅具有极好的化学稳定性，耐酸耐碱或其他化学物品的侵蚀，而且还具有优异的高频下电绝缘性能及介电损耗最小的电学性能，每 1mm 厚度的 Al_2O_3 可绝缘 280V 的电流，因此它是一个绝好的绝缘体。大量应用于制作集成电路基板及各种火花塞绝缘子，Al_2O_3 自 1933 年问世以来一直在各种火花塞中占据垄断地位。现在使用的火花塞绝缘子每秒钟引爆 25~50 次，瞬间温度可达 2500℃，经受几千伏高压，约 110.4MPa 的脉冲压力。Al_2O_3 陶瓷具有极高的熔点，有极强的耐高温性能且高温蠕变性小，可制成各种耐高温容器如各种炉管、燃烧舟、坩埚及较高温度下的测温元件，Pd-Pt 热电偶的外套和绝缘内套管（可测 1600~1800℃的温度）。由于它不被许多金属浸润，故氧化铝坩埚可盛放熔融的铁、钴、镍等金属。

（6）微晶陶瓷　在氧化铝陶瓷中加入少量的 MgO 可制得晶粒尺寸在微米左右的氧化铝陶瓷，被称为微晶钢玉陶瓷。若在其中加入少量的 Fe 或 Co 做成氧化铝金属陶瓷，它的耐磨及耐温性能都可大大提高。微晶钢玉陶瓷及氧化铝陶瓷可用作金属切割工具，不仅可切削铸铁还可切割高速钢。氧化铝还可大量应用于各种泵的耐磨耐腐蚀密封磨环、轴承、轴套、金属拉丝模、制铝工业中的铝芯模、纺织机的引线部件、腈纶纤维中的起毛刀、陶瓷工业中的磨球、研钵等。又由于氧化铝具有良好的与金属封接性能，所以大大开拓了它在真空中的应用。根据氧化铝陶瓷具有透过微波的特性，可作微波处理窗口及控制热核聚变技术中的真空室。氧化铝陶瓷被广泛应用于电绝缘、耐磨、耐高温部件及真空技术。有"陶瓷之王"的美称。

（7）磁性陶瓷　具有磁性能的铁氧化物称铁氧体，按晶体结构可分成立方晶系铁氧体、六方晶系铁氧体和斜方晶系铁氧体。表 3-8 列出了铁氧体的组成和结构。氧化物磁性材料在组成上是以氧化铁和其他过渡元素或稀土元素的氧化物为主要成分的复合氧化物。磁性材料按其特性又可分为软磁、硬磁、矩磁、旋磁和压磁铁氧体。软磁铁氧体具有尖晶石结构，属对称性高的立方晶系，在低磁场作用下容易产生磁性，且易反转磁化方向。主要应用于高频磁芯元件、记忆元件和录音、录像机的磁头。常见的有锰锌铁氧体、镍锌铁氧体。硬磁铁氧体又称永磁铁氧体，可用于电讯器件中的录音器、拾音器、电话机中的各种电声元件和各种仪表控制器件的磁芯。常用的有钡铁氧体（$BaO \cdot XFe_2O_3$，$X=5~6$）、锶铁氧体（$SrO \cdot 6Fe_2O_3$）及钴铁氧体。旋磁铁氧体可用于制作微波元件如隔离器、相移器、旋转器等。主要有尖晶石型、磁铁石型和石榴石型三种。矩磁铁氧体主要应用于记忆元件、逻辑元件、开关元件或磁放大器。这类铁氧体主要有镁锰铁氧体和锂锰铁氧体。压磁铁氧体具有磁致伸缩的材料称压磁性材料。广泛应用于超声波仪的换能器、计算机存储器、水下电视、电讯及测量仪的器件等。压磁铁氧体与压电陶瓷都具有相同的应用领域，只是两者使用的频段不同。前者适用于几万赫频段内，而后者适用的频段更高。属于这类陶瓷有镍铜铁氧体和镍锌铁氧体。

表 3-8　铁氧体的组成和结构

	结构名称	结构通式
立体铁氧体	尖晶石结构	MFe_2O_4，Fe 为三价，M 为两价的 Ni、Mn、Cu、Co 或混合物
	石榴石结构	$R_3Fe_5O_{12}$，Fe 为三价，R 为三价稀土元素
六方铁氧体	磁铝石或相关结构	$BaFe_{12}O_{10}$，$Ba_2MFe_{12}O_{22}$，$BaM_2Fe_{16}O_{27}$，$Ba_3M_2Fe_{24}O_{11}$，$Ba_2M_2Fe_{28}O_{16}$，$Ba_4M_2Fe_{36}O_{100}$ 式中 M 为二价，Ni、Co、Zn 或 MgBa 可被 Sr 取代
斜方铁氧体	钙钛矿石结构	$RFeO_3$，R 为三价稀土元素，Fe 为三价可被三价 Ni、Mn、Cr、Co、Al、Ca 或 V^{5+} 部分取代

3. 生物陶瓷

生物陶瓷是指与生命科学、生物工程学相关的陶瓷。这类陶瓷除要求硬度、强度、耐磨、耐疲劳性外，还要求对身体有良好的适应性和稳定性。生物陶瓷可以按组成分类如表3-9所示，也可按应用分类如表3-10。

表 3-9　生物陶瓷的成分分类

成分	性状	应 用 举 例	成分	性状	应 用 举 例
Al_2O_3	单晶体	人造齿根	ZrO_2	多孔体	固定化酶载体
	烧结体	污水处理用过滤器	C	多结晶体	人工心脏瓣膜，人造关节
	多孔体	固定化酶载体	$CaO-P_2O_5$	微晶玻璃	人造齿，人造骨
SiO_2	多孔体	固定化酶载体、过滤器、分离柱	$3CaO-P_2O_5$ (TCP)	烧结体	人造骨，人造齿根
	结晶状微粉体	龋齿处理后填充料		多孔体	骨置换材料
TiO_2	多孔体	固定化酶载体	$10CaO-3P_2O_5 \cdot H_2O$	多结晶体	人造骨
Si_3N_4	烧结体	人造骨	（磷灰石）	烧结体	人造骨、人造齿根
	结晶状微粉体	龋齿处理后填充料	SiO_2-ZrO_2	多孔体	固定化酶载体

表 3-10　生物陶瓷的应用分类

成 分	性 状	应 用 举 例
$ZrO_2-P_2O_5-H_2O$	结晶	血液透析液再生用吸附体
$2MgO-2Al_2O_3 \cdot 5SiO_2$（董青石）	多孔体	过滤器
$Na_2O-CaO-P_2O_5-SiO_2$	玻璃	人造骨
$SiO_2-Al_2O_3-MgO-K_2O-F-B_2O_3$	微晶玻璃	人造骨，人造齿根
$Na_2O \cdot K_2O-MgO-CaO-SiO_2-P_2O_5$	微晶玻璃	体内埋藏式心脏起搏器外壳，人造齿根
$MgO-CaO-SiO_2-P_2O_5$	微晶玻璃	人造骨

从表3-9中可见，SiO_2、P_2O_5、CaO、C、Al_2O_3 等是主要的成分，而 MgO、ZrO_2、TiO_2、Si_3N_4 等也常应用。

（1）磷灰石陶瓷　即羟基磷灰石烧结体。这种材料置入身体后不会引起排斥反应，它能直接与活体组织强有力的结合。因为它的分子中含有羟基，所以可快速与F—置换，还可与含有羧基的氨基酸、蛋白质等反应。它与自然人骨、人齿、珐琅等相比，其耐压强度、抗拉强度要大数百倍，弹性模量大两倍。它是制造人造骨、人造齿的重要材料。其粉体还可用于制牙膏的添加剂，通过磷灰石的吸附性能除去链球菌等产生的细胞外多糖类，用于预防龋齿，也可用于牙齿胶凝剂。

（2）氧化铝陶瓷　氧化铝陶瓷的性能前已述及。它除具有高强度、高硬度、高稳定性外，还与人体组织有良好的结合性，是目前制作人造骨、人造关节、人造齿根的绝好材料。日本的氧化铝人造齿根已进入了实用化。至今临床应用病例已达数万例。

（3）磷酸钙陶瓷（TCP）　$Ca_3(PO_4)_2$ 有高温型的 α 相和低温型的 β 相两种。β-TCP 烧结体的耐压强度为 $451\sim676$MPa，其断裂韧性值为 $1.24\sim1.30$MPa·$m^{1/2}$，比磷灰石大，且溶解性是磷灰石的两倍。所以它与磷灰石同样适用于人造骨、人造齿根的制作。TCP 除与磷灰石应用于骨填充材料外，多应用于骨置换材料。

（4）碳素陶瓷　碳素陶瓷可分石墨、玻璃状碳素、气相热裂碳素和碳素纤维等四种状态。石墨陶瓷即烧结型碳素材料，其原子排列为层状结构，层之间以微弱的范德华引力相连结。玻璃状碳素在 2000℃ 的高温下机械强度优于石墨。碳素陶瓷无化学活性，其化学组成与构成人体的基本元素（C）相同，因此它无毒性，无排斥反应，与机体亲和性好，可用于制造人体的心脏瓣膜，占世界心脏瓣膜材料的 60%，碳素纤维还可制造人造肌腱。将石墨添入高密度聚乙烯中制作人造关节。近年来，随着气相热裂碳素制作技术的进步，利用碳素材料的抗血栓性和机体亲和性,以涂膜后的有机物制作人造血管、人造咽鼓管、人造输尿管、人造胆管等。

(5) 多孔玻璃 多孔玻璃即具有数百到数万纳米的微孔玻璃。市售的多孔玻璃即所谓的 CPG (controlled porous glass)。其种类较多。如高硼硅酸型多孔玻璃(微孔径 400nm,SiO_2 占 96%),PPG 多孔玻璃(SiO_2 成分占 98.6%),$CeO_2 \cdot 3Nb_2O_5$ 系多孔微晶玻璃,$SiO_2 \cdot P_2O_5$ 系多孔玻璃,白砂多孔玻璃,莫来石系多孔玻璃等。多孔玻璃有各种规格的微孔径且具有能承受高温高压灭菌处理及酸处理;不受温度、pH 值等的影响且长期使用不发生膨润可重复使用等优点。因此,广泛应用于病毒的分离,生物体的分离,蛋白质等生物物质的提纯等方面,还可利用微生物在多孔玻璃上的固定化而用于生活污水的净化处理等。

第二节 多孔材料

多孔材料是一大类无机功能材料,它们的共同特征是具有多孔(微孔和中孔)结构。可作为无机催化剂及载体、无机离子交换剂、无机吸附剂、无机分离膜等的基本材料用途十分广泛。一般多孔材料按照孔直径不同分为微孔(micropore,小于 2nm)、介(中)孔(mesopore,2~50nm)、大孔(macropore,大于 50nm)三类。有时也将小于 0.7nm 的微孔称作超微孔。具有多孔结构的物质很多,天然的如腐殖质、木质素、活性白土、天然沸石等;人造的有活性炭、各种无机离子交换剂、各种无机催化剂及载体、多孔陶瓷、微孔玻璃、分子筛、活性氧化铝、硅胶、钛酸钾、氧化锆以及钛和锆的各种磷酸盐等。由于分子筛的多样性和稳定性,而且具有独特的选择性与择形性等多种性能,所以它起到很好的吸附、催化及阳离子交换作用,已在实际生产中广为应用。

一、天然纳米孔分子筛材料

1. 分子筛的组成和结构

天然纳米孔材料是指在天然状态下产出的、具有纳米尺度的结构性孔隙和孔道,并由此呈现良好的离子交换性和对气体分子的选择性吸附功能的矿物或矿物质材料。沸石类矿物即为其中重要的组成部分。沸石分子筛是以 SiO_2 和 Al_2O_3 为主要成分的结晶硅铝酸盐,它是一类具有一定骨架结构的微孔晶体材料。四面体单元交错排列成空间网络结构,如图 3-8 所示,在分子筛晶体内部含有许多大小在分子尺寸(纳米尺寸)范围,且分布均匀的孔道和空腔,孔道之间又有许多直径相同的孔道窗口与空腔相连。这种特性决定了其对分子尺度的吸附物质有强烈的吸附性和吸附选择性,如果这些孔道和空腔中被碱金属或碱土金属离子及水分所占据则形成离子交换性。如斜发沸石的孔道直径为 0.38~0.45nm 和 0.41~0.62nm,孔容为 $0.34cm^3/cm^3$;丝光沸石的孔径稍大,为 0.29~0.57nm 和 0.67~0.70nm,孔容为 $0.28cm^3/cm^3$。

由于分子筛具有强的吸附能力,可以将比孔径小的物质分子通过孔道窗吸附到孔道内部,从而把比孔径大的物质分子排斥在外面,其作用就像筛子一样把大小不同的分子区分开来,故得名分子筛,又称沸石、微孔晶体、硅铝酸盐晶体。分子筛的化学组成可用下列通式表示:

$$M_{2/n}O \cdot Al_2O_3 \cdot xSiO_2 \cdot yH_2O$$

式中 M——金属阳离子,如 Na^+、K^+、Ca^{2+}、Mg^{2+} 等;

n——金属阳离子的价数;

x——SiO_2 的物质的量;

y——结晶水的物质的量。

通常由于分子筛晶型和组成的硅铝比不同，它又可分为 A、X、Y、L 等类型。它们的 x 值分别为 $2.1\sim3.0$。丝光沸石的 x 值可高达 $9\sim11$。3A、4A、5A 分子筛的孔径分别为 0.3nm、0.4nm 和 0.5nm；按构成阳离子种类的不同，又分别叫做 KA、NaA 和 CaA 型分子筛。X 型和 Y 型分子筛单位晶胞含有 162 个硅氧或铝氧四面体，相当于 8 个削角八面体笼。

ZSM-5 是一类新型的沸石，具有均匀的孔道结构，如图 3-9 所示，具有很高的形状选择性和热稳定性。其骨架结构中硅氧四面体（或铝氧四面体）联结成比较特殊的基本结构单元，它是由 8 个五元环组成。ZSM-5 沸石孔道结构是由直线型和曲线型两组孔道交叉构成的。

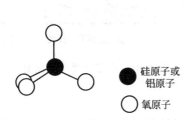

● 硅原子或
　铝原子

○ 氧原子

图 3-8　硅氧四面体和铝氧四面体

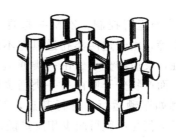

图 3-9　ZSM-5 孔道结构

表 3-11 给出几种常见沸石的孔道窗口直径和晶穴体积。

表 3-11　几种常见沸石的孔道窗口直径和晶穴体积

类　型	A	X	Y	合成丝光沸石	ZSM-5
窗口直径/nm	0.45	0.74	0.74	$0.67\sim0.70$	0.60
晶穴体积/%	47	50	48	28	

与其他多孔物质比较，沸石具有很大的表面积如表 3-12 所示。这些表面积主要存在于晶穴内部，外表面仅占总表面积的 1% 左右。将沸石的晶粒视作粒径尺寸为 1mm 的立方体或圆球体，计算得到外表面积约为 $3m^2/g$。

表 3-12　几种多孔物质的表面积

多孔物质	细孔硅胶	活性氧化铝	活性炭	微孔玻璃	A 沸石	八面沸石
表面积/(m²/g)	$500\sim600$	$230\sim380$	$800\sim1050$	$100\sim200$	$750\sim800$	$800\sim1000$

表 3-11 和表 3-12 中数据均指具有钠离子的沸石。这些阳离子在沸石孔道中是可以移动的，并且也可用其他阳离子进行交换。用 K 离子交换 A 沸石中的 Na 离子，使孔道窗口直径减小到 0.3nm。离子交换也可影响沸石的其他物理和化学性质。

2. 分子筛的择形性

20 世纪 60 年代初，Weislz 提出具有规整结构分子筛的"择形催化"概念，因为沸石的孔道或笼较小（小于 2nm），在沸石中进行的催化反应，将选择产物。一般容易生成能通过沸石孔道或笼的产物，提高了催化反应的选择性，进而发现沸石分子筛在石油催化裂化反应中的惊人活性。沸石分子筛最突出的特点在于它具有形状选择性，也称为择形性。分子筛的择形作用基础是它们具有一种或多种大小分立的孔径，其孔径具有分子大小的数量级，即小于 1nm，因而有分子筛分效应。正是这种分子筛分作用和前面提到的离子交换性质，才使其成为良好的择形催化剂。

沸石分子筛的择形性主要有以下几个特点。

① 反应物选择性，不允许反应混合物中有些太大的分子扩散进入分子筛孔道。

② 产物选择性，在反应生成物中，只有分子尺寸较孔口小者能扩散至通道外变为产物。

③ 过渡态受阻的选择性，若反应的过渡态产物所需要的空间比分子筛的通道大，分子筛禁阻了这种过渡态的生成，以致反应不能进行。若过渡状态较小，则不受约束，反应不被禁止。

④ 分子运行控制，ZSM-5 是具有两类孔道的分子筛，由于这两类孔道具有不同口径和几何特性，反应物分子经由一类通道体系进入催化剂，而产物分子则由另一类通道体系扩散出去，例如车辆运行，各行其道，互不相撞。这样在择形催化中就可减少相反扩散，提高反应产率。

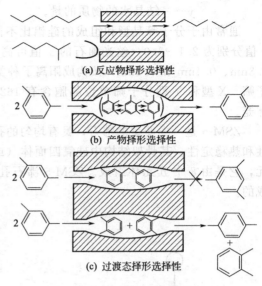

(a) 反应物择形选择性

(b) 产物择形选择性

(c) 过渡态择形选择性

图 3-10　分子筛择形性模型

沸石的择形性可以如图 3-10 所示。总的说来，分子筛的择形性的实际意义在于可用来增加目标产物的产量，或有效地抑制副反应的进行。

3. 分子筛的改性与催化特点

纳米孔材料天然沸石分子筛作为催化材料，必须对其进行改性才能赋予它某种催化功能，改性的方法有阳离子交换、改变骨架的硅铝比和孔口及内外表面的修饰三种。

(1) 阳离子交换法　沸石与某种金属盐的水溶液相接触时，溶液中的金属阳离子可以进入晶穴中，而晶穴内的原有阳离子（主要是钠离子）可被交换下来进入溶液中。沸石的这种可逆离子交换能力是其重要性质之一。与不同的离子交换有不同的平衡。阳离子交换法可有效地调变分子筛的孔径、酸性和催化活性，提高其热稳定性和水热稳定性。用一价金属离子，如 Na^+、K^+ 等进行交换，会减少质子酸位，使分子筛的酸性和催化活性降低，而用多价金属离子尤其是过渡金属离子交换，可以得到良好活性的催化剂。这是由于金属离子本身可以提供催化活性位；有水存在时，多价金属离子还能水解产生质子酸位：

$$M^{n+} + H_2O \longrightarrow M(OH)_{n-1}^+ + H^+$$

有些金属离子在还原时，也能产生质子酸位：

$$M^{n+} + \frac{n}{2}H_2 \longrightarrow M^0 + nH^+$$

此外，多价金属离子尤其是稀土金属离子还能对沸石分子筛结构起稳定作用，使沸石分子筛具有较高的热稳定性和水热稳定性。

(2) 改变骨架的硅铝比　分子筛的催化性能与其骨架中的铝含量密切相关。但是分子筛在合成中不能大幅度地调节铝含量。因此，通过不同的方法使分子筛骨架脱铝，可提高其热稳定性和水热稳定性，增加酸强度。脱铝的方法主要有水热处理和化学处理两种方法，也可以将二者结合应用。化学处理法常用 EDTA、AcAc 之类的螯合剂处理，也可与气体 F_2、$(NH_4)_2SiF_6$ 溶液、$SiCl_4$ 等卤化物蒸气及如 HCl 的酸反应等。

(3) 孔口及内、外表面的修饰　利用分子尺寸大于分子筛孔径的沉积剂如 $SiCl_4$、$Si(OCH_3)_4$ 和 $Si(OC_2H_5)_4$ 等，与分子筛的外表面和孔口的羟基发生作用，形成薄的 SiO_2 涂层，以精细调变分子筛的孔径，其调变精度可达到小于0.1nm，从而提高分子筛的选择性。利用化学气相沉积法和化学液相沉积法可以实施这一目的。另外，修饰分子筛的外表面可覆盖表面酸性位，阻止外表面上发生次级反应，提高选择性并减少结焦。通常采用硅烷、硼烷、硼酸等沉积剂来修饰沸石内表面，这些沉积剂进入分子筛孔道内，与沸石表面羟基作用后放出氢气，反应产物覆盖在孔道表面使之变窄以达到修饰目的。

（4）分子筛的催化特点　"择形催化"分子筛区别于其他催化剂的特点。如 X 型和 Y 型分子筛的笼形孔道结构对分子形状的选择，除了孔径对大小不同的反应分子及产物分子的择形选择外，笼腔对反应过渡态也有择形选择的作用。分子筛孔径大小与扩散系数的变化关系如图 3-11 所示。

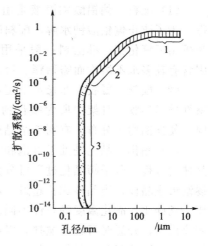

图 3-11　分子筛孔径大小与
扩散系数的变化关系
1—容积扩散；2—努森扩散；
3—构型扩散

分子筛的催化活性有赖于表面酸性 OH 基团（B-酸中心）及其脱水而生成的 L-酸中心。这些酸中心绝大部分位于分子筛的孔穴内，因此分子筛属于酸性催化剂。凡是可以用酸催化的反应，分子筛均可以起催化作用。可以说，规整孔道结构的择形作用与酸中心的联合作用是分子筛所特有的催化功能。如分子筛负载上适当的金属，则可具备多功能催化作用。由金属催化加氢和脱氢反应，而分子筛提供酸性位。在此催化剂中，金属大都处于高度分散的状态，因而具有较高的催化活性和抗毒性能。

二、人工合成纳米孔分子筛材料

1. 分子筛的机制和机理

分子筛的生成机理尚未弄清楚，因分子筛凝胶和晶化过程复杂，有固液相共存。液相中含有不同聚合态的硅酸根、铝酸根和硅铝酸根，固相中含有无定形凝胶相和晶体相。合成分子筛大多处于不稳定的介稳态，容易发生相变，以及受众多的因素影响，故给分子筛生成机理的研究带来相应困难。目前生成机理主要有两种论点，尚处于深入研究和发展阶段。

（1）液相转变机理　在反应初期，反应物生成初始的硅铝酸盐凝胶，这种凝胶是在过饱和的条件下形成的，成胶速度快，呈无序状态，在一定条件下凝胶和液相间存在着溶解平衡。当温度升高时，由于溶解度增加，平衡向右移动，硅、铝酸盐离子浓度增加，生成某些简单的初级结构单元，如四元环、六元环等，进而生成晶核和促进晶核的生长。消耗了液相中硅、铝酸根离子，使平衡继续向右移动，引起无定形凝胶继续溶解。由于分子筛晶体的溶解度小于无定形凝胶的溶解度，其结果使凝胶完全溶解为止，晶核不断在液相或是在液相与固相界面上形成，促使晶体的完全成长。

（2）固相转变机理　硅酸盐和铝酸盐的水溶液在碱性介质中进行反应，硅酸根和铝酸根聚合形成高度过饱和的硅铝酸凝胶。此凝胶受到介质中—OH 的作用，解聚重排，形成某些分子筛的初级结构单元。这种单元结构中包围着水合阳离子重排生成晶核所需的多面体，这些多面体进一步聚合、连接，生成分子筛晶体。固相机理认为分子筛晶化过程总是伴随着无定形凝胶固相的形成。晶化过程中，液相恒定不变，没有直接参与晶体的成长，起始无定形凝胶的组成和最终分子筛晶体的组成相似。

2. 水热合成法制备工艺

在 $Na_2O\text{-}Al_2O_3\text{-}SiO_2\text{-}H_2O$ 体系中，水热合成法制备分子筛包括以下过程。

（1）**配料**　偏铝酸钠溶液是由三水合氢氧化铝在加热搅拌下与液碱（NaOH）反应而得。为了防止偏铝酸钠水解，配料时 Na_2O/Al_2O_3 应控制在 1.5 以上，并不宜久放，以免水解析出氢氧化铝。硅酸料一般采用模数（SiO_2/Na_2O）3 以上的硅酸钠为宜。工业用硅酸钠因含有较多水不溶物而需稀释、澄清、过滤后再用。

（2）**成胶**　凝胶在非稳定下逐步形成硅氧四面体和铝氧四面体的骨架结构，组分不同的碱性硅铝凝胶，骨架中所含氧化物的多少也不一样。成胶时应剧烈搅拌，将生成的胶链打碎，使硅铝均匀分布，有利于结晶成颗粒均匀的晶体。

（3）**晶化**　晶化是处于过饱和状态的硅铝凝胶在一定温度和其相应的饱和压力下成长为晶体的过程。分子筛晶化过程可分为诱导期和晶化期。在诱导期中，可加入诱导剂，使凝胶逐渐形成晶核，当晶核成长超过一定临界大小晶体时，就进入晶化期。晶化时期随配料硅铝比、钠硅比、晶化温度等条件不同而异。晶化可在铁制反应器内进行，反应器装有搅拌器和回流设备，升温时可轻微搅拌，以利于温度均匀分布，待达到晶化温度后，不宜搅拌，而宜静置，否则就不利于晶体成长。

（4）**过滤洗涤**　分子筛是从过量碱的硅铝凝胶中结晶出来的，晶体颗粒中附有大量氢氧化物，它们影响着分子筛的吸附、催化性能以及热稳定性，必须过滤将分子筛晶体与母液分离。晶体和母液长期接触易转化成更稳定的晶相或杂晶。洗涤时先将料浆用水沉降洗涤几次，然后用泵打入压滤机洗涤。通常以自来水作为洗涤水，硬度过大的水不宜用，否则会影响分子筛的吸附及离子交换性能，洗涤后的 pH 值一般控制在 9～10。

（5）**离子交换**　硅铝比低的分子筛开始合成时一般都是钠型的。用于平衡铝氧四面体负离子的钠离子，可以进行离子交换。NaA 型（4A）分子筛通过 KCl 和 $CaCl_2$ 溶液的交换后分别生成 KA 型（2A）分子筛和 CaA 型（5A）分子筛。Na 型分子筛若用 $CaCl_2$ 溶液进行交换，就成为比变色硅胶的干燥效果和灵敏度更好的变色分子筛。一般金属盐溶液的浓度愈低，交换效力愈高，但使交换次数增加。为了提高产率，交换溶液离子量应比交换分子筛中钠离子量偏高一些。离子交换可以在容器中进行，也可在压滤机中进行。交换温度在 40～60℃，提高温度可提高交换速率，缩短交换时间。工艺流程如图 3-12 所示。

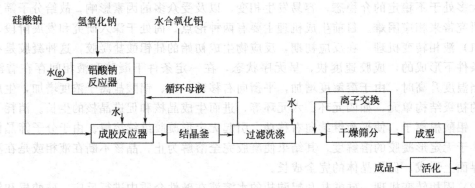

图 3-12　水热合成法制备工艺

（6）**成型**　人工合成的分子筛系白色粉末，不能在工业上直接使用，需加入一定量的黏合剂，予以成型。常用黏合剂有黏土和各种硅铝凝胶。用黏土作黏合剂时，应尽量粉碎，越细黏合效果越好。黏土可在合成前加入反应组分中，或在结晶过程中加入反应混合物中，晶态黏土在分子筛晶化条件下不产生相变。也可将分子筛粉末、黏合剂和适当水混合，滚球或挤压成型。加水多少会影响成型聚集的强度，水太少，成型时黏结不牢，水多，在烘干活化时会逸出大量水，使聚集体松散，强度差。

（7）活化　成型后的分子筛要在适当条件下煅烧进行活化。分子筛在活化前应先烘干或风干以免活化时大量水逸出，降低聚集体强度。

活化温度要严格控制，一般活化温度控制在 450～600℃。温度过高，会破坏分子筛晶体结构。温度过低，水分排除不尽，会影响分子筛吸附性能和强度。活化的目的是除去晶格中水分以形成空穴，使其具有吸附其他分子的可能。

活化炉可用电加热或煤气加热，活化气氛对分子筛质量会产生影响。一般要求通风排气良好，活化时分子筛层的铺层不宜太厚，以免内层分子筛活化不透，强度不够。

3. 分子筛的应用

沸石分子筛的生产能力和产量，主要由吸附剂、洗涤剂和催化剂三个消费领域所决定如表 3-13 所示。在催化剂生产中，沸石分子筛主要被用作惰性载体。

表 3-13　世界沸石分子筛的估计销售量　　　　　　　　　　　　　单位：kt/a

用途	北美	欧洲	日本	其他	总计
吸附剂	22	13	4	3	42
催化剂	60	13	4	13	90
洗涤剂	80	300	100	20	500

（1）离子交换剂　早期使用斜发沸石除去废水中的铵离子和重金属离子。目前用 A 沸石中的钠离子交换水溶液中的钙、镁离子，已在工业上获得巨大的成功。许多洗涤剂中都含有三聚磷酸盐作为软水剂，后者是水藻类、细菌和其他水生植物的良好养料，使藻类大量繁殖，引起水体富营养化。20 世纪 90 年代初，含有较少磷酸盐甚至不含磷酸盐的洗涤剂开始出现在欧洲、日本以及北美的市场。由于 A 沸石与钙有很强的结合能力（升高温度这种能力随之增加）因此经常被加入到这种洗涤剂中。当然，由于沸石不能与污垢结合，所以这种洗涤剂中还必须加入一定量的聚磷酸盐或聚磷酸盐的代用品，如氨三乙酸或聚羧酸酯。目前人们试图寻找一种有效的磷酸盐替代品，使得无磷洗涤剂达到或超过含磷洗涤剂的去污功效。

斜发沸石加 NaOH 转变为 P 型沸石和方钠石后，用于脱除废水中的 Pd^{2+}、Cr^{3+}、Cd^{2+} 等离子。核工业中某些裂变产物的半衰期很长，如 ^{137}Cs 和 ^{90}Sr 的半衰期为 30a 左右。若废水中含有这类物质，则必须将它们储存到蜕变为稳定的状态后才能排放。用储罐储藏废水显然不可行，因为容积太大而且很难保证长时间不泄漏。最有效的方法是将 ^{137}Cs 交换到离子交换剂上，但一般的离子交换树脂很易受辐射发生降解。沸石不受辐射的影响，而且某些沸石对 Cs^+ 有高的亲和力。交换饱和后的沸石便于储存，也可作为放射源使用。

（2）吸附剂　沸石材料作为吸附剂不仅具有筛分分子的作用，而且和其他吸附剂相比，即使在较高的温度和较低的吸附质分压下，仍有较高的吸附容量。沸石能强烈吸附那些可以通过孔道的小分子，尤其是适于吸附水分子和其他小的极性分子或可极化的分子。因而，沸石常作为气体（如天然气和空气）液化前的干燥剂和清洁剂。气体经沸石干燥后，可获得露点极低的产品，并且不需要其他冷冻辅助设备。

沸石材料用于稀有气体和永久性气体的深度干燥。从前，氢气厂采用乙二醇冷冻脱水，由于脱水不完全经常发生管道堵塞。后改用 4A 沸石材料作干燥剂，完全解决了管道堵塞问题。电子工业和核反应堆中常用超纯氢和氩作还原气和冷却气，就是用 5A 沸石材料作干燥剂脱除电解氢中的微量水。沸石材料可以除去闭路液流系统中的水分，如制冷系统中的水分以及吸附双层玻璃板间隙中残存的溶剂以防其凝聚。在工业上，沸石还用于除去气体混合物中的二氧化碳、硫化氢和硫醇等气体。

(3) 分离介质　目前工业上已大规模地应用沸石材料分离氢气、稀有气体、氧和富氧空气，以及净化各种气体。沸石晶穴内具有强大的库仑场和极性作用，因此，易极化的 N_2 比 O_2 更易被沸石所束缚（尤其是钙交换的 A 和 X 沸石）。在压力下（压力转换再生工艺），通过多级吸附-解吸循环，可制得富氧空气，并用于污水处理厂的曝气池和钢铁厂。

沸石材料可以按物质的分子尺寸、分子结构、化学键的极性和不饱和程度等因素予以筛分分离。沸石材料在大规模工业生产中对液体物质分离的实例有：①从异构烷烃、芳烃等混合物中分离异构烷烃（油品脱蜡）；②二甲苯异构体混合物的分离（对二甲苯可被钾钡交换的 X 沸石优先吸附）；③烷烃和烯烃的分离；④蒽和菲的分离；⑤液体丙烷、汽油和其他石油馏分脱除含硫化合物等。

第三节　无机膜材料

膜（membranes），又称隔膜，是把两个物相空间隔开而又使之互相关联、发生质量和能量传输过程的一个中间介入相。也就是说，膜可以看成是分隔两相的半透位垒，这种位垒可以是固态、液态或气态，结构上既可以是多孔的也可以是致密的。膜两边的物质粒子由于尺寸大小的差异、扩散系数的差异或溶解度的差异等，在一定的压力差、浓度差、电位差或电化学位差的驱动下发生传质过程，由于传质速率不同而造成选择性透过，导致混合物的分离。较传统的蒸发、精馏等分离手段，膜分离具有效率高、能耗低、操作条件温和简易等优点，因而应用广泛，发展迅速。

分离膜与相应的膜分离技术主要包括微滤、超滤、电渗析、反渗透等，已广泛地应用于仪器饮料、医药卫生、生物技术、化工冶金、环境工程等领域，发挥着愈来愈重要的作用。

一、无机膜及其特点

纳米无机膜是固体膜的一种，它是由无机纳米材料如金属、金属氧化物、陶瓷、多孔玻璃、沸石、无机高分子材料等制成的半透膜。纳米无机膜具有聚合物分离膜无法比拟的一些优点，例如化学稳定性好，能耐酸、耐碱、耐有机溶剂；机械强度大，担载无机膜可承受几兆帕的外压，并可反向冲洗；抗微生物能力强，不与微生物发生作用，可以在生物工程及医学科学领域中应用；耐高温，一般可以在 400℃下操作，最高可达 800℃；孔径分布窄，分离效率高等。其缺点是造价较高，不耐强碱，并且无机材料脆性大，弹性小，成型加工及组件装备有一定的困难等。

由于无机材料科学的发展，加之纳米无机膜的优异性能，使得纳米无机膜应用领域日益扩大。将无机膜与催化反应相结合所构成膜催化反应过程，被认为是催化学科未来发展方向之一，必将使传统的化学工业、石油工业、生物化工等领域发生变革性的变化。

二、纳米无机膜的分类

无机分离膜从表层结构上可以分为致密膜和多孔膜两大类。致密膜中主要的一类是各种金属及其合金膜，如金属钯膜、金属银膜以及钯-镍、钯-金、钯-银合金膜，这类金属及金属合金膜是利用其对氢的溶解机理而透氢，用于加氢或脱氢反应以及超纯氢的制备。另一类致密膜是氧化物膜，主要是经三氧化二钇稳定处理的 ZrO_2 膜、钙钛矿膜等。这种膜是利用离子传导的原理而选择性透氧，其可能的应用领域为氧化反应的膜反应器用膜，传感器制造等方面。无机膜大致可按表 3-14 分类。

表 3-14　无机膜的分类

无机膜	致密膜	致密金属膜	Pd 及 Pd 合金膜
			Ag 及 Ag 合金膜
		致密的固体电解质膜	氧化锆膜
			复合固体氧化物膜
		动态原位形成的致密膜	
	多孔膜	多孔金属膜	多孔不锈钢膜
			多孔 Ti 膜，多孔 Ni 膜
			多孔 Ag 膜，多孔 Pd 膜
		多孔陶瓷膜	Al$_2$O$_3$ 膜
			SiO$_2$ 膜
			多孔玻璃膜
			ZrO$_2$ 膜
			TiO$_2$ 膜
		分子筛	沸石分子筛
			碳分子筛

三、分离膜与膜分离技术

分离膜的性能是由膜材料和制膜技术所决定的。膜分离技术的开发大致包括膜材料、制膜技术、组装膜组件三个方面的内容。膜材料是构成分离膜的物质基础，不同分离对象的分离过程对膜材料有不同的要求。选用合适的膜材料，通过一定的制膜技术，才能制成适应不同分离目的所需的高选择性、高通量、基本无缺损的膜。将一定材质、一定面积的膜以某些形式组装成密封性可靠、膜组装密度高、流体流动形式合理、造价低的器件（膜组件），方可满足各种分离过程的技术要求。

目前已经广泛应用和开发的纳米无机膜制备技术绝大多数涉及化学过程，其中三大类技术最为突出。一是有机高分子化合物辅助的陶瓷制备工艺，包括挤压成型法制备多孔陶瓷膜和悬浮粒子法合成微滤顶层膜等技术；二是 sol-gel 过程制备各种孔径尺寸的超滤和纳滤膜；三是各种类型化学气相淀积（CVD）工艺合成介孔复合致密膜和对多孔顶层膜进行缩孔和化学修饰。

1. 烧结法制备多孔陶瓷膜

该法是从传统的陶瓷制备工艺发展起来的。首先将加工成一定细度的无机粉粒（如 Al$_2$O$_3$-ZrO$_2$、SiO$_2$、SiC 等陶瓷粉体）分散在溶剂中，再加入适量的无机胶黏剂、增塑剂、助溶剂等制成悬浮液，然后成型制得由湿粉粒堆积的膜层，最后干燥及高温焙烧，使粉体接触处烧结，形成多孔无机陶瓷膜或膜载体，其过程如图 3-13 所示。

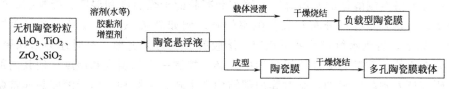

图 3-13　烧结过程

用烧结法制得的陶瓷多孔膜的结构及质量与粉粒的形状、粗细、粒径分布，添加剂的种类、含量以及烧结强度等因素密切相关。一般孔径范围为 0.01～10nm，适用于微滤和超滤。

2. 阳极氧化法制备非对称氧化铝膜

阳极氧化法是将薄的高纯度金属片（如铝箔）在室温下置于酸性电解质中进行阳极氧

化，再用强酸提取，除去未被氧化部分，制得孔径分布均匀且为井式微孔的膜。有人利用此法，将高纯度、质地均匀的铝箔煅烧除油脂及抛光处理等，放入阳极氧化室中，分别以硫酸和草酸为电解液进行阳极氧化处理，再用 $HCl-CuCl_2$ 浸蚀铝箔，使其成微孔。用阳极氧化法制备的非对称氧化铝膜通常有两层，即本体多孔层和活性薄膜层。

3. 水热晶化法制备分子筛膜

将无孔载体（如聚四氟乙烯、不锈钢、铜、银等）放入有硅源、铝源、碱、水和有机胺的溶胶反应釜中，在一定温度和压力下水热晶化，可以制得具分子筛效应的分子筛膜。有人采用物质的量组成为 $Na_2O：Al_2O_3：SiO_2：TPABr$（四丙基溴化铵）$：H_2O=0.05：0.01：1.0：0.1：(40\sim100)$ 的反应物体系于不锈钢反应釜中合成了 ZSM-5 分子筛膜。还有人在 $SiO_2-TPABr-NH_4F-H_2O$ 弱酸性氟离子体系中，在玻璃基片上采用水热晶化法制备了 Sili-Calite-1 分子筛膜。

4. 化学提取法制备多孔玻璃、金属微孔膜

首先将制膜固体原材料进行某种处理，使之产生相分离，然后用化学试剂（刻蚀剂）处理，使其中的某一相在刻蚀剂的作用下，溶解提取，即可形成具有多孔结构的无机膜。

多孔玻璃膜用于制膜的原始玻璃材料中至少含 SiO_2 30%～70%，其他为锆、铪、钛的氧化物及可提取材料，可提取材料中含一种以上的含硼化合物和碱金属氧化物或碱土金属氧化物。该原始材料经热处理分相，形成硼酸盐相和富硅相，然后用强酸提取硼酸盐使之除去，即制得富硅的多孔玻璃膜，其孔径一般为 150～400nm。

金属微孔膜将高纯金属薄片（如铝箔）于室温下在酸性介质（硫酸、草酸、磷酸等）中进行阳极氧化，使之形成多孔性的氧化层，然后用强酸提取，除去未被氧化部分，即制得孔径分布均匀且为直孔的金属微孔膜，膜的孔径可分别达到 $100\times10^{-10}m$、$40\times10^{-10}m$ 及 $300\times10^{-10}m$。

5. 溶胶-凝胶法制备微孔无机膜

溶胶-凝胶法是一种最为有效的制备微孔无机膜的方法。商业化的 Al_2O_3 膜、ZrO_2 膜、TiO_2 膜、SiO_2 膜以及分子筛炭膜都可用该法制备。根据溶胶的制备条件，溶胶-凝胶法可分为两种不同的技术路线。一是金属醇盐在一定条件下控制水解，不产生沉淀而形成所谓的无机高分子溶胶（聚溶胶），再经后处理成膜，TiO_2 和 SiO_2 膜主要用此法制备；二是以金属醇盐作为原料，经过有机溶剂溶解，在水中通过强烈快速搅拌水解成为溶胶，溶胶通过低温干燥形成凝胶，控制一定温度与湿度继续干燥制成膜。凝胶膜经过高温焙烧便成了具有一定陶瓷特性的氧化物微孔膜。主要用于 Al_2O_3 膜制备。

常用的金属醇盐有 $Al(OC_3H_7)_3$、$Ti(i\text{-}OC_3H_7)_4$、$Zr(i\text{-}C_3H_7)_4$、$Si(OC_2H_5)_4$、$Si(OC_3H_7)_4$。严格控制醇盐的水解温度、溶胶和凝胶的干燥温度和湿度、凝胶膜的焙烧温度和升温速率，可得到窄孔径分布和大孔隙率的膜。例如制备 Al_2O_3 膜时，要求醇盐的水解温度在 80℃以上，否则水解产物就不稳定，溶胶就会成为无定形；有时还会出现聚集现象，导致孔径分布不均。溶胶与凝胶干燥过程中，必须控制一定的温度和湿度，使其内部结构变化缓慢。研究还发现凝胶膜的焙烧对膜内部结构产生较大的影响。由于溶胶是非常微小的颗粒，干燥转变为凝胶时有所聚集，在升温焙烧过程中就会加剧聚集，所以焙烧时升温速度要缓慢，一般控制在 10℃/h 的升温速率，才会使膜的孔径分布均匀，质量比较好。

溶胶-凝胶法不但可以制备出厚度 100～200μm 的无支撑层陶瓷膜，也可以在多孔陶瓷载体上制备出孔径为 2～6nm、厚度<10μm 的具实用价值的有支撑层非对称陶瓷膜。调整醇盐组分可以方便地制备多种组成的复合膜，如 $Al_2O_3\text{-}SiO_2$ 膜、$SiO_2\text{-}ZrO_2$ 膜、$SiO_2\text{-}TiO_2\text{-}ZrO_2$ 膜等。若采用二次浸渍、涂敷，对无机膜进行改性，则可改变膜的孔径大小和表

面特性，制得其他用途如海水淡化的反渗透无机膜。以上这些优势是其他制膜技术无法相比的。

（1）制备 γ-Al$_2$O$_3$ 陶瓷膜　采用铝或醇铝为前体，水解得到勃姆石沉淀，用酸溶沉淀形成勃姆石溶胶，在多孔 γ-Al$_2$O$_3$ 陶瓷膜支撑体上以浸取提拉方式制备一层湿膜，干燥灼烧后可得到孔径分布窄的 γ-Al$_2$O$_3$ 超滤或纳滤陶瓷膜。其制备流程如图 3-14 所示。

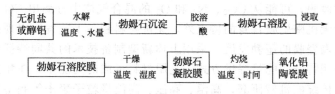

图 3-14　多孔膜的溶胶-凝胶制备过程

在制备勃姆石胶体时，水解温度、醇铝与水的比例、水解方式、胶溶剂等制备参数的控制非常重要。

应用二级丁醇铝情况下，水解与胶溶的温度要在 800℃ 以上，以保证形成勃姆石（AlOOH）沉淀而不是三水铝石结构。HNO$_3$ 和 HCl 均可用作胶溶剂，在 pH=4 形成稳定的溶胶。膜的晶粒尺寸与加水量、胶溶剂、醇铝摩尔比、pH 值和溶胶中 AlOOH 浓度有关。浸渍过程中，浸渍时间、溶胶浓度和黏度均影响膜厚，在一定的相对湿度和温度下干燥即获得干凝胶膜，典型的干燥曲线如图 3-15 所示。

图 3-15 中 AB 段为恒速期，含水量随干燥时间增加而减少，基本上呈直线关系，样品仍处于溶胶状态；BC 段反映溶胶向凝胶转变阶段，干燥速率变慢，而 CD 段含水量不再随时间变化，完成向凝胶的转变，称为干凝胶。干凝胶一般在 450℃ 左右灼烧即可由勃姆石转变成 γ-Al$_2$O$_3$ 陶瓷膜，孔径随灼烧温度升高而增大。

（2）制备钇稳定的氧化锆（YSZ）膜　用掺钇的锆醇盐控制水解过程，制备出聚合物的溶胶，其制备流程如图 3-16 所示。

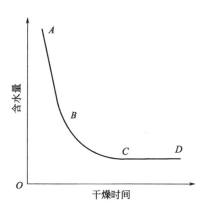

图 3-15　凝胶膜的干燥曲线

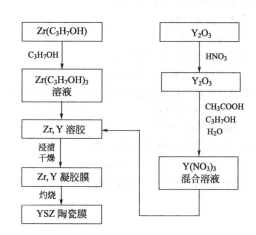

图 3-16　控制水解溶胶-凝胶法制备 YSZ 膜流程

在醇盐控制水解的溶胶-凝胶过程中，为获得稳定的溶胶，醇盐与水的摩尔比、溶剂种类与用量、酸碱催化剂量和各种组成的加入顺序以及温度都是关键因素。研究表明，为形成透明的稳定溶胶，水浓度有一定的范围，而在一定水浓度情况下，形成溶胶也有一定的酸度范围，冰醋酸具有抑制胶体形成的作用，但其酸性也促使胶凝作用。

由于过渡金属的烷氧基化合物的反应活性极高，潮湿空气中就可能水解。为控制它们的水解速率，除采用乙酸和强酸（如 HNO_3）控制水解外，乙酰丙酮（HAcAc）也是有效的水解抑制剂，同时也是一种干燥控制化学添加剂。HAcAc 与金属烷氧基化合物发生放热反应，生成比烷氧基（—OR）难以水解的混配螯合物。

此外，近年有报道可以用溶胶-凝胶法在金属表面制备一层对金属表面有良好保护作用的保护增强膜，如 SiO_2 膜或 SiO_2-Al_2O_3 复合薄膜。用 SiO_2、TiO_2、SiO_2-Al_2O_3 和 TiO_2 系统制成的分离过渡膜，可能从 CO_2、N_2 和 O_2 的混合气体中分离出 CO_2 等。

近十年来，除无机陶瓷膜自身的特点外，无机材料制备工艺发展出现的新技术、新方法有力地推动了无机陶瓷膜的蓬勃发展。采用上述新型制备技术的共同特征是通过新颖的先驱物和介质环境，采用特殊的能量提供方式，克服材料形成的高能垒，在相当温和的条件下合成膜材料。它们与传统的机械研磨，高温、高压、高能量粒子轰击等制备技术形成鲜明的对照，而被形象地称为软化学合成。无机膜，特别是在特定设计的复合结构陶瓷膜制备方面，软化学制备路线起着重要作用；反过来，无机膜材料、构型和性能的多样性和高质量要求也对软化学合成路线提出了一系列新课题，促进了这一类新型技术和学科的发展。因此，在无机膜研制和应用开发领域，不论是已经商品化的微滤膜和超滤膜，还是正在研制的用于气体分离与高温膜反应器的致密膜、分子筛膜，这些软化学合成方法都在起到一定的主导作用。对这些软化学过程进行系统深入地研究、探明过程机理及其与膜材料微结构形成的内在联系，优化工艺参数或是发展更新技术路线等，将始终是无机膜材料研制和应用开发的核心课题。

思 考 题

1. 什么是精细陶瓷？
2. 精细陶瓷粉体的制备方法有哪些？
3. 简述精细陶瓷的烧结方法。
4. 简述精细陶瓷的性能和应用。
5. 什么是多孔材料？
6. 什么是分子筛？
7. 分子筛一般由哪些元素组成？
8. 分子筛的结构有什么特点？
9. 简述分子筛水热合成的原理、制备方法及应用？
10. 什么是无机膜材料？
11. 无机膜有哪些特点？
12. 简述纳米无机膜的分类和结构？
13. 什么是膜分离技术与分离膜？
14. 纳米无机膜的制备方法有哪些？

第四章 表面活性剂

【基本要求】

1. 掌握表面活性剂的基础理论和分类方法；
2. 理解磺化反应、硫酸化反应、乙氧基化反应的基本原理及其影响因素；
3. 理解表面活性剂主要类别及典型品种的结构、性质、用途；
4. 掌握典型表面活性剂的生产工艺方法及其操作技术。

表面活性剂是从 20 世纪 50 年代开始随着石油化工业飞速发展而兴起的一种新型化学品。表面活性剂具有润湿、乳化、分散、增溶、起泡消泡、渗透洗涤、抗静电、润滑和杀菌等一系列优越性能，享有"工业味精"的美称。随着世界经济的发展以及科学技术领域的拓展，表面活性剂的发展更加迅猛，其应用领域从日用化学工业发展到石油、食品、农业、卫生、环境、新型材料等技术部门，起到改进工艺、降低消耗、节约资源、减轻劳动量、增加产量、提高品质等作用，大大提高生产效率，收到极佳的经济效益。目前全世界表面活性剂的品种接近 2 万种，产量超过 1500 万吨。从世界范围看，大约有 50％的表面活性剂应用于工业、农业等各个领域，只有不到 50％的表面活性剂应用于家庭洗涤和个人保护用品，在发达国家前者比例则更高。

我国的表面活性剂和合成洗涤剂工业起始于 20 世纪 50 年代末期，尽管起步较晚，但发展较快。目前，国内表面活性剂工业已具有相当大的生产规模，设备和技术也越来越接近国际水平，无论产品数量、种类和质量都有大幅度增长和提高。2005 年我国表面活性剂产量已达到 302 万吨，仅次于美国，排名世界第二位。其中工业表面活性剂占我国表面活性剂的总产量的比例从 2000 年的 47.55％增长到 2005 年的 72.26％。

表面活性剂的品种较多，大致可分为阴离子表面活性剂、阳离子表面活性剂、非离子表面活性剂、两性表面活性剂等四大类，其中每类可再按官能团的特性加以细分。表面活性剂的生产要求正向着对环境无污染、易于生物降解、效率更高、全天然的趋势发展，开发更绿色高效的表面活性剂已成今后的重要课题。

第一节 概 述

一、表面和表面现象

一定条件下，不同的物质可能存在不同的聚集态，而同种物质在不同条件下也存在着不同的聚集态，例如水在不同的条件下可以形成气态、液态或固态三种聚集态，通常人们把在体系内部物理和化学性质完全相同的部分称之为相，当不同物质或不同聚集态的同种物质，即不同相态的物质密切接触，形成的相与相之间几个分子厚度的过渡区，称之为"界面"。按照两种物质的聚集态不同，界面可分为气-液界面、气-固界面、液-液界面、液-固界面、固-固界面五种类型。若其中一相为气体的界面通常称为表面。即液相或固相与气相的界面

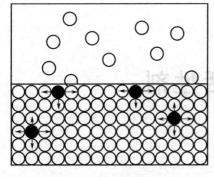

图 4-1　气-液两相界面

称为表面。

所谓表面现象是指在相的界面上发生的一些行为。物质表面层的分子与内部分子周围的环境不同，内部分子所受四周邻近相同分子作用力是对称的，各个方向的力彼此抵消；但是表面层的分子，一方面受到本相内物质分子的作用，另一方面又受到性质不同的另一相中物质分子的作用，因此表面层的性质与内部不同。例如，液体及其蒸气所成的体系如图 4-1 所示，在气液界面上的分子受到指向液体内部的拉力，这种作用力使表面有自动收缩到最小的趋势，所以通常看到的露珠、汞滴呈球形就是这个道理，并且由于这种作用力使表面层显示出一些独特性质，如表面张力、表面吸附、毛细现象、过饱和状态等。

二、表面张力与表面活性剂

在两相界面上，特别是气-液界面上处处存在着一种张力，它作用在表面的边界线上，垂直于边界线向着表面的中心并与表面相切，或者是作用在液体表面上任一条线的两侧，垂直于该线，沿着液面拉向两侧。通常把作用于单位边界线上的这种力称为表面张力，表面张力是物质的特性，与所处的温度、压力、组成以及共同存在的另一相的性质等均有关系。实验结果表明，液体的表面张力随温度的升高而下降，气体压力对表面张力也有影响，但原因比较复杂。一般增加气相压力，表面张力下降。

某些物质加入很少量就可以使水的表面张力显著下降，例如，在 293K 下纯水的表面张力为 0.073N/m，向水加入少量油酸钠，油酸钠水溶液浓度为 0.1％时水的表面张力降至 0.025N/m，这种在溶剂中加入很少量即能显著降低溶剂表面张力，改变体系界面状态的物质称为表面活性剂。当然，不能只从降低表面张力的角度来定义表面活性剂，因为在实际使用时，有时并不要求降低表面张力。那些具有改变表面润湿性能、乳化、破乳、起泡、消泡、分散、絮凝等多方面的作用的物质，也称为表面活性剂。所以目前一般认为只要在较低浓度下具有能显著改变表（界）面性质或与此相关、由此派生的性质的物质，都可以划归表面活性剂范畴。

三、表面活性剂的结构与分类

1. 表面活性剂的结构特点

在实际应用中，表面活性剂的品种繁多。但总体分析，无论何种表面活性剂的分子结构均由两部分构成。分子的一端为非极性亲油的长链疏水基，或称为亲油基；另一端为极性亲水的亲水基，或称为疏油基。两类结构与性能截然相反的分子碎片或基团分处于同一分子的两端并以化学键相连接，形成了一种不对称的、极性的结构，因而赋予了该类特殊分子既亲水、又亲油，但又不是整体亲水或亲油的特性。表面活性剂的这种特有结构通常称为"双亲结构"，如图 4-2 所示，表面活性剂分子因而也常被称作"双亲分子"。表面活性剂的分子结构具有两亲性，但不一定具有两亲结构的分子都是表面活性剂，例如大于 C_8 的羧酸盐和大于 C_{20} 的疏水链太长的双亲分子，即完全溶于水或完全不溶于水，均无表面活性。

表面活性剂具有界面定向吸附性，表面活性剂在气/

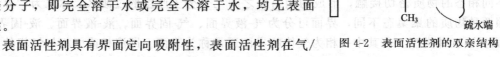

图 4-2　表面活性剂的双亲结构

液、液/液、固/液界面排列情况和分子中亲油基与亲水基的性质、数目及位置有关，高效能的表面活性剂也应当与使用对象有关。

表面活性剂中常见的疏水基和亲水基主要有以下几类。

疏水基的种类较多，如表 4-1 所示。包括饱和烃（直、支、环）和不饱和链（双键、三键、芳香族）、脂肪醇、烷基酚、含氟或含硅以及其他元素的原子团、含萜类的松香化合物、高分子聚氧丙烯化合物。

表 4-1 常见的疏水基种类及其基本结构

基团	一般结构	
天然脂肪酸	$CH_3(CH_2)_nCH_3$	$n=12\sim18$
石油石蜡	$CH_3(CH_2)_nCH_3$	$n=8\sim20$
石蜡	$CH_3(CH_2)_nCH=CH_2$	$n=7\sim17$
烷基苯	$CH_3(CH_2)_n$—〔苯环〕	$n=6\sim10$ 直链或支链
烷基芳香化合物	$CH_3(CH_2)_nCH_3$〔萘环，R，R〕	$n=1\sim2$ 为水溶性；$n=8$ 或 9 为油溶性
烷基苯酚	$CH_3(CH_2)_nCH_2$—〔苯环〕—OH	$n=6\sim10$，直链或支链
聚氧丙烯	$CH_3CHCH_2O(CHCH_2)_n$〔X，CH_3〕	n 为聚合度；X 为聚合引发剂
碳氟化合物	$CF_3(CF_2)_nCOOH$	$n=4\sim8$，直链或支链，或者终端为氢
硅树脂	$CH_3O(SiO)_nCH_3$〔CH_3，CH_3〕	

亲水基的类型较多如表 4-2 所示。可以是离子型，包括阴离子、阳离子、两性离子（如羧酸、磺酸、氨基或胺基及其盐、季铵盐、硫酸酯盐、磷酸酯盐、甜菜碱及磺基甜菜碱）；也可是非离子型（如羟基、酰胺基、醚键、聚氧乙烯、蔗糖等）。

表 4-2 常见的亲水基种类及其基本结构

种类	一般结构
磺酸盐	$R—SO_3^- M^+$
硫酸盐	$R—OSO_3^- M^+$
羧酸盐	$R—COO^- M^-$
磷酸盐	$R—OPO_3^- M^+$
铵	$R_xH_yN^+X (x=1\sim3, y=4-x)$
季铵盐	$R_4N^+X^-$
甜菜碱	$RN^+(CH_3)_2CH_2COO^-$
磺化甜菜碱	$RN^+(CH_3)_2CH_2CH_2SO_3^-$
聚氧乙烯	$R—OCH_2CH_2(OCH_2CH_2)_nOH$
多羟基化合物	蔗糖、山梨聚糖、甘油、乙烯、丙二醇
多肽	$R—NH—CHR—CO—NH—CHR'—CO—\cdots—CO_2H$
聚缩水甘油	$R(OCH_2CH[CH_2OH]CH_2)_n\cdots—OCH_2CH(CH_2OH)CH_2OH$

2. 表面活性剂的分类

根据所需要的性质和具体应用场合不同，有时要求表面活性剂具有不同的亲水亲油结构和相对密度。通过变换亲水基或亲油基种类、所占份额及在分子结构中的位置，可以达到所需亲水亲油平衡的目的。经过多年研究和生产，已派生出许多表面活性剂种类，每一种类又包含众多品种，给识别和挑选某个具体品种带来困难。因此，必须对成千上万种表面活性剂作一科学分类，才有利于进一步研究和生产新品种，并为筛选、应用表面活性剂提供便利。

表面活性剂的分类方法很多，可以根据疏水基结构进行分类，分直链、支链、芳香链、含氟长链等；也可以根据亲水基进行分类，分为羧酸盐、硫酸盐、季铵盐、PEO 衍生物、内酯等；有些研究者根据其分子构成的离子性分成离子型、非离子型等，还有根据其水溶性、化学结构特征、原料来源等各种分类方法。

(1) 按极性基团的解离性质分类 表面活性剂的性能取决于其亲水基和亲油基的构成，但亲水基在种类和结构上的改变远较亲油基的改变对表面活性剂性质的影响大。因此，最常用的分类方法是按分子结构小亲水基团的带电性分为阴离子、阳离子、两性离子和非离子表面活性剂四大类，然后在每一类中再按官能团的特征加以细分，如表 4-3 所示。这种分类既方便又有许多优点，每类表面活性剂都有其特性，只要知道它是哪种类型的，就可推测其性质和应用范围。

表 4-3　表面活性剂的分类

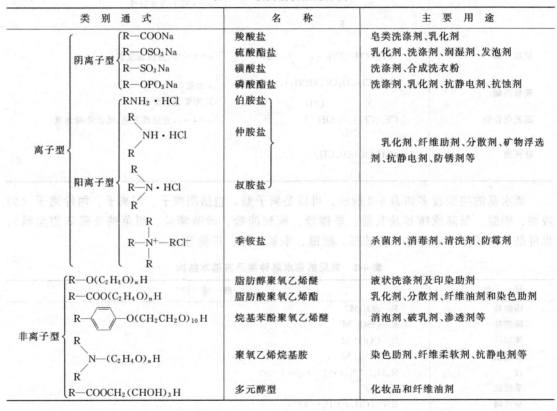

类 别 通 式	名 称	主 要 用 途
阴离子型　R—COONa	羧酸盐	皂类洗涤剂、乳化剂
R—OSO₃Na	硫酸酯盐	乳化剂、洗涤剂、润湿剂、发泡剂
R—SO₃Na	磺酸盐	洗涤剂、合成洗衣粉
R—OPO₃Na	磷酸酯盐	洗涤剂、乳化剂、抗静电剂、抗蚀剂
阳离子型　RNH₂·HCl	伯胺盐	
仲胺盐	乳化剂、纤维助剂、分散剂、矿物浮选剂、抗静电剂、防锈剂等
叔胺盐	
季铵盐	杀菌剂、消毒剂、清洗剂、防霉剂
非离子型　R—O(C₂H₄O)ₙH	脂肪醇聚氧乙烯醚	液状洗涤剂及印染助剂
R—COO(C₂H₄O)ₙH	脂肪酸聚氧乙烯酯	乳化剂、分散剂、纤维油剂和染色助剂
烷基苯酚聚氧乙烯醚	消泡剂、破乳剂、渗透剂等
聚氧乙烯烷基胺	染色助剂、纤维柔软剂、抗静电剂等
R—COOCH₂(CHOH)₃H	多元醇型	化妆品和纤维油剂

(2) 按表面活性剂的用途分类 可分为乳化剂、润湿剂、发泡剂、分散剂、凝聚剂、去污剂、破乳剂和抗静电剂等。此分类适合工业界实际应用中选取表面活性剂，但没有显示表面活性剂的化学结构，同一结构的表面活性剂在不同体系时的作用也不一样。

(3) 按表面活性剂的组成结构分类 可分为常规表面活性剂和特种表面活性剂。常规表面活性剂是由碳、氢组成的亲油基和由含氧、硫、氮等元素组成的亲水基直接连接形成。与此对应的是结构特殊、含有其他元素、产量小、性能独特的特种表面活性剂。

（4）按表面活性剂的性能特点分类　可分为常规表面活性剂和功能性表面活性剂。常规表面活性剂具有基本的表面性能，如降低表面张力，聚集形成胶束，润湿、乳化、分散等。功能性表面活性剂带有某种活性官能团，表现出特定性质，如可反应性、杀菌性、螯合金属离子等。

第二节　表面活性剂在溶液中的性质与应用

一、表面活性剂在溶液中的性质

随着表面活性剂在溶液中的加入，其溶解和分布情况如图 4-3 所示，会发生界面吸附和形成胶束现象。

1. 界面吸附

表面活性剂的表面活性源于其分子的两亲结构，亲水基团使分子有进入水的趋向，而疏水基团则竭力阻止其在水中溶解而从水的内部向外迁移，有逃逸水相的倾向，而这两倾向平衡的结果使表面活性剂在水表面富集，亲水基伸向水中，疏水基伸向空气，其结果是水表面好像被一层非极性的碳氢链所覆盖，从而导致水的表面张力下降。

2. 形成胶束

表面活性剂在界面富集吸附一般的单分子层，当表面吸附达到饱和时，表面活性剂分子不能在表面继续富集，而疏水基的疏水作用仍竭力促使其分子逃离水环境，于是表面活性剂分子则在溶液内部自聚，即疏水基在一起形成内核，亲水基朝外与水接触，形成最简单的胶团。而开始形成胶团时的表面活性剂的浓度称之为临界胶束浓度，简称 cmc。

当溶液达到临界胶束浓度时，溶液的表面张力降至最低值，此时再提高表面活性剂浓度，溶液表面张力不再降低而是大量形成胶团，此时溶液的表面张力就是该表面活性剂能达到的最小表面张力。

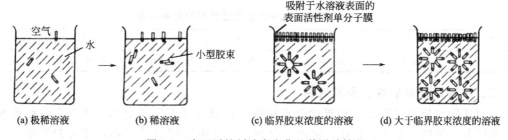

图 4-3　表面活性剂浓度变化及其活动情况
（a）极稀溶液　（b）稀溶液　（c）临界胶束浓度的溶液　（d）大于临界胶束浓度的溶液

考察表面张力随表面活性剂浓度变化的情况，随着表面活性剂浓度的增加，表面吸附力逐渐增大，表面张力逐渐下降如图 4-4 所示，当浓度达到 cmc 以上，表面张力基本不再变化，r-lgcmc 出现一平台。

3. 亲水-亲油性平衡值

不同的表面活性剂带有不同的亲油基和亲水基，其亲水亲油性便不同，一般用亲水-亲油性平衡值（HLB 值）来定量描述表面活性剂的亲水亲油性。HLB 值越大，表示表面活性剂的亲水性越强；HLB

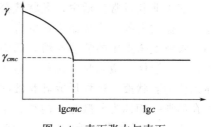

图 4-4　表面张力与表面活性剂浓度的关系

值越小，即表面活性剂的亲油性越强。表面活性剂的 HLB 是选择和评价表面活性剂使用性质的重要指标，它通常有两种表示法：一种以符号表示，亲水性最强的为 HH，强的为 H，中等的为 N；亲油性强的为 L，最强的为 LL；另一种以数值表示，HLB 值为 40 的是亲水性最强的，而为 1 的是亲水性最弱的表面活性剂。HLB 值没有绝对值，它是相对于某个标准所得的值。一般以石蜡的 HLB 值为 0、油酸的 HLB 值为 1、油酸钾的 HLB 值为 20、十二烷基硫酸钠的 HLB 值为 40 作为标准，由此则可得到阴离子、阳离子型表面活性剂的 HLB 值在 1~40 之间，非离子型表面活性剂的 HLB 值在 1~20 之间，一些商品表面活性剂的 HLB 值见表 4-4。

表 4-4　一些商品表面活性剂的 HLB 值

名　称	离子类型	HLB 值	名　称	离子类型	HLB 值
油酸	阴	1	聚环氧乙烷烷基酚 Igelol CA-630	非	12.8
Span 85 失水山梨醇油酸酯	非	1.8	聚环氧乙烷月桂醚(PEG 400)	非	13.1
Span 65 失水山梨醇三硬脂酸酯	非	2.1	乳化剂 E1,聚环氧乙烷蓖麻油	非	13.3
Span 80 失水山梨醇单油酸酯	非	4.3	Tween 21 聚氧乙烯失水山梨醇单月桂酸酯	非	13.3
Span 60 失水山梨醇单硬脂酸酯	非	4.7	Tween 60 聚氧乙烯失水山梨醇单硬脂酸酯	非	14.9
Span 40 失水山梨醇单棕榈酸酯	非	6.7	Tween 80 聚氧乙烯失水山梨醇单油酸酯	非	15
Span 20 失水山梨醇单月桂酸酯	非	8.6	Tween 40 聚氧乙烯失水山梨醇单棕榈酸酯	非	15.6
Tween 61 聚氧乙烯失水山梨醇单硬脂酸酯	非	9.5	Tween 20 聚氧乙烯失水山梨醇单月桂酸酯	非	16.7
Tween 81 聚氧乙烯失水山梨醇单油酸酯	非	10.0	聚环氧乙烷月桂醚	非	16.9
Tween 65 聚氧乙烯失水山梨醇三硬酯酸酯	非	10.5	油酸钠	阴	18
Tween 85 聚氧乙烯失水山梨醇三油酸酯	非	11.0	油酸钾	阴	20
烷基芳基磺酸盐	阴	11.7	N-十六烷基-N-乙基吗啉基乙基硫酸盐	阴	25~30
三乙醇胺油酸酯	阴	12.0	十二烷基硫酸钠	阴	约 40

HLB 值可作为选用表面活性剂的参考依据。根据表面活性剂的 HLB 值的大小，就可以知道它的适宜用途。例如，HLB 值在 3.5~6 范围，可作为水分散在油中的乳化剂；HLB 值在 7~9 范围，可作为润湿剂、渗透剂等，如表 4-5 所示。

表 4-5　不同 HLB 值的表面活性剂的主要用途

HLB 值	15~18	13~15	8~18	7~9	3.5~6	1.5~3
用途	增溶剂	洗涤剂	油/水型乳化剂	润湿、渗透剂	水/油乳化剂	消泡剂

二、表面活性剂的性能及其应用

表面活性剂分子在溶液中和界面上富集结合形成分子有序组合体，从而在各种重要过程，如润湿、铺展、起泡、乳化、加溶、分散、洗涤中发挥直接作用，还可起平滑、抗静电、匀染与固色、润滑、防锈、疏水、杀菌和凝集等间接作用。

1. 乳化作用

在工业和日常生活中，乳状液都有广泛应用。例如，高分子工业中的乳液聚合，油漆、涂料工业的乳胶，化妆品工业的膏、霜，机械工业用的高速切削冷却润滑液，油井喷出的原油，农业上杀虫用的喷洒药液，印染业的色浆等都是乳状液。通常将两种互不相混溶的液体中，一种液体以微滴状（粒径一般为 $10~0.1\mu m$）分散于另一种液体中所形成的多相分散体系称为乳状液。这种形成乳状液的作用称为乳化作用。在乳状液中，以微细液珠形式分散存在的那一相称为分散相（内相、不连续相），另一相是连在一起的，称为分散介质（外相、连续相）。常见的乳状液，一般都有一相是水或水溶液（通常称为水相），另一相则是与水不相混溶的有机相（通常称为油相）。

水和油形成的乳状液，根据分散情形可分为三种，若把与水不相混溶的油状液体呈细小的油滴分散在水里，所形成的乳状液称为水包油型乳状液，记作"油/水"（或"O/W"），牛奶就属此类，这种乳状液能用水稀释，在这种乳状液中，油是分散介质，水是分散相；若水以很细小的水滴被分散在油里，则叫油包水型乳状液，记作"水/油"（或"W/O"），原油即属此类，这种乳状液不能用水稀释，只能用油稀释，在这种乳状液中，水是分散介质、油是分散相；此外，还有水包油包水型（"W/O/W"）及油包水包油型（"O/W/O"）等复杂型乳状液。

在 W/O 型乳状液中，将能起乳化作用的表面活性剂称为乳化剂。作乳化剂使用的表面活性剂有两种主要作用：一是起降低两种液体间界面张力的稳定作用。因为当油（或水）在水（或油）中分散成许多微小粒子时，就扩大了它与水（或油）的接触面积，因此它和水之间的斥力也随之增加而处于不稳定状态，当加入一些表面活性剂作乳化剂时，乳化剂分子的亲油基端吸附在油滴微粒表面，而亲水基一端伸入水中，并在油滴表面定向排列组成一层亲水性分子膜使油/水界面张力降低，降低了体系的位能并且减少油滴之间相互吸引力防止油滴聚集重新恢复水油两层的原状；二是保护作用。表面活性剂在油滴周围形成的定向排列水分子膜是一层坚固的保护膜，能防止油滴碰撞时相互聚集。如果是由离子型表面活性剂形成的定向排列分子膜，还会使油滴带有电荷，油滴带上同种电荷后斥力增加，也可防止油滴在频繁碰撞中发生聚集。

2. 增溶作用

表面活性剂在水溶液中形成胶束后，具有能使不溶或微溶于水的有机化合物的溶解度显著增大的能力，且溶液呈透明状，这种作用称为增溶作用。例如：苯在水中的溶解度仅为 $0.09mL/100mL$ 水，但加入了少许油酸钠即可达 $10mL/100mL$ 水，形成透明溶液。

增溶与表面活性剂在水中形成胶束有关，胶束是表面活性剂分子中疏水基在水中相互靠拢形成胶团。胶束内部实际上是液态的碳氢化合物，因此苯、矿物油等不溶于水的非极性有机溶质较易溶解在胶束内部的疏水环境中。增溶作用是胶束对亲油物质的溶解过程，是表面活性剂胶束的一种特殊作用。因此只有溶液中表面活性剂浓度 $c > cmc$ 时，即溶液中有较多的大粒胶束时才有增溶作用，而且胶束体积越大，胶束本身 cmc 越低、缔合数越大，增溶量（MAC）就越高。

增溶作用与乳化作用不同，乳化作用是一种液相分散到水（或另一液相）中得到的不连续、不稳定的多相体系，而增溶作用得到的是增溶液与被增溶物处在同一相的单相均一稳定体系。有时同一种表面活性剂既有乳化作用又有增溶作用，但只有当它的浓度较大，溶液中存在较多胶束时才有增溶作用。

由于非离子表面活性剂的临界胶束浓度较低，容易形成胶束，因此非离子表面活性剂具有较好的增溶作用，并且常被用到去除油污的洗涤配方中。

3. 润湿作用

当固体与液体接触时，原来的固-气和液-气表面消失，固体表面上的气体被液体取代，而形成新的固-液界面的现象叫润湿。例如，水润湿玻璃，就是玻璃（固体）表面上的空气被水所取代的过程。

润湿一般分为三类：接触润湿——沾湿，浸入润湿——浸湿，铺展润湿——铺展。不论何种润湿过程，其实质都是界面性质及界面能量的变化。

通常可用液体在固体表面受力平衡时形成的接触角大小来判断润湿与不润湿。在气、液、固三相交界处的气-液界面与固-液界面之间的夹角叫接触角（θ）。把不同液体滴在固体表面可以看到两种情况，一种是液滴很快在固体表面铺展形成新的固-液界面，这种情况称为润湿，可以看出，在润湿的情况下接触角小于 90°。另一种情况是液滴不在固体表面上铺展，而是在固体表面上缩成一液珠，如同水滴加到固体石蜡表面时看到的现象，这种情况称为不润湿，不润湿时接触角大于 90°。图 4-5 为润湿的四种情况，图 4-6 为接触角。

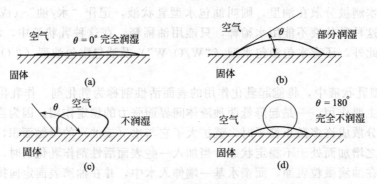

图 4-5　润湿的四种情况

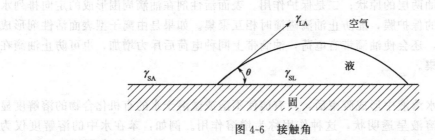

图 4-6　接触角

当向水滴中加入表面活性剂之后，由于表面活性剂在界面上的吸附并降低液-气表面张力和液-固界面张力的作用，改变了界面上受力关系，结果水滴就可以在石蜡表面上铺展，由不润湿转变成润湿，表面活性剂的洗涤去污作用往往首先是从润湿洗涤物体表面开始的。

4. 分散作用

若把不溶性微粒状固体均匀地分布于液体中，所形成的分散体系称为悬浮液。这种一种物质在另一种物质中的分布过程及功能称为分散作用。

悬浮液应用也很广。例如，颜料、陶土在水中的分散都属悬浮液。对于这类分散系统，一般被分散的物质称为分散相（不连续相），而另一种分散其他物质的物质则称为分散介质（连续相）。例如，颜料微粒分散于水中，颜料是分散相，水则为分散介质。对于悬浮液，分散相粒子的大小在 $10^{-7} \sim 10^{-5}$ m 范围内。由大颗粒固体物料粉碎成微粒，增加了表面积，外界需做功，做功所消耗的能量部分转换成表面能贮藏在微粒表面中。对一定量的物质来说，粉碎程度越大，则表面积越大，表面能也越大。例如，将 1kg 整块 SiO_2（表面积约为 $0.26m^2$）粉碎成边长为 10^{-9} m 的微粒，总表面积增至 $2.6 \times 10^6 m^2$，由此表面能由原来的 0.27J 增至 2.7×10^6 J，增大约一千万倍。固体颗粒粉碎后，具有较高的能量，故在水中有聚结成大颗粒、降低能量的趋势，因此说悬浮液是一个热力学不稳定体系。为保持悬浮液的稳定性，就需加入一种物质来防止分散相的凝聚，这种物质称为分散剂。

表面活性剂有促进固体分散形成稳定悬浊液的作用，所以添加的表面活性剂叫分散剂。表面活性剂之所以能起分散作用，是因为它有润湿、渗透性能，它在粒子表面定向吸附，改变了粒子的表面性质，因而防止了粒子的聚集，例如，炭黑与水一起搅拌不能得到稳定的悬浮液，而当加入表面活性剂后，就可得到黑色悬浮液。

实际上使半固态的油脂在水中乳化分散时很难区分是乳化还是分散，并且通常作为乳化剂或分散剂的表面活性剂往往是同一种物质，所以实用中把两者放在一起统称为乳化分散剂。

分散剂的作用原理与乳化剂基本相同，不同之点在于被分散的固体颗粒比被乳化的液滴的稳定性一般稍差些。

5. 起泡和消泡

泡沫是常见的现象。例如，搅拌肥皂水可以产生泡沫，打开啤酒瓶即有大量泡沫出现等。啤酒、香槟、肥皂水等在搅拌下形成的泡沫称液体泡沫；面包、蛋糕等弹性大的物质以及泡沫塑料、饼干等为固体泡沫。人们通常所说的泡沫多指液体泡沫。

气泡是气体分散在液体中的分散体系。气体是分散相（不连续相）；液体是分散介质（连续相）。被分散的气泡呈多面体形状。由于气体与液体的密度差很大，故液体中的气泡总是很快升至液面，形成以少量液体构成的液膜隔开气体的气泡聚集物，即通常所说的泡沫。

如果某种液体容易成膜且不易破坏，这种液体在搅拌时就会产生许多泡沫。泡沫产生之后，体系中液气表面积大为增加使体系变得不稳定，因此泡沫易于破裂。当加入表面活性剂之后，其分子吸附在气体与液体的界面形成定向排列的单分子膜，不但降低了气-液两相间的表面张力，而且由于形成一层具有一定力学强度的薄膜从而使泡沫不易破灭。例如：矿物浮选、泡沫灭火和洗涤去污等都需要用到作为发泡剂的表面活性剂。表面活性剂的水溶液都有程度不同的发泡作用，一般阴离子表面活性剂发泡性更强，而非离子表面活性剂水溶液泡沫少。

泡沫有时也会带来麻烦，例如：在制糖、制中药过程中泡沫太多，要加入适当的表面活性剂降低薄膜强度，消除气泡，防止事故。作为消泡剂的表面活性剂，在液面上能挤走起泡分子，所形成的液膜强度很差，降低了液膜的稳定性。消泡剂应极易吸附于液面，且排列疏松。故其分子多为枝形结构。如异辛醇、豆油、蓖麻油和硅油等。

6. 洗净作用

在湿法脱脂洗涤和液状油性污垢的洗涤去除过程中，乳化剂有着十分重要的作用。附着在物体表面的液状油垢浸没在表面活性剂水溶液中，表面逐渐被润湿，原来在表面铺展开的油性薄膜被凝集成一个个被表面活性剂乳化的油滴，然后这些乳化的油滴离开物体表面被稳定地分散到水中，并且不再沉积到被洗净的表面形成再污染。有人把这种油性污垢被润湿、乳化、解离的过程叫作卷缩过程。例如，液体油污一般能在固体表面很好地润湿铺展，在洗涤去污过程中向水中加入表面活性剂后，由于它有降低水的表面张力作用，所以很快水溶液就在固体表面铺展并润湿固体表面，结果润湿物体表面的表面活性剂水溶液逐渐占据表面把油污顶替下来。原来铺展在物体表面上的液体油污，逐渐卷缩成油珠（接触角逐渐加大，由润湿转变为不润湿）。这个过程称为卷缩。在机械力或水流的冲击作用下，"卷缩"的油滴就会脱离表面进入水中并被表面活性剂乳化形成水包油乳滴而稳定分散在洗涤液中。由于固体表面已被表面活性剂分子所占据，所以油污粒子不会再沉积到已被洗净的物体表面造成再污染。

从固体表面除掉污物统称为洗涤。洗涤去污作用，是表面活性剂降低了表面张力而产生的润湿、渗透、乳化、分散、增溶等多种作用综合的结果。被沾污物放入洗涤剂溶液中，先充分润湿、渗透，溶液进入被沾污物内部，使污垢容易脱落，然后洗涤剂把脱落下来的污垢进行乳化，分散于溶液中，经清水反复漂洗从而达到洗涤效果。用于洗涤衣服类的表面活性剂一般为阴离子型和非离子型两类，非离子型表面活性剂的洗涤性能完全不受硬水的影响，对皮脂污垢的去污力良好，对合成纤维防止再污染的能力强，它主要用于液体洗涤剂中。厨房用洗涤剂随着人们生活水平提高发展很快，除去污外，还必须不损伤菜、果的外观、色、香、味等，不损伤餐具，易冲洗不残留，无毒，不损伤皮肤。常用非离子型表面活性剂与阴离子表面活性剂并用。香波所用的表面活性剂有非离子、两性型及阴离子表面活性剂配伍使用，虽前两者对头发刺激小但由于其发泡力差，故一般作为辅助表面活性剂与阴离子型并用。

表面活性剂除了上述性能外，还有柔软、抗静电、杀菌性等其他性能。当表面活性剂分子在织物表面定向排列，可使它的相对静摩擦系数降低，如含有直链烷基的多元醇聚氧乙烯醚、直链烷基脂肪酸的聚氧乙烯酯等非离子表面活性剂和多种阳离子表面活性剂均有降低织物静摩擦系数的作用，所以可以做织物柔软剂。但带有支链的烷基或芳香基的表面活性剂不能在织物表面形成整齐的定向排列而不适合做柔软剂。某些阴离子表面活性剂及季铵盐阳离子表面活性剂易吸收水分而在织物表面形成"导电"溶液层而具有抗静电作用，被用作化纤织物的抗静电剂。季铵盐阳离子表面活性剂和氨基酸型两性离子表面活性剂对微生物的毒性较大，表现出很强的杀菌作用而常被用作杀菌剂，应用在杀灭微生物为目的的杀菌、消毒洗涤剂配方中。

三、表面活性剂的结构与性能的关系

1. 表面活性剂亲水基的相对位置与性能

表面活性剂分子中，亲水基所处位置不同，对表面活性剂性能有很大的影响。对于同类表面活性剂在相对分子质量相同的条件下，只是结构不同，一般情况是亲水基在分子中间的，比在末端的润湿性强，但在不同浓度区域，情况有所不同；对洗涤性能（去污力）而言，则恰恰相反，亲水基在分子末端的，比在中间的去污力好；起泡性能一般也以亲水基在碳链中间者为佳，但要注意，起泡性能与浓度有关，低浓度时可能出现相反情况，这是与其水溶液的表面张力相应的。

2. 疏水基结构中分支的影响

疏水链分支的影响与亲水基在疏水链中不同位置的情况相似。例如烷基硫酸钠，可以看作是正辛基硫酸钠的 α-碳原子上再接上一正庚基的支链。因此，两种情况在本质上是相同的。如果表面活性剂的种类相同，分子大小相同，则一般有分支结构的表面活性剂不易形成胶团，其 cmc 比直链的高。但有分支结构的表面活性剂降低表面张力之能力则较强，即 γ_{cmc} 低。一般有分支结构的表面活性剂具有较好的润湿、渗透性能，但其去污性能较差。例如：一般洗衣粉中，主要表面活性剂成分为烷基（相当大部分是十二烷基）苯磺酸钠。当烷基链的碳原子数相同而烷基链的分支状况不同时，各种烷基苯磺酸盐的表面活性亦有差异。直链的烷基苯磺酸盐（LAS）的 cmc 比支链的低，但支链的烷基苯磺酸盐降低表面张力的效能大。如将烷基部分分别为正十二烷基的苯磺酸盐与四聚丙烯基苯磺酸盐（ABS）相比，则后者为有分支结构，其润湿、渗透能力较大，但去污力较小。

3. 疏水基种类与性质的关系

表面活性剂的疏水基一般为长条状的碳氢链，主要为碳原子数大多在 8～18（也有 20 碳的烃基）范围内烃类，但亲油基结构的细微变化，也会对表面活性剂的一些性质发生影响。根据实际应用情况，除了如全氟烷基等特殊疏水基外各种疏水基，其疏水性的大小大致可排成下列顺序：

脂肪族烷烃≥环烷烃＞脂肪族烯烃＞脂肪基芳香烃＞芳香烃＞带弱亲水基的烃基

若就疏水性而言，则全氟烃基及硅氧烷基比上述各种烃基都强，而全氟烃基的疏水性最强。因此，在表面活性的表现上，以氟表面活性剂为最高，硅氧烷表面活性剂次之，而一般碳氢链为亲疏水基的表面活性剂又次之（在这类表面活性剂中，其次序排列则大致如前所

示）。在选择乳化剂进行油、水的乳化时，除考虑乳化剂的 HLB 值外，还应考虑乳化剂疏水基（亲油基）与油的亲和性与相容性。一般的经验是疏水基与油的分子结构越相近，则亲和性与相容性越好。

疏水基中带弱亲水基的表面活性剂，其显著特点是起泡力弱。这类表面活性剂有硫酸化油酸丁酯、蓖麻油酸丁酯等，均为低泡性的润湿、渗透剂。又如聚醚型表面活性剂，由于其疏水基为大分子量的聚氧丙烯链，含有很多醚键（—O—，弱亲水基），故为典型的低泡性表面活性剂，甚至还可用作消泡剂，在工业生产中得到广泛应用。

4. 分子大小的影响

表面活性剂分子的大小对其性质的影响是比较显著的。在同一品种的表面活性剂中，随亲油基中碳原子数目的增加，其溶解度、*cmc* 等有规律地减小，但在表面活性上，则有明显的增长。这就是表面活性剂同系物中分子增大对性质的影响。这种影响也表现在润湿、乳化、分散、洗涤作用等性质上。一般的经验是：在 HLB 值、亲水基、疏水基均相同的情况下，表面活性剂分子较小的，其润湿性、渗透作用比较好；分子较大的，其洗涤作用、分散作用等性能较为优良。在不同品种的表面活性剂中，大致也以相对分子质量较大的洗涤力为较好。

四、表面活性剂的生物降解

表面活性剂对环境的污染，主要靠自然界微生物对其分解而得以消除。表面活性剂被微生物分解（有机部分最后分解成为 H_2O 及 CO_2）的过程，称为表面活性剂的生物降解。为了消除环境污染，应多生产或使用容易生物降解的表面活性剂。

初步研究表明，表面活性剂化学结构与生物降解性有一定的关系，如对于碳氢链亲油基，直链者较有分支者易于生物降解；非离子表面活性剂中聚氧乙烯链，链越长者，越不易于生物降解；含芳香基的表面活性剂，其生物降解比仅有脂肪基的表面活性剂更困难等。针对怎样的表面活性剂才较易生物降解的问题，有关这方面的工作开展得还不够深入，普遍而详细的结论有待于进一步的研究。

五、表面活性剂的生物活性

表面活性剂的生物活性主要是指其毒性及杀菌力，两方面基本是相应的，即毒性小者杀菌力弱，毒性大者杀菌力强。阳离子表面活性剂，特别是季铵盐类，是良好的杀菌剂，但同时对生物也有较大的毒性；非离子表面活性剂毒性小，有的甚至无毒，但其杀菌力相应也弱；阴离子表面活性剂的毒性与杀菌力则介于二者之间。表面活性剂分子中含有芳香基者，毒性较大。聚氧乙烯链型的非离子表面活性剂，其毒性随链长而增加。表面活性剂对皮肤的刺激和对黏膜的损伤，与其毒性大体相似，阳离子型的作用大大超过阴离子及非离子型。总的说来，长的直链产品，其刺激性比短的直链和有支链的小，非离子型中，以脂肪酸酯类和聚醚型的作用更为温和。

第三节　表面活性剂的亲油基原料

表面活性剂是由亲油基和亲水基两部分构成，因而其合成主要包括亲油基的制备及亲水基的引入两部分。本节将介绍合成表面活性剂的主要亲油基原料的来源与制备。

表面活性剂的亲油基原料来源主要有两方面：一是不可再生资源石油化工原料；二是可再生资源天然动植物油脂。近十年来，由于石油资源生产战略上的考虑以及油脂作物生产技术的改进，特别是在"石油资源有限论"和"回归天然"、"无公害性"及天然原料的"环境相适宜性"的影响，出现了以纯天然物质为原料来改变石油化工和天然原料复合来源的倾向，正在导致进一步研究用天然再生资源作为表面活性剂工业基本原料来源的可能性。生产表面活性剂的原料主要包括长链正构烷烃及高碳烯烃、脂肪醇、脂肪胺、脂肪酸及其衍生物、烷基酚、烷基苯、淀粉等。

一、脂肪醇

脂肪醇是合成醇系表面活性剂的主要原料，按原料来源不同又可分为合成醇和天然醇。目前，工业上以石油为原料大吨位生产醇的路线主要有三种：一是羰基合成醇，在高温高压、羰基化催化剂的存在下，将烯烃和一氧化碳、氢气反应，得到比原料烯烃多一个碳的醛，然后将醛还原成脂肪醇，由于使用烯烃的种类不同，可以得到天然醇中看不到的奇碳醇、支链醇。二是齐格勒合成醇，由三乙基铝与乙烯聚合，最后得到长链烯烃或高级醇的方法，是德国化学家齐格勒发现的。烯烃在三乙基铝的乙基上加成，得到长链烷基铝，长链烷基铝如果用乙烯进行催化置换，便得到长链 α-烯烃和三乙基铝，如果进行氧化便得到醇化铝，再水解即成为高碳醇。齐格勒醇也称水杨醇，和天然醇相同，都是直链偶碳伯醇。三是正构烷烃氧化制仲醇。以石油为原料时，只能制得饱和脂肪醇，当要制备不饱和脂肪醇时，则天然油脂将是惟一的原料来源。

天然醇也叫还原醇，由油脂或脂肪酸还原所得。天然油脂加氢还原制高级醇的工业方法已有许多年历史，甘油酯直接加氢，得醇率较低，甘油也被还原无法回收，现已较少使用。现在从天然资源生产脂肪醇最好的方法是酯交换法。酯交换指的是将一种容易制得的醇与酯或与酸相反应制得所需的酯，最常用的酯交换是酯-醇交换法，脂肪酸甘油酯工业上常用油脂和甘油的酯交换反应来制取。例如，椰子油和油脂质量分数为 25％的甘油，在 0.1％氢氧化钠存在下，于 180℃反应 6h，可得到质量分数 45.2％的单酯、44.1％双酯及 10.7％的三酯。为了得到高含量的单酯产品，可采用分子蒸馏，则单酯含量可达 90％以上。其次是酯-酸交换法，脂肪酸甘油酯可以用脂肪酸和甘油直接酯化来生产。

此外还有以动植物蜡中提取高级醇，自然界中的蜡是高级脂肪酸和高级一元醇形成的酯，这些蜡经水解便得到优质的高级醇，例如从鲸蜡中可得到十六醇、油醇，蜂蜡、巴西棕榈蜡、煤蜡、糠蜡、虫蜡和霍霍巴蜡，均可提取各种高级醇。利用脂肪酸工业副产的二级不皂化物提取高级醇也是工业加工生产天然醇的方法。

以上以天然油脂等再生性原料的加工生产方法，不受贮量、能源的影响。制得的醇都是直链醇，特别适用于表面活性剂工业，因而一直受到重视，特别是椰子油制十二醇。

二、脂肪胺

脂肪胺是阳离子表面活性剂的重要原料，目前阳离子表面活性剂的年需求量在 700000～750000t，其中以脂肪胺为原料的阳离子物约占 2/3，世界上脂肪胺的最大消费国或地区是美国、西欧、日本、加拿大、东欧等，我国尚处于发展阶段。

1. 高级伯胺的制取

以天然脂肪酸为原料分两步法和脂肪酸直接合成胺的气相法。

（1）两步法　首先由脂肪酸和氨制取脂肪腈，然后在莱尼镍催化剂存在下加氢还原腈制得伯胺，伯胺收率达 85％左右，具体反应式如下：

脂肪酸与氨在 0.4～0.6MPa、300～320℃下反应生成脂肪酰胺：

$$RCOOH + NH_2 \longrightarrow RCONH_2 + H_2O$$

然后用铝土矿石作催化剂，进行高温催化脱水，得到脂肪腈；

$$RCONH \longrightarrow RCN + H_2O$$

脂肪腈用莱尼镍作催化剂、反应条件为 150℃、1.38MPa 下，加氢还原，可得到伯胺、仲胺和叔胺；

$$RCN + 2H_2 \longrightarrow RCH_2NH_2$$
$$2RCN + 4H_2 \longrightarrow (RCH_2)_2NH + NH_3$$
$$3RCN + 6H_2 \longrightarrow (RCH_2)_3N + 2NH_3$$

反应中有仲胺和叔胺的生成，为提高伯胺收率，反应混合物中可加入氨、仲胺或无机碱，它们有抑制仲胺生成的可能。有专利报道在 $130\sim140$℃，氨的分压为 2.06MPa、总压为 3.43MPa、以莱尼镍为催化剂时，腈加氢制伯胺的收率可达 96% 以上。如果需制取不饱和碳链的脂肪胺（如十八烯胺），则氢化反应可在有氢饱和的醇中进行。

（2）气相法　即脂肪酸、氨和氢直接在催化剂上反应制取胺的新工艺，化学反应式如下：

$$RCOOH + NH_3 + 2H_2 \longrightarrow RCH_2NH_2 + 2H_2O$$

脂肪酸法可由椰子油制取以十二胺为主的椰子胺，用牛脂制取十八胺为主的牛脂胺，可由松香酸制取廉价的松香胺。原西德曾采用脂肪酸直接合成胺的气相法，在不锈钢中加入镍铝催化剂，脂肪酸加热到120℃以雾状喷入，氨和氢则加热至300℃，由反应管的下部送入，混合蒸气在300℃下通过催化剂层，用反应热维持温度，产物由反应管顶部排出，此法的伯胺收率可达90%～92%。以脂肪醇为原料与氨在 $380\sim400$℃、$12.2\sim17.2$MPa 下氨解可制伯胺，用伯胺和仲胺代替氨可制得仲胺和叔胺，所用催化剂有镍-铜-铬，但此法成本较贵。

以脂肪醇为原料生产高碳脂肪胺也是一种工业常用的技术，脂肪醇和氨在 $380\sim400$℃ 和 $12.16\sim17.23$MPa 下反应，可制得伯胺。

$$ROH + NH_3 \longrightarrow RNH_2 + H_2O$$

高碳醇与氨在氢气和催化剂存在下，也能发生上述反应，使用催化剂，可将反应温度和压力降至150℃和10.13MPa。伯胺大量用于浮游选矿剂和纤维柔软剂。如 $C_8\sim C_{18}$ 伯胺、椰子油、棉籽油、牛脂等制得的混合胺以及它们的醋酸盐均为优良的浮选剂。用作纤维柔软剂的伯胺结构复杂一些，多为含酰胺键的亚乙基多胺化合物。

脂肪酸甘油酯（或甲酯）与氨及氢反应也可制取伯胺，所用催化剂正在不断改进提高，尚处于开发过程中。

2. 高级仲胺的制取

（1）脂肪醇法　高碳醇和氨在镍、钴等催化剂存在下生成仲胺。

$$2ROH + NH_3 \longrightarrow R_2NH + 2H_2O$$

（2）脂肪腈法　首先，脂肪腈在低温下转化为伯胺，然后在铜铬催化剂存在下脱氨，制得仲胺。

$$2RNH_2 \longrightarrow R_2NH + NH_3$$

（3）卤代烷法　卤代烷和氨在密封的反应器中反应，主要产物为仲胺，仲胺盐的价值相对于伯胺尤其是叔胺而言，明显低些。市售产品主要是高级卤代烷与乙醇胺或高级胺与环氧乙烷的反应产物，品种较少。

3. 高级叔胺的制取

叔胺是制取季铵盐的主要原料。其合成方法及原料路线有许多，其中伯胺与环氧乙烷或环氧丙烷反应制叔胺，这一方法是工业上制取叔胺的重要方法，应用很广，反应式如下：

$$RNH_2 + 2CH_2\!\!-\!\!CH_2 \xrightarrow[\quad]{230℃（碱性催化剂）} RN\begin{array}{l} CH_2CH_2OH \\ \\ CH_2CH_2OH \end{array}$$

三、脂肪酸甲酯

脂肪酸甲酯可由脂肪酸与甲醇直接酯化或由天然油脂与甲醇酯交换而得，这两种反应都是平衡反应，采用过量甲醇有利于甲酯产物的生成。然而，脂肪酸的直接酯化只在无法获得相应的脂肪酸甘油三酯的情况下才使用。

天然油脂与甲醇的酯交换是制备脂肪酸甲酯的最重要的方法。一般采用预酯化→二步酯交换→酯蒸馏→氢化饱和这一技术路线。此法优点是酯化率高（99％），反应时间短，色泽浅，分离后甘油含量在 $70\% \sim 80\%$ 以上，同时附有相应的甘油回收设备与甲醇精制装置，容易得到价廉质优的脂肪酸甲酯。利用生物酶对甘油酯进行醇解，也可制取脂肪酸甲酯，优点是产率高副反应少。

脂肪酸甲酯主要用于生产脂肪醇、酯同系物、烷醇酰胺、α-磺基脂肪酸甲酯、糖脂及其他衍生物。

四、脂肪酸

脂肪酸也是合成表面活性剂的主要原料，其中以 $C_8 \sim C_{18}$ 的脂肪酸最为重要。脂肪酸可由天然油脂制取，也可由石蜡氧化等工艺来合成。合成脂肪酸的特征是含有奇碳脂肪酸和支链脂肪酸，但无不饱和脂肪酸。

油脂作为一种天然可再生资源与石油产品相比显示了良好的生态性，既无支链又无环结构的直链脂肪酸分子，始终是生产表面活性剂的优秀原料。目前国际上先进的油脂水解技术为连续无催化剂法，分为单塔高压法和多塔中压法两种，其反应机理相同，主要区别在于反应条件及物料的加热方式上。水解反应如下：

$$
\begin{array}{l}
CH_2OOCR \\
| \\
CHOOCR \\
| \\
CH_2OOCR
\end{array}
+ 3H_2O \longrightarrow
\begin{array}{l}
CH_2OH \\
| \\
CHOH \\
| \\
CH_2OH
\end{array}
+ 3RCOOH
$$

五、烷基苯

烷基苯是合成阴离子表面活性剂直链烷基苯磺酸钠（LAS）的重要原料，其合成根据烷基化剂的不同有两种工艺路线。一种工艺是以直链氯烷与苯在催化剂无水 $AlCl_3$ 作用下反应，反应结束后除去催化剂，然后用稀碱溶液去除副产物盐酸，再进行减压蒸馏得到十二烷基苯，反应式如下：

$$ CH_3(CH_2)_{10}CH_2Cl + \text{〇} \longrightarrow C_{12}H_{25}\text{〇} + HCl $$

另一种工艺是以直链烯烃与苯在催化剂 HF 作用下反应：

$$ CH_3(CH_2)_9CH{=}CH_2 + \text{〇} \longrightarrow C_{12}H_{25}\text{〇} $$

反应结束后用苛性钠洗涤，去除催化剂，将过量的苯蒸馏回收，再将残留物分馏，得十二烷基苯。这种缩合工艺反应平稳，易于控制，反应速率快，副反应少，且无泥脚处理及三废污染，是优先发展的缩合工艺。需要说明的是，以直链氯烷或直链烯烃为原料制得的直链烷基苯均为各种异构体的仲烷基苯，即苯环可位于碳氢链上的任一位置，但烷基链本身仍为直链。

六、烷基酚

烷基酚可以由丙烯、丁烯的齐聚物与酚反应来制取，其中最主要的是壬基酚。壬基酚的生产过程是以苯酚和壬烯为原料，在酸性催化剂存在下进行烷基化反应。反应中壬基主要进入邻、对位，为提高对位壬基酚的生产效率，降低生产成本，改善产品色泽，必须有高性能的烷基化反应催化剂。

目前国外生产壬基酚使用的催化剂主要有分子筛、活性白土、三氟化硼、阳离子交换树脂催化剂，而在生产技术处于领先地位的美国 UOP 公司、德国 Hules 公司、日本九善石油化学公司的大规模、连续化装置中都采用阳离子交换树脂或改性离子交换树脂催化剂工艺法，其壬烯转化率为 92%～98%，壬基酚收率为 93%～94%（以壬烯计）。国内壬基酚的生产尚处于发展阶段。两套引进装置的技术和规模都达不到现代技术水平。

兰州炼油厂 2000t/a 装置，采用间歇法操作，以活性白土（加硫酸）为催化剂，苯酚转化率为 54%～59%，壬基酚收率为 86%～92%。存在的主要问题是产品收率低；活性白土用量较大而且不能回收，造成环境危害；催化剂中加游离硫酸对设备腐蚀，并影响产品的外观色泽。

七、环氧乙烷

环氧乙烷是生产聚醚型表面活性剂的主要原料。目前，工业上主要采用在银催化剂上的直接氧化法，其反应式如下：

$$CH_2{=}CH_2 + 1/2O_2 \longrightarrow CH_2\underset{O}{-}CH_2 \ -105kJ/mol$$

该反应是伴随有比乙烯燃烧更强烈的放热反应，即环氧乙烷的进一步氧化反应。因此，该法的主要问题是实现生产规模的大型化和把反应中产生的热量有效地移走。该反应可以采用空气作为氧化剂，但是目前采用氧气的装置居多，这样还可避免循环气中有大量的氮，氧化反应的条件为 250～300℃、1～2MPa。当乙烯化率为 8%～10% 时，生成环氧乙烷的选择性为 67%～70%。

八、环氧丙烷

环氧丙烷的生产过去主要采用氯醇法，即由丙烯与次氯酸反应，再用氢氧化钙脱氯化氢制得。这种方法曾一度用来制造环氧乙烷，当用直接氧化法制环氧乙烷的路线出现以后，使许多工厂转产环氧丙烷。但这一方法要耗费氯，因此许多研究工作者致力于开发直接氧化路线。在工业上最先采用的是由异丁烷氧化得到叔丁基过氧化氢的路线，叔丁醇是反应过程中得到的副产物。该法分两步反应进行：

$$2(CH_3)_3CH + 3/2O_2 \longrightarrow (CH_3)_3C{-}O{-}OH + (CH_3)_3C{-}OH$$
$$H_3C{-}CH{=}CH_2 + (CH_3)_3C{-}O{-}OH \longrightarrow CH_3\underset{O}{-}CH{-}CH_2 + (CH_3)_3C{-}OH$$

在第一步反应中，异丁烷用空气或氧自动氧化生成相应的氢过氧化物，该产物的过氧部分的氧在第二步反应中便转移给丙烯（大西洋富田/哈尔康的 Oxirane 法）。目前世界产量的 30% 就是用此法生产的。

九、α-烯烃（AO）

世界上 AO 的总生产能力为 190 万吨/年，用于阴离子表面活性剂 α-烯基磺酸盐（AOS）生产的 AO 约为 2 万吨/年。目前生产 AO 采用的工艺路线主要有 SHOP（壳牌高碳烯烃）法和 ZiegLer（齐格勒）法。SHOP 法使用有机金属作催化剂制得的 AO 质量好，可将乙烯低聚所得约占 3/4 的非目的烯烃（即 C_{20} 以上或 C_4～C_{10} 的烯烃）通过异构化和歧化转变为可用于制取表面活性剂的 α-烯烃。与齐格勒催化剂法相比杂质少，质量稳定，气味也好。该法是把乙烯和催化剂放入对 AO 溶解度不大的溶剂乙二醇中，在 80～120℃、约 6.69MPa 下加热，进行齐聚化，生成的 AO 从溶剂中分离出，再经分馏得到目的产物 AO。

第四节　阴离子表面活性剂生产技术

阴离子型表面活性剂的特点是溶于水时，能解离出发挥表面活性部分的带负电基团（阴离子或称负离子）。阴离子表面活性剂按亲水基团分为脂肪羧酸酯类 R—COONa、脂肪醇硫酸酯类 R—OSO_3Na、磺酸盐类 R—SO_3Na、磷酸酯类 R—OPO_3Na。阴离子表面活性剂亲水基团的种类有局限，而疏水基团可由多种基团构成，故种类很多。阴离子表面活性剂一般具有良好的渗透、润湿、乳化、分散、增溶、起泡、抗静电和润滑等性能，用作洗涤剂有良好的去污能力。阴离子表面活性剂中亲水基的引入方法有两种：直接连接法和间接连接法。所谓直接连接就是用亲油基物料与无机试剂直接反应，按引入亲水基不同，又可分为皂化、磺化、硫酸酯化和磷酸酯化等。所谓间接连接就是利用两个以上的多功能、高反应性化合物使亲油基与亲水基相连接，连接剂主要有含活性基团的不饱和物、含活性基团的卤素化合物、含活性基团的环状化合物、多元醇和二胺等。

一、羧酸盐型阴离子表面活性剂

羧酸盐型阴离子表面活性剂俗称皂类，是使用最多的表面活性剂之一。羧酸盐型阴离子表面活性剂的亲水基可以通过皂化反应或缩合反应引入。

1. 脂肪酸盐

肥皂属于高级脂肪酸盐，通式为（RCOO$^-$）$_n$M。脂肪酸烃基 R 一般为 11～17 个碳的长链，M 为 Na、K、NH_4，一般为 Na。肥皂的生产是表面活性剂最古老的生产工艺之一，设备简单，制备容易。其反应方程式为：

$$
\begin{array}{lll}
\text{R—COOCH}_2 & & \text{CH}_2\text{—OH} \\
| & & | \\
\text{R—COOCH} + 3\text{NaOH} \longrightarrow 3\text{R—COONa} + & \text{CH—OH} \\
| & & | \\
\text{R—COOCH}_2 & & \text{CH}_2\text{—OH}
\end{array}
$$

原料油脂可以用动物油脂如牛油，也可以用植物油脂如椰子油、棕榈油、米糠油、大豆油、花生油等。皂化所用的碱可以是氢氧化钠、氢氧化钾或氢氧化铵。用氢氧化钠皂化油脂得到的肥皂称为钠皂，用氢氧化钾或氢氧化铵皂化油脂得到的肥皂称为钾皂和铵皂，钠皂质地较钾皂硬，铵皂最软。脂肪酸钠是香皂和肥皂的主要成分；脂肪酸钾是液体皂的主要成分；金属皂和有机碱皂主要用作工业表面活性剂。肥皂的性质除与金属离子的种类有关外，还与脂肪酸部分的烃基组成有很大关系。脂肪酸的碳链越长，饱和度越大，凝固点越高，用其制成的肥皂越硬。例如，用硬脂酸、月桂酸和油酸制成的三种肥皂，以硬脂酸皂最硬，月桂酸皂次之，油酸皂最软。

制皂业要消耗大量的动、植物油脂。为节约食用油，目前人们以石蜡为原料合成脂肪酸，部分地代替了天然油脂。在催化剂存在下，石蜡经加热氧化即得合成脂肪酸。以合成脂肪酸制成的肥皂，质量不及天然油脂皂。

工业制皂有盐析法、中和法和直接法。从原理上讲，盐析法和直接法都是油脂皂化法。目前比较先进的工艺是中和法和连续皂化法。盐析法的主要工艺过程包括皂化、盐析、碱析、整理、调和等步骤。

（1）皂化　将油脂与碱液放入皂化釜，加热煮沸。在开口皂化釜中，先加入熔融态油脂，再慢慢加入碱液。空锅时先加入易皂化的油脂如椰子油，先皂化作乳化剂。反复进行反应时，留下锅底作乳化剂即可。皂化第一阶段要形成稳定胶体；第二阶段加浓碱液后皂化速率快，要防止结块；第三阶段由于未皂化的油脂浓度低，皂化速率很慢，需要很长时间皂化。皂化率可达 95%～98%，游离碱小于 0.5%（质量分数）以下。脂肪皂化后形成皂胶。

（2）盐析　在皂胶中加入电解质食盐，使皂胶中过量的水和杂质分离出来，得到纯的皂胶。杂质包括水解生成的甘油、色素、磷脂、动植物纤维、机械杂质等。将有害杂质除去，可从废液中回收甘油。为使分离干净，盐析、碱析可进行多次。

（3）碱析　在皂胶中加入一定的碱，使未完全皂化的油脂进一步皂化，并降低皂胶中氯化钠等无机盐的含量，进一步除去杂质，净化皂胶。

（4）整理　皂胶经碱析后结晶比较粗糙，电解质含量比较高（NaOH 0.6%～1%；Cl⁻ 0.4%～0.8%）。整理过程中进一步加电解质，补充皂化和排出皂胶中的杂质，使皂胶结晶细致。补充何种电解质，视皂胶的组成和对肥皂的要求而定。如果皂胶中含氯较高，或需要加入较多的填充物，应加烧碱处理；如含氯较少，填充物加入量少，需要氯化钠整理。一般来说，洗涤皂多用碱整理（氯含量高时影响洗涤力），香皂多用盐整理（游离碱含量要低），经整理后皂胶的脂肪含量达 60% 以上。整理就是在净化皂胶的同时进一步皂化。

（5）调和　通过搅拌或碾磨将填料加入皂胶中，是控制肥皂质量的最后一道工序。直接影响肥皂的硬度、晶型、脂肪酸含量、外观、气味、洗涤力、保存性等。填料中有硅酸钠（水玻璃）、碳酸钠、滑石粉等。硅酸钠、碳酸钠可以提高肥皂的洗涤性能和防止肥皂酸败。滑石粉可增加肥皂中的固体物，防止肥皂收缩变形，使肥皂有良好的外观。填料亦有软化硬水的作用。调和中，有时加入皂用香精，如香草油、松油醇、β-萘甲醚等，以掩盖肥皂的不良气味。

总之，在制皂过程中最重要的一步是皂化，盐析、碱析、整理都是为除去杂质，减少水分，提高脂肪酸含量得到符合工艺要求的纯净皂基。皂基经调和加入肥皂配方的复料即可成型。此法生产周期至少一天有时甚至需几天时间。这是传统工艺的主要缺点。为了缩短皂化时间可采用催化剂，如氧化锌、石灰石等。先将油脂高压水解，再加碱中和。先进的连续化皂化法是利用油脂在高温高压（200℃，20～30MPa）下快速皂化的原理，4min 就可得到 40%～80% 的肥皂，产品质优价廉。

另外，还有多羧酸皂的合成，但多羧酸皂使用不多，较典型的是作润滑油添加剂、防锈剂用的烷基琥珀酸系制品，琥珀酸学名丁二酸，其上带有一个长碳链后便成为有亲油基的二羧酸。此系列产品一般是利用 C_3～C_{24} 的烯烃与顺丁烯二酸酐共热，在 200℃ 下直接加成为烷基琥珀酸酐而制得。其中较常见的是十二烷基琥珀酸（D 表面活性剂）。

2. N-酰基氨基羧酸盐

N-酰基氨基羧酸盐是脂肪酰氯与氨基酸的反应产物，随着碳链的长度和氨基酸种类的不同，可以有多种同系产品生成。N-酰基氨基羧酸盐的结构为：

$$R—CONH(CONHR'')COONa$$
$$\underset{R'}{|}$$

R 为长碳链烷基，R′ 和 R″ 为蛋白质分解产物带有的低碳烷基。常用的氨基酸原料是肌氨酸和蛋白质水解物。与脂肪酸盐比较，N-酰基氨基酸盐是由在烷基和羧基之间插入了 —CON(R′)H(CONHR″)（R″ 为氨基酸的侧链）基构成的，其性质随氨基酸的侧链不同而发生变化。当插入氨基时，羧酸的酸性增大，于是其脂肪酸钠水溶液由弱碱性变为中性。其碱土金属盐的溶解度增高，在硬水中有良好的发泡性能，与蛋白质有良好的亲和性。当用作洗涤剂时，皮肤有滑润感，但酰胺键具有形成分子间强氢键的性质，在水溶液中分子间发生缩合时，会显著影响聚集状态。

N-油酰基多缩氨基酸钠的制备过程包括蛋白质水解、油酰氯的制备和油酰氯与蛋白质的缩合等步骤。

(1) 蛋白质的水解 将动物皮屑（也可用脱脂蚕蛹）脱臭，加入 10%～14% 的石灰和适量的水，以蒸汽直接加热，并保持 0.35MPa 左右的压力，搅拌 2h，过滤后即可得到含多缩氨基酸钙的滤液，加纯碱使钙盐沉淀，再过滤，将滤液蒸发浓缩，便可用于和油酰氯的缩合。

(2) 油酰氯的制备 油酸经干燥脱水后放入搪瓷釜，加热至 50℃，搅拌下加入约油酸量 20%～25% 的三氯化磷。55℃ 下保温搅拌 30min，放置分层，得到相对密度 0.93 的褐色油状产物。

(3) 油酰氯与蛋白质的缩合 于搪瓷釜中放入多缩氨基酸溶液，60℃ 下搅拌加入油酰氯，保持碱性反应条件，最后加少量保险粉，升温至 80℃，并将 pH 值调至 8～9。为了分解水层，先将产物用稀酸沉淀，分水后加氢氧化钠溶解，即得到产品。当用于洗发和沐浴香波时，中和可用氢氧化钾。

该类表面活性剂中较著名的是 N-油酰基多缩氨基酸钠（商品名为雷米邦）。此类产品除具有表面活性外，其突出优点是低毒、低刺激性。因而广泛用于人体洗涤品、化妆品和牙膏、食品等。

3. 聚醚羧酸盐

聚醚羧酸盐其分子式为 $R—(OC_2H_4)_nOCH_2COONa$。聚醚羧酸盐是聚乙二醇型非离子表面活性剂进行阴离子化后的产品。以高级醇聚氧乙烯醚作为非离子表面活性剂的原料与氯乙酸钠反应或与丙烯酸酯反应均可制备这种产品。聚醚羧酸盐主要用于润湿剂、钙皂分散剂及化妆品。

$$R—(OCH_2CH_2)_nOH + ClCH_2COONa \longrightarrow R—(OCH_2CH_2)_nOCH_2COONa$$
$$R—(OCH_2CH_2)_nOH + CH_2=CHCOOR \longrightarrow R—(OCH_2CH_2)_nOCH_2CH_2COONa$$

二、硫酸酯盐型阴离子表面活性剂

分子中阴离子官能团是硫酸根的表面活性剂为硫酸酯盐型阴离子表面活性剂。主要包含脂肪醇硫酸盐、不饱和醇的硫酸酯盐、仲烷基硫酸盐、脂肪酸衍生物的硫酸酯盐等，具有良好的润湿、分散、乳化和洗净能力。其分子通式为 $R—CH_2—O—SO_3M$，脂肪烃链 R 在 12～18 个碳之间，亲水基 $—O—SO_3M$ 中的硫原子不与烷基中的碳原子直接相连，因而硫酸盐与磺酸盐相比，稳定性较差，它在酸性或碱性溶液中容易发生水解反应。

1. 脂肪醇硫酸酯盐

脂肪醇硫酸酯盐是具有较长烷基的高级脂肪醇经硫酸化生成的阴离子表面活性剂，又名伯烷基硫酸酯盐，英文缩写为 FAS。脂肪醇硫酸酯盐的水溶性、洗净力和乳化性能都比肥皂好，其水溶液呈中性，在硬水中不会像肥皂那样产生沉淀，对皮肤的刺激性小，容易漂洗且生物降解性好，但脂肪醇硫酸酯盐热稳定性较差，在强酸或强碱介质中易于水解。通常它与烷基苯磺酸盐复配成合成洗涤剂，还可用于制备液体洗涤剂、洗发香波、药物制剂等。

工业上 FAS 通常用硫酸化试剂将脂肪醇进行酯化，得到的脂肪醇硫酸单酯进一步用氢氧化钠、氨或醇胺中和而成。原料脂肪醇可由油脂或脂肪酸酯通过氢化分解得到，或自动物、植物油脂（如鲸油、椰子油、牛脂）中提取脂肪醇，也利用脂肪酸工业副产的二级不皂化物提取脂肪醇，以上三种方法主要都是依天然油脂为原料的加工生产方法，但天然油脂毕竟来源有限，远不能满足需要。随着石油化工的发展，工业上利用石油化工的烯烃、一氧化碳和氢等原料合成了各种高级脂肪醇。

硫酸化反应是在内衬搪瓷、有冷却和搅拌装置的反应器内进行的。反应完毕后要用碱中和成为硫酸酯盐。主要的反应式如下：

$$R-OH + ClSO_3H \longrightarrow R-OSO_3H + HCl$$
$$R-OH + SO_3 \longrightarrow R-OSO_3H$$
$$R-OSO_3H + NaOH \longrightarrow R-OSO_3Na + H_2O$$

在各种不同 FAS 中，碳链为 $C_{12} \sim C_{14}$ 的发泡能力最强，其低温洗涤性能也最佳。十二烷基硫酸钠（也称 K12）是 FAS 的杰出代表，通常为白色粉末，有特征气味，易溶于水，是牙膏中的常用发泡剂，亦是香波、化妆品、各类泡沫浴剂、地毯清洗剂、电镀浴剂的重要活性成分，还可作农药润湿粉剂和乳液聚合乳化剂。燃硫法制备 SO_3 的硫酸化工艺合成十二烷基硫酸钠的工艺流程如图 4-7 所示。

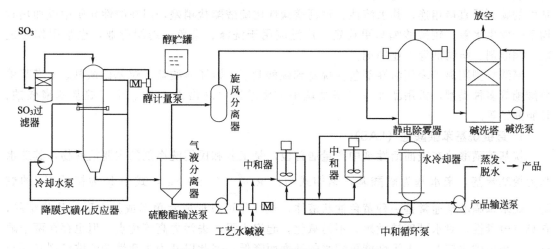

图 4-7　十二烷基硫酸钠的生产工艺流程

生产工艺前 4 步的流程及工艺步骤与烷基苯磺酸的工艺流程完全相同。第 5 步为中和，即将来自硫酸化单元的硫酸酯与经过计量的工艺水和碱液，在中和器中发生中和反应得到一定浓度的十二烷基硫酸钠水溶液，中和热由水冷却器移去。最后经刮膜蒸发脱除水分进而制得高活性物含量的粉状产品。该生产技术的消耗定额（按生产 1000kg 十二烷基硫酸钠计）：月桂醇 687kg，硫黄 111kg，氢氧化钠 150kg。

2. 脂肪醇聚氧乙烯醚硫酸酯盐（AES）

AES 是近年来发展最为迅猛的一类阴离子表面活性剂，其原因在于 AES 有一系列突出的溶解性能、抗硬水性能，起泡性、润湿力均比脂肪醇硫酸酯盐好，且刺激性低、易生化降解，因此常作为脂肪醇硫酸酯盐的替代品广泛应用于香波、浴用品、剃须膏等盥洗卫生用品中，也是轻垢、重垢洗涤剂，地毯清洗剂，硬表面清洗剂的重要组分。

AES 的生产一般采用 $C_{12} \sim C_{14}$ 的椰油醇为原料，有时也用 $C_{12} \sim C_{15}$ 醇与 $2 \sim 4mol$ 的环氧乙烷缩合，再进一步进行硫酸化、中和，中和可用氢氧化钠、氨或乙醇胺：

$$ROH + nCH_2-CH_2 \longrightarrow RO(CH_2CH_2O)_nH$$
$$\overset{|\quad\quad|}{O}$$
$$RO(CH_2CH_2O)_nH + SO_3 \longrightarrow RO(CH_2CH_2O)_nSO_3H$$

$$RO(CH_2CH_2O)_nSO_3H + NaOH \longrightarrow RO(CH_2CH_2O)_nSO_3Na + H_2O$$

脂肪醇聚氧乙烯醚硫酸酯盐（AES）也可以由脂肪醇聚氧乙烯醚硫酸化，用氢氧化钠、氨或乙醇胺中和后直接得到。

硫酸化时可采用发烟硫酸、氯磺酸、氨基磺酸或气体三氧化硫为反应剂，均可达到较高的收率。与LAS一样，在工业生产中用得最广泛的还是气体三氧化硫硫酸化法，这种方法生产的AES产品含盐量低，多为浓缩型产品。

脂肪醇聚氧乙烯醚硫酸盐中的代表性产品为月桂醇聚氧乙烯醚硫酸钠。该产品易溶于水，具有优良的起泡、乳化性能和洗涤能力，对皮肤刺激性小。该产品与其他阴离子表面活性剂、两性表面活性剂、氧化胺复配使用有协同效应，可增强与皮肤的相容性，改善泡沫的结构以及对油的分散能力。该产品广泛用于配制香波、泡沫浴剂和餐具液体洗涤剂等。

三、磺酸盐型阴离子表面活性剂

将在水中电离后生成起表面活性作用的阴离子为磺酸根（R—SO₃）者称为磺酸盐型阴离子表面活性剂，磺酸盐是产量最大的一类阴离子表面活性剂，亲水基磺基中的硫原子与烃基中的碳原子直接相连，其水溶性、耐钙镁盐性比硫酸酯盐稍差，但在酸性介质中或加热时均不会发生水解，较硫酸酯盐更稳定。广泛应用于洗涤、染色、纺织行业，也常用作渗透剂、润湿剂、防锈剂等工业助剂。

磺酸盐型阴离子表面活性剂包括烷基苯磺酸盐、α-烯烃磺酸盐、烷基磺酸盐、α-磺基单羧酸酯等多种类型，常用品种有二辛基琥珀酸磺酸钠（阿洛索-OT）、十二烷基苯磺酸钠、甘胆酸钠等。

1. 直链烷基苯磺酸盐（LAS）

烷基苯磺酸盐在表面活性剂中产量居首位，是工业和民用洗涤剂的主要活性物，其疏水基为烷基苯基，亲水基为磺酸基，结构式为：R—⟨苯环⟩—SO₃Na，式中R为接近C₁₂的烷基。烷基苯磺酸钠通常是一种黄色油状液体，经纯化可以形成六角形或斜方形薄片状结晶，它具有微毒性，对水硬度较敏感，不易氧化，起泡力强，去污力高等优点，但也存在两个缺点：一是耐硬水较差，去污性能可随水的硬度而降低，因此以其为主活性剂的洗涤剂必须与适量螯合剂配用。二是脱脂力较强，手洗时对皮肤有一定的刺激性。

烷基苯磺酸钠有直链烷基苯磺酸钠和支链烷基苯磺酸钠之分，烷基苯磺酸钠的结构要求烷基链为直链而不带支链、碳原子数11~13，苯环接在烷基链第三、四碳原子上，磺酸基为对位等，这样洗涤性能才能达到优良。

烷基苯磺酸钠的工业生产过程包括烷基苯的生产、烷基苯的磺化和烷基苯磺酸的中和三个部分。烷基苯的生产是烷基苯磺酸钠生产的关键和基础，其质量和纯度的好坏对最终产品有很大影响，烷基苯生产由于原料来源不同，有多种工艺路线，如图4-8所示。

烷基苯是表面活性剂的亲油基团，通过磺化，在苯环上引入磺酸基团作为亲水基是形成表面活性剂的重要一步，磺化这一步对烷基苯磺酸钠洗涤剂的质量的影响很大。单体中活性物的高低、颜色的深浅以及不皂化物的含量都与磺化工艺有密切关系。生产过程随烷基苯原料的质量和组成及磺化剂的种类不同而异。常用磺化剂有浓硫酸、发烟硫酸、三氧化硫等。

以浓硫酸作磺化剂，酸耗量大、产品质量差，生成的废酸多，效果很差，国内已很少利用，目前常见的主要有两条路线：第一是采用发烟硫酸作为磺化剂。当硫酸浓度降至一定数值时磺化反应就终止，因而其用量必须大大过量。它的有效利用率仅为32%，且产生废酸。但其工艺成熟，产品质量较为稳定，工艺操作易于控制，所以至今仍有采用。第二采用三氧化硫磺化法。该工艺具有得到的产品含盐量低，产品内在质量好，又能以化学计量与烷基苯

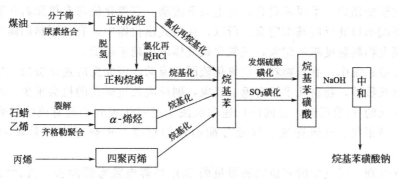

图 4-8　烷基苯磺酸钠的生产路线

反应，无废酸生成，节约烧碱，降低成本，三氧化硫来源丰富等优点。因此，三氧化硫替代发烟硫酸作为磺化剂已成趋势。

三氧化硫磺化生产过程主要包括空气干燥及三氧化硫制取，尾气处理三个部分。在工厂，多数采用燃硫法来制取三氧化硫，即在过量的空气存在下硫黄直接燃烧成二氧化硫，再经催化剂作用转化为三氧化硫，燃硫和转化以及磺化工序均需要压力和流量稳定的干燥空气。空气干燥的程度决定于带入系统水分的多少，脱水的不良，不但影响三氧化硫的发生，而且会使磺化质量低劣。

(1) 空气压缩和干燥　空气经过滤器被工艺风机送入系统，经水冷却器和乙二醇冷却到 5℃左右，除去大部分水。冷却后的空气被送入硅胶干燥塔进行干燥吸附，使其出口空气露点达到−60℃，供给燃硫，转化、磺化之用。

(2) 硫黄燃烧和 SO_3 生成　固体硫黄在熔硫池中经蒸汽加热熔化（温度 140～150℃），被液硫计量泵送入燃硫炉中燃烧，在 650℃左右与空气中的氧反应生成 SO_2 气体，通过 SO_2 冷却器进入 SO_2/SO_3 转化塔中，在 V_2O_5 催化剂条件下转化为 SO_3，其中两个中间空气冷却器保证最佳催化温度 430～450℃，其出口 SO_2 转化率可达 98%。然后气体 SO_3 通过 SO_3 冷却器冷却至磺化工艺的要求温度 50～55℃。

(3) 磺化反应　三氧化硫磺化为气-液反应，反应速率快，放热量大，三氧化硫用量接近理论量，为了易于控制反应，避免生成砜、多磺酸及发生氧化、焦化等副反应，三氧化硫常被干燥空气稀释为 3%～5%，经干燥空气稀释的 SO_3 气体通过 SO_3 过滤器除去酸雾后进入降膜式磺化反应器，与经过计量的烷基苯沿反应器内壁流下形成的液膜并流发生磺化反应。生成热由夹套冷却水及时移去，生成的磺酸与未反应的尾气在气液分离器中分离之后，经过约 30min 的老化和水解反应，通过输送泵送至产品贮罐，得到质量稳定的产品。

目前，已工业化的磺化反应器主要有多釜串联式和膜式两大类。

多釜串联式也称罐式，20 世纪 50 年代业已开发成功。它具有反应器容量大，操作弹性大，结构简单，易于维修，无需静电除雾和硫酸吸收装置，投资较省的优点。缺点是仅适合于处理热敏性好的有机原料（如烷基苯），对热敏性差的有机物料（如 α-烯烃、醇醚等）则不适宜。磺化系统由多个反应釜串联排列而成，反应釜一般有 3～5 个，其大小和个数由生产能力确定，反应釜之间有一定的位差，以阶梯形式排列，反应按溢流置换的原理连续进行。直链烷基苯通过计量泵进入第一釜，然后依次溢流至下一釜中。三氧化硫和空气按一定比例从各个反应釜底部的分布器通入，通入量以第一釜为最多，并依次减少，使大部分反应在物料黏度较低的第一釜中完成。第一釜控制操作温度为 55℃，停留时间约 8min。

膜式反应器，有升膜、降膜、单膜、双膜等多种形式。与多釜串联磺化系统相比，膜式磺化器是三氧化硫连续磺化装置中应用最多的反应装置。膜式磺化是将有机原料用分布器均匀分布于直立管壁四周，呈现液膜状，自上而下流动。三氧化硫与有机原料在膜式相遇而发生反应，至下端出口处反应基本完全。所以，在膜式磺化器中，有机原料的磺化率自上而下逐渐提高，膜上物料黏度越来越大，三氧化硫气体浓度越来越低。

在膜式反应系统中，有机物料与三氧化硫同向流动，因此反应速率极快，物料停留时间也极短，仅有几秒钟，物料几乎没有返混现象，副反应及过磺化的机会很少。由于三氧化硫磺化属瞬间完成的气-液反应，总的反应速率取决于三氧化硫分子至有机物料表面的扩散速率。所以，扩散距离、气流速度、气液分配的均匀程度、传热速率等是影响反应的重要因素。

(4) 尾气处理　尾气中的有机物和微量的 SO_3 经静电除雾器除去，所含的 SO_2 在碱洗塔中被连续循环的 NaOH 溶液吸收。

烷基苯磺酸与碱中和的反应与一般的酸碱中和反应有所不同，它是一个复杂的胶体化学反应。中和的方式分间歇式、半连续式和连续式三种。间歇中和是在一个耐腐蚀的中和锅中进行，中和锅为一敞开式的反应锅，内有搅拌器、导流筒、冷却盘管、冷却夹套等。操作时，先在中和锅中放入一定数量的碱和水，在不断搅拌的情况下逐步分散加入磺酸，当温度升至30℃后，以冷却水冷却；pH值至7～8时放料，反应温度控制在30℃左右。间歇中和时，前锅要为后锅留部分单体，以使反应加快均匀。所谓半连续中和是指进料中和为连续，pH调整和出料是间歇的。它是由一个中和锅和1～2个调整锅组成，磺酸和烧碱在中和锅内反应，然后溢流至调整锅，在调整锅内将单体pH值调至7～8后放料。连续中和是目前较先进的一种方式。连续中和的形式很多，但大部分是采取主浴（泵）式连续中和。中和反应是在泵中进行的，以大量的物料循环使系统内各点均质化。

中和部分反应如下：

$$R-\!\!\!\!\!\!\bigcirc\!\!\!\!\!\!-SO_3H + NaOH \longrightarrow R-\!\!\!\!\!\!\bigcirc\!\!\!\!\!\!-SO_3Na + H_2O$$

$$H_2SO_4 + 2NaOH \longrightarrow Na_2SO_4 + H_2O$$

LAS可生物降解，称为软性烷基苯磺酸钠。为白色粉末，易溶于水，有良好的洗涤能力和起泡性能，大量用于洗衣粉和家用洗涤剂中，也可适量配于香波和泡沫浴剂等中。LAS特别容易与其他物质产生协同作用，因此它常与非离子表面活性剂和无机助洗剂复配使用，以提高去污效果。它在硬水中不会像肥皂那样生成钙皂沉淀，但生成的烷基苯磺酸钙不易溶于水，只能分散在水中使它的洗涤能力降低。使用时如果与三聚磷酸钠等络合剂复配，把钙、镁离子络合，就可以在硬水中使用而不影响它的洗涤效果。LAS也常用作渗透剂、润湿剂、防锈剂等工业助剂。

2. 仲烷基磺酸盐（SAS）

烷基磺酸盐较烷基苯磺酸盐发展更早，当今它的产量仅次于烷基苯磺酸盐。烷基磺酸盐的通式为 RSO_3M（M为碱金属或碱土金属），R为 C_{12}～C_{20} 范围的烷基，其中以十六烷基磺酸盐性能最好。其中正构烷基在引发剂作用下与 SO_3、O_2 反应得到磺酸盐，分为伯烷基磺酸盐（AS）和仲烷基磺酸盐（SAS）两类。其中仲烷基磺酸盐结构式为 R—CH(SO_3M)—R′，缩写名称为SAS，国内商品名为601洗涤剂，是一种具有很好水溶性、润湿力、除油力的洗涤剂。烷基碳原子一般为 C_{14}～C_{18}，以 C_{15}～C_{16} 去污力最强。其去污能力与直链烷基苯磺酸（LAS）相似，发泡力稍低，但洗涤能力比肥皂差，是配制重垢液体洗涤剂的主要原料。它的毒性和对皮肤的刺激性都比LAS低，生物降解性好。使用时常与醇醚硫酸酯盐（AES）、α-烯基磺酸盐（AOS）复配，以弥补SAS在硬水中泡沫性差的缺点。可做个人卫生盥洗制品、各种洗衣物以及硬表面清洗剂。

烷基磺酸钠与直链烷基苯磺酸钠相似，但对硬水更为稳定，在碱性、中性和弱酸性介质中较为稳定，具有良好的润湿、乳化、分散和洗涤性能。

其生产方法有磺氯化法和磺氧化法。

（1）磺氯化法　在特殊反应器中，正构烷烃在紫外线的照射下和二氧化硫、氯气反应，生成烷基磺酰氯：

$$R'CH_2R'' + SO_3 + Cl_2 \longrightarrow \begin{array}{c} R'CHR'' \\ | \\ SO_3Cl \end{array} + HCl$$

除去反应产物中溶解的气体，用碱皂化，然后脱除皂化混合物中的盐及未反应的烷烃，可得到产品烷基磺酸钠：

$$\begin{array}{c} R'CHR'' \\ | \\ SO_3Cl \end{array} + 2NaOH \longrightarrow \begin{array}{c} R'CHR'' \\ | \\ SO_3Na \end{array} + NaCl + H_2O$$

根据烃的磺氯化反应程度的不同，产物可分为三种：反应至磺酰氯含量在 70％～80％ 的称为 M-80，由于反应时间长，磺氯化程度高，所以副产物多，产品质量较差，主要在纺织、印染方面用作洗涤剂和清洗剂；反应至磺酰氯含量在 50％ 左右的称为 M-50，这种产品的质量比 M-80 好，可与苯酚酯化制成增塑剂，或用来制取乳化剂和匀染剂；反应至磺酰氯含量在 30％ 的称为 M-30，因为反应深度浅，副反应少，单磺酰氯含量高，所以产品质量较好。一般用作聚氯乙烯聚合用乳化剂、泡沫剂以及皮革厂的皮革处理剂，也可作为质量较好的洗涤剂使用。在生产中，一般用反应液的相对密度来控制磺氯化深度。

（2）磺氧化法　将正构烷烃在紫外线照射下，与 SO_2、O_2 作用生成烷基磺酸，然后用 NaOH 处理，使磺氧化物皂化即得烷基磺酸钠。

$$RCH_2CH_3 + SO_2 + 1/2O_2 \longrightarrow R—CH(CH_3)—SO_3H$$

$$R—CH(CH_3)—SO_3H + NaOH \longrightarrow R—CH(CH_3)SO_3Na$$

用此工艺制得的高浓度 SAS 的典型组成如下：

链烷单磺酸盐	85％～87％	硫酸钠	5％
链烷二磺酸盐	7％～9％	未反应烷烃	1％

3. α-烯烃磺酸钠（AOS）

烯基磺酸盐是近二十年来开发的阴离子型表面活性剂。α-烯烃磺酸钠在较宽的 pH 值范围内处于稳定状态，性能温和，生物降解性好，毒性低，对皮肤刺激性小，具有优良的洗涤性能，在硬水中洗涤能力不降低，起泡性能好，泡沫细腻，有肥皂存在时具有很好的起泡力和优良的去污力。

AOS 是由 α-烯烃经磺化后，用氢氧化钠进行处理而制得，产物成分较复杂，随工艺条件和投料量不同成分有变化。AOS 主要组成是由 64％～72％ 的烯基磺酸盐、21％～26％ 的羟基磺酸盐和 7％～11％ 的二磺酸盐所组成。其性能与碳链长度、双键位置、各组分的比例、杂质含量等因素有关。

α-烯烃磺酸盐生产中的磺化部分与烷基苯的磺化工艺相类似。但 α-烯烃和 SO_3 的反应速率极快，据测定，是烷基苯磺化的 100 倍；同时反应中放出大量的热，比烷基苯的大 30％。如果没有合适的磺化设备和适宜的工艺条件，就会在很短的时间内由于放出大量的反应热而使副反应增加、产物质量降低。因此要得到质量较好的产品，必须严格控制原料的配比、反应温度、反应时间等工艺条件。可选用浓度为 3％～5％ 的 SO_3。磺化温度为 40℃，SO_3 与 α-烯烃的摩尔比为 1.05，中和后，160～170℃，1MPa 下水解 20min 作为工艺流程。

α-烯烃磺酸钠在家庭和工业、清洗中均有广泛的用途。常用作生产洗发香波、泡沫浴剂、卫生用品、手洗餐具清洗剂、重垢衣物洗涤剂、羽毛和毛皮清洗剂、洗衣用合成皂、液体皂以及家庭用和工业用硬表面清洗剂的主要成分。其不足是烯烃磺酸钠可自动氧化，尚需改进。用于配制粉状洗涤剂，易吸水结块。

四、磷酸酯盐型阴离子表面活性剂

磷酸酯盐阴离子表面活性剂可分为高级脂肪醇磷酸酯盐和高级醇或烷基酚聚氧乙烯醚磷酸酯盐两大类。包括烷基磷酸单、双酯盐，也包括脂肪醇聚氧乙烯醚的磷酸单、双酯盐和烷基酚聚氧乙烯醚的磷酸单、双酯盐。常见的是烷基磷酸单、双酯盐。磷酸酯盐表面活性剂具有良好的乳化、分散、抗静电、洗涤和防锈性能，对酸、碱的稳定性好，易被生物降解，又由于它易溶于有机溶剂，广泛应用于纺织、化工、国防、金属加工和轻工等工业部门。

1. 脂肪醇磷酸酯盐

脂肪醇磷酸酯盐有单酯盐和双酯盐两种，它们的化学通式分别为：

$$R-O-\overset{\displaystyle OM}{\underset{\displaystyle OM}{P}}-O \qquad \overset{\displaystyle R-O}{\underset{\displaystyle R-O}{P}}\overset{\displaystyle O}{\underset{\displaystyle OM}{}}$$

式中，R 为烷基；M 为一价正离子。

脂肪醇磷酸酯盐的制备方法有聚磷酸（五氧化二磷）法和三氯氧磷法。聚磷酸法是由脂肪醇与聚磷酸反应，以碱中和制取，反应式如下：

$$P_2O_5 + 4ROH \longrightarrow 2(RO)_2PO(OH) + H_2O$$
$$P_2O_5 + 2ROH + H_2O \longrightarrow 2ROPO(OH)_2$$
$$P_2O_5 + 3ROH \longrightarrow (RO)_2PO(OH) + ROPO(OH)_2$$

反应产物是单酯和双酯的混合物。单酯和双酯的比例与原料中的水分含量以及反应中生成的水量有关，水量增加，产物中的单酯含量增多，脂肪醇碳数较高，单酯生成量也较多。醇和 P_2O_5 的摩尔比对产物组成也有影响，二者的摩尔比从 2∶1 改变到 4∶1，产物中双酯的含量可从 35% 增加到 65%。用这种方法制得的产品成本较低。焦磷酸和脂肪醇用苯作溶剂，在 20℃ 进行反应，可制得单烷基酯。用三氯化磷和过量的脂肪醇反应，可制得纯双烷基酯。脂肪醇和 POCl（亚磷卤氧化物）反应，也可制得单酯或双酯。

三氯氧磷法是由脂肪醇与三氯氧磷进行反应，水解后以碱中和而制得。中和反应使用的碱可以是氢氧化钠、氢氧化钾、三乙醇胺等。

脂肪醇磷酸酯盐的化学稳定性高，在中性、微碱性、微酸性条件下，存放一年以上不变质，在强酸性介质中会发生水解生成磷酸酯非离子表面活性剂。脂肪醇磷酸酯盐的生物降解优于烷基苯磺酸钠，劣于烷基硫酸钠。脂肪醇磷酸酯盐的毒性与天然磷酸酯相似，毒性很小，对皮肤的刺激性也低于硫酸盐类和磺酸盐类阴离子表面活性剂。

脂肪醇磷酸酯盐广泛应用于工农业生产中。在纺织工业中，用于配制合成纤维油剂，用作染色助剂、乳化剂、抗静电剂。在金属加工中，用于配制金属切削油、拔丝油、压延油剂，可配成油溶性的和水溶性的乳液。在化妆品工业中，用于生产护肤品，用作喷发器喷嘴堵塞防止剂。在洗涤工业中，用于制造各种洗涤剂，特别由于它易溶于有机溶剂，故可与溶剂配合，用作干洗洗涤剂。在农药工业中，用作农药乳化剂、肥料乳化剂。在造纸工业中，可用作废纸脱墨剂、涂料纸的涂层液的分散稳定剂。在化学工业中，用作乳液聚合用乳化剂。

2. 脂肪醇聚氧乙烯醚磷酸酯盐

脂肪醇聚氧乙烯醚与聚磷酸反应，生成脂肪醇聚氧乙烯醚磷酸酯，再用碱中和，即得到脂肪醇聚氧乙烯醚磷酸酯盐。同样，脂肪醇聚氧乙烯醚磷酸酯盐有单酯盐和双酯盐，其结构式如下：

$$RO\text{-}(CH_2CH_2O)_n\text{-}\overset{\displaystyle OH}{\underset{\displaystyle ONa}{P}}\text{=}O \qquad \overset{\displaystyle RO\text{-}(CH_2CH_2O)_n}{\underset{\displaystyle RO\text{-}(CH_2CH_2O)_n}{P}}\overset{O}{\underset{ONa}{}}$$

此外，还可以用烷基酚聚氧乙烯醚代替脂肪醇聚氧乙烯醚，可制得烷基酚聚氧乙烯醚磷酸酯盐。中和试剂可采用氢氧化钾、氢氧化钠和三乙醇胺。

脂肪醇（或烷基酚）聚氧乙烯醚磷酸酯盐能溶于高浓度电解质溶液，耐强碱，抗静电性能也较脂肪醇磷酸酯盐好，但其平滑性能却较差。其他性质与脂肪醇磷酸酯盐相似。

醇醚、酚醚的磷酸酯盐其实是非离子-阴离子型两性混合表面活性剂，但常归之于阴离子表面活性剂中，由于含有聚氧乙烯链段，具有一些非离子表面活性剂的性质，因此与烷基磷酸酯盐同类产品相比，去污、润湿性能都有所改进。烷基醇聚氧乙烯醚磷酸酯盐商品名为6503洗涤剂。

第五节　阳离子表面活性剂生产技术

阳离子表面活性剂指在水中能离解出具有表面活性的阳离子的一类表面活性剂，其疏水基结构与阴离子表面活性剂相似，疏水基与亲水基可通过酯、醚、酰氨键等连接，疏水基一般是长碳链烃基，通常是由脂肪酸或石油化学品衍生而来，亲水基绝大多数为含氮原子的阳离子，还有一小部分为含硫、磷、砷等元素的阳离子表面活性剂。其分子中的阴离子不具有表面活性，通常是单个原子或基团，如氯、溴、醋酸根离子等。通常根据氮原子在分子中的位置不同分为胺盐、季铵盐和其他型杂环型。

阳离子型表面活性剂与其他类型的表面活性剂一样具有表面活性，因此具有乳化、润湿、分散等作用，但几乎没有洗涤作用，通常不用阳离子表面活性剂作洗涤剂。其最大特征是其表面吸附力最强，具有杀菌消毒性，对织物、染料、金属、矿石有强吸附作用。广泛应用于织物的柔软剂、抗静电剂、染料固定剂、金属防锈剂、矿石浮选剂与沥青乳化剂等。

阳离子型表面活性剂与阴离子型表面活性剂混合易生成水不溶性的高分子盐，通常不混用，但它能和非离子表面活性剂或两性表面活性剂配合使用。

一、胺盐型阳离子表面活性剂

将伯胺、仲胺或叔胺和无机酸（盐酸、氢溴酸、硫酸等）或有机酸（甲酸、乙酸等）中和，即可得到相应的胺盐，反应通式如下：

$$RNH_2 + HX \longrightarrow RNH_3^+ X^-$$
$$R_2NH + HX \longrightarrow R_2NH_2^+ X^-$$
$$R_3N + HX \longrightarrow R_3NH^+ X^-$$

式中 R 为烃基。具有表面活性的胺盐分子中至少应有一个脂肪族长碳链烃基，碳原子数为 10～18；其余可以是低分子的脂肪族或芳香族烃基，亦可是氢原子。式中的 X 可以是卤族元素，也可以是无机酸根或有机酸根。

通常先将胺化合物放入反应器内，然后加入用水稀释后的酸，便可得到无水的胺盐和相应的水溶液。例如：十二胺是不溶于水的白色蜡状固体，加热至 60～70℃变成为液体后，在良好的搅拌条件下加入醋酸中和，即可得到十二胺醋酸盐，成为能溶于水的表面活性剂。

$$CH_3(CH_2)_{10}CH_2NH_2 + CH_3COOH \longrightarrow CH_3(CH_2)_{10}CH_2NH_3^+ \cdot CH_3COO^-$$

一般按起始原料脂肪胺的不同，可以分为高级胺盐阳离子表面活性剂和低级胺盐阳离子表面活性剂。前者多由高级脂肪胺与盐酸或醋酸进行中和反应制得，常用作缓蚀剂、捕集剂、防结块剂等。通常是将脂肪胺加热成液体后，在搅拌下加入计量的醋酸，即可得脂肪胺醋酸盐。

后者则由硬脂酸、油酸等廉价脂肪酸与低级胺如乙醇胺、氨基乙基乙醇胺等反应后再用醋酸中和制得，不仅价格远远低于前者，而且性能良好，适于做纤维柔软整理剂的助剂。如用工业油酸与异丙基乙二胺在 290～300℃反应，将生成物再用盐酸中和，即得一种起泡性能优异的胺盐型表面活性剂。

二、季铵盐型阳离子表面活性剂

季铵盐型阳离子表面活性剂是产量高、应用广的阳离子表面活性剂。也是阳离子表面活性剂中最重要的一类，在工业上有着重要的应用价值，其结构式为：

$$R_1 - \overset{\displaystyle R_2}{\underset{\displaystyle R_3}{N^+}} R_4 \cdot Cl^-$$

式中 R 为烃基，其中至少有一个是碳原子数为 10～18 的长碳链烃基，其余的烃基常是甲基、乙基或苄基。X 是卤族元素或其他阴离子基团（多数情况下是氯或溴）。从形式上看是铵离子的 4 个氢原子被有机基团所取代，标准写法为 $R_1 R_2 N^+ R_3 R_4$ 的形式。由于其结构性质等方面的优势，如亲水基的强碱性结构，对介质 pH 值的强适应能力，以及与其他表面活性剂的强配伍性等，因此一些著名的阳离子表面活性剂均为季铵盐。

季铵盐阳离子表面活性剂通常由叔胺与烷基化剂经季铵化反应制取，反应的关键在于各种叔胺的获得，季胺化反应一般较易实现。最重要的叔胺是二甲基烷基胺、甲基二烷基胺及伯胺的乙氧基化物和丙氧基化物。

最常用的烷基化剂为氯甲烷、氯苄及硫酸二甲酯，但是卤代长链烷烃，如月桂基氯或月桂基溴也有工业应用。由于烷基化剂氯甲烷、硫酸二甲酯等有毒，所以不允许残留在产品中。因此如有可能，就应使烷基化剂的使用量稍小于化学计量，否则可添加氨以分解硫酸二甲酯，或者用氮气吹洗除去氯甲烷。

其反应条件取决于反应原料以及所用溶剂的性质，因此必须调节这些参数。只含有一个长链烷基及两个甲基的叔胺，其季铵化速度最快，此时，用氯甲烷的反应只需较低的温度（约为 80℃）和较低的压力（＜0.05MPa）。含有两个长链烷基及一个甲基的叔胺，用氯甲烷进行季铵化也只需要较温和的条件。如果氨基的氮原子上连有两个以上的长链烷基，或者一个以上的 β-羟烷基，或者 β-位处有酯基时，则季铵化的反应条件就较为苛刻。

当氯甲烷或氯苄不能满意地使胺类季铵化时，如改用硫酸二甲酯反应，则往往可得到较高的收率。咪唑啉衍生物常用硫酸二甲酯进行季铵化。由于用油酸制得的咪唑啉具有良好的水溶性，因此它们特别适合于制备浓缩型织物柔软剂。

特别适用于作季铵化反应的溶剂是水、异丙醇或其混合物。反应产物主要是以溶液状直接使用。在工业上重要的季铵盐是长碳链季铵盐，其次是咪唑啉季铵盐。

1. 长碳链季铵盐

长碳链季铵盐是阳离子表面活性剂中产量最大的一类，含一个至两个长碳链烷基的季铵盐主要用作织物柔软剂，制备有机膨润土、杀菌剂等。

这类表面活性剂的合成方法主要有两种：一种是由碳脂肪胺和低碳烷基化剂合成，用得比较多的是二甲基烷胺或双长链烷基仲胺与卤甲烷或硫酸二甲酯进行季铵化反应；另一种是高碳卤化物和低碳胺合成季铵盐，如溴代烷和三甲胺或苄基二甲胺反应得季铵盐。此外，还可以在季铵盐中引入硅烷以提高其抗菌性和防霉性。

当阳离子表面活性剂中的亲水基和疏水基通过酰胺、酯或醚等基团相连时，不仅具有优良的调整性能，还具有非常快的生物降解性能和安全可靠的清理性能。理想的季铵化物柔软剂是在氮原上既有酯基又有酰氨基。

脂肪烷基二甲基苄基氯化铵通常用作消毒杀菌剂，由于长时间应用单一品种易使某些微生物产生抗药性，因此国内外现已研制出第二代、第三代杀菌剂。双烷基二甲基氯化铵因具有合成工艺简单、生产成本低、无毒、无味、杀菌效果好等优点，成为第三代杀菌剂，在国外已逐渐取代老产品，双烷基中以 $C_8 \sim C_{10}$ 的季铵盐杀菌效果最佳。若将其与第一代杀菌剂烷基二甲基苄基氯化铵复配使用，杀菌性能比前三代产品高出 4～20 倍。$C_8 \sim C_{10}$ 双烷基甲基叔胺的长链烷基可以是双癸基、辛基癸基。

2. 咪唑啉季铵盐

咪唑啉季铵盐在阳离子表面活性剂中仅次于长碳链季铵盐占第二位，它的功能与长碳链季铵盐相似，但是生产工艺比较简易，由脂肪酸与 N-羟乙基乙二胺进行脱水环化后，再用氯甲烷或氯化苄作用，即可分别制得相应的咪唑啉季铵盐，反应式如下：

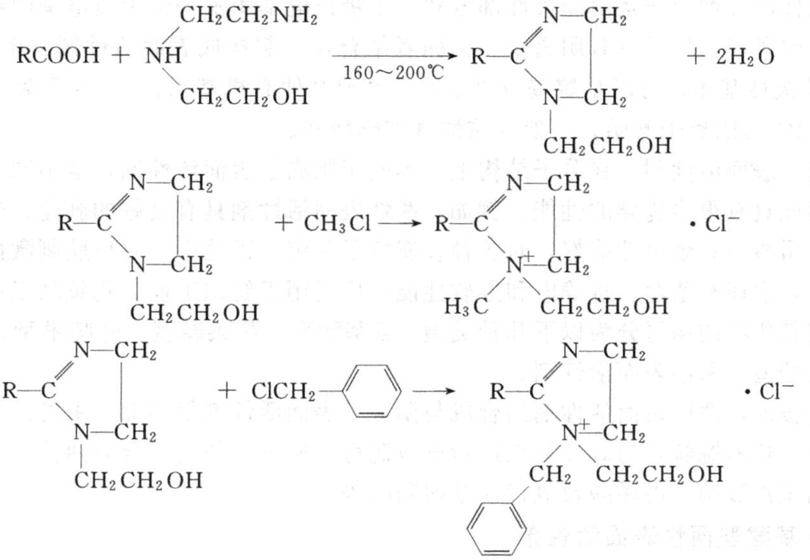

其起始原料大多采用动物油脂（如牛油、猪油）中制得的脂肪酸最常用的是加氢牛油酸，近年来也在开发油酸制成的咪唑啉季铵盐。与长碳链季铵盐不同，咪唑啉季铵盐中最常用的负离子是甲基硫酸盐负离子。

合成咪唑啉季铵盐一般以脂肪酸为起始原料，首先将脂肪酸与 N-羟乙基乙二胺共热脱水，胺化合物被酰化，然后在 200℃ 的高温下闭环得咪唑啉环，其生产工艺有溶剂法和真空法两种。一般真空法所得产品质量为好。

真空生产工艺是在残压为 133～33300Pa 下进行脱水反应，一般脂肪酸和 N-羟乙基乙二胺的摩尔比为 （1∶1）～（1∶1.7），按原料不同而改变，反应温度为 100～250℃，反应时间为 3～10h。溶剂法是用甲苯或二甲苯作溶剂，根据共沸的原理，除去反应生成的水，最终反应温度约为 200℃ 左右，反应完毕后蒸出溶剂。

最后将上述咪唑啉衍生物用氯代甲烷或氯化苄进行季铵化反应，即得咪唑啉季铵盐。咪唑啉季铵盐阳离子表面活性剂具有良好的柔软、固色性能，在纺织工业中用作纤维柔软剂和染料的固色剂。

3. 双季铵盐

在阳离子表面活性剂的活性基上带有两个正电荷的季铵盐称为双季铵盐。如以叔胺与 β-二氯乙醚反应，可以制取双季铵盐，反应如下：

$$RN(CH_3)_2 + ClCH_2CH_2OCH_2CH_2Cl \longrightarrow RN(CH_3)_2CH_2CH_2OCH_2CH_2N(CH_3)_2R \cdot Cl_2$$

同样，如以叔胺与对苯二甲基二氯反应，可生成如下的双季铵盐。

$$RN(CH_3)_2CH_2 \underset{}{\bigodot} CH_2N(CH_3)_2R \cdot Cl_2$$

这些化合物都是很好的纺织柔顺剂。

第六节　两性离子表面活性剂生产技术

两性离子表面活性剂的特点在于其分子结构中含有两个不同的官能团，分别具有阴离子及阳离子的特性。两性离子表面活性剂溶于水时的离子性视溶液的 pH 值而定。在酸性溶液中呈阳离子活性，在碱性溶液中呈阴离子活性，在中性溶液中呈两性活性（即非离子活性）。

两性表面活性剂分子是由非极性部分和一个带正电基团及一个带负电基团组成的，即在疏水基的一端既有阳离子也有阴离子，由两者结合在一起构成表面活性剂（R—A$^+$—B$^-$），这里 R 为非极性基团，可以是烷基也可以是芳基或其他有机基团；A$^+$ 为阳离子基团，常为含氮基团；B$^-$ 为阴离子基团，一般为羧酸基和磺酸基。

两性离子表面活性剂，在分子结构上既不同于阳离子表面活性剂，也不同于阴离子表面活性剂，因此具有很多优异的性能，例如：两性表面活性剂具有良好的乳化、分散、起泡和洗涤性能，耐酸碱和硬水性能好，对各种金属离子稳定，毒性小，对皮肤刺激性低，易生物降解，此外，它还有杀菌、抗静电和柔软性能，广泛用于纺织工业、化妆品工业和洗涤剂工业生产。按其化学结构可分为以下几种类型：氨基酸型、甜菜碱型、咪唑啉型、咪唑啉甜菜碱型、氧化胺型等两性表面活性剂。

除氧化胺外，两性表面活性剂的合成与阳离子表面活性剂很相似，由可以进行烷基化的含氮化合物（长链烷胺）与烷基化剂进行反应制得，所不同的是，合成两性表面活性剂的烷基化剂常用氯乙酸钠、丙烯酸及氯代羟基丙磺酸等。

一、氨基酸型两性表面活性剂

1. 丙氨酸型

丙氨酸型两性表面活性剂代表性品种是 N-十二烷基-β-氨基丙酸钠，是由十二伯胺与丙烯酸甲酯进行反应后经水解，再用氢氧化钠中和而制得的，反应如下：

$$C_{12}H_{25}NH_2 + CH_2{=}CHCOOCH_3 \longrightarrow C_{12}H_{25}NHCH_2CH_2COOCH_3$$

$$C_{12}H_{25}NHCH_2CH_2COOCH_3 + H_2O \xrightarrow{\text{水解}} C_{12}H_{25}\overset{+}{N}H_2CH_2CH_2COO^- + CH_3OH$$

$$C_{12}H_{25}\overset{+}{N}H_2CH_2CH_2COO^- \xrightarrow{\text{NaOH}} C_{12}H_{25}NHCH_2CH_2COONa + H_2O$$

N-十二烷基-β-氨基丙酸钠易溶于水，呈透明溶液，显碱性，这与阴离子表面活性剂的性质相似，具有良好的起泡性能和洗涤能力，性温和，对皮肤刺激性小，常用于洗发膏及洗涤剂中。

用丙烯腈代替丙烯酸甲酯，也可制取氨基酸型两性表面活性剂，且成本较低。

2. 甘氨酸型

甘氨酸型两性表面活性剂在 20 世纪 40 年代后期发现有杀菌作用之后，被广泛用作杀菌剂和消毒剂。代表性的甘氨酸型两性表面活性剂是原联邦德国 GlodSchmidt 公司的 Tego 系列产品，例如：常用的 Tego 51，其合成是由 4mol 多亚乙基多胺和 1mol 卤代烷在 180℃缩合，缩合产物经减压蒸馏，收集 150～200℃/2kPa 下的馏分，再与氯乙酸在 100℃反应 0.5h，即得 Tego 51；若将卤代烷和二亚乙基三胺的物质的量之比改为 1：1.5，则可得另一商品 Tego 103。与甜菜碱相对应，Tego 也有含不同连接基的化合物，也可得到相应的含磺酸基及硫酸酯的化合物。在两性表面活性剂中，它们的杀菌作用最强。

甘氨酸型两性表面活性剂除了在家庭、食品工业、发酵工业和乳品工业等作为杀菌剂使用之外，有时也用于化妆品。同氯系或阳离子型表面活性剂型杀菌剂相比，它具有刺激性和毒性小、抗菌谱广、在蛋白质存在下杀菌作用下降小等优点。

二、甜菜碱型两性表面活性剂

甜菜碱最初从植物甜菜中分离而得，故以此命名这类表面活性剂。天然甜菜碱是三甲胺乙内酯（$(CH_3)_3N^+CH_2COO^-$），最普通的烷基甜菜碱可以看成是其同系物，阳离子部分为季铵盐，阴离子部分为羧酸盐。此外，按阴离子不同，还有磺基甜菜碱及硫酸酯甜菜碱。

1. 羧基甜菜碱

羧基甜菜碱的典型品种是 N-烷基二甲基甜菜碱，工业上主要采用烷基二甲基叔胺与卤代乙酸盐进行反应制得。如果烷基二甲基叔胺为十二烷基二甲基叔胺，则反应后得到的是 N-十二烷基二甲基甜菜碱（BS-12），它易溶于水，呈透明溶液，在任何 pH 值下，即使在等电点也不发生沉淀，也不会因加热而浑浊，耐硬水。该产品具有良好的起泡、洗涤、渗透性能，分散力也较好。在日化和纺织工业中用作柔软剂、抗静电剂、染色助剂、洗涤剂和杀菌剂，合成反应如下：

$$ClCH_2COOH + NaOH \longrightarrow ClCH_2COONa + H_2O$$

$$C_{12}H_{25}N(CH_3)_2 + ClCH_2COONa \longrightarrow C_{12}H_{25}\overset{\overset{\displaystyle CH_3}{|}}{\underset{\underset{\displaystyle CH_3}{|}}{N^+}}-CH_2COO^- + NaCl$$

首先用等物质的量的氢氧化钠溶液中和氯乙酸至 pH 为 7，得到氯乙酸钠盐；然后一次加入等物质的量的十二烷基二甲基胺，在 50～150℃反应 5～10h，即得目的产品，浓度为 30%左右。

按类似的方法可制得不同烷基的 N-烷基二甲基甜菜碱，也可制得十二烷基二羟乙基甜菜碱。利用天然脂肪酸与低相对分子质量二胺反应生成酰氨基叔胺，再与氯乙酸钠处理，得酰胺甜菜碱。利用长链的卤代醚或卤代亚硫酸酯与带有叔胺基的氨基酸反应，可以生成通过醚键或亚硫酸酯键连接的两性表面活性剂。

另一类型的甜菜碱型两性表面活性剂的长烷链也可以不在氮原子上，而在羧基的 α-碳原子上，称为烷基甜菜碱，其制法是，长链脂肪酸与溴反应生成 α-溴代脂肪酸，然后再与三甲胺反应即生成此种物质，反应式为：

$$C_{14}H_{29}CH_2COOH + Br_2 \longrightarrow C_{14}H_{29}\underset{\underset{\displaystyle Br}{|}}{CH}COOH \xrightarrow{N(CH_3)_3} C_{14}H_{29}\underset{\underset{\displaystyle N^+(CH_3)_3}{|}}{CH}CH_2COO^- + HBr$$

其工艺过程是将棕榈酸 460 份和适量三氯化磷混合加热，然后在 90℃下缓慢滴加 454 份溴素。加完后，再继续搅拌 6h，再加入 250 份水，并通入二氧化硫，使反应液由暗褐色逐渐变为浅黄色，分去水分，可得溴代棕榈酸 653 份（溴含量为 23.83%）。取 α-溴代棕榈酸 100 份，熔融，在 30℃下，控制 2h 左右滴入 300 份 25%三甲胺溶液，然后放置 48h，除水及回收三甲胺，即可得目的产品 α-十四烷基甜菜碱 130 份。

2. 磺基甜菜碱

磺基甜菜碱的阳离子基团和阴离子基团都是强解离基团，它在任何 pH 值下均处于解离状态，所以其性质基本上与溶液的 pH 值无关，形成的"内盐"也呈中性。磺基甜菜碱是利用叔胺与烷基化剂丙磺酸内酯的转化反应制得的，由于丙磺酸内酯是致癌物，现今很少采用该法。

烷基化剂现改为氯或溴亚乙基磺酸钠、3-氯-2-羟基磺酸钠、2,3-环氧丙磺酸。近年有关磺基甜菜碱的合成研究较多，磺基甜菜碱的主要应用是作为纺织工业的染色、匀染、润湿工序，其对聚丙烯纤维、尼龙有足够的抗静电效果。

此外，磺基甜菜碱可由叔胺和氯醇等化合物反应引入羟基，然后再进行酯化反应生产。

三、咪唑啉型两性表面活性剂

具有商业意义的咪唑啉型两性表面活性剂是以脂肪酸和适当的多胺为原料，先由脂肪酸和多胺进行反应生成咪唑啉中间体，然后再与烷基化剂在强碱溶液中进行季铵化反应而制得，因反应条件不同能生成多种两性化合物，反应过程包括脂肪酸与多胺缩合。经酰化、环合消除两分子水形成咪唑啉环，脂肪酸通常为 $C_8 \sim C_{18}$ 的脂肪酸，多胺通常是羟乙基乙二胺、亚乙基多胺等。将咪唑啉环与氯乙酸钠或其他能引入阴离子基团的烷基化剂进行季铵化反应。引入羧基阴离子常用的烷基化剂为氯乙酸钠、丙烯酸酯和丙烯酸；引入磺酸基阴离子常用 3-氯-2-羟基丙磺酸、2,3-环氧丙磺酸等。在咪唑啉环的两个氮原子中，只有与双键相连的氮原子才能发生季铵化。

最常用的咪唑啉型两性表面活性剂是在咪唑啉环上带有 β-羟乙基的品种，其合成与咪唑啉季铵盐类似，只是在最后季铵化时采用氯乙酸钠或丙烯酸等，合成反应如下：

$$RCOOH + H_2NCH_2CH_2NHCH_2CH_2OH \xrightarrow{\text{脱水}} RCONHCH_2CH_2NHCH_2CH_2OH$$

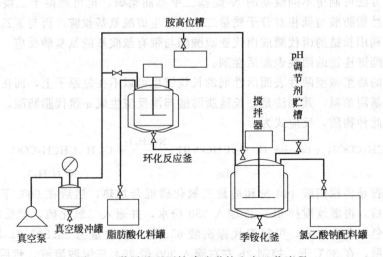

以月桂酸和羟乙基乙二胺（AEEA）为主要原料合成的羧甲基型两性咪唑啉表面活性剂的工艺流程如图 4-9 所示。

图 4-9　羧甲基型两性咪唑啉的生产工艺流程

（1）制备咪唑啉中间体（环化反应）　在反应釜内加入计量的月桂酸，加热熔化后，加入计量的 AEEA，在一定时间内升温到指定温度，真空下不断蒸出反应生成的水，反应完成后，分析中间体的质量，达到预定的指标后进入下一步反应。

（2）季铵化反应　在另一反应釜内加入计量的水，在一定温度和搅拌下加入计量的氯乙酸，全部溶解后，用碳酸钠调节到预定的 pH（9～11），将氯乙酸钠溶液升温到 85～90℃后，搅拌下慢慢加入环化反应制得的咪唑啉中间体，加完后，保温反应一定时间。当体系的 pH 从 13 降至 8～8.5 时，为反应终点，产物分析合格后包装。

咪唑啉型两性表面活性剂的特性是温和无毒，对皮肤无过敏反应，与聚合阳离子表面活性剂和调理剂的兼容性好，因此是配制调理香波、气溶胶、泡沫剃须剂、洗手凝胶的重要组分。它还是理想的液体洗涤剂原料、织物柔软剂和抗静电剂，并可配制具有保健功能的液体洗涤剂。与非离子表面活性剂复合，还可配制对合成纤维油性污垢有良好去除力的洗涤剂及用于洗涤呢绒羊毛等高级衣物的干洗剂。

第七节　非离子表面活性剂生产技术

非离子表面活性剂溶于水时不发生解离，分子中的亲油基团与离子型表面活性剂的亲油基团大致相同，主要亲油基原料是具有活泼氢原子的疏水化合物，如脂肪醇、烷基酚、脂肪酸、脂肪胺等，其亲水基原料主要由含能和水形成氢键的一定数量的含氧基团醚基、羟基化合物，如环氧乙烷、多元醇、乙醇胺等提供，非离子表面活性剂按亲水基团分类，主要有多元醇型、聚氧乙烯型。

非离子表面活性剂大多为液态和浆状态。非离子型表面活性剂分子结构中会因含有醚基或酯基，使其在水中的溶解度随温度的升高而降低，开始是澄清透明的溶液，当加热到一定温度，溶液就变浑浊，溶液开始呈现浑浊时的温度叫做浊点，这是非离子型表面活性剂区别于离子型表面活性剂的一个特点，浑浊现象是可逆的，当温度下降后，溶液又重新变为透明。由于非离子表面活性剂在溶液中不是以离子状态存在，所以它的稳定性高，不易受强电解质存在的影响，也不易受酸、碱的影响，与其他类型表面活性剂能混合使用，相容性好，在各种溶剂中均有良好的溶解性，在固体表面上不发生强烈吸附。

非离子表面活性剂具有良好的洗涤、分散、乳化、起泡、润湿、增溶、抗静电、匀染、防腐蚀、杀菌和保护胶体等多种性能，广泛地用于纺织、造纸、食品、塑料、皮革、毛皮、玻璃、石油、化纤、医药、农药、涂料、染料、化肥、胶片、照相、金属加工、选矿、建材、环保、化妆品、消防和农业等各方面。

一、多元醇型非离子表面活性剂

多元醇型非离子表面活性剂是指由含多个羟基的多元醇与脂肪酸进行酯化反应而生成的酯类，此外，还包括含有 NH₂ 或 NH 基的氨基醇以及—CHO 基的糖类与脂肪酸或酯进行反应制得的非离子表面活性剂。由于它们在性质上很相似，故统称之为多元醇型非离子表面活性剂。除此之外，通常还将多元醇与脂肪酸形成的酯类再与环氧乙烷加成的产物也归为此类。

1. 脂肪酸甘油酯

脂肪酸甘油酯为脂肪酸多元醇酯的典型品种，可用作多元醇脂肪酸酯研究的基础。脂肪酸甘油酯可以由甘油和脂肪酸直接酯化而得到单酯、双酯和三酯的混合物，其组成随条件的变化而不同。

工业级甘油单、双脂肪酸酯为稠度不同的黄色黏稠液体或乳白色蜡块状和乳白色硬质固体，无味或几乎无味，不溶于水，与热水混合振动后可乳化，溶于乙醇、乙酸乙酯、氯仿、苯等，具有良好的乳化性能和消泡能力。

脂肪酸甘油单酯的生产方法有酯交换、直接酯化，共沸酯化及醇解法，对于不同的原料脂肪酸和醇，可采用适应性广的间歇式酯化装置。

(1) 酯交换法生产　一般是将脂肪酸和甘油加热到 $180 \sim 250℃$，在碱催化下完成。碱催化剂可采用氢氧化钠、氢氧化钾、甲醇钠、碳酸钠、碳酸钾、磷酸钠等。反应中，甘油用量一般为油脂质量的 $25\% \sim 40\%$，催化剂用量为 $0.05\% \sim 0.2\%$。$180℃$反应 6h，可得到质量分数 45.2% 的单酯、44.1% 双酯及 10.7% 的三酯，为获得高含量单酯产品，可采用分子蒸馏获得单酯含量 90% 以上的分子蒸馏单甘酯（DMG）。由于三酯和甘油间的反应是可逆的，加热时，单酯会部分地歧化成甘油、双酯及三酯。因此在制备单酯时，反应结束后，反应混合物的温度应尽快降低，反应过程中应有过量的甘油在减压下保持回流，并在反应完成后蒸出。

(2) 直接酯化法生产　甘油酯也可由脂肪酸和甘油直接酯化来制取。反应式如下：

$$
\begin{array}{l}
CH_2OH \\
| \\
CHOH \\
| \\
CH_2OH
\end{array}
+ C_{17}H_{35}COOH \rightleftharpoons
\begin{array}{l}
CH_2OH \\
| \\
CHOH \\
| \\
CH_2OOCC_{17}H_{35}
\end{array}
+
\begin{array}{l}
CH_2OH \\
| \\
CHOOCC_{17}H_{35} \\
| \\
CH_2OH
\end{array}
+
$$

$$
\begin{array}{l}
CH_2OOCC_{17}H_{35} \\
| \\
CHOH \\
| \\
CH_2OOCC_{17}H_{35}
\end{array}
+
\begin{array}{l}
CH_2OOCC_{17}H_{35} \\
| \\
CHOOCC_{17}H_{35} \\
| \\
CH_2OH
\end{array}
+
\begin{array}{l}
CH_2OOCC_{17}H_{35} \\
| \\
CHOOCC_{17}H_{35} \\
| \\
CH_2OOCC_{17}H_{35}
\end{array}
$$

所得的产物中，也是单酯、双酯及三酯的混合物。其组成的比例，按投入反应器中原料的配比、催化剂、反应温度和时间的不同，可以得到不同质量比例的单酯、双酯和三酯的混合物。

将等摩尔的硬脂酸与甘油投入反应器中，以碱为主催化剂，在 $250℃$ 下反应 $2.5 \sim 3h$，可以得到大致等量的单酯和双酯、少量的三酯、游离脂肪酸及甘油。加入过量甘油可以得到较高比例的单酯，如甘油与硬脂酸的物质的量之比约为 $2 : 1$，催化剂用量按硬脂酸质量计为 0.1%，在 $180 \sim 200℃$ 搅拌下反应 $2 \sim 4h$，所得单甘酯含量在 $40\% \sim 60\%$，若用甘油和单酯作反应介质，则可得到质量分数 80% 的单酯。采用减压操作，及时排除反应生成的水也有利于单酯生成及减少未参与反应的脂肪酸。

(3) 醇解法　甘油醇解法合成工艺流程包括甘油和硬化油→脱水→酯交换反应→脱臭→蒸馏→产品等部分。

在反应釜中加入硬化油和甘油，在 $0.06\% \sim 0.1\%$ 的 $Cu(OH)_2$ 催化作用下，于 $180 \sim 185℃$ 搅拌通入氮气，酯化反应 5h，再减压脱臭 1h，在氮气流下冷却至 $100℃$ 出料。冷却即得褐色粗单甘酯，单甘酯含量为 $40\% \sim 60\%$。粗单甘酯经分子蒸馏，即得到乳白色粉末状单甘酯。

2. 蔗糖脂肪酸酯

蔗糖脂肪酸酯是糖基脂肪酸酯的一种，简称蔗糖酯。蔗糖是多羟基化合物，具有良好的亲水性，它本身即可作为表面活性的亲水组分，且价格较环氧乙烷、山梨醇便宜，并对人体无毒。若将蔗糖分子通过酯、醚、酰胺或胺桥接上烷基疏水链，即成为良好的表面活性剂蔗糖酯。生产蔗糖脂肪酸酯使用的脂肪酸有月桂酸、棕榈酸、油酸、硬脂酸、蓖麻酸等。

蔗糖脂肪酸酯易溶于水，具有良好的乳化、分散、洗涤性能，易生物降解，对人体无毒、无害、无刺激，广泛用于食品乳化剂、分散剂、低泡无刺激洗涤剂、化妆品和感光材料等。蔗糖脂肪酸酯的主要组分为单酯，若副产物二酯、三酯的含量增多，会使其溶解性下降。蔗糖脂肪酸酯上的疏水碳链越长，其非极性则越强，会使蔗糖单脂肪酸酯的熔点变低。蔗糖脂肪酸酯的表面活性不及阴离子表面活性剂，起泡性也较低，但对油和水均起乳化作用，其亲水亲油平衡值（HLB 值）在 3～15 之间。HLB 值低的可用作 W/O 型乳化剂，HLB 值高的用作 W/O 型乳化剂。

工业上主要采用酯交换法。酯交换法按工艺条件又分为溶剂法、微乳化法和无溶剂法。

(1) 溶剂法　将蔗糖溶于溶剂二甲基甲酰胺（DMF）中，加入硬脂酸甲酯，用量为摩尔比 3∶1，投入反应釜中，加入碱性催化剂甲醇钠 0.2mol，减压为 1.33～2.67kPa 加热至 60℃，反应约 3h，反应产物经蒸馏除去溶剂后，再用正己烷抽提数次，将其中未反应的脂肪酸甲酯抽提出来，并分去未反应的糖，再用 5 倍于残液的丙酮稀释，蔗糖酯呈白色沉淀析出。减压蒸馏除去丙酮，最后在残压 0.67kPa、温度 80℃下干燥，可以得到 55% 的蔗糖酯。如需精制，还需将单酯、双酯分开。

该法简便，但溶剂二甲基甲酰胺不易回收，成本较高且有毒性。在蔗糖酯中 DMF 含量的许可限度不超出 $5×10^{-6}$。这限制了蔗糖酯在食品、医药、化妆品等领域的使用。

(2) 微乳化法　改用无毒可食用的丙二醇替代 DMF 为溶剂，同时加入油酸钠肥皂作为表面活性剂，在碱性条件下使脂肪酸酯与蔗糖在微滴分散情况下进行反应。即先将蔗糖溶于丙二醇中加入硬脂酸甲酯，糖与脂肪酸甲酯摩尔比为 0.9∶0.8。再加入硬脂酸钠 0.54mol，以少许 K_2CO_3 作催化剂。加入 0.1% 的水以有利于加热温度的降低。不断搅拌，加热至 130～135℃，然后在减压下蒸除丙二醇并维持温度 120℃以上，最后温度可达 165～167℃，真空残压为 0.4～0.5kPa，得到粗蔗糖酯。将粗蔗糖酯磨碎溶入丁酮中，滤去蔗糖和大部分肥皂，再加入醋酸或柠檬酸使肥皂分解为脂肪酸，冷却、过滤，滤饼即为蔗糖酯。产品为蔗糖、单酯、二酯、多酯的混合物。纯化后蔗糖酯含量在 96% 以上。

此法具有用糖量少、溶剂可回收、无毒可食用等优点，缺点是有少许的蔗糖焦化。

(3) 无溶剂法　该法是蔗糖直接与脂肪酸酯进行酯交换反应，又分为常压法、丙二醇酯法、熔融法、相溶法、非均相法、蔗糖多酯的二步合成法等。反应产物为糖、肥皂、单甘油酯、二甘油酯、甘油三酯与未反应糖的混合物。此平衡产物组成随反应温度、原料配比、催化剂种类、糖的颗粒度、催化剂用量及有无水存在而有所不同。如需进一步提纯，则需应用溶剂乙酸乙酯或异丙醇在液固相萃取器中进行萃取。

常压法是以无水碳酸钾为催化剂（质量为酯和糖加入总质量的 7.7% 左右）投入摩尔比为 2∶1 的脂肪酸乙酯和蔗糖，加热到 125℃左右进行皂化，于常压和无溶剂条件下实现酯交换反应 9h，得到蔗糖脂肪酸酯和甘油单、二脂肪酸酯的混合物，然后采用各种溶剂对产物进行分离而制得。

3. 失水山梨糖醇脂肪酸酯

失水山梨糖醇脂肪酸酯亦称山梨糖醇酐脂肪酸酯，是非离子表面活性剂中很重要的一类，商品名称为斯盘（Span）。失水山梨糖醇脂肪酸酯的制法是将山梨醇与脂肪酸在氢氧化钠和氮气流下加热到 230～250℃，在酯化的同时，山梨醇发生脱水，生成失水山梨糖醇脂肪酸酯。

失水山梨糖醇脂肪酸酯不溶于水，溶于有机溶剂，故很少单独使用。如果将它与其他水溶性表面活性剂，尤其是与其相应的聚氧乙烯失水山梨糖醇脂肪酸酯复配，则最为有效。这类非离子表面活性剂主要用作乳化剂、柔软剂。

4. 聚氧乙烯失水山梨糖醇脂肪酸酯（Tween）

吐温（Tween）类表面活性剂的 HLB 值为 16～18，亲水性好，乳化能力很强，常用的吐温类乳化剂为 Tween 60、Tween 80，Tween 60 即聚氧乙烯山梨醇酐单硬脂酸酯，为淡黄色膏状物，HLB 值为 14.6。Tween 80 即聚氧乙烯山梨醇酐单油酸酯，为淡黄色油状液体，HLB 值为 15.0。失水山梨糖醇脂肪酸酯聚氧乙烯醚系列表面活性剂是在催化剂作用下，由失水山梨糖醇脂肪酸酯与环氧乙烷聚合而得。

釜式搅拌乙氧基化生产工艺是将加热后的 Span 20 和催化剂（溶液）按配比量加入到不锈钢反应釜中，然后升温至 80～120℃开始抽真空减压脱水；水分脱净后，用 0.2～0.4MPa 氮气置换 2～3 次，然后继续升温至 150～170℃，通入环氧乙烷，并维持反应器内压强 0.2～0.4MPa，温度 150～170℃，在配比量环氧乙烷加完，老化一段时间反应釜内压强不再下降，即可排空，置换。然后降温至 80℃左右，用冰醋酸中和至 pH6～8。必要时脱色，取样分析、出料、包装。

二、聚氧乙烯型非离子表面活性剂

聚氧乙烯型非离子表面活性剂首先是由乙氧基化反应，即由含活性氢的化合物如脂肪醇、烷基酚、脂肪胺或烷醇酰胺等与环氧乙烷（EO）进行加成反应，然后在羟基或氨基上引入聚环氧乙烷醚基链制得。

传统的间歇釜式搅拌工艺特别适合于高黏度、高相对分子质量聚醚生产，这是其他生产工艺无法比拟的。设备通用性强，既可用于乙氧基化反应，又可用于其他类型的反应，如酯化、磺化等。但釜式工艺制得的聚醚加成物的增长比一般不大于 15，对于增长比较大的高相对分子质量产品来说，必须进行多次加成。为此国内外针对间歇式乙氧基化工艺的缺点进行了改进，如采用计算机智能控制或引入外循环强化传递反应热的先进技术，或者在釜内引入雾化喷头以强化传质的先进设计。同时人们也开发了管式乙氧基化工艺、Press 喷雾式乙氧基化新工艺及 Buss 回路乙氧基化新工艺，几种工艺路线比较如表 4-6 所示。

1962 年由意大利 Press 公司开发的 Press 喷雾式反应器投入工业化生产以来，至今先后推出了四代工业化反应器，极大地推动了世界聚醚型非离子表面活性剂的工业生产。20 世纪 80 年代末，瑞士公司将其拥有 30 多年工业运行经验的回路反应器应用于乙氧基化反应中，成功地开发了 Buss 回路乙氧基化最新工艺，并于 1988 年在法国建成了第一套工业生产装置。Buss 回路乙氧基化新工艺以其高度的安全性和生产能力显示出更先进的技术水平和更强的竞争力。

表 4-6　几种生产工艺路线比较

工艺路线比较项目		传统釜式搅拌工艺	连续管式工艺	Press 工艺	Buss 工艺
催化剂		KOH,NaOH	KOH,NaOH	KOH,NaOH	KOH,NaOH
反应器内气体的爆炸性		有	有	有	无
设备密封性		易发生泄漏	无泄漏	无泄漏	无泄漏
尾气排放		有	有	有	无
产品分布		分布较宽	分布较窄	分布较窄	分布较窄
副产物含量/%		较高	—	少	少
色泽		色泽较深	—	色泽好	色泽好
生产灵活性		灵活	不灵活,适合大批量生产	不灵活,适合大批量生产	不灵活,适合大批量生产
体积增长比		1:15	1:15	1:50	1:25
耗电/kW·Ω		80	160	70.5	35
公用工程消耗	蒸汽/t	0.53	0.42	0.62	0.14
	氮气/m³	30	4	5	7.6
	水/t	60	140	52	

1. 脂肪醇聚氧乙烯醚

脂肪醇乙氧基化反应是一种可由酸或碱性催化剂催化的醇与环氧乙烷的开环聚合反应，反应式为：

$$RCH_2OH + CH_2-CH_2 \xrightarrow{NaOH} RCOOCH_2CH_2OH$$

$$RCOOCH_2CH_2OH + (n-1) CH_2-CH_2 \xrightarrow{NaOH} RCOO(CH_2CH_2O)_nH$$

实际上，此反应是环氧乙烷不断加成而进行的，当加成上 $10\sim15$ 个环氧乙烷分子后，则显现出最佳的去污洗涤能力，副反应是微量水与环氧乙烷开环聚合成聚乙二醇（PEG）。因此反应最终产物除包括环氧乙烷加合数分布不同的目的产品脂肪醇聚氧乙烯醚（AEO），还有未反应的原料醇及副产物聚乙二醇。已经发现环氧乙烷（EO）加合数的分布除与所用催化剂有直接关系外，尚与反应时物料的传质有关，但催化剂是关键因素。副产物 PEG 及未反应原料醇的含量则除受催化剂影响外，还与原料中的水含量、反应装置及工艺条件有关，采用先进的乙氧基化反应器可显著降低原料醇及 PEG 含量。

脂肪醇聚氧乙烯醚的生产可以采用搅拌器混合的间歇操作法，也可用循环混合的间歇操作法以及 Press 乙氧基化连续操作法。其中是意大利 Press 工业公司的乙氧基化工艺，由于采用原料液相向环氧乙烷气相分布的方式，从而获得很高的反应速率；并且液相中溶解的环氧化物浓度很低，操作十分安全，聚乙二醇副产物也大大减少。该操作方法是：将脂肪醇与催化剂定量加入反应器后升温至 $90\sim110℃$，同时启动物料循环泵喷雾抽空脱水。然后用氮气置换，继续升温至 $160℃$ 左右，通入液态环氧乙烷，环氧乙烷进入反应器后立即汽化并充满反应器；而溶有催化剂的脂肪醇经泵压和喷嘴以雾状均匀喷入反应器的环氧乙烷气相中，并迅速反应，液相物料连续循环喷雾与环氧乙烷反应，保持环氧乙烷分压 $0.2\sim0.4MPa$，直至配比量的环氧乙烷反应完为止，取样分析，中和脱色，即出料包装。

这类表面活性剂稳定性较高，生物降解性和水溶性均较好，并且有良好的润湿性能。制造此类产品用的长链脂肪醇有椰子油还原醇（主要成分为 C_{12} 醇）、月桂醇、十六醇、油醇及鲸蜡醇等。本系列产品作为洗净剂、乳化剂、润湿剂、匀染剂、渗透剂、发泡剂等在民用及各种工业领域中均有着极为广泛的应用。

2. 烷基酚聚氧乙烯醚

合成烷基酚聚氧乙烯醚所用的酚可以是苯酚、甲苯酚、萘酚等。虽然烷基酚在化学结构上与脂肪醇相差甚远，但两者的性质却相似。当选用壬基酚合成这种非离子表面活性剂时，与 4 个分子环氧乙烷加成的产物不能溶于水；与 6 个、7 个分子环氧乙烷加成的产物，在室温下即能完全溶于水；与 $8\sim12$ 个分子环氧乙烷加成的产物具有良好的润湿、渗透和洗涤能力，乳化能力也较好，故应用广泛，可用作洗涤剂和渗透剂；与 15 个以上分子的环氧乙烷加成的产物没有渗透和洗涤能力，可用作特殊乳化分散剂。

$$C_9H_{18} + \langle\ \rangle-OH \xrightarrow{BF_3} C_9H_{19}-\langle\ \rangle-OH \xrightarrow{CH_2-CH_2 / O} C_9H_{19}-\langle\ \rangle-O(CH_2CH_2O)_n-H$$

烷基酚聚氧乙烯醚的化学稳定性高，即使在高温下也不易被强酸、强碱破坏，因此还可用于金属酸洗液中及强碱性洗涤剂中。烷基酚聚氧乙烯醚较脂肪醇聚氧乙烯醚难生物降解。

3. 脂肪酸聚氧乙烯酯

脂肪酸聚氧乙烯酯中的酯键比起醚键就显得较不稳定，在热水中易水解，在强酸或强碱中稳定性也差，溶解度也比醚类为小。但由于脂肪酸来源比较容易，成本低，工艺简单，具有低泡、生物降解好等特点，应用较广。

常用脂肪酸有硬脂酸、椰子油酸、油酸、松香酸、合成脂肪酸。碳链越长，产物的溶解度越小，浊点越高，但是含羟基或不饱和的脂肪酸却是例外。作为洗涤剂使用的产物大都是 $C_{12} \sim C_{13}$ 脂肪酸与 $12 \sim 15$ 个 EO 的缩合物。木浆浮油聚氧乙烯酯是经过提纯除去不皂化物后的木浆浮油在 $200 \sim 300℃$、压力为 $1.52 \sim 2.03MPa$ 时，以 1mol 木浆浮油接上 $12 \sim 18molEO$ 而得到。失水山梨糖醇脂肪酸酯（Span）接上 $60 \sim 100$ 分子 EO 后为一良好乳化剂、分散剂、柔软剂。根据脂肪酸的种类有 Tween-20、Tween-40、Tween-60、Tween-80、Tween-85 等。

脂肪酸聚氧乙烯酯的生产方法与生产醚类产品相类似。

(1) 脂肪酸与环氧乙烷的酯化反应　用碱性催化剂对酸和 EO 进行反应时，会引起酯交换。由于副产二酯和聚乙二醇，使反应更为复杂。副产物很多，一般较少采用。

(2) 脂肪酸与聚乙二醇进行酯化反应

$$RCOOH + HO(CH_2CH_2O)_nH \longrightarrow RCOO(CH_2CH_2O)_nH + H_2O$$
$$2RCOOH + HO(CH_2CH_2O)_nH \longrightarrow RCOO(CH_2CH_2O)_nOCR + 2H_2O$$

这种反应除生成单酯外，还生成水，为一可逆反应，由于聚乙二醇有两个羟基，都能和酸发生反应，因而也能生成二酯。两者的比例与反应物料的比例有关。如采用等摩尔反应，则单酯含量较高；如果脂肪酸的用量较高，则反应物中二酯含量较多，为制得大量单酯，通常在反应中加入过量聚乙二醇。催化剂一般用酸性催化剂如浓硫酸、苯磺酸等；1mol 月桂醇酸用量为 1.6g，在 $110 \sim 130℃$ 搅拌下脱水缩合 $2 \sim 3h$，然后中和。

第八节　新型表面活性剂简介

近年来发展了一些在分子的亲油基中除碳、氢外还含有其他一些元素的表面活性剂，如含有氟、硅、锡、硼等的表面活性剂。它们数量不大，也不符合前述之电荷分类法，其用途又特殊，故通称为特种表面活性剂。特种表面活性剂可分为氟碳表面活性剂、含硅表面活性剂、高分子表面活性剂及生物表面活性剂等。

一、氟碳表面活性剂

氟碳表面活性剂和上述各类表面活性剂一样，也是由亲水基团和疏水基团两部分所组成，但以氟碳链代替通常表面活性剂的疏水基团碳氢链。该类表面活性剂具有碳氢表面活性剂所没有的优异性能，其特性主要取决于氟碳链。由于氟碳链具有极强的疏水性及比较低的分子内聚力，因而其表面活性剂水溶液在很低浓度下呈现高的表面活性，可使水的表面张力降至 $15mN/m$，而且具有很高的化学稳定性和热稳定性，由于氟碳表面活性剂的这些特点，它可以应用于碳氢表面活性剂所难于发挥作用的地方。例如，用作高效的泡沫灭火剂、电镀添加剂，也可用于织物的防水防油整理、防污整理；渗透剂和精密电子仪器清洗剂，还可用作乳液聚合的乳化剂等，它都具有突出的性能。

氟碳链不仅憎水而且憎油，按用途分为水溶性和油溶性两大类。水溶性的氟表面活性剂主要用于氟树脂乳液聚合的乳化剂、电镀添加剂、高效灭火剂、渗透剂和精密电子仪器清洗剂等；油溶性的氟表面活性剂主要用于涂料、油墨均质剂、环氧系胶黏添加剂及氟树脂用表面改质剂。

氟碳表面活性剂的合成包括氟疏水链的合成和亲水基团的引入。由于其亲水基的引入与普通碳表面活性剂相同，可以是阴离子、阳离子、非离子和两性的，因而合成的关键是得到一定结构的氟碳链，通常要求碳原子数为 6～12，以达到最佳的表面活性。目前工业上制取氟碳链主要有电解氟化法、调聚法和全氟烃齐聚法。

二、含硅表面活性剂

含硅表面活性剂是以硅烷基链或硅氧烷基链为亲油基，聚氧乙烯链、羧基或其他极性基团为亲水基构成的表面活性剂。

含硅表面活性剂也是一类性能优良的表面活性剂。由于 Si—O 键要比 C—C 键稳定，不易断裂，因而含硅表面活性剂具有较高的耐热稳定性；硅氧烷表面活性剂具有化妆品配方要求的润滑性、光泽、调理性、耐水性和特殊触感等良好特性；季铵盐含硅表面活性剂的杀菌能力很强，一般配成稀溶液，就能杀死各种细菌例如革兰阴性细菌、葡萄球菌、真菌等。含硅表面活性剂可作为杀菌剂、消泡剂、织物柔软整理剂、羊毛防缩整理剂、抗静电剂及合纤油剂、化妆品用头发调理剂、润滑剂等使用。

含硅表面活性剂的合成包括有机硅疏水链（分为硅氧烷基型和硅烷基型）的合成和亲水基的引入。有机硅化合物的合成方法一般都是先合成氯硅烷，然后再与各种有机试剂反应；亲水基的引入则视亲水基团的不同，由硅烷或硅氧烷与含相应亲水基的化合物反应。

非离子含硅表面活性剂一般由各种硅氧烷基在催化剂存在下与聚醚或环氧乙烷反应即可；阳离子含硅表面活性剂则可通过含卤素的硅烷或硅氧烷和胺类反应或由硅烷与含烯烃的胺类进行加成反应再季铵化制备；阴离子含硅表面活性剂由含卤硅烷与丙二酸酯反应再水解或利用环氧有机硅化合物与亚硫酸盐作用而得。

三、生物表面活性剂

生物表面活性剂是由细菌、酵母菌和真菌等多种微生物在一定条件下分泌出的代谢产物，如糖脂、多糖脂、脂肽或中性类脂衍生物等，它们与一般表面活性剂分子在结构上类似。即分子中不仅有脂肪烃链构成的亲油基，同时也含有极性的亲水基，如磷酸根或多羟基基团等。生物表面活性剂也具有降低表面张力的能力，加上它无毒、生物降解性能好等特性，使其在一些特殊工业领域和环境保护方面受到注目，并有可能成为化学合成表面活性剂的替代品或升级换代产品。

根据其亲水基的结构，生物表面活性剂可分为 5 类：①亲水基为单糖、低聚糖或多糖的糖脂类；②亲水基为低缩氨基酸的氨基酸酯类；③亲水基为羧酸的中性脂及脂肪酸类；④亲水基为磷酸基的磷脂类；⑤聚合物类，其代表物有脂杂多糖、脂多糖复合物、蛋白质-多糖复合物等。

生物表面活性剂能显著降低表面张力和油水界面张力，具有良好的抗菌性能。由于其独特性能，可应用于石油工业提高采油率、清除油污等，另外它在纺织、医药、化妆品和食品等工业领域都有重要应用。

生物表面活性剂的制备有两种方式：一种是直接从动植物及生物体内提取，对于分离相对容易、含量丰富、产量大的生物表面活性剂不失为一种简便易行、成本低的途径。另一种方法是由微生物制备，这种方法不同于由动植物开发，在制备技术及经济效果方面非常有利并且可以大量生产。

四、烷基葡糖酰胺表面活性剂

由于使用可再生性原料生产、具有绿色环保概念以及多官能团结构的特殊功效，近年来糖基表面活性剂日益受到人们的关注。一种葡糖衍生表面活性剂——烷基葡糖酰胺（AGM）已成功实现工业化生产，目前年产量达到 40000t，成为糖基表面活性剂中仅次于烷基葡糖苷（APG）的第二大品种。

AGM 的研究和开发由来已久。1934 年 Piggott 就提出葡萄糖与甲基胺还原氢化，再与脂肪酸缩合制得 AGM 的工艺。之后，许多研究者也对其进行了研究，其中主要是美国 P&G 公司。P&G 经过长期努力，终于在 20 世纪 90 年代初使合成 AGM 两步法趋于成熟，一系列的专利涉及 AGM 合成工艺、反应条件、催化剂等，并实现了工业化生产。其他公司如 Lever、Kao 等也进行了一些研究，但未曾大规模开发。

目前合成烷基葡糖酰胺采用的两步法大致为：第一步在甲醇中用烷基胺将葡萄糖胺化，大多使用甲基胺。为使反应产物具有最佳活性，需注意在反应过程中保留葡萄糖的仲醇碳原子。然后以镍尼 Ni 为催化剂，于氢气中高压还原得到烷基葡糖胺。该步反应得率一般可达 86%~93%。第二步在甲醇中使用碱金属催化剂，用烷基葡糖胺和脂肪酸甲酯在回流状态下合成烷基葡糖酰胺。反应实际是将仲胺基多元醇酰化，过程中分馏出副产物甲醇。使用甲基葡糖胺得率约 84%~95%。

五、双子表面活性剂

由连接在间隔基两端的两个相同或不同两亲部分组成的表面活性剂被定义为双子或偶联表面活性剂。间隔基团可以是柔性的或刚性的、亲水的或疏水的。疏水基可以是烷基、烷烯基、芳烷基、碳氟链和碳-氟混合链等。亲水基可以是阴离子、阳离子、非离子或两性离子。各种亲水基、疏水基和间隔基的不同组合决定了双子表面活性剂的多样性和多功能性，从而引起了人们的广泛关注。

双季铵盐类是最早研究的双子表面活性剂。它们通过两分子烷基二甲基胺和适当的 α,ω-二卤代烷一步反应制备，例如：

$$2C_{12}H_{25}N(CH_3)_2 + XCH_2CHOHCH_2X \longrightarrow$$
$$C_{12}H_{25}N^+X^-(CH_3)_2CH_2CHOHCH_2X^-N^+(CH_3)_2C_{12}H_{25}$$

该反应可在乙醇中进行，加热回流约 48h。根据反应原料，也可以选择其他溶剂，如丙酮、异丙醇、乙酸乙酯等。

用 1-O-烷基甘油与溴乙酸在酸催化下进行酯化反应，然后再与胺类反应，可制备带有双酯基的可分解阳离子双子表面活性剂。

阴离子双子表面活性剂通常需要两步以上反应。

例如 $[ROCH_2CH(OCH_2COONa)]_2(CH_2)_2Y$ 的制备如下：

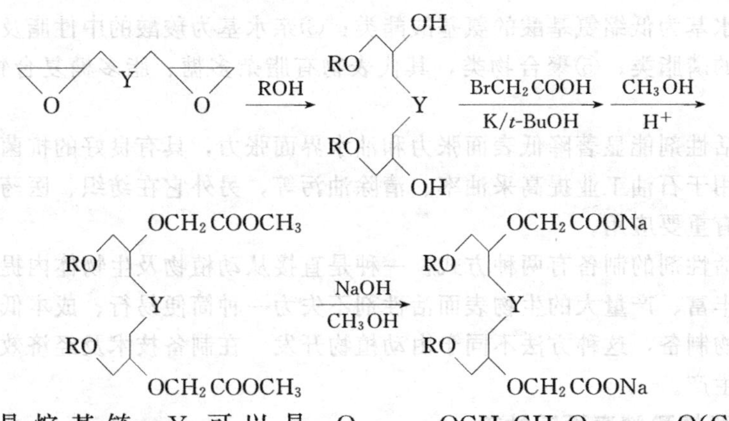

其中，R 是烷基链，Y 可以是—O—、—OCH₂CH₂O—、—O(CH₂CH₂O)₂—、—O(CH₂CH₂O)₃—等亲水性烷氧基链。

六、聚合物表面活性剂

聚合物表面活性剂由大量既含亲水基又含疏水基的结构单元自身反复重复组成，可分为天然和合成聚合物表面活性剂两大系列。因其结构独特，亲水基及疏水基大小、位置等可调，既可制得低分子表面活性剂，又可制得高分子表面活性剂，从而具有一系列独特性能，如优良的分散、乳化、絮凝、低泡、稳定等作用，成为一类很有实用价值和发展前途的表面活性剂。

聚合物表面活性剂无毒或低毒，合成、改性容易，其品种和性能在不断发展。目前工业化产品的来源和种类主要有羧酸盐型聚合物表面活性剂、以糖为亲水基的聚合物表面活性剂、由 β-环糊精（β-CD）衍生的筒状低聚阴离子表面活性剂、有机硅改性聚乙烯醇型聚合物表面活性剂。

思 考 题

1. 表面活性剂的结构特点是什么？
2. 按常用的分类方法，表面活性剂分为哪几类？
3. 表面活性剂的基本性质有哪些？
4. 表面活性剂的结构与功能的关系是什么？
5. 阴离子表面活性剂的结构特点是什么？分类有哪些？
6. 阳离子表面活性剂的基本性质有哪些？
7. 两性和非离子表面活性剂的结构与功能的关系是什么？

第五章 合成材料用化学品

【基本要求】

1. 掌握合成材料加工用化学品的定义及其在加工过程中的主要功能；

2. 理解合成材料加工用化学品的主要类别和作用，以及酯化反应、卤化反应、重氮化、偶合反应的基本原理和影响因素；

3. 了解增塑剂、阻燃剂、抗氧剂、交联剂、硫化促进剂、热稳定剂、光稳定剂、发泡剂、抗静电剂的分类、用途、发展趋势、典型品种的合成原理和生产技术要点。

第一节 概 述

一、助剂及其分类

在工业生产过程中，为了改善生产的工艺条件，提高产品的质量，使产品赋予某种特性以满足用户需要，往往要在产品的生产和加工过程中添加各种各样的辅助化学品。这种辅助的化学品称为助剂。简单地说，助剂就是某些材料和产品在生产、加工过程或使用过程中所需添加的各种辅助化学品，用以改善生产工艺和提高产品性能。大部分的助剂是在加工过程中添加于材料或产品中的，因此，助剂也常被称做"添加剂"或"配合剂"。

助剂的范围十分广泛，可以细分为很多种类，应用于各个领域，如塑料、橡胶和合成纤维等合成材料部门，以及纺织、印染、农药、造纸、皮革、食品、饲料、水泥、油田、机械、电子和冶金等工业部门，都需要各自的助剂。本章主要讨论合成材料加工中所需较重要的助剂。

随着合成材料的飞速发展，加工技术不断进步，材料的用途日益扩大，要求助剂的种类和品种也日趋增加。从助剂的化学结构看，既有无机物，又有有机物；既有单一的化合物，又有混合物；既有单体物，又有聚合物。从助剂的应用对象看，有用于塑料的、橡胶的，也有用于合成纤维等方面的。目前较通用是按照其功能分为以下几类。

1. 抗老化作用的稳定化助剂

合成材料在贮存、加工和使用过程中受到光、热、氧、辐射、微生物和机械疲劳因素的影响而发生老化变质。相应的助剂有抗氧剂、光稳定剂、热稳定剂、防霉剂等。

2. 改善机械性能的助剂

合成材料的力学性能包括抗张强度、硬度、刚性、热变形性、冲击强度等。例如，树脂的交联剂可以使高聚度的线型结构变成网状结构，从而改变高聚物材料的力学和理化性能。这个过程对橡胶来说，习惯称为"硫化"，其所用的助剂有硫化剂、硫化促进剂、硫化活性剂和防焦剂等。另外，为了改善硬质塑料制品抗冲击性能添加的抗冲击剂；在塑料和橡胶制品中具有增量作用和改善力学性能的填充剂和偶联剂等。

3. 改善加工性能的助剂

在聚合物树脂进行加工时，常因聚合物的热降解、黏度及其与加工设备和金属之间的摩擦力等因素使加工发生困难。对此，这一类助剂有润滑剂、脱模剂、软化剂、塑解剂等。反之，对加工黏度很小的液体或糊状树脂，可加入增稠剂或触变剂，以使体系呈假塑性。它们是一些具有相当大表面积的不溶性添加剂，可以阻止分子和其他任何微小粒子进行布朗运动的助剂。

4. 柔软化和轻质化的助剂

在塑料（特别是聚氯乙烯）加工时，大量需要添加增塑剂以增加塑料的可塑性和柔软性。另外，在生产泡沫塑料和海绵橡胶时要添加发泡剂。

5. 改进表面性能和外观的助剂

在这类助剂中，有防止塑料和纤维在加工和使用中产生静电危害的抗静电剂；有防止塑料薄膜内壁形成雾滴而影响阳光透过的防雾滴剂；有用于塑料和橡胶着色的着色剂。另外，在纤维纺织品中添加柔软剂，可以改善表面手感，滑爽柔软；添加硬挺剂，能使织物平整挺直而不走形等。荧光增白剂也可视作一种着色剂。

6. 阻燃添加剂

合成材料中需添加阻燃剂，这个问题近年来已被人们所重视。含有一定量阻燃剂的塑料在火焰中能缓慢燃烧，而一脱离火源则立即熄灭。近年来，又发现许多聚合物燃烧时能产生大量使人窒息的烟雾，因而作为阻燃剂的一个分支，又发展为新的助剂，即烟雾抑制剂。

由上述可见，助剂对聚合物的改性作用是非常广泛的。在实际生产和生活中，所用到的助剂品种数以万计。总之，几乎所有的聚合物都需要助剂，如果没有助剂，许多合成树脂将失去实用价值。

二、助剂在合成材料加工过程中的功用

在合成材料的加工过程中，例如塑料和橡胶的配合塑炼、成型；纤维的纺织和染整，助剂都是不可缺少的物质条件。不仅在加工过程中起到改善聚合物的工艺性能，影响加工条件，提高加工效率；并且可以改进产品的性能，提高使用价值和寿命。这些助剂品种繁多，各自起着十分重要的作用。如聚丙烯是一种极易老化的合成树脂，纯聚丙烯薄片在 150℃下只需 0.5h 就脆化，毫无使用价值。若在树脂中添加适量的抗氧化剂和稳定剂，在同一温度下就可以经受 2000h 的老化考验。这样就可使聚丙烯成为良好的通用塑料。又如，在纤维染整过程中，表面活性剂的添加可以适应各种纤维染整加工工艺的不同要求，因为表面活性剂可以起到洗涤、乳化、润湿、渗透、起泡、精炼、匀染、柔软、防水、防油、防静电等的作用。可见，助剂的用量虽然较少，但作用却很显著，甚至可使某些因性能有较大缺陷，或加工很困难而几乎失去实用价值的聚合物变成宝贵的材料。

总而言之，助剂和聚合物是相互依存的关系。一般来说，聚合物只有在具备适当的助剂和加工技术的条件下，它们才有广泛的用途。如果没有多种多样助剂的配合，纵使有再多再好的树脂、生胶和合成纤维，也不可能加工成现实所需的多种合成材料。

第二节　增　塑　剂

凡添加到聚合物体系中，能使聚合物增加塑性、柔韧性或膨胀性的物质称为增塑剂，增塑剂多为高沸点、难挥发的液体或低熔点的固体。其品种有 1100 余种之多，已投入生产及商品化的达 200 多种。就化学结构而言，以邻苯二甲酸酯为主，约占商品增塑剂总量的 80%；就产量而言，增塑剂是有机助剂中占首位的产品类型，主要用于聚氯乙烯（PVC）树脂中，其次用于纤维束树脂、聚乙酸乙烯酯树脂、丙烯-丁二烯-苯乙烯树脂及橡胶中。

将增塑剂进行分类，有利于了解其特性，便于用户根据需要准确地选择品种或进行复配，也便于研究者根据这些规律开发新品种。目前通常有四种分类方法，按增塑剂和树脂的相容性可分为主增塑剂和辅助增塑剂；按增塑剂的分子结构可分为单体型和聚合型，单体型增塑剂的相对分子质量介于 300～500 之间，聚合型增塑剂的相对分子质量约 1000～6000；按增塑剂的特性及使用效果可分为通用型和专用型，后者可进一步分类，如耐热增塑剂、耐寒增塑剂、阻燃增塑剂、无毒增塑剂等。最常用的是按化学结构分类，可分为苯二甲酸酯、脂肪酸单酯、磷酸酯、环氧化物、聚酯、含氯化合物等。

一、增塑机理

当增塑剂加入到聚合物中，或插入聚合物分子之间，可削弱聚合物分子间引力，其结果增加了聚合物分子链的移动性，降低了聚合物分子链的结晶度，从而使聚合物的塑性增加。一些常见的热塑性高分子聚合物的玻璃化转变温度（T_g）是高于室温的，因此常温下聚合物处于玻璃样的脆性状态。加入适应的增塑剂后，聚合物的玻璃化温度可以下降到使用温度以下，材料就呈现出较好的柔韧性、可塑性、回弹性和耐冲击强度，可以加工成各种各样有实用价值的产品。增塑剂自身的玻璃化温度越低，则其聚合物的玻璃化温度下降的效果越好，塑化效果越好，塑化效率越高。由此可见，聚合物分子链的作用力和结晶性是影响其抗塑性的主要因素，也影响着聚合物的化学与物理结构。

相容性是增塑剂在聚合物分子链之间处于稳定状态下相互掺混的性能，为增塑剂应具备的基本条件之一。增塑剂与聚合物分子的相容性与增塑性自身的极性及二者的结构相似有关。一般说来，极性相近且结构相似的增塑剂与被增塑聚合物相容性就好。对于乙酸纤维素、硝酸纤维素、聚酰胺等强极性聚合物而言，邻苯二甲酸二甲酯（DMP）、邻苯二甲酸二正丁酯（DBP）等作主增塑剂使用时相容性较好。相反，在聚丙烯、聚丁二烯、聚异丁烯和丁苯胶塑化时，常选用非极性及弱极性增塑性。聚氯乙烯属于极性聚合物，其增塑剂多是酯性结构的极性化合物。

烷基碳原子数为 4～10 的邻苯二甲酸酯增塑剂与聚氯乙烯有着良好的相容性，但随着烷基碳原子数的增加，其相容性急速降低。因而工业上使用的邻苯二甲酸酯类增塑剂的碳原子数都不超过 13，不同结构的烷基其相容性次序为：芳环＞脂环族＞脂肪族，如邻苯二甲酸辛酯＞四氯化邻苯二甲酸辛酯＞癸二酸二辛酯。脂肪族二羧酸、聚酯、环氧化合物和氯化合石蜡与聚氯乙烯的相容性较差，多作为辅助增塑剂。对于聚氯乙烯树脂而言，一个性能良好的增塑性，其分子结构应该具备相对分子质量在 300～500 左右；含有 2～3 个极性强的极性基团；非极性部分和极性部分保持一定的比例；分子形状成直链形，少分支等结构要求。

二、常见的增塑剂

1. 苯二甲酸酯类

苯二甲酸酯是工业增塑剂中最重要的一种，几乎占增塑剂年消耗量的 80％以上，特别是在 PVC 中的广泛应用。苯二甲酸酯作为增塑剂能使 PVC 得到优异的改性，满足多方面应用的需要，特别对软 PVC 制品。苯二甲酸酯是一类高沸点的酯类化合物，一般都具有适度的极性，与 PVC 有良好的相容性。较其他增塑剂具有适用性广、化学稳定性好、生产工艺简单、原料便宜易得、成本低廉等优点。

2. 脂肪族二元酸酯

脂肪族二元酸酯的化学结构可用如下通式表示：

$$R_1-O-\overset{\displaystyle O}{\overset{\displaystyle \|}{C}}-(CH_2)_n-\overset{\displaystyle O}{\overset{\displaystyle \|}{C}}-O-R_2$$

式中 n 一般为 2~11。R_1 与 R_2 一般为 C_4~C_{11} 烷基或环烷基，R_1 与 R_2 可以相同也可以不同。常用长链二元酸与短链一元醇或用短链二元酸与长链一元醇进行酯化，使总碳原子数在 18~26 之间，以保证增塑剂与树脂获得较好的相容性和低挥发性。

脂肪族二元酸酯的产量约为增塑剂总产量的 5%左右。我国生产的这一系列品种主要有癸二酸二丁酯(DBS)、己二酸二(2-乙基)己酯（DOA）和癸二酸二(2-乙基)己酯（DOS），其中 DOS 占 90%以上。DOS 的耐寒性最好，但价格比较昂贵，因而限制了它的用途。国外己二酸酯类价格比较便宜，所以发展很快。目前在二元酸酯类中己二酸酯类的消费占压倒优势，美国己二酸酯类的年产量已近 3 万吨。目前国内外都致力于开发成本低的新品种，例如利用合成己二酸的副产物（含己二酸、戊二酸和丁二酸的混合酸，简称 AGS 酸）来制取尼龙酸酯，其低温性能良好，已在 PVC 增塑糊料中得到很好的应用。我国也已有 AGS 酸二辛酯的生产，其性能良好。由油页岩氧化得到的 C_4~C_{10} 混合二元酸也是制取酯类增塑剂的廉价原料，低温性能良好。随着石化工业的发展，预计己二酸酯的生产和应用在我国将会有更大的发展。

在己二酸酯类中，DOA 相对分子质量较小，挥发性大，耐水性也较差，DIDA 相对分子质量与 DOS 相同，耐寒性与 DOA 相当，而挥发性少，耐水耐油性也较好，所以用量正在日益增加。在美国己二酸酯还广泛用于食品包装。

由于脂肪族二元酸价格较高，所以脂肪族二元酸酯的成本也较高。目前，从制取己二酸母液中所获得的尼龙酸作为增塑剂的原料备受重视。

3. 磷酸酯

磷酸酯的化学结构通式表示如下：

$$O=P\begin{array}{l} O-R_1 \\ O-R_2 \\ O-R_3 \end{array}$$

式中，R_1、R_2、R_3 为烷基、卤代基或芳基。

磷酸酯是三氯氧磷或三氯化磷与醇或酚经酯化反应而制取。磷酸酯与聚氯乙烯、纤维素、聚乙烯、聚苯乙烯等多种树脂和合成橡胶有良好的相容性。磷酸酯突出的特点是良好的阻燃性和抗菌性，特别是单独使用时效果更佳。另外，磷酸酯类增塑剂挥发性较低，抗抽出性也优于邻苯二甲酸二(2-乙基)己酯，多数磷酸酯都有耐菌性和耐候性。但这类增塑剂的主要缺点是价格较贵，耐寒性较差，大多数磷酸酯类的毒性较大，特别是磷酸三甲苯酯（TPC）不能用于和食品相接触的场合。磷酸二苯辛酯是允许用于食品包装的唯一磷酸酯。含卤磷酸酯几乎全部作为阻燃剂使用。

芳香族磷酸酯（如磷酸三甲苯酯）的低温性能很差，脂肪族磷酸酯的许多性能均和芳香族磷酸酯相似，但低温性能却有很大改善。在磷酸酯中磷酸三甲苯酯的产量最大，磷酸甲苯二苯酯次之，磷酸三苯酯居第 3 位，它们多用在需要难燃性的场合。在脂肪族磷酸酯中磷酸三辛酯较为重要。

4. 环氧化合物

作为增塑剂的环氧化物主要有环氧化油、环氧脂肪酸单酯和环氧四氢邻苯二甲酸酯三大类，在它们的分子中都含有环氧结构 $\begin{array}{c} -CH-CH- \\ \diagdown O \diagup \end{array}$ 主要用在聚氯乙烯中以改善制品对热和光的稳定性。它们不仅对聚氯乙烯有增速作用，而且可以使聚氯乙烯链上的活泼氯原子稳定化，阻滞了聚氯乙烯的连续分解，这种稳定化作用如果是将环氧化合物和金属盐稳定剂同时应用，将进一步产生协同作用。而在聚氯乙烯的软制品中，只要加入质量分数为 2%~3%

的环氧增塑剂，即可明显改善制品对热、光的稳定性。在农用薄膜上，加入 5% 就可以大大改善其耐候性，如果与聚酯增塑剂并用，则更适合于作冷冻设备、机动车辆等所用的垫片。另外，环氧增塑剂毒性较低，可允许用作食品和医药品的包装材料。

5. 聚酯增塑剂

聚酯类增塑剂是属于聚合型的增塑剂，它是由二元酸和二元醇缩聚而制得，其化学结构通式为：$H \mathbf{\left(} OR_1 OOCR_2 CO \mathbf{\right)}_n OH$。

式中，R^1、R^2 分别代表二元醇（有 1,3-丙二醇，1,3-丁二醇或 1,4-丁二醇，乙二醇）和二元酸（有己二酸、癸二酸、苯二甲酸等）的烃基。有时为了通过封闭基进行改性，使分子质量稳定，则需加入少量一元醇或一元酸。

聚酯增塑剂的最大特点是其挥发性小、迁移性小、耐久性优异，而且可以作为主增塑剂使用，主要用于耐久性要求高的制品，但价格较贵，多数情况和其他增塑剂配合使用。聚酯增塑剂应用领域广泛，既可用于聚氯乙烯树脂，也可用于丁苯橡胶、丁腈橡胶以及压敏胶、热熔胶、涂料等。

聚酯增塑剂的品种繁多，许多厂家为了进一步改善产品的性能，将单体的聚酯聚合物进行改造或配成混合物，并给予一个商品牌号，而不公开具体组成。因此聚酯增塑剂不按化学结构来分类，而按所用的二元酸分类，大致分为己二酸类、壬二酸类、戊二酸类和癸二酸类等。在实际应用上，以己二酸类和癸二酸类聚酯居多。

苯多酸酯主要包括偏苯三酸酯和均苯四酸酯等。苯多酸酯挥发性低、耐抽出性好、耐迁移性好，具有类似聚酯增塑剂的特点。同时苯多酸酯的相容性、加工性、低温性等都类似于单体型的邻苯二甲酸酯。1,2,4-偏苯三酸和 1,2,4-偏苯三酸三（2-乙基己酯）（TOTM），它们兼具有单体型增塑剂和聚合型增塑剂两者的优点，作为耐热、耐久性增塑剂有广泛的用途，目前主要用于 105℃ 级的电线中。

6. 含氯增塑剂

含氯化合物作为增塑剂最重要的是氯化石蜡，其次为含氯脂肪酸酯等。它们最大的优点是具有良好的电绝缘性和阻燃性，不足之处是与聚氯乙烯树脂相容性差，热稳定性也不好，因而一般作辅助增塑剂。高含氯量（70%）的氯化石蜡可作为阻燃剂用。

氯化石蜡是指 $C_{10} \sim C_{30}$ 正构混合烷烃氯化产物，又分液体和固体两种，按含量多少可以分为 40%、50%、60% 和 70% 几种。其物理化学性质决定原料构成、含氯量和生产工艺条件 3 个因素。低含氯量品种与聚氯乙烯树脂相容性差，高含氯量由于黏度大，也会影响塑化效果和加工性能。

氯化石蜡对光、热、氧的稳定性差，长时间在光和热的作用下分解产生氯化氢，并伴随有氧化、断链和交联反应发生。要提高稳定性，可以从提高原料石蜡中的正构烷烃的质量分数；适当降低氧化反应温度；加入适量的稳定剂；以及向氯化石蜡分子上引入羟基、氨基、氰基、巯基等极性基团进行改性等方面加以考虑。此外，氯化石蜡耐低温，作为润滑剂的添加剂可以抗严寒，当含氯量在 50% 以下时尤为突出，研究表明，耐热性的氯化石蜡含氯量为 31%～33%，其结构非常类似于聚氯乙烯。

除上述的增塑剂种类以外，还有力学性能好、耐皂化、迁移性低、电性能好、耐候的烷基磺酸类，耐热性和耐久性优良的丁烷三羧酸酯，耐寒性和耐水性优良的氧化脂肪族二元酸酯，耐寒性良好的多元醇酯，耐热性良好的环烷酸酯，无毒的柠檬酸酯等。

三、酯类增塑剂的生产技术

1. 酯化反应的机理分析

虽然增塑剂的种类很多，但其绝大部分是酯类，绝大多数酯类的合成是基于酸和醇的酯化反应。

酸与醇的反应历程在有机化学教材中已经叙述过，即羧酸首先质子化成为亲电试剂，然后与醇反应，脱水、脱质子而生成酯。总的反应可简单表示如下：

$$R-\underset{\underset{O}{\|}}{C}-OH + HO-R' \rightleftharpoons R-\underset{\underset{O}{\|}}{C}-OR' + H_2O$$

酯化反应是可逆反应，热效应很小，但是羧酸和醇的结构则对酯化速率和 K 值有很大的影响。

将等摩尔比的羧酸与醇在一定温度下反应至组成恒定，分析反应物中酸的含量，就可以算出平衡常数 K。从异丁醇与各种羧酸的酯化相对速率、转化率和 K 值的测定数据中可以知道，甲酸比其他直链羧酸的酯化速率快得多，随着羧酸碳链的增长，酯化速率明显下降；靠近羧基有支链时对酯化有减速作用；在碳链上有苯基时，对酯化有减速作用，苯环与羧基相连时（例如苯甲酸），则减速作用更大；在苯甲酸的邻位有取代基时，其空间位阻对酯化有很大的减速作用。应该指出，苯甲酸虽然酯化速率很慢，但是平衡常数 K 很高，它们一旦酯化就不易水解。

从乙酸与各种醇的酯化相对速率、转化率和 K 值的测定数据中可以看出：伯醇的酯化速率最快；一般说来，酚分子中有空间位阻时，其酯化速率和 K 值降低，即仲醇的酯化速率和 K 值比相应的伯醇低一些；而叔醇的酯化速率和 K 值都相当低。

2. 醇-酸酯化的催化剂

对于许多酯化反应，温度每升高 10%，酯化速率增加一倍。因此，加热可以增加酯化速率。但是有时发现，只靠加热并不能有效地加速酯化反应。特别是高沸点醇（例如甘油）和高沸点酯（例如硬脂酸），不加入催化剂，只在常压下加热到高温并不能有效地酯化。

采用催化剂和提高反应温度可以大大加快酯化反应速率，缩短达到平衡时间。例如邻苯二甲酸与醇的酯化反应，在没有催化剂的情况下单酯化反应能迅速按下列反应式进行。

然后由单酯进一步反应变成双酯却非常缓慢，因此双酯化反应需要较高的温度和催化剂。

在醇与酸的酯化过程中，氢离子（H^+）对酯化反应有很好的催化作用。硫酸、对甲苯磺酸、氯化氢、强酸性阳离子交换树脂等是工业上广泛使用的催化剂。磷酸、过氯酸、萘磺酸、甲基磺酸、硼和硅的氟化物（如三氟化硼乙醚络合物），以及铵、铝、镁、钙的盐类等也是较好的催化剂。

硫酸具有很强的催化活性，反应时间短，但极容易使反应混合物着色；而硫酸盐、酸式亚硫酸盐具有硫酸相同的催化效果，但着色性低，特别是酸式亚硫酸盐着色性极低。

为了解决酸性催化剂容易使反应物着色和腐蚀性的问题，近几年研究开发了一系列的非酸性催化剂，已经应用到了工业生产上，并简化工艺过程。非酸性催化剂主要包括铝的化合物，如氧化铝、氯酸钠，含水 Al_2O_3＋NaOH 等；ⅣA 和ⅣB 族元素的化合物，特别是原子序数≥22 的ⅣA 和ⅣB 族元素的化合物，如氧化钛、钛酸四丁酯、氧化锆、氧化亚锡和硅的化合物等；碱土金属金属氧化物，如氧化锌、氧化镁等；ⅤA 族元素的化合物，如氧化锑、羧酸铋等。其中最重要的钴、钛和锡化合物，它们可以单独使用，也可以互相搭配使用，还可以载于活性炭等载体上作为悬浮性固体催化剂使用。一般说来，采用一些非酸性的新型催化剂不仅酯化时间短，而且无腐蚀性、产品色泽优良、副反应少，回收醇只需要简单处理就能循环使用。其不足之处是酯化温度较高，一般多在 180～250℃。

3. 羧酸与醇酯化的生产技术

用羧酸的酯化是可逆反应，如前所述，酯化的平衡常数 K 都不大，当使用等摩尔比的酸和醇进行酯化反应时，达到平衡后，反应物中仍剩余相当数量的酸和醇。为了使羧酸和醇或者使二者之一尽可能完全反应，就需要使平衡右移，可以采用以下几种操作方法。

(1) 用过量的低碳醇　此操作简单，只要将羧酸和过量的低碳醇在浓硫酸等催化剂存在下回流数小时，然后蒸出大部分过量的醇，再将反应物倒入水中，用分层过滤分离出生成的酯。但此法只使用于平衡常数 K 极大，醇不需要过量太多，而且醇能溶于水，批量小、产值高的甲酯化和乙酯化过程，此法以生产医药中间体和香料等为主。

(2) 从酯化反应物中蒸出生成的酯　此方法只使用于在酯化反应物中酯的沸点最低的情况。例如，适用于制备甲酸乙酯、甲酸丙酯、甲酸异丙酯和乙酸甲酯、乙酸乙酯等。应该指出，这些酯常常会与水（甚至还有醇）形成共沸物，因此蒸出的粗酯还需要进一步精制。

(3) 从酯化反应物中直接蒸出水　此法可用于水是酯化混合物中沸点最低而且不与其他产物共沸的情况。当羧酸、醇和生成的酯沸点都很高时，只要将反应物加热至 200℃或更高，并同时蒸出水分，甚至不加催化剂也可以完全酯化反应。另外也可以采用减压、通入惰性气体或热水蒸气在较低温度下蒸出水分。例如，减压蒸水法可用于制备 $C_3 \sim C_7$ 脂肪酸的乙二酸、癸二酸和邻苯二甲酸的二异辛酯等。

(4) 共沸精馏蒸水法　在制备正丁酯时，正丁酯（沸点 117.7℃）与水形成共沸物（共沸点 92.7℃，含水质量分数为 42.5%）。但是，正丁酯的相互溶解度比较小，在 20℃时水在醇中溶解度是 20.07%（质量分数），醇在水中的溶解度是 7.8%（质量分数），因此，共沸物冷凝后分成两层。醇层可以返回酯化反应器中的共沸精馏塔的中部，再带出水分，水层可以在另外的共沸精馏塔中回收正丁醇。因此，对于正丁醇、各种戊醇、己醇等可以用简单共沸精馏法从酯化反应物中分离出反应生成的水。

对于甲醇、乙醇、丙醇、异丙醇、异丁醇等低碳醇，虽然也可以和水形成共沸物，但是这些醇能与水完全互溶，或者相互溶解度比较大，共沸物冷凝后不能分成两层。只是可以加入合适的惰性有机溶剂，共沸物中水量尽可能高一些，溶剂和水相互溶解三元共沸物。对于溶剂的要求是：共沸点低于 100℃，共沸物中含水量尽可能高一些，溶剂和水相互溶解度非常小，共沸物冷凝后可以分成水层和有机层两层。可选用的有机溶剂有：苯、甲苯、环己烷、氯仿、四氯化碳、1,2-二氯乙烷等。例如将工业乙二酸二水合物、工业乙醇和苯按 1∶4∶2.5 的摩尔比，共沸精馏脱水，蒸出的三元共沸物冷凝后，苯层返回酯化反应器，直到馏出液无水为止，然后升温蒸出苯-乙醇混合物，最后减压蒸出成品己二酸二乙酯，含量 98%，按乙二酸计，收率为 96%。

四、邻苯二甲酸酯的生产技术

1. 酸酐酯化的基本原理

用酸酐酯化的方法主要用于酸酐较易获得的情况，例如乙酐、顺丁烯二酸酐、丁二酸酐和邻苯二酸酐等。

(1) 单酯的制备　　酸酐是较强的酯化剂，只利用酸酐中的一个羧基制备单酯时，反应不生成水，是不可逆反应，酯化可以在较温和的条件下进行。酯化时可以用催化剂，也可以不用催化剂。酸催化剂的作用是提供质子，使酸酐转化成酰化能力较强的酰基正离子。

$$\underset{O}{\underset{\|}{R-C}}-O-\underset{O}{\underset{\|}{C}}-R + H^+ \longrightarrow \underset{O}{\underset{\|}{R-C}}-OH + \underset{O}{\underset{\|}{R-C^+}}$$

(2) 双酯的制备　　用环状酸酐可以制得双酯。其中产量最大的是邻苯二甲酸二异辛酯，它是重要的增塑剂。在制备双酯时，反应是分两步进行的，即先生成单酯，再生成双酯。

第一步生成单酯非常容易，将邻苯二甲酸酐溶于过量的辛醇中即可生成单酯。第二步由单酯生成双酯属于用羧酸的酯化，需要较高的酯化温度，而且要用催化剂。最初用硫酸催化剂，现在都改用非酸性催化剂，例如钛酸四烃酯、氢氧化铝复合物、氧化亚锡或草酸亚锡等。

邻苯二甲酸的混合双酯具有良好的增塑性能。在制备邻苯二甲酸丁-十四酯和邻苯二甲酸辛-十三酯时，要将邻苯二甲酸酐先与等摩尔的低碳醇进行单酯化，然后与过量的低碳醇进行双酯化。但是在制备邻苯二甲酸丁-异辛酯时，则是将邻苯二甲酸酐先与等摩尔的丁醇进行单酯化，然后与过量的异辛酯进行双酯化。

2. 生产过程的工艺特点

在用邻苯二甲酸酐制备增塑剂的整个生产过程中，酯化是关键的工序。酯化后的所有生产工序，目的只是为了将产品从反应混合物中分离、脱色、提纯，这里有必要强调注意几个工序特点。

(1) 中和过程的操作控制　　酯化反应结束时，反应混合物中因有残留的苯酐和未反应的单酯而呈酸性，如果用的是酸性催化剂，则反应液的酸值更高，必须用碱加以中和，常用的碱液是质量分数为 3%～4% 的碳酸钠，碱的质量分数太低，则中和不完全，且醇的损失和废水量都会增加，碱的质量分数太高，则又会引起酯的碱性水解——皂化反应。中和过程也会发生一些反应，如碱和酸性催化剂反应，纯碱与酯反应等，为了避免副反应，一般控制温度不超过 85℃。

另外在中和过程中，碱与单酯生成的单酯钠盐是表面活性剂，具有很强的乳化作用，特别是当温度低，搅拌剧烈后反应混合物的相对密度与碱液相近时更容易发生乳化现象。此时，操作上可采用加热、静置或加盐来破乳。中和一般采用连续操作，中和反应属于放热反应。

(2) 水洗操作　　用碱中和之后，一般都需要进行水洗以除去粗酯中夹带的碱液、钠盐等杂质。国外常采用去离子水来进行水洗，可以减少产品中金属离子型杂质，以提高体积电阻率。

一般情况下，水洗进行两次后反应液即呈中性。如果不采用催化剂或采用非配性催化剂时，可以免去中和与水洗两道操作工序。

(3) 醇的分离回收操作　通常，采用水蒸气蒸馏法来使醇与酯分开，有时醇是与水共沸的溶剂，一起被蒸汽蒸出来，然后用蒸馏法分开。脱醇是采用过热蒸汽，因此可以除去中和水洗后反应物中含有的质量分数为 0.5%～3% 的水。

回收醇的操作中，要求控制含酯量越少越好。否则，在循环使用中会使产品的色泽加深。醇和酯虽然沸点相差很大，但要完全彻底将其分开是不容易的。在工业生产中，采取减压下水蒸气蒸馏的操作办法，并且严格控制过程的参数，如温度、压力、流量等。国内生产厂家的脱醇装置通常选用 1～2 台预热器和 1 台脱醇塔。预热器通常是列管式，脱醇塔可以采用填料塔。近年来，国外也有采用液膜式蒸发进行脱醇，此外蒸发器中液体呈薄膜状沿传热面流动，单位加热面积大，停留时间短，仅数秒钟，因而比较适用于蒸发热敏性大和易起泡沫的液体，进入的料液一次通过就可以被浓缩。

(4) 精制操作　比较成熟的操作是采用真空蒸馏进行精制。其优点是操作温度低，可以保持反应物的热稳定性；因此产品质量高，几乎 100% 达到绝缘级质量要求。这种塔式设备对像苯二甲酸酯这类沸点高、黏度高、热敏性高的化合物在设计时都要全面考虑到，因而投资较大。实际上，对于某些沸点较小的混合物，可以通过改变相对挥发度，以改变其共沸组成来提高分离效果；对有些使用上要求不高的产物，通常只要加入适量的脱色剂（如活性白土、活性炭）吸附微量杂质，再经压滤将吸附剂分离出去，也能满足要求，这样就可以在很大程度上降低生产成本。

(5) "三废" 处理　生产过程中，酯化反应生成的水是工业废水的主要来源。以邻苯二甲酸二辛酯的生产为例，酯化液与中和废水的成分组成大致如表 5-1 所示。

表 5-1　DOP 酯化液与中和废水的成分组成

组　成	酯化液/%	中和废碱液/(mg/L)	组　成	酯化液/%	中和废碱液/(mg/L)
DOP	90.4	2000	硫酸单辛酯	1.16	—
苯酐	7.83	2000	硫酸单辛酯钠	—	23000
苯二甲酸辛酯	0.065	—	硫酸双辛酯	0.19	—
苯二甲酸单辛酯钠	—	1000	苯二甲酸二钠盐	—	4000

废水治理措施包括从工艺上减少废水排放量，例如，采用非酸性催化剂，则可革除中和水洗两个工序；适当地进行废水处理，一般全部处理过程分为回收和净化两部分，回收时必须考虑经济效益，如果回收有效成分费用很大，可考虑用少量碱将其破坏除去。

3. 邻苯二甲酸二辛酯（DOP）生产技术

邻苯二甲酸二辛酯是最广泛使用的增塑剂，除乙基纤维素、乙酸乙烯酯外，与绝大多数工业上使用的合成树脂和橡胶均有良好的相容性，并具有良好的综合性能。

(1) 主要原料其规格

① 苯酐　纯度≥99.3%，熔点≥131℃，色泽（铂-钴）≤10。

② 2-乙基己醇　密度（20℃）0.833～0.835g/cm³，沸程 183～185℃，酸值（以乙酸计）≤0.02%，醛（以 2-乙基己醛计）≤0.02%，水分≤0.05%，色泽（铂-钴）≤10。

(2) 消耗定额　按生产 1t 的 DOP 产品计，酸性催化剂和非酸性催化剂生产工艺的主要原料参考用量见表 5-2。

表 5-2　生产 DOP 的消耗定额

原料	消耗定额		原料	消耗定额	
	酸法	非酸法		酸法	非酸法
苯酐/t	0.38	0.348	碳酸钠/t	0.009	—
2-乙基己醇/t	0.672	0.677	氢氧化钠(20%)/t	—	0.002
硫酸(92%)/t	0.016	—			

（3）酸性催化剂间歇生产邻苯二甲酸二辛酯　对间歇法生产 DOP 的工艺过程充分体现出产量不大，但产值却高的精细化学的生产工艺特点。间歇式邻苯二甲酸酯通用生产工艺流程如图 5-1 所示。

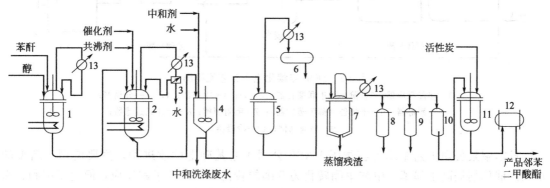

图 5-1　间歇操作邻苯二甲酸酯通用生产工艺流程

1—单酯化反应器（溶解器）；2—酯化反应器；3—分层器；4—中和洗涤器；5—蒸馏器；
6—共沸剂回收贮槽；7—真空蒸馏器；8—回收醇贮槽；9—初馏分和后馏分贮槽；
10—正馏分贮槽；11—活性炭脱色器；12—过滤器；13—冷凝器

本装置除能生产一般邻苯二甲酸酯外，还能生产脂肪族二元酸酯等其他种类的增塑剂。

间歇法生产邻苯二甲酸酯的工艺操作过程是将邻苯二甲酸酐与 2-乙基己醇以 1:2 的质量比在总物料质量分数为 0.25%～0.3% 的硫酸催化作用下，于 150℃ 左右进行减压酯化反应。操作系统的压力维持在 80kPa，酯化时间一般为 2～3h，酯化时加入总物料量 0.1%～0.3% 的活性炭吸附剂，反应混合物用 5% 碱液中和，再经 80～85℃ 热水洗涤，分离粗酯在 130～140℃ 与 80kPa 的减压下进行脱醇，直到闪点为 190℃ 以上为止，脱酯后再以直接蒸汽脱去低沸物，必要时在脱醇前可以补加一定量的活性炭吸附剂。最后经压滤而得成品。如果欲获得较好质量的产品，脱醇后可先进行高真空精馏而后再压滤。

间歇式生产的优点是设备简单，改变生产品种容易；其缺点是原料消耗定额高，能量消耗大，劳动生产率低，产品质量不稳定。间歇式生产工艺适用于多品种、小批量的生产。

（4）非酸性催化剂连续生产邻苯二甲酸二辛酯　连续法生产能力大，适合于大吨位的邻苯二甲酸二辛酯的生产。酯化反应设备分为阶梯串联反应器和塔式反应器两类。塔式反应器结构比较复杂，但结构紧凑，总投资较阶梯式串联反应器低。采用酸性催化剂时，由于反应混合物停留时间较短，选用塔式酯化器比较合理。阶梯式串联反应器结构较简单，操作也较方便，但总投资较塔式反应器高，占地面积较大，能量消耗也较大。采用非酸性催化剂时，因反应混合物停留时间较长，所以选用阶梯式串联反应器较合适。

由于邻苯二甲酸二辛酯等主增塑剂的需要量大，国内外普遍采用全连续化生产工艺，目前一般单条生产线的生产能力为（2～5）×10kt/a，全连续化生产线自动控制水平高，产品质量稳定，原料及能量消耗低，劳动生产率高，劳动强度大，经济效益高。日本窒素公司五井工场的邻苯二甲酸二辛酯连续生产工艺流程示意图如图 5-2 所示。

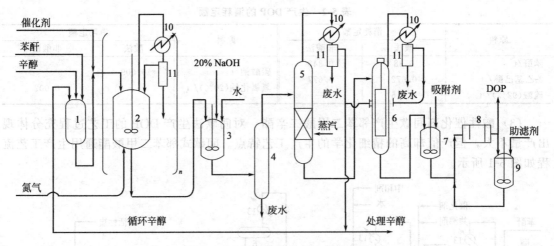

图 5-2　DOP 连续化生产工艺流程图

1—单酯反应器；2—阶梯式串联酯化器（$n=4$）；3—中和器；4，11—分离器；
5—脱醇器；6—干燥器（薄膜蒸发器）；7—吸附剂槽；8—叶片式过滤器；
9—助滤剂槽；10—冷凝器

日本窒素公司工艺路线是在德国 BASF 公司工艺基础上的改进型，主要使用了新型的非酸性催化剂提高了邻苯二甲酸单酯转化为双酯的转化率，减少了副反应，简化了中和、水洗工序，而且生产的废水量较少。其操作工艺过程是将加热熔融的苯酐和 2-乙基己醇（辛醇）以一定的摩尔比（1∶2.2）～（1∶2.5）投入到单酯反应器，在 130～150℃反应形成单酯，再经预热后进入 4 个串联的阶梯式酯化反应器的第一级。非酸性催化剂也加入到第一级酯化成单酯反应器。第一级酯化反应器温度控制在不低于 180℃，最后一级酯化反应温度为 220～230℃。酯化部分用 3.9MPa 的蒸汽加热。邻苯二甲酸酯单酯到双酯的转化率为 99.8%～99.9%。为了使酯反应器混合物在高温下长期停留不着色，并强化酯化过程，在各级酯化反应器的底部都通入高纯度的氮气。

中和、水洗操作是在一个带搅拌的容器中同时进行的。碱的用量为反应混合物酸值的 3～5 倍，使用 20%的 NaOH 水溶液，当加入去离子水后碱液浓度仅为 0.3%左右。因此无需再进行一次单独的水洗。非酸性催化剂也在中和、水洗工序被洗去。

然后物料在 1.32～2.67kPa 和 50～80℃条件进行脱醇，再在 1.32kPa 和 50～80℃条件下经薄膜蒸发器进行干燥后送至过滤工序。过滤工序选用特殊的吸附和助滤剂替代活性炭，新型吸附剂成分为 SiO_2、Al_2O_3、Fe_2O_3、MgO 等，硅藻土助滤剂成分为 SiO_2、Al_2O_3、Fe_2O_3、CaO、MgO 等。该工序的主要目的是通过吸附和助滤剂的吸附脱色作用，保证产品的色泽和体积电阻率两项指标，同时除去产品中残存的微量催化剂和其他机械杂质，最后得到高质量的邻苯二甲酸二辛酯。其收率以苯酐或以辛醇计约为 99.3%。

回收的辛醇一部分直接循环至单酯化反应器，另一部分需进行分馏和催化加氢处理。生产废水用活性污泥进行生化处理后再排放。酯化、脱醇、干燥系统排出的废气经填料式洗涤器用水洗涤以除去臭味后再排入大气。

（5）产品质量标准　增塑剂工业邻苯二甲酸二辛酯的国家质量标准是 GB 11406—89，工业邻苯二甲酸二丁酯的国家质量标准是 GB 11405—89。

五、脂肪族二元酸酯类的生产技术

脂肪族二元酸酯的产量约为增塑剂总产量的 5%～10%左右。我国生产的主要品种有癸二酸二丁酯、己二酸二(2-乙基)己酯(DOA)和癸二酸二(2-乙基)己酯(DOS)，其中 DOS 占

90%以上。癸二酸二(2-乙基)己酯又称癸二酸二辛酯，增塑效率高，挥发性低，既有优良的耐寒性，又有较好的耐热性、耐光性和电绝缘性，主要用于聚氯乙烯、氯乙烯-乙酸乙烯共聚物、硝酸纤维素、乙基纤维素、聚甲基丙烯酸甲酯、聚苯乙烯及合成橡胶等。特别适用于制作耐寒电线和电缆料、人造革、薄膜、板材、片材等制品。但是它迁移性较大，易被烃类溶剂抽出，耐水性也不太理想。因此，常与邻苯二甲酸酯类并用，可以作为多种合成橡胶的低温用增塑剂。对橡胶的硫化无影响，不可用作喷气发动机的润滑油、润滑脂。

1. 癸二酸的生产技术

癸二酸生产的主要化学反应是酯类的水解，水解是在氢离子（H_3O^+）、氢氧离子（OH^-）或酯的催化剂作用下进行的，酯的水解是可逆反应，加入酸可加速反应，但对平衡几乎没有影响。水解时加入足够的碱，不仅可以使反应加速，而且使反应生产的酸完全转变为盐。

$$
\begin{array}{c}
R_1-C-O-CH_2 \\
R_2-C-O-CH \quad + 3H_2O \quad \rightleftharpoons \quad R_1-C-OH \quad HO-CH_2 \\
R_3-C-O-CH_2 \qquad\qquad R_2-C-OH \quad + \quad HO-CH \\
\qquad\qquad\qquad\qquad R_3-C-OH \quad HO-CH_2
\end{array}
$$

工业上最重要的酯类水解过程是植物油或动物油等油脂的水解。油脂和脂肪都是脂肪酸的甘油酯。三元酯中的三个脂肪酸可以是相同的或不同的，其中脂肪链 R 可以是饱和的，也可以是不饱和的。油脂水解时，常得到混合脂肪酸。

油脂和脂肪如果用氢氧化钠水解，得到的是脂肪酸钠（肥皂）和甘油，此法叫做"皂化水解"。如果目的产物是脂肪酸，为了节省碱和酸，一般都采用水蒸气的酸性水解法，它又分为常压水解法和加压水解法两种。以蓖麻油的水解为例，常压水解时，需要加入乳化剂，以帮助油-水两相的充分混合接触，常用的乳化剂有苯磺酸、脂肪酸和十二烷基苯磺酸等。加压水解法一般用氧化锌作催化剂，水解物料的比例是油：水：氧化锌的质量比为 1.0：0.4：0.005。水解过程在塔式反应器中进行，从塔底直接通入水蒸气加热，保持 155～160℃和 0.6～0.8MPa 的条件，水解反应 10h。另外，油脂和脂肪的水解也可以不加热催化剂和乳化剂，在高温、高压下（250～260℃，5MPa）连续通过管式反应器进行水解。

水解产物静置分层后，下层是甘油水溶液，可以从中回收甘油。上层是粗品脂肪酸，精制后即得到成品脂肪酸。从油脂水解制得的脂肪酸主要有蓖麻油酸，其主要成分是蓖麻油酸，含量约为 80%～90%，其余是油酸、亚油酸和硬脂酸；油酸(顺式十八碳烯-9-酸)是从动植物油在乳化剂存在下，于 105℃水解而得，将粗油酸经一次压榨去固态硬脂酸，再经脱水、减压蒸馏、冷冻、二次压榨除去凝固的软脂酸，即得成品油酸；亚油酸（十八碳二烯-9,12-酸）是从豆油或红花油经皂化水解，然后酸化、精制而得；月桂酸（十二烷酸）是从椰子油、月桂油或山苍子油水解而得，同时副产癸酸；硬脂酸（十八烷酸），它是由加氢硬化（提高凝固点）的动植物油经常压水解而得。

生产增塑剂癸二酸酯类的原料癸二酸是由蓖麻油制得，其主要生产技术是将蓖麻油经皂化水解，酸化水解成蓖麻油酸。水解又分高压水解和常压催化水解两种生产工艺。常压水解催化剂为硬脂酸甲酚磺酸、硬脂酸苯磺酸、硬脂酸萘磺酸或十二烷基磺酸钠等。水解物料的质量是蓖麻：水＝1：1，水解催化剂用量约为蓖麻油质量的 5%，加热至沸腾水解约为 10h 左右。水解产物为混合脂肪酸双钠盐和仲辛醇，加碱裂解温度为 260～280℃，双钠盐用硫酸中和至 pH 为 6～7，生产癸二酸单钠盐。单钠盐用活性炭脱色压滤后，进一步用硫酸酸化至 pH 为 2～3，生成癸二酸，再经冷却结晶、干燥得成品。其工艺流程示意图如图 5-3 所示。

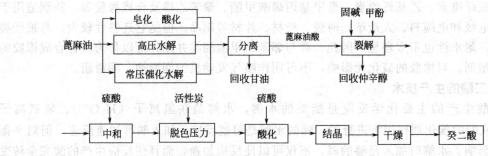

图 5-3　蓖麻油生产癸二酸工艺流程示意

2. 癸二酸二辛酯的生产技术

(1) 主要原料及其规格　①癸二酸，熔点 129～134℃；②2-乙基己醇，含量＞99％。

(2) 消耗定额　①癸二酸，510kg/t 产品；②2-乙基己醇 650kg/t 产品。

(3) 操作过程　癸二酸和 2-乙基己醇在硫酸催化下经酯化反应生成癸二酸二辛酯，其化学反应式如下。

$$\underset{\text{COOH}}{\overset{\text{COOH}}{(CH_2)_8}} + 2HO-CH_2-\underset{C_2H_5}{CH}(CH_2)_3CH_3 \underset{}{\overset{H_2SO_4}{\rightleftharpoons}} \underset{COOCH_2-\underset{C_2H_5}{CH}(CH_2)_3CH_3}{\overset{COOCH_2-\underset{C_2H_5}{CH}(CH_2)_3CH_3}{(CH_2)_8}} + 2H_2O$$

先将癸二酸和 2-乙基己醇按 1∶1.6 的质量配比加入酯化罐，催化剂硫酸用料量为物料总质量的 0.3％，同时加入物料量的 0.1％～0.3％的活性炭；在催化剂下进行减压酯化，酯化温度为 130～140℃，真空度约为 93.325kPa，酯化时间为 3～5h。粗酯经碱溶液中和，进入中和沉降器。在 70～80℃下进行水洗，然后送至水洗沉降器沉降，分出废水后，送到醇塔于 9697.3kPa 下脱去过量的醇，当粗酯闪点达到 205℃时为终点。脱醇的粗酯经压滤机压滤即得成品。其生产流程图如图 5-4 所示。

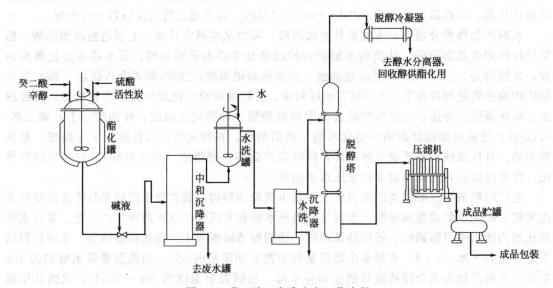

图 5-4　癸二酸二辛酯生产工艺流程

（4）产品质量标准　增塑剂工业癸二酸二辛酯的质量标准 ZBG 71006—89。

第三节　阻　燃　剂

能够提高可燃性材料的难燃性的化学品称为阻燃剂。合成材料中的塑料、橡胶、纤维等都是有机树脂类化合物，均具有可燃性，其燃烧过程常伴有火焰、浓烟、毒气等生成，采用添加阻燃剂的方法使可燃材料成为难燃性材料，即在接触火源时燃烧速度很慢，当离开火源时能很快停止燃烧而熄灭。应该说，合成具有高热氧稳定性的耐热材料来降低聚合物可燃性，但这样的聚合物材料往往成本很高，并难以满足其他方面的要求。因此，添加阻燃剂是一种经济实用的好方法。

阻燃剂有无机化合物和有机化合物两类。如氮、磷、锑、铋、氯、溴、硼、铝等的化合物，硅和钼的化合物也具有阻燃剂作用，其中最常用的是磷、溴、氯、锑和铝化合物。

根据阻燃剂的加工和使用方法将阻燃剂分为添加型和反应型两大类。在聚合物中简单的掺和而不起化学反应为添加剂型，主要有磷酸酯、卤代烃和氧化锑等；在聚合物制备中视作原料之一，通过化学反应成为聚合物分子链的一部分的为反应型，反应型阻燃剂对塑料等合成材料的使用性能影响小，阻燃性持久，如卤代酸酐和含磷多元醇等。

对阻燃剂的要求因材料和用途而异，一般有如下几个方面：一是阻燃剂不损害聚合物的物理力学性质，即塑料经阻燃剂加工后，其原来的物理力学性能不变坏，特别是不降低热变形温度、机械强度和电气特性；二是阻燃剂的分解温度必须与聚合物的热分解温度相适应，以发挥阻燃剂效果，而不能在塑料加工成型时分解，以免产生的气体污染操作环境和使产品变色；三是具有持久性，其阻燃效果不能在材料使用期间消失等，另外还要考虑耐候性和价格低廉等因素。随着阻燃剂在制品中的添加量在逐渐递增的倾向，价廉就显得十分重要了。

一、阻燃机理

燃烧过程是一个非常复杂的急剧氧化过程，包含着种种因素。可燃物、氧和温度是维持燃烧的三个基本要素，除去其中任何一个要素都将减慢燃烧速度。从化学反应来看，燃烧过程是属于自由基反应机理，因此，当链终止速度超过链增长速度时，火焰即熄灭。如果干扰上述 3 个要素中的一个或几个，就能从实际上达到阻燃的目的。阻燃剂主要是通过物理化学的方法来切断燃烧循环。

二、常见的阻燃剂

1. 磷酸酯及其他磷化物

添加型阻燃剂使用方便，适用范围广，对多种塑料均有效，但主要用在热塑性树脂中。添加型阻燃剂与聚合物仅仅是单纯的物理混合，所以添加阻燃剂后虽然改善了聚合物的燃烧性，但也往往影响聚合物的物理力学性能，因此使用时需要细致地进行配方的工作。添加型阻燃剂包括磷酸酯及其他磷化物、有机卤化物和无机化合物等三类。

有机磷化物是最主要的添加型阻燃剂，其阻燃效果比溴化物要好，主要有磷酸酯、含卤磷酸酯和磷酸三酯等种类。磷酸酯主要包括磷酸三甲苯酯、磷酸甲苯二苯酯和磷酸三苯酯等，磷酸酯阻燃增塑剂主要用于聚氯乙烯树脂和纤维素中。含卤磷酸酯分子中由于卤和磷的协同作用所以阻燃效果较好，是一类添加型阻燃剂。磷酸三（β-氯乙基）酯主要作为阻燃剂和石油添加剂使用，其制备方法是以四氯化钛、偏钒酸钠等为催化剂，三氯氧磷与环氧乙烷进行 O—酰化（酯化）反应制得。

$$POCl_3 + 3CH_2\underset{\underset{O}{\diagdown}}{-}CH_2 \xrightarrow{\text{催化剂}} O{=}P(\!-\!O{-}CH_2{-}CH_2{-}CH_2Cl)_3$$

例如以四氯化钛为催化剂时，控温 350℃，向三氯氧磷中通入环氧乙烷，让反应温度逐渐上升到 550℃使反应完全，吹除残存的环氧乙烷后，水洗，再用碳酸钠水溶液中和，干燥，收率为 80%左右。其成品含磷为 10.8%，含氯 37%，开始分解温度为 190℃。可广泛用于乙酸纤维素、硝基纤维清漆、乙基纤维素漆、聚氯乙烯、聚氨酯、聚乙酸乙烯和酚醛树脂等；除阻燃性外，它还可以改善材料的耐水性、耐候性、耐寒性、抗静电性、手感柔软性。但存在着挥发性高、持久性较差的缺点。一般添加量为 5～10 份。

磷酸三（2,3-二氯丙酯），选用二氯乙烷作溶剂，以无水三氯化铝为催化剂，由三氯氧磷与环氧氯丙烷为原料，在 85～88℃条件下进行酯化反应制得。

$$POCl_3 + 3CH_2\underset{\underset{O}{\diagdown}}{-}CH{-}CH_2Cl \xrightarrow{\text{催化剂}} O{=}P(\!-\!O{-}CH_2{-}CHCl{-}CH_2Cl)_3$$

本品含磷 7.2%，含氯 49.9%，凝固点－6℃，开始分解温度为 230℃，不易挥发及水解，用途和磷酸三(β-氯乙酯)相近。如果含卤磷酸酯中带有恶臭的杂质，可以用水蒸气蒸馏的方法去除，提纯后的含卤磷酸酯可以用于需要无味的制品中。

2. 有机卤化物

在添加型阻燃剂中，含卤阻燃剂是一类重要的阻燃剂。卤族元素的阻燃效果为 I>Br>Cl>F，C—F 键很稳定，难分解，故阻燃效果差；碘化物的热稳定性差，所以工业上常用溴化物和氯化物。卤代烃类化合物中烃类阻燃性能顺序为脂肪族>脂环族>芳香族。但脂肪族卤化物热稳定性差，加工温度不能超过 205℃；芳香族卤化物热稳定性较好，加工温度可以高达 315℃。有机卤化物的主要品种有氯化石蜡、全氯戊环癸烷、氯化聚乙烯、溴代烃、溴代醚类等。

（1）氯化石蜡　氯化石蜡是有机氯化物阻燃剂中最为重要的、应用最广的一种。氯化石蜡的化学稳定性好，价廉，用途广，可作聚乙烯、聚酯、合成橡胶的阻燃剂。但氯化石蜡的分解温度较低，在塑料成型时可能会发生热分解，因而有使制品着色和腐蚀金属模具的缺点。作为棉用防火阻燃剂，常以涂覆法应用于棉、锦纶和涤纶等工业用布上。

氯化石蜡是由石蜡氯化而成，其主要成分为 $C_{20}H_{24}Cl_{18}$～$C_{24}H_{29}Cl_{21}$。包括含氯量 50% 和 70%两大类。含氯量 50%的主要用作聚氯乙烯树脂的辅助增塑剂；含氯质量分数为 70% 的氯化石蜡为白色粉末，不溶于水，溶于大多数的有机溶剂，主要作为阻燃剂用，与天然树脂、塑料和橡胶相容性良好，应用时大多和氯化锑并用。

（2）氯化聚乙烯　氯化聚乙烯是由粉末的中压聚乙烯及乳化剂和水，在加压下于 120℃ 进行氯化而成。氯化聚乙烯有两类产品，一类含氯质量分数为 35%～40%，另一类含氯质量分数为 68%；无毒，作为阻燃剂可用于聚烯烃、ABS 树脂等。由于氯化聚乙烯本身是聚合物材料，所以作为阻燃剂使用不会降低塑料的物理力学性能，耐久性良好。

（3）全氯戊环癸烷　全氯戊环癸烷，纯品为白色或淡黄色晶体，熔点 483～487℃，在 240℃升华，500℃以上分解，不溶于水，稍溶于一般有机溶剂。它的氯质量分数高达 78.3%，热稳定性极好，化学稳定性也很好，产品的粒度为 5～6μm，极易于分解，与氧化锑并用于多种塑料，不影响其电性能。

其合成过程是先将环戊二烯氯化，制成六氯环戊二烯，然后在无水三氯化铝催化剂存在下进行二聚生成全氯戊环癸烷；反应可以在溶剂（如氯乙烯、四氯化碳、六氯丁二烯）中进行，也可以不用溶剂进行反应，但必须严格控制温度。聚合反应温度一般在 80～90℃之间，也可高至 110℃。反应混合物经水洗、蒸馏去除溶剂和未反应的六氯环戊二烯后，用苯重结晶。

(4) 溴代烃　溴代烃是一类高效阻燃剂，一般阻燃性能是氯代烃的 2~4 倍。因此对聚合物的加工性和使用性能影响较小。脂肪族溴化物热稳定性差，易于分解，因此使用受到限制。芳香族溴化物热稳定性较脂肪族溴化物和脂环族溴化物好，用途很广。芳香族溴化物主要包括溴代苯、溴代联苯、溴代联苯醚、四溴双酚 A。

① 六溴苯　六溴苯为一白色结晶粉末，熔点为 315℃，它不溶于水，微溶于乙醇和乙醚，溶于苯；溴的质量分数达 86.9%，热稳定性良好，毒性低，能满足要求较高的树脂加工成型技术；用途广，可用于聚苯乙烯、ABS 树脂、聚乙烯、聚丙烯、环氧树脂和聚酯等。六溴苯是由苯直接溴化而得。生产时以四氯乙烷为溶剂，加入少量的铁粉和碘作催化剂，将苯加入反应器后再加入溴素，在 80℃ 反应 10h，反应终了冷却，过滤，收率为 92.5%。也可用发烟硫酸为反应介质，在 70~80℃ 时将苯加入到含三氧化硫质量分数为 29% 的发烟硫酸中，然后加入少量催化剂碘化铁（或碘和铁粉），加入所需溴的50% 在 80℃ 反应 9h，然后再将反应温度升至 150℃ 后再将剩余的溴加入，反应完成后水洗，干燥，收率为 72.5%。

$$\text{苯} + 6Br_2 \longrightarrow \text{六溴苯} + 6HBr$$

$$\text{苯} + 3Br_2 + 6SO_2 \longrightarrow \text{六溴苯} + 3H_2SO_4 + 3SO_2$$

四溴苯、六溴苯、八溴联苯和十溴联苯等一系列溴化物的生产方法是类似的，即在溶剂中，在碘化铁、三氯化铝等催化剂存在下，由芳烃直接溴化而成。四溴苯熔点 174℃，八溴苯熔点为 365~367℃，它们的阻燃剂效果和用途与溴苯差不多。

② 十溴联苯醚　溴代联苯醚主要品种是十溴联苯醚，溴质量分数为 83.4%，熔点为296℃（甲苯重结晶），在 300℃ 是稳定的，是目前应用最广的芳香族溴化物。可用于聚苯二甲酸乙二醇酯以及硅橡胶、合成纤维（多用于锦纶）等制品中，本品如与三氧化锑并用，阻燃效果更佳。

③ 溴代联苯醚　由二苯醚在卤代催化剂存在下和溴直接反应而得。生产时以四氯乙烯为溶剂加入少量的催化剂铁粉，将二苯醚加入沸腾的四氯乙烯中反应 6h 即可完成溴化反应。

$$\text{二苯醚} + 5Br_2 \xrightarrow[\text{四氯乙烯}]{\text{铁粉}} \text{十溴联苯醚} + 10HBr$$

④ 四溴双酚 A 和四溴双酚 S　四溴双酚 A 既可作为添加型阻燃剂又作为反应型阻燃剂使用。作为添加型阻燃剂，可用于抗冲击聚苯乙烯、ABS 树脂、AS 树脂及酚醛树脂，由双酚 A 溶于甲酸或乙酸水溶液中，在室温下进行溴代，溴代完了再通入氯气制得。

$$\text{HO} \diagdown \diagdown \text{OH} + 2Br_2 + 2Cl_2 \longrightarrow \text{HO} \diagdown \diagdown \text{OH} + 4HCl$$

（化学结构式：双酚A与溴、氯反应生成四溴双酚A类结构）

四溴双酚 A 双（2,3-二溴二丙基）醚为白色至淡黄色粉末，用于聚丙烯、聚苯乙烯、ABS 树脂及聚氯乙烯中。由四溴双酚 A 与氯丙烯反应生成醚，再加溴素溴化而成。

$$\text{HO} \diagdown \diagdown \text{OH} + 2CH_2=\!CH-\!CH_2Cl \longrightarrow$$

$$CH_2=\!CH-\!CH_2O \diagdown \diagdown OCH_2CH=\!CH_2 + HCl\uparrow$$

$$CH_2=\!CH-\!CH_2O \diagdown \diagdown OCH_2CH=\!CH_2 + 2Br_2 \longrightarrow$$

$$BrCH_2-\!CHBr-\!CH_2O \diagdown \diagdown OCH_2CHBr-\!CH_2Br$$

四溴双酚 S 为白色粉末，应用范围与四溴双酚 A 相似，作为添加型阻燃剂可用于聚乙烯、聚丙烯及聚苯乙烯。四溴双酚 S 是以二羟基苯砜为原料，以四氯化碳为溶剂，直接溴化而得。

$$\text{HO} \diagdown SO_2 \diagdown \text{OH} + 2Br_2 \xrightarrow{CCl_4} \text{HO} \diagdown SO_2 \diagdown \text{OH} + 4HBr\uparrow$$

其他溴代烃阻燃剂还有四溴双酚 A 双（羟乙基）醚等，它是由四溴双酚 A 溶于乙酸水溶液，然后加入环氧乙烷及氢氧化钾，在加压反应器中进行 O-烷化（亦称烷氧基化）而制得。醇或酚用环氧乙烷的 O-烷化是在醇羟基或酚羟基的氧原子上引入羟乙基，在碱或酸的催化剂作用下完成。常用的碱催化剂是氢氧化钠和氢氧化钾，反应历程为双分子亲电加成。最常用的酸性催化剂是三氟化硼（无色气体）和它的乙醚（配合物）溶液、烷基铝、磷钨酸、硅胶等，酸催化反应历程为单分子亲电取代反应。

$$\text{HO} \diagdown \diagdown \text{OH} + 2CH_2-\!CH_2 \longrightarrow HOCH_2CH_2O \diagdown \diagdown OCH_2CH_2OH$$

（5）卤代酸酐　卤代酸酐类化合物常用作聚酯及环氧树脂的反应型阻燃剂。主要产品有四氯邻苯二甲酸酐和四溴邻苯二甲酸酐。它们由邻苯二甲酸酐直接氧化或溴化而合成。

四氯邻苯二甲酸酐是将苯酐溶于浓硫酸中，在260℃左右通入氯气氯化而得。

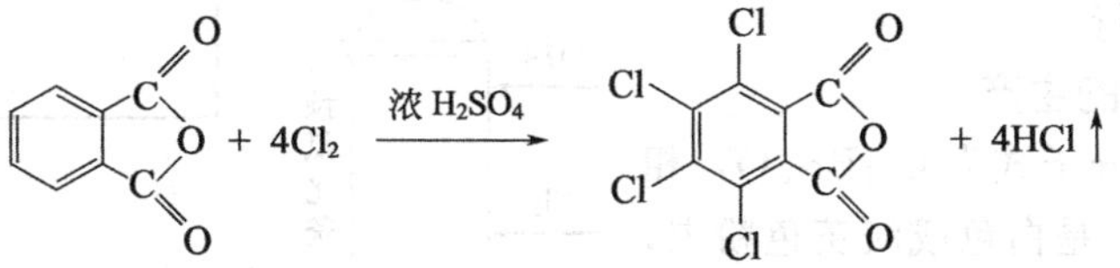

$$\text{(苯酐)} + 4Cl_2 \xrightarrow{\text{浓 }H_2SO_4} \text{(四氯邻苯二甲酸酐)} + 4HCl\uparrow$$

四氯邻苯二甲酸酐为淡黄色粉末，熔点255℃，沸点371℃，氯含量49.6%，溶于苯、氯化苯和丙酮。四溴邻苯二甲酸酐是由苯酐在发烟硫酸中或在氯磺酸中直接溴化而得，其溴化工艺和制备六溴苯等芳香族溴化物基本相同。

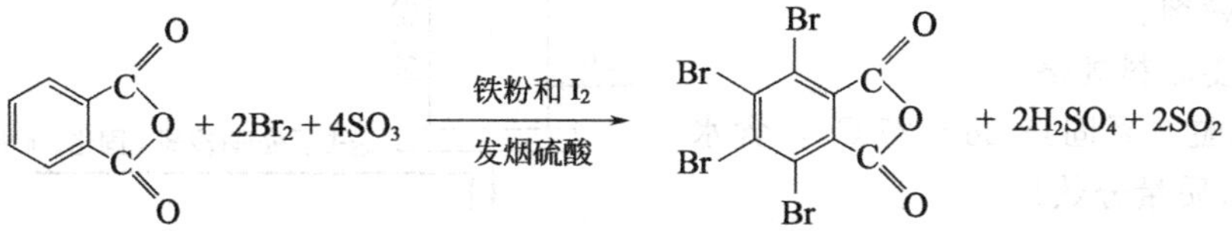

$$\text{(苯酐)} + 2Br_2 + 4SO_3 \xrightarrow[\text{发烟硫酸}]{\text{铁粉和 }I_2} \text{(四溴邻苯二甲酸酐)} + 2H_2SO_4 + 2SO_2$$

四溴邻苯二甲酸酐作为阻燃剂与四氯邻苯二甲酸酐相同。除以上应用外，还用作锦纶、涤纶的防火阻燃整理剂。

三、阻燃剂的生产技术

1. 氯化石蜡70的生产

氯化石蜡以 $C_{10} \sim C_{30}$（平均链长 C_{25}）的正构烷烃为原料，经取代氯化制得的产物总称氯化石蜡。每种产品都是混合物，因此其化学式和相对分子质量都是平均值，商品的牌号通常是以氯的含量（质量分数）来命名。例如氯化石蜡42、氯化石蜡52和氯化石蜡70等。氯化石蜡42和氯化石蜡52主要用作聚氯乙烯辅助增塑剂，氯化石蜡70一般作助燃剂。

石蜡的氯化是自由基反应，其氯化方法有热氯化、光氯化、光催化氯化和催化氯化等。在工艺上已由间歇操作转为连续操作。其化学反应可用下式表示。

$$C_{25}H_{52} + 7Cl_2 \longrightarrow C_{25}H_{45}Cl_7 + 7HCl\uparrow$$

氯化石蜡42和氯化石蜡52是液态产品，因此在氯化时可以不用溶剂，直接用活性白土将固体石蜡烃脱色精制后，在加热熔融状态下通氯气反应，经吹风脱氯化氢后干燥，压滤得到产品。中国采用5种氯化法，它们分别是塔式冷却催化氧化法、釜式自然外循环冷却催化光氧化、釜式强制外循环冷却光氯化、釜加塔式冷却热氯化法和釜式热氯化法。

氯化石蜡70是粉末状固态产品，在氯化时，一般用四氯化碳作溶剂，采用光氯化法和光催化氯化法。但四氯化碳会消耗大气的臭氧层，为保护环境，对氯化石蜡70的生产又开发了水悬浮相氯化法。

（1）主要原料规格

① 石蜡　异构烷烃含量<1%，芳烃含量<100×10^{-6}，不饱和度<0.5%。

② 液氯　含氯量99%以上。

（2）原料消耗定额（按生产1t氯化石蜡70计）　石蜡0.315t，液氯1.44t。

（3）生产操作过程　将预氯化为42%左右的氯化石蜡在表面活性剂存在下，悬浮于6～8mol/L盐酸中，油水体积比（1.1～1.4）∶1，在紫外光照射下，在150～180℃和0.3～2.0MPa通入氯气进行氯化。反应液经过冷却、固化、研磨、洗涤、过滤、干燥得成品。此法要求设备耐腐蚀、耐高温、密闭耐压，中国已建成多套千吨级间歇操作装置，其生产流程如图5-5所示，其连续氯化法技术要求高，待开发。

（4）产品规格　氯含量72%，相对密度（25℃）1.6。

（5）产品检测方法　阻燃剂氯化石蜡70的氯含量及相对密度的检测方法，可参照国家化工行业标准 HG 209—91（氯化石蜡52）规定的方法进行。

2. 十溴联苯醚的生产

十溴联苯醚其分子式为 $C_{12}Br_{10}O$，相对分子质量为 959，是白色或淡黄色粉末，成品含溴 83.3%（质量分数），熔点最高可达 306~310℃，在大多数有机溶剂中溶解度很小。热稳定性良好，是一种无毒、无污染的阻燃剂。

（1）主要原料规格

① 联苯醚　凝固点 26~27℃，含水 $<3×10^{-5}$（质量分数）。

② 溴　工业品纯度＞99.5%（质量分数），含水 $<1.5×10^{-5}$（质量分数）。

（2）原料消耗定额（按生产 1t 十溴联苯醚计）联苯醚 0.18t，溴 1.40t。

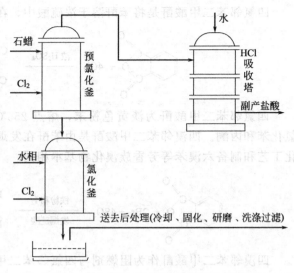

图 5-5　氯化石蜡 70 悬浮法间歇生产流程

（3）生产操作过程　十溴联苯醚的生产工艺有两种，一种是在惰性有机溶剂（例如二氯乙烷、四氯化碳或四氯乙烷等）中溴化，此法工业上较少采用。国内外普遍采用的方法是以过量的溴为介质的溴化法。其优点是操作简便、产品含溴高、热稳定性好。所用溴化催化剂是无水三氯化铝，为保证其活性，要求联苯醚含水量在 $3×10^{-5}$（质量分数）以下，液溴纯度（质量分数）在 99.5% 以上，含水量在 $1.5×10^{-5}$（质量分数）以下，操作时先将催化剂无水三氯化铝溶解在溴中，然后向反应器内的溴中滴加联苯醚进行反应。溴化时逸出的副产物溴化氢气体用水吸收，然后通氯再氧化出溴循环利用。溴化反应结束后，将过量溴蒸出，再用碱进行中和，过滤，洗涤，干燥，即可得成品，其生产操作过程如图 5-6 所示。

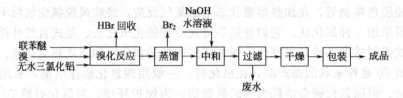

图 5-6　过量溴化生产十溴联苯醚操作过程示意

第四节　抗　氧　剂

高分子材料在加工、贮存和使用过程中，不可避免地会与氧接触，发生氧化降解，从而使高分子材料老化。老化过程是一种不可逆过程，为了抑制和延续这一过程，通常加入抗氧剂，这是防止高分子材料氧化降解的最有效和最常用的方法。抗氧剂是一些很容易与氧作用的物质，将它们加入到合成材料中，使大气中的氧先与它们作用来保护合成材料，在橡胶工业中，抗氧剂也被称为防老剂。抗氧剂应用范围广，品种繁多，对合成材料的抗氧剂来说，按其功能不同可为链终止型抗氧剂和预防型抗氧剂两类，链终止型抗氧剂也称主抗氧剂；预防型抗氧剂也称辅助型抗氧剂或过氧化氢分解剂；如果按分子量差别来分为低分子抗氧剂和高分子抗氧剂等；如果按用途分为塑料抗氧剂、橡胶防老剂以及石油抗氧剂、食品抗氧剂等；但通常按化学结构进行抗氧剂的分类，主要有胺类、酚类、含硫化合物、有机金属盐类等。

一、常见的抗氧剂

1. 酚类抗氧剂

酚类抗氧剂可分为单酚、双酚和多酚等结构，是一类毒性低、无污染、不变色的抗氧剂。烷基酚的合成主要是应用酚的烷基化反应。芳环上 C-烷化最重要的烷化剂是烯烃，其次是卤烷、醇、醛和酮。由生产实践可知，用烯烃对酚类进行 C-烷化时，如果用质子酸、Lewis 酸、酸性氧化物等催化剂时，烷基优先进入酚羟基的对位；如果改用三苯酚铝类催化剂，则烷基择优地进入酚羟基的邻位；而用丙烯酸酯烷化剂时，则要用醇钾或醇钠作催化剂。

（1）烷基单酚　抗氧剂 264（2,6-二叔丁基-4-甲酚），也称抗氧剂 BHT，其抗氧化效果好、价格便宜、稳定、安全，易于解决环境污染问题，所以被广泛用于食品、塑料和合成橡胶等，是需求量最大的一种酚类抗氧剂，在美国、西欧和日本分别占酚类抗氧剂的 30%、40% 和 50%，合成反应如下：

$$\text{对甲酚} + 2CH_2=C(CH_3)_2 \xrightarrow{H_2SO_4} \text{2,6-二叔丁基-4-甲酚}$$

抗氧剂 264 的生产有间歇操作和连续操作两种，连续操作为连续进行酚的烷基化、中和与水洗，后处理则与间歇法相同。

间歇操作法以硫酸为催化剂，将异丁烯在烷化中和反应釜中与对甲酚于 70℃ 进行反应；反应结束后用碳酸钠中和至 pH 为 7，再在烷化水洗釜中用水洗，分出水层后用乙酸重结晶。经离心机过滤后，在熔化水洗釜内熔化、水洗，分去水层。在重结晶釜中再用乙酸于 80～90℃ 条件重结晶，经过滤、干燥即得成品。生产工艺流程图如图 5-7 所示。

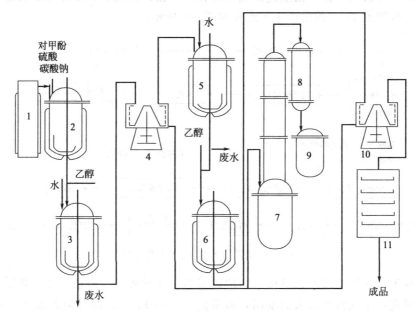

图 5-7　间歇操作生产抗氧剂 264 流程

1—异丁烯气化罐；2—烷化中和反应釜；3—烷化水洗釜；4,10—离心机；
5—熔化水洗釜；6—结晶釜；7—乙醇蒸馏罐；8—冷凝器；9—乙醇贮槽；11—干燥箱

另一个有代表性的品种为抗氧剂 1076，即 β-(4-羟基-3,5-二叔丁基苯基)丙酸正十八碳醇酯，属于阻碍酚取代的酯。它是由苯酚用异丁烯烷基化，制得 2,6-二叔丁基苯酚，在碱性催化剂存在下，用丙烯酸甲酯进行 C-烷化，生成 β-(3,5-二叔丁基-4-羟基苯基)丙酸甲酯，最后与十八碳醇进行酯交换反应，制得抗氧剂 1076，其反应式如下：

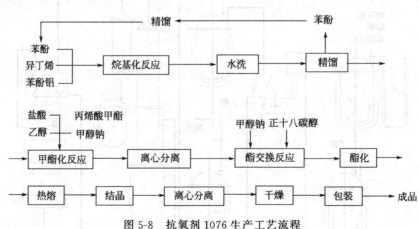

具体操作步骤和条件是在高压釜中加入苯酚，用氮气置换空气后，加入有机铝化剂和理论量的异丁烯，升温至 130～135℃，在 1.6～1.8MPa 下保温 4h。苯酚的转化率 97.9%，2,6-二叔丁基苯酚的收率为 85.5%，选择性 87.3%。

向熔融的 2,6-二叔丁基苯酚中滴入质量分数 5%叔丁醇钾的叔丁醇溶液，蒸出叔丁醇，然后在 50～90℃滴加丙烯酸甲酯，并在 110℃反应 1h，最后与十八碳醇进行酯交换反应，再进行精制，即得目的产物，由上述反应可以看出，在碱催化下，苯环与烯双键中含氢多的碳原子相连。抗氧剂 1076 的生产工艺流程如图 5-8 所示。

图 5-8　抗氧剂 1076 生产工艺流程

（2）双酚类　亚烷基双酚及其衍生物抗氧剂的合成方法，一般是先将酚类烷基化，在酚羟基的邻位引进一个或两个较大的基团，通常是—C（CH₃）₃，制得阻碍酚然后将此阻碍酚以醛作用制得亚烷双酚，代表品种有抗氧剂 2246，它是通用型抗氧剂之一，具有挥发性小、不着色、不污染、不喷霜等优点，可用于多种工程塑料，以及天然橡胶、合成橡胶。其合成反应式如下：

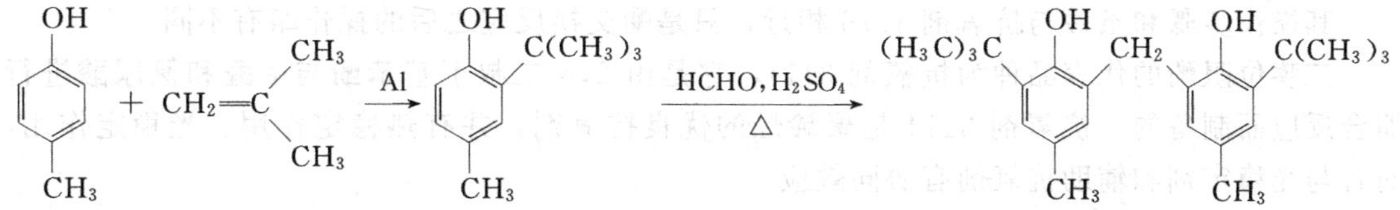

生产 2246 抗氧剂的操作过程如下：甲酚与异丁烯在铝催化剂存在下进行烷基化制得阻碍酚，甲醛与过量的阻碍酚在硫酸的催化作用下，在 200$^\sharp$ 溶剂油中发生醛对酚类的 *C*-烷化反应得亚烷基双酚，然后用碱反复中和、过滤、水洗、干燥，即得成品。

硫代双酚是用阻碍酚与二氯化硫作用来合成。代表品种为抗氧剂 300，它是一种非污染性抗氧剂，适用于多种塑料和橡胶制品，与炭黑及硫代酯有协同效应，尤其在高低密度聚乙烯树脂中，其抗热氧化性能尤为突出，也可用作 PVC 树脂及 ABS 树脂的稳定剂，适用于白色、浅色或透明制品。其合成反应式为：

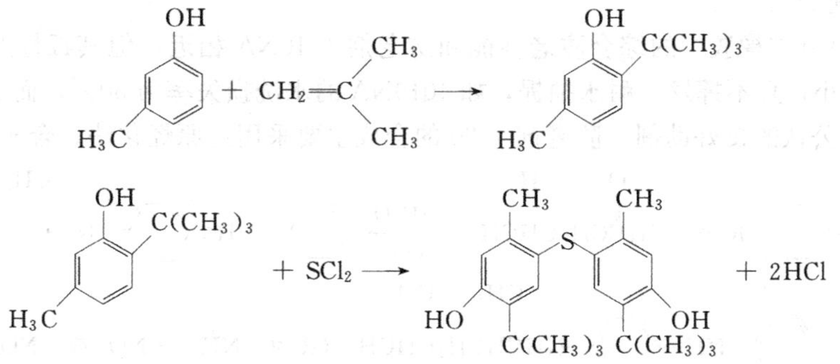

生产抗氧剂 300 的操作过程是先将间甲苯、异丁烯和催化剂加入反应器中进行烷基化反应，蒸馏，石油醚中与二氯化硫反应，然后过滤、干燥，即得成品。

（3）多酚类　多酚类抗氧剂主要有亚烷基多酚及其衍生物和三嗪阻碍酚两类。亚烷基多酚及其衍生物的代表品种有抗氧剂 1010、抗氧剂 CA 等。抗氧剂 1010 为高分子量酚类抗氧剂，是目前抗氧剂中性能较优的品种之一，具有优良的耐热氧化性能，其合成方法为苯酚与异丁烯在苯酚铝催化下进行烷基化反应得到 2,6-二叔丁基苯酚，然后在甲醇钠的催化作用下，再与丙烯酸甲酯进行加成反应得 3,5-二叔丁基-4-羟基丙酸甲酯，最后与季戊四醇在甲醇钠的催化作用下进行酯交换反应即得成品。合成反应式如下：

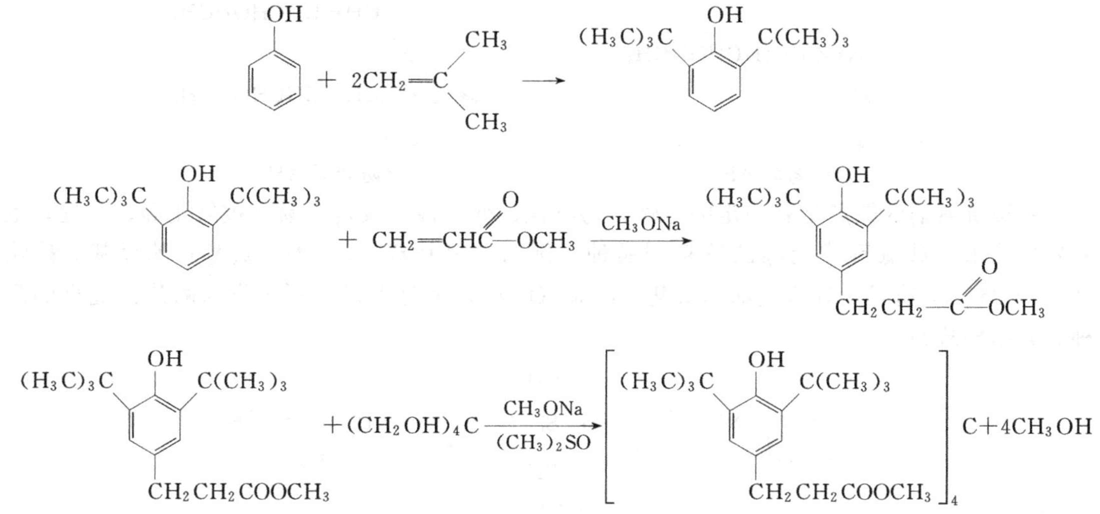

其操作步骤和条件与抗氧剂 1076 相近，只是酯交换反应之后的操作略有不同。

三嗪位阻酚的代表品种为抗氧剂 3114，它是由 2,6-二叔丁基苯酚与甲醛和氰尿酸进行缩合反应而制备的。抗氧剂 3114 是聚烯烃的优良抗氧剂，并有热稳定作用、光稳定作用，而且与光稳定剂和辅助抗氧剂有协同效应。

2. 胺类抗氧剂

胺类抗氧剂主要用于橡胶，比酚类抗氧剂更有效，可用链终止剂或过氧化物分解剂。

（1）对苯二胺型　对苯二胺型抗氧剂的通式为：（图）（R_1，R_2 可为烷基或芳基），是一类对橡胶有着良好的防护作用的抗氧剂，目前主要产品有 4010、4010NA、4020 等。对苯二胺型橡胶防老剂毒性中等，性能良好而全面，用于取代有致癌作用的防老剂 A 和防老剂 D。

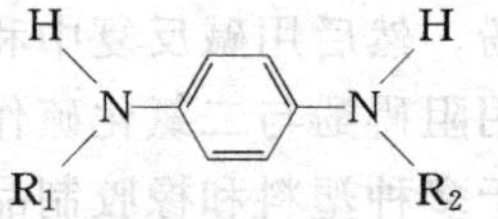

防老剂 4020 在橡胶中的综合防老性能和防老剂 4010NA 相近，但其毒性及对皮肤刺激性比 4010NA 要小，且不挥发，耐水抽提，如 4010NA 的水洗损失率为 50%，而 4020 仅为 15%，是当前国际上公认的良好助剂。防老剂 4020 的合成主要采用还原烃化法，合成反应为：

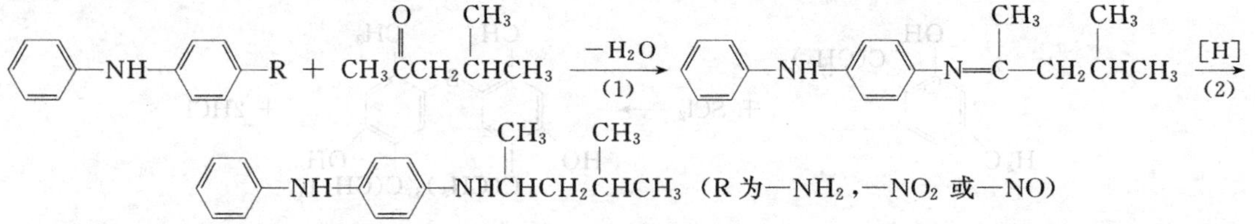

副反应为：

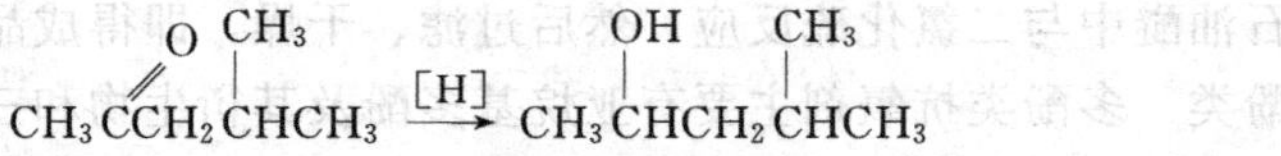

此外还有酚胺缩合法、羟胺还原烃化法、醌亚胺缩合法等，其中羟胺还原烃化法产品质量好、收率高，工艺条件较温和，是目前合成 N-苯基-N-烷基对苯二胺类最先进的方法之一，但尚在工业化研究中。

（2）羟胺缩合物　羟胺缩合物的代表品种是丁基醇缩醛-α-萘胺，即低分子量的防老剂 AP 和分子量较高的防老剂 AH，主要用作橡胶抗氧剂。结构式如下：

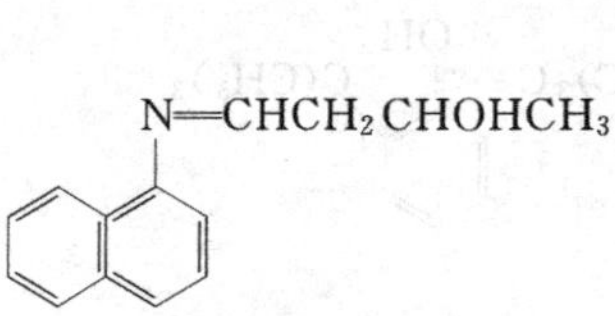

（防老剂 AP） 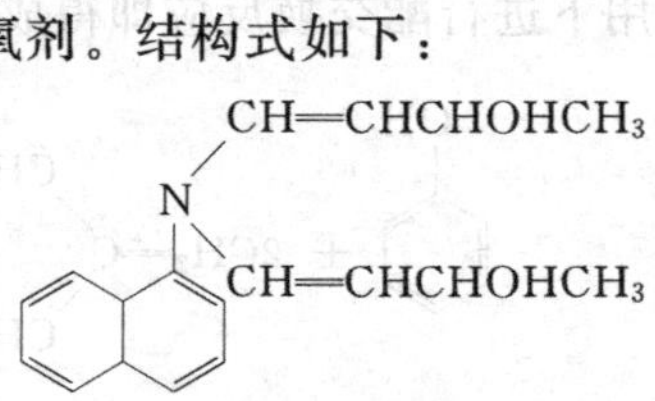　　　　　（防老剂 AH）

胺类抗氧剂的缺点是有一定的毒性，污染性、变色性以及自身易于被氧化等。最近，也开发成功了一些低毒或无毒的抗氧剂品种。例如二甲基双［对（2-萘氨基）苯氧基］硅烷（C-41）与二甲基双［对苯氨基苯氧基］硅烷（C-1），都是无毒、不挥发与耐热性优良的品种。其结构式为：

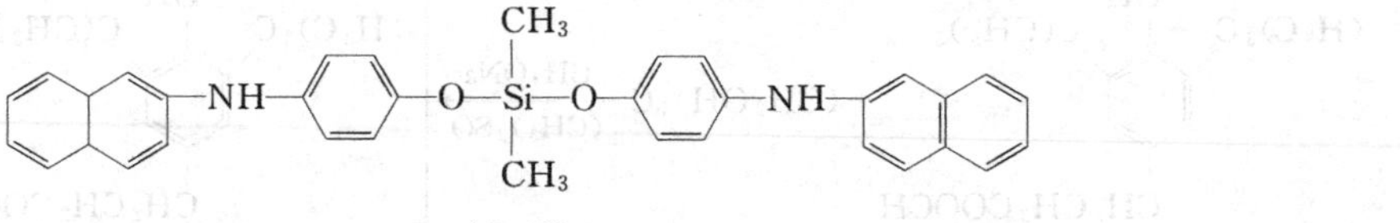

（C-41）

$$\text{C}_6\text{H}_5\text{—NH—}\underset{}{\boxed{}}\text{—O—}\underset{\underset{\text{CH}_3}{|}}{\overset{\overset{\text{CH}_3}{|}}{\text{Si}}}\text{—O—}\underset{}{\boxed{}}\text{—NH—C}_6\text{H}_5$$

(C-1)

向分子中引入含硅基团，明显降低了胺类抗氧剂的毒性，并提高胺类抗氧剂的耐热性与抗氧效率。另外还可以通过向分子中引入羟基，可以减少胺类抗氧剂的着色性。

3. 含磷抗氧剂

塑料用含磷抗氧剂主要是亚磷酸酯类。亚磷酸酯作为氢过氧化物分解和自由基捕捉剂在塑料中发挥抗氧作用。其他还有亚磷酸盐和亚磷酸盐的络合物，具有低毒、不污染、挥发性低等优点，是一类主要的辅助抗氧剂。典型品种如抗氧剂168，是一种性能优异的亚磷酸酯抗氧剂，其抗萃取性强，对水解作用稳定，并能显著提高制品的光稳定性，可与多种酚类抗氧剂复合使用。抗氧剂168由2,4-二叔丁基苯酚与PCl$_3$直接反应制备，合成反应式如下：

$$3(\text{CH}_3)_3\text{C}\underset{\text{C(CH}_3)_3}{\boxed{}}\text{OH} + \text{PCl}_3 \longrightarrow \left[(\text{CH}_3)_3\text{C}\underset{\text{C(CH}_3)_3}{\boxed{}}\text{O}\right]_3\text{P} + 3\text{HCl}$$

抗氧剂开发的另一类趋势是使分子内有尽可能多的功能性结构和高分子量化，这类高分子量抗氧剂的挥发性低，耐析出性高，具有较好的耐久性，代表品种如瑞士 Sandos 公司的 Sandostab PEPQ 等。

4. 硫代酯抗氧剂

硫代酯是一类常用的辅助抗氧剂，主要是硫代二丙酸酯类，一般由硫代二丙酸和脂肪醇进行酯化而成，代表品种有硫代二丙酸月桂醇酯和硫代二丙酸十八碳醇酯。硫代二丙酸二月桂酯的合成是将丙烯腈与硫化钠水溶液反应得硫化二丙烯腈，用硫酸水解再与月桂醇酯化得硫代二丙酸二月桂酸酯合成，反应式如下：

$$2\text{CH}_2\text{=CHCN} + 2\text{H}_2\text{O} + \text{Na}_2\text{S} \longrightarrow \text{S}(\text{CH}_2\text{CH}_2\text{CN})_2 + 2\text{NaOH}$$

$$\text{S}(\text{CH}_2\text{CH}_2\text{CN})_2 + \text{H}_2\text{SO}_4 + 4\text{H}_2\text{O} \longrightarrow \text{S}(\text{CH}_2\text{CH}_2\text{COOH})_2 + (\text{NH}_4)_2\text{SO}_4$$

$$\text{S}(\text{CH}_2\text{CH}_2\text{COOH})_2 + 2\text{C}_{12}\text{H}_{25}\text{OH} \longrightarrow \text{S}(\text{CH}_2\text{CH}_2\text{COOC}_{12}\text{H}_{25})_2 + 2\text{H}_2\text{O}$$

生产抗氧剂硫代二丙酸月桂酸酯的操作过程是将硫化钠在溶解釜中制成水溶液，然后与丙烯腈在缩合釜中在 20℃ 左右进行反应，将所得硫代二丙烯腈送至水洗釜，洗去并分离掉碱水，然后将物料送到水解釜，用 55% 的硫酸进行水解，得硫代二丙酸，再在中和釜中用纯碱进行中和；然后经压滤机除去硫酸钠，得粗品，再经过结晶，离心过滤，干燥即得成品。其生产流程如图 5-9 所示。

二、抗氧剂的生产技术

1. 防老剂4010(N-环己基-N′-苯基对苯二胺)的生产

防老剂4010，化学名称为 N-环己基-N′-苯基对苯二胺。纯品系白色粉末，暴露空气及日光下颜色逐渐加深，密度 1.29g/cm³，熔点 115℃，易溶于苯，难溶于油，不溶于水。4010 为高效防老剂，用于天然橡胶和合成橡胶（丁苯、氯丁、丁腈、顺丁）制品，特别有效。广泛应用于飞机、汽车、自行车的外胎，电缆和其他橡胶制品，也可用于染料油中。

（1）主要原料及规格

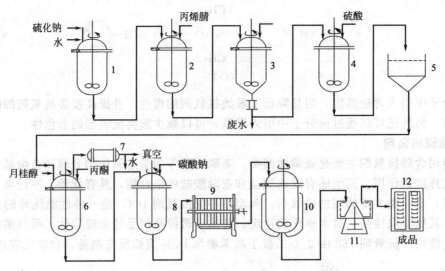

图 5-9　抗氧剂硫代二丙酸二月桂酸酯生产流程

1—溶解釜；2—缩合釜；3—水洗釜；4—水解釜；5—过滤器；6—酯化釜；
7—冷凝器；8—中和釜；9—压滤机；10—结晶釜；11—离心机；12—干燥箱

原料名称	4-氨基二苯胺	环己酮	甲酸	溶剂汽油
规格	凝固点 68℃	纯度 97.5%	纯度 85%	120 号

（2）原料消耗定额（按生产 1t 产品计）

4-氨基二苯胺	环己酮	甲酸	溶剂汽油
0.93t	0.62t	0.274t	0.450t

（3）生产操作过程　用 4-氨基二苯胺与环己酮在高温下先缩合，然后从甲酸还原，再经溶液汽油结晶、过滤、洗涤、干燥、粉碎而得，其化学反应式如下：

$$\text{（反应式见原图）} \xrightarrow{150\sim180℃} + H_2O$$

$$+ HCOOH \xrightarrow{90\sim100℃} + CO_2\uparrow$$

其工艺操作过程是先将规定量的 4-氨基二苯胺和环己酮加进配制釜内，搅拌当温度到 110℃时开始脱去部分水，然后打入缩合釜中进一步升温到 150~180℃继续脱水，直至缩合反应结束，冷却物料，送还原釜。当温度降至 90℃时，滴加甲酸进行还原，还原结束后，物料抽进含有 120 号溶剂汽油的结晶釜中，进行冷却结晶，待结晶完毕，放料进行吸滤，洗涤，抽干后湿料再送去干燥、粉碎，即得成品。防老剂 4010 生产流程图如图 5-10 所示。

2. 防老剂 BLE 的生产

防老剂是二苯胺与丙酮高温缩合物，也称防老剂 BLE。它为暗褐色黏稠液体，易溶于丙酮、苯、三氯甲烷等有机溶剂，微溶于汽油，不溶于水；无毒，贮存稳定性较好，它是通用性防老剂，适用于天然橡胶和合成橡胶，用于各种轮胎、管带等制品，对抗热、抗氧、抗曲绕、耐磨等均有良好效应。

（1）主要原料及规格

原料名称	二苯胺	丙酮	苯磺酸
规格	含量≥98%	含量≥98%	含量≥89%

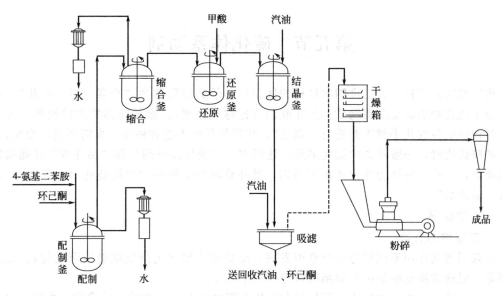

图 5-10　防老剂 4010 生产流程

(2) 原料消耗定额（按生产 1t 产品计）

二苯胺　　　　　0.85t　　　　苯磺酸　　　　0.03t　　　　丙酮　　　　0.35t

(3) 生产操作过程　　防老剂 BLE 是由二苯胺与丙酮在苯磺酸作催化剂下，于 240～250℃进行脱氢形成含一个氮原子的杂环，其化学反应式如下：

$$\text{（二苯胺）} + CH_3COCH_3 \xrightarrow[240\sim250℃]{苯磺酸} \text{（杂环产物）} + H_2O$$

生产时先将一定量的二苯胺与苯磺酸，在熔化釜中加热熔化，再送入缩合釜中并不断滴加丙酮在 240～250℃下进行缩合脱水，直至反应完全，再将缩合物料送进蒸馏釜中进行蒸馏，先常压蒸出过量丙酮，经冷凝回收后作原料循环使用；然后减压蒸出成品，釜内残存物集中数釜后进行排渣处理。其生产流程如图 5-11 所示。

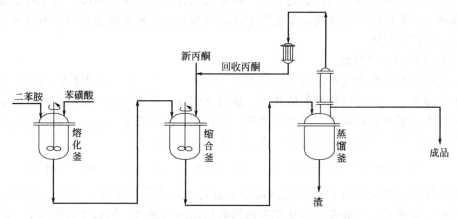

图 5-11　防老剂 BLE 生产流程

(4) 产品质量标准　　防老剂 BLE 行业标准 HG 2-1498—83。

第五节　硫化体系助剂

将线型高分子转化成三维网状结构的体型高分子的过程称为"交联"或"硫化"，凡能使高分子化合物引起交联的物质称为交联剂（也称硫化剂）。除某些热塑性橡胶外，天然橡胶与各种合成橡胶几乎都需要进行"硫化"，特别是某些不饱和树脂，也需要进行交联。

橡胶硫化时，一般除添加硫化剂外，还需加入"硫化促进剂"和"活性剂"才能很好地完成硫化，工业上统称为硫化体系用助剂。另外有时为了避免"早期硫化（即焦烧）"还要加入"防焦剂"。

一、交联剂

1. 交联剂的分类

交联剂按其作用不同可分为交联引发剂、交联催化剂（包括交联潜性催化剂）、交联固化剂等。但通常将交联剂按化学结构可分为如下几类。

（1）有机化合物　主要用于聚烯烃与不饱和聚酯以及天然橡胶、硅橡胶，主要品种有烷烃过氧化氢（ROOH）、二烷基过氧化物（ROOR）、二酰基过氧化物、过羧酸酯、过氧化酮等。

（2）胺类　主要是含有两个或两个以上氨基的胺类，如乙二胺、己二胺、三（1,2-亚乙基）四胺、四（1,2-亚乙基）五胺以及邻氯苯胺等，可用作氟橡胶、聚氨酯橡胶的硫化剂以及环氧树脂固化剂。

（3）硫黄及有机硫化物　目前用硫黄作为交联剂使橡胶硫化仍是橡胶大分子链进行交联的主要方法，有机硫化物在硫化温度下能析出硫，可使橡胶进行硫化故又称硫黄给予体。有机硫化物的常用品种有二硫化吗啉和脂肪族醚多硫化物$\{CH_2CH_2OCH_2CH_2-S-S-S-S\}_n$等。

（4）醌类　醌类有机物常用作橡胶硫化剂，特别适用于丁基橡胶。常用的品种有对醌二肟类和二苯甲酰对醌二肟等。

（5）树脂类　通常为烷基苯酚甲醛树脂，如对叔丁基苯酚甲醛树脂（相对分子质量为550～750）、对叔辛基苯酚甲醛树脂（相对分子质量为900～1200）等。它们是橡胶的有效硫化剂，特别适用于丁基橡胶。溴甲基苯酚甲醛树脂也可用于橡胶硫化。

除以上几类交联剂外，酸酐类化合物、咪唑类化合物、三聚氰酸酯、马来酰亚胺类也可用作交联剂。其中酸酐类如咪唑类主要用于环氧树脂，三聚氰酸酯主要用于不饱和聚酯，马来酰亚胺主要用于橡胶。

2. 二硫化吗啉生产技术

二硫化吗啉为白色或淡黄色粉末，熔点120℃以上，除用作二烯类橡胶的硫化剂外，还可以为丁基橡胶、三元乙丙橡胶的硫化剂。在硫化温度下分解放出活性硫，其质量分数约为27％，交联中主要形成单硫键，具有不喷箱、不污染、分散性好等优点。其合成是由吗啉与氯化硫在碱性条件下于有机溶剂中反应而成，反应式如下：

$$2O \bigcirc NH + S_2Cl_2 + 2NaOH \longrightarrow O \bigcirc N-S-S-N \bigcirc O + 2NaCl + 2H_2O$$

其工艺操作过程是先将作溶剂的汽油及少量的水加入反应釜中，再加入吗啉，搅拌均匀，然后将二氯化硫、汽油及氢氧化钠溶液同时均匀滴入釜内，氢氧化钠稍先于二氯化硫加完。滴加完毕后，补充加水，继续搅拌30min。将反应物抽滤，滤液进行汽油与水相分离并回收汽油；滤渣转入离心机内洗涤，然后干燥得到成品。其生产工艺流程表示如图5-12

所示。

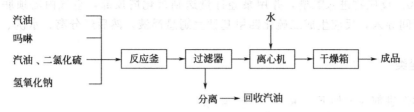

图 5-12　交联剂二硫化吗啉生产流程示意

二、硫化促进剂

在橡胶硫化时，可以加快硫化速率、缩短硫化时间、减低硫化温度、减少硫化剂用量以及改善硫化剂的物理力学性能的助剂叫硫化促进剂，简称促进剂。目前使用的硫化促进剂主要为有机化合物。按照物质化学结构分类的方法，可将促进剂分为二硫代氨基甲酸盐类、秋兰姆类、噻唑类、黄原酸二硫化物、次磺酰胺类等。

1. 二硫代氨基甲酸盐

二硫代氨基甲酸盐主要是二硫代氨基甲酸上的氢原子被取代的衍生物，其通式为：

$$\left[\begin{array}{c} R \\ N-C-S \\ R' \end{array} \right]_n M$$

式中，R，R′为烷基、芳基，通常为甲基、乙基、丁基、苯基，M 为金属原子，如 Zn、Na、Pd、Cu、Ni 等，n 为金属原子价态。

该类促进剂活性高、硫化速率快，可在常温下硫化，一般用于快速硫化或低温硫化，用量约为 0.5%～1%。主要品种有二硫代氨基甲酸锌盐。二硫代氨基甲酸盐的合成通常是在碱性溶剂中，由仲胺与二硫化碳作用而成，反应式如下：

$$\begin{array}{c} R' \\ N-H \\ R \end{array} +CS_2 \xrightarrow{NaOH} \begin{array}{c} R' \\ N-C-S-Na \\ R \end{array} + H_2O$$

$$2 \begin{array}{c} R' \\ N-C-S-Na \\ R \end{array} + ZnCl_2 \longrightarrow \left[\begin{array}{c} R' \\ N-C-S \\ R \end{array} \right]_2 Zn + 2NaCl$$

2. 秋兰姆类

秋兰姆类促进剂通式如下：

$$\begin{array}{c} R' \\ N-C-(S)_x-C-N \\ R \end{array} \begin{array}{c} R' \\ \\ R \end{array}$$

式中，R′，R 烷基、芳基、环烷基等；x 为硫原子数，可以为 1,2 或 4。

一般由二硫代氨基甲酸衍生物而来，如二硫代秋兰姆由二硫代氨基甲酸钠在酸性溶液中用过氧化氢氧化而成，或者由氧气氧化而成，其生产操作过程是先将质量分数为 40% 的二甲胺溶液，与质量分数为 15% 的氢氧化钠水溶液，以及质量分数为 98% 的二硫化碳加入缩合反应釜内，在 40～45℃下反应 1h，得淡黄色液体二甲基二硫代氨基甲酸钠，反应终了 pH 为 9～10。反应物进入贮槽，并用泵经计量送到氧化塔顶部，空气由塔顶底部进入，氯气由各层板间导入，反应生成二硫化四甲基秋兰姆悬浮液，然后经分离、水洗、干燥、包装即得成品。

3. 噻唑类

噻唑类促进剂通式如下：

$$R-\overset{N}{\underset{S}{\diagup}}C-S-X$$

式中，R 为芳基或脂肪基；X 为氢，金属，$R-\overset{N}{\underset{S}{\diagup}}C-S-$ 或其他有机基团。

分子中含有噻唑环结构的促进剂是当前最重要的通用性促进剂，用量近 30 年来一直居于首位，其主要优点是有较快的硫化速率，应用范围广泛、无污染性，硫化橡胶具有良好的耐老化性能等。常见的品种有促进剂 M（2-硫代苯并噻唑）、促进剂 M2（2-硫代苯并噻唑锌盐）、促进剂 DM（二硫化二苯并噻唑）。

促进剂 M 的生产有高压法和常压法两种。高压法采用苯胺、硫黄、二硫化碳在 250～260℃、8160kPa 下反应制得。而常压法以邻硝基氯苯为原料，合成反应式如下：

$$Na_2S+(n-1)S \xrightarrow{\triangle} Na_2S_n \qquad (n=3～32)$$

$$\underset{\text{Cl}}{\overset{\text{NO}_2}{\bigcirc}} + 2Na_2S_n + CS_2 + 2H_2O \longrightarrow \underset{N}{\overset{S}{\bigcirc}}C-S-Na + 2H_2S\uparrow + Na_2S_2O_3 + 2(n-2)S\downarrow + NaCl$$

$$3\,\underset{N}{\overset{S}{\bigcirc}}C-S-Na + H_2SO_4 \longrightarrow 2\,\underset{N}{\overset{S}{\bigcirc}}C-SH + Na_2SO_4$$

生产时先将硫化钠和硫黄投入多硫化反应釜中，开启搅拌器，加热至 80～90℃保温反应。待固体硫黄粉全部消失，反应混合物呈液体即得多硫化钠。

在环合反应釜中加入多硫化钠、邻硝基氯苯、二硫化碳，开启搅拌，加热到 110～130℃。在低于 354.5kPa 压力下进行缩合反应。反应中生成的硫化氢用液碱吸收生成硫化钠和水。反应结束后，消除釜内压力，鼓入空气以驱除釜内的硫化氢及未反应的二硫化碳。然后将反应液转入第一酸化釜，开启搅拌，慢慢滴加 25%～30% 的硫酸溶液至 pH2～3。过剩的多硫化钠遇酸生成硫酸钠和硫化氢，后者用碱液吸收生成硫化钠和水。酸化时要用夹套冷却，使温度不超过 65℃。酸化液用 80℃水搅拌洗涤 0.5h，静置 1h，滤液为硫酸钠等盐的酸水溶液，滤饼为含有固体硫的 2-苯并噻唑硫醇粗品。将粗品投入碱溶液中，在搅拌下用 7～8°Bé 的液碱进行碱熔，调 pH=11.5～12.0，然后吸滤，滤去碱不溶的固体硫黄等杂质。滤液送入第二酸化釜，于搅拌下慢慢加硫酸，温度控制在 60～65℃，至 pH 为 4～5 时为酸化终点。冷却结晶，离心过滤。用水洗涤滤饼，经干燥即得粉碎的促进剂 M 成品。其生产流程如图 5-13 所示。

原料消耗定额（按生产 1t 产品计）

邻硝基氯苯（98%）	1.064t	二硫化碳（94%）	0.750t
硫酸（92.5%）	1.450t	烧碱（95%）	0.300t
硫化钠（63.5%）	1.850t		

4. 次磺酰胺类

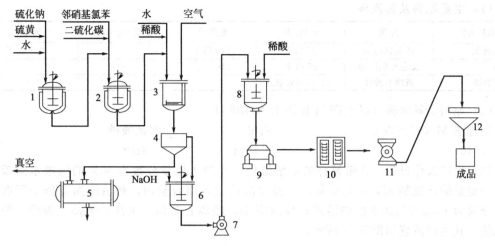

图 5-13　硫化促进剂 M 生产流程

1—多硫化反应釜；2—环合釜；3——次酸化釜；4—过滤器；5—贮槽；6—碱液槽；
7—泵；8—二次酸化釜；9—离心机；10—干燥箱；11—粉碎机；12—振动筛

次磺酰胺类硫化促进剂通式如下：

式中，R_1、R_2 可以为氢、烷基、芳基或环己基。

含有—SNH_2 基团的次磺酰胺类硫化促进剂具有良好的后效性，在硫化温度下活性高，但不焦烧等优点，在合成橡胶的硫化中大量使用。次磺酰胺促进剂主要是由 2-硫醇基苯并噻唑与胺作用后，再经氧化缩合而成，如硫化促进剂 CZ 即 N-环己基-2-苯并噻唑次磺酰胺是由 2-硫基苯并噻唑与环胺在次氯酸钠氧化下生成，其合成反应式如下：

$$ \text{苯并噻唑-SH} + H_2N\text{环己基} + NaOCl \longrightarrow \text{苯并噻唑-S-N(H)-环己基} + NaCl + H_2O $$

5. 黄原酸盐与黄原酸二硫化物

黄原酸盐和黄原酸二硫化物均为低温促进剂，常用于室温硫化，主要有促进剂 ZIP（异丙基黄原酸锌）、促进剂 ZBX（正丁基黄原酸锌）、促进剂 CPB（二硫化二正丁基黄原酸）。黄原酸盐的制备方法是将醇和二硫化碳在氢氧化钠存在下反应而得。

$$ ROH + CS_2 \xrightarrow{NaOH} RO-\overset{S}{\underset{\|}{C}}-S-Na + H_2O $$

另外，可作为硫化促进剂的还有硫脲类、胍类、醛胺类等。硫脲类一般用于氯丁橡胶；胍类一般用作第二促进剂；醛胺类则适用于耐热及含大量再生胶和硬质胶的制品。

三、硫化促进剂生产技术

1. 硫化促进剂 NOBS

橡胶用硫化促进剂 NOBS 学名为 2-(4-吗啉硫基)苯并噻唑，纯品为淡黄色粉末，熔点 80～86℃，易溶于二氯甲烷、丙酮，溶于苯、四氯化碳、乙酸乙酯、乙醇，微溶于汽油，不溶于水，预热易分解。它为橡胶工业广泛应用的迟效性促进剂，其性质与促进剂 CZ 相近，但焦烧时间更长，操作更完全；且硫化胶的物理性质及老化性能更优越，主要用于制造轮胎、内胎、胶鞋、胶带等。

第五章　合成材料用化学品 **153**

(1) 主要原料及其规格

原料名称	外观	纯度/%	熔点/℃	密度/(g/cm³)	灰分/%
促进剂 M	淡黄色粉末	97 以上	170 以上	—	0.3 以下
吗啉	无色油状液体	97 以上	126～129	0.9998	1
次氯酸钠	黄绿色液体	14.5(有效氯)	—	—	—

(2) 原料消耗定额（以生产 1t 促进剂 NOBS 计）

促进剂 M（97%以上）	吗啉	次氯酸钠
0.840t	0.700t	0.310t

(3) 生产操作过程　在带搅拌的溶解罐内，先加入质量分数为 60%的吗啉水溶液，并加进一定量的促进剂 M，待其溶解后，经过滤后送入缩合釜内，然后向缩合釜中逐次滴加质量分数为 14.5%的次氯酸钠溶液；反应完毕，经离心分离、水洗、干燥、粉碎、筛分即得成品。其生产流程如图 5-14 所示。

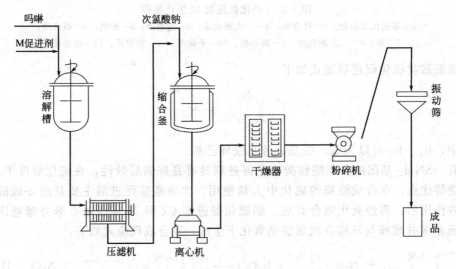

图 5-14　硫化促进剂 NOBS 生产流程

(4) 产品质量标准　橡胶促进剂 NOBS 国家标准见 GB 8829—88。

2. 硫化促进剂 DM

硫化促进剂 DM 化学名为二硫代二苯并噻唑，纯品为浅黄色针状晶体，密度为 1.50g/cm³，室温下微溶于苯、二氯甲烷、四氯化碳、丙酮等，不溶于水、乙酸乙酯、碱和汽油等；粉尘有爆炸危险，遇明火可燃。它为橡胶通用型促进剂，广泛用于各种橡胶，但硫化温度较高为 130℃时活性显露，温度在 140℃以上活性增加，有显著的后效性，不易早期硫化，操作安全。适用于天然橡胶、合成橡胶和再生胶等胶制品；具有易分散、不污染、使硫化胶老化性能好等优点。用于制造轮胎、胶管、胶带、胶鞋、胶布等制品；在氯丁胶中加入 1%就有增塑效果，在高温、低温下均有延缓氯丁胶硫化作用，可作氯丁胶的防焦剂。

(1) 主要原料及其规格

原料名称	2-硫代苯并噻唑	亚硝酸钠
规格	工业品	工业品

(2) 原料消耗定额（以生产 1t 促进剂 DM 计）

2-硫代苯并噻唑		亚硝酸钠	
1.080t		0.210t	

(3) 生产操作过程　生产时先将 2-硫代苯并噻唑和亚硝酸钠加入到反应釜中，启动搅

拌器，并滴加硫酸；在一氯化氮存在下通入干净的空气进行氧化，可得粗品；再经水洗、离心脱水、干燥、筛选即得成品。其生产流程如图 5-15 所示。

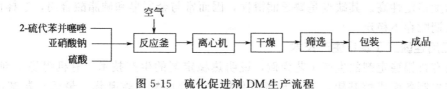

图 5-15　硫化促进剂 DM 生产流程

（4）产品质量标准　橡胶硫化促进剂 DM 质量标准见 GB 1140—89。

第六节　热稳定剂和光稳定剂

一、热稳定剂

1. 热稳定剂的分类

为防止塑料在热和机械剪切力等作用下引起降解而加入的一类物质称热稳定剂。对于耐热性差、容易产生热降解的聚合物，在加工时必须采取添加热稳定剂的方法提高其耐热性，最典型的例子是聚氯乙烯。稳定剂按其化学结构可以分为碱性铅盐、脂肪酸皂、有机锡稳定剂、有机辅助稳定剂和复合稳定剂等 5 大类。

（1）碱性铅盐　碱性铅盐是指带有一氧化铅（俗称为盐基）的无机酸铅和无机羧酸铅。它们一般具有优良的耐热性和耐候性，电绝缘性好，成本低，但透明性差，有毒性。代表品是三盐基硫酸铅（$3PbO \cdot PbSO_4 \cdot H_2O$）和二盐基亚磷酸铅（$2PbO \cdot PbHPO_3 \cdot 1/2H_2O$），它们广泛应用于不透明聚氯乙烯硬质和软质制品。

（2）脂肪酸皂　脂肪酸皂也称金属皂，主要是 $C_8 \sim C_{18}$ 脂肪酸的钡、镉、铅、镁、锶等金属盐。用的脂肪酸有硬脂酸、月桂酸、棕榈酸等。这几种金属都是元素周期表中第 II 族的元素。钡、钙、镁等主族金属的皂类初期稳定作用小、长期耐热性好，而镉、锌等副族金属的皂类初期稳定作用大、长期耐热性差，因此这两族金属的皂类通常是配合使用的。钡皂和镉皂相配合，广泛用于氯乙烯软质制品，特别是软质透明制品，钙皂和锌皂主要用于软质无毒制品。

（3）有机锡稳定剂　有机锡稳定剂通式为 R_mSnY_{4-m}，其中 R 是烃基，如甲基、正丁基、正辛基等；Y 是通过氧原子或硫原子与 Sn 连接的有机基团。根据 Y 的不同，有机锡稳定剂可分为三种类型：①脂肪酸盐型；②马来酸盐型；③硫醇盐型等。有机锡为高效热稳定剂，其最大的优点是有高度透明性，突出的耐热性，耐硫化污染；缺点是价贵，但其使用量较少。

（4）有机辅助稳定剂　这类稳定剂本身的稳定化作用较小或者没有稳定化作用，但与主稳定剂并用时，可以发挥良好的协同作用，称为辅助稳定剂。其中主要有环氧化物如环氧大豆油、环氧脂肪酸酯等；亚磷酸酯等。

（5）复合稳定剂　复合稳定剂是一种液体复配物，其主要成分是金属盐，其次是配合亚磷酸酯、多元醇、抗氧剂和溶剂等多种组分。从金属盐的种类来看，有锡-钡通用型，钡-锌耐硫化污染型，钙-锌无毒型，以及钙-锡和钡-锡复合物等类型。有机酸也可以有很多种类，如合成脂肪酸、油酸、环烷酸、辛酸以及苯甲酸、水杨酸等。亚磷酸酯可以采用亚磷酸三苯酯、亚磷酸三异辛酯、三壬基苯基亚磷酸酯等。抗氧剂可用双酚 A 等。溶剂则采用矿物油、液体石蜡以及高级醇或增塑剂等。配方上的不同，可以生产出多种性能和用途的不同牌号产品。

液体复合稳定剂从配方上来看，它与树脂和增塑剂的相容性是很好的；其次，透明性好，不易析出，用量较少，使用方便，用于软质透明制品比有机锡便宜，耐热性好；用于增塑糊时黏度稳定性高。其缺点是缺乏润滑性，因而常与金属皂和硬脂酸合用，这样使软化点降低，长期贮存不稳定。

2. 二月桂酸二丁基锡生产技术

现以有机锡稳定剂的生产工艺为例，说明热稳定剂的生产技术。有机锡稳定剂的制法，一般是首先制备卤代烷基锡，然后与氢氧化钠作用变成氧化烷基锡，最后与羟基或马来酸酐、硫醇等反应，即可得到有机锡的脂肪酸盐、马来酸盐、硫醇盐等。整个过程中最重要的是卤代烷基锡的合成。

合成卤代烷基锡的方法一般有格利雅法和直接法。格利雅法是将卤代烷与镁作用，先制得卤代烷基镁（格利雅试剂），再与四氯化锡作用。直接法是用卤代烷与金属锡直接反应制成二卤二烷基锡后，将其与氢氧化钠水溶液作用，得到氧化二烷基锡。最后，将氧化二烷基锡与脂肪酸作用，即可，制得有机锡稳定剂。如二月桂酸二丁基锡的直接合成反应式为：

$$2C_4H_9I + Sn \longrightarrow (C_4H_9)_2SnI_2$$

$$(C_4H_9)_2SnI_2 + 2RCOONa \longrightarrow (C_4H_9)_2Sn(OOCR)_2 + 2NaI$$

(1) 主要原料及其规格

原料名称	规格	原料名称	规格
锡粉	含量≥99.5%	正丁醇	密度（0.81g/cm³），沸程114～119℃
碘	含量＞99.5%		
红磷	含量≥97.5%	月桂醇酸	工业品

(2) 原料消耗定额（按生产1t二月桂酸二丁基锡计）

锡粉	0.22t	月桂酸	0.64t
碘	0.05t	正丁醇	0.30t

(3) 生产操作过程　常温下将红磷和丁醇投入碘丁烷反应釜，然后分批加入碘；将反应温度逐步上升，当温度达到27℃左右时停止反应，水洗蒸馏得到精制碘丁烷。再将规定配比的碘丁烷、正丁醇、镁粉、锡粉加入锡化反应釜内，强烈搅拌下于120～140℃反应，蒸出正丁醇和未反应的碘丁烷，得到碘代丁基锡粗品。粗品在酸洗釜内用稀盐酸于60～90℃洗涤得精制二碘代二正丁基锡。在缩合釜中缩合反应进行1.5h，然后静置10～15min，分出碘化钠，将反应液送往脱水、冷却、压滤即得成品。其生产流程如图5-16所示。

二、光稳定剂

1. 光稳定剂的分类

加入高分子材料中能抑制或减缓光氧化过程的物质称为光稳定或紫外光稳定剂。常用的光稳定剂根据其稳定机理的不同可分为紫外线吸收剂、光屏蔽剂和紫外线猝灭剂、自由基捕获剂等。紫外线吸收剂是目前应用最广的一类光稳定剂，按其结构可分为水杨酸酯类、二苯甲酮类、苯并三唑类、取代丙烯腈类、三嗪类等，工业上应用较多的为无机颜料或填料，主要有炭黑、二氧化钛、氧化锌、锌钡等。自由基捕获剂是一类具有空间位阻效应的哌啶衍生物类光稳定剂，主要为受阻胺类，其稳定效能比以上述的光稳定剂高几倍，是目前公认的高效光稳定性剂。

2. 紫外线吸收剂 UV-327 生产技术

现以UV-327的生产为例，说明光稳定剂的生产技术。UV-327属苯并三唑类紫外线吸收剂，化学名称为2-(2′-羟基-3′,5′-二叔丁基苯基)-5-氯代苯并三唑。为淡黄色粉末，熔点151℃以上；不溶于水，微溶于醇，易溶于苯。UV-327能强烈地吸收波长为300～400nm的

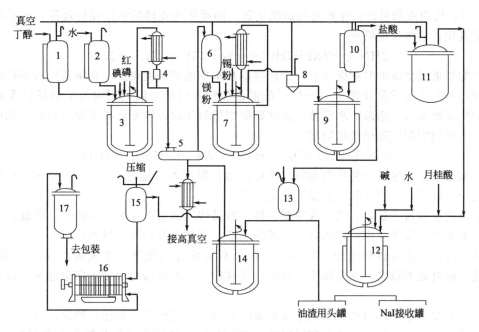

图 5-16　二月桂酸二丁基锡生产流程

1，2—计量罐；3—碘丁烷反应器；4—分水器；5—碘丁烷接受罐；6—碘丁烷贮罐；

7—锡化反应器；8—沉降罐；9—酸洗釜；10—盐酸计量罐；11—碘代丁基锡贮罐；

12—缩合釜；13—油水分离器；14—脱水釜；15—成品压滤罐；16—压滤机；17—成品贮罐

紫外线，化学稳定性好，挥发性极小；与聚烯烃的相容性良好，可以耐高温加工；有优良的耐洗涤性，还可用于聚甲醛、聚甲基丙烯酸甲酯、聚氨酯和多种涂料。本品与抗氧剂合用，有优良的协同作用。在合成产品 UV-327 中，主要涉及重氮化和偶合反应。

（1）重氮化　芳伯胺在无机酸的存在下与亚硝酸钠作用生成重氮盐的反应称作重氮化。

$$Ar—NH_2 + NaNO_2 + 2HCl \longrightarrow ArN_2^+Cl^- + NaCl + H_2O$$

重氮化反应一般是在稀盐酸中进行的。有时为了加速反应，可以在稀盐酸中加入少量的溴化钠或溴化钾。当芳伯胺在盐酸中难以重氮化时，则需要在浓硫酸介质中进行重氮化。对于不同化学结构的芳伯胺，需要用不同的重氮化方法。

重氮化是强放热反应，重氮化反应一般在 0～10℃进行。温度高容易加速重氮盐的分解，当重氮盐比较稳定时，重氮化反应可以在稍高的温度下进行，为了保持适宜的反应温度，在稀盐酸或稀硫酸介质中重氮化时，可采取直接加冰冷却；在浓硫酸介质中重氮化时则需要用冷冻氯化钙水溶液或冷冻盐水间接冷却。

在水介质中重氮化时，理论上 1mol 一元芳伯胺需要 2mol 盐酸或 1mol 硫酸，但实际上要用 2.5～4mol 盐酸或 1.5～3mol 硫酸，使反应液始终保持强酸性，pH 值始终<2 或始终对刚果红试纸呈酸性（变蓝）。如果酸量不足，会导致芳伯胺溶解度下降、重氮化反应速率下降，甚至导致生成副产物。在稀盐酸中重氮化时，为了使重氮化的芳伯胺和生成的重氮盐完全溶解，介质中盐酸的浓度是很低的。在稀硫酸中的重氮化，一般只用于能生成可溶性芳伯胺硫酸盐、可溶性重氮酸性硫酸盐或不希望有氯离子存在的情况；应该指出，稀硫酸质量分数超过 25％时，三氧化二氮的逸出速率将超过重氮化速率。在浓硫酸介质中重氮化时，硫酸的用量应该能使亚硝酸钠、芳伯胺和反应产物重氮化盐完全溶解或反应物料不致太稠；所用的浓硫酸一般是质量分数 98％和 92.5％的工业硫酸。

亚硝酸钠的用量必须严格控制，只稍微超过理论量。当加完亚硝酸钠溶液并经过 5～

30min 后，反应液仍可使碘化钾淀粉试纸变蓝，即可认为亚硝酸钠已经稍过量，芳伯胺已经完全重氮化，达到反应终点。

$$2HNO_2 + 2KI + 2HCl \longrightarrow I_2 + 2KCl + 2H_2O + 2NO$$

在配制重氮化试剂时就应注意，亚硝酸钠在水中的溶解度很大，在稀硫酸或稀硫酸中重氮化时，一般可用质量分数 30%～40% 的亚硝酸钠水溶液，以利于向芳伯胺的稀无机酸水溶液中快速地加入亚硝酸钠水溶液。在浓硫酸中重氮化时，通常要将干燥的粉状亚硝酸钠慢慢加入浓硫酸中配成亚硝酰硫酸溶液。

$$NaNO_2 + 2H_2SO_4 \longrightarrow ON^+ + Na^+ + 2HSO_4^- + H_2O$$

应该指出：上述反应是强烈的放热反应，加料温度不宜超过 60℃，在 70～80℃ 使亚硝酸钠完全溶解后，要冷却到室温以下才能使用。

干燥的重氮盐不稳定，受热或摩擦、撞击时易快速分解放氮而发生爆炸。因此，可能残留有芳重氮盐的设备在停止使用时必须清洗干净，以免干燥后发生爆炸事故。

某些芳重氮盐可以做成稳定的形式，例如有氯化锌的复盐、芳重氮-1,5-萘二磺酸盐。重氮化合物对光不稳定，在光照下易分解。某些稳定重氮化盐可以用于印染感光材料特别是感光复印纸。

芳环伯胺如芳杂环伯胺的重氮化盐在水溶液中，在低温下一般比较稳定，但是具有很高的复印活性。这类重氮化盐的复印可以分为两大类：一类是重氮化基转化为偶氮基或肼基，并不脱落氮原子的反应；另一类是重氮基被其他取代基所置换，同时脱落两个氮原子放出氮气的反应。通过这些重氮盐的反应可以制得一系列有机中间体。

(2) 偶合反应　偶合反应是制备偶氮染料中必不可少的反应，在制备某些有机中间体时也要用到偶合反应，在进行偶合反应时，重氮盐以亲电试剂的形式对酚类或胺类的芳环上的氢进行亲电取代而生成偶氮化合物。

$$Ar—N_2^+ X^- + Ar'—OH \longrightarrow Ar—N=N—Ar'—OH + HX$$
$$Ar—N_2^+ X + Ar'—NH_2 \longrightarrow Ar—N=N—Ar'—NH_2 + HX$$

参与偶合反应的重氮盐称为重氮组分，与重氮盐相反应的酚类和胺类称作偶氮组分。偶合反应的难易取决于反应物的结构和反应条件。重氮盐的芳环上有吸电子基时，能使—N_2^+ 上的正电荷增加，偶氮能力增强。反之，芳环上有供电子基时，则使偶氮能力减弱。一般地，重氮盐的亲电能力较弱，它们只能与芳环上具有较大电子云密度的酚类或胺类进行偶合。

偶合时偶氮基通常进入偶合组分中—OH、—NH_2、—NHR 或—NR_2 等基团的对位，当对位被占据时，则进入邻位。

偶合时，通常是将重氮盐水溶液放入到冷的含偶合组分的水溶液中而完成的。偶合介质的 pH 值取决于偶合组分的结构。偶合组分是胺类时，要求介质的 pH 值为 4～7（弱酸性）；偶合组分是酚类时，要求介质的 pH 值为 7～10。偶合组分中同时含有氨基与羧基时，则在酸性偶合时，偶氮基进入氨基的邻、对位；在碱性偶合时，偶氮基进入羧基的邻、对位。

(3) UV-327 的生产技术

① 主要原料及规格

原料名称	规格	原料名称	规格
对氯邻硝基苯胺	含量为 70%	苯酚	含量＞99%
异丁烯	含量＞90%	凝固点≥40.4℃	
		水分（mg/L）≤10	

② 原料消耗定额（按生产 1tUV-327 产品设计）

对氯邻硝基苯胺　　2.5t　　　苯酚　　2t
异丁烯　　　　　　1.77t

③生产操作过程　UV-327一般由对氯邻硝基苯胺重氮化后与2,4-二叔丁基苯酚进行偶合，然后加锌粉还原制得，其反应如下：

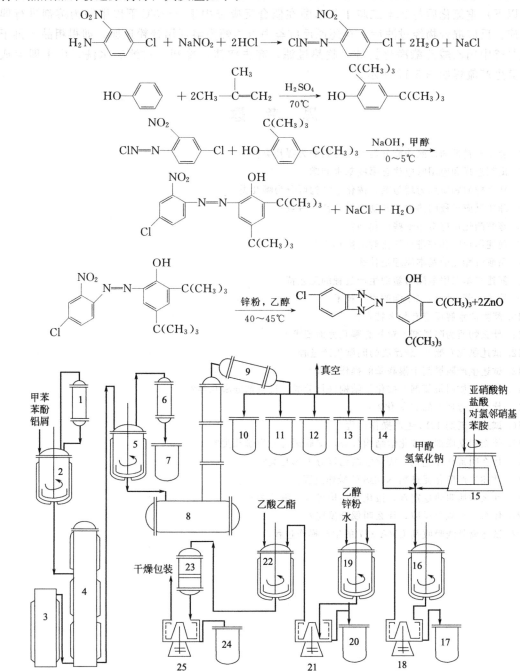

图5-17　紫外线吸收剂 UV-327 生产流程

1，6，9—冷凝器；2—催化剂；3—异丁烯气化罐；4—烷化釜；5—烷化水洗釜；7—甲苯贮罐；
8—精馏塔；10—苯酚贮槽；11—前后馏分贮罐；12—邻位体贮罐；13—2，6 体贮罐；
14—2，4 体贮罐；15—重氮化槽；16—偶合反应釜；17—甲醇贮槽；18，21，25—离心机；
19—还原反应釜；20—乙醇贮槽；22—重结晶反应釜；23—过滤器；24—乙酸乙酯贮槽

先将苯酚和铅屑及甲苯加入催化剂反应釜中，于（145±5）℃反应生成苯酚铝；然后投入烷化釜中，当温度升至（135±5）℃时，通入热的气态异丁烯，压力一般为 1.0～1.4MPa。所得反应物在烷化水洗釜中用水洗去氢氧化铝，蒸去大部分甲苯后再在精馏釜中减压蒸馏，收集 2,4-二叔丁基苯酚（简称 2，4 体）。在重氮化槽中，对氯邻硝基苯胺于低温（5℃以下）重氮化后与 2,4-二叔丁基苯酚在偶合反应釜中于 0～5℃下以甲醇为溶剂进行偶合反应。反应混合物经过滤后，在还原反应釜中以乙醇为溶剂用锌粉还原，即得粗品。再于重结晶釜中用乙酸乙酯净化提纯，趁热过滤，弃去锌渣，冷却、过滤、水洗，烘干即得成品。其生产流程如图 5-17 所示。

思 考 题

1. 合成材料助剂按照功能分类大致可归纳为哪几类？
2. 助剂选择和应用时应注意哪些基本问题？
3. 什么样的物质称为增塑剂？按化学结构可分为哪几类？
4. 酯化反应过程的热力学和动力学有什么特点？
5. 醇酸酯化反应常用哪些催化剂？
6. 简述用羟酸和醇进行酯化时的操作方法。
7. 用酸酐酯化的基本原理是什么？
8. 简述邻苯二甲酸酯增塑剂生产过程的工艺特点。
9. 简述邻苯二甲酸二辛酯的生产技术。
10. 酯类的水解反应有什么特点？
11. 什么物质为阻燃剂？对其有哪几方面要求？
12. 试述氯化石蜡 70 悬浮法的间歇生产过程？
13. 试述生产阻燃剂十溴联苯的操作过程？
14. 什么物质叫抗氧剂？按化学结构进行分类，抗氧剂分哪几类？
15. 什么叫芳环上的 C-烷化？
16. 试述防老剂 4010 生产操作过程？
17. 什么叫交联剂？按化学结构分类，交联剂可分为哪几类？
18. 什么叫硫化促进剂？按化学结构可分为哪几类？
19. 试述生产硫化促进剂 NOBS 的操作过程。
20. 什么物质叫热稳定剂，按化学结构可分为哪几类？
21. 什么叫重氮化反应，什么叫偶合反应？
22. 试述紫外线吸收剂 UVA-327 的生产操作过程。

第六章　农用化学品

【基本要求】
1. 掌握农用化学品的用途、典型品种的合成和生产工艺；
2. 理解杀虫剂、昆虫调节剂、杀菌剂、除草剂和植物生长调节剂的作用原理及分类。

第一节　概　　述

农用化学品可分为三大类。第一类是植物营养剂，即无机肥料及化肥增效剂等，为植物生长提供必要的氮、磷、钾等元素；第二类是植物生长调节剂，即影响植物生长时期生理变化的物质，例如矮壮素等；第三类是农药，即用来防治农作物虫害、病害、草害的物质。除无机肥料外，其他几种均属农用精细化工产品的范畴。

一、农药及其贡献

农药主要是指用来防治危害农作物的病菌、害虫和杂草的药剂。广义地说，除化肥以外，凡是可以用来提高和保护农业、林业、畜牧业、渔业生产及环境卫生的化学药品，都称为农药。农药对有机体具有毒害作用，其毒害作用分为急性、慢性两种。急性中毒是药剂一次性进入体内后，在短时间内发生毒害作用的现象；慢性中毒则是药剂长期反复与有机体作用后，引起药剂在体内的累积，造成体内机能损害的累积而引起的中毒现象。半致死量（LD_{50}）是衡量其毒害作用的尺度，即指被试验的动物（大白鼠或小白鼠）一次口服、注射或皮肤涂抹后产生急性中毒，50％死亡所需药剂的量，LD_{50}单位是 mg/kg体重，LD_{50}数值越小，表示药剂的毒性越大。

20 世纪 40 年代，化学农药出现之前，农药是以植物性农药和无机农药为主，随着社会发展，化学农药占了主要地位，并出现了生物农药和农用抗生素以及生物化学农药。现今的农业生产已离不开农药的使用，它已成为植物免受病、虫、草害的有效保护手段之一。有人估计，如果没有农药，全世界因病、虫、草害造成的粮食损失可达 50％左右。使用了农药可挽回损失约 15％。

二、农药的分类

农药的分类很多，其常见的分类方法如图 6-1 所示。

三、农药的剂型与加工

多数农药的原药是脂溶性物质，不溶或难溶于水，不能直接使用。若直接使用，难以分散而黏附在虫、菌体或植株上，影响药效的发挥，达不到防治效果，甚至会烧伤农作物。为提高药效、改善农药性能、降低毒性、稳定质量、节省原药用量、便于使用，必须将农药原药加工制成一定的剂型。

农药的剂型，是根据农作物的品种、虫害的种类、农作物的生长阶段和施药地点、病虫害发生期以及各地自然条件而确定的。因此，农药剂型多种多样，可加工成多种剂型，对剂型的要求是经济、安全、合理、有效和方便使用。基本剂型有粉剂、可湿性粉剂、乳剂、液

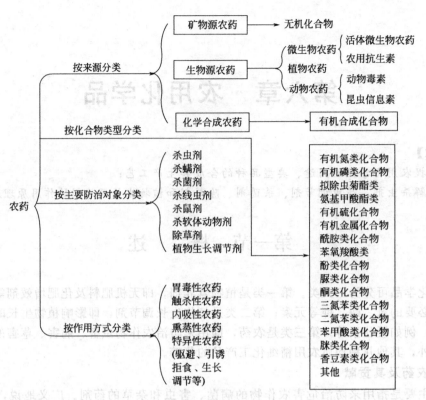

图 6-1 农药分类

剂、胶体剂和颗粒剂等。现将农药剂型分类列于表 6-1。

表 6-1 农药剂型分类

加工形态	使用方法		
	直　接	稀释后	特殊（气态分散系）
固态	粉剂、粗粉剂、超微粉；粒剂、细粒剂、微粒剂、粉粒剂、大粒剂、漂浮粒剂、拌种剂、种衣剂；毒饵、载药棒管、大多数物理型缓释剂和化学缓释剂	可湿性粉剂（片、粒剂）；可溶性粉剂（片、粒）、拌种用可溶性粉剂；干悬浮剂、干油悬剂；固体乳剂以及它们的片、粒、丸状制品；微囊粉，包括化合物等二次加工品	烟剂、烟熏剂（罐、筒、棒、丸、片）；蚊香（线、片、盘）；各种熏蒸性片剂、蜡块剂等；某些物理型缓释剂
半固态	糊剂、药膏、药涂料、诱捕剂	悬浮剂、油悬剂、拌种用悬浮剂；糊剂；微囊悬浮剂	
液态	超低容量油剂、超低悬浮剂、油剂、成膜油剂、静电喷布剂	乳油；油剂；水溶液（水剂）；浓乳剂	压缩气体；液体熏蒸剂；气雾剂；热雾剂

1. 粉剂

粉剂是将原药与填料按比例混合、研磨、过筛，使其细度达到 200 目。填料的作用是稀释原药、降低成本。常用的填料有滑石粉、陶土、高岭土等。具有加工方便、喷洒面积大、不易产生药害的特点，是最通常用剂型之一。

2. 乳剂（乳油）

乳剂是将农药原药、溶剂和乳化剂按比例混合配制成的透明油状液体。使用时，按一定比例加水、搅拌，稀释成乳状液体，供喷雾用。乳剂容易渗透到昆虫的表皮，防治效果好。

但乳剂使用了大量的有机溶剂，成本较高。

3. 可湿性粉剂

可湿性粉剂是将原药、填料、润湿剂经粉碎加工，制成机械混合物，细度一般为99.5％能通过200目的筛，能分散在水中。供喷雾使用，其药效比粉剂高。

4. 颗粒剂

颗粒剂是将农药原药的溶液或悬浮液喷洒在30～60目的填料颗粒上，待溶剂挥发后药剂吸附在填料颗粒上而成为颗粒制剂，也可在农药原药中加入某些助剂，再制成30～60目的微小颗粒。颗粒剂药效高、残效长、使用方便、节省药量。

5. 胶体剂

将固体或黏稠状的农药原药与一定量的分散剂加热处理，使农药原药以很小的微粒分散于分散剂中，冷却后成为固体，药剂仍保持为微粒状态，稍加粉碎即为胶体剂。由于分散剂的作用，胶体剂加水后能稳定地悬浮于水中，可供喷雾使用，其粒度一般为1～3μm，最大不超过5μm。

农药常规的施用方法有：喷粉法、喷雾法、毒饵法、种子处理法、土壤处理法、熏蒸法、熏烟法、烟雾法、施粒法、飞机施药法等。

四 、农药的发展趋势

理想的农药应能有效地防治病虫草害，而不伤害益虫、作物和对人、畜、禽低毒，其残效期应足以防治病虫草害，但在作物、土壤和环境中能较快地降解，对鱼、蜜蜂及其他非靶标虫物无害。农药的发展方向应该是"高效、低毒、安全"。

随着社会的发展和科学技术进步，农药的生产和使用观念也发生了很大转变。由单纯对病虫害的"杀生"转变为对病虫害的"控制"。单纯"杀生"的农药用药量大，毒性、抗性和农药残留量高，污染环境，危及生态平衡。淘汰对人畜有毒、严重污染环境的农药，大力研究、开发、生产和使用对人畜毒性小、对环境友好、对病虫害不易产生抗性的农药新品种，控制和限制病虫害的危害，保护生态环境促进农业可持续发展，是农药工业发展的方向。

第二节　杀虫剂和调节剂

我国农药无论产量、品种，都以杀虫剂为主体。杀虫剂主要用于防治农业害虫和城市卫生害虫。其使用历史长、用量大、品种多。在20世纪，农业的迅速发展，杀虫剂令农业产量大升。但是，几乎所有杀虫剂都会严重地改变生态系统，大部分对人体有害，尤其会被集中在食物链中。所以，农药的使用必须在农业发展与环境及健康中取得平衡。

一、杀虫剂

杀虫剂按其作用方式可分为胃毒剂、触杀剂、熏蒸剂和内吸性杀虫剂等四类。按化学结构可分为有机氯、有机磷、氨基甲酸酯、拟除虫菊酯、酰胺、取代脲、杀蚕毒类等。

1. 有机磷杀虫剂

有机磷杀虫剂是一类具有杀虫效能的含磷有机化合物，是杀虫剂的主要品种，有机磷杀虫剂具有药效高、品种较多、无累积、中毒等特点，开发高效、低毒、环境友好的新品种，是其发展方向。高毒性品种，逐步由低毒品种替代，有机磷杀虫剂的通式为：，

常见的重要品种如表6-2所示。

表 6-2　常见的有机磷杀虫剂

名　　称	化学结构	化学名称	LD₅₀/(mg/kg)	防治对象
敌敌畏	CH₃O P(=O) OCH=CCl₂（CH₃O 连 P）	磷酸 O,O-二甲基-O-2,2-二氯乙烯基酯	98～136	广谱型，对卫生害虫有特效
灭蚜净	CH₃O P(=O) OCH=CHCOOC₂H₅（含 CH₃）	O,O-二甲基-O-(β-甲基氨基甲酰乙烯基)磷酸酯	10～12	抗性棉蚜、棉红蜘蛛
杀螟硫磷	CH₃O P(=S) O-苯基(CH₃, NO₂)	现代磷酸 O,O-二甲基-O-(3-甲基-4-硝基苯基)酯		水稻螟虫，稻飞虱等
马拉硫磷	CH₃O P(=S) SCHCOOC₂H₅, CH₂COOC₂H₅	二硫代磷酸 O,O-二甲基-S-(1,2-二乙酯基乙基)酯	1300	蚜虫，稻飞虱、叶蝉、红蜘蛛、仓库害虫等
乐果	CH₃O P(=S) SCH₂CONHCH₃	二硫代磷酸 O,O-二甲基-S-(2-甲氨基-2-氧代乙基)酯	250	棉、麻、蔬菜作物害虫
氧乐果	CH₃O P(=O) SCH₂CONHCH₃	硫代磷酸 O,O-二甲基-S-(甲基氨基甲酰)甲基酯	50	抗性蚜虫
甲胺磷	CH₃S P(=O) NH₂（CH₃O 连 P）	O,S-二甲基硫代磷酰胺	189	抗性棉蚜、棉红蜘蛛
敌百虫	CH₃O P(=O) CHCCl₃, OH	(1-羟基-2,2,2-三氯)乙基膦酸 O,O-二甲基酯	580	蔬菜、果树、茶、桑害虫以及卫生害虫
倍硫磷	C₂H₅O P(=S) O-苯基(SCH₃, CH₃)	硫代磷酸 O,O-二乙基-O-(3-甲基-4-甲硫基苯基)酯	36	螟虫
辛硫磷	C₂H₅O P(=S) O-N=C(苯基)CN	硫代磷酸 O,O-二乙基-O-(苯乙腈酮肟)酯	2000～2500	卫生、土壤、仓库等害虫

有机磷的杀虫机理是在昆虫和哺乳性动物体内，神经与神经、神经与肌肉之间存在一个小的间隙而连接起来的。当神经冲动传达到连接部位时，它不能直接通过，此时，会在连接处产生一种物质，这种物质就是乙酰胆碱，乙酰胆碱可将神经冲动传递下去。但是，传递后的乙酰胆碱必须立即水解掉。否则，乙酰胆碱会在连接部位积集而造成过量刺激，引起肌肉收缩、麻痹、窒息以至死亡。正常生理过程中释放出来的乙酰胆碱，在传递了神经冲动之后，在胆碱酯酶作用下很快水解成乙酸和胆碱，不至于造成乙酰胆碱积累，若无或者降低胆碱酯酶的作用，则使乙酰胆碱积集，引起中毒、死亡。酶是构成机体细胞与组织成分的一种特殊蛋白质，胆碱酯酶的正常生理作用是使乙酰胆碱水解。有机磷杀虫剂的作用即抑制胆碱酯酶，使其分解乙酰胆碱能力降低以至丧失，从而造成乙酰胆碱大量蓄积，将昆虫杀死。

2. 氨基甲酸酯杀虫剂

氨基甲酸酯类农药最先由嘉基公司研究，20 世纪 50 年代嘉基公司推出杂环烯醇衍生物异索威、敌蝇威和地麦威。联合碳化物公司在嘉基公司研究的基础上，将烯醇基换为芳基，再将二甲基氨基换为甲基氨基，于 1957 年开发成功性能优良的杀虫剂西维因。Robert. L. Metcalf 及 T. R. Fukuto 博士通过对结构与活性的研究也证明 N-甲基氨基甲酸酯具有卓越的杀虫活性。氨基甲酸酯类杀虫剂特点如下。

(1) 选择性强　这类杀虫剂对咀嚼式害虫，例如棉红铃虫等具有特效。

(2) 杀虫谱广　如甲萘威和克百威均能防治上百种害虫，又如速灭威、灭多威和丁硫克百威等还有一定的内吸性，且不伤害天敌。

(3) 增效剂可提高药效　用于拟除虫菊酯的增效剂亦可用于氨基甲酸酯类杀虫剂的增效。氯化胡椒丁醚使甲萘威对家蝇的毒力可提高 15 倍。最近国外发现增效剂 UC-76220，能使甲萘威对灰翅夜蛾类的药效提高 27 倍。

(4) 对人畜和鱼类低毒　由于氨基甲酸酯类杀虫剂的母体化合物毒性较高，它们在温血动物与昆虫体内的代谢途径不同，在前者体内易水解，而在后者仍保持母体化合物的毒性。

(5) 化合物结构简单，易于合成　一种中间体或一套设备能生产多种产品。如甲基异氰酸酯可至少作为 30 种氨基甲酯类农药的中间体。生产设备亦具有通用性。

(6) 新的品种不断上市，应用范围不断拓宽　已发现具有卓著除草和杀菌活性的化合物。此外，还出现了具有非杀灭性的昆虫激素型氨基甲酸酯类结构（如双氧威）。

其主要品种有：氨基甲酸芳酯杀虫剂 ，如西维因、灭除威、呋喃丹等；氨基甲酸肟酯杀虫剂，如涕灭威、砜杀威等；氨基甲酸杂环酯类杀虫剂，如抗蚜威等。

3. 拟除虫菊酯杀虫剂

拟除虫菊酯类杀虫剂的药效，一般比前面所述的普通杀虫剂高一个数量级。拟除虫菊酯对人畜的毒性一般很低，由于施药量小，故对人畜基本无害。它较易降解，没有残留的问题，对环境污染很轻，所以有人认为它是继无机农药、有机农药之后的第三代农药。它是以除虫菊为基础合成的，除虫菊的结构如下

在这类杀虫剂中，多数品种只有触杀作用而无内吸作用，余毒较高，特效期过短，价格也较高。近年新开发的品种逐渐克服老品种存在的问题，有较强的杀螨功效，有的余毒很低，有的有较强的熏蒸作用，耐光氧化的品种也越来越多。

拟除虫菊酯类杀虫剂的作用方式是通过抑制昆虫神经的传导起作用。首先引起运动神经

麻痹，使之击倒，最后死亡。但在浓度较低时，被击倒的昆虫过一段时间又能恢复活力。

拟除虫菊酯按其结构，可分为第一菊酸、二卤代菊酸、非环丙烷羧酸、非酯类等。第一菊酸系列的典型品种有烯丙菊酯、甲苄菊酯、胺菊酯等，二卤代菊酸系列的有二氯苯醚菊醇、溴氰菊酯、氯氟氰菊酯等，非环丙烷羧酸系列的有杀灭菊酯、戊氰菊酯、氟氰菊酯，非酯类系列的有醚菊酯、肟醚菊酯等。

胺菊酯是击倒害虫能力最强的品种之一，其化学结构如下：

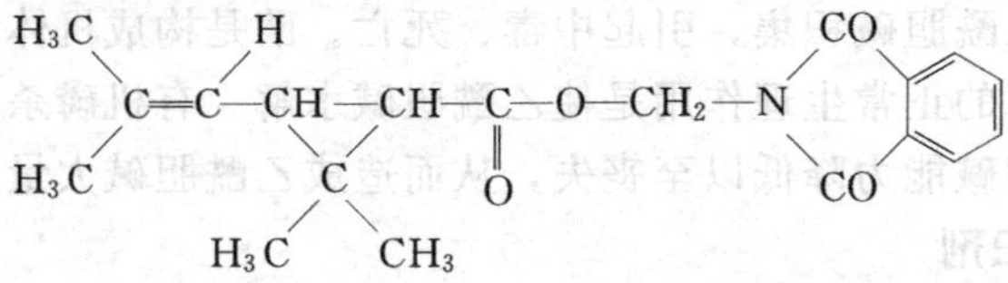

4. 有机氯杀虫剂

有机氯杀虫剂，具有杀虫作用的多氯烃衍生物，是一种高效、高毒、高残留的杀虫剂，曾在防治虫害上起过重要作用，如滴滴涕、六六六、敌稗、狄氏剂等。但其毒性大，化学结构稳定，难以氧化分解，易溶于有机溶剂特别是脂肪组织，在植物和土壤中残留时间长，污染环境。长期使用，许多昆虫对其产生抗性，造成人、畜体内大量积累，破坏生态平衡，威胁人类健康。从 20 世纪 80 年代起，已全面禁止使用有机氯农药。

另外，还有生物杀虫剂，生物杀虫剂含有微生物活性成分，属于微生物农药的范畴，主要品种有阿维菌素、苏云杆菌、病毒杀虫剂等。

二、昆虫生长调节剂

昆虫生长调节剂是调节或扰乱昆虫正常生长发育而使昆虫个体死亡或生活能力减弱的一类化合物。昆虫生长调节剂是一类特异性杀虫剂，在使用时不直接杀死昆虫，而是在昆虫个体发育时期阻碍或干扰昆虫正常发育，使昆虫个体生活能力降低、死亡，进而使种群灭绝。这类杀虫剂包括保幼激素、抗保幼激素、蜕皮激素和几丁质合成抑制剂等。主要为昆虫保幼激素、抗保幼激素、蜕皮激素及其类似物。主要品种有抑食肼、除虫脲、盖虫散、双氧威、米螨等。

抑食肼，又称虫死净，为低毒、高效和速效的昆虫生长调节剂，昆虫吸食抑食肼后，产生拒食作用而致死，对鳞翅目及某些同翅目和双翅目昆虫有高效，特别适合防治马铃薯甲虫、菜青虫等，一般难以产生抗性，能杀死对杀虫剂产生抗性的害虫。其化学结构为：

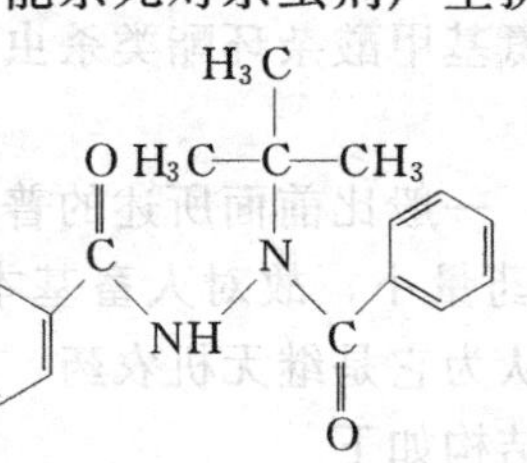

三、典型杀虫剂的生产技术

1. 敌百虫的生产

敌百虫，学名 O,O-二甲基-(2,2,2-三氯-1-羟基乙基)膦酸酯，一种有机磷杀虫剂。工业产品为白色固体，纯品熔点 83～84℃，能溶于水和有机溶剂，性质较稳定，但遇碱则水解成敌敌畏，急性毒性 LD_{50} 值：大白鼠经口为 560～630mg/kg。

敌百虫属膦酸酯类农药。1952 年，德国拜耳公司首先合成得到敌百虫。1954 年公布其结构。该产品纯品为白色结晶固体，熔点 83～84℃，工业品为白色或淡黄色固体，易溶于水，能溶于氯仿、乙醚、苯，微溶于汽油。该产品具有触杀性、胃毒性及渗透作用，击倒作用强，持效期短，可用于园林、森林、畜牧、农业、家庭、环境卫生防治蝇类、鳞翅目幼虫及家庭害虫，也可用于防治牲畜寄生虫。早期，敌百虫的合成采用二步法，我国于1958年实现一步法生产工艺并于1973年实现连续化。连续化生产工艺流程如图6-2所示。

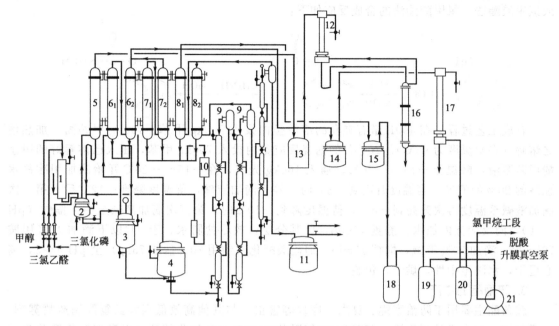

图 6-2　敌百虫连续化生产工艺流程

1—混合冷却器；2—酯化罐；3—甩盘脱酸器；4—缩合罐；5—酯化尾气冷却器；6—冷却器；
7—缩合尾气冷却器；8—升膜尾气冷却器；9—玻璃分离器；10—回流液计量槽；
11—原药储槽；12—盐酸降膜吸收器；13—酯化尾气缓冲罐；14—脱酸尾气缓冲罐；
15—升膜尾气缓冲罐；16，17—填料水洗塔；18—升膜尾气中和罐；
19—酯化尾气中和罐；20—脱酸尾气中和罐；21—真空罐

(1) 生产工艺控制条件　原料配比：PCl_3：CH_3OH：$CCl_3CHO=1$：0.78：1.18（质量比）；流量：PCl_3 $200\sim300kg/h$；温度：酯化（48 ± 2）℃，脱酸（80 ± 5）℃，缩合（90 ± 5）℃，一次升膜120℃，二次升膜140℃，三次升膜125℃；真空度：酯化大于80kPa，缩合大于80kPa，升膜大于80kPa。

(2) 工艺操作过程　三氯乙醛、甲醇分别由计量罐经转子流量计计量后流入玻璃混合器，混合液经混合冷却器1冷却后进入酯化罐2。三氯化磷由计量罐经转子流量计计量后直接加入酯化罐2。原料在酯化罐反应后所得的酯化液，由酯化罐2/5处溢流至甩盘脱酸器3，脱酸后的中间体进入缩合罐4，缩合后缩合液由缩合罐的2/5处溢流进入第1次升膜，并在1号分离器进行汽液分离。经1号分离器分离后的液体部分，再进入第2次升膜，并在2号分离器进行汽液分离。经2号分离器分离后的液体部分，再进入第3次升膜，最后经3号分离器出料至敌百虫原液储罐，经计量后送去包装。

反应进程中的酯化罐的尾气经冷却器5、缓冲罐13、盐酸降膜吸收器12、填料水洗塔16、酯化尾气中和罐19，再由真空泵送入甲烷回收工段。冷却器冷凝下来的回流液至酯化罐2。脱酸器3和缩合罐4的尾气分别通过冷却器6和7再一起经缓冲罐14、水洗塔17、脱酸尾气中和罐20经真空泵排入排气烟筒。冷却器6和7冷凝下来的回流液分别回流至脱酸器3和缩合罐4。升膜汽液分离器的尾气经冷却器8、缓冲罐15、升膜尾气中和罐18，再由真空泵排入排气烟筒。

2. 西维因的生产

西维因是一种性能良好的氨基甲酸酯类杀虫剂，能防治 150 多种作物和 100 多种害虫，主要用于水稻、果树、蔬菜，具有广谱、低毒、高效等特点，工业生产可采用氨基甲酰氯法或氯甲酸酯法。氯甲酸酯法的合成反应如下：

$$\text{OH} + COCl_2 \xrightarrow[\text{NaOH}]{\text{甲苯}} \text{O-CO-Cl} \xrightarrow{CH_3NH_2, NaOH} \text{O-CO-NHCH}_3$$

合成工艺过程：在 400L 带有夹套的溶解釜内投入 200kg 甲苯、100kg 甲萘酚，加热使之熔解（夹套温度为 95℃）。2000L 的搪瓷反应釜内投入 700kg 甲苯，压入已溶解好的甲萘酚甲苯溶液，降温至 −15～−20℃，通入 166kg 光气，在 −15～−20℃开始滴加用冰盐水预冷的 20%的液碱。当温度升高到 −8℃时，停止滴加液碱，待温度降到 −12℃后，第二次滴加液碱至温度再次升高到 −6℃。待温度降到 −10℃时，第三次滴加液碱至中性偏酸（pH 5～6），向反应釜内加水，静置 15min，使其分层，放尽盐脚水。于 0℃以下滴加 40%甲胺 70kg 后，滴加 20%液碱，搅拌 15min，加盐酸酯化（约用 30%盐酸 75kg）至 pH 4～5，离心甩干，水洗至中性，烘干，包装。

3. 胺菊酯的生产

胺菊酯主要用于防治家蝇、臭虫、库蚊等害虫，与其他高效低毒农药复配制造喷雾剂、气雾剂等。其合成是利用第一菊酸与 N-氯甲基-3,4,5,6-四氢化邻苯二甲酰亚胺经酯化反应得到，反应式如下：

$$(CH_3)_2C=CH-CH-CH-COONa + ClCH_2N\overset{CO}{\underset{CO}{}} \xrightarrow[\text{回流}]{\text{三乙胺}}$$

$$(CH_3)_2C=CH-CH-CH-COOCH_2N\overset{CO}{\underset{CO}{}} + NaCl$$

胺菊酯的合成工艺流程如图 6-3 所示。

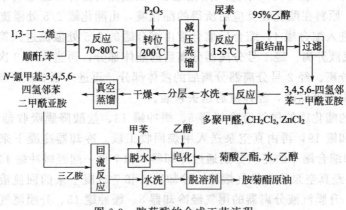

图 6-3 胺菊酯的合成工艺流程

第三节　杀　菌　剂

农用杀菌剂是指对病原菌起抑菌或杀菌作用，能防治农作物病害的药剂。所谓菌是一种微生物，它包括真菌、细菌和病菌。近年来在调查中发现，当前农业生产中菌害比虫害要严重得多，经济作物的病害比粮食作物更为严重。由此杀菌剂的研究和生产是十分迫切的任务。

一、杀菌剂的分类

杀菌剂按其作用效果，可分为保护性杀菌剂、治疗性杀菌剂和铲除性杀菌剂。保护性杀菌剂具有保护作用，将药物涂覆于作物的种子、茎、叶、果实上，可防止病菌的侵害。治疗性杀菌剂有内吸性和非内吸性之分，内吸性的能渗透到植物体内，并在其中传输，将侵入植物体内的菌杀死，而非内吸性的则不能渗透到植物体内，即使能渗透也不能在植物体内传导，药物不能从施药处传输到植物的各部位。

杀菌剂按其化学组成分为无机杀菌剂、有机杀菌剂，有机杀菌剂分为丁烯酰胺类、苯并咪唑类等。

二、杀菌机理

杀菌剂通过破坏菌的蛋白质或细胞壁的合成，破坏菌的能量代谢或核酸代谢，改变植物的新陈代谢，进而破坏或干扰菌体的生长和繁殖，达到抑菌目的。

一般而言，杀菌剂分子结构中必须含有活性基团和成型基团。成型基团是一种能够促进穿透细胞防御屏障的基团，通常是亲油性或具有油溶性的。在脂肪基中直链烃基比带侧链的烃基穿透能力强，低碳烃基的穿透能力较强。卤素的穿透能力顺序是 $F>Cl>Br>I$。

活性基团是对生物有活性的基团（即毒性基团），可与生物体内某些基团发生反应，如与生物体中的—SH、—NH_2 基团发生加成反应；与生物体中的金属元素形成螯合物；或使生物体中的基团钝化；抑制或破坏核酸的合成等。活性基团中，通常具有以下结构：

$$-S-C\equiv N \ , \ N-\overset{\|}{\underset{S}{C}}-S- \ ; \ -S-CCl_3 \ ; \ R-\overset{O}{\underset{\downarrow}{S}}-S-$$

$$-N=C=S \ ; \ -S-CCl_2-CHCl_2 \ ; \ -O-CCl_3$$

三、典型杀菌剂的生产技术

1. 灭菌丹的生产

灭菌丹是一种具有保护作用的广谱保护性杀菌剂，其结构如下：

可用于防治粮食、棉花、蔬菜、茶树、烟草等作物的多种病害，对各种作物的叶斑病有良好效果。例如，用于马铃薯晚疫病和白粉病、叶锈病、叶斑病，每亩用量为 $0.15\sim0.77kg$ 原药。对作物一般无药害，但施于梨树时有轻度药害。其合成工艺流程如图 6-4 所示。

① 将苯酐与尿素以 $1:0.24$（质量比）称量后混匀。胺化釜在 0.5MPa 蒸汽加热下预热 10min，开动搅拌器，迅速投入混合料，使反应在 $15\sim20min$ 内达到完全"喷雾"状态。反

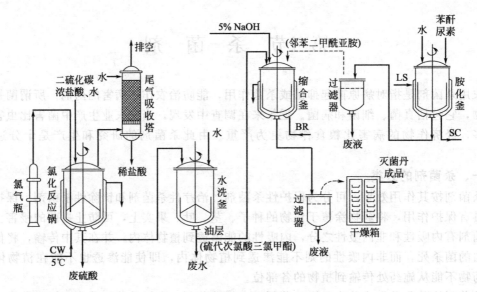

图 6-4 灭菌丹的生产工艺流程

应完毕，迅速加水，结晶在水中析出，抽滤得湿邻苯二甲酰亚胺。

② 将水、二硫化碳及浓盐酸加入氯化器中，搅拌降温至 28~30℃，开始通氯至吸收完全，反应 2~3h，反应后分出油层，经水洗即得硫代次氯酸三氯甲酯。

③ 将 5％NaOH 溶液放入缩合釜内，开动搅拌器并降温至-2℃，加入亚胺，搅拌 15~20min，使亚胺成为钠盐。在维持反应温度不高于 10℃情况下滴加硫代次氯酸三氯甲酯。当反应物 pH 为 8~9 时出料、过滤、干燥，即得灭菌丹。

消耗定额（以生产每吨灭菌丹计）：二氧化硫 0.512t，氯气 1.844t，苯酐 0.853t，液氨 0.2t，固碱 0.309t。

2. 多菌灵的生产

多菌灵是白色结晶物质，熔点 302~307℃（分解），水中溶解度为 8mg/L，乙醇中为 300mg/L，毒性很小，白鼠口服急性半致死量 LD_{50} 为 5000mg/kg。广泛用于防治粮、棉、油、瓜果、蔬菜、花卉等多种真菌病害，还可防治纺织棉纱发霉，属高效、低毒、低残毒、内吸性广谱型杀菌剂，剂型为 50％可湿性粉剂。其化学结构为：

以邻苯二胺为原料合成多菌灵，有三条合成路线。工业生产采用光气与甲醇醇化制备氯甲酸甲酯，由石灰氮的水解产物与氯甲酸甲酯合成氰氨基甲酸甲酯；最后在盐酸存在下，氰氨基甲酸甲酯与邻苯二胺缩合，生成多菌灵。反应如下：

$$COCl_2 + CH_3OH \longrightarrow ClCOOCH_3 + HCl$$

$$2CaCN_2 + 2H_2O \longrightarrow Ca(NHCN)_2 + Ca(OH)_2$$

$$Ca(NHCN)_2 + ClCOOCH_3 \longrightarrow NC-N \\ OCH_3 + CaCl_2$$

$$\text{邻苯二胺}(NH_2,NH_2) + NC-NH-C(=O)OCH_3 \xrightarrow{HCl} \text{苯并咪唑}-NH-C(=O)OCH_3 + NH_4Cl$$

其工艺操作与流程如下。

(1) 氰氨化钙的合成　将 400L 水加至 500L 的氰氨化釜中，在搅拌下投入 92kg 的石灰氮（100%计）。控制反应温度在 25～28℃，反应 1h，放入离心机过滤，并以 40L 的水分两次洗涤滤饼，得氰氨化钙溶液。

(2) 氰氨基甲酸甲酯的合成　将氰氨化钙溶液加至 500L 搪玻璃的反应釜中，搅拌冷却至 20℃ 以下；而后滴加 50kg 氯甲酸甲酯，滴加温度控制在 35℃ 以下，约 0.5h 滴加完；在 45℃ 下滴加氢氧化钠溶液，加毕，在 40～45℃ 下继续反应 1h，得氰氨基甲酸甲酯溶液。

(3) 多菌灵的合成　将制得的氰氨基甲酸甲酯溶液在 65～75℃（8～21.3kPa）减压浓缩，当蒸出的水量达到原体积的 60% 时，停止蒸水，然后降温至 50℃，投入 44kg 邻苯二胺（以 100%计）。88L 盐酸分两批加入，在加第二批盐酸时，控制加酸速度，维持反应液 pH 值在 6 左右。加酸结束后，在 98～100℃ 下保温 2h，出料后用离心机过滤脱水，并以 300L 水洗涤 3 次，干燥后得多菌灵，收率约 88%。

另外，因安全和环保的需要，人们开发出生物杀菌剂，主要有微生物杀菌剂和植物杀菌剂。植物杀菌剂是植物中具有抑菌、杀菌作用的部位或提取其中的有效成分加工而成；微生物农药又分为活体微生物和杀菌农用抗生素两大类。微生物杀菌剂是具有杀菌作用的农用抗生素。农用抗生素是利用细菌、真菌和放线菌等微生物，在发酵过程中产生的次级代谢产物加工而成。主要品种有春雷霉素、灭瘟素、多抗霉素、井冈霉素、公主岭霉素、链霉素、中生霉素、梧宁霉素等。

第四节　除草剂和植物生长调节剂

一、除草剂

除草剂是指用以消灭或控制杂草生长的药剂。广义上，它是防除所有不希望与主体作物同时存在的其他植物的药剂，亦称除莠剂。除草剂通过一条或多条途径和多种效应，抑制杂草植物体内某一生理生化过程或反应，造成许多过程的失调，从而导致杂草死亡。

由于不同植物对同一药剂有不同的反应，如植物对药剂的吸收能力不同、植物内部生理作用不同、药剂接触或黏附于植物体上的机会不同，故除草剂具有一定的选择性。

稻田最主要的杂草是稗草、鸭舌草、异型莎草、眼子菜、局手干蕉草等。常用除草剂有敌百草、果尔、扑草净、克草净、苄嘧磺隆、丁草胺、乙草胺、都尔等。北方麦田的主要杂草有黎、卷茎蓼、鸭跖草、刺儿菜、本氏蓼、香薷、野燕麦、野荞麦、绿狗尾草、芦苇、猪秧秧等。淮河以南以禾本科杂草为主，如看麦娘、日本看麦娘、雀麦、早熟禾、棒头草等。可选用的除草剂有 2,4-滴丁酯、2,4-滴钠盐、百草敌、苯达松、巨星、燕麦绿麦隆、异丙隆、利谷隆等。玉米田常见杂草有马塘、稗草、绿狗尾、龙葵、铁苋菜、苍耳、牛筋草、牛繁缕等，选用阿特拉津、草净津、扑草净、绿麦隆、赛克津等广谱性除草剂，以苗前土壤处理防除黎、蓼、马齿苋等一年生阔叶杂草为主，还能兼除稗草、马唐、绿狗尾、牛筋草、千金子、狗尾草等一年生禾本科杂草，也能兼除繁缕、苋、藜等部分阔叶杂草。2,4-滴、百草敌、苯达松主要防除阔叶杂草。

1. 除草剂的分类

除草剂按化学结构及作用特性可归纳为 20 多类：苯氧羧酸类，如 2,4-滴、2 甲 4 氯等；苯氧基及杂环氧基苯氧丙酸类，具苯氧羧酸类相反的选择性，在大多数双子叶作物地防治禾本科杂草，不具激素特点，如喹禾灵、吡氟禾草灵等；苯甲酸类，如麦草畏；酰胺类，如丁草胺、敌稗；二硝基苯胺类，如氟乐灵；取代脲类，如敌草隆、绿麦隆等；三氮苯类，如西玛津、莠去津等；磺酰脲类，如氯磺隆等；氨基甲酸酯类，如甜菜宁等；硫代氨基甲酸酯类，如禾草丹等；二苯醚类，如除草醚等；有机磷类，如草甘膦等；咪唑啉酮类，如普杀特等；环己烯酮类，如稀禾定等；吡唑类，如吡哇特等；吡啶类，如绿草定等；喹啉羧酸类，如快杀稗等；联吡啶类，如百草枯等；酚类，如五氯酚钠等；腈类，如溴苯腈等；脂肪族类，如茅草枯等；有机砷类，如甲胂钠等；有机杂环类，如灭草松等；其他有机除草剂，如稗草烯等。其分类可如图 6-5 所示。

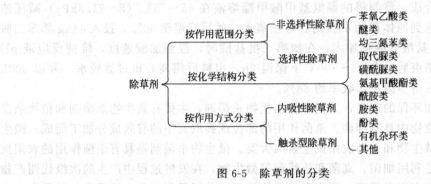

图 6-5 除草剂的分类

进入 21 世纪以来，为保护人类生存的环境和农业的可持续发展，除草剂的研制和使用，受到环境和生态的严格制约。生物源除草剂以其资源丰富、毒性小、残留小、选择性强、不破坏环境，引起人们的高度重视。

生物除草剂是人工繁殖、具有杀灭杂草作用的大剂量的生物制剂，是同化学除草剂一样地使用，可有效地防除特定杂草的活性生物产品。生物源除草剂可分为植物源除草剂、动物源除草剂及微生物源除草剂。目前，主要研究和应用的是微生物源除草剂。例如，20 世纪 60 年代，我国使用"鲁保一号"菟丝子盘长孢状刺盘孢的培养物防除大豆田菟丝子，是世界上最早用于生产实践的生物除草剂之一。

2. 典型除草剂的生产

（1）安全除草剂去草酮　本品在水稻田的施用效果与杀草丹相似，与杀草丹或苯达松混合施用有增效作用。去草酮的除草作用是通过抑制类胡萝卜素的生物合成而导致叶绿素的光氧化，使杂草脱绿枯死。其配方如下：

| 间甲基苯甲酸 | 138 | 甲苯 | 1.5L |
| 邻甲基茴香醚 | 122 | 氢氧化钠 | 适量 |

制备方法是将间甲基苯甲酸和邻甲基茴香醚及多聚磷酸（PPA）加入到装有搅拌器、温度计、干燥管的三口烧瓶中，在 75～80℃下搅拌 2～3h 冷却至 50℃，按所用 PPA 质量加进 1:1 的冷水，继续冷却至室温，间甲基苯甲酸用 1.5L 甲苯提取。甲苯提取液以 5% 氢氧化钠溶液中和至偏碱性，水洗至中性，干燥后蒸馏。用米格分馏常压蒸馏回收甲苯，并减压到 304kPa，以回收邻甲基茴香醚，最后收集 150～180℃、13～67Pa 馏分的去草酮。

（2）西玛津　西玛津的合成，有溶剂法和水法两种。水法为非均相反应，三聚氯氰在表面活性剂作用下分散于水中，与乙胺进行反应，水价廉易得，无溶剂回收问题，但水法易发生水解反应、产品收率不高，温度较低，消耗低温能量，废水处理量较大。溶剂法属于均相反应过程，克服了水法的缺点，收率较高，但有溶剂回收问题。工业上多采用氯苯作溶剂，三聚氯氰和乙胺发生一取代反应；选用乙胺兼作缚酸剂，加入量的 1/2 在反应中生成乙胺盐酸盐，需加碱中和；中和游离出的乙胺与一取代物继续反应，生成西玛津。有关化学反应如下：

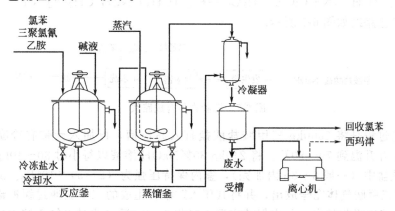

$$CH_3CH_2NH_2 \cdot HCl + NaOH \longrightarrow CH_3CH_2NH_2 + NaCl + H_2O$$

其生产工艺流程如图 6-6 所示。

图 6-6　西玛津生产工艺流程

二、植物生长调节剂

1934 年，人们从植物体和动物尿内分离得到吲哚乙酸，并证明其引起植物向光性的作用，从而引起人们对植物生长调节剂的研究。同年也发现了乙烯对水果的催熟作用。1938年从植物体中发现了赤霉素九二〇，后来利用生物化学方法合成得到。1956 年，人们从椰子肉中发现了强活性物质——激动素 6-糠氨基嘌呤。1970 年在花粉中提取出油菜素内酯，1975 年又发现存在于苜蓿中的正三十烷醇能显著地增加蔬菜的产量。同年，一种用于甘蔗的化学催熟剂——增甘膦问世，并得到广泛应用。

1. 植物生长调节剂的类型

其作用类型分为两种：一是促进植物细胞的伸长、分裂，植物的生根、发芽、开花及结果，如生长素吲哚乙酸可促进 RNA 和蛋白质的生物合成，对细胞核的 DNA 合成也有促进作用；三碘苯甲酸有促进开花的作用，使大豆大幅度增产；二是有些植物生长剂可抑制植物节间伸长，抑制侧芽、顶芽的生长等，如抑芽丹（顺丁二酰肼）可抑制烟草顶芽生长和抑制储存期洋葱、马铃薯的发芽；矮壮素可抑制细胞伸长，但不抑制细胞分裂，从而使植株矮化、茎秆变粗、叶色变深并使植物增产。

植物生长调节剂是人工合成类似植物生长素的活性物质，用于控制植物的生长发育及其他生命活动，如促进植物细胞的生长、分裂，植物的生根、发芽、开花及结果，以提高作物产量和质量。按其化学结构，植物生长调节剂可分为芳基脂肪酸类，如 3-吲哚乙酸、1-萘乙酸等；脂肪酸及环烷酸类，如赤霉亲等；卤代苯氧脂肪酸类，如 2,4-D、增产灵等；季铵盐类，如矮壮素等；其他类的如乙烯利、青鲜素等。

2. 典型产品生产技术

(1) 矮壮素的生产　本品纯品为白色固体，易溶于水、乙醇、丙酮，不溶于苯，是一种多用途的植物生长调节剂，适用于棉花、水稻、玉米、小麦、烟草、大豆、番茄和多种块根作物，能抑制植物营养生长，促进生殖生长，促使植株变粗，抗倒伏，叶色变绿，增强光合作用和抗旱抗寒抗盐碱能力，增加产量. 其结构式如下：

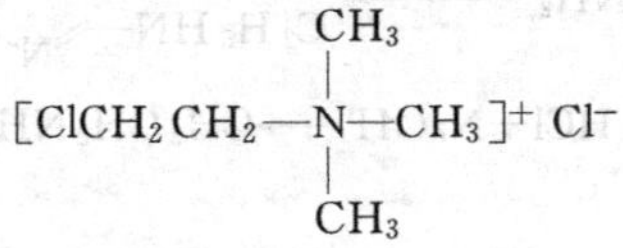

$$[ClCH_2CH_2-\overset{\displaystyle CH_3}{\underset{\displaystyle CH_3}{N-CH_3}}]^+ Cl^-$$

其合成反应如下：

$$(CH_3)_3N \cdot HCl + NaOH \xrightarrow{(75\pm5)℃} (CH_3)_3N + NaCl + H_2O$$
$$(CH_3)_3N + ClCH_2CH_2Cl \longrightarrow [(CH_3)_3NCH_2CH_2Cl]^+ Cl^-$$

其生产工艺路线如图 6-7 所示。

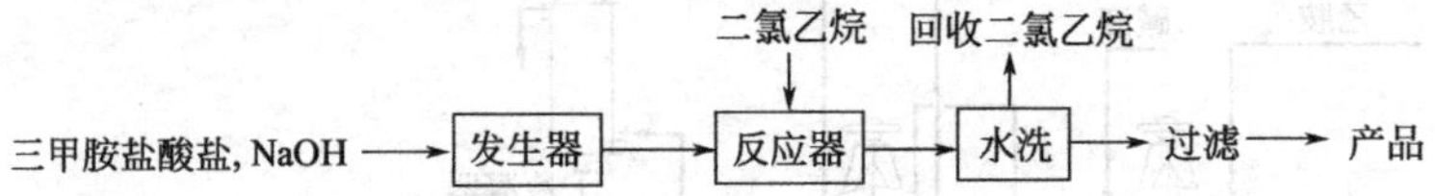

图 6-7　矮壮素的合成路线

合成工艺过程是将 2000kg 三甲胺盐酸盐打入高位槽，再加入到带有冷凝器的反应釜内，启动搅拌并升温到 70~80℃。将 240kg 30%NaOH 溶液以每小时 30~40kg 的速度加入到三甲胺盐酸盐中（一般 6~8h 内加完），釜内保持压强为 (2~3)×10⁴Pa。碱加完后，升温到 100℃使三甲胺气体完全放出，并将其压入贮罐。生成的三甲胺通过缓冲罐通入到盛有 240kg 二氯乙烷的吸收釜内，釜内保持室温，吸收 6~8h 后（此时二氯乙烷中三甲胺的含量应达到 15%），封闭反应釜，慢慢升温，使釜内压强保持 2×10⁴Pa。反应 12h 后，釜内温度达到 112℃时表明反应已到达终点，加水并将二氯乙烷蒸出，过滤即得到产品。

(2) 比久的生产　比久为白色晶体，工业品为灰色粉末，易溶于水，可溶于甲醇、丙醇，不溶于甲苯，主要用于花生、大豆、黄瓜、番茄和苹果等作物，可促使作物矮化、增强耐寒耐旱能力，防止落花落果，促进结实，增加产量。丁二酸在加热条件下脱水得到丁二酸酐，然后与偏二甲基肼反应得到比久，合成反应如下：

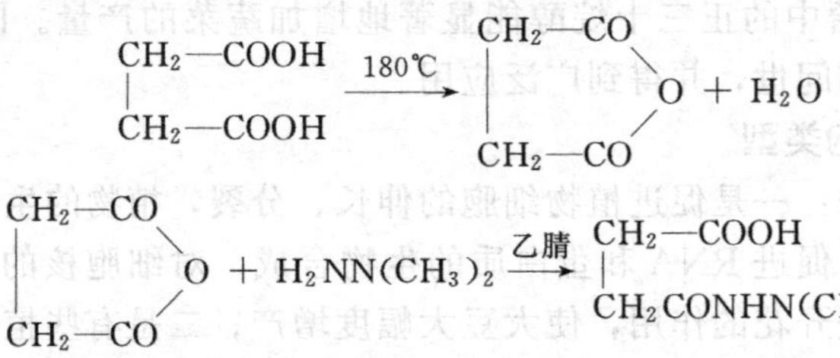

$$\underset{\displaystyle CH_2-COOH}{\overset{\displaystyle CH_2-COOH}{|}} \xrightarrow{180℃} \underset{\displaystyle CH_2-CO}{\overset{\displaystyle CH_2-CO}{|}}\!\!\!\!>\!O + H_2O$$

$$\underset{\displaystyle CH_2-CO}{\overset{\displaystyle CH_2-CO}{|}}\!\!\!\!>\!O + H_2NN(CH_3)_2 \xrightarrow{乙腈} \underset{\displaystyle CH_2CONHN(CH_3)_2}{\overset{\displaystyle CH_2-COOH}{|}}$$

其工艺流程如图 6-8 所示。

(1) 丁二酸脱水制备丁二酸酐　将 907kg 丁二酸从加料口一次投入釜内，拧紧加料口法兰盖，关闭出料管和压气阀的阀门，打开排空管和出水管阀门，控制升温。当釜温达到 215℃左右时，有水从出水管滴出，塔下段保温加热段停止加热，维持正常脱水，使脱水速度连续成线，顶温控制在 110℃下，直到釜温升至 260℃左右，顶温下降，水量达理论量，特别是见塔中段温度急剧上升（接近 200℃），则可认为脱水完毕，立即停止加热。关闭出水管和排空阀，打开出料阀和压气阀，迅速用氮气压料 0.05～0.1MPa。瞬间即可出料完毕，放置冷却，送至粉碎。

（2）缩合反应制备比久　将 32kg 乙腈一次加入到缩合釜中，开动搅拌器，再由手孔一次投入粉碎过的丁二酸酐。缩合釜夹套通水冷却，约 0.5h 后，釜内温度可降至 18℃ 以下。慢慢滴加 412kg 偏二甲基肼，注意控制反应温度不超过 30℃。加完后，关闭夹套冷却水，搅拌 1.5h 后放料，经离心机过滤，滤饼在干燥箱内干燥，得到比久原药。

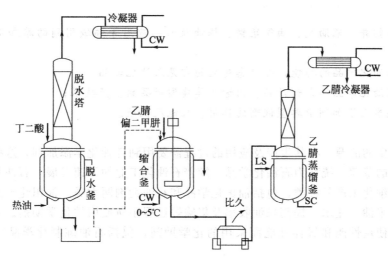

图 6-8　比久生产工艺流程

思　考　题

1. 农用化工产品可分为哪三类？
2. 何谓半致死量（LD$_{50}$），LD$_{50}$ 数值大小表示什么？
3. 农药剂型有哪些？农药常规的施用方法有哪些？
4. 杀虫剂按化学结构常分几类，每类举出一种农药。
5. 有机磷农药的杀虫机理是什么？
6. 简述敌百虫的生产工艺。
7. 杀菌剂的基本结构是什么？
8. 简述灭菌丹的生产工艺。
9. 什么是除草剂，举例说明除草剂具有一定的选择性。
10. 什么是植物生长调节剂，举例说明其生产工艺。

第七章　石油与煤炭化学品

【基本要求】

1. 掌握在钻井、采油气、油气集输、炼油及油品应用等领域用到的添加剂的种类及其性能；
2. 理解石油化学品的功能，并熟悉对应的常见石油化学品；
3. 了解石油化学品的大致产品、用途及其典型产品的生产技术；
4. 了解煤炭用添加剂中典型试剂的作用、性能及机理。

石油是重要的能源，在其生产及应用的过程需要用到各种化学添加剂，这些添加剂属于精细化工产品的范畴，统称为石油化学品。随着石油化工业的飞速发展，石油化学品已成为非常重要的精细化工产品种类，包括油田化学品和石油助剂两大类。油田化学品是解决油田钻井、完井、采油、注水、提高采油收率及集输等过程中所使用的化学助剂。石油助剂是为改进石油产品使用性能和保存性能而采用的化学助剂，包括石油炼制化学品和石油产品化学品。

第一节　油田用化学品

油田化学品的品种繁多，按施工工艺分为钻井液处理剂、油气开采添加剂、油气集输用添加剂、水处理用添加剂和强化采油添加剂五大类。其主要种类是钻井泥浆处理剂、油气开采添加剂、油气集输用添加剂、强化采油添加剂，本节重点介绍它们的性能及其典型生产技术。

一、钻井液处理剂

石油和天然气开采的第一步是钻井，钻井用化学品包括钻井液、完井液和水泥浆用的各种处理剂。其中钻井液用得最广泛，主要有清洗井底，携带和悬浮岩屑；保护井壁；冷却和润滑钻头及钻柱；平衡地层压力；协助破碎岩石；保护油气层等重要作用。

目前使用的钻井液主要有水基钻井液、油基钻井液、聚合物钻井液。在钻井液配制和处理过程中所用的化学助剂，称为钻井液处理剂。我国目前有 18 类 260 多种钻井液处理剂，如表 7-1 所示。

1. 降滤失剂

钻井液进入地层后，随着钻井液水分渗入地层，钻井液中的颗粒就附着在井壁上成为泥饼，泥饼致密、韧性好，才能经得起钻井液液流的冲刷。在钻井液中添加一些降滤失剂，可减少钻井液渗入地层的水量，有利于形成理想的泥饼。常用产品及性能如表 7-2、表 7-3 所示。

2. 降黏剂

钻井液降黏剂主要通过改变黏土颗粒的表面性质和吸附水化膜的厚度，降低钻井液的黏度，控制钻井液的流变性。钻井液降黏剂可分为四类。

表 7-1　钻井液处理剂分类

序号	类别	处 理 剂
1	土粉	膨润土、钙膨润土、钠膨润土、有机土
2	加重剂	重晶石、赤铁矿、石灰石、氯化钠、氯化钾、溴化钙、溴化锌
3	降滤失剂	腐殖酸、羧甲基纤维素、磺化酚醛树脂、聚丙烯酸盐、改性淀粉
4	增黏剂	羧甲基纤维素、香叶粉、田菁粉、瓜尔胶
5	降黏剂	木质素磺酸盐、单宁、栲胶、有机磷酸盐、有机硅和聚合物
6	页岩抑制剂	磷酸钾、磺化沥青、腐殖酸钾、硝基磺化腐殖酸钾、聚丙烯酸钙
7	润滑剂	热聚油、磺化植物油、乳化渣油、极压润滑剂 RH3、CT3-6
8	堵漏剂	四壳(棉籽壳、花生壳等)、锯木屑、麦秆、改性纤维素
9	絮凝剂	聚丙烯酰胺、阳离子聚丙烯酰胺
10	解卡剂	磺化酚醛树脂、无荧光润滑剂、表面活性剂和聚合物
11	消泡剂	甘油聚醚、硬脂酸类、有机硅类
12	起泡剂	烷基磺酸钠、烷基苯磺酸钠、脂肪醇醚硫酸钠
13	乳化剂	OP 系列、斯盘 80、平平加、环烷酸、环烷基苯磺酸、三乙醇胺
14	缓蚀剂	咪唑啉类、DFI-03、碱式碳酸钾(除硫剂)、亚硫酸钠(除氧剂)
15	杀菌剂	甲醛、多聚甲醛
16	pH 值控制剂	氢氧化钠、氢氧化钾、碳酸钠、石灰
17	除钙剂	碳酸钠、碳酸钾、碳酸氢钠
18	温度稳定剂	重铬酸钾、重铬酸钠

表 7-2　常见降滤失剂产品

名称	腐殖酸钠	水解聚丙烯腈盐	羧甲基纤维素钠(CMC)
主要成分	腐殖酸钠	聚丙烯腈盐的水解产物	羧甲基纤维素钠
性状	本品为黑色粉末,无毒、无味、易溶于水,水溶液呈碱性	见表 7-3	本品为白色或微黄色纤维状粉末,具有吸湿性,无臭、无味,无毒。不易发酵,不溶于酸,易溶于水中成胶体溶液。有一定的抗盐能力和热稳定性
制法	用优质的褐煤与烧碱反应,其质量比为 100 :(10～20),将反应液过滤浓缩干燥,得产品	用碱性水溶液在一定温度和压力下,水解聚丙烯腈盐(聚丙烯腈钙,聚丙烯腈钠,聚丙烯腈铵,聚丙烯腈钾)而得	将脱脂漂白的棉线按比例浸入 35% 的浓碱液中,30min 后取出,移至平板压榨机上,以 14MPa 的压力,压出碱液,得碱化棉。将碱化棉投入醚化釜中,在搅拌下缓慢加入氯醋酸酒精溶液,于 30℃ 下 2h 加完,然后在 40℃ 下搅拌 3h 得醚化棉。加 70% 的酒精若干于醚化棉中,搅拌 0.5h,加盐酸调 pH 值至 7,再用酒精洗两次,滤出酒精,在 80℃ 下鼓风干燥,粉碎得成品
主要用途	用作淡水钻井液耐高温降滤失剂,并兼有降黏作用,其抗盐性较差	用于超深井高温段和低固相不分散聚合物钻井液的降滤失剂,对黏土有降解作用,并能改善滤饼质量,抗温,能耐温 150～200℃,抗盐染	是一种抗盐、抗温能力较强,用作水基钻井液的降滤失剂,具有一定的增黏作用

表 7-3　水解聚丙烯腈盐的性状

水解聚丙烯腈钙	水解聚丙烯腈钠	水解聚丙烯腈铵	水解聚丙烯腈钾
浅黄或灰白色粉末水溶性好	淡黄色粉末溶于水,溶液呈碱性	灰黄色粉末	棕色黏稠液

(1) 单宁、栲胶和磺甲基单宁　单宁广泛存在于植物的根、茎、皮、叶或果实中,是多元酚的衍生物。单宁溶于水,用作钻井液处理剂时,一般配成碱液,使所形成的单宁酸钠水溶性提高;栲胶是由红柳皮或落叶松树皮等含单宁植物加工制成的,含单宁 48%～70%,配成栲胶碱液起降黏作用的成分是单宁酸钠,仅用于浅井和中深井;磺甲基单宁是用单宁酸、甲醛和亚硫酸氢钠在 pH=9～10 进行磺甲基化反应,制得的磺甲基单宁,降黏性能有

所提高，但抗盐性能较差，表 7-4 对单宁酸钠、磺甲基五倍子单宁酸进行比较。

表 7-4　单宁酸钠、磺甲基五倍子单宁酸的比较

名称	单宁酸钠	磺甲基五倍子单宁酸
主要成分	单宁酸钠	磺甲基单宁酸钠与铬络合
性状	本品为棕色粉末或细颗粒，无 3cm 以上的结块	本品为棕褐色粉末或细颗粒状，吸水性强，易溶于水，水溶液呈碱性
制法	用单宁酸与 NaOH 水溶液中和，浓缩，干燥，粉碎，得产品	将磺甲基单宁酸钠和重铬酸钠按比例依次加入反应釜中，加水，并在搅拌下缓缓升温，使之溶解后，静置一夜，过滤，浓缩干燥，粉碎得产品
主要用途	用作水基钻井液降黏剂，降滤失剂，适用于 4km 以内的井	用作水基钻井液的降黏剂，抗钙浸 10000mg/l，耐温 180～200℃。亦可作深井固井水泥浆的缓凝剂和减稠剂

（2）铁铬木质素磺酸盐（FCLS）　铁铬木质素磺酸盐由木质素磺酸钙与重铬酸钾、硫酸亚铁在一定条件下反应制得，是一种抗盐、抗钙和抗温能力强的降黏剂，能用于多种钻井液体系。近年来研制成功木质素磺酸铁锰盐、木质素磺酸钛铁盐等，但抗温、抗钙性能及降黏效果不如木质素磺酸铁铬盐。

（3）合成聚合物降黏剂　常用于钻井液降黏剂的合成聚合物有两类：一类是以磺化苯乙烯为主的共聚物，如磺化苯乙烯与马来酸酐、衣康酸的共聚物；另一类是乙烯基或烯丙基单体的均聚或共聚物。近年来已相继研制成功 XA_{40}、SK-Ⅲ、XW-74、SD-16、XY-27、CN-I 和 PAC-145 等聚合物降黏剂产品，有较好的降黏作用。如低聚物降黏剂（X-B40），为淡蓝色无规则颗粒或粉末，易溶于水，易吸潮。可将丙烯酸和丙烯磺酸钠按比例加入反应釜中，加去离子水搅拌溶解。缓缓升温至 50℃，滴加过硫酸铵水溶液引发聚合。加毕后，升温至 70～80℃，反应 2h，过滤，浓缩、干燥得产品。其主要用途是作为不分散聚合物钻井液的降黏剂，并能降低滤失量，改善滤饼质量，具有高抗钙性。

（4）有机硅类降黏剂　1985 年有机硅开始作为钻井液降黏剂使用，该剂处理的钻井液黏土容量很高，高温下性能稳定。近年来研究性能较好的有 Gx、HJN301 以及有机硅与腐殖酸钾接枝产品。

二、油气开采添加剂

为了石油稳产、高产，在进行酸化、压裂和其他作业时，需要添加一些化学剂，以去除沉积物对地层的堵塞，增大原油渗透率或者改变原油的物性如黏度、凝固点等，使油气增产。按油田作业可把此类添加剂分为：压裂添加剂、酸化添加剂、堵剂、清蜡剂、降凝剂，提高采油率用化学品等。压裂和酸化添加剂的质量直接影响压裂、酸化的效果，国外约有 25 个大类，180 多个品种，我国在这方面差距较大，很多专用添加剂国内尚属空白。

1. 压裂添加剂

压裂就是利用压力将工作液压入井下，将地层压开，形成裂缝，并由支撑剂将裂缝支撑起来，以减少流体流动的阻力，达到增产增注的目的。压裂过程中所用的工作液称为压裂液，目前国内外使用的压裂液有水基压裂液、油基压裂液、乳化型压裂液和特种压裂液，共计有 30 多个品种。在压裂作业过程中，为满足工艺要求，提高压裂效果，保证压裂液的良好性能所添加的化学剂称为压裂添加剂，压裂添加剂分 14 类：稠化剂、交联剂、破胶剂、缓蚀剂、助排剂、黏土稳定剂、减阻剂、防乳化剂、起泡剂、降滤失剂、pH 值控制剂、暂堵剂、增黏剂、杀菌剂。

（1）稠化剂　水（油）基压裂液是以水（油）为溶剂或分散介质的压裂液。通常将稠化剂溶于水（或油）配成稠化压裂液。通常分为两类：一类是天然高分子及其改性产物，典型产品是羧甲基纤维素、羟乙基纤维素、羟甲基羟乙基纤维素、羧甲基田菁胶、羟乙基田菁

胶、黄原胶等。另一类是合成高分子产物，代表产品有聚丙烯酰胺、部分水解聚丙烯酰胺，丙烯酰胺与 N,N'-亚甲基二丙烯酰胺共聚物等。如速溶田菁胶，其主要组分为羧甲基田菁，为淡黄色粉末，无结块，易溶于水。可将田菁粉、氢氧化钠、氯乙酸按一定比例加入反应釜中，以水-异丙醇作溶剂，在 $50\sim60$℃下进行碱化醚化，反应 5h 后结束。用冰醋酸调 pH 值至中性，浓缩，结晶，干燥得产品。其主要用途是用作水基压裂液的稠化剂，可与多价离子交联成凝胶。

（2）压裂用交联剂 在压裂过程中能将聚合物的线形结构交联成体型结构的化学剂称为压裂用交联剂。天然高分子和合成高分子化合物，通过交联剂的作用形成三维网状结构的冻胶，具有很好的悬砂能力，滤失量低，摩擦阻力低，使压裂性能提高。硼、钛和锆是常用的交联剂。国外在高温地层普遍采用有机钛交联剂，常用的品种有乙酰丙酮钛、三乙醇胺钛和乳酸钛。国内也开展 $TiCl_4$ 和有机钛交联剂的研究和开发工作，使压裂液的作业温度进一步提高。

（3）压裂用破胶剂 压裂作业完成后，可使冻胶结构破坏而利于其返排至地面的化学剂称为压裂用破胶剂。压裂用破胶剂的主要类型有过硫酸盐破胶剂和自生酸型破胶体系。

2. 酸化添加剂

油井酸化是指采用机械的方法将大量酸液挤入地层，通过酸液对井下油页层、缝隙及堵塞物（如氧化铁、硫化亚铁、黏土等）的溶蚀，恢复并提高地层渗透率，从而实现油井稳产高产作业方法。油田酸化时常用的酸有：盐酸（HCl，6%～37%）、氢氟酸（HF，3%～15%）、土酸（3% HF＋12% HCl）、甲酸（HCOOH，10%～11%）、乙酸（CH_3COOH，19%～23%）、氨基磺酸（NH_2SO_3H）等；此外还有添加各种助剂配成的缓速酸、稠化酸、乳化酸、胶束酸、泡沫酸、潜在酸等，这样必须解决酸在作业过程中对油井设备的腐蚀问题。

在酸化作业过程中，为满足工艺要求、提高酸化效果所用的化学试剂称为酸化添加剂。酸化添加剂分为 11 类，主要有缓蚀剂、助排剂、乳化剂、防乳化剂、起泡剂、降滤失剂、铁离子稳定剂、缓速剂、暂堵剂、稠化剂及防淤渣剂等。

（1）酸化缓蚀剂 在酸化作业中，常用的酸化缓蚀剂有甲醛、CT 系列酸化缓蚀剂等。甲醛是最早使用的油井酸化缓蚀剂，当油井较浅、井温不高且使用的盐酸浓度低于 15% 时，用甲醛作为缓蚀剂，对设备管线有一定的保护作业。如 7812 型缓蚀剂，其主要组分为季铵盐复配物。为棕色至棕黑色均匀油状液。相对密度 0.97 ± 0.05。可将等摩尔的烷基吡啶、氯化苄依次加入反应釜中，加异丙醇和水为溶剂，在搅拌下升温至 60℃后，封闭反应釜，加压至 0.2 MPa。温度 $120\sim130$℃反应 2h，得季铵盐，然后与甲醛缩合，与表面活性剂复配得产品。其主要用途是用作油气井酸化压裂工艺中盐酸、土酸及其他工业中酸洗缓蚀剂。

（2）缓速剂 缓速剂是用来降低酸化反应速率的化学剂，这样能使酸液渗入离井眼较远的地层，提高酸化效果。降低酸化反应速率通常采用下面两种方式：一种是添加少量能提高酸液黏度的高分子化合物，如黄原胶、聚乙二醇、聚氧乙烯醚、聚丙烯、丙二醇醚、丙烯酰胺与 2-丙烯酰氨基-2-甲基丙基磺酸钠共聚物等，降低酸中氢离子扩散到地层裂缝表面的速度，延长酸化距离。另一种方式是在酸中添加一些易吸附于地层表面的化学剂如烷基磺酸钠、烷基苯磺酸钠、聚氧乙烯烷基醇醚、聚氧乙烯烷基酚醚、烷基氯化吡啶等，达到降低酸化反应速率的目的。

（3）铁离子稳定剂 在酸化作业时，钢铁会受到腐蚀，以及地层中的氧化铁、硫化亚铁等溶于酸中，生成铁盐。随着酸化时间的延长，酸浓度越来越低，当酸液的 pH 达到某一值时，铁盐水解，可能重新生成沉淀，此沉淀易堵塞地层。

酸化作业时需要加入铁离子稳定剂。该药剂通过络合、还原或 pH 控制等作用，防止铁离子沉淀。油田用铁离子稳定剂有：乙酸、草酸、乳酸、柠檬酸、次氮基三乙酸、乙二胺四乙酸二钠。如 $CT_1 \sim CT_7$ 铁离子稳定剂为复配物，为褐黑色糊香味液体。可将柠檬酸与氮基三乙酸酯（NTA）以 $1:1$ 的质量比进行复配而得。其主要用途为油井酸化用铁离子螯合剂，防止铁离子的二次沉淀。适用于井温 $40 \sim 200℃$，$15\% \sim 28\%$ 盐酸酸化作业，可以提高酸化处理效率，降低地层伤害，配伍性好。

3. 堵剂

堵剂是指用于油井堵水时由油井注入能减少油井产水和用于注水井调整吸水剖面的化学剂，有时称为堵水调剖剂，简称堵剂。

（1）水泥类堵剂　这是油田应用最早的堵剂，由于价格便宜，强度大，可以适用于各种温度，至今还在研究和应用。主要品种有油基水泥、水基水泥、活化水泥和微粒水泥等。由于水泥颗粒大，不易进入中低渗透性地层，而且造成的封堵是永久性的，因此，这类堵剂的应用范围受到很大限制。

（2）颗粒类堵剂　这类堵剂的品种较多，有非体膨性颗粒的果壳粉、青石粉、石灰乳等；膨胀性聚合物颗粒如轻度交联的聚丙烯酰胺颗粒、聚乙烯醇颗粒等；土类如膨润土、黏土、黄土等。近年来使用较多的是土类和膨胀性颗粒，土类与聚丙烯酰胺配合使用，既可增强堵塞作用，又可防止或减少颗粒运移。

（3）无机盐沉淀类堵剂　这类堵剂的主要成分是水玻璃，其分子中 SiO_2 与 Na_2O 的摩尔比 m，称为水玻璃的模数，是水玻璃的一个主要特征指标。模数小的水玻璃的碱性强，易溶解，生成的凝膜强度小；模数大的则生成的凝膜强度大。国产水玻璃数优值一般为 $2.7 \sim 3.3$。硅酸钠溶液遇酸先生成单硅酸，然后缩合成多硅酸。多硅酸呈长链状，可形成空间网状结构，呈凝胶状，称为硅酸凝胶。

水玻璃溶液初始黏度低，注入方便，生成的凝胶强度高，若用于注水井调剖剂时，可采用双液注入工艺，即先注入第一种反应液（$1\% \sim 25\%$ 水玻璃），接着注隔离液，再注入第二种反应液（$1\% \sim 15\%CaCl_2$ 或 $5\% \sim 13\%FeSO_4$）。这两种液体发生反应，生成封堵地层的沉淀物质。

（4）热固性树脂类堵剂　用作堵剂的热固性树脂包括酚醛树脂、脲醛树脂、糠醛树脂、环氧树脂等。主要用于油井堵水、堵窜、堵裂缝、堵夹层水。优点是强度高，有效期长，缺点是成本高，如误堵油层后解堵困难。

（5）水溶性聚合物冻胶堵剂　这是 20 世纪 70 年代以来研究最多、应用最广的一类堵剂，它包括合成聚合物、天然改性聚合物和生物聚合物等。这类堵剂品种多，其中有聚丙烯酰胺（PAM）、HPAM、水解聚丙烯腈（HPAN）等。这类堵剂的共同特点是溶于水，能与交联剂反应，生成冻胶以实现其功能。

（6）改变岩石表面性质的堵剂　这类堵剂有阳离子聚丙烯酰胺、有机硅聚合物等。当这些堵剂吸附于带负电荷的岩石表面时，亲油基朝外，使岩石变为亲油性，致使油相渗透加快，二水相渗透受阻起到堵水效果。

4. 黏土稳定剂

油、气产层里都含有黏土矿物，在酸化、压裂和注水作业时，这些黏土颗粒与外来流体接触，会发生膨胀、剥落和运移，降低地层渗透率，影响油井产量和注水量。因此，黏土稳定剂对油田开发具有重要意义。黏土稳定剂有无机黏土稳定剂、有机黏土稳定剂、聚合物等。

油田常用的无机黏土稳定剂主要有：氯化钾、氯化铵、氧氯化锆等。其中，高价金属离子对黏土稳定效果更好。有机黏土稳定剂主要是由于黏土颗粒表面带负电荷，导致阳离子表面活性剂或聚合物都能吸附在黏土表面并中和其负电荷，改变表面状态和交换性能，减少小分子的渗入，达到稳定黏土的作用，常用的阳离子表面活性剂有季铵盐型、吡啶盐型和胺盐型，常用的聚合物黏土稳定剂是 PA-F 型黏土稳定剂。

三、强化采油添加剂

油井生产一次采油率仅 5%～30%，为了提高采油率，采用压气法或注水法进行二次回采，油田收率可达到 40%～50%，但仍有 50% 以上的原油滞留在贮油层中。近年来，国内外采用强化三次回采，油回收率可达到 60%～65%，油田生产的二次回采及三次回采法总称为强化回采法。目前，三次采油方法可分为：热驱法、气驱法和化学驱法。热驱法是利用热能使油层中的原油降低黏度而被驱出，如注蒸汽驱法、火燃油层法。气驱法是向油层中注入能与原油相混的气体，降低油在油层中的界面张力，从而提高油的流动能力。这类气体有甲烷、天然气、二氧化碳、烟道气、氮气等。化学驱法是在注入的水中加入化学品，降低油水界面张力，提高驱油能力。中国的三次采油技术研究达到了世界先进水平。强化采油添加剂主要指的是化学驱法。常用的化学驱油添加剂简介如下。

1. 聚合物驱油添加剂

常用的聚合物有高分子量的聚丙烯酰胺和生物聚合物黄原胶。注聚合物的工艺比较简单，只需将注水系统稍作改装即可实施。一般来说，适于注水的砂岩油藏，都可以注聚合物，驱油效果好，经济效率高。

2. 表面活性剂段塞驱油添加剂

表面活性剂段塞是由石油磺酸盐或合成磺酸盐与助剂配成的微乳液，它具有超低界面张力，能够将毛细管中的原油驱替出来，提高原油采收率。此法一般适用于温度较低、原油黏度较低、渗透率大于 $0.05\mu m^2$、非均质不严重的注水油藏。这种方法驱替效果好、驱油效率高。所用的表面活性剂一般要求为亲水性的而且耐碱性较好，如脂肪醇醚硫酸盐、石油磺酸盐、木质素磺酸盐、烷基酚聚氧乙烯醚、烷基酚聚乙烯醚硫酸盐及聚醚等，在采油中均得到广泛应用。

3. 碱水驱油添加剂

将烧碱水注入油井，与原油中的活性组分反应，形成乳化液，以提高原油采收率。

4. 微乳液驱油添加剂

微乳液驱油是提高原油采收率的最有效方法，可使原油采收率提高到 80%～90%，但成本较高。微乳液是将表面活性剂溶于水中，加入一定量的油，形成乳状液，然后在搅拌下逐渐加入辅助表面活性剂，至一定量后可得到透明液体。应用时，将其注入地层形成表面活性剂段塞或胶束段塞，溶解残留在地层孔隙中的原油，达到饱和后再分离形成油相从井中采出。用作此驱油剂的表面活性剂主要有石油磺酸盐等，所用的辅助表面活性剂一般为极性醇类。

四、油气集输用添加剂

在油气集输过程中，为保证生产过程安全和降低能耗所用的化学剂称为油气集输用添加剂。这类添加剂有 14 个类型：缓蚀剂、破乳剂、减阻剂、乳化剂、流动性改进剂、天然气净化剂、水合物抑制剂、海面浮油清净剂、防蜡剂、清蜡剂、管道清洗剂、降凝剂、降黏剂和抑泡剂。

1. 防蜡剂

石蜡是 C_{18}～C_{60} 的碳氢化合物。在油层条件下，蜡溶解在原油中，当原油从井底上升到井口以及在集输过程中，由于压力、温度降低，就会在油井壁或输油管线上析出，堵塞管道，直接影响原油的开采和运输。能消除蜡沉积的化学剂称为清蜡剂；能抑制原油中蜡晶析出、长大、聚集或在固体表面沉积的化学剂称为防蜡剂。常用的防蜡剂主要有以下三类。

(1) 稠环芳烃型防蜡剂　该类防蜡剂主要是萘、菲、蒽、苊、芘、苯并芘等稠环芳烃，它们主要来自煤焦油，很容易吸附在蜡晶表面上，阻止蜡晶体长大。使用时通常将稠环芳烃溶于溶剂中，再以一定量加到原油中即可。

(2) 高分子型防蜡剂　这种类型防蜡剂是油溶性的、具有石蜡链节结构的支链型高分子。这些高分子在很低浓度下，就能形成遍布原油的网络结构。若原油温度下降，石蜡就在网络上析出，其结构疏松且彼此分离，不能聚结长大，因此石蜡不易在钢铁表面沉积而被油流带走。这类防蜡剂主要有：乙烯与羧酸乙烯酯共聚物、乙烯与羧酸丙烯酯共聚物和乙烯、羧酸乙烯酯与乙烯醇共聚物以及乙烯、丙烯酸酯与丙烯酸共聚物。

(3) 表面活性剂型防蜡剂　这类防蜡剂有油溶性表面活性剂（如石油磺酸盐、胺型表面活性剂）和水溶性表面活性剂（如季铵盐型、平平加型、OP 型、吐温型、聚醚型等）。油溶性表面活性剂是通过改变蜡晶表面性质，使蜡不易进一步沉积，而水溶性表面活性剂吸附在蜡晶表面，使其表面或管壁表面形成一层水膜，阻止蜡的沉积。

2. 清蜡剂

常用的清蜡剂主要有两类。

(1) 油基清蜡剂　这类清蜡剂主要是溶解石蜡能力较强的溶剂，如二硫化碳、四氯化碳、三氯甲烷、苯、甲苯、二甲苯、汽油、煤油、柴油等。其主要缺点是毒性问题，不仅对人有毒，而且对炼油催化剂也有毒。

(2) 水基清蜡剂　水基清蜡剂是以水为分散介质，加有水溶性表面活性剂、互溶剂（如醇、醇醚，用以增加油和水的相互溶解）或碱性物（氢氧化钠、磷酸钠、六偏磷酸钠等）。这类清蜡剂既有清蜡作用，又有防蜡作用，但清蜡温度较高，一般为 70～80℃。

3. 破乳剂

原油在开采和集输过程中，采出水被分割成许多单独的微小液滴，油中的天然乳化剂附着在水滴上形成较牢固的保护膜，阻碍液滴的碰撞、聚结，使原油乳状液有一定的稳定性。为了有效地分离原油中的水，常使用破乳剂。

常用的破乳剂均为表面活性剂，主要有阴离子型表面活性剂，如脂肪酸钠盐、烷基磺酸钠、烷基苯磺酸钠、烷基萘磺酸钠等；阳离子型表面活性剂，如十二烷基二甲基苄基氯化铵等；非离子型表面活性剂，如聚氧乙烯烷基醇醚、聚氧乙烯烷基苯酚醚、聚氧丙烯、聚氧乙烯、聚氧丙烯十八醇醚等。例如破乳剂 BP 系列，其主要组分为聚氧丙烯聚氧乙烯丙二醇醚。在常温下多为黄色或棕黄色黏稠液体，浊点为 45～55℃，溶于水。可将 1mol 丙二醇和 0.5% 的固体 NaOH 加入压力釜中。用氮气置换釜中空气后，在搅拌下升温至 120℃，直至 NaOH 溶解。通入环氧乙烷为 m mol，通入速度以控制反应温度 120℃为宜。反应完毕后，通入 n mol 的环氧丙烷，通入速度以温度维持 120℃为宜。反应完毕后冷却，用磷酸调 pH 值 7±1。压滤除去无机盐。滤液用溶剂调至所需规格。如 BP-169、BP-121、BP-2040 等。其主要用途是用于原油脱水，炼厂破乳脱盐。亦可作分散剂、消泡剂、匀染剂、金属萃取剂。破乳剂 M-502 其主要组分为聚氧丙烯聚氧乙烯甘油醚，为浅棕色液体，属三元醇型 PO/EO 聚醚类非离子表面活性剂，不溶于水。可用甘油为起始剂，在碱催化下先与环氧乙烷缩聚，再与环氧丙烷缩聚，冷却、加溶剂可得。其主要用途是作为油田原油脱水的破乳剂，脱水速度快，适应性广。

4. 降凝剂

用来降低原油凝固点的化学添加剂称为降凝剂。原油添加了降凝剂后，它的凝固点和表观黏度降低，改善了低温流动性，便于开采和集输。油田使用的降凝剂多为高分子化合物，如乙烯-醋酸乙烯酯共聚物（EVA）、乙烯-醋酸乙烯-丙烯磺酸钠共聚物（F21）、丙烯酸酯聚合物（CE）等。降凝剂的作用机理为：大分子链吸附在蜡晶表面，改变了蜡晶表面性能，晶体形态发生了改变，同时也降低细小蜡晶聚集的能力，使原油的凝固点下降。下面介绍CE降凝剂的生产工艺。

CE原油降凝剂是我国自行开发研制的降凝剂，其合成工艺分三步。

（1）单体的制备　在反应器中加入（甲基）丙烯酸或（甲基）丙烯酸甲酯、高碳醇、催化剂和阻聚剂，加热反应到无水或无甲醇馏出，即得单体（甲基）丙烯酸高级酯。其反应式为：

$$CH_2 \!=\! C(CH_3)COOH + ROH \longrightarrow CH_2 \!=\! C(CH_3)COOR + H_2O$$

（2）聚合物的制备　采用溶液聚合，反应前先通氮气置换出反应器中的空气，加入单体及引发剂，在恒定的搅拌速度和温度下反应4h，得到均聚物或共聚物。

（3）降凝剂的制备　将均聚或共聚（甲基）丙烯酸高级酯与降凝改性剂按一定比例混合溶解于煤油中，即得到CE降凝剂。

第二节　石油炼制化学品

石油炼制工业是把原油通过炼制过程加工为各种石油产品的工业。习惯上将石油炼制过程粗分为一次加工、二次加工、三次加工等。一次加工是将原油用蒸馏的方法分离成轻重不同馏分的过程，包括原油预处理、常压蒸馏和减压蒸馏；二次加工是将一次加工过程产物的再加工，主要指将重质馏分和渣油经过各种裂化生产轻质油的过程，包括催化裂化（FCC）、热裂化、石油焦化、加氢裂化等；三次加工主要指将二次加工产生的各种气体进一步加工以生产高辛烷值汽油组分和各种化学品的过程，包括石油烃烷基化、烯烃叠合、石油烃异构化等。石油炼制过程中须用多种化学品，统称为石油炼制化学品，简称炼油助剂。

一、炼油助剂的分类

炼油助剂按基本组成和属性可分为有机助剂和无机助剂，按助剂的形态可分为三种，即固态、液态和气态。而通常按助剂的作用分为五类，如表7-5所示。石油炼制工业过程使用最多的是常减压蒸馏装置和（催化裂化）FCC装置。使用最广泛的是缓蚀剂和阻垢剂。

二、常见的炼油助剂

1. 原油预处理助剂

电脱盐是原油加工的第一道工序，也称原油预处理，它是将原油中所含的盐分、水分、机械杂质脱除，为常压蒸馏装置提供符合要求的净化原油。为提高电脱盐效率，需要在电脱盐时加入破乳剂，有些原油还需加入脱钙剂。

表 7-5　按助剂的作用分类

序号	类别	助剂名称
1	原油预处理助剂	破乳剂,脱钙剂等
2	炼油过程助剂	强化蒸馏助剂,缓蚀剂,阻垢剂,消泡剂,助滤剂,增加延迟焦化液体收率助剂等
3	催化剂或助剂	钝化剂,裂解助剂,固钒剂,助燃剂
4	质量改善助剂	提高 FCC 汽油辛烷值助剂,FCC 汽油脱硫助剂,FCC 汽油降烯烃助剂,FCC 多产丙烯助剂等
5	环保和节能助剂	硫转移剂,助燃剂,降低 NO_x 助剂等

(1) 破乳剂　从地下深处开采出的原油都含有相当数量的水分，原油在开采之前，油与水在地下并不发生乳化。只是在原油从地下采出时要经过地层的空隙与水和空气混合在一起，又经过泵送的搅动，才形成乳化液。一般在油田都采取先加入破乳剂进行脱水脱盐，使外输原油含水量达到一定的标准。因此在炼油厂的第一步加工工序，就是要进行原油的预处理——脱盐脱水。破乳剂就是在进行电脱盐时最先加入的一种助剂。电脱盐装置运行的好坏，取决于破乳剂的使用效果。破乳剂属表面活性剂类型，一个理想的破乳剂应具有较强的表面活性。破乳剂分子通常由亲油基团和亲水基团组成，亲油部分为碳氢基团，特别是长链碳氢基团构成；而亲水部分则由离子或非离子型的亲水基团所构成。亲油部分的差异在于碳氢链的大小及形状，而亲水部分的变化则远较亲油基团大，因而破乳剂的分类，一般依据亲水基团的特点，可分为阳离子破乳剂、阴离子破乳剂、非离子破乳剂和两性破乳剂。在工业上则经常简单分为低温型破乳剂和高温型破乳剂。低温型破乳剂如 SP169、BP169、2040、GT922、TA103 等，其低温适用性较好，缺点是用量较大。洛阳石化工程公司工程研究院研制的 FC9301 低温破乳剂系列，通过改进破乳剂分子的亲水、亲油基比例，对聚醚嵌段数量和顺序进行调整，大大改善了破乳剂的低温流动性和低温活性，在原油能够流动的情况下，使用少量的破乳剂，即可进行破乳脱水。近年来，陕西省榆林石油助剂厂等三家企业采用 FC9301 等低温型破乳剂，低温脱盐、脱水率达到 90% 以上。

炼油厂深度电脱盐操作温度较高（100～145℃），因此高温型破乳剂的应用比低温型破乳剂更为广泛。应用较广的破乳剂有以下若干种（系列），如 FC9301、SH 系列、AEI910、AE2040、BP2040、TA1031、GT 系列、F-3111、ST 系列等。随着生产实践和应用研究的不断深入，根据破乳剂有效成分的结构，人们逐渐对它的适用性总结出一些应用经验。洛阳石化工程公司工程研究院开发的 SH9101、GT940、FC961 等破乳剂，具有较高表面活性，对原油适用性较广，在重质、劣质原油破乳脱水方面，如辽河原油、胜利原油、进口高硫原油等都起到了很好的破乳作用。

(2) 原油脱钙剂　所谓脱钙剂是指能脱除原油中以钙为主的有机金属化合物的一种助剂，常和破乳剂一起加入到电脱盐装置中，使原油在进入常压蒸馏装置之前脱除大部分金属杂质。脱钙问题的解决是十分必要和迫切的，现有的一些脱钙剂还不能很好地满足各种原油特别是高含钙原油的需要，高效、廉价的脱钙剂还有待进一步开发。

2. 炼油过程助剂

(1) 缓蚀剂　向腐蚀介质中加入微量或少量（无机的、有机的）化学物质，使金属材料在该腐蚀介质中的腐蚀速度明显降低，直至停止，同时还保持着金属材料原来的物理机械性能，这样的化学物质称为缓蚀剂。原油中存在含有硫、氯、氧和氮等元素的非烃化合物，在炼油厂加工过程中它们便会因加热分解而产生硫化氢、硫酸、盐酸、碳酸、氨和氰化物等腐蚀性物质，会导致设备、管道减薄、穿孔、开裂，给安全生产带来严重威胁。由于缓蚀剂具有良好的防腐效果和突出的经济效益，已成为炼油厂应用最广泛的助剂之一。

许多物质都可作为缓蚀剂。在无机化合物中，能够在金属表面形成钝化膜的物质或在金属表面形成致密的难溶膜的物质；在已经应用的有机化合物中，那些含有未配对电子的元素，如 O、N、S 的化合物和各种含有极性基团的化学物质，特别是含有氨基、醛基、羧基、羟基、巯基及它们的衍生物的各种化合物，都有可能成为缓蚀剂。

(2) 阻垢剂　在石油加工过程中，几乎所有的油料都需被加热到一定的温度进行反应，并逐渐在设备和管道的表面上产生沉积物，常称此为结垢或积垢。垢的产生会给工业生产带来诸多不利的影响。围绕石油加工管道和设备结垢的问题，国内外都进行了广泛的研究，出现了一系列减少结垢的方法，如改变操作条件、改进设备、原料预加氢或过滤、在加工设备和管道表面进行化学钝化处理等，但是这些方法都有局限性，未能从根本上抑制结垢的产生。随着对结垢原理认识的加深和研究的深入，开发出了抑制结垢的阻垢剂。用阻垢剂来抑制石油加工设备和管道结垢的方法简便、有效，而又经济，因此在国内外都得到了广泛的应用。

国外阻垢剂一般可分成两类，一类用于加工温度为500℃左右的设备和管道，如热裂化、延迟焦化、减黏等装置的高温设备和管道，这类阻垢剂可抑制或减少高温时由烃类热裂解等反应引起的生焦，因此常被称为阻焦剂或防焦剂。另一类阻垢剂的使用温度相对较低，如：用于FCC裂化油浆系统、减压塔底渣油系统等。但是也有一些阻垢剂可在250～550℃的温度范围内使用，既能阻止高温结焦，也可阻止低温结垢。主要产品指标与生产单位如表7-6所示。

（3）催化剂助剂 主要有催化裂化的金属钝化剂、催化裂化底油裂解助剂和催化裂解中的固钒剂等，这些助剂的发展空间很大，需要进一步拓展。

表7-6 主要产品指标与生产单位

项 目	牌号及生产厂家[①]				
	SF-2	YX-94	NS-13	RIPP-1421	AFA-3
外观	琥珀色液体	棕红色液体	琥珀色液体		棕红色液体
密度(20℃)/(g/cm³)	0.85～0.95	0.87～0.94	0.90～0.96	0.90～0.95	≤1.0
运动黏度(20℃)/(mm²/s)	≤100	10～30	≤60	≤55	≤100
闪点(闭口)/℃	≥80		≥80	≥70	≥60
凝点/℃	≤-5	≤-20	≤-20	≤-30	≤-25
pH值	6～7	5～6	6～7		
水分/%	≤0.1		≤0.06	≤1.0	
机械杂质/%	≤0.1		≤0.07	≤0.02	
溶解性	与油互溶			与柴油互溶	

① SF-2：华东理工大学产品；YX-94：江苏汉光实业股份有限公司产品；NS-13：南京石油化工厂产品；RIPP-1421：石油化工科学研究院产品；AFA-3：洛阳石化工程公司工程研究院产品。

第三节 石油产品添加剂

原油经加工炼制得到多种油品，大体上可分为四大类：燃料油品，如汽油、喷气燃料、煤油、柴油、燃料重油、液化石油气等，主要作为发动机燃料、锅炉燃料等之用。在我国燃料油约占石油产品的72.7%。润滑油品，如润滑油、润滑脂以及石蜡等。主要用以减少机件之间的摩擦，保护机件，节省动力。其中润滑油在我国约占石油产品的1.5%，数量虽不大，但品种繁多，用途较广。沥青和石油焦，它们是生产燃料和润滑油的副产品，产量约占石油产品5%。化工原料和石油溶剂，约占石油产品的20%，其中化工原料是有机合成工业的重要原料或中间体。

石油产品添加剂是一类能显著改进石油产品的某些特性化学品，其中绝大多数是人工合成的能溶解于矿物油中的有机化合物。原油经过多种炼制过程，加工出的各种产品，往往不能直接满足各种机械设备对油品使用性能的要求。有效而且比较经济的方法是加入少量各种添加剂。在燃料油品和润滑油品的加工和使用过程中，使用的添加剂较大些。这里重点介绍燃料添加剂和润滑油添加剂。

一、石油燃料添加剂

近年来燃料添加剂在国内外已受到越来越多的重视，我国的车用汽油、喷气机燃料、柴油以及燃料油等也逐渐依靠各种添加剂来解决各种使用过程中出现的性能问题。

通常将各类燃料添加剂分为两大类别：一是保护性添加剂，主要解决燃料贮运过程中出现的各种问题的添加剂。包括抗氧化剂、金属钝化剂、分散剂等稳定剂，抗腐蚀剂或防锈剂等。二是使用性添加剂，主要解决燃料燃烧或使用过程中出现的各种问题的添加剂。包括各种改善燃烧性能及处理或改善燃烧生成物特性的添加剂。

燃料添加剂按其作用分为抗爆剂、抗氧剂、金属钝化剂、防冰剂、抗静电剂、抗磨防锈剂、流动改进剂、十六烷基改进剂、清净分散剂、助燃剂等。其主要品种介绍如下。

1. 抗爆剂

衡量汽油抗爆性的指标是辛烷值，同时辛烷值也是衡量一个国家炼油工业水平和车辆设计水平的综合指标。提高车用汽油辛烷值的重要手段是加入抗爆剂。四乙基铅曾是一种优良的抗爆剂，具有生产工艺简单、成本低廉、效果突出的优势。但四乙基铅有剧毒，其燃烧产物毒性更大，国内外已禁止向汽油中添加四乙基铅，实现了汽油的无铅化。为提高汽油辛烷值，甲基叔丁基醚（MTBE）作为汽油添加剂已经在全世界范围内普遍使用。它不仅能有效提高汽油辛烷值，而且还能改善汽车性能，降低尾气中的 CO 含量，同时降低汽油的生产成本。但近几年发现 MTBE 产生致癌物质污染水源，因此作为汽油添加剂将有逐步被淘汰的趋势。其中碳酸二甲酯含氧量高，辛烷值高，对环境无污染，挥发度较 MTBE 低更适合用作汽油的添加剂；低碳醇、二甲醚等也是 MTBE 的良好替代物，它们加入汽油中形成清洁新配方汽油或是直接作为汽车的清洁燃料正在引起人们的普遍关注。例如，甲醇作为燃料具有燃烧热效率高、辛烷值高、对环境污染小等优点。但甲醇在使用中存在蒸发潜热大，给汽车的冷启动带来困难，甲醇与汽油混合比例高时存在互溶等问题。乙醇作为燃料在美国、巴西等国起步较早，在美国燃料酒精最普遍的是以 10% 的比例掺入汽油中，称为汽油醇。1999 年美国汽油醇占汽油总消耗量的 12%。我国正重点推广车用乙醇汽油。二甲醚燃烧效果比甲醇更好，除具有甲醇的优点外，二甲醚不存在冷启动问题，以二甲醚或二甲醚与汽油混合物作为汽车燃料能大大降低尾气中 NO_x 的排放量，降低噪声，而且还能无烟燃烧。用二甲醚作汽油添加剂比其他醚类化合物具有更高的 O/CH 比，使汽油燃烧得更完全，并且在某种程度上提高了汽油的雾化效率，降低了汽油的凝固点。

除以上添加剂和清洁燃料外，目前还开发了其他汽车清洁替代燃料，如天然气、液化石油气、液化天然气、植物油等。2000 年我国已改装燃气汽车近 10 万辆，建成天然气、液化石油气加气站百余座。

抗爆剂甲基叔丁基醚的合成是以混合丁烯和甲醇为原料，在酸性催化剂存在下，进行放热反应而制得：

$$CH_2C(CH_3)_2 + CH_3OH \longrightarrow (CH_3)_3COCH_3$$

生产甲基叔丁基醚工艺过程是将液态混合丁烯（含异丁烯质量分数为 45%）与过量 20% 的新鲜甲醇或循环甲醇混合，进入装有催化剂的固定床管式反应器；反应器带有外循环液体冷却系统，借助外循环液体冷却系统将产生的反应热移走。从反应器流出的混合产物送入精馏塔，可得到纯度大于 98% 的甲基叔丁基醚产品。

2. 抗氧化剂

为了防止汽油、喷气燃料、柴油等在贮存过程中氧化生成胶质沉淀，以及在使用过程中溶在燃料中的胶质因燃料汽化、雾化而沉积于吸入系统、汽化器、喷嘴等处，影响发动机的正常运转，一般燃料中多需加入各种抗氧化剂。

常用的抗氧化剂为各种屏蔽酚类和芳胺类化合物。酚型抗氧剂主要有 2,6-二叔丁基对甲酚、2,6-二叔丁基酚等。目前，我国使用的酚型抗氧剂主要是 2,6-二叔丁基对甲酚（T501），在燃料油中的一般加入量为 0.002%～0.005%。常用的胺型抗氧剂有 N-苯基-N'-

仲丁基对苯二胺和 N,N'-二仲丁基对苯二胺。

（1）2,6-二叔丁基对甲酚抗氧剂　2,6-二叔丁基对甲酚简称"264"，是国际上通用的优良抗氧剂，除作为汽油等燃料的抗氧剂外，还广泛地应用于润滑油、石蜡、橡胶、塑料制品、工业用油脂类、涂料、食品等方面。可将对甲酚在催化剂硫酸存在下与异丁烯（或含异丁烯的 C_4 馏分）进行烃化反应，再用碳酸钠中和，加乙醇结晶（二次以上）后，离心分离，干燥后即得产品。

（2）N,N'-二仲丁基对苯二胺　广泛应用于汽油、润滑油，常与264等抗氧剂、金属钝化剂并用。能防护天然及合成橡胶制品的热氧老化及臭氧老化，还能作聚丙烯纤维稳定剂使用。该抗氧剂是以对硝基苯胺、丁酮和氢气为原料，进行加氢还原和 N-烷基化反应制得。具体的工艺过程是：对硝基苯胺和丁酮以 8：1 的摩尔比配料从反应器上部加入，并通氢气，在 5MPa 和 160℃下，原料通过含有铂、氟化合物的氯化铝催化剂层，反应产物从底部流出，冷却后分离出液状目的产物，对硝基苯胺转化率为 99%。

二、润滑油添加剂

世界能源约 1/3～1/2 损耗在机械摩擦上，而润滑油可减少机械摩擦。现代润滑油生产的基本过程为原油经过常压、减压蒸馏得到各馏分润滑油料，再分别经过精制、脱蜡及补充精制得到润滑油基础油，再与添加剂配伍，即得成品润滑油。经多道工序得到的润滑油基础油虽然具备了润滑油的基本特性和某些使用性能，但因受其化学组成的限制，基础油不可能具备商品油所需要的各种性能。因此要满足实际使用中的不同要求，必须借助于使用添加剂，以改善、提高和赋予基础油原来不具备的某些性质和使用性能。

润滑油添加剂的主要类型有清净分散剂、抗氧抗腐剂、极压抗磨剂、油性剂和摩擦改进剂、防锈剂、降凝剂、抗氧剂和金属减活剂、黏度指数改进剂、抗泡沫剂等。

1. 清净分散剂

清净分散剂能减少油中沉淀物，保持油料系统清洁，分散燃料油中已形成的沉渣，使微小颗粒保持悬浮状态。清净分散剂为带有极性基和非极性基的有机化合物。其非极性基团延伸到燃料油中，增加燃料油的油溶性，防止沉积。其极性基团整齐排列在金属表面上，增加其表面活性。可用作燃料油清净分散剂的化合物包括聚异丁烯琥珀酰五胺、酚胺、咪唑啉、磷酸酰胺、脂肪胺、烷基羟基芳香族羧酸碱性镁盐等。

2. 降凝剂

降凝剂又叫低温流动改进剂，是一类能够降低石油及油品的凝固点、改善其低温流动性的物质。对于柴油可使其在低于浊点的温度下也能较好通过油管与过滤器。同时，由于使用流动改进剂，还可使柴油馏分适当加宽，利于柴油增产。低温流动改进剂主要有乙烯-醋酸乙烯酯共聚物、乙烯-丙烯酸酯共聚物、烯基丁二酸酰胺化合物等，加入量平均为 0.03% 左右。例如，聚乙烯-醋酸乙烯酯是由乙烯与醋酸乙烯酯单体在引发剂存在下进行自由基溶液聚合而成。反应温度 80～90℃，压力 7～8MPa，其中醋酸乙烯酯的含量 35%～45%。

3. 金属减活剂

汽油、柴油等燃料在泵送、贮存及发动机燃料系统中接触多种金属如铜、铁、铅等，金属会加快燃料的氧化速度致使燃料中的烯烃氧化、聚合，最后生成胶质，沉积在汽化器上，从而降低发动机的操作性能。金属减活剂可与燃料中的铜等金属活性物反应生成螯合物，使其失去催化活性。目前，我国使用的金属减活剂主要是 N,N'-二亚水杨基-1,2-丙二胺。该金属减活剂的钝化作用最有效，一般加入量为 0.005%。

三、汽油专用添加剂

1. 抗爆剂

抗爆剂主要用于改善汽油的燃烧特性,提高其辛烷值。从1923年以来,长期广泛使用和效果最佳的抗爆剂四乙基铅、四甲基铅与二溴乙烷非铅剂的复合剂,在近年来由于环保要求日益严格,用量日益减少,并趋于淘汰。但从全面使用性能及经济性看,还未发现能与烷基铅相媲美的抗爆剂。为实现汽油的低铅化或无铅化,较为可行的措施是在充分利用催化重整、烷基化等加工工艺的同时,采用甲基叔丁基醚提高汽油辛烷值组分以替代烷基铅抗爆剂。

2. 抗表面引燃剂

由于燃烧室内某些局部表面可能存在少量炭沉积物,在较高压缩比的工作状态下,压缩做功可能使燃烧室内温度升高,致使这些炭沉积物达到灼热的程度,导致因这些局部表面地点引发的提前点火,从而影响发动机的正常运转,还可造成功率损失,并影响机件寿命。为减少上述表面引燃现象,可使用有机磷化合物,如甲苯二苯基磷酸酯和甲基二苯基磷酸酯。其作用机理为将具有较低灼热点的沉积物转变为含有磷酸酯的、灼热点较高的沉积物。

3. 汽化器清净剂

由于发动机在空转期间,空气中的污染杂质进入汽化器,以及由于环保要求安装废气循环装置,或由于正压排气装置的操作不良,使废气中央带的污染物进入汽化器,皆可在汽油机的节流阀体生成沉积物,影响油气比的控制,而干扰汽化器的正常运转,同时造成在低速低负荷运转时使CO、烃类的排放增多,不利于节能。为防止这些沉积物的生成,可在汽油中加入适量的汽化器清净剂。现今常用的这类清净剂与润滑油分散剂的化学结构类同,其典型化合物为丁二酰亚胺或酚胺类。

4. 防冰剂

在冷湿的气候条件下,如在2~10℃以下,空气的相对湿度超过50%时,由于含有较多的低沸点组分的汽油汽化,使吸入的空气冷却,可导致空气中水分在汽化器节流阀滑板区结冰,阻碍空气畅通地流入,甚至可导致发动机停转。为防止此问题发生,可使用防冰剂。

防冰剂可分为两类。其一为冰点降低剂,包括低分子醇类,如甲醇、异丙醇以及己烯二醇等。另一类为表面活性剂,它们在汽化器和节流阀滑板区金属表面上吸附力较强,因而形成一层保护膜,防止了冰晶在金属表面上集结。

四、柴油专用添加剂

1. 分散剂

现代柴油中裂化产物组分已占相当大的份额。尽管加入抗氧化剂,在长期贮存中也难免氧化生成不溶性胶质、残渣和漆状沉积物。这些杂质很易堵塞过滤器及喷嘴等处,并使排气中烟灰增多,损失功率。因此,可加入与润滑油分散剂类同的柴油分散剂,如丁二酰亚胺、硫化磷酸钡盐以及磺酸盐等,使上述不溶物在柴油中保持分散悬浮,避免在发动机的关键部位形成漆状沉积物,同时也就能保证燃烧良好,排烟减少,并利于节能。

2. 低温流动改进剂

为了改善柴油(特别是冬用柴油)的低温流动性,使柴油在低于浊点的温度下也能较好通过油管与过滤器,具有良好的低温泵送性能和过滤性能,可加入低温流动改进剂。同时,由于使用流动改进剂,还可使柴油馏分适当加宽,利于增产柴油。现今这种加有低温流动改进剂柴油的应用已日趋广泛。

3. 十六烷值引燃改进剂

为了解决某些柴油在使用中的引燃滞后导致爆震、降低功率等问题,可加入改善柴油引燃性能或提高其十六烷值的添加剂。近年来,随着重油深度加工的发展,裂化柴油产量大幅度增长，柴油的十六烷值已有下降趋势，因此，这类添加剂的应用逐渐受到人们重视。常用的十六烷值改进剂为硝酸戊酯、硝酸己酯等，其作用机理是这些化合物较易分解成为自由基或氧化合物，从而可诱发柴油的引燃或降低其引燃温度，其加入量约为体积分数的0.1%。

4. 消烟剂

为保护环境，现今如何减少柴油机排气中的烟粒（黑烟）已引起人们的关注。除改进柴油机燃烧室结构，采用废气循环，控制喷油时间，安装尾气过滤器或烟粒捕集器等以外，加入消烟剂也是主要措施之一。这些消烟剂实际上也就是保证燃烧反应进行完全的催化剂。常用的有高碱性磺酸钡、甲基环戊二烯三羰基锰等，其加入量均约为体积分数的0.5%。

第四节　典型石油化学品的生产技术

一、羧甲基纤维素（CMC）泥浆处理剂的生产

羧甲基纤维素（CMC）广泛用于泥浆处理、水基压裂液等各种油田生产过程中，其生产工艺过程简单介绍如下。

（1）CMC的生产消耗定额（溶媒法，以每吨产品计）：棉绒62.5kg，乙醇317.2kg，碱（44.8%）81.1 kg，一氯乙酸35.4kg，甲苯310.2kg。

（2）溶媒法生产工艺流程如图7-1所示。

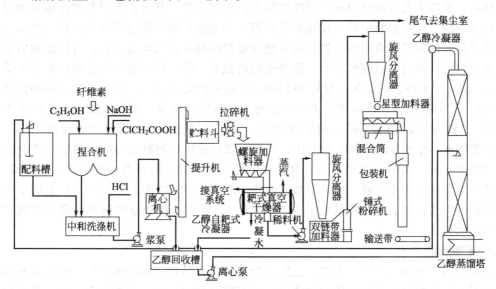

图 7-1　羧甲基纤维素生产工艺流程

纤维素经粉碎悬浮于乙醇中，在不断搅拌下用30min加入碱液，保持28~32℃，降温至1~7℃后加入一氯乙酸，用1.5h升温至55℃反应4h；加入乙酸中和反应混合物，经分离溶剂得粗品。粗品在搅拌机和离心机组成的洗涤设备内分两次用甲醇液洗涤，经干燥得产品。

二、石油燃料添加剂的生产

1. 甲基叔丁基醚抗爆剂的生产

在汽油发动机燃烧室内中，通常在点火火花塞的火焰到达之前，往往会发生未燃燃料与空气的混合气自燃的所谓爆震现象，因此需加入抗爆剂来抑制这种现象的发生。随着无铅汽油的推广，目前主要使用甲基叔丁基醚（简称 MTBE）抗爆剂。

现以抗爆剂甲基叔丁基醚的生产为例，介绍一下石油燃料添加剂的生产技术，如图 7-2 所示。

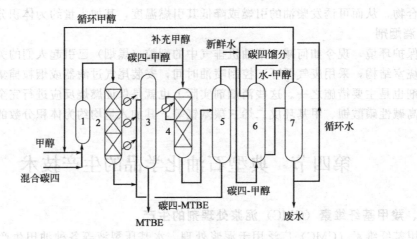

图 7-2 甲基叔丁基醚生产流程
1—保护反应器；2—第一反应器；3—第一脱醚塔；4—第二反应器；
5—第二脱醚塔；6—甲醇萃取塔；7—甲醇回收塔

MTBE 是一种优良的高辛烷值汽油添加剂和抗爆剂，可由碳四馏分（含异丁烯）和甲醇为原料，采用大孔强酸性阳离子交换树脂为催化剂生产。其工艺流程和操作步骤为混合碳四馏分和甲醇（包括回收甲醇）在保护反应器 1 中脱除对催化剂有害的杂质后，经预热进入第一反应器 2。每段反应器出口物料部分经冷凝器冷却后进入该段入口，可根据物料浓度及工艺要求调节循环量，以便控制反应器各段的转化率。第一反应器出口反应产物进入第一脱醚塔 3，塔顶为碳四、甲醇和少量的 MTBE，塔底为产品 MTBE。第一脱醚塔顶物料进入第二反应器 4，补加甲醇后进一步使未反应的异丁烯与甲醇反应。该反应器出口物料进入第二脱醚塔 5，使 MTBE 与剩余碳四和甲醇分离。第二脱醚塔顶为不含醚的碳四和甲醇，进入甲醇萃取塔 6，塔底为含碳四的 MTBE，与第一反应器出口物料混合后返回第一脱醚塔，并分出 MTBE。在甲醇萃取塔中用水萃取碳四中的残余甲醇，塔顶为不含甲醇和 MTBE 的碳四；塔底为含甲醇的水溶液，输入甲醇回收塔 7。甲醇回收塔顶为含 99.4% 以上的甲醇，循环至保护反应器；塔底为含醇量小于 0.5% 的废水，其中一部分返回到萃取塔作萃取剂，一部分作废水排放。

2. 润滑脂的生产

润滑脂属于石油产品的一大类。它是由润滑油（包括合成润滑油）加入稠化剂和石油产品添加剂而制得的固体或半流体的润滑剂，具有较好的润滑性、可塑性和一定的黏附性。

润滑脂按使用性能可分使用部分和稠化剂两类；按制备润滑脂的稠化剂类型可分为烃基脂、皂基脂，有机脂和无机脂（硅胶脂、膨润土脂）等。皂基脂在工业上广泛使用，数量约占润滑脂总产量的 90% 左右，其中以钙基脂、钠基脂、复合铝基脂、锂基脂为主要品种。钙基脂由于耐水和价廉故使用较广，主要用于车体底盘和滚动轴承；钠基脂的机械安定性好，滴点高，适用于轴承；锂基脂因具有良好的耐热性、抗水性及机械安定性，近 20 年来发展很快，作为工业及航空通用脂，得到广泛使用；复合铝基脂是近年来发展起来的一种各项性能较好的品种，可供高温部分润滑使用。

润滑脂的生产技术很有代表性。下面从生产步骤和生产中的技术两方面介绍润滑脂生产技术。

（1）润滑脂的主要生产步骤

① 生产准备　润滑脂生产前的准备工作主要有以下几点：a. 各种原料组分应预先过滤或精制处理，以保证其杂质含量在允许范围内；b. 各种原料均要经过质量检验，符合标准要求时才能选用；c. 确定各种原料的组成及质量配比；d. 各种原料要准确计量和详细记录；e. 各种设备要清洗干净，工艺管线、阀门要畅通。

② 皂基的制备　油脂的皂化，就是三脂肪酸甘油酯在金属氢氧化物的存在下首先水解为脂肪酸和甘油，随即脂肪酸与各种金属氢氧化物进行中和反应，生成各种金属皂类。

皂基的制备是生产皂基润滑脂的关键工序之一。随着皂基的不同、原料的不同以及设备和工艺条件的不同，皂化反应的时间和皂化完成程度也会不同。为了使皂化完成后所制得的皂在以后工序中能够比较迅速而均匀地分散在润滑油内，在皂基制造中同时投入一定量的润滑油是必要的。一般来讲，各种脂肪原料和碱类配料的浓度越大，皂化反应速率就越快，反应过程的机械搅拌越激烈，反应速率越快，当皂化温度和压力升高，皂化反应速率加快；反之，温度和压力降低时，皂化反应速率大大减慢，使生产周期延长。

③ 稠化成脂　皂化完成后，将反应器内皂基升温脱水，并分批加入润滑油。直至皂基加热到工艺条件规定的最高温度，这时再加入冷油降温稀释，即完成稠化成脂工序。

④ 冷却研磨　冷却研磨也称冷却均化工序，是炼制成脂后的一道重要工序。按照润滑脂的种类不同，可以采取多种冷却方式。例如，向反应器内夹层或蛇形管通入冷水，在搅拌下利用齿轮泵打入循环冷水进行冷却；在反应器内静止冷却到一定温度后，用齿轮泵送入研磨设备；将反应器内润滑脂在真溶液状态下直接打入五联辊和三联辊研磨机进行冷却研磨，使润滑脂在研磨机上得到速冷和均匀化。研磨次数对产品的针入度、分油量以及机械安定性有影响。在适当的研磨条件下，产品的机械安定性随研磨次数的增加而发生变化，它能增大产品的分油量和针入度。在冷却均化后，为使产品具有满意稳定的体系，还须进行均化脱气或冷却后再均化脱气。

⑤ 包装　润滑脂的成品包装是生产过程中的最后一道工序。成品包装之前，要采样按规格标准进行一次全分析。在润滑脂包装时要避免混入机械杂质。桶装之前，必须将桶洗刷干净，桶壁桶底缝隙应无杂质脏物。成品润滑脂在包装时要控制好温度，一般情况下，如钙基脂等应在 75℃ 以下，钠基脂以及复合皂基脂可在 100℃ 以下包装。装桶温度太高会影响成品质量，如易于析油。

（2）润滑脂的生产技术　现以合成锂基和钙基润滑脂的生产为例，介绍润滑脂的生产技术。

锂基润滑脂是以脂肪酸锂皂稠化润滑油并加抗氧剂等添加剂所制成的一种多用途润滑脂。锂基脂的滴点较高，一般在 200℃ 左右，其使用范围较宽，可适用于 -20～120℃ 范围内。在锂基脂中，特别是 12-羟基硬脂酸锂脂，具有优良的机械安定性，经 10 万次剪切后，针入度变化值在 30 个单位左右，这是钙基、钠基、钙钠基润滑脂等产品所不及的，由于脂的力学性能好，使用寿命较长，因而锂基脂通常被誉为多用途长寿命润滑脂。这种产品兼有钙基、钠基、钙钠基润滑脂的主要特点，在使用时可取代之。它可应用于几乎各种机械设备的滚动和滑动摩擦部位的润滑。由于锂皂稠化能力高，因此用锂皂分稠剂制成的成品脂具有极其优良的泵送性能。当加入油溶性极压添加剂制成稠度为 0 号或 1 号的脂时，所得产品不但流动性能和黏温性能好，而且具有抗极压性能，故一般又称作极压锂基脂。锂基脂对添加剂的感受性相当好，当以锂基脂为基础脂加入各种添加剂时，如加入防锈、极压、抗氧等添加剂，可以制成多种用途的润滑脂，如汽车轮毂脂、电机脂、特种润滑脂等。

采用合成脂肪酸制造的锂基润滑脂称为合成锂基润滑脂。目前，我国合成锂基脂的产量在锂基脂总量中占有很大比例，由于它的性能与天然锂基脂相似，并可以互相代替，故用于各种机械的摩擦部位的润滑。在产品性能上，合成锂基脂和天然锂基脂相比，具有耐高温、胶体安定性好，且原料合成脂肪酸容易获得、成本低廉，比较经济等优点。缺点是合成锂基脂的外观较粗糙，因而它的低温性能不如天然脂肪酸制的锂基脂，且稍有贮存变硬的现象，这主要是与选用的合成脂肪酸的馏分组成有关。

① 锂基润滑脂的制造原料与组成　合成锂基脂与天然锂基脂的区别仅是所用的脂肪原料不同，在生产工艺流程上与天然锂基脂基本相同。因此，在合成锂基脂的生产中，主要还是选择适宜的合成脂肪馏分的问题。

作为稠化剂的合成脂肪酸锂皂与天然脂肪酸锂皂在性质上有显著的差异。天然脂肪酸，如 12-羟基硬脂酸及硬脂酸等，多集中为 $C_{16} \sim C_{18}$ 酸；而合成脂肪酸馏分比较宽，几乎包含有 C_{25} 以下的所有奇、偶碳原子数饱和的一元羧酸，此外还有少数异构酸、酯类及不皂化物等。就一元羧酸而言，各批次之间的主碳数分布也不尽相同，因而合成脂肪酸的组成很复杂。

就稠化能力而言，$C_{12} \sim C_{14}$ 的稠化能力最强，随着合成脂肪酸碳链增长，其锂皂稠化能力下降；而在天然脂肪酸中，C_{16} 和 C_{18} 酸的锂基稠化能力最强，随着脂肪酸碳链的减少，其锂皂稠化能力下降，二者的变化规律是不一致的。目前，生产合成锂基脂一般还采用宽馏分 $C_{10} \sim C_{14}$ 中的碳酸（皂用酸），在可能条件下选用 $C_{12} \sim C_{14}$、$C_{12} \sim C_{16}$ 或 $C_{10} \sim C_{14}$ 酸就有可能进一步提高锂皂的稠化能力，从而进一步提高合成锂基脂的质量。实践表明，用 $C_{12} \sim C_{14}$ 酸制成的合成酸锂皂的稠化能力比天然硬脂酸好，而且工业上制取 $C_{12} \sim C_{16}$ 酸也容易做到。

合成锂基脂对基础油的要求并不严格，无论是天然油还是合成油，合成脂肪酸均能稠化成胶体安定性良好的润滑脂。在合成锂基脂组分内添加一定量的苯甲酸和油溶性酸，可使脂的滴点增高，稠度增大，同时，使机械安定性和胶体安定性也得到进一步改善。

为了满足使用上的要求，合成锂基脂一般都加有抗氧剂，如二苯胺或苯基-α-萘胺，也有加防锈剂石油磺酸钡的等。

② 影响生产工艺的因素　在稀释皂基和稠化成脂过程中，加入的润滑油要事先预热到 $70 \sim 80 ℃$，还要注意缓慢加入釜内，并在 $135 \sim 160 ℃$ 时保持一定时间，使油能在皂化中充分膨化，以获得好的胶体分散。

炼制温度不宜过高。在炼制最高温度下，合成锂基脂的稠度仍较大，这是因为合成脂肪酸锂皂部分低分子酸皂不能在润滑油中充分溶解之故。如果进一步升温，便析出沉淀，引起皂油分离，故一般控制最高炼制温度在 $190 \sim 205 ℃$ 即可。

冷却条件不同会对合成锂基脂性质有很大影响。例如，合成锂基脂用合成脂肪酸经过高度分离而得的窄馏分制造时，可试用将釜内物倾入盘内，使脂层厚度为 5mm 以下冷却的方式，即快速冷却方式；将釜内物置于釜内自然静止冷却的慢冷方式；或将釜内物置于 $100 ℃$ 的恒温条件下保持 3h，即恒温晶化的方式。试验结果认为，以慢冷和恒温晶化的冷却方式效果最好，其滴点比较高，稠化能力也比较大。

③ 合成锂基润滑脂生产工艺　将合成脂肪酸和相当于脂肪酸质量 2 倍的润滑油及适量水全部投入炼制反应器内，加热升温达 $80 \sim 90 ℃$ 时，在搅拌下加入质量分数为 $8 \% \sim 10 \%$ 的氢氧化锂水溶液，在 $100 \sim 105 ℃$ 下皂化 $1.5 \sim 2h$，直至皂化反应。皂化反应完成后，加入 1/3 量的润滑油稀释皂基，并逐渐升温至 $130 \sim 140 ℃$ 脱水。

在 $150 \sim 170 ℃$ 时，将预热至 $70 \sim 80 ℃$ 的余量润滑油慢慢加入反应器内，进行炼制稠化。并在 $180 ℃$ 下加入二苯胺，保持 $195 \sim 205 ℃$ 恒温 $10 \sim 15min$，将器内物放出，并用五联辊或三联辊进行冷却研磨，或直接倾入冷油盘内静置冷却至室温，再经研磨即得产品。

第五节　煤炭用化学品

煤炭用化学品是以期提高煤炭的性能，改善燃烧状况，减少燃烧尾气和灰渣排放，使用过程的安全性、稳定性、经济性及生产可操作性等方面，消除使用中的消极因素而加入的添加剂。煤炭添加剂由特殊乳化剂、分散剂、缓蚀剂及渗透剂等组成。按使用目的不同，可分为洁净剂、催化助燃剂、脱硫剂、脱硝剂及特殊用途催化剂等。

一、催化助燃剂

目前已有大量关于煤炭清洁利用应用技术方面的研究，如洁净剂、催化助燃剂、清净剂等，以期提高煤炭的性能，改善燃烧状况，减少燃烧尾气和灰渣排放。其改善燃烧状况的机理是借用氧传递学说和电子转移学说。这类研究主要集中于碱金属、碱土金属和过渡金属的盐及氧化物上。它们可以降低煤炭着火点和提高煤炭低挥发分含量，提高煤的燃烧效率。

在煤炭用量最大的领域——煤炭燃烧领域，一般理论认为，在燃烧过程中从煤炭开始受热干燥、挥发分释出到挥发分大部分烧完，大约只占煤炭总燃烧时间的10%，而焦炭（煤炭干燥、挥发分释出后的剩余部分）燃烧时间占90%以上。另一方面，煤炭中焦炭的可燃质含量约占煤总量的55%～97%，焦炭的发热量约占煤总发热量的60%～95%。因此不论从燃烧时间、燃烧数量和放出热量来看，在煤的燃烧过程中焦炭的燃烧都是最主要的，可以认为煤的燃烧主要是焦炭的燃烧。因此焦炭的燃烧速度、燃烧性能和燃烧热量决定着整个煤炭的燃烧速度、性能和热量。也就是说，煤焦的产量和性能的提高对于煤炭燃烧、煤炭干馏、煤炭气化和煤炭液化等应用领域的节能增效有重要意义。基于我国当前能源和环保的紧急现状，研究和开发出能提高煤焦产量和性能的技术，对于提高煤炭资源利用率、煤炭总利用率和减轻环境污染就显得尤为重要。

燃烧的产生和进行必须同时具备以下三个条件：可燃物（还原剂）、着火点和助燃剂。助燃剂很多，如氧气、氯酸钾、硝酸钾、高锰酸钾、碳酸钠、氯化钾、氧化钠及其他填料和改进剂等。煤炭助燃剂是指可以降低煤炭着火点，提高煤炭低挥发分含量，提高煤的燃烧效率，让火越烧越大的物质。煤炭助燃剂一直是国内外科研的重点和热点。下面介绍一些性能优良的助燃剂及其制法。

1. 安全、高效、环保节煤型助燃剂

曲生、邵壮等发明了一种性能优秀的安全、高效、环保节煤型助燃剂。其原料及配比（质量份）为：工业食盐5～20，高锰酸钾5～20，氯酸钾5～20，高氯酸钾5～20，二氧化锰5～20，氧化镁2～5，氧化钙1～5，碳酸钠1～5，三氧化二铝1～5，硅藻土5～20，水5～20。

其生产方法是：先将氯酸钾、高氯酸钾、二氧化锰混合后粉碎成直径1～2mm大小的颗粒状；再将工业食盐、氧化镁、氧化钙、碳酸钠、三氧化二铝、高锰酸钾等混合后粉碎成直径1～2mm大小的颗粒状；然后将硅藻土按比例加水，做吸附搅拌；最后再将上述加工配制好的原料送入搅拌机搅拌均匀即可制得成品。

助燃机理为：助燃剂中的原料工业食盐是膨松剂，它在加热后，会产生微爆，使助燃剂更好地与煤炭混合、渗入；高锰酸钾是氧化剂，它可在200～240℃温区分解反应出氧气；氯酸钾也是氧化剂，它可在300～350℃温区分解反应出氧气；高氯酸钾也是氧化剂，它可在400℃以上温区分解反应出氧气；二氧化锰、氧化镁是催化剂；氧化钙、碳酸钠、三氧化二铝可除硫、去烟，利于环保；硅藻土是吸附剂，它可有效地将水吸附在助燃剂内；水是稳

定剂它能使助燃剂在使用时有效地降温，使助燃剂只有在煤炭燃烧最需要增氧时才反应出氧，避免了助燃剂提前升温反应出氧，而降低了助燃效果。

2. 节煤助燃剂

节煤助燃剂是由特殊乳化剂、分散剂、缓蚀剂及渗透剂按照一定的比例经科学复配加工而成。依据煤炭燃烧的反应机理，在燃煤中加入少量的助燃剂，通过催化、氧化、金属离子间的交换等作用，降低煤氧化反应的活化能，提高煤的氧化速度，使煤炭充分燃烧，并将排放的有害物质通过化学反应变成无害物质，达到环境保护之目的。

煤质的好坏，直接影响燃烧的状况。该催化助燃剂，在不更改燃烧设备的前提下，投入参加燃烧时，可提前燃料的着火点，逐级分解生成多种较强的氧化剂和催化剂，并改变内焰和中焰不能完全燃烧的状态，同时释放大量的氧，使燃煤中的可燃物充分燃烧，火势猛、火焰高、火床长，起到强烈助燃作用，促进煤中碳和碳化物的反应；另外，还能与受热面上的烟垢发生化学反应，使烟垢中的碳和碳化物变成二氧化碳挥发，降低烟气中碳和碳化物的含量，尤其是将烟气中未完全燃烧的一氧化碳转变为二氧化碳释放出大量的热，提高了煤炭的效率，降低了煤耗从而达到消烟、除尘、助燃的目的。是一种高效助燃、节煤率高、减除污染、提高燃烧效率、延长锅炉使用寿命的高科技节能、环保产品。本产品使用简便，性能稳定，无需大投入，无需改造设备，具有劣煤优烧、优煤省烧的功效。

节煤机理为：煤炭添加剂由特殊乳化剂、分散剂、缓蚀剂及渗透剂组成，经水稀释后，在渗透类组分的协助下，催化剂在煤炭中渗透分散，尤其是在煤核的大量空隙中分散，能保证催化剂更大程度上与煤炭内外表面接触，最大限度地发挥产品催化作用。当添加剂喷洒到燃煤数分钟后，所含的各种化学成分通过煤炭孔隙快速渗透、吸附到煤炭内部；当煤炭进入燃烧室后，添加剂所含各种化学成分起着催化活性载体的作用，降低了煤的起火点温度，强化了燃煤的氧化还原反应，催化助剂在不同温度段逐步释放出新生态活性氧，与煤中的可燃物结合，降低反应活化能，促进燃烧、改善工况和降低污染物排放。由于煤炭添加剂采用介孔结构的复合载体与稀土元素增加活性，能够快速让大分子碳链发生裂解，同时利用煤中固有水分提供氢原子，完成加氢过程，产生较多低分子量或小分子量的碳氢化合物，使煤炭含氢量和高、低位热值均提高 $8\% \sim 10\%$；又由于火焰温度及高度的升高和燃烧区域的扩大，增加了燃烧强度与密度，加大了热交换的传热面积，提高了热交换效率，从而提高了锅炉的出力和效率，以达到节煤的目的；煤炭添加剂中含有固硫剂和表面活性剂，能吸收和固化燃烧过程中产生的二氧化硫，并大量吸附粉尘及其他有害物质，同时还清除了燃烧器内壁附着的烟尘积垢和胶状物，从而抑制了烟气排放浓度。科学实验证明煤炭助燃剂确实可得到较理想的助燃效果。例如，某产品实测数据为：①煤尘的降尘率为 $12.9\% \sim 34.8\%$；②烟的林格曼黑度降低一级以内；③减少一氧化碳排放量 50% 以上；④锅炉热效率提高 $5\% \sim 8\%$，最高可达 15%；⑤排烟温度下降 $8 \sim 20℃$，炉温相应提高 $80 \sim 100℃$；⑥节能 $10\% \sim 15\%$，最高可达 21.5%，综合效率在 25.8% 左右；⑦减少二氧化硫的排放，降低有害气体排放 30%；⑧起到燃煤的助燃作用，使劣质煤充分燃烧，降低了出渣含碳量 50%；⑨减少了煤炭用量，节约了社会资源，净化了大气环境。

二、高效脱硫剂

我国是一个煤炭大国，煤炭约占一次能源消耗的 75%，其中很大一部分煤用在电力行业和化工行业中。在这些行业中，传统煤炭转化利用技术存在低效率、高污染等不足，因此，煤炭高效、洁净转化利用是我国当前经济、社会和环境和谐发展的需要。其中，以煤炭中硫脱除研究工作为重难点和热点。煤中硫元素在各种使用过程中均是一种有害元素，煤的脱硫问题一直备受关注。我国煤中硫含量的分布呈现出"南多北少"的趋势，低硫煤主要集中于东北和华北等地区，高硫煤主要集中于华南和华东各省区。

煤的脱硫方法很多，从原理来分主要是物理脱硫法、化学脱硫法、生物脱硫法和电化学脱硫法。从煤炭的处理方式来看，传统上脱硫方法可分为湿法脱硫和干法脱硫。为了脱除煤炭中含有的硫而在生成使用过程中，向其中加入的催化剂叫做脱硫剂。煤的脱硫与硫在煤中的赋存状态有着密切的关系，硫在煤中的赋存形式十分复杂，主要包括无机硫和有机硫，有时还包括微量的呈单体状态的元素硫。有机硫以硫醇或羟基化合物（R—SH）、硫醚或硫化物（R—S—R'）、二硫化物（R—S—S—R'）和噻吩类等结构的官能团存在于煤的分子结构中。无机硫主要以硫化物的形式存在，还有少量的硫酸盐中的硫，无机含硫矿物以黄铁矿为主，硫酸盐以钙、铁、镁和钡的硫酸盐类形式出现。煤中有机硫与无机硫不同，有机硫是煤中有机质的组成部分，通过有机键和煤中的有机结构结合在一起，难以通过洗选脱除。湿法脱硫通常硫容量较大，且再生容易，曾得到蓬勃的发展。随着煤化工下游产品的开发，发现单一使用湿法脱硫难以达到下游催化剂对硫的控制使用要求。而干法脱硫相对于湿法脱硫来说，虽不能达到那么高的硫容量，但脱硫精度高，且操作简便。随着煤下游产品的开发，对脱硫催化剂提出了更高的要求，也促使固体脱硫催化的研究有了更大的进展。

1. 洗煤脱硫剂

煤的洗选是重要的脱除煤中硫的方法之一。洗煤用脱硫剂包含次氯酸钠、甲醇、双氧水、N-甲基二乙醇胺和 N,N-二甲基乙醇胺等。

水洗可以脱除煤炭中的硫酸盐，次氯酸钠和双氧水主要脱除煤中的无机硫。而甲醇、N-甲基二乙醇胺和 N,N-二甲基乙醇胺对煤中有机硫的脱除效果明显。次氯酸钠和双氧水的脱硫机理是通过氧化作用使煤中的硫元素转化为可溶于水的离子，然后通过水洗作用脱除。黄铁矿是煤中无机硫最主要的存在形式，其硫元素可以被氧化生成硫酸根离子。同时，煤中极少量的有机含硫基团也会被氧化生成可溶性离子，这是氧化脱除有机硫的原因。甲醇、N-甲基二乙醇胺和 N,N-二甲基乙醇胺的脱硫机理是通过此类有机溶剂的萃取作用，将煤中的有机含硫基团的硫元素以及少量无机硫元素提取出去。此类脱硫剂的效果主要取决于脱硫剂溶液自身的性质。

2. 合成气脱硫剂

目前应用于合成气脱硫的固体脱硫剂主要是铁系脱硫剂、锌系脱硫剂、锰系脱硫剂和活性炭系脱硫剂以及在此脱硫剂上的改进。

(1) 铁系脱硫剂　氧化铁脱硫剂以其硫容大、价格低、可在常温下空气再生等特点而深受用户欢迎。在脱硫过程中真正起脱硫活性的是 α、γ 型氧化铁。李彦旭等以赤泥为主要原料制备的氧化铁高温煤气脱硫剂的还原及硫化动力学行为可用等效粒子模型加以表征，并且，还原和硫化过程均存在着由表面化学反应向扩散控制的动力学转移过程，且扩散活化能大于表面反应过程的活化能。氧化铁脱硫剂从热力学角度分析，氧化铁的出口 H_2S 含量达不到小于 1×10^{-7} 的水平。因此与其他金属化合物复合而成脱硫剂。以铁氧化物为主要活性成分，配加其他过渡金属氧化物制成复合型金属氧化物同体颗粒脱硫剂（主要成分为 FeO、TiO_2)，该脱硫剂具有活性高、硫容大且可再生重复使用等特点。

氧化铁属常温脱硫剂，可单独使用或与常温羰基硫水解催化剂配合使用。复合氧化铁脱硫精度得到了提高，但脱硫温度呈现增高趋势。

铁系脱硫剂存在着强度差、遇水粉化、脱硫精度不高等不足之处，影响了其工业应用。同时，在还原气氛中，较高温度下会发生如下积炭反应：

$$Fe_3O_4 \longrightarrow Fe_n - FeC^* \text{（或 } Fe_xC\text{）} \longrightarrow Fe_n - Fe^* + C \text{（积炭）}$$

$$Fe_n - Fe^* \longrightarrow Fe_n - FeC^* \text{（或 } Fe_xC\text{）}$$

（2）锌系脱硫剂　氧化锌脱硫剂由活性氧化锌与活化剂、添加剂混捏成型，在一定的工艺条件下活化而成。在 $220\sim400\,^{\circ}\mathrm{C}$ 下，可与 H_2S 及一些简单的有机硫化物（如 COS、CS_2 等）发生很强的化学吸附反应，且反应平衡常数很大，从热力学分析出口硫含量可达到 1×10^{-6} 要求。在达到净化度要求的情况下，氧化锌脱硫剂的穿透硫容量可达 30% 左右。氧化锌虽具有较高的脱硫效果，但脱硫过程的控制步骤是扩散，固体扩散具有化学反应特征，扩散活化能较高再生能力不足，而且在硫化过程中氧化锌易被还原成锌，而锌存在高温下易气化。后人为了充分利用氧化锌的脱硫效果，开发了多种锌的复合金属脱硫剂。$ZnFe_2O_4$ 是典型的一种，该物质是 ZnO 和 Fe_2O_3 的混合物，$ZnFe_2O_4$ 可使锌蒸气减少和积炭量降低。例如卢朝阳等对铁酸锌的脱硫动力学进行了研究表明，铁酸锌脱硫剂的反应活性随着 H_2S 浓度及脱硫温度升高而升高，脱硫在温度 $550\,^{\circ}\mathrm{C}$ 时，脱硫剂硫容量最高；硫化反应可用未反应核收缩模型描述，得到了转化率与时间的动力学方程。往铁酸锌中加入氧化钛和氧化铜，可改善脱硫剂的脱硫活性。Lew 等发现含有氧化钛的氧化锌比纯氧化锌还原成挥发性锌的速度要慢，在试验中，对不同的 Zn-Ti 氧化物进行了硫化、再生循环，得出结论：钛酸锌（Zn-Ti-O）脱硫剂比氧化锌脱硫剂效率高。

氧化锌脱硫剂脱硫温度较高，脱硫精度可靠，在工业上得到了广泛使用，随着脱硫工艺的改进，流化床脱硫工艺要求脱硫剂的耐磨性将是其研究的突破口。

（3）锰系脱硫剂　1982 年我国开发了 MF-1 型脱硫剂，该催化剂以含铁、锰、锌等氧化物为主要活性组分，添加少量助催化剂及润滑剂等加工成型，用于大型氨厂和甲醇厂的原料气脱硫。KoTzu-Hsing 等通过在 γ-Al_2O_3 上负载 5% Mn、Fe、Cu、Co、Ce 和 Zn 的氧化物，来考察不同金属氧化物对硫化氢脱除的活性。实验结果表明 Mn 和 Cu 活性最高，且 Mn 比 Cu 活性高，Zn 由于产生蒸气和 Ce 产生不期望的一些产物而在此条件下不适用。γ-Al_2O_3 负载锰得到的催化剂活性最高。TiO_2 负载锰由于生成金红石而使表面积大大缩小。Bakker 等研制了一种能用于干煤气的可再生的锰系脱硫剂。该脱硫剂组成为 $MnAl_2O_4$，少量的 MnO 和无定型的 Mn-Al-O 相，脱硫使用最佳温度为 $827\sim927\,^{\circ}\mathrm{C}$，硫容最高可达 20%。用 SO_2 气体在 $>600\,^{\circ}\mathrm{C}$ 下再生，所得产物仅仅是硫黄。再生 100 次，硫容下降很少。赵海等采用共沉淀法制备了铈掺杂铁锰复合氧化物脱硫剂，对脱硫剂在 $325\,^{\circ}\mathrm{C}$ 下进行脱硫实验表明，添加氧化铈增强了脱硫剂脱除羰基硫的活性，羰基硫脱除精度有较大提高。此外，脱硫剂中添加适量氧化铈可以延长脱硫剂的穿透时间，但过量氧化铈的加入会使穿透时间缩短。

锰系脱硫剂在高温时表现出较强的优越性，且有较强的多次再生能力，但低温情况下硫容较小，通常用于高温烟气脱硫。

（4）活性炭系脱硫剂　活性炭脱硫剂可分为干活性炭和改性活性炭两类。活性炭具有发达的孔隙和高的比表面积，是吸附净化的良好材料，但直接用作精脱硫剂使用，脱硫反应实际上是 H_2S 和 O_2 在活性炭的内表面进行氧化还原反应，生成的单质硫存储于活性炭的微孔内，脱硫效果较差。

在活性炭的表面上浸渍一定量的过渡金属如 FeO、CuO、CoO 等可显著增强活性炭的催化活性。周继红等进行了活性炭与氧化锌混合制得的脱硫剂用于脱除硫化氢的试验。结果表明，活性炭与氧化锌混合制得的脱硫剂具有较好的脱硫性能，其脱硫效率高于纯活性炭，且直接加水混合好于活性炭与水蒸湿后与氧化锌混合的脱硫剂的脱硫效率。国外对活性炭脱除 H_2S 的研究也较为活跃。Bandosz 等对常温下影响活性炭脱除 H_2S 的因素和不同环境下的脱硫产物进行了深入研究。研究表明活性炭的比表面和孔容不是关键的影响因素，酸性环境下的脱硫产物为 SO_2 和 SO_3，弱酸性条件下易生成聚合体的单质硫。改性活性炭脱硫剂可有效脱除有机硫，是目前一步有机硫脱除研究的焦点，但活性组分含量较低。

（5）稀土改性系列脱硫剂　稀土作为一种优良珍稀资源用于脱硫剂研究也较多。例如谢关灿等研制的由氯化钠、碳酸钠、硝酸钠、硝酸钾、生石灰粉、硼砂、氧化铁、活性炭、氧化镁、高锰酸钾的无毒水处理污泥、混合稀土、白云石粉组成的脱硫剂。优点：能够适用不同种类的煤和不同含硫量的煤，固硫温度达 400～1200℃，二氧化硫脱除率达 35％～55 ％。稀土改性脱硫剂大多硫容较小，但具有很好的再生性和再生成硫单质的特性。

综上所述，工业用脱硫剂，氧化铁系列具有廉价易得、适用温度低、硫容高、能耗低的优势，但氧化铁对有机硫的脱除效果较差，如要求精脱硫需掺配其他金属氧化物，这样会促使适用温度由常温升至中温甚至高温。改性活性炭根据改性物质的不同，适用温度由常温到中温不等。改性活性炭因其高比表面积和改性金属而具有高硫容和高脱硫精度，对有机硫有一定脱出能力。氧化锌脱硫剂脱硫可靠性较高而占据绝对优势，但氧化锌的脱除有机硫效果较差，且在高温情况下发生锌蒸气挥发的现象，因此甲醇合成厂大多采用先高温水解或者加氢转化成硫化氢，再结合精脱硫剂脱硫的办法。此工艺能耗较大，且水解或氢解催化剂使用周期短，造成能耗不合理的现象。从而提出对原有催化剂进行改进，以增强对有机硫的一步脱除。有机硫脱除的研究多集中在活性炭改性和氧化锌掺杂上。

3. 烟气脱硫剂

我国大气污染仍以煤烟型为主，主要污染物为烟尘、SO_2 和 NO_x，SO_2 是产生酸雨的主要原因，烟气脱硫是控制大气污染的必然趋势。随着社会的发展，人们对这些污染物的排放控制不断重视，由除尘开始逐步增加到脱硫、脱硝、脱汞。但不同国家的发展水平不同，对燃煤烟气污染物的控制水平也不同。发达国家于 20 世纪 60 年代开始研究烟气脱硫，到 70 年代便开发出一系列脱硫技术，并在燃煤电厂锅炉上大规模应用。综观目前应用的主流技术可以发现，无论是炉内脱硫还是烟气净化，核心均为钙基化合物与 SO_2 反应生成 $CaSO_4$。这些方法工艺简单，理应是首选技术，但从绿色和可持续发展的角度看，耗水量大、石膏难以完全利用造成二次污染、脱硫后烟气温度低造成排烟困难、难以同时脱除其他污染物等问题限制了这些技术的应用。

随着烟气脱硫技术的发展，各国都开展了烟气脱硫技术的研究，工业化 SO_2 联合脱除工艺是采用高性能石灰/石灰石烟气脱硫（FGD）系统来脱除 SO_2，该联合工艺能脱除 90％以上的 SO_2。但暴露出来的主要问题是烟气中 0.2％～2％的 SO_2 氧化为 SO_3，而 SO_3 与游离 CaO 和氨反应生成 $CaSO_4$ 和铵盐引起催化剂表面结垢，会增加空气预热器和气/气换热器中的堵塞和腐蚀。下面本书结合烟气脱硫技术进展，介绍炭基材料脱硫剂、金属氧化物脱硫剂以及稀土元素复合脱硫剂。

（1）炭基材料脱硫剂　炭基材料脱硫剂包括活性炭、活性焦、碳纤维和碳纳米管等，是最具应用潜力的低温干法脱硫吸附催化剂。

碳纳米管又称巴基管（Buckytube），属富勒烯系，它是由石墨的碳原子（如图 7-3 所示）曲卷成的圆柱状，径向尺寸很小的碳管。富勒烯是一系列完全由五元环和六元环组成的封闭笼状全碳分子的总称，是碳的第三种同素异形体。碳纳米管具有典型的层状中空结构特征，它主要由呈六边形排列的碳原子构成数层到数十层的同轴圆管，层片之间存在一定的夹角如图 7-4 所示，层与层之间保持固定的距离约为 0.34nm，即石墨的面间距。

由于碳纳米管具有较大的比表面积、特殊的管道结构以及多壁碳纳米管之间的类石墨层隙，使其成为最有潜力的吸附材料，在各个方面有着重要的作用。另外碳纳米管也是一种超强吸附剂，比活性炭高 10 倍。碳纳米管的管状结构使得它具有很强的毛细性能，利用该性能可以将金属或氧化物填充到碳纳米管模板中制成特定的催化功能材料。优良的性质使得碳纳米管被认为是理想复合材料的超级添加剂。

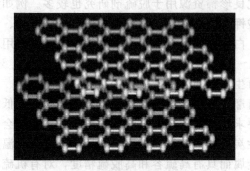

图 7-3　石墨原子结构排列示意

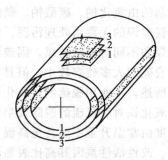

图 7-4　碳纳米管的结构示意

碳纳米管的脱硫原理类似于活性炭脱硫原理。SO_2 的吸附包括物理吸附和化学吸附。当烟气中无水蒸气和 O_2 存在时，主要发生物理吸附，吸附量较小。当烟气中含有足量水蒸气和 O_2，它的烟气脱硫是一个化学吸附和物理吸附同时存在的过程，首先发生的是物理吸附，然后在有水和 O_2 存在的条件下将吸附到碳纳米管表面的 SO_2 催化氧化为 H_2SO_4，SO_2 的吸附量增大。长期以来，人们将反应的总过程用下面的化学方程式描述：

$$SO_2 + 1/2O_2 + H_2O \longrightarrow H_2SO_4$$

吸附饱和后炭基材料脱硫剂采用加热再生，高温下，活性焦表面的稀 H_2SO_4 与炭基材料发生如下化学反应，释放出 SO_2。

$$2H_2SO_4 \cdot nH_2O + C \longrightarrow 2SO_2 + CO_2 + 2(n+1)H_2O$$

脱硫实验考察结果得知，温度、空速、SO_2 浓度、O_2 浓度、水蒸气浓度等工艺参数会影响炭基材料的脱硫效果。

（2）金属氧化物脱硫剂　金属氧化物脱硫剂主要有钒的氧化物、铜的氧化物、铁的氧化物和钙的氧化物等。这些金属氧化物作为活性组分，可以单独应用，也可以负载在其他载体上应用。常用的载体是炭基材料、γ-Al_2O_3 等。

通过在 V_2O_5/炭基材料催化剂上负载不同的 V 含量，可以获得最佳的催化效率。显然，V_2O_5 的添加量显著提高了活性焦的脱硫活性。且 V_2O_5 含量越高，催化剂的脱硫活性越好。研究表明，该催化剂具有较大的比表面积，在负载一定量的 V 时，在较大的温度范围内均具有高的活性。V_2O_5 促进脱硫主要源于其对 SO_2 的催化氧化作用，V_2O_5 能够促进中间产物的生成速率，从而加大了脱硫效率。

CuO 作为活性组分用于脱除烟气中 SO_x。利用负载于多孔载体 γ-Al_2O_3 上的 CuO 与烟气中的 SO_2 和 O_2 反应生成 $CuSO_4$ 以达到脱硫目的；当吸收剂吸收 SO_2 达到饱和时，可利用 CH_4、H_2 等将其还原再生，得到较高浓度的 SO_2 和 Cu，SO_2 经回收可进一步加工成 H_2SO_4、硫黄和液体 SO_2 等，Cu 遇到烟气中游离的 O_2 会生成可供重新使用的 CuO。其总脱硫反应如下：

$$CuO（s）+ SO_2（g）+ 1/2O_2（g）\longrightarrow CuSO_4（s）$$

可见，金属氧化物脱硫剂工艺简单，吸附剂可再生利用，不需另加常规的催化剂，大大降低了成本；脱硫的吸收温度、催化温度与脱硫剂再生温度一致，便于控制操作，减少了设备对温度要求的复杂性，设备成本和运行费用较低；运用此脱硫剂无废弃物产生，不会造成二次污染，是一种很有前景的技术。

（3）稀土元素复合脱硫剂　中国是世界第一稀土大国，约占世界储量的 80%。由于稀土元素独特的外层电子结构（4f），其作为络合物的中心原子，具有从 $6\sim12$ 的各种配位数。稀土元素这种配位数的可变性，决定了它们具有"剩余的原子价"。因为 4f 有 7 个后备价电子轨道具有成键能力，起着某种"后备化学键"或"剩余原子价"的作用。这种能力正是催化剂所必须具备的。因此，稀土元素不仅本身具有催化活性，还可以作为添加剂或助催化剂，以提高催化剂的性能，尤其是抗老化和抗中毒能力。

稀土元素复合脱硫剂目前主要集中在镧和铈复合脱硫剂的研究上，发现该稀土型脱硫剂发生脱硫反应的温度区间较宽，为150~200℃，与实际烟道气温度（160℃）比较吻合，而且脱硫率可达约90%，脱硫剂也可以再生重复使用，所以该稀土型脱硫剂适用于烟道气中 SO_2 的脱除。但是，尽管稀土氧化物具有很高的催化活性，同时它也会受到其他物质的干扰。CeO_2 的高活性来源于 CeO_2 具有氧缺位和高氧流动性，这一特点既是其活性的来源，也是催化反应中干扰的来源。因为氧缺位易被含氧分子侵占，所以易导致催化剂中毒。在催化剂中引入其他复配剂，可有效降低含氧分子中毒。如在 CeO_2 催化剂中添加过渡金属铜，在镧催化剂中加入钙钛矿型和萤石等，可以增强稀土元素在活化硫化和脱硫反应中的协同效应。

（4）其他脱硫剂　碱厂白泥用于锅炉烟气脱硫技术适用于氨碱企业及与氨碱企业距离较近的其他企业燃煤锅炉的烟气脱硫。该技术对氨碱法纯碱工艺在生产过程中产生大量的废渣白泥综合利用，同时对燃煤锅炉运行产生的烟气中的二氧化硫进行脱硫处理，实现白泥-二氧化硫双向治理，可谓一举两得。该技术主要内容为：白泥制成浆液作为烟气脱硫剂，脱硫效率达到95%；白泥脱硫后产物石膏用作水泥制备材料，产品达到国家标准。该技术为国内自主研发，青岛碱业股份有限公司将产生的部分干基白泥直接用于本企业和青岛市两大发电厂的燃煤锅炉烟气脱硫，以海水为介质，添加白泥作为脱硫剂，经吸收塔吸收二氧化硫后进入综合处理池，流出液再与二次海水混合达标排放。广东南方碱业股份有限公司利用氨碱厂白泥脱除锅炉烟气二氧化硫制取石膏，脱硫效率大于95%，副产物石膏纯度大于85%，石膏含水率小于4%。该技术已入选纯碱行业清洁生产技术推行方案推广技术目录，目前处于推广阶段。

三、脱硝剂

烟气脱硝是目前发达国家普遍采用的减少 NO_x 排放的方法，烟气脱硝能达到很高的 NO_x 脱除效率，而其中应用较多的有选择性催化还原法（SCR）、选择性非催化还原法（SNCR），尤其是 SCR 技术能达到90%以上的脱除率。随着烟气脱硫和烟气脱硝技术的发展，各国都开展了烟气同时脱硫脱硝技术的研究，工业化 SO_2/NO_x 联合脱除工艺是采用高性能石灰/石灰石烟气脱硫（FGD）系统来脱除 SO_2 和用 SCR 工艺来脱除 NO_x，该联合工艺能脱除90%以上的 SO_2 和80%以上的 NO_x。SCR 体系属干式工艺，FGD 属湿式工艺。常用的脱硝剂有炭基材料和金属氧化物以及稀土元素等。

用活性炭脱硝的技术可以分为吸附法、NH_3 选择性催化还原法（SCR）和炽热炭还原法。吸附法是利用活性炭的微孔结构和官能团吸附 NO_x，并将反应活性较低的 NO 氧化为反应活性较高的 NO_2。关于活性炭吸附 NO_x 的机理，研究人员还存在较大的分歧。NH_3 选择性催化还原法是利用活性炭吸附 NO_x，降低 NO_x 与 NH_3 的反应活化能，提高 NH_3 的利用率。其反应式如下：

$$NO + NO_2 + 2NH_3 \longrightarrow 2N_2 + 3H_2O$$

炽热炭还原法是在高温下利用炭与 NO_x 反应生成 CO_2 和 N_2。其优点是不需要催化剂，固体炭质价格便宜，来源广，反应生成的热量可以回收利用。然而动力学研究表明，O_2 与炭的反应先于 NO_x 与炭的反应，故烟气中 O_2 的存在使炭的消耗量增大。

CuO 可用于脱硫脱氮一体化技术。研究表明，在烟气加热到400℃，并通入适量 NH_3 的条件下，装有负载型 CuO 的反应器可以同时脱除 90% 以上的 NO_x。此项技术有较高的优越性，可以在同一流程内去除 SO_2 和 NO_x。MgO 浆洗-再生脱硫脱硝率在 90% 以上。

Sr 改性后的稀土氧化物上 CH_4 催化还原 NO 的反应表明：La_2O_3、CeO_2 和 Sm_2O_3 等稀土氧化物在无氧和有氧气氛下均具有较好的催化活性，并且 O_2 的存在促进了除 CeO_2 之外其他稀土氧化物催化还原 NO 的转化率。

思 考 题

1. 什么是石油化学品，大致分类如何？
2. 什么是钻井液处理剂？举出一些常见的钻井液处理剂。
3. 油气开采中为何要压裂和酸化？其中用到哪些常见的添加剂？
4. 三次采油的方法有哪些？
5. 油气集输用添加剂有哪些类型？试举出常见添加剂。
6. 石油炼制化学品用得最广泛的是什么？请具体说明。
7. 结合生活实际，试举出一些石油产品添加剂。
8. 润滑脂的生产步骤主要有哪些？
9. 煤炭助燃剂的组成、重要作用及其机理各是什么？
10. 常见的合成气脱硫的固体脱硫剂有哪些？各自的特点是什么？其作用机理是什么？

第八章　水处理（剂）化学品

【基本要求】

1. 了解水的重要性和废水、污水处理的意义；
2. 了解混凝剂的分类及其特点；
3. 掌握重要混凝剂的生产技术；
4. 了解阻垢剂和阻垢分散剂的种类和特点；
5. 掌握杀菌机理和常见杀菌剂的种类；
6. 掌握缓蚀剂的种类和生产技术。

　　水是生命赖以生存的基础，是构成地球物质的基本载体，是工农业生产的基础，因此说没有水资源的可持续发展，就没有人类的可持续发展。

　　水是自然界中分布最广的一种资源。我国在 40 多个严重缺水国家中位居前列。水资源时空分布不均衡是我国的又一特点，据 20 世纪末对全国 640 个城市统计，有 300 个左右的城市不同程度的缺水，我国每年因缺水造成的直接损失达 2000 亿元。因此，合理有效地使用水资源，节约用水，避免污染，保护水资源有着十分重要的意义。

　　水是人类赖以生存的重要物质，也是工业生产的重要原料之一，没有合格的水源，任何工业都无法维持下去。但是，水的污染日益严重，人们越来越清晰地认识到防治水污染的重要性。为了人类的自身生存，也为了子孙后代的繁衍，治理水污染、节约用水已刻不容缓。

　　各种天然水都是由水和杂质组成的。它们决定了不同水系的特征。水中杂质的种类很多。按其性质可分为无机物、有机物和微生物；按其颗粒大小分为悬浮物质、胶体物质、离子和溶解物质。

　　天然水中含有大量杂质，必须对其进行净化处理，使其达到工业水质量标准方可使用。地表天然水中混有大量的悬浮物质和胶体物质构成水的浊度，因此需要将它们除去，常用的方法是采用混凝、沉淀、澄清、过滤等技术。除去微生物常常采用杀菌消毒技术。所以水处理过程中，常使用凝聚剂和絮凝剂、杀菌灭藻剂等水处理（剂）化学品。为防止工业用水及其热交换过程中产生污垢，还常常用到阻垢剂或阻垢分散剂；为防止换热设备的金属腐蚀常使用缓蚀剂等。这些水处理剂在油田污水处理，炼油-石化-化工等污水处理中更具有重要的意义。

　　本章从工业用水的净化和工业废水或污水处理的角度，介绍几类常见的水处理化学品。

第一节　混　凝　剂

　　天然水中除含有泥沙外，通常还含有颗粒很细的尘土、腐殖质、淀粉、纤维素以及菌、藻等微生物。这些杂质往往与水形成胶体颗粒状态，因布朗运动和静电作用呈现出稳定的沉降和聚合性质，利用自然沉降、重力或离心沉降等机械方法无法除去。因此，必须添加凝聚剂以破坏溶胶的稳定性，使细小的胶体颗粒凝聚再絮凝成较大的颗粒沉降下来。这一过程称为混凝。混凝使溶胶脱稳主要是压缩双电层作用、吸附电中和作用、混凝剂架桥作用及沉淀物的网捕作用等结果。

一、混凝剂及净水原理

混凝剂是指为使胶体颗粒脱稳而投放的电解质等物质。混凝剂分为无机混凝剂和有机混凝剂两大类。混凝法是重要的水处理方法，混凝剂是该方法水处理技术的核心。混凝剂在用水与废水处理中占有重要的地位。首先混凝剂能简单有效地脱除 $80\% \sim 90\%$ 的悬浮物和 $65\% \sim 95\%$ 的胶体物质，因而对降低水中的 COD 有着重要作用。混凝剂去除水中的细菌、病毒效果稳定，使处理水的进一步消毒、杀菌变得比较容易而有了保证。此外，通过采用无机混凝剂兼有除磷脱色等作用，比生物除磷、脱色效果好。污泥脱水问题当今最合理可行的方法是投放适当的阳离子高分子混凝剂，改善污泥性状，便于下一步机械脱水处理。与无机混凝剂比较，有机高分子混凝剂具有用量小、产生污泥量少，不易受水中盐类、pH 值及温度的影响，絮凝物沉降速度快，污泥容易脱水等优点，因此是国内外发展速度最快的一类水处理剂。

二、常见的混凝剂及生产方法

（一）无机混凝剂

无机混凝剂主要有铁盐系和铝盐系两大类，按阴离子成分又分为盐酸系和硫酸系，按相对分子质量大小又可分低分子体系和高分子体系两类，主要混凝剂有 $FeCl_3$、$AlCl_3$、$Fe_2(SO_4)_3$、$Al_2(SO_4)_3$ 等。目前使用最多的无机混凝剂是聚合氯化铝（PAC）和聚合硫酸铁（PFS）。单一使用无机混凝剂效果较差，常需辅以有机混凝剂。

1. 聚合氯化铝（PAC）混凝剂

聚合氯化铝混凝剂是 20 世纪 60 年代末研发并广泛使用的一类新型高分子混凝剂，是继明矾、硫酸铝之后混凝性能较好、使用范围较广的一种无机高分子絮凝剂，目前正逐步取代硫酸铝而成为应用最广泛的无机絮凝剂之一。多年来，我国开展了多种原料和工艺制备的研究，建立了独具特色的工艺路线和生产体系，基本满足了全国用水及废水处理的发展需求。

我国大部分炼油厂使用 PAC 作为含油废水絮凝处理剂。其适用范围广，比传统絮凝剂用量可减少 1/3～1/2，成本可节约 40％以上。其主要缺点是形成的絮体沉降速度慢，在低温、低浊水絮凝处理中易造成"跑矾"现象；处理效果不甚理想，而且会给环境带来二次污染，进出管线、溶气缸等结垢严重，很难清除。目前世界 PAC 年产量为 150 万吨（以 10％氧化铝液体产品计算），其中日本约 50 万吨，中国约 40 万吨。我国聚合氯化铝生产厂家已超过 300 家，年总产量已超过 40 万吨。生产所用原料已逐渐转向氢氧化铝，部分生产厂家使用氯化铝和金属铝为原料。国内技术已接近或达到国际水平。

国内生产 PAC 的方法有许多，目前主要以酸溶一步法、酸浸中和两步法、凝胶法、热分解法等为主。常用原料主要有单质铝（铝锭、铝灰、铝屑等各种铝加工下脚料）、含铝矿物（如铝土矿、黏土、高岭土、明矾石、煤矸石等）、铝盐化合物（如三氯化铝、硫酸铝等）、粉煤灰等。下面介绍一下聚合氯化铝（PAC）的生产方法。

（1）金属铝溶解法　该法所用原料主要是铝加工过程中的下脚料——铝屑、铝灰、铝渣、铝型材加工废渣等，在工艺上，该法可分为酸法、碱法、中和法三种。

酸法是将含铝原料溶解于盐酸中，经反应加水，水解过滤，除去铝渣（可循环使用），在一定温度下聚合一定时间，不断测其碱度至合格，得液体产品。该法具有反应速率快、设备投资少、工艺简单、操作方便的优点，是我国以金属铝为原料生产 PAC 的主要工业化方法。但由于产品中杂质含量偏高，尤其是金属元素含量常超标，产品质量不稳定，设备腐蚀严重；同时由于原料来源极为有限，生产过程会产生大量氢气、氯化氢、水蒸气、粉尘等，控制不当易引起爆炸，安全性较差，故多见于小规模露天生产或手工操作企业。

碱法生产由于工艺复杂、投资大、成本高，而且用碱量大，需大量盐酸中和至 pH 值为 4～5，应用受到一定限制。

中和法则综合了酸法和碱法的优点，其主要机理：铝原料与盐酸反应后，通过氯酸钠调节碱度，浓缩、除盐得产品 PAC。中和法的关键在于合成 PAC 时，铝酸钠和 $AlCl_3$ 溶液之间的配比必须严格控制。

(2) 铝盐化合物生产方法　铝盐化合物 $AlCl_3$、$Al_2(SO_4)_3$ 等可直接强碱碱化，使铝盐水解和聚合制得 PAC。该方法的技术关键是铝盐的充分水解，为此可向铝盐溶液中不断加稀碱液，并充分搅拌以避免局部碱过量而生成氢氧化铝沉淀。

(3) 氢氧化铝法　该方法又分凝胶法、氢氧化铝酸溶一步法和二步法等。

① 凝胶法　常压下，结晶 $Al(OH)_3$ 在盐酸中溶解度较小，通常溶出液体中的铝，为此，必须首先将结晶状态的 $Al(OH)_3$ 变为无定形凝胶状。该工艺的关键是碳酸化分解，分解过程中若条件控制不当，制得凝胶氢氧化铝在盐酸中溶解性不好，或即使溶解，产品的稳定性也较差。分解反应也可利用碳酸氢钠代替二氧化碳。此工艺的优点是生产条件温和，产品质量好。缺点是流程长，生成成本较高。

中国科学院生态研究中心等单位开发了利用拜耳炼铝生产过程的中间产物 $Al(OH)_3$ 凝胶生产 PAC 的工艺。及采用过量氢氧化铝凝胶与盐酸在 150～180℃ 和 0.5MPa 下制得液体 PAC，经浓缩、烘干，即得固体 PAC 产品。

该生产工艺简单，产品质量稳定，无三废产生，但反应条件苛刻，对设备要求较高，腐蚀性强，一般市售搪瓷玻璃反应釜难以适应，生产中确保质量颇为不易。

② 氢氧化铝酸溶二步法　该法有两次酸溶过程，工业氢氧化铝用硫酸溶解生成硫酸铝溶液，硫酸铝溶液与氨水以一定的配比进行水解反应，制备活性碱式硫酸铝凝胶，反应完毕后，将料浆送入压滤机压滤，滤液（硫酸铵）回收，滤饼再与盐酸在常温下进行聚合反应，即可制得液体 PAC 成品。该工艺是国内外最重要的工业化生产方法，工艺简单、成熟，投资少，产品质量稳定，性能好、成本低，铝溶出率可达 70%～95%。

③ 氢氧化铝酸溶一步法　近年来开发了一步酸溶工艺，将盐酸与氢氧化铝按质量比 5.8∶1 加入反应器中，同时加入质量分数 5.8% 的硫酸作助溶剂，搅拌条件下温度控制在 80～90℃，保持体系的压力在 0.2MPa 左右，反应进行 2.5h，此时大部分固体氢氧化铝溶解，以氨水调节体系的 pH 值至 3.5，可得到黄色透明液体，经降温、过滤得产品。该生产方法具有工艺简单、设备投资少、生产周期短、产品质量优良等特点。

另外一种一步酸溶法是：在反应釜中将氢氧化铝与工业盐酸均匀混合，添加催化剂，采用蒸汽加热，反应进行 6～8h，然后在沉淀槽中沉淀，再在干燥机中干燥，直接得到产品。该生产方法工艺简单，产品重金属离子含量少（不含氟和汞）、稳定性好、碱度可达到 45%～50%。

(4) 矿产原料生产法　使用最多的原料是铝矿和黏土，传统制备工艺有两种：一是焙烧法，即是将铝矿、黏土矿等高温焙烧，使惰性的 Al_2O_3 水合物转变成活性 γ- Al_2O_3，以此提高 Al_2O_3 在酸中的反应率；二是加压法，即在一定压力下，增加 Al_2O_3 在反应体系中的反应率。我国生产 PAC 的天然矿石主要是高岭土、铝土矿、高铝黏土、明矾石、霞石和长石等。具体生产方法介绍如下。

① 以铝土矿、黏土矿为原料的制备方法　该方法比较复杂，这是由于矿石中的铝通常不能被酸溶出，必须经一系列预处理后才能使铝溶出，按铝的溶出方式不同分为酸法和碱法

两种。酸法生产工艺是将矿石加工成粒度为 40～60 目的粉末，在 600～800℃ 高温下，经焙烧活化后，用盐酸溶出，溶出液经碱度调整即可得到 PAC 的溶液产品。该方法适于黏土矿、煤矸石、高岭土、一水软铝石和三水铝石等矿石原料。碱法生产工艺是用碳酸钠、石灰与矿物固相烧结反应，或者氢氧化钠与矿粉液相反应，制得铝酸钠，再经水解得到凝胶氢氧化铝，进一步用凝胶法生产 PAC 产品。该方法适用于一水硬铝石或其他含铝矿物难溶于酸的矿物原料。

② 煤矸石制备结晶 PAC 法　煤矸石是夹在煤层中的矸石，主要成分是 Al_2O_3 和 SiO_2，其中 Al_2O_3 质量分数达 25% 左右，是一种可利用的资源。煤矸石经焙烧粉碎后和质量分数为 20% 的盐酸混合液加入装有回流冷凝器的反应釜中，在搅拌下进行反应，温度达到 100℃ 时，保温 1h，冷却后，向料浆装入质量分数为 1% 的聚丙烯酰胺凝聚剂进行沉降，23h 后真空抽滤，硅渣经水洗至中性，可作水玻璃，母液用减压浓缩得结晶氯化铝粗品，经进一步精制后，可得到质量分数为 98.9% 三氯化铝（$AlCl_3 \cdot 6H_2O$）（铁质量分数为 0.005%），达到一级品标准。将制备的未经减压浓缩的氯化铝溶液，调整到相对密度为 1.12，氯化铝质量分数为 13.5%，在 30℃ 搅拌下，缓慢加入 20% 的氢氧化钠搅拌 4h，保持温度 15～20℃，熟化 5d，即得到质量分数为 30% 的 PAC 溶液，经减压浓缩可制得固体 PAC，固体产品中氧化铝质量分数大于 30%，碱化度为 78%。

③ 酸溶-微波热解法从粉煤灰中制取 PAC　粉煤灰是燃煤电厂排出的固体废物，粉煤灰中有 Al_2O_3、Fe_2O_3、CaO、K_2O 等多种有用物质，其中 Al_2O_3 质量分数为 15%～40%，最高可达 50% 以上。由于粉煤灰是经过高温燃烧产生的，其中 90% 的 SiO_2 及 Al_2O_3 呈玻璃态，以 $3Al_2O_3 \cdot SiO_2$（红柱石）形式存在，而不以活性 γ-Al_2O_3 形式存在，因此，很难用酸直接溶解出来。因此打开 Al—Si 键，使 Al_2O_3 从玻璃体中释放出来，利用其 Al_2O_3 制备絮凝剂一直存在很多技术问题。以往采用碱溶法时，虽然溶出率高，但能耗高，对设备的腐蚀性大，设备投资高，且要消耗大量的纯碱，实际生产意义不大。选用助溶剂 KF 来打开 Al—Si 键，利用溶剂 HCl 来溶解粉煤灰中的复合硅铝酸盐，提高 Al_2O_3 的溶出率，而且能耗较低。为使酸溶后 $AlCl_3$ 聚合成 PAC，该技术一改传统浓缩后再加热或加入 Al（OH）$_3$ 再聚合的方法，直接利用微波能热解，简化了工艺流程，缩短了热解时间，制得的 PAC 聚合度高。

（5）电法生产 PAC 技术　电法生产 PAC 是较先进的技术方法，又分为电解法、电渗析法和原电池法等。

① 电解法制备 PAC　中国科学院生态中心开发了一种高质量的 PAC 的制备技术，该技术以三氯化铝为电解质，铝板为阳极，铁板为阴极，通一定时间的低电压、大电流的直流电，可制得碱化度 60%～80% 的高效 PAC，其有效絮凝成分质量分数为 60%～90%，远远高于市售 PAC 产品。絮凝实验表明：该方法制得的产品絮凝效果明显高于市售 PAC、三氯化铝和硫酸铝。

② 电渗析法制备 PAC　该技术以三氯化铝为电解液，以两张阴离子交换膜构成反应室，石墨板为阳极，多孔铁板为阴极，通一定时间直流电，即制得 PAC 液体产品。

③ 原电池法新工艺制备 PAC　该工艺是铝灰酸溶一步法的改进工艺，根据电化学原理，金属铝与盐酸反应可组成原电池，在圆桶形反应室的底部置入用铜或不锈钢等支持的金属筛作为阴极，倒入的铝屑作为阳极，加入盐酸进行反应，最终制得 PAC。该工艺可利用反应中产生的气泡上浮作用使溶液定向运动，取代机械搅拌，大大节约能耗。

④ 铝碳微电解净化 PAC 法　凯米公司沃特净化剂公司研制开发了一种铝碳微电解技术，该技术采用微电解原理，在酸性介质中发生原电池反应，铝床由铝屑和分散在铝屑中的

活性炭微粒构成，以普通PAC作为电解质溶液可快速高效地去除介质中的重金属离子以及有机物，其中铅脱率达90%，该工艺可以实现由普通原料生产出高质量、低杂质的PAC。

2. PAC生产工艺的改进

（1）盐酸投料方式　酸溶法传统的生产方式是一次将计量好的盐酸溶液放入反应釜中，以添加铝料及水量的速度来控制反应的激烈程度和反应温度，实际生产经验表明：反应釜中先加入铝料，逐步控制添加盐酸的速度，反应温度控制在95℃左右，铝的溶出率较传统方法高，产品稳定且易于控制反应激烈程度。

（2）PAC产品中有害杂质的去除　铝灰、铝渣等原料来源复杂，常含有多种杂质，导致产品中有Pb、Cu、As、Sn等金属有害离子，限制了其在饮用水处理中的应用。新工艺是在酸溶铝原料时，当反应体系的pH值逐步上升至2时，加入CaS、FeS、Na₂S等沉淀剂，反应3～5h，使有害物质生成硫化物沉淀而去除，产品得到纯化。五邑大学利用铝型材加工废渣为原料，采用废渣和盐酸直接反应的工艺路线，通过活性炭吸附脱除产品的颜色，得到无色透明的液体产品，该产品生产成本低，质量高，产品达到日本和我国饮用水处理用PAC质量标准。

（3）碱度的调节　PAC生产过程中碱度一般控制在45%～65%范围比较合适，铝灰酸溶法和氢氧化铝酸溶法等一次酸溶就可以制成碱度高于60%的产品。而铝矾土、煤矸石等矿物的化学反应很低，在与盐酸反应过程中，即使加压溶解，一次酸溶碱度也能在20%～40%，很难达到40%以上，因此必须进行碱度的调整。目前，为了提高碱度，多采用氢氧化钠、碳酸钠、氨水、碳酸氢铵、石灰水等进行调整，但由于反应产物氯化钠、氯化钙等无法与PAC有效分离，这不仅降低产品的有效成分，还会增大固体产品的吸湿性。陈辅君等采用铝酸钠调整碱度，能降低碱度，PAC的碱度调整到55%～75%，该方法生产周期短、操作简单、产品中杂质含量少，可适用于各种工艺生产的PAC碱度的调整。

（4）添加稳定剂、增效剂　从溶液化学的角度，PAC是铝盐水解-聚合-沉淀反应过程的动力学中间的产物，热力学上是不稳定的，一般液体PAC产品均应在半年内使用。添加某些无机盐（如CaCl₂、MnCl₂等）或有机高分子物质（聚乙烯醇、聚丙烯酰胺等）可提高PAC的稳定性，同时可增加絮凝能力。

PAC的制备方法很多，但只有酸解法和碱化法实现了工业化生产。尽管酸解法普遍存在原料利用率低、酸雾大等特点，但工艺简单、投资少，而且由于产品具有较多的游离酸，在贮存过程趋于与铝羟基配合物结合，能较好地阻止铝羟基配合物的进一步水解，产品稳定性好，是我国PAC溶液的主要生产方法。碱法则会在产品中残留较多的游离碱而使产品偏碱，在贮存过程中的铝羟基络合物趋于结合更多的羟基，趋于进一步水解和聚合，致使产生部分氢氧化铝凝胶沉淀，产品稳定性差。当前我国PAC溶液的生产方法基本上都属于酸法，但为了提高最终产品的碱度，往往在反应结束后再增加一道碱调工序，即利用纯碱、烧碱或其他碱溶液调节带有较多游离酸的聚铝原液来提高产品的碱度。

3. 高分子复合铁盐混凝剂

聚合硫酸铁（PFS）具有絮凝能力强、矾花大、沉降快、适用范围广等特点，而且还避免了二次污染，但因生产工艺复杂、成本高和在水中的残留色度，其推广应用范围和市场份额仍不能与PAC抗衡。随着化学工业的发展，铝盐铁类无机高分子絮凝剂得到了一定的发展与改性。适用于油田含有废水处理的铝、铁改性产品不断涌现。如20世纪90年代开发的聚硫氯化铝（PACS）、聚硫氯化铁（PFCS）、聚磷氯化铝（PPAC）、聚磷硫酸铁（PPFS），由于高聚合分子结构SO₄²⁻、PO₄³⁻代替了部分羟基，其聚合物增加，"架桥"能力增强，从而使除油、去除COD、脱色等多种性能都优于聚合氯化铝、聚合硫酸铁。结果表明：PPAC

和 PFPS 絮凝剂对稠油废水的处理具有破乳能力，浊度去除率高达 99.5％，除油率达到 99％以上。处理效果明显优于 PAC 和 PFS，处理费用却低于 PAC 和 PFS。

我国现有复合高分子铁盐絮凝剂的品种有：聚合氯化铝铁（PAFC）、聚合硅酸硫酸铁（PFSS）、聚合硅酸氯化铁（PFSC）、聚合氯硫酸铁（PFCS）、聚合硅酸铁（PFSI）、聚合磷酸铝铁（PAFP）等。

(1) 作用原理　对无机絮凝剂作用原理的探讨一直是推动其发展的根本所在，传统铝、铁盐的絮凝作用机理，即以其水解形态与水体颗粒物进行电中和和脱稳、吸附架桥或黏附网捕卷扫，从而形成粗大絮体再加以分离。由于水解反应极为迅速，传统铝、铁盐在水解过程中并未形成具有优势絮凝效果的形态。无机高分子絮凝剂之所以高效的原因，就是在于其预制过程中形成具有一定水解稳定性的优势絮凝形态为主的产物。有关聚合铁水溶液的研究表明，Fe（Ⅲ）具有强烈的水解倾向，其配位水分子可以连续离解失去质子而转化为结构羟基，从而生成多种可能的单体形式。继而快速聚合生成低聚体或晶核，并趋向于进一步聚集成高分子形态。而复合无机高分子絮凝剂具有更为突出的效果，其制备方法可以归结为两个大的方面：其一是在聚合铁的制造过程中引入一种或一种以上的阴离子，从而在一定程度改变聚合物的形态结构及分布，制造出一类理想的新型聚合铁类絮凝剂；其二是依据协同增效的原理将聚合铁与一种或超过一种的其他化合物（包括有机的或无机的）复合制得一类新型高效絮凝剂。但是，在形态、聚合度及相应的凝聚-絮凝效果方面，无机高分子絮凝剂仍处于传统金属盐絮凝剂与有机絮凝剂之间。它的相对分子质量和粒度大小以及絮凝架桥能力仍比有机絮凝剂差很多，而且由于铁离子的热力学性能极不稳定，在水溶液中的溶解度非常小，最终将失稳或转化为晶形沉淀析出。因此如何控制其水解过程，并制备具有较强稳定性能的高分子形态为主的水解产物，是铁系无机高分子絮凝剂成功制备的关键与目标。

(2) 聚合硅酸类复合铁盐　在传统絮凝剂应用中，已有投加助凝剂来加强絮凝效果的做法。把活化硅酸作为硫酸亚铁的助凝剂投加，曾取得非常好的效果。聚硅酸（PSi）作为阴离子型絮凝剂具有很强的黏结聚集能力。把 PSi 的各种形态与阳离子的 Fe 盐聚合物复合可以增强它的聚集能力，也可以提高 PSi 的稳定性。研究发现，聚合铁硅型复合絮凝剂形态分布随碱化度、氧化硅的种类和 $n(Si)/n(Fe)$ 比的不同而有明显差异，其中碱化度是决定形态分布的主要因素。

聚合硅酸类复合铁盐的现有品种介绍如下。

① 聚合硅酸氯化铁　聚合氯化铁是无机高分子絮凝剂的主要品种之一。将聚硅酸与聚合氯化铁复合制得的复合絮凝剂同时兼有两者的絮凝特点，保存时间长，使用方便，而且与传统铁盐絮凝剂相比大大降低了腐蚀性。有人以低聚态硅酸为稳定剂，以三氯化铁、碳酸氢钠为原料制备不同聚合度的聚合氯化铁，而聚合氯化铁与高聚合度的聚合硅酸复合，使其反应 1～4h，制得聚合硅酸氯化铁絮凝剂产品。实验表明，其絮凝效果显著优于三氯化铁。

② 聚合硅酸硫酸铁(PFSS)　将金属盐引到聚硅酸中所制得的混凝剂称为聚硅酸金属盐絮凝剂。将铁离子作为偶联金属离子引入到聚硅酸中制得 PFSS。研究表明，除浊效果随着 $n(Fe)/n(SiO_2)$ 的增大而提高，当 $n(Fe)/n(SiO_2)$ 达 1.5 左右时，PFSS 的混凝效果趋于最佳。对于 $n(Fe)/n(SiO_2)$ 小的 PFSS，在较低的 pH 值范围内取得良好的除浊效果，随着 $n(Fe)/n(SiO_2)$ 升高，PFSS 最佳除浊 pH 值范围稍向较高的 pH 值区域移动。

当 PFSS 用作混凝剂投入水中后，一方面稀释作用、pH 值的升高会引起铁盐水解程度的变化和形态的转化，铁盐水解产物与聚硅酸结合，pH 值的升高导致聚硅酸的进一步聚合直至形成溶胶物；另一方面铁盐的各水解产物在混合过程中被悬浮物颗粒稀释使颗粒脱稳，聚硅酸大分子或溶胶对吸附了铁水解产物的悬浮物产生架桥黏附作用产生了大的絮体，从而取得净水效果。以上过程同时进行，且可迅速完成，在 PFSS 最佳的除浊 pH 值范围内，由于凝聚了的悬浮物带有较大的负电荷，表明 PFSS 的混凝过程显然不同于传统的铁盐混凝剂，PFSS 表现出吸附架桥及黏附作用的典型特征。

(3) 聚合磷酸类复合铁盐　聚合磷酸类复合铁盐是在聚合铁盐中引入了适量的磷酸盐，通过磷酸根的增聚作用，使得聚合磷酸类复合铁盐中产生了新一类高电荷的带磷酸根的多核中间配合物。理论研究表明其混凝效能明显高于聚合氯化铝（PAC）。文献表明，PO_4^{3-} 能影响 Fe^{3+} 的水解反应，增加桥连作用，形成多核配合物，能显著提高聚合硫酸铁的絮凝速度和凝聚能力。

石太宏等人在基于固体聚合硫酸铁（PFS）的基础上提出一种固体聚磷硫酸铁（PPFS）的实验室制法。首先用 $FeSO_4 \cdot 7H_2O$ 制备固体 PFS，然后将一定比例的 PFS 和 $Na_3PO_4 \cdot 12H_2O$ 一起研磨，均匀搅拌后置于瓷坩埚中。再放入高温炉，在 $120 \sim 180 ℃$ 下反应一定时间，得到淡黄色粉末状成品，即为 PPFS 絮凝剂。测试不同的 $n(P)/n(Fe)$ 的 PPFS 的絮凝效能发现，随着 $n(P)/n(Fe)$ 的提高，絮凝剂的絮凝能力不断提高，这与 PO_4^{3-} 置换聚合铁的羟基，在铁原子间架桥形成高价的多核配合物有关，$n(P)/n(Fe)$ 在 $0.3 \sim 0.4$ 之间有较好的效果，在对某电镀废水的处理实验中，处于最佳 pH 值和最佳投加量情况下，PPFS 对 COD_{Mn} 和 Cu^{2+} 都有很高的去除率。此外，还有研究发现聚磷硫酸铁絮凝剂对印染废水有较好的脱色效果。

(4) 铝铁共聚复合混凝剂　铝系、铁系无机混凝剂使用中发现，单纯的铝盐存在沉降速度慢、除色效果差等缺点，而单纯的铁盐虽然沉降速度快、除浊效果好，但铁盐具有较强的腐蚀性。所以将铝、铁共聚形成新的聚合物，使其兼具它们的共同特点，成为新的研究方向。复合铝铁水解产物与悬浮物胶体颗粒发生双电层及电中和作用，使废水中悬浮物胶体杂质之间"粘连"、"架桥"，显"网状"结构，在向下沉降过程中，对水中的杂质颗粒进行"扫络"，而使之得以去除。

(5) 改性聚硫酸铁　聚合硫酸铁（PFS）是在硫酸铁分子簇的网络结构中插入羟基，形成以羟基作为架桥的多核配离子，PFS 的碱度越高，其分子聚合度越大，形成的羟基配合物就具有更多的电荷和更大的表面积，其絮凝性能也就越好。因此，在 PFS 生产的基础上，加入少量改性剂，使羟基更容易插入硫酸铁的网状结构中就可制得改性的 PFS。由于其碱度和聚合度更高，因此其凝聚效果优越于普通的 PFS。改性后的品种有聚合氯硫酸铁和多元共聚铁系混凝剂。

(6) 无机有机高分子复合铁盐混凝剂　与无机高分子混凝剂相比，有机高分子混凝剂具有用量少，絮凝速度快、影响因素少等优点。实际应用发现无机-有机高分子混凝剂复合使用效果更好，只是过程很难控制。而混凝剂发展的趋势可能是无机-有机物进行共聚而生成一种新型聚合物，使其既有电中和作用，又有长链大分子强烈的拖拉、网捕作用。目前，国内外对 PAC 与有机高分子复合混凝剂的研究较多，发现 PAC 与阳离子型有机高分子的复合能够相互促进彼此的絮凝性能；而 PAC 与阴离子型高分子的复合絮凝剂只有投放药剂量达到一定的值时，对絮凝效果才有促进作用。前者相对于后者容易操作，且复合后其流动电流的响应值明显升高，电中和能力显著增强；而阴离子型对 PAC 絮凝作用的加强主要依靠其高分子链的架桥作用。

国内曾有人以天然物质甲壳素制备壳聚糖，并用壳聚糖、聚合铝和三氯化铁制成复合混凝剂 CAF，应用于废水处理发现，微生物基本不繁殖，这可能是壳聚糖分子中的氨基与细菌细胞壁结合，抑制了细菌的生长；以 $Al(OH)_3$、Fe-Mg 配合剂、HCl 及 NaOH 为原料，制得的多金属核无机高分子聚合物混凝剂 FMA，用于油田废水处理发现，处理后的废水不易结垢，也不会增加岩石的膨胀性；以煤矸石和硫酸烧渣为主要原料制成的聚硅酸铁铝（PSFA）混凝剂，用于炼油厂废水处理，当废水 pH 在 5～4 范围内时，除油率达 95%，硫和 COD 的去除率分别在 92% 和 85% 以上；以 $Fe_2(SO_4)_3$、H_2SO_4 和 Na_2SiO_3 为原料，制备了聚合硅酸硫酸铁（PFSS）混凝剂，用于处理炼油厂含油废水时，除油、脱色效果均较好，并且处理后的废水中几乎不残留硅和铁，是一种无毒高效的净水剂。

（二）有机混凝剂

无机混凝剂的缺点是投放量大、浮渣较多、含水量高，而有机混凝剂则具有用量小、絮凝能力强、产生浮渣量少、效率高的特点。近年来，新品种不断出现，业已形成了类型齐全、规格品种系列化的一个新兴精细化工领域。

我国有机高分子混凝剂的发展从 20 世纪 60 年代小批量生产聚丙烯酰胺（PAM）系列产品开始。目前该系列产品的产量占有机高分子混凝剂总量的 80% 以上。目前国内 PAM 吨产品生产厂约 80 家，总生产能力大约 10 万吨/年。其中大庆油田化学助剂厂生产能力约 5 万吨/年（该厂系引进日本和法国技术，1977 年正式投产），其余厂家各自规模在几百至 1000t 不等。除 PAM 系列产品外，还有聚丙烯酸钠、聚二甲基二烯丙基氯化铵（PDM-DAAC）和少量聚胺等产品。

多年来国产 PAM 产品在品种、质量和数量上都不能满足国内需求，因此还有相当数量的进口，1995 年约 2 万吨，1996 年约 3 万吨，近几年每年进口约 4 万吨。

我国 PAM 产品在消费构成上与发达国家有所不同。PAM 在发达国家的应用范围主要是水处理、造纸、选矿、洗煤等，如美国约 63% 用于水处理，西欧为 35%，日本为 39%。在我国油田开采占 81%，水处理 9%，造纸 5%，矿山 2%，其他 3%。

1975 年前我国只有水溶胶 PAM 产品。1977 年出现反相乳液聚合法生产干粉工艺，之后转向水溶液干燥法制干粉工艺。早年采用袋式或盘式聚合，之后使用槽式聚合装置，现又参照国外专利开发出锥形釜式聚合装置。国内外生产技术仍有较大的差距，在生产品种上，国外 60% 是阳离子型，大量应用于废水处理和污泥脱水，国内阳离子型产品只占 6%，而且基本上是低档产品，产品形态上，国外有颗粒化固体产品、乳液产品，国内基本为干粉和胶体；产品质量上，国外产品相对分子质量可达 1500 万以上，而溶解性仍较好，国内产品相对分子质量一般不超过 1000 万，相对分子质量分布宽，游离单体含量高于国外产品 5 倍左右，溶解性较差；生产工艺国外采用带式或釜式聚合和冷冻干燥，国内大多采用盘式、捏合式、釜式聚合，间歇干燥；生产规模上国外单系列生产规模达 8000 吨/年以上，而国内还不足其 1/10。

目前，由于水资源危机、环境恶化、环保执法力度加强及国外产品进入中国市场等原因，使得国内对有机高分子混凝剂的研发十分活跃。主要品种如下。

1. DMC-AM 共聚物

DMC-AM[（甲）丙烯酰氧乙基三甲基氯化铵-丙烯酰胺] 共聚物在国外属于第二代阳离子 PAM 絮凝剂品种。目前已成为最重要的一类阳离子粉末产品，用途广泛，据报道，该产品在日本的阳离子粉末产品中约占 90% 以上的产量。

开发 DMC-AM 共聚物的关键是 DMC 单体的开发。DMC 的制备分两步：首先制备（甲基）丙烯酸二甲氨基乙酯（DMAM），第二步是 DMAM 的氯甲烷化。DMAM 的合成方法主要是用甲基丙烯酸甲酯（MMA）为原料的酯交换工艺和以甲基丙烯酸（MAA）为原料的直接酯化工艺。酯交换工艺的关键技术是催化剂和阻聚剂的使用，我国在这方面已取得较大的技术突破。齐鲁石化公司研究院已建成 500 吨/年规模的 DMAM 工业生产装置，并建成了 300 吨/年规模的 DMC 生产装置。

DMC-AM 絮凝剂具有无毒、使用安全、澄清速度快、絮凝效果好等优点，广泛使用于城市污水、工业废水处理，特别适用于有机污泥的泥水脱水分离。

2. 聚二甲基二烯丙基氯化铵（PDMDAAC）

PDMDAAC 是一种具有特殊功能的水溶性阳离子高分子材料，国内外已有工业化生产，但我国的生产规模较小，产量不高，各厂技术水平不一，产品质量参差不齐。该产品去油能力强、絮凝速度快，主要由于油田污水处理，对染料废水的脱色使用效果较好。

3. DMDAAC-AM 共聚物

DMDAAC 存在相对分子质量不高、亲水性强而疏水性弱的缺点，应用上受到一定限制，DMDAAC-AM 共聚物与其他阳离子丙烯酰胺类絮凝剂相比，具有单元结构稳定、高效无毒、使用不受 pH 值变化影响等优点，广泛应用于石油开采、造纸、纺织印染、日用化工及水处理等领域。

以上三种产品在国内外均属于老产品，至今仍具有重要的地位。较新型的产品有如下几种。

1. 双氰胺-甲醛阳离子絮凝剂

双氰胺-甲醛阳离子絮凝剂属于一类新型阳离子有机絮凝剂，具有高效脱色的优点，对高浓度、高色度染料、染色等工业废水具有脱色和降低 COD 作用，COD 的去除率为50％～90％，色度去除率为 80％～99.9％。但该絮凝剂，其催化剂的投放方式对反应影响较大。

2. 有机胺-环醚聚合物阳离子絮凝剂

抚顺石油化工研究院以有机胺和环醚为原料开发阳离子絮凝剂，复配后在多家炼油厂使用取得良好的应用效果。

3. 化学改性天然高分子絮凝剂

近十年来，我国对化学改性天然高分子絮凝剂也开展了不少研究工作。

4. 淀粉接枝改性絮凝剂

在这类絮凝剂中，研究较多的是淀粉-聚丙烯酰胺接枝共聚物。与均聚丙烯酰胺相比，它具有絮凝能力强、适应范围广、阳离子化反应更容易进行等特点，是一类有良好应用前景、价廉物美的新型絮凝剂。潘松汉等人用木薯淀粉为原料，用二步法合成了阳离子淀粉助凝剂。赵彦生等人进行了淀粉-丙烯酰胺共聚物一步法改性阳离子絮凝剂 CSGM 的合成及性能研究。杨通在等利用 AM 淀粉在辐照场中制得接枝共聚物，再加入定量的甲醛和二甲胺，得到阳离子化产物，用于印染、啤酒和屠宰厂废水处理取得良好效果。淀粉-聚丙烯酰胺接枝共聚物制备关键是引发剂的筛选研究。

5. 甲壳素和壳聚糖

甲壳素一般由虾、蟹壳经酸浸、碱煮，分别脱去碳酸钙与蛋白质后分离得到。当甲壳素经浓碱处理脱乙酰化后，即得壳聚糖。这类物质分子中均含有酰胺基和氨基、羟基，因此具有絮凝吸附等功能，可以通过各种途径改性提高其性能，用于吸附重金属离子，处理农药、染料及食品加工废水等。经研究表明，壳聚糖的絮凝性能与两性阳离子型絮凝剂的性能相当，优于阴离子型 PAM。

羟甲基壳聚糖是由壳聚糖经醚化反应制得的，其水溶性好，絮凝性能显著提高，其脱色、去除 COD 效果尤为突出。

6. 两性有机高分子絮凝剂

两性有机高分子絮凝剂有阴、阳两种基团，不同介质条件下，适用于处理带不同电荷的污染物。它的另一优点就是适用范围广，酸性介质、碱性介质中均可使用。

目前世界各国都对两性高分子絮凝剂开展了研究，涉及的品种繁多，可分为天然高分子改性和合成制备两大类。近几年来，国内外文献报道较多的天然高分子改性水处理剂有改性淀粉、两性纤维和甲壳素改性等两性聚丙烯酰胺和以聚丙烯腈为高分子链，用双氯双胺改性制备的 PAN-DCD 等。

国内两性絮凝剂的研究尚处于起步阶段，目前研究的主要品种为两性聚丙烯酰胺，具体的合成方法是：部分水解的聚丙烯酰胺通过曼尼希反应生成具有羟基和氨甲基的两性聚丙烯酰胺；通过三元共聚合成两性聚丙烯酰胺。

7. 微生物絮凝剂

生物絮凝剂是利用生物技术，通过微生物发酵、抽提、精制而得到的一种具有生物分解性和安全性的新型水处理剂。我国对微生物絮凝剂的研究才刚刚开始，与国外一样，要最终实现工业化生产，还有许多问题需要解决，如絮凝剂的分子结构及功能基团的定位、高产絮凝剂工程菌的组建、培养基成本以及工业发酵的可行性研究等。

(三) 复合絮凝剂

复合絮凝剂已逐步由最初的混凝剂、助凝剂两组分分别包装发展成为单一制的复合絮凝剂。如胜利油田开发使用的 JX-II 絮凝剂、AH-1 絮凝剂。

三次采油是聚合物和三元复合采油技术的广泛应用。聚合物、碱表面活性剂的同时存在，使得采出水不仅成分复杂，而且黏度大，使用单一的絮凝剂和常规的水处理方法已很难奏效。因此研究开发新型高效的复合絮凝剂处理油田含油废水已成为科研工作者的研究热点。

下面介绍几种复合絮凝剂的应用案例。

[案例 1] 最初研究开发用于油田含油废水处理的复合絮凝剂主要是几种无机絮凝剂或无机与有机絮凝剂的复配使用，如 PAL+CGA、PAL+CGA+NaOH、PAL+PAM，胜利油田开发使用的 CGA 絮凝剂、8 号净水剂、SB-1、JX-1 等絮凝剂，均属于两组分分别包装的复合絮凝剂，适当的配比能够增加水处理效果。

[案例 2] 将无机高分子絮凝剂 PLTF、铁基絮凝剂 TJ、有机高分子絮凝剂 OPF 复合使用，对某炼油厂的废水处理进行试验，对化学耗氧物及石油类具有较高的去除率，且气浮出水水质波动小，基本维持在 COD<250mg/L，含油量<20mg/L。

[案例 3] 选用阳离子型有机高分子絮凝剂 ZDMC 和无机高分子絮凝剂 PAFC 组成复合絮凝剂，处理茂名石化公司炼油厂污水，当投加量为 30mg/L 时，油和 COD 的去除率分别为 73% 和 23.1%，浮渣的生成量减少 26.5%，为后续"三泥"的处理奠定了良好的基础。

[案例 4] 研制的 PCM 复合絮凝剂，用于处理奥里乳化油船舶压载废水。当使用量为 180~200mg/L 时，处理后的废水既可满足生成周转，又可满足国家排放标准 (10mg/L)。

对 SPTL-CS 复合无机高分子絮凝剂处理含油废水进行了研究，在实验中，SPTL-CS 絮凝剂几乎可以除去全部乳化油，并且用量少，成本低。

[案例 5] 用铝、硅、磷等多组分高分子化合物和添加剂组成的 Z 剂用于处理中原油田采油七厂废水。处理后水中总铁质量浓度为 0.5mg/L，Ca^{2+}、Mg^{2+} 的质量浓度由 1875mg/L 减低到 350mg/L。Z 剂除具有絮凝作用外，还具有阻垢、防腐和杀菌等功能，处理后的水质，满足油田注水要求。

[案例 6] 针对曙光油田署田 (S4) 联合站每天处理采油废水的情况，以铁盐、铝粉、某高分子聚合物及工业醇、碱为原料制成复合型絮凝剂 LA。LA 兼具絮凝、破乳的功效，处理后的水质达到后续进水的要求，大大降低了污水后续处理的难度。

[案例 7] 以聚合氯化铝、钙盐、铝盐等为原料，研制的 XDY 无机复合絮凝剂，用于处理胜利油田污水。结果表明：该絮凝剂对乳化油和悬浮颗粒有较好的絮凝作用和吸附架桥能

力,可广泛用于油田、石油化工等污水处理。研制开发的 XG977 絮凝剂,属于 PAFS 系列。在处理含油废水实验中,絮凝沉降性能和处理效果明显优于 PAC,综合处理费用比 PAC 低 20%。

[案例8] 活性硅酸是 20 世纪 30 年代发展起来的一种阴离子型无机高分子絮凝剂,具有低廉的成本、较好的絮凝效果,但其贮存时会析出硅胶而失去凝聚性能,应用范围受限制。研究发现,加入适量高价金属离子(Al^{3+}、Sn^{4+}、Fe^{3+} 等)可增强其稳定性和絮凝性。中原油田采油工程技术研究院研究了在活性硅酸中复配一种复合预氧化体,使其嵌入原硅酸形成一种类似氢键结构的缔合体,延缓硅酸聚合。考察了复合活性硅酸在油田污水处理中的应用,结果表明,此复合活性剂硅酸稳定性好,具有良好的絮凝、杀菌能力和铁、硫去除效果,是一种具有广泛应用前景的多功能污水处理剂。复合活性硅酸处理后的净化水透光率均高于 PSSA(聚硅铝酸铝)和聚合氯化铝,复合活性硅酸具有良好的杀菌效果,其中对硫酸盐还原菌的杀菌效果最明显,在含铁污水中比不含铁污水中杀菌效果明显,且改善了对腐生菌和铁细菌的杀菌效果。

[案例9] 中国科学院广州能源研究所与上海中勋公司合作开发了城市污水净水剂——第三代配方聚铝硫酸铁和聚硅硫酸铁,这是比聚硫酸铁和聚硫酸铝性能更优的复合净水剂。这种复合净水剂用于城市污水和工业废水的处理,其用量只需 0.3%,无毒副作用,每吨成本约 200 元。用于污水处理可改变目前该行业普遍采用的重力沉降的做法,大大加快沉降速度,缩小沉降池面积,大幅降低运行成本。经湖南省环境监测中心站分析,采用该复合净水处理剂处理后,可以使废水的浊度下降 91.7%,COD 去除率达 83%。

[案例10] 重庆大学化工学院研究了无机高分子复合絮凝剂聚硅硫酸铁(PFSS)的制备与絮凝性能。通过对 SiO_2 的质量分数、铁硅量比、PFSS 的 pH 值、硅酸活化时间等因素的调整和控制,制备出性能优异的絮凝剂。研究结果表明:$w(SiO_2)=1.4\%\sim2.0\%$,$n(Fe):n(Si)=(0.8\sim1.0):1.0$,PFSS 的 pH=1.5~1.8,硅酸活化时间 1~18h 时,可获得絮凝性能优异的无机高分子复合絮凝剂。将制备的絮凝剂用于实际废水样品处理,其除浊效果明显优于常用的絮凝剂 PAC、PFS、$FeCl_3$、$Fe_2(SO_4)_3$。

[案例11] 解放军后勤工程学院等单位研制成功 QH 复合絮凝剂治理污水技术。QH 絮凝剂是一种将无机絮凝剂与有机絮凝剂复配而成的复合絮凝剂,其核心是有机絮凝剂,它用植物中提取的高分子长链化合物,再接枝引上羟基、氨基、羧甲基等形成两性高分子絮凝剂。这种天然高分子絮凝剂对磷、锌、铜、铅、铬的去除效果是一般絮凝剂所无法比拟的,且具有无毒、易生物降解、价格低廉等优点,对于植物资源丰富的我国具有十分广泛的发展前景。为了使 QH 絮凝剂更好地为我国的污水治理服务,研制方对重庆污染严重的桃花溪污水进行了治理,建起了一座日处理 2000 万立方米污水的中试装置。经过试验,效果令人满意,经环保部门监测,污水经处理后出水无色、无臭气、透明、污染物去除率高,各项指标均达到国家规定的一级排放标准。

[案例12] 中石化广州分公司通过试验筛选出对炼油废水处理效果较好的复配絮凝剂,试验和现场应用结果表明,使用有机高分子絮凝剂 DA-I(深圳晓晴环境工程设备公司生产)、GD-112(广东顺德恒顺精细化工厂生产)分别与无机高分子絮凝剂 PAC(广州南方制碱公司生产)复配,处理炼油废水比单独使用其中任何一种絮凝剂的处理效果要好,复配絮凝剂具有适应性广、投加量少、浮渣少等优点,处理后废水可达标排放。试验时所用污水油含量为 56.6~354.3mg/L,COD=531~1130mg/L,无机絮凝剂与有机絮凝剂的配比为(1:6)~(1:8)。

第二节　阻垢剂和阻垢分散剂

一、阻垢剂

结垢是工业废水，特别是油田污水所面临的棘手问题，在水处理系统中的任何部位都可能发生结垢现象。水垢的种类较多，主要是碳酸钙、硫酸钙等钙盐，及碳酸亚铁、硫化亚铁、氢氧化亚铁、氧化铁等铁的化合物。在清水污水混注或混输时，很容易结垢。通常油田污水中 Ca^{2+}、Mg^{2+} 含量较高，工业用清水中的 Ca^{2+}、Mg^{2+} 较少，但 HCO_3^- 含量高，且含有一定量 SO_4^{2-}。因此，在清水污水混合时，容易生成碳酸钙垢、硫酸钙垢等。为防止结垢现象发生，常使用阻垢剂加以防范。常见的阻垢剂可分为以下几类。

1. 有机磷酸酯阻垢剂

主要品种有：磷酸一酯、磷酸二酯、焦磷酸酯、羟乙基化磷酸酯和羟乙基化焦磷酸酯等。由于有机磷酸酯分子结构中，磷原子通过氧原子与碳原子连接，容易水解，特别是在温度较高和介质碱性较强时，更容易水解。这是有机磷酸酯的缺点。由于磷酸酯比聚磷酸盐用量一般较少，水解程度也远比聚磷酸盐小，因此所造成的影响也不大。羟乙基化磷酸酯和羟乙基化焦磷酸酯除了在密闭循环冷水系统应用外，对含油和污泥的水质也有较好的防垢作用。故广泛应用于炼油厂冷却水循环系统及油田污水防垢。

2. 有机多元膦酸

有机多元膦酸水处理剂与无机聚磷酸盐比较，具有良好的化学稳定性，不易水解和降解，耐高温，用量少，并兼有缓蚀和防垢双重作用的特点。

有机多元膦酸是指分子中有两个或两个以上磷酸基团（$-PO_3H_2$）直接与碳原子相连的化合物。由于 C—P 键比无机聚磷酸盐和膦酸酯的 P—O—P 键和 C—O—P 键牢固。因此，有机多元膦酸均有良好的化学稳定性，不易被酸碱所破坏，也不易水解，可耐受较高的温度。常见的品种有：HEDP、ATMP、EDTMP 等，其中 1-羟基次亚乙基-1,1-二膦酸（HEDP）分解温度可达 $250\,^{\circ}\!C$，而无机聚磷酸盐和磷酸酯在弱碱性条件下，$100\,^{\circ}\!C$ 左右可在数小时后分解基本完成或大部分水解成正磷酸盐。

二、阻垢分散剂

自 20 世纪 50 年代国外首次应用聚磷酸盐作阻垢剂以来，目前已开发了数千种阻垢剂。我国阻垢剂的研发起步较晚，但发展很快。国内油气田常用的阻垢剂主要有有机膦酸盐类、高分子聚合物类和聚羧酸盐类。通常情况下，有机膦酸盐用于阻碳酸盐垢，聚羧酸及衍生物用于阻硫酸盐垢，复合阻垢剂用于阻混合垢。为解决工业用水的结垢和设备腐蚀的双重问题，则需采用既能有效防止垢的形成，又能防止金属腐蚀的缓蚀阻垢剂进行水处理。

国内针对油田采水对管线的结垢和腐蚀问题，通常采用多亚乙基多胺、环氧氯丙烷、亚磷酸为原料，合成含膦缓蚀剂 PEA。利用静态挂片法和络合滴定法对合成的含膦缓蚀阻垢剂 PEA 进行性能评价试验。筛选出 PEA-5 品种，并与缓蚀阻垢剂 HPAA 按质量比 5∶5 进行复配，在温度 $80\,^{\circ}\!C$ 的条件下，以 20mg/L 的量加入矿化度为 67550mg/L 的模拟水中，缓蚀率和阻垢率可达 90.9％ 和 95.8％。

国外有 ACUBER4035、ACUMER4450、ACUMER4800 等 3 种新型的水处理阻垢分散剂使用效果较好。它们通常专用于分离膜系统常见垢层的水处理。ACUBER4035 是一种通用的阻垢剂和分散剂，对碳酸钙、硫酸钙、硫酸钡等低溶解性盐类特别有效，而且符合有关饮用水处理添加剂的技术要求；因 ACUMER4450 中含有防腐剂，可以抑制储藏过程中微生物的生长；ACUMER4450 是一种优异的碳酸钙和黏土分散剂，可用于热脱盐和渗透系统中的阻垢剂和分散剂，也可用于饮用水的生产。ACUMER4800 是一种性能优异的碳酸钙阻垢剂，或作为低溶解盐的分散剂和阻垢剂，也可用于饮用水的生产中。

另外，国内还开发出以 L-天冬氨酸为原料合成的不同聚合度的天冬氨酸钠阻垢分散剂；新型有机羟基膦羧酸水处理剂 HPA 和 HPBA，主要品种有 2-羟基-2-膦酰基乙酸（HPA）和 3-羟基-3-膦酰基丁酸，其试验表明，可有效节约用水和提高水的重复利用率。有机羟基膦羧酸水处理剂生产工艺可靠，技术先进，产品质量稳定，符合企业标准，具有良好的经济和社会效益。

第三节　杀菌灭藻剂

在输水系统中，特别是油田水系统中，微生物广泛存在，特别是硫酸盐还原菌和铁细菌以及能够产生黏液的腐生菌，对金属管道产生腐蚀的硫酸盐还原菌的危害最大，因为它的腐蚀产物 H_2S 会引起金属腐蚀，生成物 FeS 又会造成管道堵塞等。铁细菌及其产生黏液的腐生菌的数量超过一定值时，能够产生氧浓差腐蚀电池，致使生锈结垢而堵塞管道。

一、细菌的主要种类

1. 硫酸盐还原菌

该细菌是在厌氧条件下，使硫酸盐还原成硫化物，而以有机物为营养的细菌微生物。广泛生存在污水、河底泥、海底、土壤等地方。因此，凡是地下埋设管道、油井、水电站、油田水处理系统等场所都会有它造成的危害。硫酸盐还原菌的生长受温度、pH 值等因素的影响，生长温度随菌种不同而异，中温性菌生存温度在 30～35℃，高于 45℃停止生长；高温性菌生存温度在 55～60℃。其生长的 pH 范围较宽，一般在 5.5～9.0 之间都可生存，最适宜在 7～7.5 弱碱条件下。

2. 腐生菌

通常在设备和管道上有黏稠的一层，称为黏液形成菌，它们是一种混合菌体，称为腐生菌。只要能满足腐生菌生长的物理条件和营养物质就容易滋生腐生菌，因此腐生菌的存在极为普遍。大多数腐生菌只能生长在厌氧环境中。只要在敞开的水池上面看到漂浮的黏状物，以及在注水系统的过滤器表面观察到大量黏状物即说明已有腐生菌生长。这些黏性物附着在管道或设备上结成生物垢，堵塞管道过滤器，同时还会形成氧浓差腐蚀电池，有时还会形成适合硫酸盐还原菌（SRB）生长的局部厌氧条件而加剧腐蚀过程。

3. 铁细菌

在与水接触的结瘤腐蚀中常发现有铁细菌。许多细菌不仅具有较强附着在金属表面的能力，另外它具有氧化水中亚铁离子或由金属表面微电池溶解出来的亚铁成为氢氧化铁的能力，从而使高价铁化合物在铁细菌胶质中沉淀下来。这样就形成了包含菌体和氢氧化铁等组成的结瘤，在结瘤内部很容易形成厌氧环境，而结瘤周围的氧浓度相对较高，从而形成氧浓差电池，加剧腐蚀的进行。

二、常见的杀菌灭藻剂

1. 注水用杀菌剂

注水用杀菌剂主要用于油田，我国油田常见的杀菌剂种类如下：

产品名称	组 成		溶 剂		产 地
洁尔灭(1227)	十二烷基二甲基苄基氯化铵	45%	水	55%	上海洗涤剂三厂
新洁尔灭	十二烷基二甲基苄基溴化铵	5%	水	95%	上海洗涤剂十二厂
SQ8	二硫氰基甲烷	10%	溶剂与表面活性剂	70%	广东化工研究所
	十二烷基二甲基苄基氯化铵	20%			
T801	聚合季铵盐	50%	水	50%	天津化工研究院

2. 醛类化合物杀菌剂

最早人们使用甲醛作为杀菌剂，但因甲醛使用浓度高，且具有强烈的刺激性气味而逐渐被其他杀菌剂代替。目前，常用的醛类杀菌剂有丙烯醛、戊二醛等，它们对硫酸盐还原菌（SRB）均有很好的杀菌性能，在较低浓度时就可以杀死硫酸盐还原菌，所以广泛应用于油田污水处理。

3. 季铵盐杀菌剂

季铵盐杀菌剂是一类有机铵盐，属于阳离子型化合物。季铵盐化合物的分子链大小及溶液的浓度都影响其杀菌性能，如表 8-1 所示。

表 8-1　常见的几种季铵盐杀菌剂的性能

药剂名称	浓度/%	杀菌率/%		
		硫酸还原菌	铁细菌	异养菌
四丁基碘化铵	20	90.0	92.1	33.8
	60	88.4	92.2	66.3
	100	99.0	99.0	99.2
十二烷基二甲基苄基氯化铵	5	99.2	52.6	98.4
	10	99.7	84.2	98.3
	20	99.8	95.2	99.9
	30	99.8	99.9	99.99
十二烷基二甲基苄基溴化铵	5	99.9	88.4	98.1
	10	99.9	96.8	98.9
	20	99.9	99.9	99.9
十四烷基二甲基苄基氯化铵	5	99.9	99.9	98.5
	10	99.9	99.0	99.9
	20	99.9	99.6	99.99
十六烷基二甲基苄基氯化铵	5	99.9	99.2	97.4
	10	100	99.6	99.9
	20	100	99.6	99.9
十八烷基二甲基苄基氯化铵	5	59.1	68.8	80.6
	10	99.9	90.2	97.7
	20	99.99	99.2	99.8
十六烷基三甲基溴化铵	10	99.9	99.0	96.8
	20	99.9	99.0	99.9
	40	99.9	99.9	99.99
十六烷基氯化吡啶	1	66.7	98.7	98.0
	5	99.84	99.7	98.6
	10	99.99	99.9	99.9
十六烷基溴化吡啶	1	68.8	97.0	88.7
	2	75.5	97.4	96.6
	5	99.9	99.9	99.9
	10	100	99.9	99.9

对表 8-1 分析发现，碳链 C_{14} 的季铵盐杀菌能力最强。但由于 C_{12} 的原料来源广，所以通常使用 C_{12} 结构的季铵盐。季铵盐系阳离子表面活性剂，它不仅具有较低表面张力的特性，而且可选择性地吸附在带负电荷的菌体上，细胞膜被季铵盐吸附后改变了电导性、表面张力、溶解性，以致形成络合物，影响细菌细胞膜的正常功能，使其蛋白质变性，抑制或刺激酶的活性。所以，该类杀菌剂的作用机理主要是破坏了控制细胞渗透性的原生质膜而杀死细菌的。

4. 氰基类杀菌剂

二硫氰基甲烷是目前使用较好的一种广谱性杀菌剂。它对好氧菌或厌氧菌等都有良好的灭杀能力。但由于其在水中的溶解能力较差，通过添加一定量的有效分散剂（如表面活性剂），可提高其杀菌效果。

5. 杂环类杀菌剂

用于杀灭微生物的杂环化合物较多，医疗用的许多药物都属于杂环化合物，有的对厌氧菌也有一定的杀灭作用，这类化合物有：咪唑类衍生物、噻唑、噁唑及三嗪的衍生物。

三、杀菌机理

各种杀菌剂的作用机理体现在以下几个方面。

① 阻碍菌体的呼吸作用。细菌的生存需要消耗各种营养物质，以维持体内生命活动，合成各种成分。在该过程中主要依靠一种生物酶的作用，而杀菌剂可以影响酶的活性，使新陈代谢终止或减弱。

② 可抑制蛋白质的合成。杀菌剂通过破坏蛋白质的合成，或破坏蛋白质的水膜或中和蛋白质的电荷，从而使蛋白质发生沉淀失去活性，达到抑制细菌繁殖或杀死细菌目的。

③ 破坏细胞壁。细胞壁是生命细胞的外部屏障，如果杀菌剂能够溶化细胞壁，或阻止蛋白酶的作用，就可以破坏细胞壁内外环境的平衡，从而达到杀死细菌的目的。

④ 阻碍核酸的合成。核酸是生命体的遗传物质的基础，如果杀菌剂可以破坏核酸分子的某一个环节，使其特异结构发生任何变化，就能够使其发生突变或使其原有的活性丧失或减弱，可以破坏菌体的生长、繁殖。

四、水处理剂的发展趋势

① 开发既价廉又高效的水处理剂，从天然植物、工农业生产副产物中提取有效组分制备高效缓蚀剂、杀菌剂、阻垢剂，降低用药量，提高药剂处理效果。

② 研制一剂多效的水处理用化学品。对于密封循环的水处理系统，研发一种以杀菌为主并兼有防垢、缓蚀等多功能的药剂。

③ 研发低毒或无毒、无污染的杀菌剂等水处理用化学剂。

④ 加强水处理剂的作用机理的理论研究，搞好分子设计，开发新型水处理剂。

第四节　缓　蚀　剂

能阻止或减缓金属腐蚀的物质称为缓蚀剂，又称腐蚀抑制剂。应用缓蚀剂保护金属设备，具有投资小、收效快、使用方便等特点。因此，缓蚀剂广泛应用于石油、化工、钢铁、机械、动力、运输等部门，是一种十分重要的防腐方法之一。但缓蚀剂有极强的针对性，一般只能用在封闭和循环系统中，且不适宜在高温下使用，污染及废液回收处理等是制约其使用的问题。

一、缓蚀剂的分类

缓蚀剂的分类见表 8-2。

表 8-2 缓蚀剂的分类

分类依据		名 称	说 明
按作用机理分类	对阴极、阳极腐蚀过程的抑制作用	阳极型缓蚀剂	抑制金属腐蚀的阳极去极化过程
		阴极型缓蚀剂	抑制金属腐蚀的阴极去极化过程
		混合型缓蚀剂	同时抑制金属腐蚀的阳极、阴极去极化过程
	按抑制作用的性质	吸收型缓蚀剂	通过化学或物理吸附,抑制腐蚀过程
		成膜型缓蚀剂;钝化型缓蚀剂	氧化剂,促进金属表面形成钝化膜
		(氧化型缓蚀剂)	
		沉淀型缓蚀剂	与金属腐蚀产物或介质中物质形成沉淀保护膜
按缓蚀剂成分分类		无机物缓蚀剂	通常应用在中性水介质中
		有机物缓蚀剂	通常应用在酸性介质、油介质、大气
		水溶性缓蚀剂	
		中性	$pH = 5 \sim 9$
		酸性	$pH \leqslant 1 \sim 4$
		碱性	$pH \geqslant 10 \sim 12$
按介质性质分类		油溶性缓蚀剂	应用于油漆、防锈漆、石油中间物中
		气相缓蚀剂	应用于天然气、锅炉蒸汽、大气腐蚀的抑制
按使用场合分类		酸洗、酸浸用缓蚀剂;切削油用缓蚀剂;锅炉水、冷却水用缓蚀剂;汽车冷却系统用缓蚀剂;除冰雪盐水用缓蚀剂;包装、防锈用缓蚀剂;防锈油缓蚀剂;油气井用缓蚀剂;油气井酸化缓蚀剂;炼油厂用缓蚀剂	

油田污水处理中,多用到酸化缓蚀剂,酸化缓蚀剂是指能中和酸性物质或在金属表面上生成强黏着性的分子膜,以此对腐蚀剂侵蚀产生抵抗力的物质。常见的酸化缓蚀剂有二硫代磷酸酯锌盐、二硫代氨基甲酸酯锌盐等。

在油循环系统中湿气会被冷凝,水分会导致金属生锈,这就需要加入防锈剂。典型的防锈剂是脂肪胺磷酸盐和磺酸的金属盐,例如,烷基苯磺酸钙。当在含硫的油路循环系统中,金属设备常因燃料燃烧时生成的酸所腐蚀。碱性烷基苯磺酸和烷基酚的镁、钙盐在作为清净分散剂的同时也起到一定的缓蚀作用,但有时也添加中性烷基苯磺酸钙以及烯基丁二酸盐。

二硫代磷酸酯锌盐的生产

$$CH_3OH + P_2S_3 \longrightarrow \quad (硫代磷酸二甲酯)$$

$$2 \quad \xrightarrow[100℃]{+ZnO} \quad Zn^{2+} \quad (二硫代磷酸酯锌盐) + H_2O$$

烯基丁二酸的双烯加成反应

$$RCH_2-CH=CH_2 + \xrightarrow{H_2O} \quad (烯基丁二酸)$$

$$R = C_9 \sim C_{15}(正烷基)$$

二、常见缓蚀剂的生产方法

1. 酸化缓蚀剂

酸化缓蚀剂主要应用于油气田井下酸化作业过程，解决酸性物质对金属设备腐蚀的保护问题。

　　(1) 酸性缓蚀剂的作用机理　　根据腐蚀电化学理论，任何电化学腐蚀过程都是由金属溶解的阳极过程和去极化剂接受电子的阴极过程构成。若在同一金属上，同时发生这两个过程，即构成腐蚀电池。当钢铁金属的铁失去电子发生腐蚀的同时，酸液中的氢离子得到电子成为氢原子并结合成为氢气从钢铁金属表面逸出。

　　可见，腐蚀电池的阴极过程和阳极过程是一个相互联系、相互配合的共轭过程，如果能够有效阻止其中任一过程，则另一过程也会受到抑制，就会有效减慢金属的腐蚀速度。阳极型缓蚀剂就是抑制阳极过程，起到缓蚀作用的物质；而阴极型缓蚀剂主要抑制阴极过程。能够同时对阴、阳极过程有抑制作用的物质为混合型缓蚀剂。

　　有机缓蚀剂的作用机理主要是吸附作用。它们是由电负性较大的 O、N、S 和 P 等原子为中心的极性基团和有机碳链组成的非极性基团（如烷基）所组成，有机缓蚀剂通过物理或化学吸附形成吸附膜层附着在金属表面从而起到保护作用。

　　(2) 常见的酸化缓蚀剂的制备方法

　　① 甲醛　　甲醛是一种应用较早的酸化缓蚀剂，油田应用证明，在温度不高，且使用盐酸的浓度低于 15% 的条件下，对设备管线能起到有效的保护作用。

　　② 7701 缓蚀剂　　主要应用于土酸和盐酸的酸化缓蚀剂，其合成工艺如下：

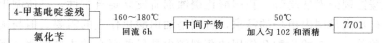

　　7701 缓蚀剂的主要成分为苄基-吡啶（喹啉）类的季铵盐，加入匀 102 和酒精的目的主要起到改善酸溶解性能的溶剂作用。

　　③ 7801 缓蚀剂　　7801 缓蚀剂是以酮胺醛缩合物为主的多组分复合缓蚀剂，试验证明，在 150℃ 的 28% 的盐酸中仍有优良的缓蚀性能。

　　7801 的合成反应：六亚甲基四胺受热分解得甲醛，甲醛与苯胺、苯乙酮反应生成酮胺醛缩合物。

$$(CH_2)_6N_4 + 6H_2O \Longrightarrow 6HCHO + 4NH_3$$

$$\text{苯乙酮} + HCHO + \text{苯胺} \xrightarrow{\text{催化剂}} \text{产物} + H_2O$$

$$\text{苯乙酮} + 2HCHO + 2\text{苯胺} \xrightarrow{\text{催化剂}} \text{产物} + 2H_2O$$

$$2n\,\text{苯胺} + 2nHCHO \xrightarrow{\text{催化剂}} \text{产物} + 2nH_2O$$

　　7801 缓蚀剂主要是酮胺醛缩合物和丙炔醇等组分复合而成，可通过多个极性基团的强烈吸附在金属表面并发生络合反应，形成致密的多分子络合体吸附膜，主要起到对阴极过程的抑制作用，对阳极过程也有一定的抑制。

④ CT1-3　它是由甲醛、苯胺为原料合成的含氮有机化合物，并复配表面活性剂、溶剂等构成。CT1-3 适于 130℃以下的 28％浓盐酸酸化环境使用，试验表明，CT1-3 具有优良的抗硫化氢性能。

⑤ IMC-炔氧甲基胺类缓蚀剂　文献报道，炔氧甲基胺和炔氧甲基季铵盐在高温浓酸性介质中具有良好的缓蚀能力，对钢铁设备有较好的缓蚀作用。目前，该缓蚀剂已用于油田。
二炔氧甲基烷基的合成：

$$RNH_2 + 2HCHO + 2R'OH \longrightarrow RN(CH_2OR')_2$$

R＝烷基芳基　　　　　　　　R′＝炔基部分

在一定时间内，将有机胺滴加到混有醛、炔醇及溶剂的溶液中，搅拌、加热到回流温度，去除理论水量，在惰性气体保护下，减压蒸馏，得到炔氧甲基胺。然后，将炔氧甲基胺与卤代烷反应，在溶剂存在条件下，加热回流，在惰性气体保护下，减压蒸馏。所得季铵盐的收率为 80％左右。合成产物的结构是：

$$RN(CH_2OCH_2C{\equiv}CH)_2 \qquad [RN(CH_2OCH_2C{\equiv}CH)_2]Cl$$
$$\underset{\text{二炔氧甲基胺}}{} \qquad \overset{|}{\underset{\text{季铵盐}}{CH_2C_6H_5}}$$

(3) 酸化缓蚀剂的发展趋势　我国酸化缓蚀剂研发立足自主性，已研制出一些高温酸化缓蚀剂品种，初步满足国内市场的需求，特别是油田酸化作业的需要。但与国外相比仍有一定的差距，品种单一，与酸化配套使用的药剂较少是目前存在的主要问题。因此需要在以下方面加大科研力度。

① 研发抗高温、高浓度盐酸，并抗 H_2S、CO_2 等酸性气体环境的新型缓蚀剂。

② 研制低毒、高效缓蚀剂。目前国内的高温酸化缓蚀剂品种大多含有丙炔醇，炔醇有一定毒性，危害环境，研制无毒或低毒的缓蚀剂迫在眉睫。

③ 积极研制缓蚀剂新品种，充分利用工农业副产物、天然林产物（如松香），提取有效的缓蚀剂组分，加强酸化缓蚀剂配方的研究。

④ 加强酸化液的其他添加剂如稠化剂、助排剂、乳化剂、铁稳定剂等的研究，以利于酸化新工艺的实现。

2. 注水用缓蚀剂

用于污水处理系统，特别是油田污水处理的缓蚀剂，主要有有机胺、酰胺、咪唑啉。

(1) 注水缓蚀剂的作用机理　依据缓蚀剂抑制腐蚀电池来看，缓蚀剂同样可分为阳极型缓蚀剂、阴极型缓蚀剂和混合型缓蚀剂；根据缓蚀剂在金属表面形成保护膜的特征，又可将缓蚀剂分为氧化型缓蚀剂、沉淀型缓蚀剂和吸附型缓蚀剂。氧化型缓蚀剂主要有铬酸盐、亚硝酸盐、钼酸盐和钨酸盐等，它们均可在金属表面形成致密的（550～100）$\times 10^{-10}$ m 厚度氧化膜，这层致密、附着力强的膜层对金属设备或管道有着优良的保护性能；沉淀型缓蚀剂主要有硫酸锌、六偏磷酸钠、聚磷酸钠等，它们能够与环境介质中的某些离子发生反应，并在金属表面形成抑制腐蚀的沉淀膜。该沉淀膜一般比氧化膜厚，但其致密性和附着力要比氧化膜差；吸附型缓蚀剂一般都是有机化合物，如有机胺、季铵盐等，它们通过其物理性吸附或化学性吸附在金属表面形成吸附膜，使得介质不易与金属接触，从而抑制金属设备的腐蚀过程。

(2) 常见的几种注水缓蚀剂

① KW-204、CT2-10、CT2-7 注水缓蚀剂　它们主要应用于油田污水的处理过程，

KW-204 和 CT2-10 的主要成分是有机胺类化合物，CT2-7 是有机胺与有机胺盐的复配混合物。其试验结果列于表 8-3 中，它们在厌氧的环境中，均有较好的缓蚀作用。

表 8-3　常见的几种注水缓蚀剂的效能

品种名称	浓度/(mg/L)	平均腐蚀速率/(mm/a)	缓蚀率/%
	0	0.0863	
CT2-7	20	0.0330	61
KW-204	20	0.0279	68
CT2-10	20	0.0279	68

② M_2 注水缓蚀剂　该品种为咪唑啉型缓蚀剂，应用在油田污水处理的实践证明，油田污水中加入 25mg/L 的 M_2 后 7 个月的现场检测，由未加前的平均腐蚀速率 0.77％降低到 0.076％的占到 67％，管线或设备的穿孔次数大大降低，而且穿孔部位基本发生在原来严重腐蚀的管道处，所以，它是一种性能优良的污水缓蚀剂。

M_2 注水缓蚀剂的组成

组分 A：

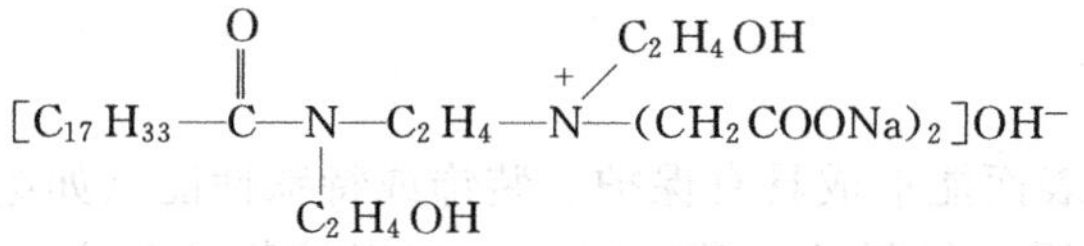

$$[C_{17}H_{33}\overset{\overset{\displaystyle O}{\|}}{C}-\underset{\underset{\displaystyle C_2H_4OH}{|}}{N}-C_2H_4-\overset{\overset{\displaystyle C_2H_4OH}{|}}{\underset{\displaystyle +}{N}}-(CH_2COONa)_2]OH^-$$

组分 B：

$$C_{17}H_{33}\overset{\overset{\displaystyle O}{\|}}{C}-\underset{\underset{\displaystyle C_2H_4OH}{|}}{N}-C_2H_4-N-(CH_2COONa)_2$$

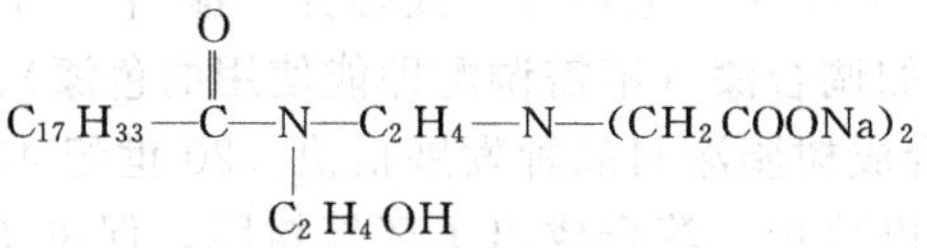

思　考　题

1. 水在人类生产、生活中有哪些重要意义？
2. 工业废水及生活污水治理用的化学品有哪些？
3. 如何对混凝剂进行分类？常见的混凝剂有哪些？
4. 生产混凝剂的实用技术有哪些？
5. 什么是阻垢剂和阻垢分散剂？常用的有哪些？
6. 杀菌剂的杀菌机理是什么？常见的杀菌灭藻剂有哪些？
7. 缓蚀剂的作用是什么？
8. 常见的酸化缓蚀剂有哪些？
9. 注水缓蚀剂的作用机理是什么？

第九章 涂料和胶黏剂

【基本要求】

1. 掌握基本概念、基本原理及典型产品特点；
2. 理解典型产品制备方法；
3. 了解产品分类、性能及发展趋势等。

第一节 涂 料

一、概述

涂料就是涂于物体表面能形成具有保护、装饰或特殊性能（如绝缘、防腐、标志等）的固态涂膜的一类液体或固体材料的总称。早期大多以植物油为主要原料，故有"油漆"之称。现合成树脂已大部或全部取代了植物油，故称为"涂料"。在具体的涂料品种名称中可用"漆"字表示"涂料"，如调合漆（不需调配即能使用的色漆）、木器漆等。

第二次世界大战后，合成树脂涂料品种发展很快。20世纪40年代后期美国、英国、荷兰（壳牌公司）、瑞士（汽巴公司）等合成出了环氧树脂，促进了防腐蚀涂料和工业底漆的发展。随后，德国法本拜耳公司生产出了应用广泛的聚氨酯涂料，美国相继开发了丙烯酸树脂涂料、丁苯乳胶涂料、聚醋酸乙烯酯胶乳和丙烯酸酯胶乳涂料。这一时期开发并实现工业化生产的还有乙烯类树脂热塑粉末涂料、电沉积涂料、光固化木器漆、橡胶类涂料、聚酯涂料、无机高分子涂料等品种。20世纪70年代由于石油危机的冲击，涂料工业开始向节约资源、减少污染、有利于生态平衡和提高经济效益的方向发展。

随着现代化学理论、共聚、改性和混合方法以及现代测试技术应用于涂料工业，涂料的性能显著提高，功能性涂料品种日益增多，性价比也大幅度提高。目前涂料、塑料、合成纤维、合成橡胶和胶黏剂并称为五大合成材料。涂料已成为一类重要的精细化工产品，在生产、生活中发挥着重要作用。

1. 涂料的用途

涂料的用途广泛，作用非常重要，主要体现在以下几个方面。

（1）保护作用 金属、木材、水泥、文物等长期暴露在空气中，会受到水分、气体、微生物、紫外线等的作用而逐渐被毁坏，每年全世界因腐蚀而损失的钢铁就占到其产量的四分之一左右。涂料则能减缓材料的腐蚀，延长使用寿命。一座钢铁结构的桥梁如果不进行防腐处理，只有几年寿命，如涂上合适涂料则可以使用上百年。处于恶劣环境中的化工设备及管道则更需涂装以降低生产成本。此外，涂料还可提高材料的耐摩擦、抗冲击等许多力学性能，如汽车底盘用抗石击涂料就可保护汽车底盘以防在砂砾、碎石的高冲击作用下出现剥落、破损或裂痕等。

（2）装饰作用 涂料可以起到装饰的作用，古代最早的应用主要是用于器具的装饰。随着人们物质文化生活的不断提高，对商品的外表及包装要求档次越来越高，现代涂料更是将这种作用发挥得淋漓尽致。涂料将我们周围的世界，包括建筑、家庭环境乃至个人装点得五彩缤纷。通过涂料的精心装饰，可以将火车、汽车、轮船、自行车等交通工具装饰得叫人舒畅，可使房屋建筑与大自然的景色以及室内环境相匹配，形成一幅绚丽多彩的图画，更可使许多家用器具不仅具有使用价值，而且成为一种精美的装饰品。

(3) 色彩标志作用　各种颜色的涂料可以用来传递辨别、警告、危险、安全、前进、停止等信息。化学品和危险品常用涂料做标志，以识别其性质；交通运输的标志牌和道路的划线标志，常用不同色彩的涂料来表示警告、危险信号，以保证安全；化工管道常涂有涂料，以便操作人员识别和操作，如蒸汽管用红色，上水管用绿色，下水道用黑色，真空管用黄色等。目前，涂料作标志已逐渐标准化。

(4) 其他特殊作用　涂料还可赋予某些特殊功能，如为了使飞行器及其他军事装备不易被探测器发现，可涂上隐身涂料；船舶被海洋生物附殖会影响航行速度，加速船体的腐蚀，涂上专用的涂料，就可杀死或驱散海洋生物，从而可保证航速，延长船舶使用寿命；电器设备涂上导电涂料，可移去静电；电器设备涂上绝缘涂料，可起绝缘作用；涂在火箭、地球卫星和宇宙飞船等航天器上特殊涂料可减小气流和微粒的摩擦冲击、雨点的腐蚀、太阳及宇宙射线的辐射影响；还有红外反射隔热涂料、示温涂料、感湿涂料、杀毒抗菌涂料等。

2. 涂料的组成

尽管涂料产品种类众多，但其一般包括成膜物质、颜填料、溶剂和助剂。

(1) 成膜物质　成膜物质就是指漆基中能单独形成有一定强度、连续的膜的物质。它是涂料的基础，因此成膜物质也称黏结剂或基料，是涂料中最主要的成分，主要有油脂和树脂两大类。

用于涂料的油脂主要是各种植物油，其主要组成是甘油三脂肪酸酯。包括月桂酸、硬脂酸、软脂酸、油酸、亚油酸、亚麻酸、桐油酸等。根据它们的干燥性质，又可分为干性油（如桐油）、半干性油（如豆油）和不干性油（如蓖麻油）。油脂是早期涂料的主要成膜物质，它具有原料易得、涂刷流动性好、膜层伸缩性较佳的优点，但由于其存在耐酸、耐碱性差、不耐磨、干燥速度慢的缺点，现逐渐被各种合成树脂所代替。

树脂按其来源可分为天然树脂和合成树脂。用于涂料的天然树脂主要有松香及其衍生物、纤维素衍生物、氯化天然橡胶、天然沥青、虫胶等。为克服松香软化点低的不足，常将其与石灰、甘油、顺丁烯二酸酐反应制得松香衍生物，然后与干性油炼成涂料，以改善其涂膜的硬度、光泽、耐水性等，它可用于普通家具、门窗、金属制品的涂装。纤维素包括硝酸纤维素、醋酸纤维素、乙基纤维素等，由此制得的涂料干燥速度快，涂膜光泽好，硬度较高，耐磨性较好，但耐水性较差。氯化天然橡胶涂料的耐化学性、耐水性和耐久性较好，但耐高温和油性能较差。天然沥青则一般用于制造各种金属及木材的防腐涂料，其耐水性和耐化学性较好。随着聚合工业的发展，合成树脂已成为目前涂料工业中使用的主要成膜物质，常用的有酚醛树脂、醇酸树脂、丙烯酸树脂、环氧树脂、聚氨酯树脂等，其详细介绍见下节。

(2) 颜填料　颜填料是颜料和填（充）料的统称。颜料通常是粉状、不溶于介质的有色物质，由于它有光学、保护、装饰等性能而用于涂料。颜料根据其化学组成分为无机颜料（化学组成为无机物的一类颜料）和有机颜料（化学组成为有机物的一类颜料）两大体系。其详细分类、命名和型号可参见国家标准 GB/T 3182—1995，如 BA01-01 表示二氧化钛，H052 表示甲苯胺红。颜料可使涂膜呈现色彩，增加其厚度和光滑度，提高力学强度、耐磨性、附着力和耐腐蚀性等。常用的颜料有以下几种。

① 白色颜料　主要有钛白、锌白和锌钡白等。钛白的化学成分是二氧化钛，其遮盖能

力非常好、耐光、耐热、耐酸碱，无毒性，是最常用的白色颜料。钛白有金红石型和锐钛型两种晶型，它们同属于正方晶系，但晶格结构不同，金红石型的晶格比锐钛型的致密，晶格比较稳定，故其耐光性更好、不易粉化，多用于室外涂料。锌白即氧化锌，具有良好的耐光、耐热和耐候性，不易粉化，但遮盖力较小。锌钡白又称立德粉，是硫化锌和硫酸钡的混合物，遮盖力和着色力仅次于钛白，但不耐酸，不耐曝晒，不宜用于室外涂料。

② 黑色颜料 主要有无机类炭黑和氧化铁黑及有机类的苯胺黑等。炭黑是一种疏松而极细的无定形炭末，具有非常高的遮盖力和着色力，化学性质稳定，耐酸碱、耐光、耐热。氧化铁黑遮盖力较高，对光和大气作用稳定，并具有一定防锈作用。

③ 彩色颜料 包括无机类和有机类两种。无机彩色颜料主要是各种具有色彩的金属无机化合物，如铬黄、铁黄、铁红、铁蓝、群青等。无机颜料具有较好的耐候性、耐光性、耐热性和着色性，价格低廉，是用量最大的彩色颜料，但色谱不全。有机颜料为可发色的有机大分子化合物，如联苯胺黄、酞菁蓝、大红粉等，其色彩鲜艳，色谱齐全，性能好，但耐光性、耐热性及稳定性较差且价格较高。

④ 金属颜料 主要为金属的超细粉，如铝粉（俗称银粉）、铜锌合金粉（俗称金粉）等。

⑤ 防锈颜料 主要用于防锈涂料中，其化学性质较稳定，例如氧化铁红、云母氧化铁、石墨、红丹、锌铬黄、偏硼酸钡、磷酸锌等。

⑥ 珠光颜料 主要品种是二氧化钛包覆的鳞片状云母，光线照射其上时，发生干涉反射，透过的部位不同，包覆膜的厚度不同，反射光和透过光的波长不同，因而显示出不同的色调，可赋予涂料以美丽的珠光色彩。它可用于汽车、电器、高级日用品以及高档包装用品。

填（充）料又称为体质颜料，通常是白色或稍带颜色、折射率＜1.7的一类颜料。主要用于增加涂膜的厚度和体质，降低涂料成本，提高涂料的物理或化学性能，常用的有重晶石粉（天然硫酸钡）、碳酸钙、滑石粉、石英粉、瓷土等。

(3) 溶剂 涂料用溶剂可分为真溶剂、助溶剂、冲淡剂和稀释剂。真溶剂是指在通常干燥条件下可挥发的，并能完全溶解漆基的单组分或多组分的液体。助溶剂是指在通常干燥条件下可挥发的液体，它本身没有溶解成膜物质的能力，但若以适当的比例与某种成膜物质的溶剂混合，则能增强溶剂的溶解能力。冲淡剂是指单组分或多组分的挥发性液体。尽管它不能溶解涂料中的成膜物质，但可以与该涂料的溶剂一起使用，而不会引起有害的影响。稀释剂是单组分或多组分的挥发性液体，加入涂料中是为了降低其黏度。在涂料施工及成膜过程中，溶剂起着非常重要的作用，常用的有苯、甲苯、二甲苯、丁醇、丙酮、乙酸乙酯、溶剂油、煤油等。

(4) 助剂 涂料助剂用量一般很小，它可以改进生产工艺，改善施工条件，提高涂料质量，赋予涂料以特殊功能，现已成为涂料中不可缺少的部分。在合成树脂涂料中，没有不使用助剂的涂料，也没有哪种涂料不使用助剂。涂料助剂的使用水平，已成为衡量涂料生产技术水平的重要标志。随着我国涂料工业的发展和涂装技术的进步，涂料助剂的品种越来越多，应用也越来越广泛，据不完全统计，可达几千种之多。常用助剂有引发剂、分散剂、消泡剂、乳化剂、增稠剂、触变剂、聚结助剂、附着力促进剂、防浮色发花剂、抗胶凝剂、流平剂、防缩孔剂、防流挂剂、锤纹助剂、流动控制剂、防结皮剂、防沉淀剂、增塑剂、光引发剂、光稳定剂、催干剂、阻燃剂、防霉剂等。

不是所有涂料都包含上述四种成分，如清漆中就没有颜填料，粉末涂料则不含溶剂。

3. 涂料的分类与命名

(1) 分类 根据国家标准 GB/T 2705—2003，涂料产品一般有如下两种分类方法。

① 采用以涂料产品的用途为主线，主要成膜物为辅的分类方法将涂料产品分为建筑涂料、工业涂料和通用涂料及辅助材料。如表9-1所示。

表 9-1　涂料产品分类（一）

分类		主要产品	主要成膜物
建筑涂料	墙面涂料	合成树脂乳液内墙涂料；合成树脂乳液外墙涂料；溶剂型外墙涂料；其他墙面涂料	丙烯酸酯类及其改性共聚乳液；醋酸乙烯及其改性共聚乳液；聚氨酯、氟碳等树脂；无机黏合剂等
	防水涂料	溶剂型树脂防水涂料；聚合物乳液防水涂料；其他防水涂料	EVA、丙烯酸酯类乳液；聚氨酯、沥青、PVC胶泥或油膏、聚丁二烯等树脂
	地坪涂料	水泥基等非木质地面用涂料	聚氨酯、环氧等树脂
	功能性建筑涂料	防火涂料；防霉（藻）涂料；保温隔热涂料；其他功能性建筑涂料	聚氨酯、环氧、丙烯酸酯类、乙烯类、氟碳等树脂
工业涂料	汽车涂料（含摩托车涂料）	汽车底漆（电泳漆）；汽车中涂漆；汽车面漆；汽车罩光漆；汽车修补漆；其他汽车专用漆	丙烯酸酯类、聚酯、聚氨酯、醇酸、环氧、氨基、硝基、PVC等树脂
	木器涂料	溶剂型木器涂料；水性木器涂料；光固化木器涂料；其他木器涂料	聚酯、聚氨酯、丙烯酸酯类、醇酸、硝基、氨基、酚醛、虫胶等树脂
	铁路、公路涂料	铁路车辆涂料；道路标志涂料；其他铁路、公路设施用涂料	丙烯酸酯类、聚氨酯、环氧、醇酸、乙烯类等树脂
	轻工涂料	自行车涂料；家用电器涂料；仪器、仪表涂料；塑料涂料；纸张涂料；其他轻工专用涂料	聚氨酯、聚酯、醇酸、丙烯酸酯类、环氧、酚醛、氨基、乙烯类等树脂
	船舶涂料	船壳及上层建筑物漆；船底防锈漆；船底防污漆；水线漆；甲板漆；其他船舶漆	聚氨酯、醇酸、丙烯酸酯类、环氧、乙烯类、酚醛、氯化橡胶、沥青等树脂
	防腐涂料	桥梁涂料；集装箱涂料；专用埋地管道及设施涂料；耐高温涂料；其他防腐涂料	聚氨酯、丙烯酸酯类、环氧、醇酸、酚醛、氯化橡胶、乙烯类、沥青、有机硅、氟碳等树脂
	其他专用涂料	卷材涂料；绝缘涂料；机床、农机、工程机械等涂料；航空、航天涂料；军用器械涂料；电子元器件涂料；以上未涵盖的其他专用涂料	聚酯、聚氨酯、环氧、丙烯酸酯类、醇酸、乙烯类、氨基、有机硅、氟碳、酚醛、硝基等树脂
通用涂料及辅助材料	调合漆；清漆；磁漆；底漆；腻子；稀释剂；防潮剂；催干剂；脱漆剂；固化剂；其他	以上未涵盖的无明确应用领域的涂料产品	改性油脂；天然树脂；酚醛、沥青、醇酸等树脂

注：主要成膜物中树脂类型包括水性、溶剂型、无溶剂型、固体粉末等。

② 除建筑涂料（具体分类见表9-1）外，采用以涂料产品的主要成膜物为主，产品主要用途为辅的分类方法将涂料产品分为建筑涂料、其他涂料及辅助材料两个主要类别。其他涂料详见表9-2。辅助材料主要品种有稀释剂、防潮剂、催干剂、脱漆剂、固化剂等。

（2）命名

清漆全名：成膜物质名称＋基本名称

涂料全名：颜色或颜料名称＋成膜物质名称＋基本名称

① 颜色名称　通常由红、黄、蓝、白、黑、绿、紫、棕、灰等颜色，有时再加上深、中、浅（淡）等词构成。若颜料对漆膜性能起显著作用，则可用颜料的名称代替颜色的名称，例如铁红、锌黄、红丹等。

② 成膜物质名称　见表9-2，可做适当简化，例如聚氨基甲酸酯简化成聚氨酯；环氧树脂简化成环氧；硝酸纤维素（酯）简化为硝基等。漆基中含有多种成膜物质时，选取起主要作用的一种成膜物质命名。必要时也可选取两种或三种成膜物质命名，主要成膜物质名称在前，次要成膜物质名称在后，例如红环氧硝基磁漆。

表 9-2　涂料产品分类（二）

类别	主 要 成 膜 物	主 要 产 品
油脂漆类	天然植物油、动物油（脂）、合成油等	清油、厚漆、调合漆、防锈漆、其他油脂漆
天然树脂漆类	松香、虫胶、乳酪素、动物胶及其衍生物等	清漆、调合漆、磁漆、底漆、绝缘漆、生漆、其他天然树脂漆
酚醛树脂漆类	酚醛树脂、改性酚醛树脂等	清漆、调合漆、磁漆、底漆、绝缘漆、船舶漆、防锈漆、耐热漆、黑板漆、防腐漆、其他酚醛树脂漆
沥青漆类	天然沥青、（煤）焦油沥青、石油沥青等	清漆、磁漆、底漆、绝缘漆、防污漆、船舶漆、耐酸漆、防腐漆、锅炉漆、其他沥青漆
醇酸树脂漆类	甘油醇酸树脂、季戊四醇醇酸树脂、其他醇类的醇酸树脂、改性醇酸树脂等	清漆、调合漆、磁漆、底漆、绝缘漆、船舶漆、防锈漆、汽车漆、木器漆、其他醇酸树脂漆
氨基树脂漆类	三聚氰胺甲醛树脂、脲（甲）醛树脂及其改性树脂等	清漆、磁漆、绝缘漆、美术漆、闪光漆、汽车漆、其他氨基树脂漆
硝基漆类	硝基纤维素（酯）等	清漆、磁漆、铅笔漆、木器漆、汽车修补漆、其他硝基漆
过氯乙烯树脂漆类	过氯乙烯树脂等	清漆、磁漆、机床漆、防腐漆、可剥漆、胶液、其他过氯乙烯树脂漆
烯类树脂漆类	聚二乙烯基炔树脂、聚多烯树脂、氯乙烯醋酸乙烯共聚物、聚乙烯醇缩醛树脂、聚苯乙烯树脂、含氟树脂、氯化聚丙烯树脂、石油树脂等	聚乙烯醇缩醛树脂漆、氯化聚烯烃树脂漆、其他烯类树脂漆
丙烯酸酯类树脂漆类	热塑性丙烯酸酯类树脂、热固性丙烯酸酯类树脂等	清漆、透明漆、磁漆、汽车漆、工程机械漆、摩托车漆、家电漆、塑料漆、标志漆、电泳漆、乳胶漆、木器漆、汽车修补漆、粉末涂料、船舶漆、绝缘漆、其他丙烯酸酯类树脂漆
聚酯树脂漆类	饱和聚酯树脂、不饱和聚酯树脂等	粉末涂料、卷材涂料、木器漆、防锈漆、绝缘漆、其他聚酯树脂漆
环氧树脂漆类	环氧树脂、环氧酯、改性环氧树脂等	底漆、电泳漆、光固化漆、船舶漆、绝缘漆、划线漆、罐头漆、粉末涂料、其他环氧树脂漆
聚氨酯树脂漆类	聚氨（基甲酸）酯树脂等	清漆、磁漆、木器漆、汽车漆、防腐漆、飞机蒙皮漆、车皮漆、船舶漆、绝缘漆、其他聚氨酯树脂漆
元素有机漆类	有机硅、氟碳树脂等	耐热漆、绝缘漆、电阻漆、防腐漆、其他元素有机漆
橡胶漆类	氯化橡胶、环化橡胶、氯丁橡胶、氯化氯丁橡胶、丁苯橡胶、氯磺化聚乙烯橡胶等	清漆、磁漆、底漆、船舶漆、防腐漆、防火漆、划线漆、可剥漆、其他橡胶漆
其他成膜物类涂料	无机高分子材料、聚酰亚胺树脂、二甲苯树脂等以上未包括的主要成膜材料	

③ 基本名称　表示涂料的基本品种、特性和专业用途见表 9-2 所示，主要有清油、厚漆、调合漆、清漆、磁漆、底漆、耐热（高温）涂料、集装箱涂料、示温涂料、涂布漆、桥梁漆、铁路车辆涂料、航空航天用漆等。

④ 在成膜物质名称和基本名称之间，必要时可插入适当词语来标明专业用途和特性等，例如白硝基球台磁漆、绿硝基外用磁漆、红过氯乙烯静电磁漆等。需烘烤干燥的漆，成膜物质名称和基本名称之间应有"烘干"字样，例如银灰氨基烘干磁漆、铁红环氧聚酯酚醛烘干绝缘漆。如名称中无"烘干"词，则表明该漆是自然干燥，或自然干燥、烘烤干燥均可。凡双（多）组分的涂料，在名称后应增加"双组分"或"三组分"等字样，例如聚氨酯木器漆（双组分）。除稀释剂外的独立包装产品都可认为是涂料组分之一。

4. 主要性能指标与检测依据

涂料产品主要性能指标包括涂料原始状态性能指标（如颜色、透明度、密度、黏度、固体含量、细度、贮存稳定性等）、涂料施工性能指标（如使用量、遮盖力、流平性、干燥时

224　精细化工生产技术

间等）和涂料成膜后涂膜的性能指标（如硬度、耐冲击、柔韧性、耐热性、耐水性、回黏性、耐化学试剂性、耐洗刷性、耐碱性、耐沾污性、附着力等）。这些性能指标及测试方法在相关标准中均有详细规定，表9-3中列出了一些常用标准供检索使用。性能指标的定义可参考国家标准GB/T 5206.4—1989。

此外，一般具体涂料产品均有相应标准，其性能评价应按标准执行。如GB/T 9755—2001合成树脂乳液外墙涂料，GB/T 9756—2001合成树脂乳液内墙涂料，GB/T 9757—2001溶剂外墙涂料等。

表 9-3 涂料部分标准汇总

标准号	标准名称	标准号	标准名称
GB/T 1746—1989	涂料水分测定法	GB/T 1747—1989	涂料灰分测定法
GB/T 1723—1993	涂料粘度测定法	GB/T 1724—1989	涂料细度测定法
GB/T 1725—1989	涂料固体含量测定法	GB/T 1726—1989	涂料遮盖力测定法
GB/T 1758—1989	涂料使用量测定法	GB/T 6753.3—1986	涂料贮存稳定性试验方法
GB/T 1728—1989	漆膜、腻子膜干燥时间测定法	GB/T 1768—1989	漆膜耐磨性测定法
GB/T 1750—1989	涂料流平性测定法	GB/T 6753.1—1986	涂料研磨细度的测定
GB/T 1730—1993	漆膜硬度测定法	GB/T 1731—1993	漆膜柔韧性测定法
GB/T 1732—1993	漆膜耐冲击测定法	GB/T 1734—1993	漆膜耐汽油性测定法
GB/T 1735—1989	漆膜耐热性测定法	GB/T 1740—1989	漆膜耐湿热测定法
GB/T 1741—1989	漆膜耐霉菌测定法	GB/T 1743—1989	漆膜光泽测定法
GB/T 1720—1989	涂膜附着力测定法	GB/T 1733—1993	漆膜耐水性测定法
GB/T 1761—1989	漆膜抗污气性测定法	GB/T 1762—1989	漆膜回粘性测定法
GB/T 1763—1989	漆膜耐化学试剂性测定法	GB/T 1764—1989	漆膜厚度测定法
GB/T 6751—1986	色漆和清漆　挥发物和不挥发物的测定	GB/T 1721—1979	清漆、清油及稀释剂外观和透明度测定法
GB/T 1769—1989	漆膜磨光性测定法	GB/T 5210—1985	涂层附着力的测定法
GB/T 6739—1996	涂膜硬度铅笔测定法	GB/T 6750—1986	色漆和清漆密度的测定
GB/T 1766—1995	色漆和清漆　涂层老化的评级方法	GB/T 9780—1988	建筑涂料涂层耐沾污性试验方法
GB/T 9266—1988	建筑涂料涂层耐洗刷性的测定	GB/T 9265—1988	建筑涂料涂层耐碱性的测定
GB/T 9270—1988	浅色漆对比率的测定	GB/T 9269—1988	建筑涂料黏度的测定

5. 发展趋势

目前，世界涂料的总年产量已近3000万吨，且年增速约为3.5％。2006年我国的涂料产量已超过500万吨，其年增幅在6％以上。随着社会经济的发展、人们生活质量的提高，环境保护意识的增强，能源紧张加剧，涂料的发展必须要求符合经济（Economy）、高效（Efficiency）、生态（Ecology）和节能（Energy）的"4E"原则。因此，涂料发展的总体趋势是开发节约资源、节省能源、无污染的绿色涂料，并不断改进涂料的制造技术和施工技术。具体说涂料工业将朝以下四个方向发展。

① 传统的溶剂型涂料正逐渐被高固体分涂料、水性涂料、粉末涂料、无溶剂涂料等品种所取代，以减少有机溶剂对环境的污染。如北美工业用溶剂型涂料产量由1992年占总量的49％下降至2002年26％，而与此同时高固体分涂料、水性涂料、粉末涂料、光固化涂料等由1992年的51％增加到2002年的74％。

② 向环境贡献型涂料方向发展。如光催化型杀菌去污染涂料，清除恶臭并提高人类免疫力的负离子涂料，调节室内湿度以给人以舒适环境的调湿型涂料，消除"热岛"效应的隔热涂料，杀灭公共场所细菌、病毒的保健型涂料，以及防止乱画乱写的防涂鸦或不粘涂料等。

③ 向功能型涂料发展，如氟碳树脂涂料、喷涂聚脲弹性体、有机-无机复合涂料、高装

饰涂料、隐身涂料、智能型涂料和纳米抗菌（或自洁）涂料等。

④ 进一步提高涂料生产技术和施工技术，降低能源和原材料的消耗。

二、涂料用合成树脂

1. 醇酸树脂

醇酸树脂是指由多元酸、脂肪酸（或植物油）与多元醇缩聚而成的一类合成树脂。醇酸树脂是 1927 年美国通用电气公司的 R. H. Kienle（凯勒）合成出的，现已成为产量最大、品种最多、用途最广的涂料用合成树脂。我国醇酸树脂涂料产量约占涂料总量的 25%。按油品种不同分干性油醇酸树脂和不干性油醇酸树脂两类。

① 干性油醇酸树脂　干性油醇酸树脂是指用干性植物油（即不饱和双键平均数大于 6 的植物油）、半干性植物油（即不饱和双键平均数为 4～6 的植物油）或其脂肪酸制得的醇酸树脂。工业上常用碘值［即 100g 油所能吸收碘的质量（g）］来衡量油的不饱和度。一般地，干性油的碘值大于 140，如桐油、亚麻油等；半干油的碘值在 100～140 之间，如豆油、棉籽油等。该树脂中所含的不饱和脂肪酸在室温下能转化成干燥的涂膜，一般用碘值较高油类制成的醇酸树脂干燥快，硬度较大且光泽较高，但易变色。可用于制备涂装大型车辆、机械部件等用涂料。

② 不干性油醇酸树脂　不干性油醇酸树脂是指用不干性植物油（即不饱和双键平均数小于 4 的植物油，其碘值小于 100，如蓖麻油、椰子油等）、不干性植物油酸或饱和酸制的醇酸树脂。由于在室温下不能固化成膜，故需与其他树脂混合使用。如与氨基树脂拼用，制成具有良好的保光、保色性的氨基醇酸漆，可用于电冰箱、汽车、自行车、机械电器设备等的涂装。

③ 按油含量不同分类　根据醇酸树脂中含油量即油度（合成时油的用量占树脂理论产量的质量分数）不同可分为：长油醇酸树脂（含油量即油度≥60%）、中油醇酸树脂（油度为 50%～60%）和短油醇酸树脂（油度<50%）。一般地，油度越高，涂膜表现出油的特性越多，比较柔韧耐候性好，漆膜富有弹性，适用于涂装室外用品，长中油度树脂溶于脂肪烃、芳香烃和松节油中；油度越短，涂膜表现出树脂的特性多，比较硬而脆，光泽、保色、抗摩擦性能较好，易打磨，但不耐久，适用于室内用品的涂装。如中油醇酸树脂一般用于制备自干或烘干磁漆、底漆、金属装饰漆，建筑用漆，车辆用漆，家具用漆等。

(1) 醇酸树脂的合成原理　合成醇酸树脂的原料主要是多元醇、多元酸和一元酸。其中常用的多元醇是甘油、季戊四醇、三羟甲基丙烷、山梨醇等；常用多元酸为邻苯二甲酸酐、间苯二甲酸、对苯二甲酸、顺丁烯二酸酐等；常用一元酸有植物油脂肪酸、合成脂肪酸、松香酸等。一元酸的作用是为终止缩聚分子链的增长，控制树脂的分子量，以改善醇酸树脂的不溶不熔性，使其能用于制备涂料。

醇酸树脂合成按聚合方法可分为溶液聚合、乳液聚合、本体聚合和熔融聚合。乳液聚合只适用于树脂乳液的合成，其乳液可用于制备乳胶漆；而溶液聚合旨在提高酯化速率、降低反应温度和改善产品质量。同时，新的聚合技术，如种子聚合、核壳聚合等也在树脂合成中不断被采用。

醇酸树脂合成根据原料不同可分为醇解法和脂肪酸法。醇解法以其工艺简单，操作平稳易控制，原料对设备的腐蚀性小，生产成本也较低等特点而被广泛采用。根据酯化反应又可分为熔融法和溶剂法。熔融法因其反应温度高（200～250℃）、反应速率慢、污染严重、产品质量差，目前已很少采用。下面简要介绍醇解-溶剂法合成醇酸树脂。

一般首先将植物油经碱漂除去磷脂、固醇、色素等杂质，再与多元醇（如甘油）进行醇解反应，使植物油中甘油三酸酯转化为甘油单酸酯，使其能与苯酐互溶，然后再进行酯化、缩聚反应，并在体系中加入有机溶剂，如二甲苯作为带水剂（可与水形成恒沸物）及时地带出反应生成的水，提高反应速率。该法具有酯化速率快，反应温度低，污染较小，产品质量好等优点，现为最广泛采用的合成方法，其流程框图如图9-1所示。

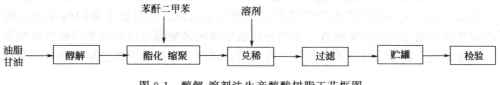

图9-1　醇解-溶剂法生产醇酸树脂工艺框图

（2）醇酸树脂的应用　醇酸树脂具有原料易得，生产工艺简单，成本较低；涂膜表干快；成膜后膜层耐候性、耐磨性、耐油和醇类溶剂性以及柔韧性好；附着力强，光泽好等优点。但膜层完全干燥的时间较长；耐水性、耐碱性较差，耐湿热、防霉菌和耐盐雾等性能较差等特点。

此外，通过两种聚合物的共混、烯类单体与醇酸树脂中的双键共聚、聚合物与醇酸树脂的化学结合等进行改性可改善醇酸树脂的不足，如利用松香、乙烯基单体、酚醛树脂、环氧树脂或有机硅等改性的醇酸树脂，可获得某些特定性能（如乙烯基改性后可提高耐水性和耐化学性）。

由醇酸树脂可制得醇酸树脂清漆、色漆、底漆、防锈漆、绝缘漆、皱纹漆（如仪器仪表的涂装）等，广泛用于桥梁、机械、建筑、电器等领域的涂装。

2. 丙烯酸树脂

丙烯酸树脂是指由各种丙烯酸酯和甲基丙烯酸（酯）或者由各种丙烯酸（酯）和甲基丙烯酸（酯）单体聚合或共聚制得的一类合成树脂。常见主要单体有丙烯酸、丙烯酸甲酯、丙烯酸乙酯、丙烯酸丙酯、丙烯酸丁酯、甲基丙烯酸、甲基丙烯酸甲酯等，其原料来源于石油化工，其价格低廉，资源丰富。为了改进树脂性能和降低成本，可采用一定比例的烯烃单体［如丙烯腈、（甲基）丙烯酰胺、醋酸乙烯、苯乙烯等］与之共聚。

丙烯酸树脂根据成膜机理不同分为热塑性丙烯酸树脂和热固性丙烯酸树脂两类。热塑性丙烯酸树脂通常是由多种（甲基）丙烯酸酯单体，通过溶液共聚制得。它是一种线型高分子，溶剂挥发干燥后可成膜，所成的膜是可熔可溶的。与热塑性丙烯酸树脂不同，热固性丙烯酸树脂分子的侧链上带有活性基团（羟基、羧基、环氧基、酰氨基、N-羟甲基酰胺等），固化前树脂的分子量低，易溶解。在一定温度下，树脂可以进一步自反应或与其他交联剂发生交联反应形成网状结构而成膜。据此，热固性丙烯酸树脂又可分为自交联固化（自反应型）丙烯酸树脂和加交联剂固化（潜反应型）丙烯酸酯树脂两类。常用交联剂主要有环氧树脂、氨基树脂、多异氰酸酯、多元胺及多元酸等。

（1）合成原理及工艺

① 单体的制备

a. 氧化法　由联碳公司开发的丙烯氧化合成丙烯酸的工艺，是目前合成丙烯酸的主要方法。其化学反应方程式如下：

$$2CH_2\!\!=\!\!CHCH_3 + 3O_2 \longrightarrow 2CH_2\!\!=\!\!CHCOOH + 2H_2O$$

b. 直接酯化法　由于丙烯酸在工业上比较易得，许多丙烯酸酯可用丙烯酸和醇类在硫酸、对甲苯磺酸、磺酸型阳离子交换树脂等催化剂的存在下，用苯或甲苯作为带水剂，直接酯化制得。例如，以硫酸为催化剂，丙烯酸与丁醇在甲苯回流温度下反应，带出酯化生产的水，并加入酚类或胺类阻聚剂以减少发生副反应；反应结束后，用稀碱液中和，除去催化剂及残余酸；再用水洗涤，经静置分层去水，加入阻聚剂，经减压蒸馏制得丙烯酸丁酯。其化学反应方程式如下：

$$CH_2\!=\!CHCOOH + CH_3CH_2CH_2CH_2OH \longrightarrow CH_2\!=\!CHCOOCH_2CH_2CH_2CH_3 + CH_3OH$$

c. 酯交换法　大多数丙烯酸酯类可用直接酯化法合成，而多数甲基丙烯酸的高级酯和多元醇往往采用酯交换方法来制备。大部分高级甲基丙烯酸酯可以从甲基丙烯酸甲酯和相应的醇，在催化剂（硫酸、对甲苯磺酸等）存在下，以过量的甲基丙烯酸甲酯进行酯交换反应得到。

$$CH_2\!=\!\overset{\overset{\displaystyle CH_3}{|}}{C}\!-\!COOCH_3 + ROH \longrightarrow CH_2\!=\!\overset{\overset{\displaystyle CH_3}{|}}{C}\!-\!COOR + CH_3OH$$

丙烯酸（酯）单体在光、热或混入水以及铁作用下，极易发生聚合反应，为防止单体在运输和储存的过程中聚合，常加阻聚剂（如对苯二酚、对羟基二苯胺等）。但加入的阻聚剂在单体进行聚合前必须除去，否则会影响聚合反应的正常进行。通常采用蒸馏法、碱溶法或离子交换法除去丙烯酸（酯）单体中的阻聚剂。

② 树脂的合成　聚合常有溶液聚合、乳液聚合、悬浮聚合和本体聚合等四种方式，目前国内工业上（甲基）丙烯酸酯的聚合多数采用溶液聚合和乳液聚合。下面简要介绍热固性丙烯酸树脂的合成。

热固性丙烯酸树脂可采用釜式法间歇生产。首先将单体脱除阻聚剂并过滤后，按工艺配方（例如甲基丙烯酸甲酯 16kg，甲基丙烯酸丁酯 10kg，丙烯酸丁酯 16kg，甲基丙烯酸 β-羟乙酯 8kg，引发剂 0.6kg，二甲苯 45kg 和丁醇 5kg）规定量将单体加入配制釜中混合均匀，然后将引发剂投入引发剂配制釜中，并用少量溶剂溶解后过滤备用。再用惰性气体清釜，待排除空气后，加入溶剂、部分单体和引发剂。在继续通入惰性气体的同时，将反应釜内物料在搅拌下升温至较规定温度低 10～20℃时停止加热，让反应釜内单体的聚合热将物料的温度自动升至反应温度。滴加单体和引发剂，并注意控制滴加速度，使反应温度保持恒定。所有物料一般在 2～3h 加完，继续保温至转化率达 95％以上停止反应，最后加热蒸出少量溶剂，脱除单体则可得树脂产品。

（2）丙烯酸树脂的应用　丙烯酸树脂为无色透明物质，具有性质稳定、耐高温、耐低温以及耐候性、耐紫外线、耐水性、耐化学品性能好等特点。

丙烯酸树脂可用于涂料和胶黏剂等的制备，广泛应用于汽车、家电、金属制品、仪器仪表、建筑、塑料制品等行业。此外，丙烯酸树脂在各种药剂制备中也发挥着重要作用。目前它已成为我国精细化工应用广、发展快的一类合成树脂。

3. 环氧树脂

环氧树脂起源于 20 世纪 30 年代，50 年代就开始了工业化生产，目前我国环氧树脂产能约 60 万吨。环氧树脂是指分子中含有两个或两个以上环氧基团（由两个碳原子与一个氧原子形成的环）的能交联的一类合成树脂。

（1）分类　环氧树脂的种类很多，分类方法也很多，并且不断有新品种出现。

① 按化学结构大体上分为缩水甘油醚型环氧树脂（双酚 A 型环氧树脂、氢化双酚 A 型环氧树脂、脂肪族缩水甘油醚树脂）、缩水甘油酯型环氧树脂（邻苯二甲酸二缩水甘油酯）、缩水甘油胺型环氧树脂（四缩水甘油二氨基二苯甲烷）、脂肪族环氧树脂（一般由脂环族烯烃的双键经环氧化而制得的，环氧基以环氧丙基醚连接在苯核或脂肪烃上）和脂环族型环氧树脂（分子结构里既无苯核，也无脂环结构，仅有脂肪链，环氧基与脂肪链相连）等五大

类。此外，还有混合型环氧树脂（分子结构中同时具有两种不同类型环氧基的化合物）。

② 按常温下树脂的状态分为液态环氧树脂和固态环氧树脂（相对分子质量较大的单纯的环氧树脂，是一种热塑性的固态低聚物）。液态树脂可用作浇注料、无溶剂胶黏剂和涂料等。固态树脂可用于溶剂型涂料、粉末涂料和固态成型材料等。

③ 按官能团（环氧基）的数量分为双官能团环氧树脂和多官能团环氧树脂。

④ 按环氧树脂的分子量可分为高分子质量、中等分子质量、低分子质量的环氧树脂。

（2）环氧树脂的合成方法　由于分子量大小不同，生产方法也有差别。低分子质量树脂多采用两步加碱法生产，它可以最大限度地避免环氧氯丙烷的水解；中等质量的树脂多采用一步法直接合成；高分子质量树脂既可以采用一步加碱法直接合成，也可采用两步加碱法生产。

在众多的环氧树脂产品中，二酚基丙烷型环氧树脂（简称双酚 A 型环氧树脂）用量最大，约占环氧树脂的 80％以上，下面以双酚 A 型低分子量环氧树脂生成为例简要说明其合成原理及工艺。

按规定用量将双酚 A（二酚基丙烷）与环氧氯丙烷（二者摩尔比约为 1∶2.5）混合，搅拌加热，升温至约 70℃使其溶解，冷却至 45℃左右倾入 30％ NaOH 溶液（氢氧化钠作用有两个：一是为环氧氯丙烷与双酚 A 反应的催化剂，二是使反应产物脱去氯化氢而闭环），控制反应温度 50～55℃，待反应物呈黏稠状液体时，以减压蒸馏蒸出剩余的环氧氯丙烷（可循环使用），继而于反应液中加入 30％NaOH 溶液，再维持于 65℃反应至规定的时间结束（约 3h）。趁热用水多次洗涤，洗涤毕，以苯将树脂溶解并进行萃取（苯量以能将树脂溶解为度）。萃取液经减压蒸馏蒸去水、苯和剩余的环氧氯丙烷即可得到清澈透明的树脂产品。其反应方程式如下，合成工艺框图见图 9-2。

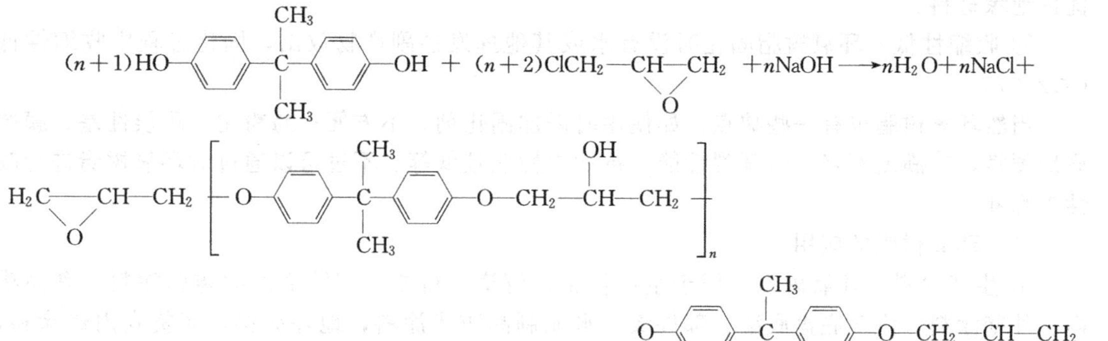

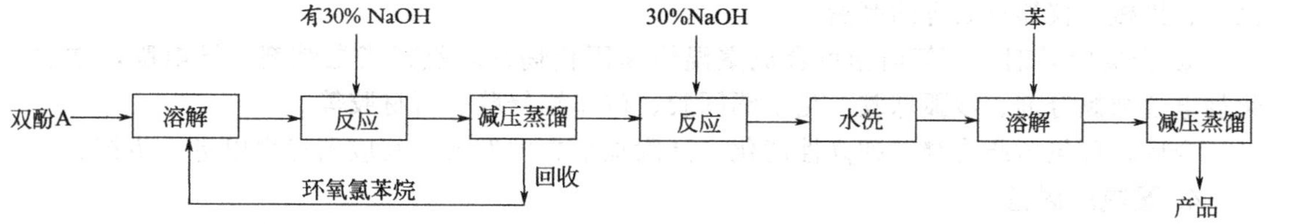

$(n+1)\text{HO}$—⬡—$\overset{\underset{\text{CH}_3}{\text{CH}_3}}{\text{C}}$—⬡—$\text{OH}$ $+$ $(n+2)\text{ClCH}_2$—CH—CH_2 $+n\text{NaOH}$ $\longrightarrow$ $n\text{H}_2\text{O}+n\text{NaCl}+$

H_2C—CH—$\text{CH}_2$$\left[\text{O}—⬡—\overset{\underset{\text{CH}_3}{\text{CH}_3}}{\text{C}}—⬡—\text{O}—\text{CH}_2—\overset{\text{OH}}{\text{CH}}—\text{CH}_2\right]_n$

O—⬡—$\overset{\underset{\text{CH}_3}{\text{CH}_3}}{\text{C}}$—⬡—$\text{O}$—$\text{CH}_2$—$\text{CH}$—$\text{CH}_2$

图 9-2　双酚 A 型环氧树脂合成工艺框图

（3）主要性能指标

① 环氧值　环氧值就是指 100g 树脂中所含环氧基的物质的量（mol）。它是衡量环氧树脂质量的最主要指标，环氧树脂型号的划分就是根据环氧值的不同来区分的。

② 软化点　软化点是指无定形聚合物开始变软时的温度，即物质软化的温度。它不仅与高聚物的结构有关，而且与其分子量的大小有关。测定方法很多，较常用的有水银法和环球法等。

③ 羟值　羟值就是指100g树脂中所含羟基的物质的量（mol）。据此可计算与羟基发生反应的物质的用量。

（4）环氧树脂的固化　环氧树脂本身是热塑性的。由于其分子结构中含有活泼的环氧基团或羟基，它们可与多种类型的固化剂发生交联反应而形成不溶、不熔的具有三维网状结构的高聚物，从而使树脂表现出良好的物理化学性能。常用环氧树脂固化剂有脂肪胺、脂环胺、芳香胺、聚酰胺、酸酐（如顺丁烯二酸酐）、树脂类（如酚醛树脂）、叔胺等，另外在光引发剂的作用下紫外线或光也能使环氧树脂固化。常温或低温固化一般选用胺类固化剂，加温固化则常用酸酐、芳香类固化剂。

（5）环氧树脂及其固化物的性能特点

① 具有优异的粘接力，特别是对金属的粘接力更强。因为羟基和醚键的极性使环氧树脂分子与相邻表面间产生引力，而环氧树脂中的环氧基可与金属表面的活泼氢反应形成化学键。

② 具有很强的内聚力，分子结构致密，耐腐蚀性能好。

③ 耐化学品性能，特别是耐碱性好。环氧树脂分子的苯环和醚键使其耐化学品性能优异；分子中无酯基，其耐碱性能突出。

④ 稳定性好　只要贮存得当（密封、不受潮、不遇高温），其贮存期可达1年，超期后若检验合格仍可使用。

⑤ 电绝缘性良好　固化后的环氧树脂是一种具有高介电性能、耐表面漏电、耐电弧的优良绝缘材料。

⑥ 收缩性低　环氧树脂固化时没有水或其他挥发性副产物放出，固化过程中收缩性低（<2%）。

当然环氧树脂也有一些缺点：如使用时需加固化剂，不方便；易粉化，耐候性差；膜的质地硬脆，丰满度不好，耐开裂性能、抗冲击性能较低等。不过可以通过对环氧树脂进行改性来弥补。

（6）环氧树脂的应用

① 生产涂料　环氧树脂可用于生产设备、管道、桥梁、钢铁部件的防腐涂料，食品罐内、外壁涂料，汽车底盘底漆、部件漆，水泥制品防渗涂料，地坪涂料，底货仓内壁涂料，海上集装箱涂料，钢家具粉末涂料，电阻元件粉末涂料等。

② 制备复合材料　环氧树脂可用来制备玻璃钢和绝缘材料等，广泛用于设备、管道、汽车、机械、仪器仪表等的制造。

③ 合成胶黏剂　环氧树脂可合成室温快速固化韧性环氧树脂黏结剂，导电胶，常温固化静电植绒黏合剂、沙狐球胶、化学锚固胶、汽车维修胶、石材胶等。

今后，环氧树脂将继续朝高性能化、高附加值方向发展，其应用将得以进一步拓宽。

4. 聚氨酯树脂

聚氨酯是聚氨基甲酸酯的简称，是由多异氰酸酯基与含有活泼氢的化合物反应而成的高分子化合物。它的结构特征是具有氨基甲酸酯结构单元（—NHCOO—）。

（1）合成聚氨酯树脂的原料　合成聚氨酯树脂的基本原料有多异氰酸酯、含活性氢的化合物与树脂、溶剂、催化剂与其他助剂等。

① 多异氰酸酯　制造聚氨酯树脂的多异氰酸酯多为二异氰酸酯，其结构通式为：

O=C=N—R—N=C=O，其中 R 为烷基。二异氰酸酯可分为芳香族和脂肪族两种。芳香族二异氰酸酯常用的是甲苯二异氰酸酯（TDI，涂料领域用量最大）、4,4-二苯基甲烷二异氰酸酯（MDI）和多亚甲基多苯基多异氰酸酯（PAPI）。脂肪族二异氰酸酯常用的是六亚甲基二异氰酸酯（HDI）、异佛尔酮二异氰酸酯（IPDI）和四甲基苯二亚甲基二异氰酸酯（TMXDI）。

② 含活性氢的化合物与树脂　含活性氢的物质中最重要的是多元醇和多羟基树脂，它们与二异氰酸酯反应可以制得多异氰酸酯的预聚体。常用的多元醇是三羟甲基丙烷，而多羟基树脂则有蓖麻油、醇酸树脂、聚胺树脂、聚醚树脂多种。

③ 溶剂　在聚氨酯树脂合成的过程中，溶剂要接触到活性较高的异氰酸酯单体和多异氰酸酯的预聚体，因此它不但要满足一般溶剂的技术指标外，还要求其不能与—NCO 基团的活性氢反应，且不能导致—NCO 反应异常。

④ 催化剂及其他助剂　多异氰酸酯树脂的合成是生成预聚物的反应与—NCO 自聚成三聚体的反应。预聚物反应的催化剂一般是金属皂类，最常用的是二丁基二月桂酸锡（DBT-DL）和辛酸亚锡。三聚体反应的催化剂有金属盐、皂、胺类、烷基膦等。

其他助剂包括除水剂、抗氧剂、消泡剂、消光剂等。

(2) 合成原理及工艺　聚氨酯树脂是由多异氰酸酯与多羟基化合物反应制成的，异氰酸酯类是一类反应活性极高的化合物，多异氰酸酯与醇类的反应是逐步加成聚合（既非缩合也非加聚），其反应原理式如下：

$$n\,HO-R^1-OH \ + \ nO=C=N-R^2-N=C=O \longrightarrow \left[\!\!\begin{array}{c} O \quad\quad O \\ OR^1OCNHR^2NHC \end{array}\!\!\right]_n$$

例如，双组分聚氨酯可由预聚物和多羟基树脂两部分组成。将多异氰酸酯（如甲苯二异氰酸酯）与多元醇（如三羟甲基丙烷）按一定的比例配料，其中异氰酸酯基（—NCO）相对多元醇中的羟基（—OH）过量，在一定的条件下进行预聚反应，即可制得聚氨酯预聚物（其中含有过量的—NCO）。而另一部分多羟基树脂，如蓖麻油醇酸树脂，可将甘油、苯酐、蓖麻油在约 220℃下回流反应制得。使用时，将预聚物和多羟基树脂混合均匀，施工后即可成膜。

(3) 聚氨酯树脂的应用　由于聚氨酯大分子间存在氢键，聚氨酯树脂的断裂伸长率、耐磨性和韧性等均优于其他树脂；可室温固化或加热固化，使用方便；固化后，附着力强，力学性能、耐腐蚀性和耐化学性好；聚氨酯还能与多种树脂共混改性，制得多品种、高性能的产品。但异氰酸酯毒性较大，树脂耐光性较差。

聚氨酯是一种新兴的有机高分子材料，被誉为"第五大塑料"，广泛用于涂料、胶黏剂、塑料及合成纤维工业，其产品覆盖建筑、汽车、轻工、纺织、石化、冶金、电子、国防、医疗、机械等各个行业。

5. 酚醛树脂

酚醛树脂是由醛类与苯酚、苯酚的同系物和衍生物或者由醛类与苯酚、苯酚的同系物或衍生物缩聚制得的一类合成树脂。它是第一个人工合成的高分子化合物，目前其产量居合成树脂的第三位。合成用的酚类主要是苯酚，其次还有甲酚、二甲酚、间苯二酚等；醛类主要是甲醛，其次是乙醛、糠醛等；催化剂主要有弱酸、NH_3、氢氧化钠、氧化锌等。

(1) 分类　根据结构不同，酚醛树脂可分为热塑性和热固性酚醛树脂。热塑性酚醛树脂又称二阶酚醛树脂或线型酚醛树脂，一般为浅色至暗褐色脆性固体，溶于乙醇、丙酮等溶剂中，具有可溶可熔性，仅在六亚甲基四胺或聚甲醛等交联剂存在下才固化。热固性酚醛树脂又可称为一阶酚醛树脂，它可在受热或催化剂作用下发生交联而固化。

(2) 合成原理及工艺　合成时，酚与醛的摩尔比及催化剂类型对酚醛树脂结构有决定性的作用。酚与醛在酸性催化剂作用下，当其摩尔比大于1时，可制得热塑性酚醛树脂，其反应原理式如下。

$$\text{OH} + HCHO \rightarrow$$

如果在碱性催化剂作用下，当酚与醛摩尔比小于1时，可制得热固性酚醛树脂。如用氢氧化钠或氨水等作催化剂时，苯酚和甲醛的摩尔比为6∶7的反应可分为加成反应和羟甲基的缩合反应两步。加成反应是苯酚和甲醛的起始反应，生成多羟基酚，形成了单元酚醇与多元酚醇的混合物。多羟基酚在常温下是稳定的。缩合反应即为多羟基酚之间缩合反应，形成以次甲基连接起来的缩合体，在较高的pH和温度小于60℃的情况下，加成反应远远大于缩聚反应，这种情况持续到约50%甲醛被反应掉。加成反应中形成的一元酚醇、多元酚醇或二聚体等不断聚合，使树脂分子量不断增大，注意对反应进行适当的控制，防止树脂发生凝胶。

缩聚程度不同，所得聚合物性能不同，据此可将树脂分为A、B和C三阶树脂。A阶酚醛树脂是具有可溶可熔性的预聚体，一般为热塑性树脂；B阶酚醛树脂是在溶剂中溶胀但又不能完全溶解，受热软化但不熔化的树脂；C阶树脂即为不溶不熔的固体物质。受热时A阶可转化为B阶，B阶可转化为C阶树脂。

由于苯酚和甲醛缩合得到的树脂极性大，用来制得的涂料性能欠佳，故该树脂在涂料中的用量日趋减少，取而代之的是松香改性酚醛树脂，其制备过程简述如下。

先将140kg松香加热熔化后加到反应釜中，开动搅拌，然后均匀加入19.5kg苯酚、0.3kg氧化锌和0.7kg促进剂。待冷却至100℃左右缓慢加入22.5kg甲醛，在此温度下缩合反应约6h后，升高温度脱除体系中的水分，当温度升至约200℃时，逐渐加入13kg甘油，加完维持1h后升温至260℃左右并保温约5h。然后减压1～2h，取样检测合格后，放料、冷却、包装，即得松香改性酚醛树脂。

(3) 酚醛树脂的应用　酚醛树脂的合成原料易得，价格低廉，生产工艺和设备简单；固化后的树脂具有良好的力学性能、耐热性、耐寒性和耐燃性；电绝缘性、尺寸稳定性好。但酚醛树脂颜色较深；因酚醛常含有一定数量的游离酚，易氧化分解，使其耐热性和耐氧化性受到影响；且硬度高、韧性差。所以通常对其进行改性，改性品种较多。

酚醛树脂可制备酚醛树脂清漆、胶黏剂、改性酚醛树脂、酚醛模塑料等，广泛应用于木材加工、电气、建筑、采矿、油气开采、航空航天、核工业等领域，如热塑性酚醛树脂压塑粉可用于制造开关插座、插头等电气零件；热固性酚醛树脂压塑粉可用作高电绝缘材料。

三、清漆与色漆

1. 清漆

不含颜料的一类涂料。涂于底材时，能形成具有保护、装饰和特殊性能的透明漆膜。清漆涂料和涂膜都是透明的，因而也称透明涂料。

(1) 分类　清漆可分为油基清漆和树脂清漆两大类，常见的如表9-4。

表 9-4 清漆的分类、特点及应用

类别	优点	缺点	应用
酯胶清漆	光泽好,耐水性好	光泽不持久,干燥性差	木制家具、门窗、板壁的涂刷和金属表面的罩光
虫胶清漆	使用方便,干燥快,漆膜坚硬光亮	耐水性、耐候性差,日光暴晒失光,热水浸烫泛白	室内木器家具的涂饰
酚醛清漆	干燥较快、坚韧耐久,光泽好,耐热、耐水、耐弱酸碱	漆膜易泛黄、较脆	木制家具、门窗、板壁的涂刷和金属表面的罩光
醇酸清漆	附着力、耐久性较好,干燥快,硬度高,可抛光、打磨,色泽光亮	膜脆、耐热、抗大气性较差	涂刷室内门窗、地面、家具等
丙烯酸清漆	有良好的耐候性、耐光性、耐热性、防霉性及附着力	耐汽油性较差	喷涂经阳极氧化处理过的铝合金表面
硝基清漆	干燥快、坚硬、光亮、耐磨、耐久	丰满度低、高湿环境易泛白	木制家具、门窗、板壁的涂刷和金属表面的罩光

(2) 清漆的组成 主要成分是树脂和溶剂或树脂、油和溶剂。

① 油类 清漆用的是干性油,如桐油、亚麻油、梓油、苏籽油、线麻油等,其中桐油用量最大。

② 硬树脂 主要是指松香改性树脂、石油树脂(利用裂化石油的副产品烯烃或环烯烃进行聚合或与醛类、芳烃、萜烯类化合物等共聚而成的树脂性物质的总称)等。硬树脂的作用是缩短漆膜干燥时间、提高漆膜硬度、改善漆膜光泽、增强漆膜的耐水性和耐化学性以及提高漆膜的附着力和抗磨性。

③ 溶剂 清漆中溶剂的作用是把漆基稀释成可喷、刷、浸渍的液体。溶剂的挥发性和溶解能力应适中。常用的溶剂是 200 号溶剂汽油、松节油和二甲苯。

④ 催干剂 一般是有机酸金属皂,它能加速漆膜的氧化聚合干燥。根据作用性能催干剂分为氧化型(如钴催干剂)和聚合型(如铅催干剂)。

(3) 制备原理及工艺 合成树脂清漆因其不含颜料,可直接由树脂、溶剂和助剂配制而成,其制备简单。下面主要介绍油基清漆。

干性植物油都带有共轭或非共轭的双键,经加热会发生聚合反应,生成带有双键的六环,两个分子结合成一个大分子,分子量增大,黏度显著增高。

将 34.2kg 桐油与 31.5kg 松香钙皂混合加热,升温至 250～260℃保温熬炼,至黏度合格后,降温冷却至 150℃,加入催干剂(0.4kg2% 环烷酸锰和 0.4kg2% 环烷酸钴)和 33.5kg200 号溶剂汽油,充分搅拌,调制均匀,过滤后得钙脂清漆。该漆漆膜光亮、耐水性较好,干燥快,但漆膜脆硬,附着力和耐久性较酯胶和酚醛清漆差。主要用于家具和农具的表面罩光。

2. 色漆

色漆是含有颜料的一类涂料,涂于底材时,能形成具有保护、装饰或特殊性能的不透明漆膜。它一般由成膜物质(油料或树脂)、颜料、溶剂和助剂等组成。

(1) 分类 色漆是一种配套性表面成膜材料,需要满足被涂物材质、形状、表面状态及环境的各种要求,单一品种难以同时满足这些要求。因此,色漆的品种非常丰富。色漆一般可分为底漆和面漆两大类。

① 底漆 底漆是多层涂装时,直接涂到底材上的涂料,在色漆配套涂层中起上下连接作用,是复合涂膜的基础。依据其用途不同又分为头道底漆(直接涂于被涂物表面,应有很好的附着力)、腻子(用于消除涂漆前较小表面缺陷的厚浆状涂料)、中涂漆(也称二道底漆,多层涂装时,介于底漆与面漆之间,用来修整不平整表面的色漆)、封闭漆(涂于底漆

和面漆之间，防止它们之间发生物理或化学作用的涂料，它可保持面漆涂膜的树脂组分或光泽）和防锈漆（具备专门防锈功能的头道底漆）。

② 面漆　面漆是多层涂装时，涂于最上层的色漆或清漆。在整个色漆中发挥着点缀作用，决定着涂层的耐久性。面漆可分为磁漆和特种面漆。

磁漆是面漆的主要品种，也称实色漆，施涂后所形成的漆膜坚硬、平整光滑，外观通常类似于搪瓷。它具有艳丽的色彩，适度的光泽，较好的力学性能。磁漆依据光泽分为有光、半光和无光磁漆。

特种面漆包括金属漆、珠光漆、美术漆以及其他功能涂料，如防火漆、防污漆等。

（2）制备原理　色漆的制备实质上就是一个颜料与成膜物质混合均匀，形成以颜料为分散相，以漆料为连续相的非均相稳定分散体系的过程。为了达到这一目的，必须加入适当的助剂与溶剂，其关键在于颜料的分散。颜料在漆料中的分散机理复杂，其过程一般可分为润湿、解聚和稳定化三个阶段。

颜料颗粒表面一般都吸附着一层空气和水分，颗粒间的空隙也被空气充满，润湿就是基料取代颜料表面的空气和水，并形成一层新的包覆膜的过程。这是颜料分散的基础。采用经过表面改性的颜料、添加润湿剂、预先进行浸泡等可提高润湿效果。

解聚就是让颜料聚集体分解成原始粒子的过程。该过程是色漆制备的关键，也是能耗最大的过程。由于粒径越小，颗粒的表面能越高，因此小颗粒均有聚集成大颗粒的趋势。解聚一般需在强大外力作用下进行，实际中一般采用研磨设备，如砂磨机、三辊机、捏合机、球磨机等来提供机械力。采用添加恰当分散剂、适当提高体系黏度、选用合适的分散设备和经过表面改性的颜料等方法可改善研磨效果。

稳定化就是避免已解聚的颜料颗粒发生二次团聚的过程。它将直接影响到涂料的稳定性及其他性能。颗粒的稳定化主要是依靠电荷作用（同种电荷相斥）或（和）空间位阻作用来实现的，而且以能形成空间位阻为最佳。其关键选取合适的分散剂，如超分散剂同时带有能锚固在颜料表面的基团和高度支化的溶剂化长链，可使颗粒具有较好的分散稳定性。

纳米颗粒的分散因其颗粒非常小、表面能很高而变得非常困难，这也是制约纳米材料应用的一个重要因素。

（3）制备工艺　色漆制备一般工艺流程见图9-3。下面举例说明具体制备过程。

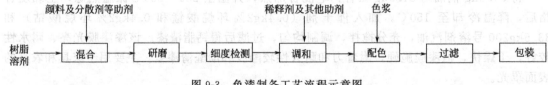

图 9-3　色漆制备工艺流程示意图

① 丙烯酸面漆制备　称取 40kg 丙烯酸树脂（Z-26）、0.3kg 分散剂（BYK-161）、16kg钛白和 20kg 二甲苯一并加入砂磨罐中，再称取相当于物料总质量约 1.3 倍的锆珠加入其中。然后将其在砂磨机上安装好，启动并通水冷却（混合与研磨分散同时进行）。砂磨至浆液的细度≤20μm 时结束，过滤即得丙烯酸涂料（白色面漆）。

② 环氧树脂底漆制备　称取 56kg 环氧树脂（E-44）、0.3kg 分散剂、4.1kg 氯化石蜡、13.4kg 氧化铁红、16.1kg 磷酸锌、3.3kg 膨润土、5.9kg 高岭土、5.4kg 云母粉和 90kg 溶剂一并加入砂磨罐中，再加入相当于物料总质量约 1.3 倍的锆珠。然后将其在砂磨机上安装好，启动并通水冷却。砂磨至浆液的细度≤20μm 时结束，过滤即得环氧树脂底漆（使用前加入适量的 300# 固化剂）。

（4）主要树脂涂料的类别及特点

① 醇酸树脂涂料　醇酸树脂漆品种很多，根据不同的使用情况可以分为外用醇酸树脂漆（如桥梁面漆）、通用醇酸树脂漆（如醇酸磁漆）、快干醇酸树脂漆、醇酸树脂绝缘漆、醇酸皱纹漆、水溶性醇酸树脂漆以及各种底漆和防锈漆。

醇酸树脂涂料具有漆膜不易老化，耐候性好，光泽鲜艳且持久；漆膜柔韧牢固，耐磨性好；抗矿物油和抗醇类溶剂性能良好；施工方便，能刷涂、辊涂、喷涂，涂刷性和流平性好等优点。广泛应用于车辆、仪表仪器、桥梁、船舶、化工设备与管道、木器家具等的涂装。但是其耐水性、耐碱性、耐盐雾、防湿热以及防霉菌性等较差；且漆膜完全干燥的时间较长（表干较快）。

② 丙烯酸树脂涂料　根据树脂性质不同，丙烯酸树脂涂料可以分为热塑性和热固性两大类。丙烯酸树脂涂料的耐化学性、耐光性、耐候性和耐紫外线性能好；具有优良的色泽，保光、保色性好，能制成透明度极好的水白色清漆和纯白的白磁漆；防湿热、盐雾和霉菌能力较强；还可制成中性涂料，调入铜粉、铝粉，则具有金银一样光耀夺目的色泽，不会变暗，长期储存不变质。但热塑性丙烯酸树脂涂料受热易发黏，固体分不高。

丙烯酸树脂涂料是一种优良的装饰性涂料，在涂料工业中已成为高档漆的重要品种，广泛用于航空、车辆、电器、仪表、建筑以及轻工等领域，如电冰箱、医疗机械、电风扇、自行车、木器、罐头内外壁等的涂装。

③ 环氧树脂涂料　环氧树脂涂料的分类方法有很多。按固化方式可分为胺固化型、合成树脂固化型和氧化干燥固化型；按用途可分为防腐涂料、汽车涂料、润滑涂料、舰船涂料、木器涂料、机器涂料、标志涂料、建筑涂料、耐热涂料、防火涂料、示温涂料等；按涂料状态可分为溶剂型涂料、无溶剂型涂料（液态或固态）和水性（水乳化性和水溶型）涂料。

环氧树脂涂料具有突出的耐腐蚀性和耐碱性；良好的耐化学品性和耐溶剂性能；附着力强，特别是对金属表面的附着力更强；且热稳定性和电绝缘性较好。但是其耐候性差，漆膜易粉化、失光，漆膜丰满度不好，不适宜户外涂装；涂层坚硬，用它制成的底漆和腻子不容易打磨；且双组分环氧树脂涂料的制造和使用都不方便。

环氧树脂涂料是一种优良的防腐涂料，广泛应用于石油化工、食品加工、钢铁、汽车、造船、电工电子、建筑等部门。

④ 聚氨酯涂料　聚氨酯涂料按照产品的包装形式可以分为单组分和双组分两大类。单组分聚氨酯涂料又可分为自干型、湿气固化型和热固化型三种。单组分湿固化聚氨酯是含异氰酸酯基的预聚物，涂布以后，涂膜与空气中的湿气起反应而交联固化。双组分聚氨酯涂料包括多羟基组分与多异氰酸酯组分。在使用前两组分混合，多羟基组分中的羟基和多异氰酸酯中的异氰根反应而交联成膜。此外，聚氨酯涂料根据成膜物质聚氨酯的化学组成与固化机理不同分为聚氨酯改性油涂料、湿固化聚氨酯涂料、封闭型聚氨酯涂料、羟基固化型聚氨酯涂料和催化固化型聚氨酯涂料。

聚氨酯涂料具有许多优点：如漆膜坚硬耐磨，是各种涂料品种中最突出的，不仅具有优异的保护性，而且兼具美观的装饰性，一般用于特殊的场合，如用作地板漆、甲板漆等；涂膜的附着力强、耐候性和耐热性好，能在高温下烘干，也能在低温下固化，施工的适应季节长，涂料的耐高、低温性能可根据需要调节；涂膜的柔性好，弹性可通过其成分配比调节，可以从极坚硬的调节到极柔软的弹性涂层（一般涂料只能制成刚性涂层，而不能具有高弹性）；具有优异耐化学品性能，可用作防腐涂料、石油储罐的内衬涂料等；具有优良的装饰性，可用作高档木器漆。

聚氨酯涂料具有优异的物理化学性能，已广泛用于国防、航空、交通、家用电器、仪器仪表、木器家具、防水材料、皮革制品、玻璃及塑料制品等领域。

但聚氨酯涂料的保光保色性差，不宜配制浅色漆；有毒性，异氰酸基及其酯类对人体有害，应在施工的时候加强防护；稳定性差，异氰酸酯非常活泼，易吸潮；施工要求严格，双组分聚氨酯涂料施工麻烦，成本高。

⑤ 过氯乙烯类涂料　过氯乙烯类涂料是以过氯乙烯树脂为成膜物质，再加入合成树脂、颜料、增塑剂以及有机溶剂等调配而成的黏稠液体。

该涂料干燥较快，涂膜平整光亮；耐化学腐蚀性、耐候性及电绝缘性好；对紫外线的抵抗力强，有很好的抗粉化、保光、保色性；具有延燃性，还具有优良的三防（防潮、防霉、防湿热）功能，很适宜热带地区使用。目前过氯乙烯类涂料已广泛用于机床、医疗机械、化工机械、管道、设备、建筑等的涂装。

但过氯乙烯类涂料不耐热、附着力差，溶剂释放较慢，防腐范围有限，光泽和丰满度较差，且所采用的溶剂能破坏大气中的臭氧层。

四、乳胶涂料

乳胶涂料又称乳胶漆，它是以合成树脂乳液为基料，以水为分散介质，加入适当的颜料、填料及助剂，经过一定工艺过程配成的一类水性涂料。乳胶涂料中不含有机溶剂，对环境污染小，符合"4E"原则，属环境友好涂料，是今后涂料的一个发展方向。

1. 乳胶涂料的分类

根据应用领域不同，乳胶涂料分为建筑用乳胶涂料和工业用乳胶涂料等。建筑乳胶涂料在乳胶涂料中占主导地位，它又可分为底漆、内墙乳胶涂料、外墙乳胶涂料、弹性建筑乳胶涂料、真石乳胶涂料等。

底漆是涂膜系统中重要的组成部分，它能够加固比较疏松的基层；降低吸水性较大的水泥或混合砂浆抹灰层的吸水性，以保证其他涂层的质量。并且底漆还能提高中涂层在基层上的黏附力。

内墙乳胶涂料是室内装潢的首选材料，它在满足装饰和保护墙体的基本要求下，还要符合无毒、无臭，透气性好等要求。主要品种有醋酸乙烯乳胶涂料、醋丙乳胶涂料和苯丙乳胶涂料等。

外墙乳胶涂料用于外墙的涂装，这将是外墙装饰的发展趋势，其主要品种有硅丙乳胶涂料、醋丙乳胶涂料、苯丙乳胶涂料和纯丙乳胶涂料等。

弹性建筑乳胶涂料用于遮盖建筑物墙体的毛细裂缝。它是起步较晚但发展较快的一类建筑涂料。主要品种有紫外线交联纯丙弹性乳胶涂料和硅丙弹性乳胶涂料等。

真石漆是指能在建筑物表面形成酷似大理石、花岗岩等天然石材的一类建筑涂料，也称为石头漆或仿石漆。它是以合成树脂为基料，不同粒径的彩色砂、石粉、花岗岩和填料等为骨料，与助剂一起配制而成的。它形成的图案富有立体感，并有足够的硬度和抗污染性能。

2. 乳胶涂料的组成

一般来说，乳胶涂料的组成包括合成树脂乳液、颜料和填料、水及助剂。

（1）合成树脂乳液　乳胶涂料用合成树脂乳液是合成树脂在水中稳定的分散体，是通过乳液聚合得到的聚合物乳液。所谓乳液聚合就是在搅拌作用下，通过乳化剂的作用，使单体在水中分散成乳状液，并由水溶性引发剂引发的自由基加成聚合反应。乳液聚合的组分包括单体、乳化剂、引发剂、分散介质、分子量调节剂、螯合剂、保护胶体和缓冲剂等。聚合过程可分为乳化、成核、乳胶粒长大和聚合终止四个阶段，乳化剂、引发剂、搅拌强度以及温度对该过程均有显著影响。

按聚合工艺可分为间歇式（所有物料一次性加入反应釜，搅拌乳化，升温进行聚合，达到所要求转化率，聚合反应结束，最后进行降温、过滤）、半连续式（将部分单体和引发剂、分散介质等加入反应釜，反应至一定程度后，再将余下的物料在一定的时间间隔内，按照一定方式，连续地加入到反应器中继续进行聚合，直至达到所要求的转化率）、连续式（在聚合反应中，连续地加入物料，连续进行乳液聚合反应，且连续地取出乳液的聚合方法）、预乳化（预先将单体乳化成乳化液，然后再加入反应釜进行聚合的工艺过程。在半连续式或连续式乳液聚合时，常采用此工艺）和种子乳液聚合（先在种子釜中加入物料进行乳液聚合，生成数目足够多、粒径足够小的乳胶粒——种子乳液，然后将其加入反应釜中，并加入水、乳化剂、单体、引发剂等物料，以种子乳液的乳胶粒为核心，在其表面继续进行聚合反应，使乳胶粒不断长大）等。

乳胶涂料用乳液主要有聚醋酸乙烯酯乳液（醋均乳液）、醋酸乙烯-乙烯共聚乳液（EVA 乳液）、醋酸乙烯-叔碳酸乙烯酯共聚乳液（醋叔乳液）、醋酸乙烯-丙烯酸酯共聚乳液（醋丙乳液）、苯乙烯-丙烯酸酯共聚乳液（苯丙乳液）和纯丙烯酸酯共聚乳液（纯丙乳液）等。

（2）水 水约占乳胶涂料总量的 30%～60%，不但是乳胶粒的分散介质，而且还是颜料和填料的分散介质。乳胶涂料中的水不需要像乳液中水那样严格，但水中的多价电子会影响到涂料的稳定性，且水的硬度还影响分散剂的用量。因此，应尽量降低水中的离子浓度。

（3）助剂 乳胶涂料所用的助剂很多，如消泡剂、增稠剂、防腐剂、pH 调节剂、分散剂、成膜助剂等。

在乳胶涂料的制造和使用过程中，不溶性气体进入到表面张力较低的液体中，产生泡沫，影响涂膜的质量，为此加入一定量的消泡剂，使气泡破裂，但彻底消除泡沫问题比较困难。添加增稠剂能增加乳液涂料的黏度，使其易于搅拌，防止颜色的不均，提高涂料的稳定性。微生物会给乳液涂料带来黏度下降、发臭等问题，加入防腐剂能够抑制微生物的繁殖，防止霉变的发生。在乳液涂料中加入 pH 调节剂，将 pH 控制在 7.5～10 左右，有利于提高其稳定性和抗菌性。

3. 制备工艺

乳胶涂料制备包括原料的检验、乳液涂料的调制和产品性能的检验等。

原料的检验是乳液涂料的基础，其中乳液是影响乳胶涂料最重要的因素，要对其外观、固含量、黏度、密度、稳定性等进行检测。颜料填料在涂料中的含量很大，一般对其遮盖力、细度等进行检测。其余的溶剂、助剂、水等也要对控制项目进行检测。

乳液涂料的调制是关键，生产中主要设备有高速分散剂、球磨机和砂磨机等。下面简要介绍建筑内墙涂料的制备过程。

按照表 9-5 配方，将水加入制漆釜中，在搅拌下（400～1000r/min），依次加入分散剂、乙二醇搅拌均匀；在继续搅拌下，依次加入颜填料，高速（>1400r/min）分散约 1h，待细度<50μm，然后在低转速下加入消泡剂、成膜助剂，搅匀后再加入乳液和增稠剂等，继续在低转速下搅匀过滤即得建筑内墙乳胶涂料，最后按照国家标准进行相关性能测试。

表 9-5 内墙乳胶涂料配方

水/kg	分散剂/kg	乙二醇/kg	润湿剂/kg	钛白粉/kg	瓷土/kg	重钙/kg
150	2.5	3.5	3.5	40	100	50
滑石粉/kg	膨润土/kg	消泡剂/kg	成膜助剂/kg	苯丙乳液/kg	增稠剂/kg	
60	2.5	1.5	3.5	81.5	1.2	

4. 乳胶涂料的应用

乳胶涂料具有许多优点,如以水为分散介质,无有机溶剂,有利于环境保护和操作人员的健康;施工安全方便,可以用水稀释,涂刷工具清洗也方便;表干快,多次施涂方便。干燥后,涂膜不溶于水,具有很好的耐水性、透气性等。但是,乳胶涂料助剂的使用数量与品种较多;最低成膜温度高,在冬天和温度低于5℃的情况下无法使用,并且储存温度也要在0℃以上;干燥成膜受环境和湿度影响大,且光泽较低。

随着我国经济的快速增长,建筑业已成为我国的支柱产业之一,人民生活水平的提高对建筑业提出了更高的要求,而建筑涂料又在其中扮演着重要角色。建筑涂料作为涂料工业的两大支柱之一,一直在快速发展,建筑涂料在工业发达国家是消费比例最大的一类涂料,占涂料总产量的50%左右。目前,我国建筑涂料的年产量已达200万吨以上,而且其中90%为乳胶涂料。此外,防水乳胶涂料和金属防锈乳胶涂料可用于防水及金属防锈等。

五、粉末涂料

粉末涂料是指不含溶剂的粉末状涂料。由固体树脂和颜填料及助剂等组成,完全不含有机溶剂或水分散介质,以粉末形态进行涂装并成膜的固体粉末状新型合成树脂涂料。

1. 粉末涂料的分类

(1) 按树脂的性能分类

① 热塑性粉末涂料 热塑性粉末涂料是一种以热塑性树脂作为成膜物,在特定的范围内,能多次反复地加热软化、冷却硬化,其性质无明显变化的粉末涂料,其成膜过程主要是物理性熔融塑化成膜过程。主要品种有聚乙烯、聚丙烯、聚丁烯、聚氯乙烯等。热塑性粉末涂料应用较早,加工配制简便,涂层耐化学性能优良,具有一定的机械强度,某些品种还具有突出的耐磨润滑性,价格比较低,但其光泽较差,与金属附着力较小。主要应用于化工容器和管道衬里、玻璃瓶、家具等方面。

② 热固性粉末涂料 热固性粉末涂料是一种通过加热或其他方法(如辐射、催化等)使预聚体树脂固化,固化后不能还原的粉末涂料。其成膜过程主要是化学交联反应,固化后会形成高分子量的交联结构,涂膜不会因温度的升高而重新软化。目前粉末涂料主要是热固性的。

(2) 按成膜物不同分类 根据成膜物不同,可分为环氧粉末涂料、聚酯粉末涂料、环氧聚酯粉末涂料、聚氨酯粉末涂料(产量小)和丙烯酸粉末涂料(产量很小)等。环氧粉末涂料发展最早,其贮存稳定性、附着力、坚韧性、耐磨性及抗化学性好,并能和多种类型的固化剂反应得到不同性能的涂层,但耐候性较差。聚酯粉末涂料具有良好的耐候性、防蚀性、电性能和力学性能。环氧聚酯粉末涂料则兼顾了环氧粉末涂料和聚酯粉末涂料的双重优越性。

2. 粉末涂料的组成

粉末涂料的组成一般是由树脂、固化剂(热塑性粉末涂料中没有)、颜料和填料及助剂等组成。

(1) 树脂 树脂是粉末涂料的主要成膜物质,是决定涂料性质和涂膜性能的最主要成分。树脂选择的好坏,决定粉末涂料产品质量。所以粉末涂料用树脂应满足下列要求。

① 熔融温度和分解温度的差值要大,以得到外观和性能良好的涂膜。如环氧、聚酯、丙烯酸树脂和大部分热塑性树脂等都可满足。

② 树脂的熔融黏度越低,越能得到平整均匀的涂膜。但熔融黏度过低会使粉末涂料的储存稳定性和涂膜的各种性能下降,因此,在满足粉末涂料和涂膜性能的前提下,树脂的熔融黏度要低。

③ 树脂的稳定性要好，在常温下，树脂的机械粉碎性要好。

④ 对被涂材料的附着力要好，在固化成膜过程中，不产生或少产生副产物等。

（2）固化剂　热固性粉末涂料中的树脂必须同固化剂进行反应才能成膜，固化剂的性质也是决定粉末涂料性质和涂膜性能的主要因素。在选择粉末涂料用固化剂时，应考虑如下条件。

① 不与树脂以外的组分发生反应，固化温度低，反应活性高。

② 应容易粉碎和分散均匀，固化剂以粉末状或片状为好，并与树脂的混溶性良好。

③ 固化剂本身要稳定且颜色较浅，与树脂反应时不产生副产物或者产生很少。

④ 来源广泛、价格低、毒性小。

（3）颜料和填料　颜料的作用是为涂膜着色，产生装饰效果；而填料的作用是为改进涂膜的物理、力学性能和降低涂料成本。要求与一般溶剂型和水性涂料的差不多。一般要求在常温下或熔融挤出过程中不发生化学反应；对热和光的稳定性好。另外对颜料还要求遮盖力和着色力高。再则颜料和填料都要求在树脂中的分散性好，在制造粉末涂料时容易分散均匀。

（4）助剂　原则上是固体或者粉末状，在粉末涂料中分散性、化学稳定性好。常用的助剂有脱气剂、稳定剂、边角覆盖力改性剂、花纹助剂、消光剂、增塑剂（可增强漆膜柔韧性的物质）、涂膜增光剂、粉末松散剂、增电剂和固化促进剂等。

3. 粉末涂料的制备工艺

粉末涂料的制备方法大致可分为干法和湿法两种。干法又可分为干混合法、熔融混合法、超临界流体混合法；湿法又可分为蒸发法、喷雾干燥法、沉淀法和分散法。目前粉末涂料主要采用熔融混合法。

熔融混合法在制造过程中不用液态的溶剂或水，直接用固态的原料（如环氧粉末涂料：59 份环氧树脂、35 份颜料、2.3 份双氰胺、0.7 份聚乙烯醇缩丁醛和 3 份助剂）经高速混合机预混合→熔融混合→冷却→破碎（或粗粉碎）→细粉碎→分级过筛得到产品。在熔融混合工序中，可以采用熔融捏合法，也可以采用熔融挤出混合法，前者不易连续生产，较少采用，后者可以连续生产。考虑到应用性，重点介绍熔融挤出混合法制造粉末涂料的工艺。其中熔融挤出是关键步骤，物料的在挤出时要经受进料、压缩、塑化、混合、分散等阶段。挤出物料必须受到充分的混炼，但不能发生局部的固化反应。熔融挤出混合法具有如下特点：

① 易实现连续自动化生产，生产效率高；

② 直接使用固体原料，不使用有机溶剂或水，可实现溶剂零排放；

③ 生产涂料树脂品种和花色品种的适用范围宽；

④ 颜料、填料和助剂在树脂中的分散性好，产品质量稳定；

⑤ 粉末涂料的粒度容易控制，可以生产不同粒度分布的产品。

4. 施工方法

粉末涂料必须通过特定的涂装设备和涂装工艺进行施工，主要方法有流化床冷敷法、粉末静电喷涂法、火焰喷涂法、静电流化床法、静电振荡法、电泳法等，其中应用最多的是静电喷涂法。

5. 粉末涂料的应用

粉末涂料是一种低污染的新型材料，它具有许多优点：如原材料利用率高，涂装过程粉末利用率高达 95％，未利用粉末的回收也可达 99％，可以节约有限的资源；不含有机溶剂和水，可避免大气和水的污染，有利于环境保护，属环保型涂料品种；烘烤固化时间短，能源消耗低，涂装的道数少，劳动生产率高。由于不含溶剂，可避免流挂、气孔等缺陷；涂膜性能好。由于可使用难溶或不溶的有优异性能的特殊树脂，如氟树脂、聚乙烯等，可得高性能涂膜；容易实现自动化流水线生产。

但同时也存在以下不足：如涂层较厚，最低膜厚在 $50\mu m$ 以上；颜料配色一般从制粉开始，颜料与涂料其他组分是固态混合，混合效果不及溶剂型涂料，因此粉末涂料调色和换色困难；在凹型及复杂形状的物体表面涂装比较困难；需要特殊的专用制造设备和涂装设备；粉末涂料的烘烤温度高，多数在 $150℃$ 以上，只适用于耐热性好材料（如金属等）的涂装等等。

目前粉末涂料可广泛用于家用电器、仪器仪表、金属、器具、机电设备、纺织设备、石油化工设备和管道、农业机械、金属网架、火车客车车辆、汽车零部件、飞机舱板、电子元器件、化妆品瓶、船舶等的涂装，是最具发展潜力的涂料品种之一。

六、特种涂料

特种涂料是指除了担负着保护和装饰作用外，还具有一系列的特殊功能（如隔热、导电、导磁、阻燃、发光等）的涂料，广泛应用于航空、航天、建筑、船舶、车辆、桥梁、机械、管道等各方面。特种涂料是衡量一个国家涂料工业发展水平的一个重要标志，目前我国特种涂料产量已超过 100 万吨，在国民经济中发挥着越来越重要的作用，多功能化特种涂料将有巨大的发展空间。特种涂料的品种很多，根据用途和应用的专业领域它可分为军用和民用两大类，详见表 9-6。随着技术的发展，新的特种涂料将不断涌现。下面仅简要介绍 10 种较典型的特种涂料，其他特种涂料读者可参考相关书籍或科技论文。

表 9-6　特种涂料分类及举例

类　别		应　用　举　例
军用特种涂料	航天涂料	耐高温涂料、消融防热涂料、热反射涂料、热控涂层、示温涂料
	航空涂料	飞机蒙皮涂料、隐身涂料、雷达罩涂料、整体油箱涂料、航空仪表涂料
	舰船涂料	防腐涂料、长效防污涂料、超耐候船壳漆、甲板防滑漆、红外隐身涂层
	核工业涂料	耐核辐射涂料、耐特种介质保护涂料、高绝缘抗辐照涂料
	常规兵器涂料	抗红外线涂料、减振阻尼涂料、炮管用耐热涂料、防伪涂层
民用特种涂料	道路交通涂料	隔音降噪涂料、道路反光涂料、标志涂料
	建筑涂料	抗菌涂料、防霉涂料、防火和阻燃涂料、保温涂料、防沾污涂料、发光涂料
	其他涂料	润滑涂料、导电涂料、弹性涂层、高温防腐涂料、超温报警涂料；防水涂料

1. 防火涂料

防火涂料又称阻燃涂料，制造时一般采用难燃、延燃或阻燃的成膜物质、颜料和助剂。阻燃涂料如成膜物质是可燃的，通常加入足够的阻燃剂，通过阻燃剂的分解生成水，以及在涂膜表面燃烧形成致密的炭层，隔离空气中的氧气和外界热源，起到阻燃作用。阻燃涂料防止燃烧或对燃烧有延缓、抑制作用，即在一定的时间内可阻止和抑制燃烧的扩展，有利于灭火。防火涂料广泛用于建筑、车辆、家用电器、化工等领域。

防火涂料可分为非膨胀型和膨胀型防火涂料两大类。非膨胀型防火涂料主要由树脂（如氯化石蜡、磷酸三氯乙醛酯、水玻璃、磷酸盐、硅溶胶等）、防火填料（如云母粉、滑石粉、氧化锌、碳酸钙等）等组成，它又分为难燃性涂料（有机成膜物）和不燃性涂料（无机成膜物）。目前应用较多的是膨胀型防火涂料，一般由树脂、成炭物质、成炭催化物、发泡剂等组成。当受热至一定温度时，涂膜内的某些物质分解放出气体，把涂膜吹成蜂窝状，同时脱水剂使有机物脱水碳化，最后形成一层覆盖在被保护物表面的碳化泡沫层，厚度为原涂膜厚度的几十倍。由于该泡沫有一定的强度和厚度，阻止了热量和火焰的蔓延。随着对环境污染的日益重视，防火涂料将向低 VOC（挥发性有机物）和环境友好方向发展，水性防火涂料和高固体分防火涂料具有广阔的发展前景。

2. 示温涂料

示温涂料就是利用颜色变化来指示物体表面温度及其分布的特种涂料。它一般是在涂料中使用了颜色可随其温度变化的示温颜料。它可分为可逆型（加热到某一温度时颜色发生变化，但冷却后又恢复原色）与不可逆型（加热到某一温度时颜色发生变化，冷却后颜色不再恢复，只能使用一次）两大类，而每一大类型中又可分成单变色和多变色。示温涂料应用广泛，涂于电气设备作为安全界限标志，避免超负荷过热引起火灾；涂于机器部件上作为防止过热，确保机器安全运转；涂于化工设备外壁表面，观察温度变化；还用于指示人造卫星、炮身和火箭导弹发射设备的温度。

3. 防腐涂料

防腐涂料包括工业防腐涂料、船舶涂料和集装箱涂料。据估算，2002年我国由于腐蚀造成的经济损失约5000亿元，因此防腐涂料发展速度很快，其市场规模仅次于建筑涂料。2002年我国防腐涂料总产量53万吨，其中工业防腐涂料约占一半。防腐涂料大量应用于输油输气管道防腐、化工厂设备装置、地坪及城市污水处理、船舶等。主要品种有氯化高聚物（氯化石蜡、氯化橡胶、氯化聚烯烃等）防腐涂料（对水和氧气有良好屏蔽效果）、长效防腐涂料、鳞片防腐涂料、无机富锌涂料、粉末涂料、含氟涂料、防锈底漆、船壳漆、甲板漆、内舱漆、集装箱涂料等。

4. 阻尼涂料

阻尼涂料是使用具有阻尼作用的成膜物质（如丙烯酸酯的共聚物）配制的涂料。阻尼涂料是一种能吸收振动机械能并将之转化为热能并耗散的新型功能材料，它利用阻尼涂层在变形时把动能变成热能的原理降低结构的共振振幅，增加疲劳寿命和降低结构噪声。阻尼涂料主要用于振动和噪声产生的部位，如舰船的主、辅机舱，舵机舱和螺旋桨上方对应部位。阻尼涂料已广泛应用于航空、航天、舰船、汽车、机械、纺织、建筑、体育等领域，具有重要的社会意义和良好的经济效益。

5. 耐高温涂料

在航空航天、钢铁、石化等行业需要许多能耐高温的涂料。涂料的耐热性能首先取决于基料，当温度超过260℃时大多数有机树脂开始分解。常用的有环氧改性有机硅涂料（400℃以下）和纯有机硅涂料（400～600℃）。此外，耐热性能还与颜填料（如滑石粉、白云母、蒙脱土等无机材料都有较好的耐热性能）有关。为获得较好的耐热性能，可采用有机-无机混合路线，例如有机硅树脂加玻璃材料，其原理是当有机硅在受热后分解失去足够黏结性能时，玻璃陶瓷开始熔化，起高温下黏着作用，调整玻璃陶瓷组分最高使用温度达760℃以上。

6. 发光涂料

发光涂料是将发光颜料、树脂、溶剂和助剂按一定比例通过特殊加工工艺制成的，可用于仪表、标示等。其中的发光颜料是极其重要的成分。发光涂料可分为荧光涂料、磷光涂料、自发光涂料、蓄光型发光涂料等。荧光涂料含有荧光颜料，吸收紫外线，发出可见光，但磷光涂料含有磷光颜料（常为硫化锌-钼荧光物、硫化钙-铋荧光物），吸收光线后发出较长波长的光，在光源消失后能继续发光一段时间；自发光涂料是以放射性物质（如氚）所提供的放射能使之经常发光，发光颜色则由加入的磷光颜料而定，可持续发光，用于黑暗处作指示用，因含有对人体有害的放射线物质，其应用受到限制。蓄光型发光涂料能吸收太阳光或电灯光，蓄光后可发光，其特点是具有"吸收→发光→吸收→……"的无数次重复性，其发光颜色和发光时间随光照时间和所用荧光体的种类不同而各有差别。我国发光涂料的应用程度远远落后于国外，研制发光涂料并使其得到广泛应用是非常有必要的。

7. 隐身涂料

随着隐身技术应用的日益广泛，隐身涂料作为一种方便、经济、适应性强的高科技产品，已经在航空航天、军事装备上得到广泛应用。隐身涂料是固定覆盖设备（设施）上的隐身材料，按其功能可分为雷达隐身涂料、红外隐身涂料、可见光隐身涂料、激光隐身涂料、声呐隐身涂料和多功能隐身涂料等；而根据涂料隐身的原理，又可分为吸波隐身涂料和透波隐身涂料。

雷达隐身涂料一般由雷达波吸收剂、着色颜料及填料和树脂组成，能显著吸收雷达波，令其转变为热能，从而减少雷达回波能量，达到目标隐身的目的。红外隐身涂料是指用于减弱装备本身红外特征的信号来达到隐身技术要求的特殊涂料，亦称红外伪装涂料或热伪装涂料。红外隐身涂料具有阻隔武器系统红外辐射的能力，同时在大气窗口频段内，具有低的红外比辐射率和红外镜面反射率。可见光隐身涂料通常采用三种涂料迷彩的方法，即保护迷彩、仿造迷彩和变形迷彩。如法制"幻影"F1战斗机就涂上了迷彩涂料。激光隐身涂料是具有对激光雷达隐身效果的涂料，它可以降低目标表面的反射系数，减少激光装备的回波功率，降低激光装备的性能，从而达到隐身的目的。声呐隐身涂料主要用于舰艇体外表面，实质上是一种吸声层，其材料基本上是在橡胶基体中加入某些金属微粒，声波入射后使金属粒子运动产生热量，从而消耗声波能量，达到隐身的目的。今后，隐身涂料将朝多功能化、智能化、纳米化方向发展。

8. 防滑涂料

防滑涂料主要由防滑粒料、成膜树脂、溶剂、助剂等组成，防滑涂料用于人行天桥、体育场、舰船甲板、海上平台、水上浮桥等场合。防滑粒料是为了提高漆膜防滑性能的添加剂，赋予漆膜防滑能力，防止人员滑倒摔伤，主要有合成有机材料（聚氯乙烯、聚乙烯、聚丙烯树脂粒子、聚氨酯树脂粒子、橡胶粒子等惰性高分子材料）和无机物（硅石粉、石英砂、玻璃片、碳化硅、结晶氧化铝、云母等）两类；成膜树脂具有固定防滑粒料的作用，同时保护底材不受破坏。防滑涂料可分为单组分防滑涂料、双组分防滑涂料和多组分防滑涂料。单组分防滑涂料只有一个组分，施工方便，但性能没有双组分的好，单组分防滑涂料的品种有醇酸防滑涂料、氯化橡胶防滑涂料、湿固化聚氨酯防滑涂料、环氧酯防滑涂料等。双组分防滑涂料是最常用的一种，树脂与固化剂分开包装，防滑粒料可放在其中一个组分中，施工时两组分混合，然后施工，目前品种有环氧聚酰胺防滑涂料、聚氨酯防滑涂料等。目前大多数用的是双组分环氧体系，固化剂常是能与环氧起化学反应的胺类。这种热固性体系固化后很硬且耐磨，可用于钢铁和混凝土表面。多组分防滑涂料是把成膜树脂、固化剂、防滑粒料等分开包装，使用时机械混合，或涂完漆后立即喷撒防滑粒料，让防滑粒料牢固地嵌在漆膜中。

9. 导电涂料

导电涂料是将具有导电性能的粉末或纤维，如金属粉末（镍、银、铜、铝等）、炭黑、石墨、碳纤维等与成膜物质、稀释剂混合调制而成，是电阻率在 $10^{-3} \sim 10^{-5} \Omega \cdot m$ 之间的一类涂料。它可分为掺合型和本征型两大类。掺合型是掺入导电填料而制成的，导电填料所占比例越大，导电性能越好，目前使用得较多。

10. 海洋防污涂料

船舶表面附着海洋生物后，不仅会使船舶航速降低，操控性下降，燃油消耗量增加，而且生物污损过程还将产生有机酸，使船舶、海水淡化设备及水下设施等的腐蚀程度加剧，使用寿命显著缩短。为了降低海洋生物附着对船舶及海洋设施的危害，涂装防污涂料是既经济又高效办法。有毒的海洋防污涂料如有机锡防污涂料在各国日益紧迫的环保压力下已渐渐淡出市场，新型的无毒产品主要有：低表面能防污涂料（俗称"不粘"涂料）、生物防污涂料及仿生防污涂料、基于离子交换技术的防污涂料、以可溶性硅酸盐为防污剂的防污涂料、以导电涂料为表层的电解海水防污技术。

七、纳米复合涂料

纳米复合涂料是由纳米粉末（颗粒尺寸在 $1\sim100nm$ 之间）与有机涂料复合而成，俗称为纳米涂料。因纳米粒子具有表面效应、小尺寸效应、量子尺寸效应、宏观量子隧道效应等特殊性质，将其用于涂料后，可以制备紫外屏蔽涂料、吸波涂料、导电涂料、隔热涂料等，纳米涂料的问世为提高涂料的性能和赋予涂料新的功能开辟了一条新的途径。纳米材料在涂层材料中的应用可分为两种情况：①纳米粒子在传统涂料中分散后形成的纳米复合材料；②完全由纳米粒子组成的纳米涂层材料。前一种纳米复合涂料主要通过添加纳米粒子对传统涂料进行改性，工艺相对简单，工业化可行性好。而后一种纳米涂层材料一般直接与固体物件的制备联系在一起，而且由于技术及成本问题，短期内难以在工业化方面取得突破。

目前国内外用于涂料制备的纳米粒子主要有：Al_2O_3、SiO_2、TiO_2、Fe_2O_3、ZnO、$CaCO_3$ 及纳米金属等。成功的例子有：耐洗刷性和耐沾污性优异的纳米 $CaCO_3$ 复合建筑涂料；有良好抗静电、抗菌作用纳米 ZnO 复合丙烯酸涂料；具有光催化活性的纳米 SiO_2 和 TiO_2 涂料；吸收太阳光并可将其转化为热能的纳米银复合涂料；添加纳米氮化物或硼化物等纳米材料的高硬度、抗高温纳米复合涂料；可吸收紫外线的纳米 TiO_2 复合涂料；具有自清洁和防雾功能的纳米汽车视镜表面涂料；纳米隐身涂料等等。

第二节　胶　黏　剂

一、概述

胶黏剂，又称黏合剂或胶黏剂，是通过界面的黏附和物质的内聚作用，使两种或两种以上的部件或材料连接在一起的天然的或人工合成的、有机的或无机的一类物质的统称，习惯上人们将胶黏剂简称为胶。简而言之，胶黏剂就是通过它的黏合作用，使被粘物质结合在一起的一类物质。

人类利用胶已有很久的历史了，早在 6000 多年前，人类就用水和黏土调和起来，作为胶黏剂，制作陶和砖。远古时代就有黄帝煮胶的传说，许多文物和古代书籍都有胶黏剂使用的踪迹。秦朝以糯米浆与石灰制成的灰浆用作长城基石的胶黏剂，迄今为止，长城已经成为中华民族古老文明的象征。古罗马和中国都早知道用树脂黏液来捕捉小鸟，用骨胶粘接油烟制成的墨。随着工业经济的发展，需求量的逐渐增加，胶黏剂从最早的动物胶到现在的多种多样人工合成胶黏剂，胶黏剂在各个行业中得到了广泛应用。在建筑方面胶黏剂主要用于室内装饰和密封两个方面；在轻工业部门中，胶黏剂用于塑料包装箱、金属、复合材料等材料的粘接。胶黏剂还用于木材加工，人们利用胶黏剂将木材做成胶合板，不仅提高了木材的性能，增加其应用范围更是利用胶黏剂将木材加工中剩下的没用的下脚料刨花和木屑等压制成各种纤维板、木屑板等板材，胶黏剂为木材资源的综合利用开辟了新途径。发展最快的是以橡胶、聚丙烯酸酯为基料的压敏型和以低分子量聚乙烯、乙烯-醋酸乙烯酯（EVA）等为基料的热熔胶以及醋酸乙烯乳液等。除此以外，胶黏剂在乐器、文具、日用百货、文物的修复和古迹的保护中也有着广泛的应用。在新兴高科技的航天航空方面，胶黏剂更是发挥着重要的作用，胶黏剂已成为整个设计的基础，离开胶黏剂是万万不能的。

粘接作为铆接、焊接和螺栓连接的补充，它与传统的连接方法相比，具有以下优点。

① 粘接能充分保留被粘部件材料的强度，接头的使用寿命长。粘接时粘接物质的表面上均匀分布着黏结剂而不需在部件上打孔，因此不会减少材料的有效横截面积；粘接操作温度低，在常温下即可进行，可避免由高温引起的结构热变形和金属组织的变化或涂层的破坏，同时也不用考虑退火带来的状态破坏的问题。黏结时，胶黏剂均匀分布于粘接面上，不会形成局部应力集中，提高了接头的疲劳寿命。

② 适用范围广，可连接异种材料，如金属材料和非金属材料之间的连接。

③ 胶黏剂的生产工艺简单，成本低，使用方便、快捷且经济。

④ 除可起到粘接作用外，胶黏剂还可兼有密封、防腐、缓冲等特殊作用，这是其他连接方式所不具有的。

同时，胶黏剂也存在一些缺点。

① 高分子材料胶黏剂的粘接强度低，其强度远不如金属螺栓或焊接，并且应用范围受到使用温度的限制。

② 粘接过程比较复杂。部件在粘接前需要进行预处理（打磨、除污等），以使粘接表面清洁。

③ 粘接质量无法检测。到目前为止还缺少对粘接质量准确检查、评测和检验的方法，质量的保障主要依赖于操作者的技术和经验，并且质量也无法重现。

④ 粘接接头强度的影响因素很多，接头的重复性差，使用寿命有限。

⑤ 许多胶黏剂易燃、有毒，且可能释放出有害物质损害人的健康，污染环境。

目前，胶黏剂的品种已超过 5000 种，我国的年产量已达 700 万吨以上。胶黏剂已成为胶合板及木工、建筑建材、包装及商标、纸加工和书本装订、制鞋及皮革、纤维及服装、交通运输、装备（电子电器、机械、仪器仪表等）、日用、航天、航空、食品、医疗等各各行业中不可或缺的材料。

1. 胶黏剂组成

胶黏剂品种繁多，性能与组分各异，但胶黏剂作为一种混合物，有着基本相似的组成，一般都是由黏料（又称基料或胶料）、固化剂（又称硬化剂）、填料、增韧剂、稀释剂以及其他辅料配制而成的。

（1）黏料　黏料是主要起黏合作用的物质，也是构成胶黏剂的主要成分。要求有良好的黏附性和湿润性，它对胶黏剂的粘接性能起决定作用。常见的有天然基料（淀粉、蛋白质、天然橡胶、骨胶、硅酸盐等）人工合成基料［热固性树脂、热塑性树脂、合成橡胶（丁腈橡胶、聚硫橡胶）］、改性天然高分子材料等。

（2）固化剂　固化剂是直接参与化学反应使胶黏剂发生固化的物质。它使低聚物或单体经一系列变化生成线型高聚物或网状型高聚物，从而使粘接剂具有更高的机械强度和更好的稳定性。如脲醛树脂胶可选用苯磺酸作固化剂。

（3）促进剂　促进剂是胶黏剂中促进化学反应、缩短固化时间、降低固化温度的物质。例如不饱和聚酯胶中采用环烷酸钴作促进剂与固化剂过氧化苯甲酰构成氧化-还原体系，从而降低了树脂固化的温度，缩短了固化时间。

（4）填料　填料是为了改善胶黏剂的性能（如提高弹性模量、冲击韧性和耐热性）或降低生产成本而加入的一种非胶黏性固体物质。常用的无机填料有金属粉末、金属氧化物、矿物粉末等。

（5）稀释剂　稀释剂是用来降低胶黏剂黏度和固体成分浓度的液体物质。它使胶黏剂有更好的浸透力，增强胶黏剂的工艺性能。稀释剂可分为活性和非活性两种。活性稀释剂是指分子中含有活性基团，能参与固化反应的稀释剂，如环氧树脂胶中加入二缩水甘油醚可作为活性稀释剂；非活性稀释剂是不含反应的基团，不参与固化反应的稀释剂，常用的乙醇、苯、丙酮等溶剂就属于非活性稀释剂，加入的目的仅仅是为了达到降低黏性的目的。

(6) 增韧剂　增韧剂是配方中改善胶黏剂的脆性，提高其韧性的物质。它能提高胶黏剂柔韧性和耐冲击性。增韧剂通常是一种单官能团或多种官能团的物质，能与胶料发生反应，成为固化体系结构的一部分。但随着增韧剂用量增加，胶黏剂的耐热性和机械性能将下降。

(7) 增塑剂　增塑剂能增进固化体系的塑性，提高和改进胶黏剂的弹性和耐寒性。增塑剂通常是具有高沸点、难挥发的液体或低熔点的固体。按化学结构分为邻苯二甲酸酯类、磷酸酯类、聚酯类和偏苯三酸酯类。按其作用可分为内增塑剂和外增塑剂。

(8) 偶联剂　由于其分子中同时具有极性和非极性活性基团，所以它是一种既能与被粘物体表面发生反应形成化学键，又能与胶黏剂反应提高接头界面结合力的一类配合剂，如硅烷偶联剂、钛酸酯偶联剂等。

(9) 触变剂　触变剂是利用触变效应，使胶液静态时有较大的黏度，防止胶液流失的一类配合剂，如白炭黑。

(10) 稳定剂　是有助于胶黏剂在配制、贮存和使用期间保持其性能稳定的物质。

除此之外，胶黏剂中还有引发剂、乳化剂、增稠剂、防老剂、阻聚剂、阻燃剂等。

2. 胶黏剂的分类

胶黏剂的品种繁多，组成各异，根据国家标准 GB/T 13553—1996 胶黏剂可按如下方法进行分类。

(1) 按胶黏剂主要黏料属性分类　胶黏剂的主要黏料可分为：动物胶（代号 1）；植物胶（代号 2）；无机物及矿物（代号 3）；合成弹性体（代号 4）；合成热塑性材料（代号 5）；合成热固性材料（代号 6）以及热固性、热塑性材料与弹性体复合（代号 7）。

(2) 按胶黏剂物理形态分类　胶黏剂可分为：无溶剂液体型（代号 1）；有机溶剂液体型（代号 2）；水基液体型（代号 3）；膏状、糊状（代号 4）；粉状、粒状、块状（代号 5）；片状、膜状、网状、带状（代号 6）以及丝状、条状、棒状（代号 7）。

(3) 按胶黏剂硬化方法分类　胶黏剂可分为：低温硬化型（代号 a）；常温硬化型（代号 b）；加温硬化型（代号 c）；适合多种温度区域硬化型（代号 d）；与水反应固化型（代号 e）；厌氧固化型（代号 f）；辐射（光、电子束、放射线）固化型（代号 g）；热熔冷硬化型（代号 h）；压敏粘接型（代号 i）；混凝或凝聚型（代号 j）及其他类型（代号 k）。

(4) 按胶黏剂被粘物分类　胶黏剂可分为：多类材料用（代号 A）；木材用（代号 B）；纸用（代号 C）；天然纤维用（代号 D）；合成纤维用（代号 E）；聚烯烃纤维用（不含 E 类，代号 F）；金属及合金用（代号 G）；难粘金属（金、银、铜等）用（代号 H）；金属纤维用（代号 I）；无机纤维用（代号 J）；透明无机材料（玻璃、宝石等）用（代号 K）；不透明无机材料用（代号 L）；天然橡胶用（代号 M）；合成橡胶用（代号 N）；难粘橡胶（硅橡胶、氟橡胶、丁基橡胶）用（代号 O）；硬质塑料用（代号 P）；塑料薄膜用（代号 Q）；皮革、合成革用（代号 R）；泡沫塑料用（代号 S）；难粘塑料及薄膜（氟塑料、聚乙烯、聚丙烯等）用（代号 T）；生物体组织骨骼及齿质材料用（代号 U）及其他（代号 V）。

为了方便，国家标准中还规定胶黏剂的表示方法，即用三段式的代号来表示一种胶黏剂产品。其第一段用三位数字分别代表胶黏剂主要黏料的大类、小类和组别（详见标准）；第二段的左边部分用一位阿拉伯数字代表胶黏剂的物理形态，右边部分用小写英文字母代表胶黏剂的硬化方法；第三段用不多于三个大写的英文字母代表被粘物。如 631-3b-B 表示木材用水基脲醛树脂（属合成热固性氨基树脂类）胶黏剂。

3. 粘接的基本原理

粘接（胶接）就是用胶黏剂将被粘物表面连接在一起，它是影响因素多且复杂的一类技术。目前粘接理论都是从某一方面出发来阐述其原理，至今仍没有普遍认可的统一理论。现简要介绍几种相对普遍的理论。

（1）吸附理论 只要胶黏剂能润湿被粘物表面，两者之间必然会产生物理吸附，并对粘接强度作出贡献。吸附理论认为，黏结力的主要作用力是粘接体系中分子的作用力，即范德华引力和氢键。根据理论计算，当两个理想光滑的平面相距为 1nm 时，由于范德华力的作用产生的引力强度可达 10MPa 以上；当距离为 0.3～0.4nm 时，则可达 100MPa 以上。因此，当胶黏剂与被粘物分子间的距离达到 0.5～1nm 时，界面分子之间便产生明显的相互吸引力，使分子间的距离进一步缩短到处于最大稳定状态。只要胶黏剂能完全湿润被粘物的表面，分子之间的范德华力就可以产生很高的黏附强度。但由于固体的力学强度是力学性质，不是分子性质，其大小取决于材料的每一处局部特性，而不等于分子作用力的加和，实际粘接强度将远小于理论值。

（2）化学键理论 化学键理论认为胶黏剂与被粘物分子之间除分子作用力外，有时还有化学键的产生，例如硫化橡胶与镀铜金属胶接、偶联剂对胶接的作用、异氰酸酯对金属或橡胶的胶接界面等均证明界面层有化学键的产生。化学键的强度远远大于分子间作用力，化学键的形成可以提高胶黏剂的黏附强度，并改善耐久性。但化学键的形成并不普遍，不是所有的胶黏剂与被粘物之间的接触点都有化学键的形成。况且，单位黏附界面上化学键数要远远小于分子间作用力的数目，故分子间的作用力对黏附强度的贡献也不可忽视。

（3）扩散理论 当两种聚合物材料在能相容时，当它们相互紧密接触时，由于分子的布朗运动或链段的摆动产生相互扩散进入相邻界面内部。这种扩散作用能够穿越粘接剂、被粘物的界面交织进行。扩散的结果导致界面的逐渐消失和过渡区的产生。两聚合物的粘接是在过渡层中进行的，它不存在界面，不是表面现象。根据该理论，一般粘接温度越高，时间越长，其扩散作用越强，粘接力越高。扩散理论能解释一些聚合物材料间的粘接现象，但是解释聚合材料与金属、玻璃或其他硬体胶黏就非常困难。

（4）静电理论 当粘接剂和被粘物体系是电子的接受体和供给体的组合形式出现时，供给体（如金属）中的电子会转移到接受体（如聚合物）中，造成界面区两侧形成了双电层，从而产生了静电引力。在干燥的环境中从金属表面快速剥离粘接胶层时，可用仪器或用肉眼就能观察到放电现象，这可证实静电作用的存在。但静电作用仅存在于能够形成双电层的粘接体系，该理论不能解释性质相同或相近聚合物间的粘接。

（5）机械作用力理论 胶黏剂渗透到被粘物表面的缝隙中或凹处，排净此处气体，固化后在这些界面区产生了咬合力，就像钉子与木材结合似的，胶黏剂和被粘物粘接在一起，这种机械结合在多孔表面（如泡沫塑料）更明显。机械粘接力的本质还是摩擦力。但该理论不能解释胶黏剂对非多孔性表面的黏合。

4. 发展趋势

合成胶黏剂具有应用广泛、使用简单、经济效益高等许多优点而被广泛应用，随着经济的发展与技术的进步，合成胶黏剂越来越不可替代。未来几年，我国胶黏剂将以每年 10% 以上的速度增长。但同时也存在一些问题，如部分胶黏剂主要原材料短缺、能耗高、不环保、原创成果较少等。作为极具发展空间的胶黏剂必将向低能耗、无公害、低成本、高性能方向发展。

① 发展环保节能型胶黏剂。如发展水基型胶黏剂（丙烯酸酯乳液、VAE 乳液、PU 乳液、环氧树脂乳液）、热熔型胶黏剂和热熔压敏胶、无溶剂和高固体分含量胶黏剂、室温或

低温固化及光固化胶黏剂、废弃物回收利用和再生型胶黏剂、可降解型胶黏剂等，减少溶剂对人和环境的危害，降低制备及使用的能耗（如低温固化、光固化等）。

② 进行科技创新，增加原创技术，实施清洁生产。通过研发淘汰落后生产技术及落后产品（包括污染重或能耗高或性能差的产品），使用更清洁的原材料、采用更清洁的工艺生产，制造出性能更优的产品。如可以通过采用低毒、难挥发溶剂来减少污染。

③ 发展用于微电子、工程灌浆、防渗堵漏、航空航天、医疗卫生等领域的特种胶黏剂。利用共聚、接枝、交联、互穿网络等现代高分子材料科学手段，开发耐水、耐高温、高强度、阻燃、纳米化、生命活性等新型功能化胶黏剂。

④ 胶黏剂生产将加快向规模化、集约化企业发展。由于市场竞争日趋激烈，环保节能要求日益提高，一些生产规模小、技术落后、产品档次低、"三废"排放不达标的中小型企业将会被淘汰。而一些生产规模大、技术水平高、产品档次高、"三废"治理好的企业将不断扩大生产规模，加大科研开发和技术创新投入，努力打造自己的品牌产品，把企业做大做强。

二、合成树脂胶黏剂

合成树脂胶黏剂就是以合成树脂为黏料制成的胶黏剂，它是当今产量最大、品种最多、应用最广的一类胶黏剂，在胶黏剂中占主导地位。根据树脂性质不同可分为热塑性胶黏剂和热固性胶黏剂两大类。

1. 热塑性胶黏剂

热塑性胶黏剂的基料是线性聚合物，它是通过溶剂挥发、冷却等使胶黏剂固化为胶层的一类胶黏剂。固化时，不发生交联反应；加热时会软化或熔化。热塑性胶黏剂具有良好的柔韧性、耐冲击性和初始黏结力，但其粘接强度较低、耐热性差。热塑性合成树脂胶黏剂主要包括乙烯基树脂类、聚苯乙烯类、丙烯酸酯聚合物类、聚酯类、聚氨酯类、聚醚类、聚酰胺类及其他热塑性材料。

（1）丙烯酸酯类胶黏剂　丙烯酸酯类胶黏剂是由丙烯酸或丙烯酸烷基酯为聚合单体的聚合物或共聚物所配成的一类胶黏剂。丙烯酸酯类胶黏剂性能独特，综合性能优良，近年来获得了较快的发展。

① 分类　丙烯酸酯能够制成不同的物理形态，根据其形态和应用特点不同，丙烯酸酯胶黏剂分为乳液型、溶液型和反应性液体型等。丙烯酸乳液型胶黏剂耐光、耐洗、耐磨，是我国近 20 年来发展最快的一种聚合物乳液胶黏剂，现主要用于织物方面，如无纺布用胶黏剂。溶液型丙烯酸酯胶黏剂又称为第一代丙烯酸胶黏剂，它有两种类型，一种是溶解聚合物制成的溶液胶；另一种是以丙烯酸酯作为主体进行溶液聚合制得的胶黏剂。溶液型丙烯酸胶黏剂用于有机玻璃及金属之间的粘接。反应型丙烯酸树脂胶黏剂又称为第二代丙烯酸胶黏剂（SGA）、AB 胶等，这是一种新兴的双组分结构胶黏剂，这种胶黏剂粘接材料广泛，使用方便，综合性能更佳。

② 组成　丙烯酸酯类胶黏剂一般包括单体及各种助剂，其类型不同组成不尽相同，下面以乳液型丙烯酸酯胶黏剂为例作简要说明。

a. 单体　乳液型丙烯酸酯类胶黏剂单体分为三种，第一种是软单体，玻璃化温度低，是胶黏剂中主要的黏性物质，如丙烯酸丁酯等；第二种是硬单体，玻璃化温度高，是胶黏剂内聚力的主要来源，如甲基丙烯酸甲酯、苯乙烯等；第三种是官能团单体，通过引入带官能团的单体，赋予胶黏剂的一些特性，如耐热、耐水、交联等。

b. 分散介质　为了防止水中各类杂质影响胶黏剂的质量，分散介质一般采用去离子水或蒸馏水。

c. 乳化剂　乳化剂是一类表面活性剂，由极性的亲水基和非极性的亲油基两部分组成。乳化剂从来源上可分为天然物和人工合成品两大类；按亲水部分的特征分为非离子型乳化剂（如聚氧乙烯酚醚）、阴离子型乳化剂（如烷基苯磺酸钠）、阳离子型乳化剂和两性乳化剂四种，常用的为前两种。乳化剂能够降低溶液的表面张力，起到乳化、分散、增溶的作用。

d. 引发剂　乳液聚合中的引发剂有热引发剂和氧化还原引发剂两类。常用的热引发剂是过硫酸盐。氧化还原体系能够大大降低生成自由基的活化能，所以采用氧化还原剂能提高聚合速率，并且能够降低能耗。常用的氧化还原体系有过硫酸盐/亚硫酸氢钠体系、过氧化氢/亚铁盐体系等。

除以上所含物质外，还要在乳液型胶黏剂的合成过程中还要加入一些其他物质，如为了控制体系的 pH 值，加入 KOH、NaOH、氨水等；为了防止乳液中分子的凝聚，加入保护胶；加入表面张力调节剂调节表面张力等。

③ 生产工艺　以纯丙烯酸酯类乳液胶黏剂为例说明其生产工艺。纯丙烯酸酯类乳液是由丙烯酸单体经过乳液均聚或共聚制得的，改变单体的种类和共聚单体的比例均能调整乳液聚合物的软硬程度。如加入其他功能性单体还能提高聚合物乳液的某些性能（如耐水、耐磨、硬度、耐油性等）。

纯丙烯酸酯类乳液胶黏剂的生产方法主要有三种，分别是半连续工艺、种子聚合工艺和预乳化工艺。半连续工艺简单，反应稳定性较差，这种工艺较少采用。另外两种工艺的生产聚合稳定性很好，可以根据胶黏剂的性能要求来选择使用哪种工艺。下面以预乳化工艺为例说明其制备工艺。

首先将 14.4kg 甲基丙烯酸甲酯、28.3kg 丙烯酸丁酯、43.5kg 水、1.3kg 乳化剂和 0.2kg 引发剂加入到乳化器中，开启搅拌进行乳化约 0.5h；然后将 30% 预乳化液和 11kg 水投入反应器中搅拌，升温至聚合温度，反应约 0.5h 后开始滴加入剩余的预乳化液，约在 4h 内加完，升温反应，至转化率大于 98%，降温，调节 pH 值后出料，即可得产品。

④ 丙烯酸酯类胶黏剂的应用　丙烯酸胶黏剂的性能优异，品种繁多，其主要特点有使用方便。丙烯酸胶黏剂通常是单组分或双组分的液体，即使是混合使用时也不需要精确的计量；被粘物件表面不需要严格的处理，即使对油面的粘接都有着较大的强度；粘接强度高。粘接金属的室温剪切强度大，剥离强度和冲击强度均很高；可室温快速固化，固化速度快。一般只需要几十秒到十几分钟即可，且不需要压力；耐久性、耐介质性、耐温性好。可以在 -40～150℃ 使用，且耐湿热和大气老化性能好；应用广泛。对于许多材料都是较好的胶黏剂，还可进行不同材料的粘接等。

丙烯酸胶黏剂因其具有粘接强度高、韧性好，可以油面粘接，适应性强等优点，现已广泛用于宇航、航空、汽车、机械、船舶、电子、电器、仪表、建筑、家具、玩具、铁路、土木等行业的粘接，同时也用于应急修复、防渗堵漏等。

(2) 聚醋酸乙烯胶黏剂　聚醋酸乙烯（酯）胶黏剂是由醋酸乙烯单体在引发剂作用下通过聚合而得到的一种热塑性胶黏剂。它是产量最大的热塑性胶黏剂。

① 分类　根据聚合和配制方法不同，聚醋酸乙烯胶黏剂可以分为聚醋酸乙烯乳液胶黏剂、溶液胶黏剂和热熔胶胶黏剂。目前使用广泛的是聚醋酸乙烯乳液胶黏剂。

② 组成　聚醋酸乙烯乳液胶黏剂常为白色或乳白色黏稠液体，故俗称乳白胶或白胶，简称 PVAc 乳液。下面以它为例说明聚醋酸乙烯胶黏剂的组成。

a. 醋酸乙烯单体　醋酸乙烯单体又称为醋酸乙烯酯，简称 VAc。由于乳液的聚合属于加聚反应，对纯度有较高的要求，醋酸乙烯单体在存放时需加入阻聚剂，而在聚合前则需要除去。醋酸乙烯单体中的杂质主要是醛类，它在聚合反应时会阻止单体的聚合，使聚合反应复杂化。

b. 乳化剂　常见的乳化剂是表面活性剂，它能降低单体和水的表面张力，增加单体在水中的溶解度。乳化剂的种类和用量都会影响到乳液的稳定性和胶黏剂的质量。乳化剂的用量太少使胶黏剂的稳定性差，用量太大会使耐水性变差。用两种乳化剂混合形成的乳化胶束，乳化效果和稳定性比单独使用一种时的效果好，乳化剂的一般用量是单体的5％左右。

c. 引发剂　醋酸乙烯聚合中使用的引发剂主要有过氧化物、偶氮化合物和过硫酸盐等，最常用的是过硫酸盐，用量约为单体的0.2％～0.5％。使用过硫酸盐会影响到乳液的pH值，致使反应速率变慢，严重的还能发生破乳现象，所以需要用碳酸氢钠等来调节乳液的pH值。

d. 水　为避免水中的金属离子对聚合反应的阻聚作用，应采用去离子水或蒸馏水。

为了使聚醋酸乙烯胶黏剂达到理想的质量，其中还要加入一些增塑剂、防腐剂、消泡剂、防冻剂、填料等。

③ 合成原理　聚醋酸乙烯乳液胶黏剂的制备主要是聚醋酸乙烯乳液的合成。醋酸乙烯乳液聚合属于自由基聚合反应，遵循自由基聚合反应的一般规律，过程分为链的引发、链增长和链终止三个阶段。其合成原理式如下：

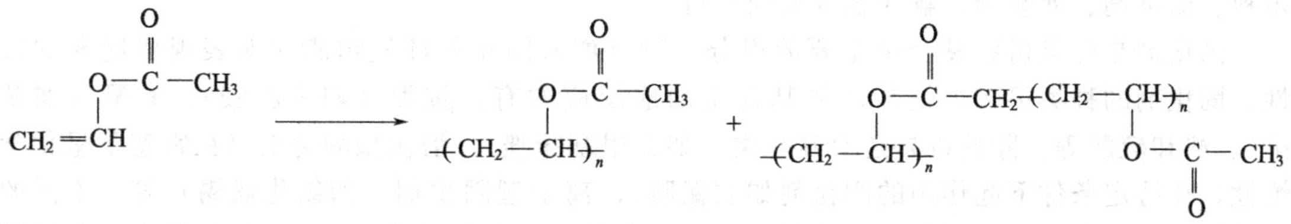

④ 制备工艺　以聚醋酸乙烯乳液胶黏剂的制备为例。首先在溶解釜中加入一定量的聚乙烯醇（PVA，用作保护胶体）和水，搅拌并加热，在约90℃下，将其溶解成为10％的PVA水溶液备用。然后将50份PVA水溶液过滤后加入聚合釜，加入1份OP-10及13.5份单体以及0.4份浓度为10％的过硫酸钾水溶液，加热使混合液温度升到60℃左右，当出现回流时停止加热，温度将由于反应放热而自动升至80℃左右。当回流明显减少时开始滴加77份单体和1.4份引发剂，约6h滴加完。适当控制加单体及引发剂的速度以控制反应温度在允许范围内，加完单体后，若反应温度偏低（在75℃以下）时适当补加过硫酸钾，补加时，应多次加入以免温升过快。液温升至90～95℃，保温0.5h后冷却，待温度降到50℃以下，加入碳酸氢钠溶液调节pH至5左右，合格后加入10份邻苯二甲酸二丁酯，搅拌约1h，温度降至40℃以下出料得聚醋酸乙烯乳液。最后与填料及其他助剂复配成聚醋酸乙烯乳液胶黏剂。

⑤ 聚醋酸乙烯胶黏剂的应用　聚醋酸乙烯胶黏剂为微酸性的黏稠液体能溶于多种有机溶剂。因其为水性体系，故其操作环境好，毒性低，火灾隐患小。并且它在常温下固化速度较快，不需要加热胶层就能固化，使用方便，初始粘接强度高，价格低，储存期长。但是其耐水性、耐湿性和耐热性差，软化点低。随着温度升高，黏结强度下降显著，因此不能在高温场合使用。

聚醋酸乙烯胶黏剂特别适合于粘接多孔性、易吸水的材料如木材的粘接，因此它广泛应用在家具工业与其他木制品加工业以及纸品行业中。此外，经过改性的聚醋酸乙烯酯胶黏剂获得了更加优异的性能，除了用于木制品加工，还用于纺织、包装材料、建筑装潢、书本装订、制鞋、电气等各个领域。

苯乙烯类、聚酯类、聚醚类、聚酰胺类等其他热塑性胶黏剂不再赘述。

2. 热固性胶黏剂

热固性胶黏剂是黏料中含有能参加反应的官能团，在热、催化剂的单独作用或联合作用下会固化，固化后既不熔化，也不溶解的一类胶黏剂。热固性合成树脂胶黏剂按固化温度分为常温固化和加热固化；按照黏料的种类分为酚醛树脂类、环氧树脂类、聚氨酯类、氨基树脂类、呋喃树脂类、杂环聚合物、不饱和聚酯及其改性物类、有机硅树脂类等热固性胶黏剂。

(1) 环氧树脂胶黏剂　环氧树脂胶黏剂是指以环氧树脂为主要粘接基料，分子中含有两个或两个以上环氧基团的高分子胶黏剂。这类胶黏剂的粘接性能很好，应用非常广泛，既能粘接金属又能粘接非金属，俗有万能胶之称。

① 分类　环氧树脂胶黏剂至今没有统一的分类方法，在行业内一般根据特性、主要组成、专业用途或施工条件等进行分类。根据环氧树脂胶黏剂的特性可分为通用胶、结构胶、耐温胶等；按其主要组成可分为纯环氧树脂胶黏剂和改性环氧树脂胶黏剂；按专业用途分机械用环氧乙烷胶黏剂、建筑用环氧树脂胶黏剂、电子用环氧树脂胶黏剂、交通用环氧树脂胶黏剂等；按施工条件分为常温固化型、低温固化型和其他固化型。

② 组成　环氧树脂胶黏剂的主要成分是环氧树脂和固化剂，其次还有增韧剂、稀释剂、填料、促进剂、偶联剂、触变剂等辅助材料。

固化剂是环氧树脂黏合中重要的组分，只有加入固化剂环氧树脂才能表现出优异的特性。固化剂的种类很多，能与环氧基发生加成反应的有：胺类（如三乙胺）、酸酐（如苯酐）、酚和硫醇等。除此以外还有咪唑类（如二甲基咪唑）、潜伏型固化剂（在常态下呈化学惰性，在特定条件下起作用的固化剂如双氰胺）、离子型固化剂（如氯化亚锡）等。不同的固化剂可以配出不同的环氧树脂胶黏剂，按固化温度分为室温固化剂、中温固化剂和高温固化剂。固化剂的种类以及用量对固化物的性能影响很大，多胺和酸酐固化剂的添加量一般可以计算，但是很多固化剂的结构和组成仍不明确，这类固化剂的最优用量仍然无法计算。

增韧剂的加入是为了改善环氧树脂的脆性，提高它的剥离程度。胶黏剂要有足够的延伸率，如果延伸率不够或太小，在胶接接头处容易发生应力集中而造成破坏。增韧剂也分为活性的和非活性的两大类。活性增韧剂（如聚硫橡胶）参与固化反应，增韧效果显著，用量可以大些。非活性增韧剂又称为增塑剂，常用的有邻苯二甲酸二辛酯(DOP)、对苯二甲酸二辛酯（DOTP）、亚磷酸三苯酯等，但其用量不能太大，否则将对胶层性能造成严重影响。

稀释剂能够降低胶黏剂的黏度，增加被粘物的浸湿性，方便胶黏剂的涂布。稀释剂分为活性和非活性的两类，活性稀释剂一般是带有环氧基低分子化合物（如环氧丙烷丁基醚），能够降低黏度的化合物，参与环氧树脂的固化反应；非活性的稀释剂有丙酮、甲苯等，它们不参与固化反应，最终有一部分残留在胶层中，影响胶黏剂的性能，故不能用得太多。

加入填料可以降低胶黏剂的成本，同时还可以改善胶黏剂的许多性能，如降低收缩率、降低热膨胀系数、提高耐热性、提高导热性等。石棉、玻璃纤维、碳纤维、氧化铝等填料可改善胶黏剂的力学性能；银粉、钢粉等金属粉末能提高导电性等。其中一些重质填料的添加量可达到15%～20%。

③ 制备方法　以通用型双组分环氧类胶黏剂为例，其配方见表9-7。

首先将711、712环氧树脂及聚硫橡胶加热搅拌制成黏稠液体，再加入白炭黑和石英粉搅拌均匀即得A组分。将701固化剂加入到促进剂DMP-30和偶联剂KH-550中，搅拌，再加入石英粉和白炭黑，搅匀即可制得B组分。

表 9-7　通用型双组分环氧类胶黏剂配方

A 组分		B 组分	
成分	质量/kg	成分	质量/kg
711 环氧树脂	73	701 固化剂	35
712 环氧树脂	27	KH-550	3.5
聚硫橡胶	21	DMP-30	2.5
石英粉	74	石英粉	10
白炭黑	5.5	白炭黑	1.5

使用时，先按 A、B 组分质量比约 4∶1 混合均匀，然后进行涂布，晾置约 5min 搭接，约 30min 后开始固化，24h 后可达到最高黏结强度。

④ 聚醋酸乙烯胶黏剂的应用　与其他胶黏剂相比，环氧树脂胶黏剂具有如下突出优点：如应用范围十分广泛，不但能够粘接金属，还能粘接玻璃、水泥制品、橡胶等；粘接物件时，应力分布均匀，粘接强度高，收缩性小，耐老化、耐化学性能及力学性能好；必要时还兼有密封、导电、磁性等特殊功能；施工条件温和，使用简便等。但是环氧树脂胶黏剂对未经处理的聚乙烯、聚丙醇、聚四氟乙烯等无粘接性，对皮革、织物等软质材料的粘接力不足。

环氧树脂胶黏剂除了普通粘接和结构粘接，还可用于密封、堵漏、绝缘、导电、修补等，目前环氧树脂胶黏剂已在轻工、化工、电子、建筑、航天、航空、火箭、汽车、造船、医疗等领域发挥着越来越大的作用。

(2) 聚氨酯类胶黏剂　聚氨酯胶黏剂是以多异氰酸酯和聚氨基甲酸酯为主体的胶黏剂的统称。其结构中含有极性基团－NCO 或－NHCOO－，提高了它的黏结性，同时它也具有很高的活性。

① 分类　聚氨酯类胶黏剂品种较多，分类方法也较多。按化学反应组成分多异氰酸酯胶黏剂、含异氰酸酯基聚氨酯胶黏剂、含羟基聚氨酯胶黏剂和聚氨酯树脂胶黏剂。多异氰酸酯胶黏剂是由多异氰酸酯单体或其低分子衍生物组成的胶黏剂，这是早期的产品，因为其毒性大，柔韧性差，现一般是混入橡胶类胶黏剂或其他溶剂中使用。含异氰酸酯基聚氨酯胶黏剂是多异氰酸酯和多羟基化合物的反应物，这种预聚物有极高的黏附性能。预聚物在胺类固化物的存在下，既能固化成强度高的粘接层又能与多元醇并用。它是聚氨酯类胶黏剂中的主要品种。含羟基聚氨酯胶黏剂是由二异氰酸酯与二官能团的聚酯或聚醚反应生成的。这种胶既可作为热塑性胶黏剂使用又可通过分子两端羟基的化学反应作热固性胶黏剂使用。聚氨酯树脂胶黏剂是由多异氰酸酯与多羟基化合物反应制成溶液、乳液、薄膜及粉末等不同品种的胶黏剂。

此外，按使用形态可分为溶剂型、水基型、热熔型和无溶剂型聚氨酯胶黏剂；按其包装分为单组分和双组分。

② 组成　聚氨酯类胶黏剂由多异氰酸酯、多元醇、含羟基的聚醚、聚酯和环氧树脂、填料、催化剂、溶剂等。

a. 多异氰酸酯　常用的多异氰酸酯有脂肪族异氰酸酯和芳香族异氰酸酯两种。后者因为合成的原料苯和甲苯的价格低廉，因此发展较快，占主导地位。常见的有甲苯二异氰酸酯（TDI）、二甲基甲烷-4,4-二异氰酸酯（MDI）等。

b. 多元醇　聚氨酯胶黏剂中的多元醇有聚酯多元醇和聚醚多元醇。聚酯多元醇常由多元醇（如乙二醇）与二元羧酸（如己二酸）反应制得；常用的聚醚多元醇有聚氧化丙烯二醇、聚氧化丙烯三醇等。

c. 催化剂　　在聚氨酯胶黏剂制备过程中使用的催化剂有有机锡类催化剂和叔胺类催化剂。有机锡类催化剂包括二月桂酸、二丁基锡辛酸亚锡；叔胺类胶黏剂包括三亚甲基二胺、三乙醇胺和三乙胺等。

　　d. 填料　　聚氨酯胶黏剂中的填料须经高温除去水分，否则填料吸附的水分会与异氰酸铵发生反应生成二氧化碳，使存放过程发生凝胶。常用的填料有滑石粉、陶土、重晶石粉、碳酸钙、氧化钙、二氧化钛、铁粉、铝粉、刚玉粉等。

　　e. 溶剂　　加入溶剂的作用是调整胶黏剂的黏度，但它不能与多异氰酸酯发生反应，因此对其纯度要求较高（如水分含量等），常用的溶剂有酯类、酮类、芳烃类和四氢呋喃等。

　　在聚氨酯胶黏剂制备过程中还需加入其他助剂来提高它的品质，比如加入黏附促进剂来改善聚氨酯对基材的粘接性；离子化试剂用于减少或消除外加表面活性剂的影响；为了提高聚氨酯胶黏剂的抗氧化、光、水稳定性，加入适当的添加剂等。

　　③ 聚氨酯胶黏剂的制备　　通用型双组分聚氨酯胶黏剂的生产工艺框图见图 9-4，其反应式如下。

　　使用时 A 组分与 B 组分按 100：（10～50）混合均匀后涂布，主要用于粘接金属、玻璃、陶瓷、木材等。

　　④ 聚氨酯胶黏剂的应用　　聚氨酯胶黏剂的结构中含有活泼极性基团，其反应活性很高，对金属和非金属都有良好的黏附性，能常温固化，固化后黏结力强，使用范围宽；其胶膜坚韧，剥离强度高；且有良好的耐油、耐老化和耐臭氧性能以及突出的耐低温性能。但是它的耐热性较差，单体毒性大且易水解。

　　聚氨酯胶黏剂在鞋类制造行业的应用非常成功，它对各种鞋制品材料有着很好的黏性。其耐油性和柔韧性优良，粘接强度大，在汽车、塑料、包装、建筑等行业也有广泛的用途。

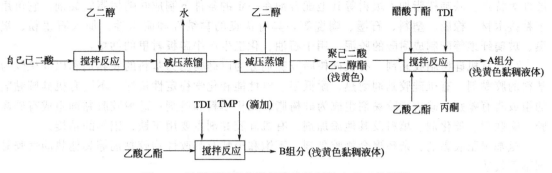

图 9-4　通用型双组分聚氨酯胶黏剂的生产工艺框图

（3）酚醛树脂胶黏剂　酚醛树脂胶黏剂是用酚醛树脂为主要黏料制成的胶黏剂。它一般由热固性酚醛树脂（包括改性酚醛树脂）和固化剂、填料等配制而成的。

①分类　酚醛树脂胶黏剂分为未改性酚醛树脂胶黏剂和改性酚醛树脂胶黏剂两大类。未改性树脂胶黏剂又分为钡酚醛树脂胶黏剂（用氢氧化钡作催化剂）、水溶性酚醛树脂胶黏剂和醇溶性酚醛树脂胶黏剂；改性酚醛树脂胶黏剂分为酚醛-缩醛胶黏剂（酚醛-聚乙烯醇缩醛）、酚醛-丁腈树脂胶黏剂（经丁腈橡胶改性）、酚醛-环氧胶黏剂、酚醛-氯丁胶黏剂等。通过加入合成橡胶、热塑性树脂或单体，改善了酚醛树脂的性能，使其具有更好的综合性能，更大的黏结强度和更好的韧性，拓宽了其应用范围。

此外，酚醛树脂胶黏剂还可按其形态分为水溶液型、溶剂型和粉末型等；按固化温度分为高温型、中温型和常温型。

②制备工艺　水溶性酚醛树脂胶黏剂是一种固含量为45%~50%的深棕色透明黏性液体，是用量最大、用途最广的酚醛树脂胶黏剂。其制备工艺如下。

首先将100kg苯酚熔化后加入反应釜中，开启搅拌，再加入40kg 30%氢氧化钠溶液和20kg水，升温至45℃时，保温30min。然后缓慢加入115.6kg 37%甲醛，在约50℃下保温30min后，再在约80min内使温度升到87℃，继续在25min内将反应液温度升到95℃，在此温度下保温反应约20min。接着在20min内将其冷却到82℃，再加入29.2kg 37%甲醛并保温15min后，30min内将温度升至92℃，在此温度下反应约40min，取样检测合格后，降温到40℃以下出料即可得水溶性酚醛树脂胶黏剂。该胶黏剂成本低、加热即可固化、无溶剂、游离甲醛含量低，在室温下可贮存约半年，主要用于制作胶合板、纤维板等。

③酚醛树脂胶黏剂的应用　酚醛树脂胶黏剂具有极性大，粘接力强；耐热性、耐水性、耐油性、耐菌性及耐老化性好；稳定性高；制备容易，价格便宜；容易进行改性，制成性能更优的产品；电绝缘性能优良，能够用于电子等产品；抗蠕变能力强，尺寸稳定性好等优点。但是其脆性大，剥落强度低，固化时需高温高压，且有较大的气味。

酚醛树脂胶黏剂是合成胶黏剂领域中大吨位的品种之一，它有着悠久的历史，其中未改性酚醛树脂胶黏剂主要应用于胶合板、纤维板和刨花板的制造，粘接砂轮片，制造砂纸、砂布、石棉刹车带等；改性的酚醛树脂胶黏剂经过性能的改进，能够用于各个行业，例如用于航空和汽车工业中结构构件的粘接，印刷线路板中铜箔与层压板的黏结；皮革加工及橡胶制品的非缝合线连接等。

（4）呋喃树脂胶黏剂　呋喃树脂是分子中含有呋喃环的一类树脂的总称，它包括糠醇树脂、糠醛树脂、糠醇-糠醛树脂等。呋喃树脂是热固性树脂，具有耐热、耐碱、耐酸、耐腐蚀性等特点。呋喃树脂加入填料等其他配合剂在一定的条件下制成呋喃树脂胶黏剂，它可用于粘接木材、橡胶、塑料、石墨、陶瓷等，具有优良的黏结性和耐水性。加入石墨粉、炭黑、玻璃纤维等配制成耐酸的胶泥，用于石油、化工生产中砖板衬里的粘接。

(5) 有机硅树脂胶黏剂　有机硅树脂胶黏剂分为以硅树脂为基料的胶黏剂和以硅橡胶为基料的胶黏剂。有机硅胶黏剂耐热、耐低温、电性能和化学稳定性良好。不同有机硅胶黏剂的组成略有差别，硅树脂胶黏剂组成为硅树脂、无机填料和溶剂；硅橡胶胶黏剂组成有硅橡胶、交联剂、催化剂、填料及其他添加剂。有机硅胶黏剂主要用于铁、铝等的粘接。

氨基树脂胶黏剂、杂环聚合物胶黏剂、不饱和聚酯及其改性物胶黏剂等其他热固性胶黏剂不再赘述。

三、橡胶胶黏剂

橡胶胶黏剂是以天然橡胶或合成橡胶（如氯丁橡胶、丁腈橡胶、硅橡胶等）为黏料制成的胶黏剂，它是高分子胶黏剂的一个重要分支。

1. 分类

(1) 按粘接件受力分为结构型胶黏剂（受力结构件胶接的，能长期承受许用应力、环境作用的胶黏剂）和非结构型胶黏剂（不能传递较大应力的胶黏剂）两大类。结构型胶黏剂又分为溶剂胶液型和胶膜胶带型；非结构型橡胶胶黏剂又分为溶液型和乳液型两类，其主要类型是溶液型橡胶胶黏剂。

(2) 按是否硫化可分为非硫化型和硫化型两种。非硫化型橡胶胶黏剂是将生胶经塑炼后，直接溶于有机溶剂中制得的。这类胶黏剂包括天然橡胶、环化橡胶、再生橡胶等，其价格较低，粘接强度不高。硫化型橡胶胶黏剂是将生胶和硫化剂以及其他一些配合剂混炼后溶于有机溶剂制得的，其性能较好，应用较广。

(3) 按剂型分可分为溶剂型、乳胶型和无溶剂型三类。

(4) 按基料分分为氯丁橡胶、丁腈橡胶、丁基橡胶、丁苯橡胶、聚硫橡胶、有机硅橡胶、天然橡胶等胶黏剂。其中氯丁橡胶胶黏剂产量最大、用途最广，为此下面主要介绍氯丁橡胶胶黏剂。

2. 氯丁橡胶胶黏剂

(1) 组成　氯丁橡胶胶黏剂主要有填料型、树脂改性型和室温硫化型三种，其主要是由基料、硫化剂、促进剂、防老剂、补强剂、填充剂及溶剂组成。

① 基料　氯丁橡胶胶黏剂的基料是氯丁橡胶，它是由氯丁二烯单体经乳液聚合制得的。氯丁橡胶分为硫黄调节通用型、非硫黄调节通用型以及粘接专用型三大类，但是各类氯丁橡胶的性能有很大差别，必须根据应用的要求正确选用。

② 硫化剂　硫化就是高分子材料的"交联"或"架桥"，即线性高分子通过交联作用而形成的网状高分子的工艺过程，从物性上即是塑性橡胶转化为弹性橡胶或硬质橡胶的过程。"硫化"源于最初的天然橡胶制品用硫黄作交联剂进行交联，随着橡胶工业的发展，现在已有许多非硫黄交联剂。氯丁橡胶胶黏剂中常用的硫化剂是氧化锌（氧化锌能够吸收析出酸的作用）和氧化镁（能有效地加快胶膜变干，还能提高初始的粘接强度）。它们是氯丁橡胶胶黏剂中不可缺少的成分，其作用不仅是硫化，还有酸吸收剂（吸收氯丁橡胶分解产生的HCl）、预反应等功能，在混炼时还能防止胶料焦烧。

③ 防老剂　由于氯丁橡胶中含有不饱和的双键，存在着老化的问题。加入防老剂能够提高胶膜的抗热抗老化的能力，而且还可以改善胶黏剂贮存稳定性。如防老剂 D(N-苯基-β-萘胺)。

④ 固化剂　固化剂又称为交联剂（如异氰酸酯），能够加速氯丁橡胶胶黏剂的固化速

度，提高粘接的强度，提高耐热、耐水、耐化学药品性等。

⑤ 促进剂　为促进硫化，可添加二苯基硫脲、乙烯基硫脲、氧化铝、二乙基硫脲或二氨基二苯甲烷等作为促进剂。

⑥ 填料　填料能够起调节黏度和补偿作用，并且还能降低成本。在氯丁橡胶中用量不能太多，以防止沉淀。常用的有碳酸钙、陶土、炭黑或白炭黑等。

⑦ 溶剂　溶剂将直接影响到粘接强度、胶液黏度、涂刷性能等，对专用型氯丁橡胶胶黏剂可用混合溶剂，如芳香烃、汽油和乙酸乙酯按一定比例（如 3：4.5：2.5）混合。溶剂型橡胶胶黏剂中溶剂约占 70%。

（2）制备工艺　橡胶胶黏剂的生产包括塑炼、混炼、切片及溶解等基本生产工艺过程，具体如下。

① 塑炼　塑炼的实质就是使橡胶大分子链断裂，平均分子量相对变小的过程。通过塑炼可降低其黏度，提高其可塑性。促使分子链断裂的方法有机械破坏和热氧化裂解两种。机械破坏是物理过程，热氧化裂解是化学变化过程。在塑炼过程中，这两种作用往往同时存在共同作用。

在橡胶胶黏剂的生产中，最常用的塑炼方法有机械塑炼法和化学塑炼法。机械塑炼法主要是通过开放式炼胶机、密闭式炼胶机等机械破坏作用，降低生胶的弹性，获得一定的可塑性；化学塑炼法是化学作用，使生胶达到塑化目的。

② 混炼　混炼是指在炼胶机上依靠机械力作用将各种其他组分均匀地混合到塑炼胶中的过程。混炼温度一般不宜太高。混炼胶的质量决定着胶料进一步加工和成品的质量，若混炼不好，将会使后续工艺不能正常进行。

混炼方法分为开炼机混炼和密炼机混炼两种。开炼机混炼胶分为三个阶段，即包辊（生胶软化）、吃粉（加入粉剂）和翻炼（组分均匀分散）。胶料和各种配合剂经历了软化、混合、均匀分散三个阶段。开炼机混炼适用于制造小批量胶黏剂的工厂。密炼机混炼适用于大中型企业，其混炼过程也可分为三个阶段，即湿润、分散和捏炼，操作方法有一段混炼法（一次完成混炼）和二段混炼法。由于合成橡胶的广泛使用，在此基础上又发展起来一种逆混法，逆混法即加料的顺序与常规的相反。逆混法的加料顺序为：配合剂→生胶（或塑炼胶）→小料（促进剂、活性炭、防老剂）、软化剂→加压→混炼→排料。逆混法能充分利用装料容积，减少混炼的时间。

③ 切片和溶解　首先将混炼胶剪成细碎的小块，投入有搅拌的密封式溶解器中，加入溶剂，经过强力搅拌，待胶料溶胀后继续搅拌使之溶解成均匀的溶液，再加入些溶剂调配成所需的浓度即可。

（3）氯丁橡胶胶黏剂的应用　氯丁橡胶胶黏剂具有许多优点：如具有较高的粘接强度，较高的内聚力，并且强度建立的速度很快；具有优良的弹性，这是其他胶黏剂所不及的，耐冲击和振动，能够给予接头优良的挠曲度，特别适用于不同膨胀系数材料之间的粘接；初始粘力大，只需较低的压力就能瞬时结晶；耐介质性好，有较好的耐油、耐酸、耐水和耐碱的能力；可以不硫化，配制成单组分，使用方便，价格低廉；耐久、耐光、抗臭氧性好；适应性强，对多种材料粘接性好，故俗称为万能胶等。

但同时也有其缺点：①耐热性、耐寒性较差；②贮存稳定性差，容易分层、凝胶、沉淀；③溶剂型氯丁橡胶胶黏剂中溶剂含量最高，苯类溶剂用得最多，对健康和环境危害严重。所以环保化、水性化将是今后橡胶胶黏剂的发展方向。

基于上述特点，氯丁橡胶胶黏剂广泛用于粘接橡胶、皮革、织物、纸品、玻璃、陶瓷、混凝土等各种材料，由于胶膜具有柔韧性使橡胶胶黏剂特别适用于粘接柔软的或热膨胀系数不同的材料，比如橡胶与金属之间，塑料、皮革、木材等材料之间的黏结。目前，氯丁橡胶胶黏剂在飞机制造、汽车制造、建筑、轻工等部门有着广泛的应用，特别是在制鞋工业占有绝对主导地位。氯丁橡胶胶黏剂因其性能优异、用途广泛、价格低廉，一直独占鳌头，尚无其他胶黏剂能够完全取代。

3. 丁腈橡胶胶黏剂

丁腈橡胶是丁二烯和丙烯腈乳液聚合的共聚物，丁腈橡胶的型号根据丙烯腈的含量不同，产品主要有丁腈橡胶-18、丁腈橡胶-26 和丁腈橡胶-40 三种。丁腈橡胶具有优良的耐油性和耐热性以及对极性表面很好的黏附性和弹性。丁腈橡胶胶黏剂适用于金属、塑料、合成橡胶、木材、织物及皮革等多种材料的黏合，尤其适用于黏合聚氯乙烯板材、聚氯乙烯泡沫塑料、聚氯乙烯织物等软质聚氯乙烯材料。

4. 丁苯橡胶胶黏剂

丁苯橡胶是由丁二烯与苯乙烯共聚合制得的。丁苯橡胶胶黏剂的耐热、耐磨和耐老化性能优良，价格低廉，但其粘接性、耐油性、耐寒性和抗撕裂性较差。加入增黏剂如三苯基甲烷三异氰酸酯可显著提高粘接强度，可用于橡胶、织物、木材、纸张和金属等材料的胶接。

其他橡胶胶黏剂不再赘述，读者可参考相关专著。

四、特种胶黏剂

随着经济的发展，许多行业对胶黏剂提出了新的要求，要求胶黏剂具有一些特殊的性能，于是一些胶黏剂便从普通胶黏剂中独立出来形成具有特殊性能或特殊用途的胶黏剂，这类胶黏剂称为特种胶黏剂。特种胶黏剂根据产品的用途分为导电胶黏剂、医用胶黏剂、耐高温胶黏剂、水下胶黏剂、密封胶黏剂、超低温胶黏剂等。下面对其中较为重要的品种加以介绍。

1. 导电胶黏剂

导电胶黏剂是指固化或干燥后兼具导电和粘接双重功能的特种胶黏剂，在电子工业领域广泛应用。根据胶黏剂的导电粒子种类，导电胶黏剂分为银系导电胶黏剂、金系导电胶黏剂、铜系导电胶黏剂和炭系导电胶黏剂等；按固化工艺的特点，可将导电胶分为固化反应型、热熔型、高温烧结型、溶剂型和压敏型导电胶；按导电胶中基料的化学类型又可分成无机导电胶和有机导电胶。

目前导电胶黏剂是由胶黏剂料和导电粒子以及增韧剂等组成的配合物，它们主要是添加型，就是在胶黏剂中加入导电物质组成的特种胶黏剂。常用的导电粒子有金粉、银粉、铜粉、石墨等。

银具有优良的导电性和化学稳定性，它在空气中氧化极慢，是一种较为理想的导电粒子，虽然价格高，相对密度大，易沉淀，且在潮湿的环境中有迁移现象，但仍是应用最广的导电粒子。银的制备方法有电解法、化学还原法、加热分解法和物理法等，最好的导电银粒子是用电解沉淀法制得的超细银粉与鳞片状银粉的混合物。

导电胶黏剂中基料的作用是把导电粒子牢固地粘成链状，使导电胶黏剂具有稳定导电性。导电胶黏剂常用的基料有环氧树脂、酚醛树脂、有机硅树脂等。其中还要添加一些增韧剂等助剂来提高胶层的柔韧性和粘接强度。

导电胶黏剂内部的导电情况分为三种：一是导电粒子完全连续地相互接触形成一种电流通路；二是一部分导电粒子是不完全连续接触，但在电压作用下，相距很近的粒子上的电子可通过导体之间的电子跃迁产生传导，能借热振动越过势垒而形成较大的隧道电流；三是一部分导电粒子间的隔离层较厚，是电的绝缘层。

2. 医用胶黏剂

医用胶黏剂是指在外科手术中用于止血、牙科、骨科等粘接的一类胶黏剂，是一种生物医学工程材料。由于在人体这一特定的生物环境中使用，所以对胶黏剂的要求比较高，所用胶黏剂能直接粘接生物体，具有足够的化学稳定性，黏结迅速，且对人体无毒、无害，操作简单，不妨碍生物体自身恢复。固化时产生的热量少，难以形成血栓，能简单地进行灭菌，并且可以进行无菌保存。

医用胶黏剂可分为三大类：①适合皮肤、神经、肌肉、血管、黏膜的胶黏剂，也称软组织医用胶，如 α-氰基丙烯酸酯胶黏剂（具有无溶剂、室温快速固化，对金属、塑料及生物体胶接强度较大等特点，应用较多）、血纤维蛋白胶黏剂、聚氨酯系胶黏剂等。②适合粘接和固定牙齿、骨骼、人工关节用的胶黏剂，也称为硬组织胶黏剂。如骨水泥、聚甲基丙烯酸甲酯等。③医用压敏胶，主要是以丙烯酸树脂为主，添加天然橡胶或合成橡胶与增黏树脂的组合物。

自从 1959 年 Eastman 910 快速胶黏剂问世到现在，医用胶黏剂已得到快速的发展，应用范围越来越广，它已能够用于皮肤的粘接、牙齿的粘接、关节和骨头的粘接以及人工器官和周围组织的粘接等。医用胶黏剂除了要考虑强度和温度以外，还要考虑生理环境的影响，包括体液、自由基、酶、细菌等引起的降解。一些医用胶黏剂有着特优的性能，比如 α-氰基丙酸-1,2-异亚丙基甘油酯，简称 CAG（合成原料是丙酮、甘油、氰基乙酸等），是医用快速生物降解的止血剂，它的止血作用优于目前广泛使用的云南白药等。

3. 耐高温胶黏剂

耐高温胶黏剂具有很高的玻璃化温度和优良的热氧化稳定性。它是随航空、航天、电气电子及机械工业的需求而开发的。如飞机和火箭的头部及翼部的前端在飞行中其表面温度可达 200～500℃，甚至 2000℃，接近壳体表面的部分就需使用耐高温胶黏剂。耐高温胶黏剂按化学结构可以分为有机高分子胶黏剂和无机胶黏剂两种。有机聚合物一般能承受 500℃ 的温度，而无机胶黏剂可以在更高的温度下使用。耐高温胶黏剂主要应用于飞机的制造、电子工业等领域。随着技术的发展，对高温胶黏剂的要求越来越高，所以其基料的选择与工艺的设计非常重要，选择的基本原则如下。

① 根据高温条件选择适当的耐热聚合物（可以是一种或几种聚合物的混合）以获得最优的综合性能。

② 选用合适的工艺，确定合适的固化和后处理条件，在得到符合要求产品的同时尽量减少对环境的污染。

③ 加入适当的配料和填料，进一步提高产品的耐热性能，减少收缩率和降低产品成本。

④ 许多耐高温胶黏剂价格昂贵，在满足性能要求的前提下，尽量选择成本较低的品种。

4. 水下胶黏剂

水下胶黏剂也被称为吸水胶黏剂，是一种能够在水中进行黏合的特殊胶黏剂，水下胶黏剂适用于船底的修补，水坝、地下建筑等潮湿环境中的粘接。目前使用的水下胶黏剂主要有环氧型水下胶黏剂、聚氨酯型水下胶黏剂、端烯基聚氨酯 103 胶黏剂、水下压敏胶黏剂等。

水下胶黏剂的工作环境对其提出了特殊的要求，水下胶黏剂在固化前保持稳定，遇水不被水破坏，也不能与水混溶；固化后有能够满足需要的强度和耐水稳定性；要有足够的表面活性，能够在水下浸润物体表面等。

水下胶黏剂一般是由主剂、固化剂、促进剂、表面活性剂及填料组成。主剂一般是能在水中稳定且常温固化的环氧树脂，根据需求的不同可以选择不同型号的树脂。固化剂采用端氰基脂肪胺。在水下胶黏剂中加入促进剂是为了提高反应的活性，缩短固化的时间。表面活性剂是水下胶黏剂的关键组分，它能保证胶黏剂的浸润性能，使粘接表面有更多的化学吸附，增强它的黏合强度。

5. 超低温胶黏剂

超低温胶黏剂是指在超低温（＜－100℃）条件下使用并有足够强度的一种特殊胶黏剂。随着宇航航天等尖端技术的迅速发展，超低温胶黏剂也得以快速地发展。多数胶黏剂在－60℃以下就会由于脆性而失去强度，超低温胶黏剂却能在深冷环境中使用。超低温胶黏剂不但要有常温时的粘接强度，即使在低温－180℃还能保持足够的强度，同时还要耐腐蚀等。超低温胶黏剂通常是由聚氨酯、环氧树脂等为主体配制而成的，聚氨酯胶黏剂是性能理想的超低温胶黏剂，它的缺点是遇水分解和温度升高时强度会随之降低。

例如，用三均苯甲酰氯、环氧氯丙醇、催化剂反应合成白色粉末苯三酸三缩水甘油酯，再依次加入均苯三缩水甘油醇、丁腈-40、固化剂、填料，混合均匀即可制得超低温胶黏剂。超低温环氧胶黏剂可在中温70℃左右固化，能在－196～150℃的范围内长时间使用。超低温胶黏剂已被广泛应用于航天、航空、核能、超导技术，也用于液氧杜瓦瓶和冷刀液氮源设备等的粘接。

特种胶黏剂除了以上几种外还有光敏胶黏剂、厌氧胶黏剂、结构胶黏剂、光刻胶黏剂等，这里就不再叙述。

思 考 题

1. 涂料的概念是什么？它有何作用？
2. 涂料的一般组成有哪些？
3. 涂料是如何命名的？
4. 涂料的主要性能指标有哪些？今后涂料将如何发展？
5. 什么是醇酸树脂？它有哪些类别？
6. 醇酸树脂有哪些合成方法？试简述其典型合成工艺。
7. 醇酸树脂有何优缺点？
8. 什么是丙烯酸树脂？它有哪些类别？有何特点？
9. 试简述丙烯酸单体及其树脂的主要合成方法。
10. 什么是环氧树脂？它有哪些类别？有何特点？
11. 环氧树脂的主要性能指标有哪些？
12. 简述双酚 A 环氧树脂的合成原理及工艺。
13. 什么是聚氨酯树脂？它有何特点？
14. 简述聚氨酯树脂的合成原理及合成所需的原料。
15. 什么是酚醛树脂？它有哪些类别？
16. 酚与醛配比及催化剂对酚醛树脂合成有何影响？
17. 什么是清漆？它与色漆有何不同？又有何作用？
18. 色漆有哪些类别？
19. 简述颜料分散过程。
20. 简述色漆制备的一般工艺过程。
21. 主要树脂涂料各有何特点？
22. 什么是乳胶涂料？它有何优越性？
23. 什么是乳液聚合？它通常有哪几种聚合工艺？
24. 建筑乳胶涂料主要有哪些类别？
25. 简述建筑乳胶涂料的制备方法。
26. 什么是粉末涂料？有何优越性？

27. 粉末涂料的组成有哪些？它如何分类？

28. 粉末涂料一般如何制备？它又如何进行施工呢？

29. 什么是特种涂料？试举例说明。

30. 什么是纳米复合涂料？

31. 什么是胶黏剂？它有何特点？

32. 简述胶黏剂的组成及其分类。

33. 胶黏剂产品如何用代号表示？

34. 粘接的理论有哪几种？

35. 简述胶黏剂的发展趋势。

36. 热塑性胶黏剂与热固性胶黏剂有何区别？

37. 什么是丙烯酸酯类胶黏剂？它有哪些类别？有何特点？其组成是什么？

38. 什么是聚醋酸乙烯胶黏剂？它有哪些类别？有何特点？其组成是什么？

39. 什么是环氧树脂胶黏剂？它有哪些类别？有何特点？其组成是什么？

40. 什么是聚氨酯类胶黏剂？它有哪些类别？有何特点？其组成是什么？

41. 试分别简述一种典型热塑性胶黏剂与热固性胶黏剂的制备方法。

42. 酚醛树脂胶黏剂有哪些类别？有何特点？

43. 什么是橡胶胶黏剂？它是如何分类的？

44. 简述氯丁橡胶胶黏剂的组成、制备工艺及其特点。

45. 什么是特种胶黏剂？试举例说明。

第十章 化 妆 品

【基本要求】

1. 重点掌握化妆品的乳化操作技术及典型品种的配方原理和生产技术；
2. 掌握典型化妆品生产的基质原料和辅助原料；
3. 了解化妆品的类别。

化妆品工业是一门新兴的精细化工产品工业，随着人们物质、文化生活水平的不断提高和社会的进步，化妆品已经开始成为人们点缀和美化生活的日常消费必需品。

化妆品的发展与人类追求美的天性相辅相成。化妆品的生产和使用发源于埃及，距今已有四千多年的历史。公元前 5 世纪，在宗教仪式上采用香木焚香的同时，也用芳香产品混同油脂涂在身体上去朝圣。公元 7~12 世纪，阿拉伯人首先采用蒸馏提取技术制备了香精。13~16 世纪，随着欧洲文艺复兴带来的文化繁荣，化妆品开始从医药中分离出来，逐渐成为单独的工业领域。

我国是四大文明古国之一，化妆品的生产和使用有着悠久的历史，在古代书籍《汉书》中就有画眉、点唇的记载，《齐民要术》中介绍了有丁香芬芳的香粉。

近代迅速崛起的油脂工业、香料工业、化工原料工业、有机合成工业为化妆品工业奠定了扎实的基础，也为现代化妆品工业的迅猛发展创造了有利条件。化妆品不仅是人们日常生活的必需品，也是衡量一个国家的文明程度和生活水平的标志。

化妆品是以涂敷、揉擦、喷洒等不同方式涂加在人体面部、皮肤表面及毛发等处，起清洁、保护和美化作用的日用化学工业产品。

化妆品的广泛使用，对保护皮肤生理健康、促进身心愉快有着重要意义。化妆品的作用主要有以下几个方面。

① 清洁作用　祛除皮肤、毛发以及人体代谢过程中产生的不洁物质。如清洁霜、清洁面膜、清洁用化妆水、浴液和洗发香波等。

② 保护作用　保护皮肤及毛发等处，使其滋润、柔软、光滑、富有弹性，用以抵御寒风、烈日、紫外线辐射，防止皮肤皲裂，毛发枯断。如雪花膏、冷霜、润肤霜、防裂油膏、奶液、防晒霜、发油、发乳、护发素等。

③ 营养作用　补充皮肤及毛发营养，增加组织活力，保持皮肤角质层的含水量，减少皮肤皱纹，减缓皮肤衰老以及促进毛发生机，防止脱发。如人参霜、维生素霜、珍珠霜等各种营养霜、营养面膜等。

④ 美化作用　美化皮肤及毛发、使之增加魅力，或散发香气。如粉底霜、粉饼、香粉、胭脂、唇膏、染发剂、烫发剂、眼影膏、眉笔、睫毛膏、香水等。

⑤ 防治作用　预防或治疗皮肤及毛发等部位影响外表或功能的生理病理现象。如雀斑霜、粉刺霜、抑汗剂、祛臭剂、痱子粉、生发水、药性发乳等。

天然原料的发掘、合成原料的创新，使得化妆品的品种日益增多。化妆品的分类方法一般有两种。

根据产品工艺和配方等特点可分为 14 类：乳化状化妆品、悬浮状化妆品、粉状化妆品、油状化妆品、锭状化妆品、膏状化妆品、胶态化妆品、液状化妆品、块状化妆品、喷雾化妆品、珠光状化妆品、笔状化妆品、薄膜状化妆品和其他化妆品。

根据产品用途不同，可以分成两类：皮肤用化妆品和毛发用化妆品，每类又可以分为清洁用、保护用、美容用、营养及日常治疗用等。

化妆品是人们经常使用的日用消费品，其必须满足以下性能。

① 安全性　由于人们每天都在使用化妆品，因此对化妆品的质量要求较高，首要的就是安全可靠，不得有碍人体健康，同时在使用时不能有任何副作用。化妆品必须保证长期使用对人体的安全性，即无毒性、无刺激性、无诱变致病作用。化妆品的安全性测试常做毒性试验、刺激性试验等。

影响化妆品安全性的因素主要有配方的组成、原料的选择及纯度、原料组分间的相互作用、加工技术及制造设备等方面。

消费者在选择和使用化妆品时要注意产品的有效期，在选用新产品时，要进行新产品的皮肤刺激性实验，从而选择适合自身皮肤的产品。

② 稳定性　化妆品在贮存、运输及使用过程中，从产品到使用完毕需要一定的时间，在此期间，不应该由于温度、光照、细菌、氧气等作用而发生霉变、油水分离、氧化、酸化、降解等现象致使其失效。

③ 有效性　人们使用化妆品，是为了保持皮肤正常的生理功能，并产生一定的美化修饰效果。

④ 舒适性　化妆品除了满足一定的安全性、稳定性及有效性外，在使用时必须使人产生舒适感，人们才愿意使用。

未来化妆品的发展方向有五大趋势。

① 防晒化妆品　用于防止紫外线晒伤皮肤的制品。强烈的日光照射会损坏人免疫系统，加速肌肤老化，导致各种皮肤病甚至产生皮肤癌。开发安全、高效的防晒原料，提高制剂的防晒效果和对肌肤的保护能力，将是防晒化妆品发展的主要研究方向。

② 天然绿色化妆品　指部分或全部采用天然物质精华，经现代生产工艺技术精制而成的化妆品。随着科学技术迅速发展，化妆品的发展思路逐渐转到回归自然理念上来，着力开发天然资源，天然绿色化妆品在外观性状、使用性能、安全性、稳定性、有效性等各方面都有了明显提高，使天然化妆品进入了前所未有的发展时期。

③ 生物技术制剂化妆品　利用现代生物工程技术开发的生物技术制剂用做化妆品的原料而制成的化妆品。现代生物技术是以生命科学为基础，利用生物的特性和功能，设计、构建具有预期性能的新物质或新品系。生物技术的发展对化妆品科学起了极大的促进作用。分子生物学的发展揭示了皮肤受损伤和衰老的生物化学过程，使人类可以利用仿生的方法，设计和制造一些生物技术制剂，用于配制抗衰老产品，延缓或抑制引起衰老的生化过程，恢复或加速保持皮肤健康的生化过程。

④ 专业化妆品市场将持续升温，女性对护肤美容品越来越关注，这就为专业美容化妆品的迅速发展推向一个新高潮。

⑤ 单一品种向多品种转变，单一功能向多功能转变。如滋养霜同时具有营养、保湿、美白、防粉刺等功能，产品多功能化是化妆品发展的一个重要方向。

第一节　化妆品的生产原料

化妆品是由各种不同作用的原料，经配方加工而制得的产品。化妆品的各种特性及质量的好坏除了与配制技术及生产设备等有着密切的关系外，主要决定于组成它的原料。随着化学品工业的迅速发展，化妆品的品种日益增多，并不断有新的原料被开发利用。

化妆品因用途不同而种类繁多、成分各异，不同类别的化妆品其原料和配比都有各自的特点，但就整个化妆品体系而言，仍有共性。

根据化妆品原料的用途与性能，可分为基质原料和辅助原料。

一、基质原料

基质原料，也称为基础原料，是构成化妆品基体的物质原料，在化妆品配方中占有较大的比重，体现化妆品的主要性质和功用。

1. 油性原料

油脂、蜡是油性物质的总称，是组成膏霜类化妆品、唇膏等多种化妆品的基本原料。常温下呈液态的油性物质称为油，呈半固态的脂肪质称为脂，呈固态的软性油料称为蜡。油性原料主要起护肤、柔滑、滋润等作用。

按来源不同，油性原料主要包括动、植物油脂和蜡；矿物油、蜡以及合成（半合成）油脂、蜡。油脂的主要成分是甘油脂肪酸酯，广泛存在于天然的动植物界。蜡类是高级脂肪酸与多元醇化合而成的酯，其中还含有游离脂肪酸、游离醇、烃类等。

（1）动、植物油脂和蜡

① 椰子油　它是由椰子果肉提取而得，白色或淡蓝色液体，有椰子香味。主要成分是月桂酸和肉豆蔻酸三甘油酯，并含有少量油酸、棕榈酸、硬脂酸等，主要用于合成表面活性剂，如十二醇硫酸钠、聚氧乙烯十二醇硫酸钠等。

② 蓖麻油　它是从蓖麻子中提取而得，无色而微黄色的黏稠液体，主要成分是蓖麻油酸甘油酯，常用于制造化妆皂、唇膏、香波、发油等。

③ 橄榄油　它是从橄榄仁中提取的，微黄或黄绿色的液体，主要成分是油酸甘油酯，用于制造化妆皂、冷霜等原料。

④ 牛脂　取自食用牛的脂肪，是白色软固体，主要成分是油酸，可与椰子油作为制皂重要油脂原料。

⑤ 羊毛脂　从洗涤羊毛的废水中提取而得，又称羊毛蜡，内含胆甾醇、虫蜡醇和多种脂肪酸酯，是淡黄色油状半固体，它是性能很好的油性原料，对皮肤有保护作用，具有柔软、润滑及防止脱脂的性能。但由于它的颜色及气味，使用时受到了限制，目前羊毛脂经高压加氢精制，改善了其性能，已大量用于护肤膏霜、口红、护发制品中。

⑥ 鲸蜡　是从抹香鲸头部提取出来的油腻物经冷却和压榨而得，是白色固体，主要成分为棕榈酸十六酯、月桂酸等。鲸蜡是制造口红、冷霜的原料。

⑦ 蜂蜡　又称蜜蜡，由蜜蜂的蜂房精制而得，是微黄色的固体，主要成分是棕榈酸蜂蜡酯、虫蜡酸等，是制造冷霜、唇膏等美容化妆品的主要原料，由于有特殊气味不宜多用。

⑧ 巴西棕榈蜡　是从棕榈叶浸取而得，是淡黄色固体，是化妆品原料中硬度最高的一种，是制造唇膏、睫毛膏的原料。

其他动、植物油脂和蜡，还有杏仁油、花生油、棉籽油、鱼肝油、小烛树蜡等在化妆品中都具有广泛的应用。

（2）矿物油脂和蜡

① 液体石蜡　也称为矿油或白油，是石油高沸点馏分（330～390℃），经除去芳烃、烯烃或加氢等方法精制而得，是无色油状液体，适合制造护肤霜、冷霜、发油、发蜡等化妆品。

② 凡士林　是石油残油脱蜡精制而成，白色或淡黄色油状半固体，在化妆品中为乳液制品、膏霜及唇膏、发蜡等制品中的油性原料。

其他矿物油脂和蜡还有固体石蜡、微晶石蜡等，都适用于膏霜类、护发类化妆品。

（3）合成（半合成）油脂和蜡　合成油脂和蜡一般是从各种油脂或原料经加工合成的改性油脂和蜡，其组成稳定，功能突出，已广泛应用于各类化妆品中。

① 角鲨烷　角鲨烷是由鲨鱼肝中提取的角鲨烯烃加氢后制成的，为无色的油状透明液体，其对皮肤刺激性低，能使皮肤柔软，并具有良好的皮肤渗透性、润滑性和安全性，在化妆品中可作膏霜、口红及护发制品的油性原料。

② 羊毛脂衍生物　精制羊毛脂经分馏、氢化、色谱分离和分子蒸馏等加工方法，可制得许多具有很好性质的羊毛脂衍生物，可用于唇膏、雪花膏、发油等各类化妆品的油性原料。

③ 硅油及衍生物　又称聚硅氧烷，属高分子聚合物，化学性质稳定，无臭、无毒，润滑性能好，目前用于各种化妆品配方中的硅油品种有二甲基硅油、聚醚-聚硅氧烷、环状聚硅氧烷等，主要应用在护肤膏霜、香波、美容化妆品中。

④ 脂肪酸、脂肪醇和酯　化妆品用的脂肪酸、脂肪醇和酯多数来自动植物油脂、蜡水解后进一步分离纯化。脂肪酸、脂肪醇和酯的物理性质与油脂相似，高级脂肪酸和醇是各种乳化制品和油膏的重要原料，脂肪酸酯不仅可以代替天然油脂，而且赋予化妆品一些特殊功能。化妆品中使用的脂肪酸主要是 C_{12} 以上的脂肪酸，如月桂酸（十二酸）、棕榈酸（十六酸）、硬脂酸（十八酸）、油酸（十八烯酸）和肉豆蔻酸（十四酸）等，高碳醇有月桂醇、鲸蜡醇、油醇等品种，酯类多数是由高级脂肪酸与低相对分子质量的一元醇酯化所得，如肉豆蔻酸异丙酯、棕榈酸异丙酯、单硬脂酸甘油酯等。

2. 粉质原料

粉质原料是组成香粉、爽身粉、胭脂等化妆品基体的原料，主要起遮盖、滑爽、吸收和黏附等作用。

① 滑石粉是香粉中用量最多的基本原料，具有发光和滑爽的特性。适用于香粉用的滑石粉必须洁白、无臭、有柔软光滑的感觉，其细度至少有98％以上能通过200目的筛孔，越细越好。

② 高岭土也是香粉的基本原料之一，高岭土有很好的吸收性能，吸收汗液和皮脂，并对去除滑石粉的闪光有效。高岭土应该色泽洁白，均匀细致。

③ 碳酸钙是香粉中应用较广的一种原料，沉淀碳酸钙色白、无光泽，具有较好的吸收性和去除滑石粉闪光的功效。

④ 碳酸镁主要用作吸收剂，生产香粉时，先将香料和碳酸镁混合均匀后，再和其他的原料混合。

⑤ 硬脂酸锌和硬脂酸镁用于香粉中增加黏附性。

⑥ 氧化锌和二氧化钛在香粉中的作用主要是遮盖，氧化锌对皮肤还有缓和的干燥和杀菌作用，一般是将二氧化钛和氧化锌混合使用，效果较好。

3. 溶剂类原料

溶剂类原料是膏状、液状等化妆品的主要组成成分之一，它们除起溶剂作用外，有的溶剂还有溶解、润滑、挥发、润湿、保香及收敛等性能。

(1) 水　水是良好的、用量最大的溶剂，化妆品所用的水，要求水质纯净、无色、无味，不含钙镁离子，无杂质，现在广泛使用在化妆品中的是去离子水和蒸馏水。

(2) 醇类　醇类原料是组成香水、发油等液体化妆品的主要原料，主要起溶解、稀释、芳香等作用，在化妆品中常用的醇类原料是乙醇、异丙醇等。

此外，还有小分子的酮、醚等。

二、辅助原料

辅助原料是使化妆品成型、稳定或赋予化妆品以芬芳及其他特定作用的配合原料，一般辅助原料的用量都较少，但在化妆品中是不可缺少的组分。

1. 表面活性剂

表面活性剂是化妆品中一种重要的辅助原料，在化妆品中，表面活性剂的用途很广，主要体现为乳化作用、分散作用、增溶作用、起泡作用、清洗作用、杀菌作用、润滑作用和柔软作用等。

同一般的表面活性剂类似，化妆品用表面活性剂主要分四种：阴离子型、阳离子型、非离子型与两性型表面活性剂，往往同一种表面活性剂常兼有两种或两种以上的功用。从用途上看，表面活性剂在化妆品中主要体现的作用有乳化、增溶、分散、起泡洗净、杀菌、润滑、柔软等。

(1) 乳化作用　乳化剂是使油脂、蜡与水制成乳化体的原料，大部分化妆品如奶液、雪花膏、冷霜等是水和油的乳化体。化妆品中常用的乳化剂，主要是阴离子型和非离子型两种，其性能优良，品种较多。

乳化剂的主要作用，一是起乳化效能，使乳化体稳定；二是控制乳化类型。要制取W/O型乳剂可选用 HLB≤6 的表面活性剂；制取 O/W 型，应选用 HLB＝6～17 的表面活性剂。乳化剂还能调节对皮肤作用的成分，使微量成分在皮肤上均匀涂敷。

(2) 增溶作用　增溶剂用在化妆水、生发油、生发养发剂的生产中，能使油性成分呈透明溶解状，从而对提高化妆品附加价值起重要作用。作为增溶剂的表面活性剂有：聚氧乙烯硬化蓖麻油、聚氧乙烯蓖麻油、脂肪醇聚氧乙烯醚、聚甘油脂肪酸酯及蛋白质、蔗糖酯、卵磷脂等。

(3) 分散作用　美容化妆品常采用表面活性剂作分散剂，被分散的原料有滑石、云母、二氧化钛和酞菁蓝等无机、有机颜料。这些原料赋予化妆品良好的色泽及遮盖底色、防晒等功效。必须将其均匀分散于化妆品中，以利发挥功效。

分散剂能吸附在固液界面上，降低界面能，使分散体系稳定；吸附在粉体表面，使其带电，粒子间产生同性电荷排斥作用，使体系稳定；吸附在胶体表面，形成溶剂化层，使体系稳定，即保护胶体，提高分散介质的黏度。

用作分散剂的表面活性剂有硬脂酸皂、脂肪醇聚氧乙烯醚等。

(4) 起泡洗净作用　肥皂、固体洗净剂、香波均需要起泡洗净剂，其主要成分为阴离子表面活性剂、两性离子表面活性剂等。

(5) 杀菌作用　表面活性剂具有杀菌或抑制微生物的作用，常用的是阳离子表面活性剂和两性离子表面活性剂。

2. 香料

香料是赋予化妆品一定香气的原料，在化妆品中用量极少，但却起着关键性的作用。调配得当的香味不仅为产品增添美感，还能掩盖产品中某些成分的不良气味。香精又称调和香料，是由多种香料调配混合而成，且带有一定类型的香气，即香型。

香料的种类丰富，通常香料按照其来源及加工方法分为天然香料和人造香料。进一步可细分为动物性天然香料、植物性天然香料、单离香料及合成香料。

动物性天然香料有麝香、灵猫香、海狸香和龙涎香等少数品种，均为调制高级香料用。植物性天然香料是以芳香植物的采香部位（花、叶、枝、草、根、皮、茎、籽、果等）为原料，用水蒸气蒸馏、浸提、吸收、压榨等方法生产出来的精油、浸膏、酊类、香脂等。植物性天然香料品种较多，来源广，约有500余种。单离香料是使用物理或化学方法从天然香料中分离提取的单体香料化合物，例如用重结晶法从薄荷油中分离出来的薄荷醇。合成香料是指通过化学方法制取的香料化合物。合成香料的品种较多，约有3000多种。

化妆品的香气常常是由十几种甚至几十种香料调和而成，化妆品在加香时，除选择合适的香型外，还要考虑香精对产品质量及使用效果有无影响。不同制品对加香要求也不同。

（1）雪花膏　一般用作粉底霜，选择香型必须与香粉的香型调和，香气不宜强烈，故香精用量不宜过多，能遮盖基质的嗅味并散发出愉快的香气即可。一般用量约为0.5%～1%。常用的有玫瑰、茉莉、兰花等香型。

（2）冷霜　冷霜含油脂较多，所用香精必须能遮盖油脂的臭气，一般用量约为0.5%～1%。常用的有玫瑰、紫罗兰等香型。

（3）乳液　乳液加香要求近似于冷霜，但因含水分较多，为使乳化稳定，宜少用香精，或用一些水溶性香精。一般用量约为0.5%～1%。常用的有玫瑰、紫罗兰、苦杏仁等香型。

（4）香粉　香粉要求有持久的香气，对定香剂的要求较高。由于粉粒间空隙多，与光和空气的接触面大，所以对遇光易变色，易氧化变质及易聚合树脂化的香料不宜使用。一般用量约为2%～5%，香粉香精的香型以突出花香或花束型为宜。

（5）爽身粉　其作用在于润滑爽身，抑汗防痒。香型方面以熏衣草香型较适宜，产品要求有清凉的感觉，常需与薄荷等相协调，香精的质量分数一般在1%左右。

（6）唇膏　其对香气的要求不如一般化妆品高，因在唇部敷用，对无刺激性的要求很高，另外结晶析出的固体原料也不宜使用。以芳香甜美适口为主。一般用量约为1%～3%，常用的香型有玫瑰、茉莉、紫罗兰、橙花等，也有用古龙香型的。

（7）香水　其本身就是香精的乙醇溶液，因此对溶解度的要求极高，不宜采用含蜡多的原料，香水香型以花香为宜，用量一般为15%～25%。

（8）花露水　花露水是夏令卫生用品。形式上虽与香水相似，但其作用主要是杀菌、防痒、止痒和去污，因此对香气并不要求持久，可用一些较易挥发的香精，香精的质量分数一般为3%～8%之间。

3. 保湿剂

皮肤保湿是化妆品的重要功能之一，因此在化妆品中需加保湿剂。保湿剂既能防止皮肤角质层的水分挥发而保持其湿润，又能防止化妆品中水分挥发而发生干裂现象。

最早应用的化妆品保湿剂是甘油（即丙三醇）。它无色、无臭、澄清、吸湿性强，对皮肤有柔软润滑作用，是化妆水、牙膏、粉末制品的重要保湿原料。

常用的保湿剂有多元醇类化合物，如甘油、丙二醇、聚乙二醇、山梨醇等，此外，还有少数非多元醇类化合物，如吡咯烷酮羧酸钠（PCA-Na）、水解胶原蛋白、乳酸钠等。

4. 色素

色素是赋予化妆品以一定颜色的原料，常用在美容化妆品中，如口红、眼影膏（粉）、粉底等，适当地使用色素，可显现自然而健康的化妆效果。色素分为天然色素、有机合成色素和无机颜料。

（1）天然色素　天然色素是自动植物组织中用溶剂萃取而制得的。天然色素虽然色泽稍逊，对光、热、pH 等稳定性相对较差，但安全性相对比人工合成色素要高。

① 胭脂虫红　西方常用作口红色素。在酸性中呈橙色至红色色调，在碱性中则呈紫红色。

② 红花苷　是从红花花瓣中提取的红色素，鲜艳红色。

③ 天然鱼鳞片　来自带鱼、鲱鱼的鳞片，用有机溶剂精制而成，常用于口红、指甲油及化妆水等。

（2）有机合成色素（焦油色素）　这类色素品种与颜色都很丰富，大致有染料、色淀和颜料三类。广泛用于乳膏、香波、头油、口红等化妆品。色淀与颜料类似，仅在着色力、遮盖力上有区别，它们广泛应用于口红、胭脂及其他浓妆化妆品中。

（3）无机颜料

① 有色颜料　主要有氧化铁、群青和炭黑等品种。

氧化铁是以硫酸亚铁为原料制成的，根据不同的烧成温度、升温方法和空气量等制成从黄色到黑色的氧化铁，用它们可以调制不同色调的眼影粉或其他彩色化妆品。红色氧化铁与白色颜料调和可得最接近人体健康肤色的色调。

群青的天然品取自天然琉璃石加以研细而成，合成品是以硫黄、碳酸钠、氢氧化铁、高岭土和还原剂（木炭、沥青、松香）混合后于 $700\sim800℃$ 燃烧而成，有青色到紫色各色调，为化妆品及香皂的着色剂。

炭黑是天然气经不完全燃烧所得的炭素，为黑色粉末，化学性质稳定。可制作眼影、眼线及眉笔等墨类制品，但有的国家禁用此原料作化妆品。

② 白色颜料（粉剂）　可作爽身粉、粉饼及香皂的填充剂；也可利用其遮盖力、附着力强的特性作白色颜料，但对它们的品质要求很严格。

常用的有滑石粉、高岭土、锌白等，还有遮盖力最强的二氧化钛，因不透紫外光，涂在皮肤上不发白，多用于防晒化妆品。此外，碳酸钙、硬脂酸锌等也是粉剂型化妆品的重要原料。

5. 黏合剂

黏合剂能使固体粉质原料黏合成型，或使含有固体粉质原料的膏状产品分散、悬浮、稳定的辅助原料，在液体或乳液类产品中黏合剂还兼有增稠、调节黏度、提高乳液稳定性的作用。常用的黏合剂有天然或合成高分子化合物，天然高分子化合物有淀粉、阿拉伯树胶、果胶、海藻酸钠、黄蓍树胶等；合成高分子化合物包括纤维素类、聚乙烯醇、聚乙烯吡咯烷酮等。

6. 防腐剂和抗氧剂

防腐剂和抗氧剂是防止化妆品败坏（如变质）的添加剂。化妆品的防腐剂和抗氧剂要求没有毒性，没有刺激性和过敏性；最好是无色、无臭和制品相和谐的精细化学品。

（1）防腐剂　能防止微生物生长作用的叫防腐剂，在大多数化妆品中均含有水分，且含有胶质、脂肪酸、蛋白质等成分，在产品制造、贮运及使用过程中可能引起微生物繁殖而使得产品变质，所以在产品配方中需加入防腐剂。

用于化妆品的防腐剂要求是无毒、无刺激、无过敏，并能长期保存；在极低含量时应具有抑菌功能，能和大多数成分配伍，在一般情况下容易溶解；对产品的颜色、气味均无显著影响。为了获得广谱的抑菌效果，往往采用 $2\sim3$ 种防腐剂配合使用。

化妆品中防腐剂的品种较多，如对羟基苯甲酸酯类（尼泊金）、安息香酸及其盐、水杨酸及其盐、清凉茶醇及其盐、对氯代苯酚、山梨酸等。

（2）抗氧剂　能延长油脂酸败作用的叫抗氧剂。许多化妆品含有油脂成分，尤其是含有不饱和油脂的产品，由于空气、光等因素使油脂发生酸败而变味，酸败的过程实际上是油脂的氧化过程。油脂中含有的不饱和键越多，就越容易被氧化。抗氧剂的作用是能阻止油脂中不饱和键的氧化或者本身能吸收，其质量分数一般为 $0.02\% \sim 0.1\%$。抗氧剂按其化学结构可有如下几类：酚类、醌类、胺类、有机酸和醇类、无机酸及其盐类，常用的主要有二丁基羟基甲苯、没食子酸丙酯、维生素 E、抗坏血酸、柠檬酸等。

7. 收敛剂

收敛剂是指能使皮肤毛孔收缩的化学品。常用的收敛剂为铝等金属的盐类，如碱性氧化铝、硫酸铝、氯化铝、苯酚磺酸铝、苯酚磺酸铝锌等，主要用于收敛性化妆水和抑汗化妆品。

8. 其他辅助原料

在化妆品配方中作为辅助性原料的还有防晒原料、营养成分、药物成分等。

第二节　化妆品的生产工艺

化妆品的生产工艺比较简单，生产中很少有化学反应发生，主要是物料的混合，常采用间歇式批量生产，生产过程中所用的设备也较简单，化妆品的生产涉及的单元操作主要有粉碎、研磨、乳化、分散、分离、加热和冷却、灭菌和消毒、产品的成型和包装、容器的清洗等。下面介绍化妆品生产的几种主要工艺。

一、乳化

乳化技术是生产化妆品过程中最重要而最复杂的技术。化妆品的剂型中，乳化型所占比例很大，如化妆品中产量最大的膏霜类化妆品就是乳化型。在化妆品原料中，亲水性成分有水、酒精等，亲油性成分有油脂、高碳脂肪酸、酯、醇、香精、有机溶剂及其他油溶性成分等，还有滑石粉等粉体成分。要将它们均匀、稳定地混合在一起，必须采用有效的乳化技术。

1. 乳化技术

（1）油相、水相的制备　乳化技术中，通常先制备出油相和水相，然后再进行乳化等其他工序。

① 油相的制备　按配方用量，把所有的油相成分加到同一容器中，如果组分中有较高熔点的物料，需加热将油性成分熔化并保持其液态。如果该油性溶液在停止加热后发生凝固，则应使其温度维持在比凝固点高 10℃ 以上，以保持液态。

② 水相的制备　根据配方用量，将水溶性物料溶于水中，如有必要，可在搅拌下加热至 $90 \sim 100$℃，使其溶解，维持 20min 灭菌。

（2）乳化方法　工业上常用的能得到稳定乳化体的乳化方法有以下几种。

① 自然乳化法　将乳化剂加入油相中，混合均匀后一起加入水相中，进行良好的搅拌，可自发形成稳定的 O/W 型乳状液。如果把水相直接加到油相溶液中，可得到 W/O 型乳状液。此法适用于易于流动的液体，如矿物油等。若油的黏度较高，可在 $40 \sim 60$℃ 条件下进行。多元醇酯类乳化剂不易形成自然乳化。

② 转相乳化法　在制备 O/W 型乳状液时，先将加有乳化剂的油类加热成液体，然后边搅拌边加入温水，开始时加入的水以微滴分散于油中，成 W/O 型乳状液，再继续加水，随着水量的增加乳状液逐渐变稠，至最后黏度急剧下降，转相为 O/W 型乳状液，快速把余下

的水加完即可。

③ 机械强制乳化法 工业上机械强制乳化时主要采用胶体磨和高压阀门均质器等设备。它们用很大的剪切力将被乳化物撕成很细、很匀的粒子，形成稳定的乳化体。用前述两种乳化法无法制备的乳化体可用此种方法生产。

④ 低能乳化法 用一般乳化法制备乳化体，加热过程需要耗费大量的能量，产品制成后，还需降温冷却，既耗能又费时。低能乳化法只在乳化过程的必要环节供给所需能量，缩短了制造时间，降低了生产成本，节能效果明显，从而提高了生产效率。低能乳化法在生产乳液、膏霜类化妆品时被广为采用。

低能乳化法的基本原理是将乳化体的外相分成 α、β 两部分，其质量分数分别为 α、β（α＋β＝1）。乳化时，仅对内相和外相的 β 部分加热，因而节省热能为 $(1-\beta)=\alpha H$。外相/内相值越大，或 α/β 之值越大，节能越有效。

通常采用的是二釜法（如图 10-1 所示），以制备 O/W 型乳化体为例（见图 10-1）。将油相置下釜加热，将 β 水相注于上釜加热，然后将 β 水相与油相一起于下釜搅拌制成浓缩乳状液。再通过自动计量仪将常温蒸馏水（α 相）注入下釜的浓乳液，对浓缩乳状液进行稀释，搅拌后即完成制备。乳化体的温度因加入 α 相而下降，此法可节能 50%。技术的关键在于选择好 α 相与 β 相的比例，在生产中要探索经验以选择合适的工艺条件。

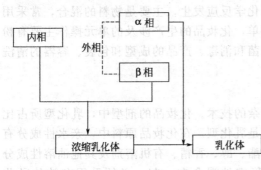

图 10-1 二釜式低能乳化法示意

2. 乳化设备

（1）胶体磨 胶体磨是一种剪切力很大的乳化设备，可以迅速地同时对液体、固体、胶体进行粉碎、微粒化及均匀混合、分散、乳化等处理。主要部件由定盘和动盘所组成，定盘高速旋转时，物料被迫通过定盘和动盘之间的间隙，经过处理的物质细度可以达到 1μm 左右，胶体磨是一种具有强大分散能力和混合均匀的高效乳化设备，可以制得相对稳定的乳液。

（2）高压阀门均质器 高压阀门均质器是一种具有较强剪切、压缩和冲击等作用的高效搅拌设备，主要应用于液体的乳化，固、液两相物料的粉碎、均质分散和混合。将欲乳化的混合物，在很高的压力下自一个小孔挤出，从而达到乳化目的。

此外，化妆品中的乳化设备还有连续喷射式混合乳化机，其适用于制造乳状化妆品；真空乳化机，其适用于制造高级乳液化妆品，同时有杀菌效能。

二、混合与搅拌

1. 搅拌

液态非均匀介质的混合与乳化设备主要是搅拌釜。搅拌釜由搅拌机构和搅拌釜壳所组成。搅拌釜的壳体多数是圆筒型的，由于搅拌釜内通常要完成换热过程，所以应设换热器，如果换热器置于外面，则做成夹套式，如果换热器放在釜内，则可用蛇管。立式搅拌釜是应用最广泛的搅拌釜，此外，常用的搅拌釜还有卧式搅拌釜、轻便型搅拌机构、减压乳化搅拌装置等。

搅拌器是搅拌液态介质的搅拌釜的主要元件之一，可分为低速和高速两大类。高速搅拌器是指在湍流状态下搅拌液态介质的搅拌器，适宜于低黏度液体的搅拌，比如叶片式、螺旋桨式和涡轮式搅拌器。高速搅拌器是指在滞流状态下工作的搅拌器，适宜于高黏度流体的搅拌，如锚式、框式和螺旋式搅拌器。

2. 混合

混合是将各种原料用机械进行均匀地混合，混合设备主要用于固体与固体的混合操作。如高速混合机、双螺旋锥形混合机和螺带式旋锥形混合机，它们都是目前混合效果较好的高效混合设备，此外，还有滚筒型混合机、V形混合机和带式混合机，也适用于干粉的混合。

3. 捏合

固体物料和少量液体物料的混合或固体物料与黏稠液体物料的混合操作称为捏合，通过强有力的捏合作用，可以使物料不断地被剪切、压延、折合，产生连续变形，从而达到较好的效果。化妆品中常用的捏合设备主要有双腕式捏合机和密闭式捏合机。双腕式捏合机的结构主要有两个腕形叶片组成，当捏合机操作时，两个腕形叶片以相反的方向旋转，从而使物料进行充分的捏合，适用于半干燥和膏状物料的混合。密闭式捏合机适用于高黏度物料的捏合。捏合设备是膏霜类制品的主要生产设备。

三、粉碎、分离与干燥

1. 粉碎

粉碎是利用设备将粉料磨得更细。粉碎设备主要有超微粉碎机、气流磨、球磨机、振动磨等。超微粉碎机和气流磨生产效率高、生产周期短，粉料的磨细程度要比球磨机好；球磨机由于结构简单，操作可靠，产品质量稳定，仍然经常被采用。

2. 分离

分离操作包括过滤和筛分。过滤是滤去液态原料中的固体杂质，生产中采用的设备有批式重力过滤器和真空过滤机。固体原料经粉碎后并未完全均匀，需要将颗粒按大小分开才能满足不同的需要，这种将物料颗粒按大小分开的操作称为筛分。筛分可用机械离析法和空气离析法，机械离析法的设备称机械筛，如振动筛、旋转筛、栅筛等，空气离析法的设备称为风筛，如离心分筛机、微粉分离器。

3. 干燥

干燥是除去固态粉料、胶体中的水分，清洁后的包装瓶子也需经过干燥，采用的设备有厢式干燥器、轮机式干燥器等。

四、灭菌和灌装

化妆品作为日用化学品，对卫生与安全要求很高，所以必须对制品进行灭菌。工业生产中常用的灭菌方法有高温灭菌、紫外线灭菌及放射线灭菌，但无论哪一种灭菌方法，都必须有以下特点：高效有力的杀菌能力；无毒、安全可靠；操作方便。化妆品生产中常采用高温灭菌（温度120℃左右，60min）、紫外线灭菌、气体灭菌（甲醛、环氧乙烷）和放射线灭菌（^{60}Co）等方式。膏霜类产品的灌装设备经常使用的是立式活塞式充填机和卧式活塞式充填机，液体产品的充填设备有定量杯充填机和真空充填器等。

第三节　护肤用化妆品

皮肤作为人体的表面组织，是人体重要的器官之一，能够保护人体免受外来环境的刺激和伤害，对人体的健康起着重要作用。护肤用化妆品的主要功能是清洁皮肤、调节与补充皮肤的油脂，使皮肤表面保持适量的水分，并通过皮肤表面吸收适量的滋润剂和治疗剂，保护皮肤和营养皮肤、促进皮肤的新陈代谢。护肤用化妆品是化妆品工业中发展最迅速的部分，也是化妆品中最重要的一类。

根据产品的功能，护肤用化妆品可分为保护用化妆品、清洁用化妆品、营养和治疗用化妆品，随着科技的进步，一些护肤用化妆品同时兼有两种或更多的复合功能。

一、膏霜类化妆品

膏霜类化妆品是具有代表性的传统化妆品，它能在皮肤上形成一层保护膜，供给皮肤适当的水分、油脂或营养剂，从而保护皮肤免受外界不良环境因素刺激，延缓衰老，维护皮肤健康。近年来，随着乳化技术的发展，表面活性剂品种的增加以及天然营养物质的使用，开发了多种不同功效的膏霜类制品。

1. 雪花膏

雪花膏是日常生活常用的化妆品之一。雪花膏为白色似雪花的软膏，擦在皮肤上先成乳白痕迹，继续擦则消失，与雪的融化相似，因而称为雪花膏。雪花膏的膏体应洁白细腻，香味宜人，擦在皮肤上，水分挥发后留下一层薄膜，能防止表皮水分过分蒸发，减小外界的刺激，使皮肤滋润而不干燥，具有滋润和保护皮肤的作用。

(1) 原料　雪花膏是 O/W 型乳化体，是一种以硬脂酸为主要油分的膏霜。其主要成分是硬脂酸、碱、水、保湿剂和香精，它是由水和硬脂酸乳化而成，乳化剂是由碱性化合物（如苛性钾、苛性钠、三乙醇胺）与硬脂酸中和反应生成的硬脂酸盐。

① 硬脂酸　又称十八烷酸、十八酸，从牛脂、硬化油等固体脂中提取而得，一般采用工业三压硬脂酸作为雪花膏的油性原料，用作润肤剂。天然来源的硬脂酸是一种脂肪酸的混合物，其中含有硬脂酸 45%～49%，棕榈酸 48%～55%，油酸 0.5%。一压、二压硬脂酸，由于含有油酸较多，会影响产品色泽，还会引起储存过程中的酸败，不宜用作雪花膏的原料。

② 多元醇　多元醇是用作雪花膏的保湿剂，其主要品种有甘油、山梨醇、丙二醇、1,3-丁二醇等，多元醇在雪花膏中还有可塑作用，在雪花膏中加入 5% 甘油或丙二醇，可避免用手擦涂时，出现"面条"现象。

③ 碱类　采用氢氧化钾、碳酸钾的制品呈软性乳膏，稠度和光泽适中，采用氢氧化钾：氢氧化钠为 10：1 的复合皂，制品的光泽适度，效果较好。

④ 水　制备雪花膏用的水须经过紫外线灯灭菌，培养检验微生物为阴性的去离子水。

(2) 生产工艺

① 原料加热　将硬脂酸等油性原料加入到带有蒸汽夹套的不锈钢加热锅内，混合后加热至 90℃，维持 30min 灭菌，加热温度不要超过 110℃，以防止油脂色泽变黄。将水等水相原料加入到另一不锈钢夹套锅内，搅拌并加热至 90℃，维持 20min 灭菌，再将配制的浓度为 8%～12% 的碱液加入水中，均匀混合。

② 混合乳化　硬脂酸极易与碱起皂化反应，油相和水相的混合方法，既可以将油相加入到水相中，也可以将水相加入到油相中，都能很好地进行皂化反应，在混合乳化过程中，一般是将加热后的水和碱的混合液，加入到油相中并进行搅拌。乳化锅应有夹套蒸汽加热和温水循环回流系统。

③ 冷却　乳化后，乳化体系要冷却到接近室温。冷却方式一般是将冷却介质通入反应釜的夹套内，边搅拌、边冷却，在每一阶段要进行很好的控制。冷却速度要求较缓慢，如果回流水与原料的温差过大，骤然冷却，会使雪花膏膏体变粗，温差过小，则需延长冷却时

间。香精加入的温度为50℃左右。停止搅拌，经检验合格后，需静止冷却到30～40℃，才可进行装瓶。

④ 包装 一般是贮存1天或几天后，再用罐装机充装，充装前须对产品质量进行检验。包装要求密封，沿瓶口刮平后，盖以硬质塑料薄膜，盖衬有弹性的厚塑片或纸塑片，旋紧盖子。

表10-1 反应乳化、非离子乳化并用型雪花膏配方

组分	质量分数/%	组分	质量分数/%	组分	质量分数/%
硬脂酸	10.0	甘油单硬脂酸	2.0	蒸馏水	64.8
十八醇	4.0	丙二醇	10.0	香精	1.0
硬脂酸丁酯	8.0	氢氧化钾	0.2	防腐剂	适量

在表10-1反应乳化、非离子乳化并用型雪花膏配方中，硬脂酸用作润肤剂，甘油单硬脂酸又称单硬脂酸甘油酯，用作乳化剂，并使制品在搅拌时不致变稀，硬脂酸丁酯用作乳化剂和润肤剂，十八醇作乳剂调节剂。其生产方法是将丙二醇和氢氧化钾加于蒸馏水中，加热至70℃，制成水相；其余成分混合，加热至70℃，制成油相。把油相缓缓加入水相中搅拌乳化，在约45℃时加香精，继续搅拌至冷却。

表10-2 美白雪花膏配方

组分	质量分数/%	组分	质量分数/%	组分	质量分数/%
硬脂酸	5.0	聚乙二醇单油酸酯	1.0	熊果苷	1.0
凡士林	10.0	丙二醇	3.0	香精	适量
蜂蜡	5.0	维生素E	1.0	蒸馏水	余量

表10-2美白雪花膏的制备方法是将硬脂酸等油相原料和水、熊果苷等水相原料分别混合加热搅拌至75℃使之溶解，然后将油相原料加入到水中进行乳化，40℃时加入维生素E和香精，搅拌降至室温后分装。

该配方中的维生素E能促进皮肤新陈代谢，加速皮肤吸收油脂，可做抗氧剂，丙二醇用作保湿剂。含有熊果苷的雪花膏具有良好的美白和保湿性能，能防止黑色素的形成，此外，薏苡仁提取物、灵芝萃取物等有效成分加入到雪花膏中，也有良好的美白功效。二丁基羟基甲苯用作抗氧剂。

2. 润肤霜

润肤霜有保护皮肤的作用，保护皮肤免受外界环境对皮肤的刺激，它既给皮肤适当油分，又能保持水分的调节功能，以保持皮肤的滋润娇嫩、光滑柔软和富有弹性。润肤霜油水含量平衡，霜体稳定。润肤霜所采用的原料主要有润肤剂、润湿剂和营养剂等功能性物质。润肤剂能使表皮角质层水分减缓蒸发，不使皮肤干燥和刺激，润肤剂主要有羊毛脂衍生物、高碳醇、多元醇、角鲨烷、植物油、乳酸、脂肪醇等。润湿剂可以使水分传送到表皮角质层起结合作用的物质，皮肤水分的含量、润滑性直接和润湿剂有关。润湿剂主要有吡咯烷酮羧酸钠、乳酸钠等。

润肤霜所采用的原料品种较多，但其制备工艺、制备设备等与雪花膏制备工艺基本类似，其制备技术主要包括油相的配制、水相的配制、乳化、冷却和充装。

润肤霜类化妆品的品种主要有润肤霜、营养霜、粉底霜、护手霜等。

（1）润肤霜 配方见表10-3。

表 10-3　润肤霜配方

组分	质量分数/%	组分	质量分数/%	组分	质量分数/%
硬脂酸	10.0	单硬脂酸甘油酯	3.0	三乙醇胺	1.0
蜂蜡	3.0	聚氧乙烯单月桂酸酯	3.0	香精	0.5
十六醇	8.0	羊毛脂衍生物	2.0	防腐剂	适量
角鲨烷	10.0	丙二醇	10.0	蒸馏水	49.5

（2）营养润肤霜　在润肤霜的配方基础上加入各种营养成分则构成营养润肤霜（其配方见表 10-4）。

营养成分主要是动植物有效成分提取液、维生素、微量元素、激素等，如蜂王浆、人参浸出液、维生素 A、维生素 D、水解蛋白液、胎盘提取液、水解珍珠、黄芪提取物、貂油、红花油、黄瓜汁、芦荟汁、枸杞、灵芝等物质。

添加营养物质时，乳剂温度应低于 40℃。

表 10-4　营养润肤霜配方

组分	质量分数/%	组分	质量分数/%	组分	质量分数/%
液体石蜡	15.0	单硬脂酸甘油酯	1.0	丙二醇	4.0
凡士林	2.0	失水山梨醇单硬脂酸酯	0.5	香精	适量
十六醇	6.0	硬脂酸	0.5	防腐剂	适量
十八醇聚氧乙烯醚	2.0	人参浸出液	4.0	蒸馏水	62.5

（3）粉底霜　粉底霜是供化妆时敷粉前打底用的，其功用是使香粉能更好地附在皮肤上。粉底霜大致有两种类型，一类是不含粉质原料，配方结构与膏霜相似；另一类是加入一定量的粉质原料，有较好的遮盖力。粉底霜中常加入二氧化钛、氧化铁等颜料，使其色泽更接近与皮肤的自然色彩。表 10-5 为粉底霜配方。

表 10-5　粉底霜配方

组分	质量分数/%	组分	质量分数/%	组分	质量分数/%
液体石蜡	20.0	单硬脂酸甘油酯	2.5	香精	适量
硬脂酸	4.0	氢氧化钾	0.5	防腐剂	适量
甘油	5.0	二氧化钛	2.0	蒸馏水	65.0

（4）护手霜　护手霜的主要功能是滋润和保护手部皮肤。护手霜要具有适宜的稠度，便于使用，涂敷后使手感到柔软、滑润而不油腻。为使表皮粗糙开裂的手较快的愈合，护手霜常加有愈合剂，常用的愈合剂是尿素和尿囊素。表 10-6 为护手霜配方。

表 10-6　护手霜配方

组分	质量分数/%	组分	质量分数/%	组分	质量分数/%
凡士林	15.0	硅油	1.0	对羟基苯甲酸甲酯	0.2
甘油	11.0	十二烷基硫酸钠	2.0	香精	适量
硬脂酸	7.0	单硬脂酸甘油酯	10.0	蒸馏水	余量

硅油为合成油脂，用作润肤剂，对羟基苯甲酸甲酯用作防腐剂。

3. 冷霜

冷霜也称香脂，它是油性膏霜的代表品种之一，冷霜起源于希腊，当时用蜂蜡、橄榄油以及玫瑰水溶液等制成，当水分挥发时吸热，使皮肤有清凉感觉，故称冷霜。冷霜类化妆品的特点是含有较多的油脂成分，擦用后乳剂中的水分逐渐挥发，在皮肤上留下一层油脂薄膜，能阻隔皮肤表面与外界干燥、寒冷的空气相接触，保持皮肤的水分，防止皮肤干燥皲裂，具有柔软和滋润皮肤的作用，适合冬季和干性皮肤者使用。

冷霜也用于按摩或化妆前调整皮肤，使用冷霜进行按摩，能提高按摩效果和增强油脂的渗透性，所以也用作按摩霜。从乳剂类型来看，可分为 W/O 型和 O/W 型冷霜，从构成来看，油相多，水相少。目前使用的冷霜大多数都属于 W/O 型的油性膏霜。质量好的冷霜，乳化体应光亮、细腻、没有油水分离现象，不易收缩，便于使用。冷霜的主要原料为蜂蜡、白油、凡士林及石蜡等，乳化剂为蜂蜡与硼砂进行中和反应得到的钠皂，也可由皂与非离子表面活性剂混合使用或全部为非离子表面活性剂，另外还有水、防腐剂等。典型的冷霜是蜂蜡-硼砂体系制成的 W/O 型膏霜。表 10-7 为冷霜配方。

表 10-7　冷霜配方

组分	质量分数/%	组分	质量分数/%	组分	质量分数/%
蜂蜡	16.0	单硬脂酸甘油酯	2.0	防腐剂	适量
硼砂	1.3	香精	适量	蒸馏水	余量
白油	44.7				

4. 乳液类

近年来，由于表面活性剂、滋润物质、保湿剂等新原料不断出现，开发了各种高稳定性乳化体，其中流体称为乳液类，也称为奶液。乳液是流动性的乳化制品，功能与膏霜相同。但乳液比膏霜类化妆品擦用方便，能均匀地铺展成薄层，无油腻感，可在皮肤上形成清爽的保护膜，感觉舒适、滑爽，因而深受消费者欢迎。

依据形态不同分，乳液有 O/W 和 W/O 型两种乳化体，以前者居多。由于黏度小、流动性好，往往稳定性不好，在贮运过程中容易破乳而分层，所以乳液的制取一般要比膏霜困难。在设计乳液的配方及制备时，须特别注意产品的稳定性。要选用乳化性好的表面活性剂作乳化剂，而且在配方中常添加增稠剂，如水溶性胶质原料，另外，在配制生产时，采用优质的均质乳化剂，使得分散液滴较小，提高乳液的稳定性。

乳液成分类似膏霜，有油脂、高级醇、高级酸、乳化剂和低级醇、水溶性高分子等。制作条件比膏霜严格，要选择好最合适的乳化、温度、搅拌、冷却等条件。通常是在油相中加乳化剂，热溶后加于水相中，以强力乳化器进行乳化，边搅拌边用热交换器冷却乳液。

表 10-8　含水溶性聚合物润肤乳液配方

组分	质量分数/%	组分	质量分数/%	组分	质量分数/%
白油	3.0	辛酸三甘油酯	4.0	对羟基苯甲酸甲酯	0.2
氢化植物油	1.5	聚丙烯酸酯	1.0	香精	适量
硬脂酸	2.0	甘油	5.0	蒸馏水	64.5
单硬脂酸甘油酯	4.0	三乙醇胺	0.6		

表 10-8 配方中的白油又称液体石蜡，与氢化植物油、硬脂酸都是油脂，用作润肤剂，单硬脂酸甘油酯、辛酸三甘油酯为表面活性剂，用作乳化剂，聚丙烯酸酯为水溶性胶质原料，做增稠剂，对羟基苯甲酸甲酯用作防腐剂。

含水溶性聚合物润肤乳液的生产方法是将油相原料混合后加热至 75℃，将水相组分混合，加热至 75℃，在搅拌下，将油相加入到水相中，温度降至 45℃时加入香精。

二、清洁皮肤用化妆品

清洁皮肤用化妆品用于清除面部化妆品、表面尘垢和油垢，主要起清洁作用，其大多是轻垢型的产品，并将清洁作用与护理作用相结合，注重温和与安全性，清洁后对皮肤有一定的柔润作用。

1. 化妆水

化妆水是一种黏度低、流动性好的液体化妆品，多为透明液体，能收敛、中和及调整皮肤生理作用，进而防止皮肤老化、恢复活力。一般用于洗脸后、化妆前。有适于油性皮肤的收敛性化妆水，补充皮肤水分和油分的柔软性化妆水以及清洁功能好的碱性化妆水等。

化妆水主要成分是保湿剂、收敛剂、水和乙醇，有时添加起增溶作用的表面活性剂，以降低乙醇用量。收敛剂具有凝固皮肤蛋白质、变成不溶性化合物的功能。化妆水制备时一般不需经过乳化。收敛性化妆水又称收缩水，收敛性化妆水的原料，主要是收敛剂，分阳离子型和阴离子型收敛剂两种，阳离子收敛剂有明矾、硫酸铝、氯化铝、硫酸锌等，其中以铝盐的收敛作用最强；阴离子收敛剂有单宁酸、柠檬酸、硼酸、乳酸等，常用的为柠檬酸。此外，原料中还有10％～15％的酒精，5％左右的甘油。所用香料为一般调和香料，或加配医药用香精油，如丁香油等，还需能够溶解精油的乳化剂，如吐温20等，这类非离子表面活性剂的添加使制品质地温和，提高化妆效果。表10-9是收敛性化妆水配方。

表 10-9　收敛性化妆水配方

组分	质量分数/％	组分	质量分数/％	组分	质量分数/％
明矾	1.5	乙醇	15.0	防腐剂	适量
柠檬酸	0.5	甘油	5.0	蒸馏水	76.0
吐温20	2.0	香精	适量		

收敛性化妆水生产方法是将吐温20、香精溶于乙醇，制成醇部，将明矾、柠檬酸、甘油、防腐剂溶于水，制成水部，加热溶解后，将醇部加于水部，搅拌使之溶解，过滤、灌装。

碱性化妆水的配方中，酒精含量高些，约为20％，还加有碳酸钾、硼砂等碱，起去垢和软化皮肤角质层的作用。

柔软性化妆水以保持皮肤柔软、润湿、营养为目的，其配方中的主要成分是滋润剂，如角鲨烷、羊毛脂等；还需添加适量的保湿剂，如甘油、丙二醇、季戊四醇、山梨糖醇等，另外，制品中还添加有提高黏度的成分，如半乳糖、果胶等。

2. 清洁霜

清洁霜用时将其搽涂在面部皮肤上，它能将皮肤上的油性污垢和化妆品残留油渍等溶解，用软纸将其擦去即可。清洁霜主要成分有表面活性剂、油性原料，利用表面活性剂的润湿、渗透、乳化作用去污，并通过油性原料的渗透和溶解作用辅助去污，用后在皮肤表面形成油性薄膜，起保护和滋润皮肤的作用。清洁霜可以分为无水型、无矿油型和乳化型三类，无水清洁霜是以矿物油、凡士林和蜡配制而成，无矿油的清洁霜主要由洗涤剂所组成，目前的清洁霜多是乳化型的，分为O/W型和W/O型两类，其中O/W型较为流行。

表 10-10　O/W型清洁霜配方

组分	质量分数/％	组分	质量分数/％	组分	质量分数/％
白油	25.0	单硬脂酸甘油酯	2.0	防腐剂	适量
地蜡	1.0	吐温-80	1.0	香精	适量
蜂蜡	1.0	山梨醇	10.0	蒸馏水	58.0
凡士林	2.0				

O/W型清洁霜（见表10-10）的生产方法是将水相、油相分别混合搅拌加热至75℃使之溶解，在乳化器中进行乳化，当温度降至45℃时加香精，混合均匀后分装。

第四节　美容化妆品

美容化妆品是指作用于面部皮肤、眼、嘴唇等部位，在化妆美容过程中以达到美化面容，增加魅力，掩盖缺陷及赋予被修饰部位各种鲜明色彩和芳香气味的一类产品。常用的美容化妆品有香粉、香水、唇膏等。

一、香粉

香粉是用于面部的重要化妆品，可调整肤色使之具有魅力；遮掩褐斑、雀斑；防止皮肤油分分泌，去除油脂，使皮肤光滑。香粉应该容易涂敷，分布均匀；颜色接近自然的肤色，使脸上显出正常的光泽；香粉应有良好的附着力，且具有滑爽性；香粉加香不宜过分浓郁，应芬芳而持久。香粉的形状有散粉和粉饼两种。

1. 主要原料

香粉质量的好坏完全取决于原料的质量。

（1）滑石粉　滑石粉是制造香粉、粉饼、爽身粉的主要原料，具有发光和滑爽的特性。香粉用滑石粉的颗粒直径应小于 $76\mu m$。

（2）高岭土　高岭土是制造香粉的原料，高岭土的吸油性、吸水性、对皮肤的附着力等性能都很好，对去除滑石粉的闪光有效。

（3）碳酸钙　碳酸钙是香粉、粉饼中应用较广泛的一种原料，一般采用沉淀碳酸钙；它是一种白色无光泽的细粉，对汗液、皮脂有较好的吸收性，还有去除滑石粉闪光的功效。

（4）碳酸镁　碳酸镁在香粉中用作吸收剂，它的吸收性一般要较碳酸钙大 $3\sim4$ 倍。它对芳香物质有良好的混合特性，是一种良好的香料吸附剂，因此在配制香粉时，往往先将香料和碳酸镁混合均匀后，再加入于其他原料中。

（5）硬脂酸金属皂　为了增强香粉的黏附性，一些脂肪酸的水不溶性金属盐，如硬脂酸的锌皂和镁皂，常被用作黏附的原料。柔软、润滑、对皮肤黏附性好，抗水性好，加入香粉中就包覆在其他粉粒的外面，使香粉不易透水。

（6）氧化锌和二氧化钛　在香粉中是主要是利用它们的遮盖力。氧化锌对皮肤有缓和的干燥和杀菌作用，白色，无光泽，具有高遮盖力。配方中采用质量分数为 $15\%\sim25\%$ 的氧化锌，可使香粉具有足够的遮盖力，而对皮肤不至于太干燥，如果要求更好的遮盖力，氧化锌和二氧化钛可以配合使用。

二氧化钛也称钛白粉，遮盖力较氧化锌大得多，缺点是与其他粉材混合性不好。如果先将二氧化钛和氧化锌混合后再使用，可以减免此方面的缺点。为了得到足够的遮盖力，二氧化钛和氧化锌合用时，配方中其质量分数不应大于 10%。

此外，香粉配方中还有香精、色素、云母粉及珠光颜料等，在研究配方时可根据产品性能要求及原料性能选用不同的原料及配比。

香粉主要体现的功能包括遮盖、黏附、滑爽和吸收性能。

遮盖性能，香粉涂敷于皮肤上，应能遮盖皮肤的本色，而又近乎自然的肤色。在香粉中具有良好遮盖力的白色颜料，有氧化锌、二氧化钛和碳酸镁等，这些物质称为遮盖剂。根据遮盖能力的大小，将香粉分为轻遮盖力、中等遮盖力和重遮盖力三类。

黏附性能，将香粉黏附在皮肤上的物质称为黏附剂，如硬脂酸锌、硬脂酸镁、棕榈酸盐、肉豆蔻酸盐等，都是良好的香粉黏附剂。

滑爽性能，香粉应具有滑爽易流动的性能，应用时才能涂敷均匀。能产生滑爽性的物质称为滑爽剂，香料中使用的滑爽剂主要是滑石粉，有些香粉中滑石粉的质量分数几乎达到50％以上。

吸收性能，是指对油脂、水分和香精的吸收特性，能起吸收作用的物质称为吸收剂。香料中一般是采用碳酸钙、碳酸镁、高岭土、淀粉等作为吸收剂。

一般香粉的 pH 值是 8～9，粉质较为干燥，为克服此缺点，可在香粉中加入脂肪物，称为加脂香粉。加脂香粉不影响皮肤的 pH 值，而且香粉黏附于皮肤的性能好，容易敷施，粉质柔软。为减少香粉对皮肤的干燥性，除加脂外，还可以采用减少碳酸盐的用量，或增加硬脂酸盐的用量，使香粉不易透水。表 10-11 为典型香粉配方。

表 10-11　典型香粉配方

组分	质量分数/%	组分	质量分数/%	组分	质量分数/%
滑石粉	50.0	碳酸镁	10.0	硬脂酸锌	5.0
高岭土	15.0	氧化锌	10.0	香精、色素	适量
碳酸钙	5.0	二氧化钛	5.0		

2. 香粉的生产技术

(1) 香散粉的生产　香粉的生产方法比较简单，主要是混合、研磨及筛分。

① 混合　混合是将各种原料用机械进行混合均匀，香粉用的混合设备主要有球磨机、高速混合机等。

② 磨细　磨细是将粉料进一步粉碎，使加入的颜料分布得更均匀。香粉用的磨细机主要有球磨机、气流磨、超微粉碎机等。

③ 过筛　将粗颗粒分开，须进行筛分，采用气流磨或超微粉碎机，再经过旋风分离器得到的物料，则不一定进行筛分。

④ 加脂　通过混合磨细的物料中加入含有硬脂酸、蜂蜡、羊毛脂、白油、乳化剂和水的乳剂，再加入乙醇搅拌均匀，过滤除去乙醇，烘干，使粉料颗粒表面均匀地涂布着脂肪物，过筛即成为加脂香粉制品。

⑤ 灭菌　粉料灭菌可采用环氧乙烷气体灭菌法和 ^{60}Co 放射法灭菌。

⑥ 包装　包装一般采用的是装粉机。包装用的盒子不能有气味。

(2) 粉饼的生产　粉饼的使用效果和目的均与香粉相同，而且便于携带，可防止倾翻及飞扬。粉饼的配方原理与散粉基本相同，加入一些黏合剂可增强胶合的性能。常用的黏合剂有水溶性的胶质，如阿拉伯树胶、黄蓍树胶粉、羧甲基纤维素等，油溶性的黏合剂是直接利用油分达到粘接的目的，常用品种包括硬脂酸单甘油酯、液体石蜡、羊毛脂衍生物等。表10-12 为典型粉饼配方。

表 10-12　典型粉饼配方

组分	质量分数/%	组分	质量分数/%	组分	质量分数/%
滑石粉	55.0	氧化锌	18.0	硬脂酸锌	5.0
高岭土	12.0	阿拉伯树胶	0.2	香精、防腐剂	适量
碳酸镁	5.0	液体石蜡	1.0	水	3.5
甘油	0.3				

粉饼的生产是先配制胶水，把胶质物加入水中搅拌均匀，再加入保湿剂及防腐剂等。一些乳化的脂肪混合物，可以与胶水混合在一起。然后将胶水和适量的粉混合均匀后，经过筛加入其余的粉中，通过最后的加工，在低温处放置数天，使香粉内的水分能保持必需的最低限度。根据配方适当调节压制粉饼所需要的压力大小，压制好的粉饼经外观检查，就可

包装。

3. 爽身粉

爽身粉是沐浴后应用于全身，适度收敛汗液，起爽身护肤作用，是男女老幼都适用的卫生用品。爽身粉的原料和生产方法与香粉基本相同，其滑爽的性能占首要的地位，吸附性和黏附性也很重要，遮盖力却是完全不必要的。它的主要成分是滑石粉，其他还有碳酸钙或碳酸镁、氧化锌、高岭土和硬脂酸锌或硬脂酸镁等。爽身粉的色泽一般是白色的较多。

硼酸是爽身粉中应用很普通的成分，它有轻微的杀菌消毒作用，使皮肤有舒适的感觉，同时是缓冲剂，使爽身粉在水中的 pH 值不致过高。婴儿用的爽身粉，必须没有任何刺激性，香精用量应限制，一般用量在 0.15%~0.25%。

二、香水类

香水类化妆品是一类以赋香为主要目的的化妆制品。

香水是由香料和溶剂配制而成，具有芳香、浓郁、持久的香气，是重要的化妆用品之一。乙醇溶液香水是目前市场上最流行的一类香水，主要包括香水、花露水和古龙水等品种。

1. 原料和配方

（1）香水　香水主要作用是喷洒于衣襟、手帕及发饰等处，散发出悦人的香气。香水是香精的乙醇溶液，主要成分是香精和精制乙醇，可根据需要加入少量甘油、抗氧化剂和色素等添加剂。香水中香精的用量较多，一般质量分数为 15%~25%，乙醇浓度为 75%~85%，加入 5% 水能使香气透发。

香水的香型很多，如清香型、花香型、醛香等，香水是化妆品中的高贵极品，品级高低既要看调配技术，也要看香精好坏。高级香水多选用天然的香花净油如茉莉净油、玫瑰净油等，和天然的动物香料如麝香、灵猫香、龙涎香等配制而成，所用香料质量优良。低档香水多用人造香料来配制。

香料的香味是关键，分为头香、体香和尾香。开瓶后，能与乙醇同时散发出的香味称为头香，应是无刺鼻性的轻柔芳香；乙醇散发后，香味主调连续保持一段时间不变，此为体香，应该纯正无杂味；洒在皮肤上，不因体臭或体温而消失或变调，且与人体气味协调，此为尾香，尾香应是持久而安定的基础芳香，它是评价香水好坏的重要依据。

乙醇对香水的质量影响很大，不能带有丝毫杂味，所以香水用的乙醇需要精制处理，一般可在乙醇内加入质量分数为 1% 的氢氧化钠，煮沸回流数小时后，再经一次或多次分馏，收集其香味较纯部分，用来配制香水。表 10-13 为紫罗兰香型香水配方。

表 10-13　紫罗兰香型香水配方

组分	质量分数/%	组分	质量分数/%	组分	质量分数/%
紫罗兰净油	14.2	灵猫香净油	0.1	龙涎香酊（3%）	3.1
玫瑰花油	0.1	檀香油	0.2	酮麝香	0.1
金合欢净油	0.4	麝香酊剂（3%）	1.8	乙醇（95%）	80.0

（2）古龙水　古龙水又称科隆水，是意大利人在德国的科隆市研制成功的。古龙水的主要成分是香精、精制乙醇和精制水，古龙水中香精的含量较香水为低，一般质量分数为 3%~8%，乙醇浓度为 75%~80%，水的用量为 5%~15%。古龙水在香气上的特点是以香柠檬油、柠檬油、熏衣草油、橙花油、迷迭香为主。古龙水香精用量比香水少，香气清新、舒适，不如香水浓郁，多为男士使用。表 10-14 为经典性古龙水配方。

表 10-14　经典性古龙水配方

组分	质量分数/%	组分	质量分数/%	组分	质量分数/%
香柠檬油	1.13	熏衣草油	0.16	蒸馏水	11.50
柠檬油	0.89	鸢尾凝脂	0.15	乙醇(95%)	85.39
甜橙油	0.78				

(3) 花露水　花露水是一种用于浴后祛除汗臭及在公共场所解除一些秽气的夏令卫生用品,且具有杀菌消毒作用。涂于蚊叮、虫咬之处有止痒消肿的功效,涂于患痱子的皮肤上,也能止痒且有清爽舒适之感。花露水的主要成分是香精、精制乙醇和蒸馏水,根据需要可添加少量的螯合剂、抗氧化剂、润肤剂和色素等。香精用量一般在2%~5%,乙醇浓度为70%~75%,用于配制花露水的香精习惯上以清香的熏衣草油为主体。表 10-15 为熏衣草型花露水配方。

表 10-15　熏衣草型花露水配方

组分	质量分数/%	组分	质量分数/%	组分	质量分数/%
香柠檬油	3.0	丁香油	0.2	玫瑰净油	0.6
苦橙花油	0.6	肉桂油	0.4	乙醇(95%)	94.6
熏衣草油	0.6				

2. 生产技术

香水、古龙水、花露水的生产按配制、陈化、过滤、装瓶四个阶段进行。

(1) 乙醇溶液配制　香水一般是在装有搅拌器的不锈钢反应器内进行。配制操作时,先将乙醇按配方量加入反应器中,然后加入芳香油、染料搅拌混合溶解,最后将配方中的水分加入继续混合均匀。

(2) 陈化　当每批香水、花露水混合、配制好后,用泵抽入陈化锅,紧闭盖子防止漏气,进行陈化。陈化的时间根据香料类型的不同而有差异,一般香水要陈化180~360d,古龙水和花露水要陈化60~90d。在陈化过程中,乙醇溶液香水的各种成分之间会互相作用。

(3) 过滤　陈化期间,溶液内会有少量不溶性物质沉淀下来,采用过滤的方法使溶液透明清晰。过滤设备以压滤机为宜,先向经陈化的乙醇溶液香水中加入助滤物质,如硅藻土或碳酸镁等,助滤物质有助于滤去细小胶性悬浮体的物质,然后将溶液冷却至-5~5℃,过滤时也维持这一温度,此条件下香水在陈化和冷却下产生的少量沉淀物被滤去,最后待滤液恢复至室温再以细孔滤布过滤一次,以保证产品在贮藏及使用过程能保持清晰透明。

(4) 装瓶　将空瓶用生产用的乙醇洗涤后再灌装,在瓶颈处空出4%~7.5%容积,预防受热膨胀而瓶子破裂,装瓶宜在室温20~25℃下操作。

图 10-2 为香水制造工艺流程。

三、唇膏

唇膏类美容化妆品的主要功能是赋予嘴唇以色调,勾勒唇形,滋润唇部,保护唇部不干裂。唇膏对人体必须无害,对皮肤应无刺激,涂敷容易,色彩保留时间要长,不出油和破裂,色泽应均匀一致。

1. 原料和配方

唇膏的主要原料有着色剂、油脂和蜡、表面活性剂等。唇膏由于接触唇部,所以选用的原料要求非常严格,必须要安全,无刺激性。

(1) 着色剂　着色剂,或称色素,是唇膏中最主要的成分。唇膏用的色素可以分为两类:一类是溶解性染料,另一类是不溶性颜料,两者可以合用,也可以单独使用。在唇膏中

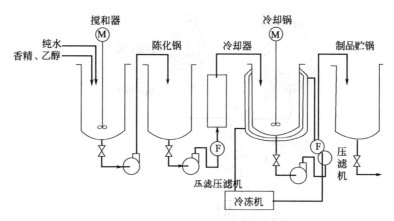

图 10-2　香水制造工艺流程

很少单独使用一种色素，多数是两种或多种调配而成。如果唇膏内只用颜料，容易从嘴唇擦除，留的色素很少。溴酸红是最常用的一种溶解性染料，它能染红嘴唇，并有牢固持久的附着力，现代唇膏制品中，色泽的附着性主要是依靠溴酸红。

唇膏用的不溶性颜料主要是有机色淀颜料，其附着力不好，需要和溴酸红染料并用。

（2）油脂和蜡　油脂和蜡是唇膏的基本原料，含量一般在 90% 左右，各类油脂、蜡用于唇膏中，使其具有不同的特性，以达到唇膏的质量要求，如黏附性、滋润性、对染料的溶解性、触变性、成膜性以及硬度、熔点等。

唇膏中最常用的油脂、蜡类原料主要有精制的蓖麻油，单元醇和多元醇的高级酯、肉豆蔻酸异丙酯，羊毛脂、可可脂、鲸蜡、蜂蜡、液体石蜡、巴西棕榈蜡等。

（3）表面活性剂　表面活性剂在唇膏中起分散、润湿和渗透作用，常用的表面活性剂为非离子型的，如卵磷脂、单硬脂酸甘油酯、司盘等。

（4）香精　唇膏用的香料，既要掩盖脂蜡的气味，还要体现淡雅的清香气味，唇膏经常使用一些淡雅的花香、水果香和一些食品香料品种，如橙花、茉莉、玫瑰、香豆素、杨梅等，香精在唇膏中用量约为 2%～4%。

表 10-16 为唇膏配方。

表 10-16　唇膏配方

组分	质量分数/%	组分	质量分数/%	组分	质量分数/%
蓖麻油	44.5	巴西棕榈蜡	5.0	溴酸红	2.0
单硬脂酸甘油酯	9.5	羊毛脂	4.5	色淀	10.0
棕榈酸异丙酯	2.5	鲸蜡醇	2.0	香精、抗氧剂	适量
蜂蜡	20.0				

2. 唇膏生产技术

在颜料混合机内加入溴酸红等着色剂粉体，再加入部分油分或其他溶剂，加热并充分搅拌均匀后送至三辊研磨机研磨，使颜料粉体均匀分散后放入真空脱气锅；将余下的油分与蜡类及其他组分加入原料熔化锅，加热，熔化后充分搅拌均匀，经过滤放入真空脱气锅进行脱气，以防止浇成的唇膏表面会带有气孔。脱气均匀完毕后放入慢速充填机，当温度下降至约高于混合物熔点 5～10℃ 时，即浇入模具，快速冷却后即得产品。脱模后的唇膏，一般将已插入唇膏包装底座的产品通过火焰加热，使唇膏表面熔化，形成光亮平滑表面。唇膏制造的工艺流程如图 10-3 所示。

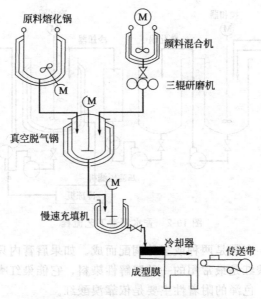

图 10-3 唇膏制造的工艺流程

原料熔化锅
颜料混合机
三辊研磨机
真空脱气锅
慢速充填机
冷却器
传送带
成型膜

第五节　毛发用化妆品

毛发具有保护皮肤、保持体温等功能。毛发用化妆品是一类用于清洁、护理、美化毛发为目的的日用化学产品。毛发用的化妆品种类繁多，主要有护发用品、洗发用品和剃须用品，此外还有染发剂、卷发剂和脱毛剂等。洗发用品的主要用途是清洁头发，促进毛发正常的新陈代谢，这部分内容将在洗涤剂一章中介绍，本节主要介绍具有滋润毛发、固定发型作用的护发用品和能使头发染成各种色彩的染发化妆品。

一、护发用品

护发用品的作用是使头发保持天然、健康和美观的外表，光亮而不油腻，赋予头发光泽、柔软和生气，兼有修饰和固定发型的作用。常用的护发用品有发油、发蜡、发乳、护发素、发膏等。

1. 发油

发油是一类古老的化妆品，其功用在于修饰头发使其有光泽，对头发起滋润和保养的作用。发油的主要原料是油脂。动植物的脂肪和人体的脂肪较为接近，能被部分吸收，但是由于这些油脂容易酸解，目前已大部分被矿物油所取代。矿物油不会酸败和变味，但矿物油不被头发所吸收。在矿物油中加入一些植物油可以弥补不能被吸收等缺点。植物油一般采用的是不干性或半干性油，如橄榄油、蓖麻油、花生油、杏仁油、豆油等。植物油容易酸败，在这类配方中需要加入抗氧剂。

矿物油如液体石蜡和脱臭煤油基本上无味，但是许多芳香物在其中的溶解度较低，树脂类及结晶体是不溶解的，或者要产生沉淀。加入偶合剂可使发油液保持透明清晰，如少量的植物油、脂肪醇、脂肪酸酯或某些非离子型表面活性剂往往可使香料溶解。有些发油中加有一些防晒剂以减轻日光中紫外线对头发的损害。发油这类产品既经济，又有良好的润滑作用，但由于产品有油腻感，容易黏附灰尘，缺乏定型作用，使用者日渐减少，大都由发乳产品所代替。

2. 发蜡

发蜡是一种半固态的油、脂、蜡的混合物，含油量高，属重油型护发化妆品。发蜡主要是用油和蜡类成分来滋润头发，使头发具有光泽并保持一定的发型。

发蜡主要有两种类型，一种是由植物油和蜡制成，另一种由矿脂制成。发蜡大多以凡士林为原料，黏性较高，使头发易于梳理成型，头发光亮度也可以保持几天。为改善黏稠、不易洗净的缺点，可加入适量的植物油和白油，以降低制品的黏度，增加滑爽的感觉。发蜡用的主要原料有凡士林、蓖麻油、松香等动植物油脂及矿脂，还有抗氧剂、色素、香精等。矿物油和石蜡的混合物是最简单的配方，但石蜡易结晶和引起分油，加入凡士林可克服此缺点。为防止矿物油渗油现象，适宜的方法是采用地蜡和鲸蜡。松香有增加光泽和固定头发的效果。表10-17为发蜡配方。

表 10-17　发蜡配方

组分	质量分数/%	组分	质量分数/%	组分	质量分数/%
凡士林	50.0	石蜡	6.0	香精	适量
橄榄油	29.0	蜂蜡	3.0	染料	适量
白油	10.0	抗氧剂	适量		

发蜡的生产方法是将全部油、脂、蜡成分在反应器内一起搅拌熔化，温度一般控制在尽可能低的范围，在凝结前加入香精，灌装于保温在40℃左右的大口瓶中，并使其冷却。必须注意不要在发蜡已部分凝固时进行搅拌或灌装，会使空气泡不易逸出。

3. 发乳

发乳为油-水体系的乳化制品，属于轻油型护发化妆品。发乳具有护发化妆品的各种特性，使头发光亮而滋润，保持一定的形状，促进头发的生长和减少头屑等。发乳有很好的流动性，使用时易于均匀分布，能在头发上留下一层很薄的油膜。由于含有乳化剂，使用时油腻的感觉减少，并且易于清洗。配方中以大量的水分代替了油，使得发乳在成本上较低廉，成为消费者喜爱的护发、定型化妆品，已代替了发油、发蜡的大部分市场。

发乳有两种类型，即O/W和W/O型两种，以前者为主。发乳的性能与选用的原料和配方有密切关系。O/W型发乳采用的原料包括油相、水相和乳化剂。油相原料有白油、凡士林、蜂蜡、橄榄油、蓖麻油、十六～十八混合醇等为主，水相原料有去离子水和保湿剂，O/W型发乳的乳化剂以三乙醇胺皂应用较为普遍。表10-18为发乳配方。

表 10-18　发乳配方

组分	质量分数/%	组分	质量分数/%	组分	质量分数/%
白油	15.0	三乙醇胺	3.0	抗氧剂	适量
硬脂酸	5.0	丙二醇	4.0	离子水	余量
无水羊毛脂	2.0	香精	适量		

O/W型发乳的生产可采用锅组连续法。均质刮板乳化锅两只为一组，或数只为一组，按包装数确定。首先在乳化锅内分别加入已预热的油相和水相，开动搅拌，并进行冷却，冷却至40℃时加入香精等原料。生产完毕后经离心分析乳化稳定性合格后，用无菌压缩空气压出，由管道将发乳输送到包装工段进行热罐装，经过管道的发乳已降温至30～33℃。待一个乳化锅内包装完毕，已生产完毕的另一锅等待包装，两锅交替生产，可进行连续热灌装工艺。此法用管道输送乳剂，可减少被杂菌污染的机会，操作简便，生产效率高。

4. 护发素

护发素是一种能保持头发和头皮清洁、保护头发、柔软发质，使头发蓬松富有弹性，并能为头发补充营养，促使头发健康生长的护发用品。护发素多属于水包油型乳化体，属于轻油型护发用品。

按照使用方法，护发素可分为用后需冲洗干净的护发素、用后不需冲洗可留在头发上的护发素和焗油型护发素，一般的护发素用后需冲洗干净，不需冲洗的护发素多为喷剂型或凝胶型，焗油型护发素使用后，需焗 $20\sim30min$，调理作用较强，常在发廊里进行。

需冲洗的护发素洗发后立即将它揉擦在头发上，然后用适量的水漂洗，护发素中所含阳离子表面活性剂便吸附在头发上形成一层单分子膜，阳离子的阳性电荷抵消了头发上的静电，使头发变得柔软、光滑，由于抑制了静电的产生，使头发容易梳理。

护发素主要由阳离子表面活性剂（季铵盐类）、油性物质和水组成。考虑到护发素的多效性，加入水解蛋白、维生素 E、霍霍巴油、杏仁油，及其他中草药、动植物提取物等，制出具有多种功效的护发素。表 10-19 为护发素配方。

表 10-19　护发素配方

组分	质量分数/%	组分	质量分数/%	组分	质量分数/%
十六烷基三甲基溴化铵	1.0	硬脂酸单甘油酯	1.0	香精、色素	适量
十八醇	3.0	羊毛脂	1.0	去离子水	余量

护发素的生产方法是在水中加入羊毛脂，加热溶解，保持 70℃，将其他成分混合加热至 70℃溶解，将水相缓慢加入油相，边搅拌边冷却至 45℃，加色素和香精，搅拌均匀即可。

二、染发用品

使头发染着各种健康色彩的过程称为染发。用于改变头发色彩的物质称为染发剂。我国生产的染发剂主要是黑色和褐色两种。

染发剂根据其染料的性质分为黏着于头发表面的暂时性染发剂和深入发髓内部的永久性染发剂两种。但不论哪一种染发剂都应具备：染着良好，不伤头发；使用时对身体无害（不会引起皮肤炎症等）；暴露在空气、日光中不褪色，使用发油、发乳等发用化妆品时，不会引起褪色；较长的贮存稳定性，易于涂抹、使用方便等。

1. 暂时性染发剂

以物理的方法改变头发的色彩，而且很容易从头发上移除而不影响头发的组织和正常特性的染发物质叫暂时性染发剂。暂时性染发剂的牢固度很差，不耐洗涤，通常只是暂时黏附在头发表面作为临时性修饰，经一次洗涤就全部除去。

暂时性染发剂配方中一般包括着色剂、溶剂、增稠剂，以及保湿剂、乳化剂等。着色剂包括天然植物染料如指甲花、春黄菊、红花等，合成颜料如炭黑、矿物性颜料、浓黄土和有机合成颜料等。溶剂主要有乙醇、水、油脂等。增稠剂包括纤维素类、阿拉伯树胶等。暂时性染发剂一般是将染料配入（溶解或分散）基质中使用，其种类较多，有膏状染发剂、凝胶型染发剂、喷雾型染发剂、粉状染发剂、笔状染发剂和冲染剂等。

2. 永久性染发剂

永久性染发剂是指着色鲜明、色泽自然、固着性强、不宜退色的发用化妆品。永久性染发剂一般可分为天然有机染料、合成有机染料和金属染料三种制品。

染料的性质对染发剂极为重要，染发用的染料应该符合较严格的技术条件，如对人身健康无害；能使头发染色而不影响皮肤；不损害头发的结构；对皮肤无刺激性；色彩和天然接近而且牢固；染色的时间迅速；能与其他处理如卷发等相和谐等等。

永久性染发剂通常使用氧化性有机合成染料，又称为氧化染发剂。只有小分子的染料才能渗透入头发。氧化染料的染发机理是以小分子的染料中间体先渗透入头发，然后经过氧化剂的氧化，在头发中起化学反应，形成有色的大分子。这样不但解决了染料的渗透问题，而且大分子染料被头发锁紧，真正成为永久性染发。永久性染发剂是染发制品中最重要的一类，也是染发化妆品中产量最大的一类。

（1）原料组成　永久性染发剂的剂型有乳液、凝胶、香波、粉末和喷雾发胶等。永久性染发剂的原料主要包括如下几类。

① 染料中间体　永久性染发剂所使用的染色原料分为天然植物、金属盐类和合成氧化型染料三类，其中以合成氧化型染料最为重要。由于合成氧化型染料使用方便，作用迅速，色泽自然而又不损伤头发，因此是目前最流行的染发用品。这类染发剂都是通过氧化剂如过氧化氢等显色，染成深浅不同的色泽。氧化染发剂所使用的染料大多是对苯二胺及其衍生物。

对苯二胺是主要的有机氧化染发剂，它的优点是使头发染后具有良好的光泽和天然的色泽。研究和实验证明，目前还不能制成不含对苯二胺的良好染发剂。对苯二胺使头发染成有光泽的黑色，邻氨基苯酚能使头发染成橘红和褐色。偶合剂又称成色剂，多为对苯二酚、间苯二酚等。

有机染料虽有许多优点，能制成优良的染发剂，但却有一定毒性，如对苯二胺会使患有过敏性疾病的人引起皮肤发痒、水肿或气喘等。

将对苯二胺的氨基进行磺甲基化反应，其毒性就会大大减弱。其化学反应式如下：

$$H_2N-\!\!\bigcirc\!\!-NH_2 + HCHO + NaHSO_3 \longrightarrow H_2N-\!\!\bigcirc\!\!-NHCH_2SO_3Na + H_2O$$

② 氧化剂　又称显色剂，其作用是使对苯二胺等染料中间体氧化而形成大分子的染料，进入头发内部而显色。氧化剂的主要成分是过氧化物，如过氧化氢、过硼酸钠。可配成水溶液或膏状基质。

对苯二胺类染发剂可以用过硼酸钠或过氧化氢氧化显色，使用方法是先将染发剂涂刷于头发上，数分钟后再将显色剂涂于头发上，达到所要求的色泽时，用香波洗发并用清水冲洗干净。

③ 表面活性剂　在氧化染发剂中可以添加非离子、阴离子表面活性剂或者它们的复配组合，其作用是分散、渗透、偶合、发泡、调理等作用。油酸、棕榈酸、月桂酸制成的铵皂，对于染料和其他原料是一种很好的溶剂和分散剂。

④ 碱性物质　氧化染发剂 pH 值呈碱性，可达 8.5～10.5，这是因为在碱性条件下，一方面容易产生氧化作用，另一方面，碱性能使头发角质柔软和膨胀，使之容易染上颜色。通常使用的碱类是氨水，用量 0.8%～1.0%，也可用烷醇酰胺代替氢氧化铵。

⑤ 增稠剂　增稠剂有油醇、十六醇、聚氧乙烯脂肪醇醚。也可以用脂肪酰醇胺，它具有增稠、增溶和稳泡的作用。

⑥ 溶剂和保湿剂　低碳醇可作为染料和水不溶性物质的溶剂，有乙二醇、异丙醇、甘油、丙二醇等。但如用量过多，对头发染色效果有减弱的作用。另外，甘油、乙二醇、丙二醇是保湿剂，可避免染发时因水分蒸发而使染料干燥。

（2）配方及配制　染发剂多为液状和膏状产品。染发制品一般为二剂型，以显色剂和偶合剂为主要组成的染发Ⅰ剂和氧化剂构成的染发Ⅱ剂，配制时要分开进行。

表 10-20 为对苯二胺黑色染发剂配方。

表 10-20　对苯二胺黑色染发剂配方

组分	质量分数/%	组分	质量分数/%
对苯二胺	3.0	异丙醇	10.0
2,4-二氨基甲氧基苯	1.0	氨水(28%)	10.0
间苯二酚	0.2	抗氧剂	适量
油酸聚氧乙烯(10)醚	15.0	螯合剂	适量
油酸	20.0	去离子水	40.8
氧化显色剂配方			
过氧化氢(30%)	17.0	pH 调节剂	适量
稳定剂	适量	去离子水	83.0
增稠剂	适量		

　　还原组分 I 剂配制中先将染料中间体溶解于异丙醇中，另将螯合剂及其他水溶性原料溶于水和氨水中形成水相，油酸等油溶性原料加热熔化形成油相。将水相和油相混合后，再将染料液加入，混合均匀。用少量氨水调节 pH 值至 9～11，即得。

　　染发剂应装于棕色瓶中，并塞以软木塞，盖以电木盖，以塑料封口。氧化显色剂也应装于棕色瓶中密封，以免氧化能力降低。氧化显色剂一般采用质量分数为 3%～6% 的过氧化氢溶液。

第六节　特种化妆品

　　特种化妆品主要是指通过某些特殊功能以达到美容、护肤、消除人体不良气味等作用的化妆品类型，这类化妆品的性能介于药品和化妆品之间，内含特效成分，但其作用缓和。特种化妆品主要包括防晒、祛斑、除臭、育发、脱毛、健美等化妆品类型。这些化妆品须经卫生部批准，方可生产上市。

一、防晒化妆品

　　防晒化妆品是一类加入防晒剂从而达到防止紫外线对人体损伤的产品。日光中主要有害的光线是波长为 290～390nm 的紫外线，在烈日下工作或旅行，皮肤常被阳光所灼伤而引起红斑、刺痛，严重者有脱皮起泡等现象，为防止日光损害皮肤，需用防晒化妆品加以保护。

　　能产生防晒作用的物质称为防晒剂，这些物质可按作用原理分为两大类。

1. 物理防晒剂

　　物理防晒剂的作用原理是能将光线反射出去，如钛白粉、氧化锌、氧化铁、滑石粉、碳酸钙等。

2. 化学防晒剂

　　化学防晒剂的作用原理是能吸收日光中的有害光线，常用的有水杨酸薄荷酯、安息香酸薄荷酯、氨基苯甲酸薄荷酯、甲基伞形花内酯、肉桂酸酯等。天然动植物提取液，如沙棘、海藻、芦荟、薏苡仁、胎盘提取液、貂油等。

　　防晒用化妆品的形式很多，有乳化液、乙醇溶液、油类、油膏类和乳化膏霜类，除主要含有化学日光防晒剂外，常加入适量的物理性防晒剂。各种植物油和蜡类可用于防晒化妆品中，这些物质都具有轻微的保护作用。防晒的效能和产品的成分有密切关系。水溶性的制品防晒效果不大，形成的薄膜易被汗液和水冲洗去；油或油膏类制品的防晒效果好，但使用时有油腻的感觉；乙醇溶液可以形成持久的薄膜，也无油腻感觉，因此效果较好。防晒膏霜和乳液的乳化体系是防晒制品中最流行的剂型，其优点是容易配入高含量的防晒剂，以达到较高的 SPF 值，容易铺展和分散于皮肤上，形成厚度均匀的防晒膜，且不会产生油腻感。

防晒系数（SPF 值）又称防晒红斑指数或防晒率，是国际上对防晒产品效能测试的主要指标，防晒化妆品的防晒能力大小以 SPF 值来表示。防晒系数（SPF 值）是指在涂有防晒剂防护的皮肤上产生最小红斑所需能量与未加防护的皮肤上产生相同程度红斑所需能量之比。

$$SPF = \frac{\text{涂用防晒产品的皮肤的 EMD 值}}{\text{未涂用防晒产品的皮肤的 EMD 值}}$$

MED 指在皮肤上产生最小红斑所需的能量，简称最小红斑量。其测量方法是：以人体为测试对象，用日光或模拟日光（具有一定波长的紫外灯），逐步加大光量照射人体皮肤某一部位，当照射部位产生红斑的最小光量，即为 MED。美国 FDA 在 1993 年的终审规定：最低防晒品的 SPF 值为 2～6，中等防晒品的 SPF 值为 6～8，高度防晒品的 SPF 值为 8～12，高强防晒品的 SPF 值为 12～20，超高防晒品的 SPF 值为 20～30。皮肤专家认为，一般使用 SPF 值为 15 的防晒品已经够了，最高不要超过 30。

表 10-21～表 10-24 为防晒化妆品的配方。

表 10-21　防晒油配方

组分	质量分数/%	组分	质量分数/%
水杨酸薄荷酯	6.0	液体石蜡	20.5
棉籽油	50.0	抗氧剂	0.2
橄榄油	23.0	香精、色素	0.3

防晒油的制法是将防晒剂溶解于油中（如需要，可适当加热），溶解后加入香精等，再经过滤即可。

表 10-22　乙醇防晒液配方

组分	质量分数/%	组分	质量分数/%
乙醇	60.0	山梨醇	5.0
氨基苯甲酸薄荷酯	6.0	香精	适量
单水杨酸己二醇酯	1.0	水	28.0

乙醇防晒液的制法是先将液体原料加入反应器中搅拌，加入固体并加热使其溶解，搅拌均匀后，陈化、冷却、过滤、包装，即为产品。

表 10-23　雪花膏型防晒膏配方

组分	质量分数/%	组分	质量分数/%
氨基苯甲酸乙酯	2.0	棕榈酸异丙酯	2.0
水杨酸苯酯	5.0	三乙醇胺	1.0
单硬脂酸甘油酯	5.0	山梨醇	1.0
硬脂酸	13.0	香精	0.5
羊毛脂	5.0	水	65.5

雪花膏型防晒膏的生产技术是先将配方中所有物料投入反应器内，加热至 95℃，不断搅拌，直至形成均匀的乳化体。停止加热后继续搅拌，冷却至室温即可。

表 10-24　防晒霜配方

组分	质量分数/%	组分	质量分数/%
硬脂酸甘油酯	6.0	十六醇	0.7
硬脂酸	4.0	甘油	2.0
二丙二醇水杨酸酯	3.0	三乙醇胺	0.9
聚二甲基硅氧烷油	2.0	防腐剂、香精	适量
无水羊毛脂	1.0	蒸馏水	80.0

防晒霜的制法是将油相、水相分别混合均匀，分别加热至 80～85℃，再搅拌下，将油相缓缓加入水相中，温度降至 45℃时加香精，继续搅拌成膏体为止。

二、面膜

面膜是指在面部皮肤上敷上一层薄薄的物质，能够清洁、护理、营养面部皮肤的化妆品。面膜的基本功能是将皮肤与空气隔绝，使皮肤温度上升，此时面膜中的有效成分，如维生素、水解蛋白等及各种营养物质就能渗入皮肤里，起到滋润和营养皮肤，增进皮肤机能的作用。由于面膜干燥时的收缩作用，使皮肤绷紧，消除了细小皱纹。经一段时间后，再除去面膜，皮肤上的皮屑、污垢等杂质也就随之而被除去，使皮肤清洁一新。面膜可以分为剥离类、粉末类、黏土类、泡沫类、蜡状类和塑胶类。面膜的主要原料有成膜剂、营养剂、药物及表面活性剂。

1. 剥离类面膜

剥离类面膜一般是膏状或透明状物质，其主要原料有水溶性高分子成膜剂，如聚乙烯醇、聚乙烯吡咯烷酮、羧甲基纤维素等；增稠剂包括各种胶质类，如果胶等；溶剂包括乙醇、丙二醇、蒸馏水等；保湿剂包括甘油、丙二醇等，以及一些活性物质，如水解蛋白、植物精华素、中草药提取液等。表 10-25 为剥离类面膜配方。生产方法是将配方中的物料加入反应器中，加热搅拌，即得浆状产品。应用时，把它涂抹在皮肤上，水分挥发后应形成一层薄膜，然后掀去薄膜，皮肤上的污垢黏附在薄膜上随之被除去。

表 10-25　剥离类面膜配方

组分	质量分数/%	组分	质量分数/%
羧甲基纤维素	5.0	防腐剂	0.2
聚乙烯醇	15.0	香精	0.3
乙醇	10.5	蒸馏水	64.0
甘油	5.0		

剥离类面膜生产方法是将羧甲基纤维素、防腐剂、蒸馏水在混合器中搅拌加热至 70℃，将乙醇、聚乙烯醇混合物加入其中，保温搅拌使其完全溶解，温度降至 50℃时加甘油和香精，降至室温后分管包装。

2. 黏土类面膜

黏土类面膜的粉类原料是具有吸附作用和润滑作用的粉末，包括胶性黏土、高岭土、氧化锌、滑石粉和无水硅酸盐等，又具有较好的吸收性，能除去皮脂和汗液，对正常皮肤和油性皮肤的人都适用；黏土类面膜的配方中一般还加入可形成软膜的胶凝剂，如淀粉、硅胶粉等；为了避免干燥，可加入适量油剂。

有些面膜主要是由营养成分组成，制作简单，具有营养和美容双重功效。如蛋青、淡黄、蜂蜜、牛奶、果汁等，适于自制。如用蛋清一个，蜂蜜一匙，再加植物油一匙，将三者混合均匀，涂于面部，过 20～30min 后，用温水洗去即可。

3. 纸质美容面膜

纸质美容面膜由作为载体的纸和美容物质组成，美容物质由淀粉、磁粉、吐温-80、尼泊金乙酯、天然芳香油、水或中药浸出液等构成。制作时可将美容物质制成膏状直接涂敷于纸或将美容物质制成浸液浸润于纸。本发明将传统面膜的使用方法由涂敷改为贴敷，具有使用方便、安全、价廉、美容保健功能兼备、无毒副作用等优点。

思 考 题

1. 什么是化妆品，它必须满足哪些性能？
2. 化妆品的基质原料是什么？
3. 辅助原料包括哪几类？
4. 工业上生产化妆品的乳化技术有哪几种方法？
5. 设计润肤霜配方一个。
6. 设计香粉配方一个，并说出各组分作用。
7. 简述雪花膏的生产。
8. 简述香水的生产。
9. 简述用锅组连续法生产发乳。
10. 防晒剂有哪几类，举例说明。
11. 什么是防晒系数？不同等级的防晒化妆品的 SPF 值的范围是什么？
12. 面膜的作用是什么？大致分几类？

第十一章　食品添加剂

【基本要求】

1. 掌握食品添加剂代表品种的合成原理和生产技术要点；
2. 理解防腐剂、抗氧化剂、酸味剂、甜味剂、增味剂、乳化剂、食用色素、增稠剂等的作用原理、分类、用途和发展趋势；
3. 了解食品添加剂的主要类别和作用。

第一节　概　　述

食品添加剂（food additive）是以改善食品质量、方便加工、延长保存期、增加食品营养成分为目的，在食品加工、生产、贮运过程中添加的精细化学品。目前，世界各国还没有一个食品添加剂的统一定义。《中华人民共和国食品法》中的定义为："只为改善品质和色、香、味，以及为防腐和加工工艺的需要而加入食品中的化学合成或者天然物质。"一些食品配料如蔗糖、淀粉糖浆等尽管功用和食品添加剂一样，但习惯上把它们称为食品原料，而不是食品添加剂。随着人们生活水平的不断提高，对营养科学认识的不断变化，对食品提出了更新、更高的要求，而食品添加剂的加入就可以满足食品的方便化、高档化、多样化和营养化。因此没有食品添加剂便没有现代食品工业。可以说开发更新、更安全的食品添加剂将是食品工业发展的重要课题。

一、食品添加剂的分类

食品添加剂有多种分类方法，如按来源分类、按应用特征分类、按功能分类等。

食品添加剂按照其原料和加工工艺，可以分为天然食品添加剂和合成食品添加剂。按照习惯，直接来自动物、植物、微生物和通过生物化学方法生产的食品添加剂都被归入天然食品添加剂，而通过普通的无机或有机化学反应方法生产的食品添加剂应为合成食品添加剂。食品添加剂按照其应用特征，可以分为直接食品添加剂，如食用色素、甜味剂等；加工助剂（也称第二次直接食品添加剂），如消泡剂、脱模剂等；间接添加剂，如用于食品容器和包装的一些添加剂。

食品添加剂最常见的分类方法是按其功能来分，我国食品添加剂按其功能分为20大类，包括酸度调节剂、抗结剂、消泡剂、抗氧化剂、漂白剂、膨松剂、姆糖基础剂、着色剂、护色剂、乳化剂、酶制剂、增味剂、面粉处理剂、被膜剂、水分保持剂、营养强化剂、防腐剂、稳定和凝固剂、甜味剂、增稠剂。

二、食品添加剂的生产管理和使用要求

食品添加剂不属食品的正常成分，特别是化学合成品，若长期或不合理使用可能发生一些毒害作用，历史上曾出现过由于使用不当而引起的中毒事件。食品添加剂的生产和安全使用非常重要，应由主管部门监管生产企业，产品必须按质量标准检测，使用者要依据有关的法律法规，严格控制使用范围和使用量。对食品添加剂的具体要求有以下几方面。

① 必须经过严格的毒理学鉴定程序，保证在规定使用范围内，对人体无毒；

② 应有严格的质量标准，有害杂质不得超过允许限量；

③ 进入人体后，能参与人体正常的代谢过程，或能经过正常解毒过程排出体外，或不被吸收而排出体外；

④ 用量少、功效显著，能真正提高食品的质量；

⑤ 价格低廉使用安全方便。

三、食品添加剂的使用标准

使用标准是提供使用食品添加剂的定量指标，包括允许使用的食品添加剂的种类、名称、使用范围、食品中的最大使用量等项目。

评价食品添加剂的毒性，首要标准是日允许摄入量（acceable daily intak，ADI）。ADI值是指人一生连续摄入某物质而不致影响健康的每日最大允许摄入量，以每日每公斤体重摄入的质量（mg）表示，单位为 mg/kg。

判断食品添加剂安全性的第二个常用指标是半数致死量（mediumllethal dose，LD_{50}）。通常指能使一群被试验动物中毒死亡一半所需的最低剂量，其单位是 mg/kg。对食品添加剂，主要指经口的半数致死量。

四、食品添加剂的发展趋势

目前，各国都在致力于开发新型食品添加剂和新的食品添加剂生产工艺。食品添加剂的发展趋势如下。

1. 研究开发天然食品添加剂和研究改性天然食品添加剂

回归自然，绿色食品是当前食品发展的一大潮流。当前，人们对食用色素、防腐剂的安全问题越来越关注，大力发展天然色素、天然防腐剂等食品添加剂，不仅有利于消费者的健康，而且能促进食品工业的发展。

2. 大力发展生物食品添加剂

近年来，人们逐渐认识到天然食品添加剂一般都有较高的安全性。因此，天然食品添加剂的应用越来越广泛。但是，由于自然界的植物、动物生长周期较长，生产效率低。采用现代生物技术生产天然食品添加剂，不仅可以大幅度提高生产能力，而且还可以生产一些新型的食品添加剂，如红曲色素、乳酸链球菌素、黄原胶、溶菌酶等。

3. 开发专用食品添加剂

不同的应用场合往往要求不同性能的食品添加剂和食品添加剂组合，研究开发专用的食品添加剂或食品添加剂组合可以充分发挥食品添加剂的潜力，极大地方便使用，提高有关食品的质量，降低生产成本。

4. 开发高分子型食品添加剂

增甜剂多数是天然的或改性天然水溶性高分子化合物，其他食品添加剂除了少数生物高分子化合物外，基本上都是小分子化合物。实践表明，若能把普通食品添加剂高分子化，使其具有食用安全性提高、热值低、效用持久化等优点。

5. 研究食品添加剂的复配

生产实践表明，很多食品添加剂进行复配，可以产生增效作用，研究食品添加剂的复配不仅可以降低食品添加剂的用量，而且还可以进一步改善食品的质量，提高食品的食用安全性。

6. 开发食品添加剂的生产新工艺

许多传统的食品添加剂具有良好的使用效果，但是，由于生产成本高，产品价格昂贵，使进一步推广应用受到了限制，迫切需要研究开发出一些节省能源、降低原料消耗的新工艺路线。例如，甜菊糖苷采用大孔树脂吸附生产工艺后，产品质量和生产成本都有很大的改进，对甜菊糖苷的推广应用起到了良好的促进作用。

五、高新技术在食品添加剂生产中的应用

正是因为现代食品工业对食品添加剂的应用效果和安全性提出越来越严格的要求，促进了高新技术在食品添加剂中的研究开发与应用。采用现代发酵工程改造了传统的发酵食品生产，例如，在味精的生产中，用双酶法糖化工艺取代传统的酸法水解工艺，大大提高了原料利用率。在生物工程技术方面所取得的成就，使人们把食品添加剂的研发与开发重点由化学合成转向生物合成。目前，利用生物合成法已生产出品种繁多的低糖甜味剂、酸味剂、鲜味剂、维生素、活性多肽等现代发酵产品。利用细胞杂交和细胞培养技术还可以生产出独特的食品香味和风味的添加剂，如香草素、可可香素、菠萝风味剂以及天然色素（例如，咖喱黄、类胡萝卜素、紫色素、花色苷素、辣椒素、靛蓝等）。通过把风味前体转变为风味物质的酶基因的克隆或通过微生物发酵产生风味物质都可以使食品的芳香风味得到增强。另外，最近通过生物合成法制备的防腐剂、抗氧化剂等，在食品保鲜、保藏和延长货架期方面也发挥了重要作用。

利用萃取、蒸馏、浓缩、分级结晶和超临界萃取等单元操作从植物、动物中提取有效成分，提高了食品添加剂及饲料添加剂的产品质量，同样为提高产品附加值提供了条件。

本章主要介绍食品添加剂及饲料添加剂主要种类品种、合成原理和生产技术路线。

第二节　防　腐　剂

防腐剂是通过抑制微生物繁殖，从而减少食品腐败以延长食品保存期的一种添加剂。它还有防止食物中毒和杀菌的作用，已广泛应用于酱油、酱菜、饮料、葡萄酒、面包、糕点、罐头、果汁、蜜饯、果糖等诸多方面。

防腐剂可分为有机防腐剂和无机防腐剂两大类。前者主要有苯甲酸及其盐类、山梨酸及其盐类、二氧化硫等。有些物质不仅可以做防腐剂用，在食品加工过程中，还具有其他的用途，如亚硝酸及其盐类常用作漂白剂，硝酸盐及亚硝酸盐用作肉类腌制发色等。下面重点介绍有机防腐剂代表品种及其生产技术。

一、对羟基苯甲酸酯类

对羟基苯甲酸酯类商品名为尼泊金酯，为对羟基苯甲酸与低碳醇所生成的酯。国内外已商品化的有对羟基苯甲酸的甲酯、乙酯、丁酯、异丙酯等。国内使用的较多的是对羟基苯甲酸甲酯、对羟基苯甲酸乙酯和对羟基苯甲酸丙酯。

对羟基苯甲酸甲酯一般为无色小结晶或白色结晶粉末，几乎无臭，稍有涩味，对光和热稳定，吸湿性小，难溶于水，易溶于乙醇、乙醚、丙酮、丙二酸等有机溶剂。它是唯一的酯型防腐剂，对霉菌、酵母菌和细菌有广泛的抗菌作用，对霉菌与酵母菌的作用较强，对细菌特别是革兰性杆菌及乳酸菌作用较差。其抗菌力比苯甲酸、山梨酸强。它的抗菌作用随着烷基（R—）链的增长而增强。其抗菌效果不像酸型防腐剂那样随 pH 值的变化而变化，适用于弱酸或弱碱性食品。它的作用原理是抑制微生物细胞的呼吸酶系与电子传递酶系的活性，以及破坏微生物的细胞膜。值得注意的是，它与淀粉共存会影响抗菌效果。

对羟基苯甲酸酯是国内外广泛应用的防腐剂之一，主要用于脂肪产品、乳制品、饮料、酱油、高脂肪含量的面包和果糖等。在我国主要应用于化妆品和医药上，在食品中应用才刚刚开始，并有小量生产能力。毒性 ADI 为 $0\sim10mg/kg$，LD_{50} 为 $5\sim17g/kg$（大鼠，经口）。它的最大特点是毒性低，能在非酸性条件下使用，因而具有较广泛的使用价值。

1. 生产技术

对羟基苯甲酸酯类的合成分为中间体对羟基苯甲酸的合成和对羟基苯甲酸酯化两步。对羟基苯甲酸的合成有邻羟基苯甲酸热转位法、对磺酰胺苯甲酸碱焙法和酚钾直接羧化法等工业方法。

（1）对羟基苯甲酸的生产

① 邻羟基苯甲酸热转位法　常温下将邻羟基苯甲酸与氢氧化钾反应生成邻氧钾基苯甲酸钾盐后，以石蜡为热介质在高温下生成对氧甲基苯甲酸钾，然后中和成对羟基苯甲酸，其化学式如下：

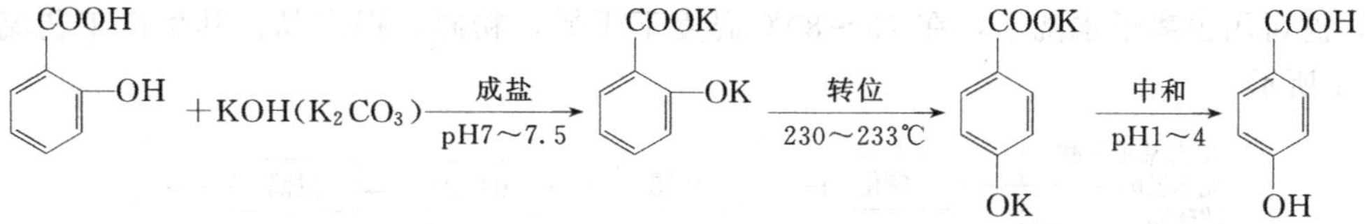

先将氢氧化钾、碳酸钾加入水反应器中，在搅拌下加热使之溶解后，再缓慢加入邻羟基苯甲酸进行成盐反应，使反应液 pH 至 7～7.5，然后将反应液先在常压、后在减压下蒸发至干，进行粉碎、筛分得到钾盐，在转位反应器中，将介质固体石蜡加热至240℃以上全部熔化后，在搅拌下将干燥的邻氧钾基苯甲酸钾盐均匀加入。在 190℃左右有部分苯酚蒸出，随着反应温度逐渐升高，控制温度在230～238℃搅拌下进行转位反应1.5h。反应完毕，将反应液冷却后流入分液器中，分去石蜡层，将液层加热至沸腾，用盐酸或硫酸调节至 pH 为4，加活性炭在沸腾状态下脱色，趁势过滤。滤液再加酸至 pH 为1，冷却至室温，析出对羟基苯甲酸，抽滤，滤饼用水洗1～2次，干燥后得对羟基苯甲酸。

② 对磺酰胺苯甲酸碱性水解　对磺酰胺苯甲酸在高温下与强碱相作用下，使磺酰氨基被羟基置换的水解反应叫碱熔。碱熔的方法主要有用熔融碱的常压高温碱熔法、用碱熔液的中温碱熔法和用稀碱的加压碱熔法。磺酰氨基的水解是常压高温碱熔法。最常用的碱熔剂是氢氧化钠，熔点是 327.6℃，其次是氢氧化钾，熔点是 410℃。氢氧化钾的活性大于氢氧化钠，但氢氧化钾的价格比氢氧化钠化钠贵得多。为了减少氢氧化钠的用量，可以使用氢氧化钠与氢氧化钾的混合碱。混合碱的优点是熔点比单一碱低。

工业上用熔融碱法碱熔一般采用分批操作，碱熔温度控制在 358～380℃。为了保持一定的碱熔温度，对磺酰胺苯甲酸要用几个小时慢慢加入到碱熔反应器中，加料完毕后，要快速升温，并保持十到几十分钟，使反应完全，并立即放料。为了保持熔碱物的流动性，一般使碱微过量，保持含水质量分数 5%～10%。

在常压碱熔时，由于生成的酚易被空气氧化，所以要用水蒸气加以保护，在碱熔初期由原料带入水和反应生成的水能起保护作用，但在碱熔后期，则需要在碱熔物的表面上通入适量的水蒸气。

对磺酰胺苯甲酸碱性水解生产对羟基苯甲酸化学反应式如下：

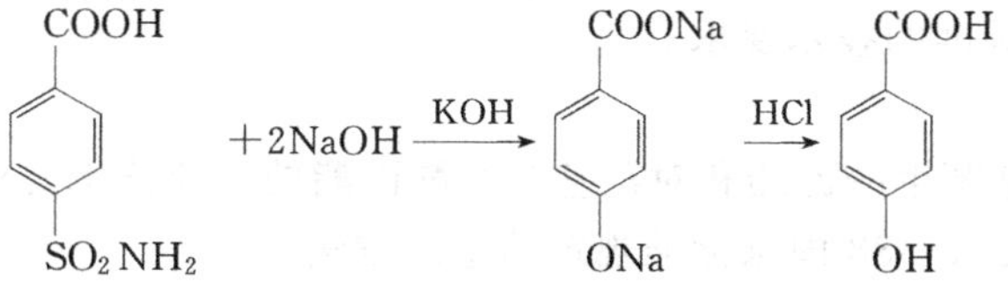

比较以上两种生产路线，邻羟基苯甲酸热转位法反应时间长，收率较低，但后处理工艺简单，对磺酰胺苯甲酸碱性水解法反应时间大大缩短，收率也高，但是，后处理工艺较复杂些。

（2）对羟基苯甲酸的酯化　对羟基苯甲酸与不同的醇反应可以生成相应的酯。以对羟基苯甲酸乙酯为例，用对羟基苯甲酸和无水乙醇作原料，醇与酸质量配比为 4：1，硫酸存在下，控制反应温度为 75～85℃，在回流状态下反应 12h，酯化反应式如下：

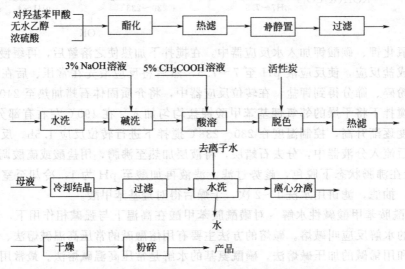

酯化反应结束后，往反应物中加入质量分数为 3% 的氢氧化钠溶液，经中和除去残留的酸性催化剂后，将反应物溶于质量分数为 5% 的乙酸热液中，加入活性炭脱色 30min，趁热过滤，滤饼用去离子水洗涤，在 70～80℃ 温度下干燥，粉碎，得产品。其生产工艺流程如图 11-1 所示。

图 11-1　对羟基苯甲酸的生产工艺流程示意

为加速酯化反应的进行，通常采用硫酸等为催化剂。同时加入能与水形成共沸物的物质（如苯等），利用共沸精馏法将生成的水从反应体系引出，以提高反应物的转化率。但在生产固体酯时较少采用此法，而是采用大过量的低碳醇的办法，以达到提高主要原料转化率的目的。此外，硫酸的用量也远远大于一般催化剂的用量，硫酸可以与反应生成的水水合，使平衡右移，也可以提高转化率。用硫酸等质子型催化剂具有价格低廉、酯的产率较高的优点，但是，对设备腐蚀较为严重。与其他酯化产品类似，对羟基苯甲酸酯类的开发也集中在加快反应速率和提高转化率方面。工业生产正试图改用固体酸等作催化剂，采用分子筛脱水以提高转化率，达到简化生产流程的目的。

2. 产品质量标准

食品添加剂对羟基苯甲酸乙酯和对羟基苯甲酸丙酯的技术指标，应符合 GB 8850—88 和 GB 8851—88 国家标准的技术要求。

3. 产品检测方法

食品添加剂对羟基苯甲酸乙酯和对羟基苯甲酸丙酯的各项技术要求的检测方法，应按照 GB 8850—88 和 GB 8851—88 国家标准规定的检测方法。

二、山梨酸及其盐

山梨酸俗名花楸酸，学名 2,4-己二烯酸，为共轭双烯酸，分子式为 $C_6H_8O_2$，其结构式为 $CH_3CH=CH—CH=CHCOOH$。山梨酸为无色或白色晶体粉末，无臭或微带刺激性臭味，熔点 132～135℃，耐光、耐热性能较好，在 140℃下加热 3h 无明显变化，空气中长期放置则氧化着色，难溶于水，溶于乙醇、乙醚、丙二醇、花生油、乙酸。常用的山梨酸盐为山梨酸钾，山梨酸钾为白色或白色鳞片状结晶，或白色结晶粉末。而山梨酸钠因在空气中不稳定，故不采用。

山梨酸作为酸性防腐剂，在酸性介质中对微生物有良好的抑制作用，随着 pH 值增大其防腐效果下降，pH 值为 8 时其效果几乎为零，适用于 pH 值 5.5 以下的食品防腐剂。山梨酸对霉菌、酵母菌、好气性细菌的生长发育具有良好的抑制作用，但对于厌气细菌几乎无效。

山梨酸及其盐类毒性很低或无毒，与食盐相似，可在机体内被同化产生二氧化碳和水，是目前安全性最好的防腐剂。它的抗菌作用主要是与微生物酶系统中的疏基相结合，从而破坏许多主要酶系的作用。常用于调味品、罐头、果汁、汽酒等。ADI 为 0～25mg/kg 体重。可用于绿色食品的加工和保藏。

1. 生产技术

目前山梨酸生产路线有乙烯醛-乙烯酮缩合法，丁烯醛-丙酮缩合法，丁烯醛-丙二酸溶剂法，山梨醛微生物氧化法等。山梨酸钾及山梨酸钠等盐是由山梨酸与相应的碱或碳酸盐水溶液反应，经精制而成，其操作过程与苯甲酸钠的制备类似。下面着重介绍山梨酸的生产技术路线。

(1) 丁烯醛-乙烯酮生产路线　丁烯醛、乙烯酮在催化剂三氟化硼-己醚络合物存在下，在 0℃时反应生成己烯酸内酯，然后在硫酸作用下加热至 80℃，水解反应 3h 生成山梨酸，反应方程式如下：

$$CH_3-CH=CH-CHO+CH_2=C=O \xrightarrow[0℃]{BF_3} \left[\begin{array}{c} CH=CH-CH_3 \\ | \\ O-CH-CH_2-C \\ \| \\ O \end{array} \right]_n \xrightarrow[+H_2O]{H^+}$$
$$CH_3-CH=CH-CH=CH-COOH$$

此生产路线以丁烯醛计收率只有 70%。如果采用锌、镉、镍、铜等金属氧化物或羧酸盐作催化剂，如异戊酸锌作催化剂，则可提高收率到 84%～86%。国外多采用此路线，只是催化剂及生产工艺上有些不同。国内新建厂均采用丁烯醛-乙烯酮路线。常用的生产工艺流程如图 11-2 所示。

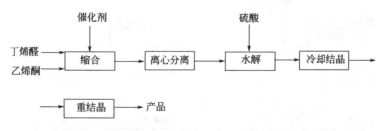

图 11-2　丁烯醛-乙烯酮缩合生产山梨酸工艺流程示意

乙烯酮为乙酸在高温下，以磷酸系化合物为催化剂，裂解脱去 1 分子水而制成。

$$CH_3COOH \xrightarrow{高温裂解} CH_2=C=O+H_2O$$

乙酸高温裂解生产乙烯酮的工艺是将一定量的乙酸加入到汽化器中，加热汽化，乙酸蒸气与质量分数为 10% 的磷酸三乙酯水溶液混合，磷酸三乙酯的用量约为 0.275%。混合物进入另一汽化器，汽化后在 0.06MPa 压力下，经不锈钢管式炉预热约 550℃后，再进入温度为 750～780℃的高温裂化炉裂解。裂解气与阻聚剂氨气混合后经过一、二、三级冷凝器，

一、二级为水冷凝器，将稀乙酸进行回收，三级是−30℃以下的冷冻盐水冷凝剂，分离出的70％左右的乙酸酐，冷却后的裂化气体为乙烯酮，供制山梨酸作原料。

（2）丁烯醛-丙酮生产工艺　以丁烯醛和丙酮为原料，采用 $Ba(OH)_2 \cdot 8H_2O$ 为催化剂，于60℃下进行醛酮交叉缩合反应，缩合成 2,4-二烯庚酮-2，然后用次氯酸钠氧化生成 1,1,1-三氯-3,5-二烯庚-2，再与氢氧化钠（钾）反应得山梨酸钠（钾），中和得山梨酸，收率可达99％，同时获得副产物三氯甲烷。

$$CH_3CH = CH - CHO + CH_3COCH_3 \longrightarrow CH_3CH = CH - CH = CHCOCH_3$$
$$CH_3CH = CH - CH = CHCOCH_3 + NaOCl \longrightarrow CH_3CH = CH - CH = CHCOCCl_3 + NaOH$$
$$CH_3CH = CH - CH = CHCOCCl_3 + NaOH \longrightarrow CH_3CH = CH - CH = CHCOONa + CHCl_3$$
$$CH_3CH = CH - CH = CHCOONa + H_2SO_4 \longrightarrow CH_3CH = CH - CH = CHCOOH + Na_2SO_4$$

在强碱催化剂与较高的反应温度下，丁烯醛容易发生自身缩合生成一定量的聚醛树脂。因此，生产中一般采用丙酮过量以降低丁烯醛的浓度，而达到控制反应速率的目的。目前，我国和俄罗斯多采用此工艺生产山梨酸和山梨酸钾（钠）。

（3）丁烯醛-丙二酸生产路线　向反应器内依次加入原料丁烯醛和丙二酸以及溶剂吡啶，其质量配比为 1.0：1.42：1.42，在室温下搅拌1h，然后缓慢加温至90℃，维持 90～100℃下进行羧化反应4h。其反应式如下：

$$CH_3 - CH = CH - CHO + CH_2(COOH)_2 \xrightarrow{\text{吡啶}} CH_3CH = CH - CH = CHCOOH + H_2O + CO_2 \uparrow$$

反应完毕，降温至10℃，慢慢加入10％稀硫酸，并控制温度不超过20℃，致反应物呈弱酸性，pH值在 4～5 为止，冷却结晶，过滤，结晶用水洗涤得山梨酸粗品，在用粗品质量的 3～4 倍的60％乙醇进行重结晶，得山梨酸产品。如需钾盐，用碳酸钾或氢氧化钾中和即可得山梨酸钾。但是，本法山梨酸收率不高，仅30％左右。丁烯醛-丙二酸生产山梨酸工艺流程如图 11-3 所示。

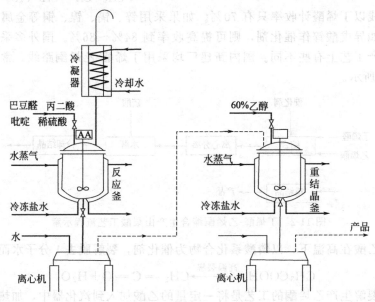

图 11-3　丁烯醛-丙二酸生产山梨酸工艺流程

2. 产品质量标准

国家标准 GB 1950—80 适用于以丁烯醛和丙酮反应制得的食品添加剂山梨酸。

第三节 抗氧化剂

食品在加工和贮存过程中，将会发生一系列化学、生物变化，其中氧化反应尤为突出，它将使油脂及富脂食品色、香、味与营养等方面劣化。因此，防止油脂及富脂食品的氧化一直是食品工业中一个关键性的问题。

在酶或某些金属等的催化作用下，食品中所含易于氧化的成分与空气中的氧反应，将发生氧化反应，生成一系列能引起食品"酸败"的物质，如醛、酮、羧酸、酮酸等。所产生的有害物质，能引起食物中毒。因此，添加一些安全性高、效果好的抗氧化剂是防止食品氧化，提高食品稳定性的有效方法之一。

能阻止或延迟食品氧化，提高食品质量的稳定性和延长贮存期的食品添加剂称为抗氧化剂。抗氧化剂的种类繁多，抗氧化剂的作用机理也不尽相同，但都依赖自身的还原性。一种是抗氧化剂自身氧化，消耗食品内部和环境中的氧，从而保护食品组织不受氧化；另一种方式是抗氧化剂通过抑制氧化酶的活性从而防止食品组织氧化变质。

抗氧化剂依其溶解性大致可分为油溶性和水溶性两大类。国际上普遍使用的油溶性抗氧化剂有二叔丁基对甲苯酚、叔丁基对羟基茴香醚、没食子酸丙酯、维生素 E 等；水溶性抗氧化剂有抗坏血酸及其盐类、异抗坏血酸及其盐类、二氧化硫及其盐类等。

有一些物质，其本身虽没有抗氧气作用，但与抗氧化剂混合使用，却能增强抗氧化剂的效果，这类物质统称为抗氧化剂增效剂。现已被广泛使用的增效剂有柠檬酸、酒石酸、苹果酸等。

一、丁基羟基茴香醚

丁基羟基茴香醚（BHA）分子式为 $C_{11}H_{16}O_2$，有两种异构体：

3-叔丁基-4-羟基茴香醚(3-BHA)　　　　2-叔丁基-4-羟基茴香醚(2-BHA)

丁基羟基茴香醚为无色至浅黄色蜡样结晶性粉末，稍有石油类的臭气和刺激性气味，熔点随 3-BHA 和 2-BHA 异构体的混合比不同而异。而 3-BHA 的抗氧化能力约为 2-BHA 的 2 倍，两者的混合物具有增效作用，因此，在生产过程中没有必要将它们分开。丁基羟基茴香醚不溶于水，易溶于猪油和植物油等油脂中，在丙二醇、丙酮和乙醇有机溶剂中呈乳化状态，热稳定性较高，在弱碱性条件下不易被破坏，这可能是其在焙烤食品中有效的原因之一。

丁基羟基茴香醚在加热后效果保持性较好，是目前国际上广泛应用的抗氧化剂之一，也是我国常用的抗氧化剂之一。丁基羟基茴香醚除抗氧化之外，还有相当强的抗菌力，其抗霉效力比对羟基苯甲酸丙酯还强。与其他抗氧化剂相比较，丁基羟基茴香醚不像没食子酸酯那样会与金属离子作用而着色，有使用方便的特点，缺点是成本较高。

丁基羟基茴香醚的生产路线有对羟基茴香醚法、对苯二酚法、对氯苯酚法、对氨基苯甲醚法等。

（1）对羟基茴香醚法　以对羟基茴香醚和叔丁醇为原料，生产丁基羟基茴香醚是常用的一种方法，该生产路线是以磷酸或硫酸为催化剂，环己烷为溶剂，在 80℃ 左右进行 C-烷化反应 1~2h。反应制得 2-叔丁基-4-羟基茴香醚和 3-叔丁基-4-羟基茴香醚，其化学反应式：

$$2 \begin{array}{c} OH \\ \hline \\ OCH_3 \end{array} + 2C(CH_3)_3OH \xrightarrow[\text{环己烷}]{\text{磷酸}} \begin{array}{c} OH \\ C(CH_3)_3 \\ \hline \\ OCH_3 \end{array} + \begin{array}{c} OH \\ C(CH_3)_3 \\ \hline \\ OCH_3 \end{array} + 2H_2O$$

反应结束后，将所得反应物用质量分数为 10％的氢氧化钠溶液中和后，送入回收塔蒸馏回收溶剂环己烷供循环使用。将回收塔的釜液送入精馏塔进行水蒸气蒸馏，产物与水一起馏出，经过冷凝、冷却后，析出粗产品。然后进行精制，将粗产品用乙醇，水溶液进行溶解，经过滤、结晶、重结晶、分离、干燥程序，即可制得食品添加剂丁基羟基茴香醚产品。

（2）对苯二酚法　以对苯二酚和叔丁醇为原料，以磷酸或硫酸为催化剂，在 90℃左右进行醇对酚 *C*-烷化反应 1.5~2.5h，得 2-叔丁基对苯二酚，同时副产 2,5-二叔丁基对苯二酚，经中和、结晶等操作，分离出 2-叔丁基对苯二酚。再将 2-叔丁基对苯二酚与硫酸二甲酯在碱性条件，控温 40℃左右进行 *O*-烷化反应 1~2h，得叔丁基-4-羟基茴香醚，化学反应式如下：

$$2 \begin{array}{c} OH \\ \hline \\ OH \end{array} + 3C(CH_3)_3OH \xrightarrow{\text{磷酸}} \begin{array}{c} OH \\ C(CH_3)_3 \\ \hline \\ OH \end{array} + \begin{array}{c} OH \\ (CH_3)_3C \quad C(CH_3)_3 \\ \hline \\ OH \end{array} + 3H_2O$$

$$\begin{array}{c} OH \\ C(CH_3)_3 \\ \hline \\ OH \end{array} + (CH_3)_2SO_4 \xrightarrow{pH9~9.2} \begin{array}{c} OH \\ C(CH_3)_3 \\ \hline \\ OCH_3 \end{array} + \begin{array}{c} OH \\ C(CH_3)_3 \\ \hline \\ OCH_3 \end{array}$$

将烷氧基化合物进行分离、精制、干燥等单元操作，即得到食品添加剂丁基羟基茴香醚。

二、维生素 E 混合物

维生素 E 即生育酚，有天然 α-生育酚和合成的 *d*1-α-生育酚。天然维生素 E 广泛存在于绿色植物和动物体中，如小麦胚油、玉米油、猪油等中，具有抑制动植物组织体内的脂溶性成分氧化的功能。已知天然维生素 E 有 α、β、γ、δ 等多种同分异构体，其结构通式如下：

$$\begin{array}{c} R_3 \\ R_2 \overbrace{\qquad}^{CH_3} \begin{array}{c} O \\ CH_3 \end{array} \\ HO \underbrace{\qquad}_{R_1} \quad (CH_2)_3-CH(CH_2)_3-CH-CH \begin{array}{c} CH_3 \\ CH_3 \quad CH_3 \quad CH_3 \end{array} \end{array}$$

维生素 E 混合浓缩物为黄色黏稠液体，可有少量微晶体蜡状物，几乎无臭，相对密度 d_4^{20} 为 0.932~0.955，不溶于水，溶于乙醇，可与丙醇、氯仿、乙醚、植物油混溶。它对热稳定，在较高的温度下，仍有较好的抗氧化性能。生育酚的耐光、耐紫外线、耐放射线的性能也较丁基羟基茴香醚和二丁基羟基甲苯强。生育酚还有防止维生素 A 在 γ 射线照射下分解的作用，及防止 β-胡萝卜素在紫外光的照射下分解的作用。近年来研究表明，生育酚还有阻止咸肉中产生致癌物亚硝胺的作用。

维生素 E 混合物不仅对食品有抗氧化作用，还可以作为食品强化剂提高人体的免疫功能，具有一定的延缓衰老的功能。其抗氧化能力较丁基羟基茴香醚和二丁基羟基甲苯弱，但安全性能高，维生素 E 是目前国际上惟一大量生产的天然抗氧化剂，但由于其价格较贵，在一般场合使用较少，主要用于保健食品、婴儿食品和其他高价值的食品。

维生素 E 主要存在于各种植物原料中，特别是油料种子中，以小麦胚芽油中的维生素 E 含量最高，约为每 10g 油中 180～145mg。目前，国内外主要以此类油为原料进行天然维生素 E 的提取。提取工艺路线，按原料的不同可分为两种工艺方法：皂脚提取工艺和馏出物提取工艺。

1. 皂脚提取工艺

先将小麦等胚芽油碱炼时所得到的皂脚料，用 0.5mol/L 的氢氧化钠乙醇溶液进行碱性水解-皂化，然后用极性溶剂（如甲醇，乙醇，丙醇等）进行萃取，将所得的不是皂化物溶物进行冷却，除去蜡及部分甾醇，溶液经活性炭脱色，可得到质量分数为 10％～15％的维生素 E。然后进行真空蒸馏或分子蒸馏得到成品。生产工艺如图 11-4 所示。

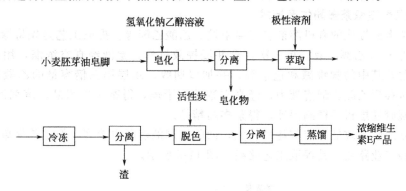

图 11-4　从皂脚提取浓缩维生素 E 工艺流程示意

也可以用冷冻法处理皂脚后分离去沉淀，再用氢氧化钠的乙醇溶液进行皂化去除沉淀。然后用石油醚萃取可溶部分；再用洋皂地黄苷处理萃取液，除去硬酯后，用热乙醇提取后，再进行高真空蒸馏即得到成品。

2. 油脂馏出物提取工艺

在食用油脂生产过程中，油脂脱臭时所得到的馏出物中维生素 E 含量较高，例如大豆油脱臭时所得到的馏出物中，维生素 E 质量分数高达 15％～17％，从油脂脱臭物中提取维生素时，先往馏出物中加入 5 倍质量的甲醇，待全部溶解后，用浓硫酸为催化剂进行加热回流，使所含的脂肪酸进行酯化，反应完毕用氢氧化钠中和硫酸，然后将甲醇溶液冷却至 5℃ 左右，过滤除去甾醇等结晶，将滤液蒸馏回收溶剂甲醇后，再在高真空下蒸馏，则可将脂肪酸酯类与维生素 E 类的浓缩物分开。

三、茶多酚

天然抗氧化剂——茶多酚是茶叶中多酚类物质的总称，为白色粉末状物，易溶于水，可溶于乙醇、丙酮、乙醚、乙酸乙酯等，不易溶于油脂，对酸、热较稳定。

茶叶中多酚类物质大致可分为六类：黄烷醇类、4-羟基黄烷醇类、花色苷类、黄酮类、黄酮醇类和酚酸类。其中以黄烷醇类为主，占茶多酚总量的 60％～80％，主要为茶素类物质。儿茶素的结构通式如下：

茶多酚的抗氧化性能为维生素的10倍以上，为丁基茴香醚的数倍。茶多酚中抗氧化的作用成分主要是儿茶素。茶多酚与苹果酸、柠檬酸和酒石酸有良好的协同效应，与柠檬酸的协同效应最好。此外，与维生素E、抗坏血酸也有很好的协同效应。茶多酚除了有很强的抗氧化作用外，近年来发现，茶多酚还有很强的医疗保健作用，可以抑制肿瘤、降低血压、降低血糖，利用茶多酚的多功能性质，制备各种功能食品大有可为。

茶多酚对人体无害。我国《食品添加剂使用卫生标准》规定，茶多酚可用于油脂、火腿、糕点馅，用量为0.49g/kg。使用方法是先将其溶于乙醇，加入一定量的柠檬酸配成溶液，然后用喷涂或添加的方式用于食品。

在茶叶中，绿茶的茶多酚含量最高，约占其干重的15%～25%。通常采用绿茶叶末为原料提取茶多酚。茶多酚的生产提取工艺路线有多种，主要有有机溶剂提取法、离子沉淀提取法、吸附分离法、低温纯化酶提取法、盐析法等。

1. 有机溶剂提取茶多酚生产技术

可用于茶多酚提取的有机溶剂有三氯甲烷、乙酸乙酯等。提取工艺是先将绿茶末用热水或质量分数为85%乙醇溶液浸提三次，合并浸提液过滤。滤液经真空浓缩，用三氯甲烷萃取浓缩液，脱除其中的咖啡碱和色素等，并加以回收。水层用三倍容量的乙酸乙酯进行萃取，茶多酚转移到乙酸乙酯溶液中，经真空浓缩、干燥，得茶多酚粗品，溶剂回收再利用。粗茶多酚经凝胶柱层析等精制提纯，得茶多酚精品。

此工艺路线收率较低，溶剂耗量较大，回收溶剂的能耗也较多，但工艺简单，是目前使用较广的一种工业路线。其提取工艺路线如图11-5所示。

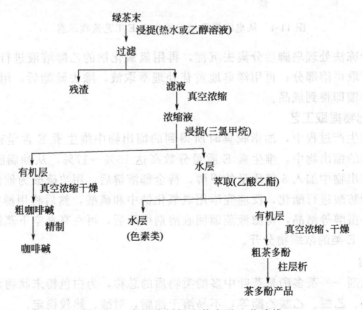

图11-5　有机溶剂提取茶多酚工艺路线

2. 离子沉淀提取茶多酚生产技术

先将绿茶末加入10～12倍的100℃沸水中搅拌浸提30min，过滤，向提取液中加入原来茶叶质量1/2的氯化钙，用质量分数为5%的氨水调pH至7.0～8.5，使茶多酚完全沉淀，用离心机进行离心分离。向分离得到的沉淀物中加入6mol/L盐酸，直至其完全溶解得酸化液。再向酸化液中加入活性炭（20～50目）和硅藻土混合吸附（质量比1∶1），然后用等体积的乙酸进行萃取、分离，保留萃取相，脱去溶剂后进行真空浓缩干燥，可得质量分数＞

98%的近乎白色的粗晶态茶叶天然抗氧化剂——茶多酚。

不同的沉淀剂沉淀的茶多酚的最低 pH 值与茶多酚的提取率见表 11-1。

表 11-1　不同沉淀剂沉淀的最低 pH 值与提取率

沉淀剂	Al^{3+}	Zn^{2+}	Fe^{3+}	Mg^{2+}	Ba^{2+}	Ca^{2+}
最低 pH 值	5.1	5.5	6.5	7.1	7.6	8.5
提取率/%	10.5	10.4	8.6	8.1	7.4	7.0

离子沉淀提取工艺所得产品含量较高，可达 95% 以上，但是，工艺操作控制严格，废渣、废液处理量大。

第四节　调味剂

调味剂主要是增进食品对味觉的刺激，增加食欲，部分调味剂还有一定的营养价值和药理作用。调味剂包括酸味剂、咸味剂、甜味剂、增味剂和辛辣剂。下面主要介绍酸味剂、甜味剂和增味剂的生产原理及其生产技术。

一、酸味剂

酸味剂即酸化剂，是指在食品中能产生过量氢离子以控制 pH 值并产生酸味的一类添加剂，主要用于提高酸度、改善食品风味，促进消化吸收，此外兼有抑菌、护色、缓冲、螯合、凝聚、凝胶、发酵等作用。常用的酸味剂有柠檬酸、乳酸、磷酸、醋酸、酒石酸、富马酸、苹果酸等。

1. 柠檬酸（citric acid）及柠檬酸钾

柠檬酸又称枸橼酸，学命为 3-羟基-3-羧基戊二酸，分为无水物和一水合物两种。无色半透明或白色颗粒，或白色结晶性粉末，无臭，有强酸味；是酸味剂中用量最多的一种，约占酸味剂总耗量的 2/3。一水合物在干燥空气中放置易风化失去结晶水，易溶于水。无水物易吸潮成一水合物。1% 水溶液的 pH 值为 2.31，还易溶于乙醇、乙醚，不溶于三氯甲烷、苯和四氯甲烷等有机溶剂。

柠檬酸是存在于柠檬、柚子、柑橘等水果中天然酸味的主要成分，其酸味强烈，但柔和爽口。柠檬酸还具有良好的防腐性能，能抑制细菌增殖，它含有三个羧基，具有很强的螯合金属离子的能力，对油脂抗氧化剂有增效作用。柠檬酸可以从水果中提取，也可以用化学法合成和发酵法生产。目前以发酵生产技术为主。

（1）发酵生产柠檬酸技术　发酵生产柠檬酸生产工艺由原料及处理、菌种扩大培养和发酵后处理 3 个主要操作单元组成。

① 原料及处理　发酵法生产柠檬酸的原料可以是淀粉原料、糖蜜或石油等，淀粉质原料主要有甘薯、木薯、马铃薯和玉米。不同的原料处理方法有所不同，国内主要使用薯类淀粉，液化后直接发酵，国外多用玉米淀粉，则先进行糖化，以缩短发酵时间。

用于柠檬酸发酵的菌种黑曲霉素，其本身虽具有液化和糖化的能力，但能力不强。一般采用酸法与酶法将原料糖化，酸法糖化可使用硫酸、盐酸、己二酸等。

淀粉等精原料中含氮物质较少，在发酵过程中需要补充较多的氮如硝酸等，其用量为原料质量分数的 0.15%～0.35% 左右，甘薯等粗原料则含氮较多，用量只需要 0.1%～0.25%，甚至可以不加。使用甘薯干生产柠檬酸采用硫酸法糖解的生产过程与工艺条件如图 11-6 所示。

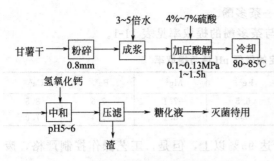

图 11-6　薯干酸法糖解工艺流程示意

一般糖化过程的糖化率控制在 70%～80%，糖化温度不宜过高，当糖化温度过高和压力升高达到 0.2MPa，糖化液的颜色将会加深，并有胶体物质出现。糖化液杂质过多时，必须先进行纯化，然后再进入后续工段。纯化方法有离子交换法、碳酸铝聚沉法等。

我国在柠檬酸的生产中，用外加液化酶使甘薯干粉液化后，再由发酵菌种黑曲霉自身来完成糖化。在液化过程中，使用 α-淀粉酶分解淀粉分子内部的 α-1,4-糖苷键，生成短链糊精及低聚糖，随着淀粉中糖苷键的断裂，葡萄糖分子质量越来越小，反应体系的黏度不断降低，流动性增强，最后使淀粉完成液化过程。液化操作法的好坏将直接影响到后续黑曲霉的糖化效果、发酵过程的残糖量和产酸量等，应高度重视。液化工艺有间歇操作和连续操作两种路线，间歇操作液化工艺路线如图 11-7 所示。

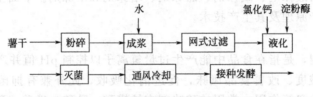

图 11-7　薯干间歇操作液化工艺流程示意

间歇液化的具体操作步骤是将薯干粉碎至粒度为 0.4mm，搅拌下加入 3.5～4 倍的水制成浆，经过滤后送入发酵罐内，然后搅拌下升温，同时加入 α-淀粉酶 5～8U/g 淀粉，$CaCl_2$ 为 1g/L，两者都要先用 50℃ 热水溶化后再加入，升温到 85～90℃ 继续搅拌液化 20～30min。液化 20min 后用 0.1% 碘液检验液化的程度，至不显蓝色或极微淡蓝色为止。然后通入蒸汽维持 115℃ 约 20min 进行灭酶、灭菌，即可开启冷却水降温至 30℃ 左右，接种培养。

② 菌种扩大培养　发酵法生产柠檬酸工艺过程与发酵法生产其他产品基本类似（例如谷氨酸生产），最大的区别在于发酵微生物及其培养条件的不同。在利用淀粉质生产柠檬酸时一般使用的都是黑曲霉。黑曲霉不但能分解淀粉，而且对蛋白质、纤维素、果胶等有一定的分解能力，它的产酸能力也较高。

与一般菌种培养类似，黑曲霉菌种的扩大培养要经过三个阶段，即一级培养、二级培养、三级培养。菌种扩大培养的有麸曲生产和孢子生产两条工艺路线，麸曲的生产过程是：由菌种进行一级斜面培养，二级茄子瓶培养和三级麸曲培养，具有操作简单、成本低的优点，但是孢子不易收集。所以一般将全部麸曲用于发酵罐进行接种，而不单独收集孢子。而孢子生产工艺则是采用干孢子作为接种物，它的第一级培养也是斜面培养，第二级是三角瓶液体培养，第三级是液体表面培养，容器采用体积较大的锅盆等；最后将表面培养的菌膜干燥，干孢子单独收集起来。一级培养基有天然和人工配制的两类，天然培养基有麦芽汁琼脂、米曲汁琼脂等，人工配制培养基有琼脂等。影响斜面培养质量的因素有培养基的种类和组成、碳源、氮源、无机盐培养的条件和时间等，这些条件将影响菌落发育的快慢、孢子的着生、光泽和产酸率。通过二级培养来增加孢子的数目，第三级扩大培养可以采用麸曲固体培养。每一级培养中，应高度注意消毒和杂害菌，认真检查培养物中有无异常或污染物质，剔除有缺陷的菌膜和污染菌落。

③ 发酵及后处理　柠檬酸的发酵是好氧性发酵，发酵时利用空气中氧或液相中的溶解氧均可。目前国内大多数工厂采用深层发酵法生产柠檬酸，所谓深层发酵，一般是指在带有通气与搅拌的发酵罐内，使菌体在液体内进行培养的发酵工艺。薯干深层发酵生产柠檬酸的工艺流程如图 11-8 所示。

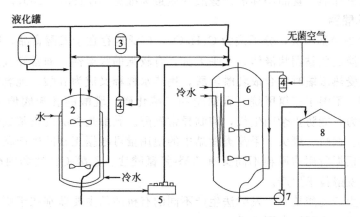

图 11-8　薯干深层发酵生产柠檬酸的工艺流程

1—磷酸铵罐；2—种子罐；3—消泡剂罐；4—分过滤器罐；5—接种站；6—发酵罐；7—泵；8—发酵醪储罐

好氧性发酵过程，必须供给大量的经过滤和净化的空气，才能维持微生物的正常呼吸。

发酵达到工艺标准后，将发酵的物料进行加热至 100℃，以杀死各种微生物，终止发酵过程。同时加热可以使蛋白质变性凝固有利于过滤操作，此外菌体受热膨胀后破裂释放出体内柠檬酸，可以提高产品收率。

④ 柠檬酸的提取　经发酵所得的发酵液经过滤出菌体、残渣，再加入石灰乳中和，中和操作是为了生成柠檬酸钙从发酵液中沉淀出来，达到与其他可溶性杂质分离的目的。加硫酸酸解使柠檬酸钙生成柠檬酸以便于过滤，滤液用 1%～3% 的活性炭在 85℃ 下脱色。脱色后过滤液中除柠檬酸外，还混有发酵和提取过程中带入的大量杂质，如钙、铁及其他金属离子。一般采用强酸性阳离子交换树脂去除杂质，其原理以钙盐为例说明。

通过离子交换，钙离子被吸附：

$$R—(SO_3H)_2 + CaSO_4 \longrightarrow R—(SO_3)_2Ca + H_2SO_4$$

然后由盐酸浓缩至洗涤，钙离子以氯化物形式分离：

$$R—(SO_3)_2Ca + 2HCl \longrightarrow R—(SO_3H)_2 + CaCl_2$$

将柠檬酸浓缩至含水量低于 20% 才能使结晶析出，为减少副产物的形成，通常采用减压浓缩。影响结晶的主要因素有浓度、温度、搅拌速度等。将结晶后的物料经离心机分离得到固体柠檬酸，柠檬酸的干燥一般在较低的温度下进行，否则会失去结晶水而影响产品色泽。

（2）提取生产柠檬酸技术　以柠檬、橙子、橘子、苹果等柠檬酸含量较高的水果提取，为了降低生产成本，常采用落地果、质量差的果、碎果等不能直接食用的次果，先用来榨汁、放置发酵、沉淀、加石灰乳，取沉淀的柠檬酸钙，然后用硫酸交换分解后精制得产品柠檬酸。此法成本较高，但是如果考虑生态果园时，提取法制柠檬酸是一种综合利用的产品。

（3）柠檬酸钾的生产技术　由柠檬酸和氢氧化钾或碳酸钾为原料，制得的食品添加剂柠檬酸钾在食品工业中作酸度调节剂、稳定剂和凝固剂以及品质改良剂等。其化学反应式如下：

$$\underset{\underset{CH_2COOH}{\displaystyle |}}{\overset{\overset{CH_2COOH}{\displaystyle |}}{HO-C-COOH}} + 3KOH \longrightarrow \underset{\underset{CH_2COOK}{\displaystyle |}}{\overset{\overset{CH_2COOK}{\displaystyle |}}{HO-C-COOK}} + 3H_2O$$

(4) 产品质量标准 食品添加剂柠檬酸的质量标准见 GB 1987—2007。

2. 乳酸及乳酸钙

乳酸学名为 2-羟基丙酸，分子式为 $C_3H_6O_3$，广泛地存在于发酵食品、腌渍物质、乳制品中，为无色或淡黄色黏稠状液体，几乎无臭，有较强的吸湿性，通常和乳酰乳酸以混合物的形式存在。在受热浓缩时缩合成乳酰乳酸，用热水稀释又成为乳酸。纯乳酸可溶于水、乙醇，微溶于乙醚，不溶于三氯甲烷、石油醚和二硫化碳。乳酸的乳味阈值为 400mg/L，具有较强的杀菌能力。能防止杂菌生长，抑制异常发酵。乳酸是食品的正常成分，可参与人体的代谢，在糖果、饮料、罐头、果酱类食品中的使用量可根据正常的生产路线和化学合成路线而定，合成时根据所用的原料不同又有乙醛-氢氰酸法、乙醛-CO 法和丙酸法等。食用级的产品主要利用发酵技术生产。

(1) 发酵法生产乳酸技术 发酵法生产不同的有机酸的主要差别在于所用的原料、菌种的不同，而生产工艺流程则大同小异。

① 用淀粉水解糖生产乳酸 生产时所用的主要材料是淀粉水解糖或糖蜜、葡萄糖、乳酸发酵一般采用德氏乳杆菌。斜面培养基有葡萄糖、蛋白胨、酵母膏、柠檬酸铵、乙酸铵、磷酸氢二钾、硫酸镁、磷酸钙、碳酸氢钙等主要成分。在 45～50℃下发酵约 4～5d，发酵过程中可缓慢搅拌，间断补加磷酸钙，使 pH 值保持在 6.5 左右。发酵完成后，用石灰乳调 pH 值 9～10 左右，升温澄清，从溶液中提取乳液，其工艺流程如图 11-9 所示。

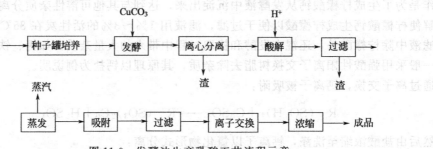

图 11-9 发酵法生产乳酸工艺流程示意

② 淀粉糖化、发酵工艺 以根霉为菌种可以制得较高纯度的乳酸，它与细菌发酵相比具有发酵快、菌体生长营养要求简单、可使用无机氮源、发酵液含杂质、色素较少等优点。另外，根霉丝易于与发酵 液分离，所得产品纯度高。但是，与细菌发酵相比，根霉菌发酵需要增加菌种培养、培养基灭菌和发酵时的通风等操作，操作过程与生产设备要复杂得多。淀粉糖化、发酵工艺的基本过程是将淀粉酸法糖化后用碳酸钙中和，经压滤所得糖化液进入发酵罐内，并移入所需数量的菌种，发酵至终点后过滤分离菌株，经蒸发、结晶、离心、溶解后脱色、压滤，母液用硫酸分解，沉析后，上面澄清的液体进行真空蒸馏得乳酸，其生产工艺流程如图 11-10 所示。

(2) 化学合成路线

① 乙醛-氢氰酸路线 乙醛和氢氰酸反应生成氰基乙醇，经水解可以制得乳酸。其反应式如下：

$$CH_3CHO + HCN \longrightarrow CH_3-\underset{\underset{OH}{|}}{C}HCN$$

$$CH_3-\underset{\underset{OH}{|}}{C}H-CN + H_2SO_4 \xrightarrow[\text{水解}]{H_2O} CH_3-\underset{\underset{OH}{|}}{C}H-COOH + NH_4HSO_4$$

从化学反应式来看它已经验证了有机合成化学的制备表达式。但从生产工艺学来看，这种乳酸则只是含有许多杂质的粗乳酸。可以先让反应液中的粗乳酸与醇进行酯化反应，生产乳酸酯并从反应液中分离出来，再经水解反应可以得到纯乳酸。例如，工业上先让反应液中的乳酸与乙醇反应生产乳酸乙酯，精馏后，再水解得到纯乳酸，其化学反应式如下：

$$CH_3-\underset{\underset{OH}{|}}{C}H-COOH + C_2H_5OH \xrightarrow{\text{酯化}} CH_3-\underset{\underset{OH}{|}}{C}H-COOC_2H_5 + H_2O$$

$$CH_3-\underset{\underset{OH}{|}}{C}H-COOC_2H_5 + H_2O \xrightarrow{\text{水解}} CH_3-\underset{\underset{OH}{|}}{C}H-COOH + C_2H_5OH$$

乙醛、氢氰酸原料为有毒物质，尽管合成所得的乳酸符合要求，但其产品一般不用于食品方面，只用于制革工业和化学工业。

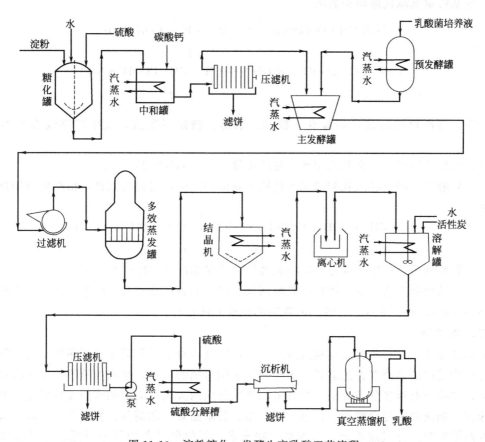

图 11-10　淀粉糖化、发酵生产乳酸工艺流程

乙醛、氢氰酸合成乳酸的生产工艺流程如图 11-11 所示。

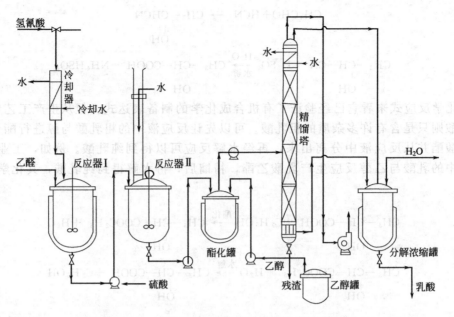

图 11-11　乙醛、氢氰酸合成乳酸的生产工艺流程

② 丙酸路线　以丙酸为原料，通过氯化生成一氯丙酸，然后与氢氧化钠溶液进行水解反应，羟基将氯基取代即得粗乳酸：

$$2CH_3CH_2COOH + Cl_2 \longrightarrow 2CH_3-\underset{Cl}{CH}-COOH + H_2$$

$$CH_3-\underset{Cl}{CH}-COOH + NaOH \longrightarrow CH_3-\underset{OH}{CH}-COOH + NaCl$$

同样，将所得粗乳酸进行酯化、精馏、水解、精制得乳酸，此生产路线在日本得到应用。

（3）乳酸质量指标　食品添加剂乳酸的质量标准见 GB 2023—80。

（4）乳酸钙　用食品级乳酸与氢氧化钙或碳酸钙反应，可得乳酸钙，精制后可用作食品添加剂。

$$CH_3-\underset{OH}{CH}-COOH + Ca(OH)_2 \longrightarrow (CH_3-\underset{OH}{CH}-COO)_2Ca + 2H_2O$$

（5）乳酸钙质量标准　食品添加剂乳酸钙的质量标准见 GB 6226—86。

（6）产品检验方法　食品添加剂乳酸钙及乳酸钙的各项技术要求的检验方法，应按照国家标准 GB 2023—80 和 GB 6226—86 规定的检验方法进行。

二、甜味剂

人们喜爱甜，但有些食品在制造或加工后，因其本身不具备甜味或因甜味不足，需添加一些甜味物质以满足消费者的需要。甜味剂属于调味剂的一种，是指能赋予食品甜味的一类添加剂，甜味剂有很多分类方法，按其来源可以分为两大类，天然调味剂和合成甜味剂。天然甜味剂，如蔗糖、淀粉糖浆、果糖、葡萄糖、甘草甜素、甜菊苷、罗汉果等，以及从植物中提取的糖醇类。合成甜味剂，如糖精、甜蜜素、天门冬酰苯丙氨酸甲酯、乙酰磺胺酸钾等，具有低热量高甜质的特点。

甜味剂按其生理代谢特性还可以分为两类，营养性甜味剂和非营养性甜味剂。蔗糖、葡萄糖、果糖、山梨醇、木糖醇、麦芽糖醇、果糖浆等，是参加机体代谢并产生能量的甜味物质称营养性甜味剂。非营养性甜味剂是指不参加机体代谢，不产生能量的甜味剂，如甜叶菊、甜蜜素、糖精、天门冬酰苯丙氨酸甲酯等。常用甜味剂的甜度如表 11-2 所示。

表 11-2　常用甜味剂的甜度

名称	甜度	名称	甜度	名称	甜度
蔗糖	1.00	半乳糖	0.68	糖精	300～500
乳糖	0.39	D-木糖	0.67	甜精	30～40
麦芽糖	0.46	转化糖	0.95	甜叶菊	150～300
D-甘露糖	0.59	D-果糖	1.14	天冬糖	100～200
D-山梨糖醇	0.51	葡萄糖	0.89		

目前，蔗糖在甜味剂中仍占着最主要的地位，但因糖尿病等与糖代谢有关疾病的发病率在世界范围内不断地增长，开发非糖类的高甜度、低热值甜味剂显得迫切。从发展趋势看，甜味剂的使用与开发正从糖精、甜精等合成品逐步向甜叶菊、罗汉果、甘草、非洲竹芋等植物的天然甜味剂过渡。

甜味剂是世界上耗用量最大的一种食品添加剂，全世界甜味剂的总产量已超过 1 亿吨，人均消耗量 21～22kg，发达国家为 60～70kg，发展国家为 10～15kg，我国仅为 7～8kg。随着我国人民生活水平的进一步提高和食品工业的大力发展，甜味剂的生产和消费也必将快速发展。

1. 山梨糖醇与 D-甘露糖醇

糖醇是醛糖或酮糖的羰基被还原成羟基的衍生物。一部分糖醇广泛存在于植物以及微生物体内，存在的形式有游离态和化合态，但含量甚微，目前只有从棕褐藻中提取甘露糖醇具有提取的工业价值。其他工业生产糖醇均由糖加氢还原或利用生物工程技术转化而得到。已工业化生产和研制成功的糖醇有木糖醇、山梨糖醇、麦芽糖醇、异麦芽糖醇、甘露糖醇等。

糖的分子结构一般为环状，糖醇的分子结构则为开环，其化学性质较糖稳定。糖醇一般甜度较低，在体内代谢与胰岛素无关，是糖尿病人的理想甜味剂。目前，已有四种糖醇的衍生物（D-木糖醇、D-山梨糖醇、D-甘露糖醇和麦芽糖醇）作为甜味剂投入实际应用。

D-山梨糖醇又称梨醇或葡萄糖醇，与 D-甘露糖醇是同分异构体（以下简称山梨糖醇和甘露糖醇），为一种六元醇，分子式为 $C_8H_{14}O_6$，结构式如下：

D-山梨糖醇　　　　　　　　　　　　　D-甘露糖醇

山梨糖醇和甘露糖醇天然品广泛存在于植物界，山梨糖醇存在于海藻、苹果、梨、葡萄、红枣等植物中，甘露糖醇存在于洋葱、胡萝卜、菠萝、海藻及一些树木中。山梨糖醇为无色针状结晶或结晶性粉末，相对密度为 1.48，熔点 96～97℃，极易溶于水，微溶于甲醇、乙醇和乙酸，耐酸、耐热，具有较大的吸湿性，在水溶液中不易结晶析出。因此，可作蛋糕、巧克力糖和保湿剂，借以保持其新鲜程度。甘露糖醇是一种无色或白色针状、斜方柱状晶体或结晶状粉末，熔点 165～168℃，相对密度为 1.49，10%水溶液的比旋度为 -40°，对稀酸、稀碱稳定，水中溶解度较山梨糖低，20%水溶液的 pH 值为 0.5～0.7 倍。人们食用后在体内不转化为葡萄糖，不会引起血糖水平波动，不受胰岛素的影响，也不会引起牙齿龋变。由于它们是不挥发多元醇，所以还有保持食品香气的动能，并能防止盐、糖等析出结晶，能保持甜、酸、苦味强度的平衡，增强食品的风格。

（1）生产技术

① 淀粉生产路线　蔗糖、葡萄糖和淀粉均是适宜生产山梨糖醇的原料，淀粉或蔗糖生产山梨醇分两个制备过程：淀粉酶水解或酸解制得葡萄糖，然后催化加氢还原得产品，一般生产工艺流程示意如图 11-12 所示。

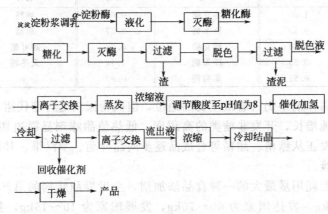

图 11-12　淀粉生产山梨糖醇工艺流程示意

淀粉用 α-淀粉酶经液化和糖化水解为葡萄糖，经脱色、过滤、离子交换、蒸发剂调节酸度为 pH＝8 后，可用镍或雷尼镍作催化剂，在 7～14MPa 的压力下，经 120～160℃ 高温催化加氢，可得到质量分数为 75％ 的山梨糖醇与 25％ 的甘露糖醇混合物。利用甘露醇溶解度较小的特点，可以方便地将它从溶液中分离出来，然后进行精制可得产品。

② 转化糖加氢生产山梨糖醇和甘露糖醇　目前工业生产常以蔗糖水解得到的转化糖为原料，进行加氢精制生产山梨糖醇和甘露糖醇。高温高压加氢时，转化糖中的葡萄糖还原成山梨糖醇，而转化糖中的果糖还原时，则产生一个新的不对称碳原子，生成两个差向异构体糖醇，即 50％ 的山梨糖醇＋50％ 的甘露糖醇。也就是说，转化糖加氢时得到质量比例为3∶1的山梨糖醇和甘露糖醇的混合物。然后，利用两者的溶解度的差异将山梨糖醇和甘露糖醇从混合液中分离出来，分别进行蒸发、结晶、干燥，可得到山梨糖醇和甘露糖醇的成品。

（2）产品质量标准　食品添加剂山梨糖醇液体的国家产品质量标准是 GB 7658—87，食品添加剂山梨糖醇固体产品的联合国粮食与农业组织（FAO）和世界卫生组织（WHO）质量标准见 FAO/WHO，1988。食品添加剂甘露糖醇的产品质量标准见 FAO/WHO，1988。

（3）检测方法　食品添加剂山梨糖醇液体及固体产品的检测方法，应按照国家标准 GB 7658—87 和世界卫生组织与联合国粮食农业组织规定的检测方法进行。

2. 甘草甜素

甘草为豆科植物甘草的根及根茎，多年生草木，我国主产地为甘肃、内蒙等地。甘草作为中药材，性平、味甘，能补脾益气、清热解毒、祛痰咳，调和脾胃虚弱、倦怠乏力、心悸气短、咳嗽痰多及缓解药物毒性。甘草味甜而特殊，干粉可直接用作甜味剂。

甘草含甘草甜素质量分数为 6％～14％，蔗糖为 5％，淀粉 20％～30％，葡萄糖 25％，甘露糖酸 6％，天冬酰胺 2％～4％，树胶 1.5％，及少量色素、脂肪、鞣酸加精油。甘草甜素为三萜皂苷类物质，又称甘草苷。甘草苷为草酸与两个葡萄糖醛酸组成苷，其分子式是 $C_{42}H_{62}O_{16}$。甘草苷为白色结晶粉末，味甜；难溶于水和稀乙醇，易溶于热水，冷却后呈黏稠状胶冻，水溶液与蔗糖等甜味剂不同，入口后要略过片刻才有甜味感，但留有时间长，且无余酸味。甘草在祖国医学长期临床实践中，未见毒害作用的报告，是一种十分有前途的、高安全性天然甜味剂。

(1) 生产技术　甘草甜素目前主要从甘草中提取，提取的生产工艺主要有三种：水萃取、氨水萃取和超临界萃取。

① 水萃取生产工艺　将洁净的甘草粉碎，过 10～20 目筛进行筛选，得甘草粉。将甘草粉加入反应器中，加入甘草粉质量 5～7 倍的洁净水，在搅拌下于 85～100℃进行加热回流 2.5h；然后过滤，滤清再加入 3 倍量的水萃取，按上述条件萃取一次，合并滤液。滤液用薄膜蒸发器进行真空浓缩，当滤液的体积减小 80％时，趁热过滤。滤液冷却后，加入质量分数为 95％的乙醇，其体积量为滤液的 1/2，静置 10～20h，过滤以除去植物蛋白、多糖等沉淀物。滤清液用 98％的硫酸调节 pH 值为 3，使甘草酸沉淀析出，再用离心机分离，得粗甘草甜素，粗甘草甜素用 60～70℃的稀乙酸进行重结晶，减压过滤，滤饼在 70～80℃下真空干燥 40～60min，然后粉碎、过滤即得成品。

② 氨水萃取生产工艺　先将洗净的甘草切片后烘干，用质量分数为 20％～28％的氨水作萃取剂，将两者等质量投入萃取器中，萃取 8～12h，然后过滤，再进行二次萃取过滤，合并 3 次滤液。再向滤液中加入质量分数为 10％的稀硫酸至沉淀完全，静置 2～3h，结晶，用去离子水洗涤滤饼，干燥滤饼，然后再用质量分数为 70％～80％乙醇重结晶，分离、干燥得成品。

③ 超临界萃取生产工艺　在超临界状态下，用二氧化碳作萃取剂，用水-乙醇作挟带剂从甘草中萃取甘草甜素。萃取体系与原料甘草的质量比为 （4～5）：1，萃取温度为 40℃，萃取时间为 5h。在萃取操作中，二氧化碳不与甘草中被萃取物有效成分发生化学方应，萃取剂无毒、无污染、无致癌性、沸点较低，便于从产品中清除，产品无毒，且廉价易得，故超临界萃取甘草甜素生产工艺具有潜在的发展前途。

(2) 产品质量标准　食品添加剂甘草甜素的产品质量标准可参照日本 1983 年标准，其具体技术指标见表 11-3。

表 11-3　食品添加剂甘草甜素技术要求

项目	含量/%	干燥失量/%	重金属（以 Pb 计）/%	灼烧残渣/%
指标	>95	≤8.0	≤0.002	≤9.0

(3) 产品检验方法　食品添加剂甘草甜素产品检验方法，应参照日本 1983 年标准规定的检验方法进行。

3. 甜菊糖苷

甜菊糖苷是从菊科植物叶菊的叶、茎中提取的甜味剂，白色的结晶性粉末，熔点为 198～202℃，比旋光度 $[\alpha]_D^{20}$ 为 -39.3°；在空气中会迅速吸湿，水中溶解度约为 0.12％，微溶于乙醇，不溶于丙二醇或乙二醇，在 pH 为 3～9 溶液中较稳定，耐高湿，有清凉甜味，甜度约为蔗糖的 200～300 倍。

甜菊糖苷由于甜度高，不含热量，是最甜的天然甜味物质之一，受到各国消费者欢迎。甜菊糖苷在饮料、糕点、罐头、医药、牙膏、啤酒、酱制品等方面有着广泛的应用，据文献报道，甜叶菊干粉末则有健胃、调节胃酸、促进新陈代谢、消除疲劳的功效。目前，我国有超过 1000 万的糖尿病人，甜菊糖苷及其制品有着极大的消费市场，大力开发、生产甜菊糖苷新糖源在我国有重大的社会意义、经济意义和现实意义。

(1) 生产技术　目前，国内外从甜叶菊中提取甜菜苷的方法很多，有溶剂萃取法、离子交换法、透析法、分子筛法、乙酸铜法和硫化氢法等，其差别主要在分离、纯化操作方法。国内主要采用较为合理和经济的路线，用水作溶剂，用 CaO、$FeSO_4$ 等去除蛋白质、有色物、杂味物等杂质，然后再精制。

① 水萃取路线　对于较小批量的生产，可以采用成本低、工艺简单、效果尚可的水萃取生产路线，具体操作过程是将干甜叶菊经粉碎后加入萃取器中，加入 10～15 倍质量的干净水，在 60～80℃下浸泡 4h，过滤；在 pH 值为 6～8 条件下，用硫酸铁、氧化钙滤液中蛋白质、有色物等杂质去除后再进行过滤，滤液经蒸发浓缩后用等体积的正丁醇萃取，将萃取液经真空浓缩至 1/5 的体积，结晶、过滤、干燥得黄色粗品。粗品再用甲醇溶解，过滤后重结晶，干燥可得成品。

② 沸水萃取生产路线　将粉碎的干甜叶菊用 20 倍质量的沸水蒸煮 40min，过滤，滤液中加入适量氧化钙粉末，过滤，再向滤液中加入适量硫酸铁溶液，过滤，滤液加热浓缩，加入质量分数为 95％乙醇，过滤滤液经离子交换树脂处理脱色、脱盐，处理液经浓缩回收乙醇后得到淡褐色浸膏，将浸膏放入质量分数为 5％的甲醇溶液中进行重结晶，经离心机分离回收乙醇后得到结晶体，在 55～60℃条件下进行真空干燥，经粉碎、筛分，包装得白的晶体成品。其工艺流程如图 11-13 所示。

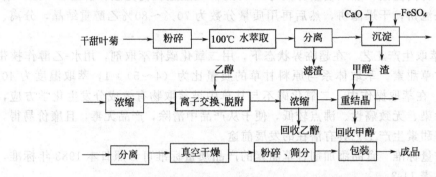

图 11-13　沸水萃取-离子交换路线法生产甜菊糖苷工艺流程示意

（2）产品质量标准　食品添加剂甜菊糖苷的国家质量标准见 GB 820—87。

（3）产品检测方法　食品添加剂甜菊糖苷产品的各项技术要求的检测方法，按照国家标准 GB 8270—87 规定的检测方法进行。

三、增味剂

味（taste）是一种综合的感觉，它与色（color）、香（aroma）、形（form）一起构成食物的风味（flavor），味感是风味中最为重要的项目。在我国的《食品添加剂使用卫生标准》（GB 2760—1996）中，将能补充或增强食品本身风味的物质称为食品增味剂（flavor enhancers）或风味增强剂，但在食品工业中则习惯称为鲜味剂。具有增味的物质有氨基酸、核苷酸、有机酸、肽、酰胺等。目前较为广泛的增味剂主要为 L-谷氨酸一钠（味精）、5'-肌苷酸二钠等。

1. L-谷氨酸一钠（味精）

L-谷氨酸一钠即谷氨酸钠，别名味精，结构式为 $HOOC-CH-CH_2-CH_2-COONa \cdot 2H_2O$，有

$$\overset{|}{NH_2}$$

3 种旋光异构体，仅左旋 L-谷氨酸一钠具有增味功能。L-谷氨酸一钠为无色至白色结晶或结晶体粉末，无臭，微有甜味，有特有的鲜味，无吸湿性，易溶于水，微溶于乙醇，在 150℃时失去结晶水，210℃时发生吡烷酮化，生成焦谷酸钠，270℃左右则分解，在 pH 值为 4 以下的酸性条件下，加热生成焦谷酸钠，增味效率下降。对光稳定，在 2mol/L 盐酸溶液中，比旋光度为 +25.16°，透光率 98.0% 以上。

在食品加工业、饮食业，作为鲜味剂广泛应用于汤、香肠、鱼糕、辣酱油、罐头等生产中，短期内还有其他的增味剂取代 L-谷氨酸一钠在市场上所占的主导地位。

（1）生产技术

① 水解法　水解小麦中的面筋，产生谷氨酸；加磷酸盐、氢氧化钠调 pH，分离出 L-谷氨酸一钠盐，此法生产成本太高。

② 发酵法　此法是 L-谷氨酸一钠工业生产的主要方法。以薯类、玉米、木薯、淀粉等的淀粉水解糖或糖蜜、乙酸、液态石蜡等为碳源，以铵盐、尿素等提供氮源，在无机盐类、维生素等存在情况下，加入谷氨酸产生菌，在大型发酵罐中通气搅拌发酵温度为 30～34℃，pH 值为 6.5～8.0，经 30～40h 发酵后，除去细菌，将发酵液中的谷氨酸提取出来，用氢氧化钠或碳酸钠中和，经脱色除铁、真空凝缩结晶、干燥后即得 L-谷氨酸一钠含量在 99% 的结晶体。

（2）产品质量标准　食品添加剂 L-谷氨酸一钠（味精）质量标准见 GB 8967—88。

（3）产品检验方法　食品添加剂 L-谷氨酸一钠的各项技术要求的具体检验方法按照国家标准 GB 8967—88 规定的检验方法进行。

2. 5′-肌苷酸二钠

5′-肌苷酸二钠为无色至白色结晶或晶体粉末，平均含有 7.5 个分子结晶水，无臭，有特有的鲜鱼味，无明显的熔点，加热至 180℃ 时变为褐色，至 230℃ 发生分解，易溶于水，微溶于乙醇，不溶于乙醚，稍有吸湿性，但不潮解。对热稳定，经油炸（170～180℃）加热 3min，其保存率为 99.7%。

5′-肌苷酸二钠具有特殊的鲜味，一般可作为汤汁和烹调菜肴的调味用，较少单独使用，多与味精复合使用。5′-肌苷酸二钠和 5′-鸟苷酸钠与味精复配可得超鲜（特鲜或强）味精，称为第二代味精或复合味精。复合味精比单纯味精在鲜味、风味生产成本等方面有独特的优美，有可能取代味精在市场上占的主导地位。

（1）生产技术

① 发酵技术　以葡萄糖为碳源，加入肌苷菌种，发酵 48h，用离子交换柱分离肌苷，浓缩、冷冻结晶、干燥得肌苷，将肌苷磷酸化得肌苷酸二钠。这一路线产率高，生产周期短，成本低，发酵条件易控制，用磷酸化提供了廉价的核苷酸原料，且磷酸化产物单一，转化率高达 98% 以上。

② 发酵路线　糖发酵的肌苷酸，选择性羟基磷酸化得肌苷酸二钠，再精制钠盐后结晶而得成品。此工艺简单，成本低廉，但由于是多重缺陷型菌株，需要丰富的培养基，培养时间也较长，不适合工业化生产。

③ 核酸酶解路线　用质量分数为 20% 的氢氧化钠溶液将 0.5% 的核酸溶液的 pH 值调节至 5.0～5.6，然后升温至 75℃，加入占核酸溶液 10% 量的 5′-磷酸二酯酶的粗酶液，于搅拌下 70℃ 酶解 1h 后，立即加热至沸腾进行灭菌 5min，冷却，调节 pH 值至 1.5，除去杂质得核酸酶解液。将核酸酶解液通过阳离子树脂分离洗脱，收集到的腺苷酸洗脱液，在脱氨酶的作用下能定量地脱去腺苷酸组织中腺嘌呤碱基上的氨基，称为 5′-肌苷酸，加氢氧化溶液调 pH 至 7.0～8.0，减压浓缩、冷冻结晶，再经抽滤、干燥即得产品。酶解法工艺路线虽然复杂，但生产操作较稳定，产率较高。

（2）产品质量标准　食品添加剂 5′-肌苷酸二钠产品的国际标准见 FAO/WHO，1993。

（3）产品检测方法　食品添加剂 5′-肌苷酸二钠各项技术要求的具体检验方法，按照国际标准 FAO/WHO，1993 规定的检验方法进行。

第五节 乳 化 剂

乳化剂是一类分子中同时具有亲水和亲油性基团的表面活性剂，可以在油水界面定向吸附，起到稳定乳液和分散体系的作用。乳化剂在食品工业中作为表面活性剂的应用效果是多重的，其主要功能有乳化作用、润滑作用、调节黏度的作用。对淀粉食品具有柔软、保鲜作用，对面团具有调理作用，可作为脂溶性色素、香料、强化剂的增溶剂。此外在食品加工中也可以用作破乳剂（如蔗糖酯），还有一定的抗菌性，天然磷脂乳化剂还有抗氧化等作用。

乳化剂广泛地用于改善乳化体中各组成之间的表面张力，使之形成均匀的分解体或乳浊液，从而改进食品的组织结构、口感、外观、以提高食品的保存性。正是因为乳化剂的特有功能，几乎所有的食品加工过程都可以使用乳化剂，以利于改善食品的品质，保持食品风味，延长保鲜期和改善食品的加工性能。乳化剂种类很多，我国 1996 年颁布的《食品添加剂使用卫生标准》（GB 2760—1996）中批准使用的品种有 28 种。目前，国内外广泛应用食品乳化剂为甘油脂肪酸酯、脂肪酸蔗糖酯、山梨醇酐脂肪酸酯、丙二醇脂肪酸酯、酪蛋白酸钠和磷脂等。

一、蔗糖脂肪酸酯

蔗糖脂肪酸酯又称蔗糖酯，它是由蔗糖与羧酸反应生成一类有机化合物的总称，常用的羧酸有硬脂酸、油酸等。蔗糖分子有 8 个羟基，蔗糖脂肪酸酯可按蔗糖羟基与脂肪酸成酯的取代数不同分为单酯、双酯、三酯及多酯，其商品一般是它们的混合物。蔗糖脂肪酸酯因其具有的安全性、高 HLB 值和极宽的 HLB 值范围而在食品工业中得到广泛应用，除具有良好的乳化作用外，它还具有分散、湿润、洗涤、起泡、黏度调节、防止老化和防止晶析等多种功能。另外，还具有易于生物降解的特点，在医药、化妆品、洗涤剂、纺织等行业中同样受到重视和应用。

蔗糖酯在食品工业中应用极为广泛，可用于冰淇淋、奶油、奶糖等食品中作为乳化剂，用于巧克力、色拉油中作为结晶控制和黏度控制；用于片状糖果中作为润滑剂；用于饼干、糕点、面制品中作为淀粉的结合剂，可防止淀粉老化，提高面条的抗拉强度，减少面汤的混浊；用于乳粉中作润滑剂；用于水果、蔬菜、禽蛋作保鲜剂；还可以用作餐具、果蔬和食品加工器具的优良洗涤剂。

根据蔗糖酯中脂肪酸的组成和酯化度，蔗糖酯为白色至黄褐色粉末或无色至浅黄色黏稠液体，无臭或微带脂肪酸臭味，含 12 个碳原子以下的蔗糖酯有苦味，但酯溶于水，双酯难溶于水，而易溶于油类和一些非极性溶剂中。有旋光性，水溶液有黏性和润湿性。有表面活性，对水和油有良好的乳化力，有助香作用，对淀粉有特殊的亲和力，可增强淀粉的防老作用，使淀粉糊化温度上升。

蔗糖酯在体内可分解为蔗糖和脂肪酸，是一种十分安全的乳化剂。

1. 生产技术

蔗糖酯的生产路线较为复杂，近期开发了诸如溶剂法、无溶剂法、微生物发酵法等；但是，至今工业上仍以溶剂中酯交换法为主，只是在溶剂和催化剂方面作了改进。

（1）酯交换操作过程　酯交换是目前工业上应用最广泛的生产路线。该路线按是否应用溶剂又可分为溶剂法和无溶剂法，按所用的脂肪酸低级醇酯不同，又可以分甲酯法和乙酯法。

酯交换生产工艺一般用碱性催化剂，如碳酸钾、硬脂酸钾、碳酸氢钾、氢氧化钠、碳酸氢钠等，也可以用707型阴离子交换树脂，以碳酸钾催化剂的综合性能最好。在溶剂中最常用的溶剂为二甲基甲酰胺，现在倾向于用丙二醇、水等作溶剂来生产蔗糖酯。在反应过程中，可以通过采用控制脂肪酸与蔗糖投料的质量比和反应程度，控制蔗糖单酯、双酯、三酯等的生成量。

① 水溶剂酯交换路线　以适量的水为溶剂加入反应器中，加入约5%的中性软脂肪酸皂为乳化剂，将原料蔗糖和脂肪酸甲酯加入，加热搅拌形成均匀的乳状液，然后再减压、加热将大部分水蒸发出去，加入硬脂酸甲酯和约1%的催化剂碳酸钾或氢氧化钾，继续升温反应，在150℃、减压下反应2h，控制达到反应所要求的程度的粗品。操作中要注意避免出现蔗糖焦化、添加催化剂时与蔗糖脂肪酸单甘酯产生泡沫等现象。

② 丙二醇溶剂法　又称微乳法，以丙二醇为溶剂，以无水碳酸钾为催化剂，借助于脂肪酸皂的乳化作用，使蔗糖配制成溶剂，用脂肪酸钠做乳化剂，搅拌下将脂肪酸甲酯（或乙酯）加入并分散成乳浊微滴（液滴直径0.01~0.06μm），使之在约100℃下成为微乳状态。然后，加入催化剂无水碳酸钾，升温，在150~170℃和800Pa下进行酯交换反应，反应中生成的甲醇（乙醇）不断被蒸出，反应完毕后，继续减压蒸馏回收溶剂丙二醇。将所得粗产品溶在丙酮中，过滤除去产品中脂肪酸和蔗糖，再经洗涤、干燥得成品。这是目前工业上常用的生产路线。优点是丙二醇无毒，蔗糖过量不需太多，但是，丙二醇沸点较高，在回收时约有10%的蔗糖会被焦化。

③ 乙醇溶剂法　利用乙醇作溶剂，其操作过程：在20L的反应器内，投入8.7kg乙醇和5kg硬脂酸、184.9g硫酸，在82℃下搅拌反应8h后，蒸馏出过量的乙醇，水洗至pH值为7，得到硬脂酸乙酯，转化率93%。再将硬脂酸乙酯198g、蔗糖200g、丙二醇623g、碳酸钾25g加入2L的反应器内，在85℃下搅拌反应7h，再加入8g酒石酸，减压回收溶剂，产物用质量分数为8%的氯化钠溶液洗涤，静置分层，上层产物经分离、干燥得成品，蔗糖酯含量为85.62%，转化率为91.226%。

(2) 蔗糖酯的分离与精制　蔗糖与脂肪酸反应后的粗产物中含有未反应的糖、脂肪酸酯、催化剂、乳化剂和水等物质，应进行分离和精制，其操作方法主要有以下两种。

① 萃取法　萃取是目前工业上常用的方法。萃取法分离与精制的具体操作步骤如下：向蔗糖酯粗品中加入质量为5倍的乙酸乙酯溶剂和3倍水，70℃下加热搅拌溶解，用柠檬酸调制pH为5，分离油相，并加入适量的氯化钠，加热搅拌，然后冷却至5℃，蔗糖酯和盐共沉淀，滤除母液的滤饼，加入等质量的异丁醇水溶液，在65℃加热溶解，调pH至7，排出水层，将有机相减压回收溶剂，可得蔗糖酯成品。

② 压榨法　利用脂肪酸甲酯与蔗糖脂肪酸酯结晶温度的差异，将蔗糖酯粗品在30~35℃下经压缩机压榨可以回收大部分未反应的脂肪酸甲酯，得到含量在95%左右的块状蔗糖酯。将块状蔗糖酯溶于无水乙醇中，再进行压榨分离可得产品蔗糖脂肪酸酯。

2. 产品质量标准

采用非丙二醇法和丙二醇法生产的食品添加剂蔗糖脂肪酸酯的国家标准分别见GB 8272—87、GB 10617—89。

3. 产品检验方法

食品添加剂蔗糖脂肪酸酯产品的检验方法，应按照国家标准GB 8272—87和GB 10617—89中规定的方法进行。

二、山梨醇酐脂肪酸酯

山梨醇酐脂肪酸酯，其商品名为司盘（Span），其结构通式是：

$$
\begin{array}{c}
O \\
\diagdown \\
H_2C \quad CH-CH_2O-R \\
HO-CH \quad HC-OH \\
CH \\
OH
\end{array}
\qquad (R\ 为脂肪酰基)
$$

我国国家标准 GB 2760—1996 批准使用食品工业中的乳化剂有山梨醇酐单月桂酸酯（商品名司盘-20），山梨醇酐单棕榈酸酯（商品名司盘-65），山梨醇酐单油酸酯（商品名司盘-80），脂肪酸不同或参与酯化反应的羟基不同，其产品性质不同，山梨醇酐脂肪酸酯的组成和性质如表 11-4 所示。

表 11-4　山梨醇酐脂肪酸酯的组成和性质

性质	山梨醇酐单月桂酸酯	山梨醇酐单棕榈酸酯	山梨醇酐单硬脂酸酯	山梨醇酐三硬脂酸酯	山梨醇酐单油酸酯
外观	淡黄色油状液体	乳白至淡褐色油状	白色至淡黄色蜡状固体	淡黄色蜡状固体	淡褐色油状液体
总脂肪酸/%	58～61	63～66	70～73	84～87	71～74
熔点/℃	14～16	45～47	52～54	55～57	25
溶解度	分散于水中,溶于油及有机溶剂	分散于热水,溶于热油,不溶于水	分散于热水,溶于油及有机溶剂	分散于水中,溶于热油及有机溶剂	微分散于水,溶于异丙醇、甲苯
酸值/(mgKOH/g)	4～8	4～7.5	5～10	12～15	5～8
皂化值/(mgKOH/g)	158～170	140～150	147～157	176～188	145～160
碘值/(gI₂/100g)	4～8	<2	<2	<2	6575
羟值/(mgKOH/g)	330～358	270～305	235～260	66～80	193～210
HLB 值	8.6	6.7	4.7	2.1	4.3
含水量/%	>1.5	<1.5	<1.5	<1.5	<1.5
相对密度	1.00～1.06	1.00～1.05	0.98～1.03	1.00～1.05	

司盘通常为黄色至黄褐色黏稠状液体或蜡状固体，有特殊臭味，味道柔和，司盘-60、司盘-80 不溶于水，但可分散于热水中，司盘-80 凝固温度在 5℃ 以下，司盘-60 凝固温度在 49～55℃，司盘-40 凝固温度在 45～51℃。司盘属非离子型表面活性剂，常温下在宽范围 pH 值溶液、高浓度电解质溶液中稳定，乳化能力优异，单风味差，故一般与其他乳化剂合并使用。司盘系列乳化剂可用于冰淇淋、面包、蛋糕、巧克力、乳脂糖、蛋黄酱和维生素等，应用量较大的主要是司盘-60。

由于司盘用的原料充足、易得、价格便宜，生产工艺简单，且产品无毒无害、应用面广，多年来世界各国都积极开发、研究该产品。

1. 生产技术

司盘是由葡萄糖在一定压力下还原而成的山梨糖醇与脂肪酸直接加热进行酯化反应制得，其中山梨糖醇的脱水与脂肪酸的酯化同时进行；或者山梨糖醇先行脱水成山梨醇酐后，再与脂肪酸酯化生成山梨醇酐脂肪酸酯。司盘-20、司盘-40 和司盘-60 的生产路线基本一样。

(1) 一步法　将等摩尔的山梨醇和脂肪酸及 0.5% 的氢氧化钠加入反应器，在氮气保护下搅拌加热，于 200～220℃ 反应，或者在 86.66～89.32kPa 的真空度下反应一定时间，至混合物酸值到达要求后，冷却到 90℃ 左右，加入双氧水脱色 30min，可得色泽较浅的产品。但总的来说，一步法产品质量略差。

(2) 两步法

① 脱水　山梨醇的脱水也称醚化，反应时向山梨醇中加入少量的酸性催化剂，如磺酸、

磷酸等，在120℃及在一定真空度下反应3～4h，至羟值符合要求为止，用碱中和催化剂，得失水山梨醇。

② 酯化　向失水山梨醇中加入配比量的脂肪酸和催化剂，在200℃和真空条件下反应4h，然后中和；得到一定羟值和脱水成环的产品，色泽呈黄棕色。为了得到浅色产品，可加入双氧水进行漂白，所得产品质量优于一步法。

（3）分步催化法　山梨醇在反应器中进行加热熔化后，加入适量的脱水剂，充氮气并进行搅拌，于210℃左右使山梨醇进行脱水反应，待脱水至一定时间后，加脂肪酸和适量的酯化催化剂，在210℃左右保温反应一定时间，得到产品。

分步催化法是在原有一步法的基础上，运用了既有抗氧化和又能使山梨醇脱水的催化剂，并与酯催化剂相配合，研制开发出一套分步催化（先醚化后酯化）、连续（不换反应器）生产司盘系列乳化剂的新工艺。此法具有一步法和两步法的优点，省去了传统的后处理脱色工序，操作简单，生产的产品在指标、色度和流动性上与国外产品相当。

2. 产品质量标准

食品添加剂山梨醇酐脂肪酸酯的国家标准见 GB 13481—92（司盘-60）、GB 13482—92（司盘-80），国际标准见 FAO/WHO，1992（司盘-65）。

3. 产品检验方法

食品添加剂山梨醇酐脂肪酸酯产品的检验方法，按照国家标准 GB 13481—92、GB 13482—92、和国际标准 FAO/WHO，1992 规定的方法进行。

三、大豆磷脂

大豆磷脂又称大豆卵磷脂或称磷脂，是食品工业中用得最多的天然食品乳化剂；它是生产大豆油的副产品，其主要成分是卵磷脂（约占25％）和肌醇磷脂（约占33％），此外尚有少量的油。磷脂广泛存在于动植物界中，是细胞生物膜的主要组成成分，在生物体内起重要的生理作用。因油脂脂肪酸的不同，脂肪酸磷脂类型也不同。

大豆磷脂是淡黄色至褐色或半透明的黏稠状物质，稍带有特意的气味和味道；经过精制的产品几乎无气味，为半透明体，在空气中或光线照射下，迅速变为黄色，渐变成不透明的褐色。精制固体大豆磷脂为黄色至棕褐色粉末或呈颗粒状，无臭，新鲜产品呈白色，在空气中能迅速氧化为黄色或棕色；吸湿性极强，不溶于水，在水中膨润，呈胶体溶液。它溶于三氯甲烷、乙醚、石油醚和四氯化碳，不溶于丙酮；与热水或 pH 在 8 以上时更易乳化，添加乙醇或乙二醇能与磷脂形成加成物，乳化性提高。酸或盐类可以破坏乳化而出现沉淀，大豆磷脂不耐高温，80℃时就开始变成棕色，到120℃时开始分解。精制的磷脂含有维生素 E，较易保存。

大豆磷脂具有优良的乳化性、抗氧化性、分散性和保湿性，又能与淀粉和蛋白质结合，因而广泛用于烘烤食品、人造奶油、颗粒饮料等。它除了用作乳化剂外，还用作增溶剂、润滑剂、脱模剂、黏度改良剂和营养添加剂。大豆磷脂不只是一种添加剂，而且是一种食品；它能降低胆固醇，并在减轻神经紊乱症状上有一定疗效。

1. 生产技术

大豆磷脂通常是制造大豆油的副产品，工业常用水合法提取大豆磷脂，生产工艺步骤如图 11-14 所示。

水合磷脂提取大豆磷脂生产流程如图 11-15 所示。

（1）水合及脱胶过程　水合及脱胶可分为间歇操作和连续操作两种。常用的间歇操作是先将毛豆油加热至 70～82℃，然后加入 2％～3％的水以及一些助剂，在搅拌的情况下，油和水于反应器内进行水化反应 30～60min。反应器的物料送入脱胶离心机。

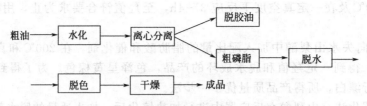

图 11-14 水合法提取大豆磷脂生产工艺流程

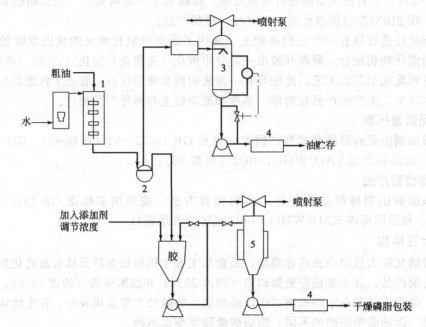

图 11-15 水合法工业提取大豆磷脂生产工艺流程
1—混合器；2—脱胶离心机；3—脱胶油干燥器；4—冷却器；5—薄膜干燥器

用作脱磷脂的助剂，最常用的是乙酸酐，乙酸酐与磷脂反应生成某种乙酰化的磷脂酰乙醇胺。操作中要特别注意的是水应尽量少加，以使胶质沉淀为准；水如果过量，不但油会更多地参与水化反应而引起不必要的损失，而且还会影响磷脂的质量。

连续水合法脱胶是在管道式反应器中进行的，即原料毛豆油经过油脂水化、磷脂分离、成品入库等工序基本实现连续生产。投料方式是将定量的水或水蒸气与油同时连续送入管道，在管道中使油与水充分混合。连续水合、脱胶工艺具有高功效、低能耗、质量稳定、操作方便、无污染和占地面积少等优点，但管道反应器及操作控制技术要求较高。

（2）脱水过程　毛油脱胶后，经离心机分离出来的油和磷脂，必须用增浓设备（如薄膜蒸发器）进行脱水处理。脱水操作方式也可以采用间歇或连续，间歇脱水是在 65~70℃ 下真空蒸发；连续脱水利用薄膜蒸发器，在 2.0~2.7kPa 的压力下于 115℃ 左右蒸发 2min，最终获得的产品水分含量可小于 0.5%。脱水后的胶状物必须迅速冷却至 50℃ 以下，以免颜色变深。由于胶状磷脂一般贮存的时间要超过几个小时，因此为了防止细菌的腐败作用，常在湿胶中加入稀释的双氧水以起到抑菌的作用。

（3）脱色过程　为了获得较浅颜色的磷脂产品，还需要脱色处理。过氧化氢减少棕褐色色素，对处理黄色十分有效；过氧化苯甲酰减少红色素，对处理红色更加有效。上述两种脱色剂一起应用，可得到颜色相当浅的大豆磷脂。脱色时，温度为 70℃ 最适宜。此外，也有采用次氯酸钠和活性炭等物质进行脱色的。

（4）干燥　将大豆磷脂进行分批干燥是最常用的方法，而真空进行干燥是适宜的方法。由于大豆磷脂在真空干燥时操作上要防止泡沫产生，因此真空干燥时操作上有一定难度；操作时必须十分小心地控制真空度，并采用3～4h的较长时间干燥。另外，薄膜干燥也是一种很成功的操作方法，它可以通过冷却回路防止大豆磷脂变黑，并对除去脱胶过程中所加入的乙酸残存物也有良好效果。

（5）精制　为了将存在于粗大豆磷脂中的油、脂肪酸等杂质除去，提高产品的纯度，都需要进行精制。精致操作时，将粗大豆磷脂和丙酮按质量配比为1∶（3～5）的比例配制，在冷却的情况下进行搅拌，油与脂肪酸溶于丙酮，磷脂沉淀，用离心机将其分离出来；分离出的磷脂中再加入丙酮，同样地在搅拌下处理2～3次，直至磷脂搅拌成粉末状，除去绝大部分丙酮，再将粉末状磷脂揉松过筛，置于真空干燥器中干燥，真空控制在47.4kPa左右，在60～80℃下干燥至无丙酮气味即可包装。

除去用丙酮进行精制外，还可以用混合溶液进行处理，混合溶剂的体积配比关系为己烷∶丙酮∶水＝29.5∶68.0∶2.5，处理后的产品纯度可高达99％。还可以用氯化钙、三氯化铝等进行精制。

2. 产品质量标准
食品添加剂大豆磷脂产品的国家质量标准见 GB 12486—90。

3. 产品检验方法
食品添加剂大豆磷脂技术要求的检验方法，可按照国家标准 GB 12486—90 中规定的方法进行。

第六节　其他食品添加剂

一、食用色素

很多天然食品都会有天然色素，但在加工、贮藏过程中，有的容易褪色，有的容易变色。为了保持或改善食品的色泽，在食品加工中往往需要对食品进行人工着色。食品色素是以食品着色和改善食品色泽为目的的食品添加剂，它可以提高食品的商品价值，促进消费。

食用色素也称食用合成染料，按其来源和性质可分为食用合成色素和食用天然色素两大类。水溶性偶氮色素类较容易排出体外，毒性较低，目前世界各国使用的合成色素有相当一部分是水溶性偶氮类色素。使用天然色素主要是植物组织中提取色素，也包括来自动物和微生物的色素。食用天然色素一般来说色泽较差，性质不太稳定，但安全性高，有的还有一定营养价值或药理作用，且资源丰富，因而日益受到人们的重视，发展迅速。在发达国家，天然色素的使用已占食用色素的主导地位，近年来，天然食用色素在国际市场上销售额的年增长率一直在10％以上，由于市场前景看好，需求逐年上升，各国竞相开发生产。

1. β-胡萝卜素

β-胡萝卜素是一种国际上公认的优秀天然食用色素，广泛存在于胡萝卜、辣椒、南瓜、柑橘等蔬菜水果中。β-胡萝卜素为红紫色至暗红色的结晶性粉末，具有轻微的异臭味和异味，不溶于水、甘油，难溶于甲醇、乙醇、丙酮，可溶于二硫化碳、三氯甲烷、己烷、植物油、油脂，熔点176～182℃；对光、热、氧不稳定，不耐酸，在弱碱时比较稳定。

（1）生产技术

① 从海藻、胡萝卜等植物中提取　海藻、胡萝卜等植物粉渣用 4％NaOH 甲醇溶液在

60～70℃皂化 1h，用 1∶1 的石油醚与乙醚混合溶剂反萃取，静置分层后，醚层先用水洗至中性，然后在 50～60℃下减压凝缩，稀释，经 Al_2O_3 或 MgO，用 7∶3 的石油醚与丙酮混合溶剂洗脱，浓缩后，视产品纯度和要求，可以重复层析提纯。

② 从棕榈油中提取　棕榈毛油中 β-胡萝卜素的含量较高，达到 500～1000mg/kg，约为胡萝卜的 10 倍，因此是提取 β-胡萝卜素的好原料。其方法是：棕榈毛油与甲醇进行酯化反应，然后利用有机溶剂萃取出其中的 β-胡萝卜素，最后经过醇化精制，即可得纯度为 95％的产品。

③ 化学合成法　以紫罗兰酮为原料，经过 C_{14}、C_{16}、C_{19} 的各种醛（碳链增长反应），两分子 C_{19} 醛经格利雅反应生成 C_{40} 二醇，部分氢化、脱水、重排反应，得到全反式 β-胡萝卜素。

(2) 产品质量标准　食品添加剂 β-胡萝卜素的质量标准为 GB 8821—88 和 GB 1414—91（天然品），国际标准 FAO/WHO，1984。

(3) 食品检验方法　食品添加剂 β-胡萝卜素各项技术要求的具体检验方法，可按照国家标准 GB 8821—88 和 GB 1414—91 和国际标准 FAO/WHO，1984 中规定的方法进行。

2. 姜黄色素

姜黄在我国福建、广东、广西、云南、四川等地区、栽培、生产，可以从天然品中提取姜黄色素。早在 20 年前联合国食品添加剂专家委员会议上，规定了姜黄色素的人体每日容许摄入量标准为 0～0.1mg/kg。姜黄色素是橙黄色结晶粉末，有特殊臭味，熔点 179～182℃，溶于乙醇、乙酸和丙二醇，不溶于水和乙醚；耐热性较好，染色力强，特别对蛋白质；耐旋光性、耐铁离子性较差。姜黄色素作为为数不多的安全使用的醇溶性天然色素之一，用于多种食品和饮料的着色，可用于水果糖、果汁露汽水、糕点、罐头、果冻等食品行业中，也可用以制药工业。

(1) 生产技术

① 热水浸提工艺　将干净的原料经粉碎、过筛成粉末后再放入提取器中，按一定比例加提取水，用氢氧化钠调节 pH=9，加热煮沸，搅拌下提取，总提取时间为 130min；各次提取液滤出后，立即加入 0.5％～1.0％的抗氧剂亚硫酸钠，合并提取液，用盐酸调节 pH=3～4，沉淀出姜黄，过滤、干燥可得成品，回收率可达 5％～6％。

② 水蒸气蒸馏提取工艺　将干的姜黄块茎经粉碎机粉碎至颗粒状，用蒸汽蒸馏，将蒸馏的含水残渣在氢氧化钠浸泡下迅速搅拌，过滤，滤液酸化，陈化，过滤干燥即得粗品，精制后即可得棕黄色固体颗粒成品，产率为 22.5％～69.55％。

(2) 产品质量标准　食品添加剂姜黄色素见我国轻工行业标准 QB 1415—91 和国际标准 FAO/WHO，1995。

(3) 产品检验方法　食品添加剂姜黄色素的各项技术要求的具体检验方法，可按照行业标准 QB 1415—91 和国际标准 FAO/WHO，1995 规定进行。

3. 辣椒红色素

辣椒是人们长期喜爱食用的蔬菜，它含有丰富的天然红色素、辣椒素和人体所需的多种微量元素及维生素。我国广泛种植辣椒，而且品质优良，长期出口辣椒粉，再花大量外汇进口辣椒红色素；因此研究开发、生产辣椒红色素，为利用天然资源发展天然红色素开辟了新途径。

辣椒红是存在于辣椒中的类胡萝卜素，结构特征为共轭多烯烃，其中大量共轭双键形成发色基而产生颜色。辣椒红色素是具有特殊气味和辣味的深红色黏性油状液体，产品通常为两相混合物；几乎不溶于水，部分溶于乙醇，溶于大多数非挥发油；熔点176℃，乳化分散性、抗热性、抗酸性均良好，抗光性稍差，对金属离子无反应。

（1）生产技术

① 溶剂萃取-分离法　将经筛选洁净的干辣椒进行粉碎，投入萃取器中，加入适量的乙醇作萃取剂，经过萃取、沉淀、压滤、除油后，再沉淀去微尘，将上层萃取液导入蒸发器中蒸去乙醇溶剂，得到的浓缩液导入分离器，用石油醚和氢氧化钠作为分离剂，分离后，上层为色素，下层为辣椒素。用乙醇反复清洗色素，进一步除去辣椒素，再经减压蒸馏除去溶剂和挥发物，即获得辣椒红色素成品。

② 溶剂萃取-盐析分离法　将筛选后的干辣椒粉碎后投入萃取器，以石油醚或 6 号溶剂油为萃取剂进行萃取处理，得到含有辣椒红色素和辣椒素的提取液，用食盐水溶液和丙酮进行盐析、萃取处理，静置进行液-液分离，得到含有色素和辣椒素的两相液体，对含有色素液体进行皂化纯化处理，得辣椒红色素成品。该工艺简单，色素和辣椒素收率均高于其他生产方法。

（2）产品质量标准　食品添加剂辣椒红见联合国粮食与农业组织和世界卫生组织标准 FAO/WHO，1990。

（3）产品检验方法　食品添加剂辣椒红见各项技术要求的具体检验方法，按照国际标准 FAO/WHO，1990 规定进行。

二、增稠剂

能增加食品溶剂的黏度，保持体系的相对稳定性的亲水性物质，称为食品增稠剂，也称糊料。增稠剂作用原理是其分子结构中含有许多亲水性基团，如羟基、羧基、羰基、氨基等，能与水分子发生水合作用，从而以分子状态高度分散于水中，形成高黏度的单相均匀分散体系。

增稠剂的种类很多，大多数是从含有糖类黏稠的植物和海藻类，或从动物蛋白中提取，少数是人类合成的。由于天然增稠剂安全无害，资源广泛，因此世界各国都积极研究天然增稠剂的开发和应用。我国生产增稠剂的主要品种有果胶、海藻酸钠、琼脂、明胶、羧甲基纤维素等。

1. 果胶

果胶是从植物组织中提取的一种线形高分子聚合物，它的平均相对分子质量在 50000～150000 之间；白色或淡黄色的非晶体粉末，无味，口感黏滑；溶于热水，在冷水中微溶，几乎不溶于乙醇、醚等有机溶剂。粉末果胶的相对密度约为 0.7，无固定的熔点和溶解度，水溶液呈酸性，胶体的等电点为 3.5。

果胶作为一种食品添加剂，在我国食品中的应用日益扩大，用作增稠剂、稳定剂和胶凝剂，应用于果酱、果冻、软糖、冰淇淋等食品中。

（1）生产技术　柑橘类水果、苹果、向日葵等植物中含有丰富的果胶，但是其果胶不溶于水；在提取过程中必须将其转化成水溶性果胶，并使之与植物中的纤维素、淀粉、天然色素、分离，再加入金属离子，使果胶生成不溶于水的果胶酸盐而沉淀出来，经分离后再将金属离子从果胶酸盐中置换出来，经压滤、干燥、粉碎，可得成品。

① 从柑橘皮中提出果胶　将洗净的柑橘皮浸泡 1～3h，使其充分吸水，用水漂洗后离心脱水，加入 0.14% 的盐酸与 90℃ 乙醇沉淀，经离心、干燥得产品。

② 从向日葵盘中提出果胶　将向日葵盘洗净，投入绞碎机绞碎，放入提取器中，再加入 60℃ 左右的温水浸泡 1.5h，加热煮沸数分钟后除去果胶酶，灭酶后漂洗数次，除去其中的淀粉、色素和苦味物质；然后加入去离子水，用盐酸调节 pH 值 2 左右，温度控制在 85～92℃ 之间，时间为 1.5h。趁热过滤，用少量热水洗涤，用 10% 的氢氧化钠溶液处理滤液至 pH 值 4.5 左右，再将预先配好的硫酸铝饱和溶液加到滤液中，搅拌，果胶形成沉淀，静置

后过滤、洗涤、离心，然后加入 60％的乙醇与盐酸的混合物，搅拌 1h 左右，置换出铝离子，再离心分离、干燥得成品。

（2）产品质量标准　食品添加剂果胶的国家质量 GB 246—85。

（3）产品检验方法　食品添加剂果胶的各项技术要求的具体检验方法，按照 GB 246—85 规定进行。

2. 海藻酸钠

海藻酸钠又名海带胶，具有良好的增稠剂、成膜性、保形性、絮凝性及稳定性，作为食品添加剂，可改善食品结构，提高食品质量；在预防和治疗疾病方面，它具有降低胆固醇含量、疏通血管、降低血液黏度、软化血管等的作用，被人们誉为保健长寿食品。同时。其优良的成膜性使其可用作食品包装中的可食性薄膜，此外，在啤酒生产中作为铜的固化去除剂，能把蛋白质、单宁一起凝聚除去。

海藻酸存在于多种棕色海藻中。海藻酸为不溶性物质，在食品工业中直接应用得较少。在海藻酸盐中使用得最多的是海藻酸钠。海藻酸钠分子式为 $(C_6H_7O_6Na)_n$，聚合度 n 一般 $180\sim930$，其相对分子质量一般在 $32000\sim200000$。海藻酸钠为白色或淡黄色的粉末，几乎无臭，不溶于乙醇、乙醚、三氯甲烷和酸（$pH<3$），是亲水性高分子化合物，水合能力很强，有吸湿性，溶于热水和冷水，溶于水形成黏稠状胶体凝胶。

（1）生产技术

① 酸凝、酸化法　将原料海带或褐藻浸泡，去除机械杂质、褐藻糖胶、无机盐类等水溶性组分，然后将原料切成块状；在 25℃下，用低于 $0.01mol/L$ 的稀盐酸或硫酸处理，也可加入不超过所处理料液的 3％甲醛溶液，以处理物料中带有的蛋白质，并防止海带中的色素被浸泡出而加深成品色泽。然后加入碳酸钠，在 $55\sim75℃$搅拌情况下反应 $1\sim1.5h$，把多价金属离子型的海藻酸转化成钠型，反应式：

$$Ca(Alg)_2+Na_2CO_3 \longrightarrow 2Na(Alg)+CaCO_3$$

$$Mg(Alg)_2+Na_2CO_3 \longrightarrow 2Na(Alg)+MgCO_3$$

式中，Alg 表示海藻酸。将原料消化液先过滤，除去其中的粗大颗粒，将其中未消化完全的残渣送回前一工序处理回收，过滤后料液流入稀释池，加水稀释，同时通入压缩空气，以起到搅拌作用。缓缓加入稀盐酸沉降 $8\sim12h$，最后可得 $50％\sim80％$的清液。将料液先经鼓泡机或溶气乳化后，再缓缓加入稀酸，调 pH 约为 $1\sim2$，海藻酸即凝聚成酸块，流入酸化槽，并由于气浮作用上浮，酸块在槽中的停留时间控制在 1h 左右，反应式如下：

$$Na(Alg)+HCl \longrightarrow H(Alg)+NaCl$$

$$2Na(Alg)+H_2SO_4 \longrightarrow 2H(Alg)+Na_2SO_4$$

收集酸块，洗涤、脱水、粉碎，拌入粉块海藻酸钠，一般加碱量为 8％左右，于搅拌下混合均匀，再静置 $4\sim6h$，使其完成转化过程，生成海藻酸钠；中和后的产品含水量为 $65％\sim75％$，pH 值为 $6.0\sim7.5$。

② 钙凝、酸化法　原料处理、消化、澄清工艺与上述酸凝法相同，只是后面的凝固等工序不同；料液乳化后，放入钙化罐，pH 值在 $6.0\sim7.0$ 条件下，每立方米胶液中加入 10％氯化钙溶液，搅拌下凝聚。凝聚后得海藻酸钙，随母液从钙化罐溢口排出，在气浮作用下，海藻酸钙进一步凝聚，逐渐形成纤维状然后进入一系列的母液分离、水洗、酸化、水洗等过程；钙凝得到的海藻酸钙经水洗除去残留的无机盐类后，用 10％左右的稀酸酸化 30min，使其转化成海藻酸，再用碳酸钠通过固相法或液相转化成海藻酸钠。

（2）产品质量标准　食品添加剂海藻酸钠的国家标准见 GB 1976—80。

（3）产品检验方法　食品添加剂海藻酸钠的各项技术要求的具体检验方法，按照国家标准 GB 1976—80 规定进行。

思 考 题

1. 什么是食品添加剂，其作用有哪些？
2. 食品添加剂如何进行分类？
3. 对生产和使用食品添加剂要求和管理有哪些？
4. 食品添加剂的作用标准是什么？
5. 食品添加剂的发展趋势有哪些？
6. 高新技术在食品添加剂生产中有哪些应用？
7. 什么是食品防腐剂，有哪些用途？
8. 苯甲酸的工业生产路线有哪些？
9. 画出甲苯液相空气氧化生产甲酸钠一般工艺流程图。
10. 什么是抗氧剂，其如何分类？
11. 天然抗氧化剂茶多酚具有哪些作用？
12. 调味剂包括哪些添加剂？
13. 什么是酸味剂，其作用是什么？
14. 论述柠檬酸的工业生产技术。
15. 论述乳酸的工业生产技术。
16. 甜味剂如何分类？
17. 论述甘草甜味素的工业生产技术。
18. 什么是食品增味剂？
19. 乳化剂在食品工业中具有哪些功能？
20. 论述蔗糖酯的生产技术。
21. 山梨醇酐脂肪酸酯成品包装与贮运的具体要求是什么？
22. 大豆磷脂具有哪些优良的性能？
23. 论述大豆磷脂的生产技术。
24. 论述 β-胡萝卜素的生产技术。
25. 生产辣椒红色素有哪些重要意义？
26. 什么是增稠剂？
27. 论述果胶的生产技术。
28. 论述海藻酸钠的生产技术。
29. 海藻酸钠具有哪些优良的性能？

第十二章 工业与民用洗涤剂

【基本要求】

1. 重点掌握洗涤剂的生产技术；
2. 掌握洗涤剂的主要组成和配方设计的基本原理；
3. 了解洗涤的基本过程。

洗涤剂是人们日常生活和工作中的必需品，长期以来在保护人类健康、清洁环境及在工业生产中起着十分重要的作用。洗涤剂是按照配方制备的、有去污洗净性能的产品，它以一种或数种表面活性剂为主要成分，并配入各种助剂，以提高与完善去污洗净能力。有时为了赋予多种功能，也可加入杀菌剂、织物柔软剂或其他功能的物料，故洗涤剂也称为合成洗涤剂。洗涤剂的产品形式有粉状、液状、浆状和块状等，其中产量最大的是粉状洗涤剂。

洗涤剂种类繁多，按用途分为民用洗涤剂和工业用清洗剂两大类。民用洗涤剂包括衣物洗涤剂、家庭日用品清洁剂和个人卫生清洁剂等。工业用清洗剂供各行各业清洗之用，如洗涤金属、毛纺制品、机械、锅炉及零部件等。

第一节 洗涤过程与洗涤作用

洗涤过程在千家万户的日常生活中反复进行着，并且也已广泛应用在多种工业生产中。

一、洗涤的基本过程

洗涤作用的基本过程可简单地用下式表示：

$$基材 \cdot 污垢 + 洗涤剂 \longrightarrow 基材 + 污垢 \cdot 洗涤剂$$

在洗涤体系中，基材是指被清洗的固体物，可以是金属表面、非金属表面和织物等。污垢主要有固体污垢、液体污垢和油脂。固体颗粒污垢来自空气中的尘土、烟灰和通过与污染物接触而来的各种固体颗粒以及人体新陈代谢脱落下的死细胞等。液体污垢和油脂来自饮食、涂料、染料、血液及人体排出的油垢。

带有污垢的基材浸在介质中，由于洗涤剂的存在，减弱了污垢与基材的黏附作用，施以机械搅动，使污垢脱离基材表面而与洗涤剂结合，悬浮于介质中。分散、悬浮于介质中的污垢经漂洗后，得到清洁的基材。洗涤过程如图 12-1 所示。

洗涤过程是一个可逆过程，分散、悬浮于介质中的污垢有可能从介质中重新沉积于基材表面，称为污垢再沉积作用，所以优良的洗涤剂应具有两种基本作用：一是降低污垢与基材表面的结合力；二是防止污垢再沉积。

二、洗涤原理

洗涤原理包括两个阶段，污垢的去除和防止污垢再沉积。

基材与污垢的结合力分为两类，化学结合力和物理结合力。化学结合力是指污垢与衣物产生化学反应形成化学键的结合；物理结合力是指微粒质点间的静电结合和物质间的分子间

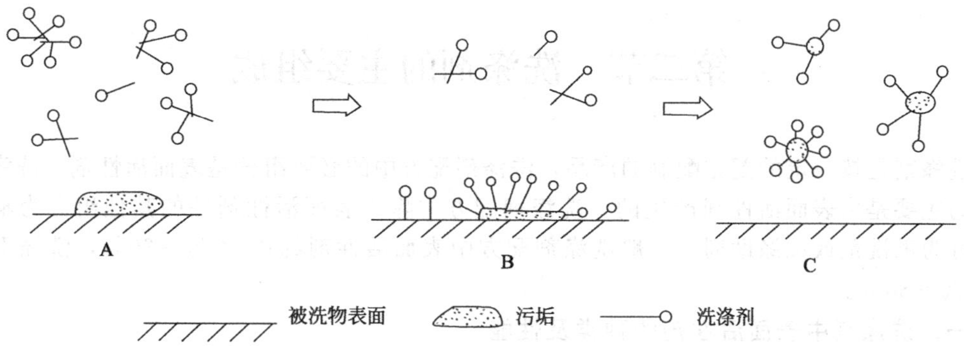

图 12-1　洗涤过程示意

作用力（范德华力）。要使污垢与被污物有效地分离，应从消除两者间的结合力入手。洗涤用品就是在这方面显示它独特的功能。

1. 从基材表面将污垢去除

基材与污垢的结合通常是通过范德华力，而静电引力较微弱。固体污垢的去除，主要借助洗涤液中的表面活性剂对表面的润湿与界面吸附作用，改变了颗粒污垢与基材之间的界面能，降低相互之间的引力，使两者分离。液体污垢从固体表面的去除，主要是洗涤液的润湿与卷缩机制。

2. 将去除的污垢分散、悬浮在洗涤液中，防止污垢再沉积返回基材

污垢从基材表面去除后，以胶体状态悬浮在洗涤液中。由于污垢表面吸附了表面活性剂或无机盐离子，增加了颗粒污垢表面的电势，增强了污粒之间的斥力，从而阻止了微小颗粒的聚集，防止再沉积。

三、影响洗涤作用的因素

洗涤过程及体系是一个复杂的物理化学过程，涉及范围较广，常受到各种因素的影响。

用于配制洗涤剂的表面活性剂主要是阴离子表面活性剂与非离子表面活性剂，这两种表面活性剂都具有良好的去污性。具有直链憎水基的表面活性剂在界面吸附层的排列紧密，其去污力与泡沫力要优于带有支链憎水基的表面活性剂。选择用作洗涤剂的表面活性剂的烷烃长度最好是 $C_{12} \sim C_{18}$，在此范围的表面活性剂其去污能力与水溶解性均较好。

水的硬度越大，水中的钙、镁离子的质量浓度也越大。钙、镁离子能降低去污能力，水硬度越大，则表面活性剂去污效果越差，可通过降低水硬度或使用螯合剂来改善去污效果。

机械作用在洗涤过程中是一个重要因素。污垢质点越大，所受的水力冲击越大，越容易从基材表面去除。通过突然改变流速和流动方向，产生涡流增强接近基材表面的水力，有利于污垢的去除。

不同的织物类型对去污效果有不同的影响。具有较强的极性与亲水性的基材，对非极性污垢去除容易，对极性污垢去除则较困难；亲油性强基材，对非极性污垢去除困难，对极性污垢去除则较容易。

适宜的洗涤温度有利于去污。当洗涤温度大于油污的熔点，有利于油污从基材的去除，但水温大于 45℃ 后去污效果就不显著。酶在洗涤剂中发挥效能的最佳温度是 40～60℃。

泡沫与去污作用没有直接关系。但泡沫间的薄层能吸入已从基材分离出来的液体污垢或固体污垢，防止污垢再沉积。

第二节　洗涤剂的主要组成

洗涤剂是按一定的配方配制的产品，洗涤剂配方中的必要组分是表面活性剂，洗涤剂的去污力主要是由表面活性剂产生的。洗涤剂配方中除去表面活性剂外的其他组分为辅助组分，称为助洗剂或洗涤助剂。一般洗涤剂配方中表面活性剂约占10%～30%，洗涤助剂约占30%～80%。

一、洗涤剂中表面活性剂的种类及性能

洗涤剂中起去除污垢和抗再沉积作用的活性成分是表面活性剂。用得最多的是阴离子表面活性剂，其次是非离子表面活性剂，两性表面活性剂成本较高，很少使用。阳离子表面活性剂，由于它在纤维上的吸附大，有时在洗涤剂中加入是为了使洗涤剂具有杀菌消毒能力或起柔软作用。

1. 阴离子表面活性剂

阴离子型表面活性剂是洗涤用表面活性剂中最大的一类，占总量的65%～80%，用量最大、应用最广，洗涤性能优良，适合于制成各种类型的洗涤剂。下面将介绍我国目前用于洗涤剂的阴离子型表面活性剂的主要品种。

（1）直链烷基苯磺酸钠（LAS）　烷基苯磺酸钠是当今世界各地生产洗涤剂用量最多的表面活性剂。市场上各种品牌的洗衣粉几乎都是用它做主要成分而配制的。烷基苯磺酸钠具有优良的洗涤性能以及与其他表面活性剂和助剂的良好的配伍性能。

烷基苯磺酸钠去污力强，对颗粒污垢、蛋白质污垢和油性污垢都有显著效果。其泡沫丰富，适宜配制高泡产品；脱脂显著，因此对人的皮肤会产生一定刺激。由于采用了万吨级大工业生产，故价格低廉。

为获得较好的综合洗涤效果，烷基苯磺酸钠通常与其他表面活性剂复配使用。以烷基苯磺酸钠为主体的洗涤剂加入适量的肥皂配合应用，会产生低泡的协同效应；烷基苯磺酸钠与醇醚型非离子表面活性剂配合应用，会提高去污力。

（2）脂肪醇聚氧乙烯醚硫酸盐（AES）　脂肪醇聚氧乙烯醚硫酸盐具有良好的去污力和发泡性能。被广泛用于香波、浴液、餐具洗涤剂等液体洗涤剂的配制，脂肪醇聚氧乙烯醚硫酸盐水溶性较好，洗涤性能不会因为水中电解质和硬度的增加而下降，对人体皮肤温和，适宜配制低温重垢液体洗涤剂和低磷无磷型洗涤剂。

脂肪醇聚氧乙烯醚硫酸盐与烷基苯磺酸钠复配后形成的洗涤剂，去污力强，并有效地提高了增溶、增白和泡沫性能。

（3）α-烯烃磺酸盐（AOS）　α-烯烃磺酸盐生物降解性好，在硬水中去污、起泡性好，对皮肤刺激性小，是一种性能全面、很有发展前途的洗涤剂用表面活性剂品种。目前多用于配制重垢合成洗涤剂。用α-烯烃磺酸盐配制的洗衣粉具有优良的储存性能，不易吸潮结块，流动性好。

（4）脂肪醇硫酸盐（AS）　脂肪醇硫酸盐也是商品洗涤剂的主要成分之一，是阴离子表面活性剂的重要品种之一。脂肪醇硫酸盐具有优良的洗涤、发泡、润湿和生物降解性能，是餐具洗涤剂、香波、地毯清洗剂、牙膏等洗涤剂配方中的重要组分，也是轻垢洗涤剂、重垢洗涤剂、硬表面清洁剂配方的常用组分。

2. 非离子表面活性剂

非离子表面活性剂在洗涤剂中用量增长较快，目前用量仅次于阴离子表面活性剂。这类表面

活性剂具有较好的润湿、增溶、乳化、分散和去污功能，一般用于配制液体洗涤剂和超浓缩洗衣粉。非离子表面活性剂与阴离子表面活性剂配合应用，能有效地提高去污及发泡性能。

（1）脂肪醇聚氧乙烯醚（AEO）　脂肪醇聚氧乙烯醚俗称平平加，是非离子表面活性剂系列产品中最典型的代表，可与任何类型表面活性剂进行复配，并具优良的洗涤性能，易吸附去除油性污垢和皮脂污垢，具有冷水溶解性和低温洗涤效果，适于配制无磷、低磷洗涤剂产品和液体洗涤剂。

（2）烷基酚聚氧乙烯醚（TX-10）　烷基酚聚氧乙烯醚常用于洗涤剂中的品种主要有辛基酚聚氧乙烯醚和壬基酚聚氧乙烯醚，易溶于水，具有较好的洗涤能力，与烷基苯磺酸钠复配生产洗衣粉。

（3）烷基糖苷（APG）　烷基糖苷是国际上20世纪90年代开发出的一种新型表面活性剂，被称为"绿色"产品，受到各国的普遍重视，广泛用于配制洗衣粉、餐具洗涤剂、香波及浴液、硬表面清洗剂、液体洗涤剂等。

3. 两性离子表面活性剂

两性离子表面活性剂由于其兼有阴离子表面活性剂的洗涤性能和阳离子表面活性剂的对织物的柔软作用，所以一般用在高档液体洗涤剂中。两性离子表面活性剂易溶于水，对人体无刺激，去污力好，有优良的杀菌能力和泡沫性能，与其他表面活性剂复配协同增效作用显著。常见的两性离子表面活性剂品种有十二烷基甜菜碱类、咪唑啉类、氨基酸类等。

4. 阳离子表面活性剂

阳离子表面活性剂只有在酸性溶液中才能发挥作用，洗涤效果较差，且不能与阴离子表面活性剂配合使用，因此不适合用于洗涤剂，有时在洗涤剂中加入阳离子表面活性剂主要是为了使洗涤剂具有杀菌消毒能力、抗静电或起柔软作用。其主要品种有季铵盐等。

二、洗涤助剂

单纯使用的表面活性剂可以获得相当令人满意的洗涤效果，但若再添加一些其他物质，能进一步提高产品的洗净能力，使其综合性能更趋完善，成本更为低廉，这种物质为洗涤助剂。

洗涤助剂应具有如下功能：增强表面活性，增加污垢的分散、乳化、增溶，防止污垢再沉积；软化硬水，防止表面活性剂水解，提高洗涤液碱性，并有碱性缓冲作用；改善泡沫性能，增加物料溶解度，提高产品黏度；降低皮肤的刺激性，并对纺织品起柔软、抑菌、杀菌、抗静电、整饰等作用；改善产品外观，赋予产品美观的色彩和优雅的香气，提高商品的商业价值等。

洗涤助剂分为无机助剂和有机助剂两类，在配方中都具有其各自特殊的作用。

1. 无机助剂

无机助剂能降低表面活性剂临界胶束浓度，有效减少洗涤剂中表面活性剂的用量，提高洗涤效果；无机助剂还能螯合 Ca^{2+}、Mg^{2+} 离子，使硬水软化，提高去污力，并具有悬浮、抗再沉积作用。

（1）磷酸盐　磷酸盐是高效洗涤助剂，它们既有软化硬水作用，又有去污作用，至今尚无可与之媲美的同类助剂，其主要品种有三聚磷酸钠和焦磷酸四钾，尤以三聚磷酸钠为杰出代表。

三聚磷酸钠（STPP）是洗涤剂最常用的助剂，助剂性能全面，对钙、镁离子的螯合能力强，具有软化硬水、促进分散污垢粒子、皂化脂肪污垢有利于去污的作用，并能使粉状洗涤产品具有良好的流动性，不吸潮、结块。其在洗衣粉中的加入质量通常在15%～40%。

焦磷酸四钾又称磷酸四钾、无水焦磷酸钾，具有良好的水溶性，常用于配制液体洗涤剂，特别是用做重垢液体洗涤剂助剂，以提高洗涤性能。

磷酸盐作为洗涤助剂有许多优点，但也有其缺点，即洗涤后的废水中存在含磷物质，而磷是一种营养物质，它可以造成水中藻类的疯长。而大量藻类又会消耗水中的氧分，造成水中微生物缺氧死亡、腐败，水体失去自净功能从而破坏水质，造成水体富营养化。含磷洗衣粉的污染问题已经引起了世界各国的普遍重视。很多国家提出了禁磷和限磷措施，并在不断地研究和开发三聚磷酸盐的替代品，取得了不少成果，如乙二胺四乙酸（EDTA）、聚丙烯酸盐及人造沸石等。

（2）硅酸钠　硅酸钠最早是在制皂中作为廉价填料使用的，在洗涤剂中起着重要的作用。

硅酸钠通常称为水玻璃或泡花碱，在洗涤液中起缓冲、悬浮、发泡和乳化作用，并对金属（如铁、铝、铜、锌等）具有防腐蚀作用，能使粉状洗涤剂增加颗粒的强度、流动性和均匀性，在粉状洗涤剂中的加入量通常为 5%～10%。硅酸钠具有良好的润湿和乳化性能，对玻璃和瓷釉表面尤为显著。最近开发的粉状水合偏硅酸钠，可以部分取代三聚磷酸钠用于生产低磷、无磷洗涤剂。

（3）碳酸钠　碳酸钠能将水中的钙镁离子沉淀为不溶性碳酸盐，具有软化硬水的作用，提高洗涤剂的去污力，但这些沉淀易沉积在织物上，需与其他助剂和抗再沉积剂配合使用；碳酸钠在洗涤液中呈碱性，对酸性污垢的去除有利；其能与油性污垢起皂化作用，对油垢的去除有利。在粉状洗涤剂中的加入量通常为 5%～20%。

（4）硫酸钠　硫酸钠又称芒硝，是重要的粉状洗涤剂填料，可大大降低产品成本。硫酸钠是电解质，能提高表面活性剂的表面张力，改善洗涤液的润湿性能。在粉状洗涤剂中加入量为 20%～40%。

（5）漂白剂　漂白剂是用于除去织物上的有色物质的药剂，包括含氯漂白剂和含氧漂白剂两类。含氯漂白剂的代表品种是次氯酸钠，为强氧化剂，其漂白迅速，但在织物上会残留有氯气味，对织物色泽和纤维表层会造成损伤，与酶、荧光增白剂相容性差。含氧漂白剂常用的品种有过硼酸钠和过碳酸钠，其漂白迅速，不会在织物上残留有异味，也不会损伤织物色泽和纤维。过硼酸钠在室温下的溶解度较低，需在 60℃ 以上的洗涤温度下才能发挥漂白作用。过碳酸钠由碳酸钠与过氧化氢反应制得，室温下溶解度较好，对污垢去除有显著提高，杀菌效果明显，对香料和荧光增白剂无破坏作用，但由于分解温度低，因此在室温下的储存稳定性差。

其他的无机助剂还有沸石和碱。沸石又称分子筛，作为洗涤助剂的是 4A 沸石，其具有较强的钙离子交换能力，但对镁离子的交换能力弱，一些工业发达国家用 4A 沸石部分替代三聚磷酸钠。用于配制洗涤剂的碱主要是氢氧化钠，它能提高洗涤液的 pH 值，皂化含油污垢，去除硬表面的油污，常用于配制金属清洗剂、机洗餐具洗涤剂。

2. 有机助剂

洗涤剂中加入的有机助剂，用量虽然比无机助剂少，但在洗涤过程中各类有机助剂却发挥着较大的作用。

（1）抗再沉积剂　在洗涤剂中可做抗再沉积剂的有羧甲基纤维素钠（CMC）、聚乙烯吡咯烷酮（PVP）、聚乙烯醇等。羧甲基纤维素钠的胶体特性以及带负电荷的亲水基容易为污垢或织物吸附，在吸附表面形成空间障碍，这种大分子的空间障碍作用，使水中的微粒污垢悬浮分散在溶液中，不能凝聚而沉积到织物上去。它在水溶液中的黏胶还可抑制表面活性剂对皮肤的刺激。聚乙烯吡咯烷酮具有良好的水溶性，而且作用时间长，与表面活性剂配伍性好，但价格偏高。

（2）荧光增白剂　荧光增白剂（FB）是洗涤剂配方中的重要有机助剂，它使被洗物质带有鲜明外观，清亮洁白。荧光增白剂是一种具有荧光性的无色染料，吸收紫外光后能发出青蓝色荧光。它在洗涤后吸附在织物上，将光线中肉眼看不见的紫外线部分转变为可见光反射出来。使白色更白，有色更艳，增强了织物外观的美感，改善了洗涤效果，提高了合成洗涤剂本身的商业价值。荧光增白剂已成为合成洗涤剂配方中不可缺少的重要组分。洗涤剂用的荧光增白剂主要有二氨基芪二磺酸盐衍生物。在洗涤剂中加入量为 0.1% 左右。

(3) 酶　酶是一种生物催化剂，能分解或改变一般污垢的组成，使污垢容易被除去，无毒并能被完全生物降解。洗涤剂中添加酶制剂对去除污垢有促进作用。用于洗涤剂的酶有蛋白酶、淀粉酶、脂肪酶和纤维素酶等品种，分别用于消化或降解残留在织物上的蛋白质污垢、淀粉斑渍、脂肪污垢和微细纤维，提高了洗涤剂的洗涤效果。

(4) 泡沫稳定剂与泡沫调节剂　高泡沫洗涤剂在配方中常加入少量泡沫稳定剂，使洗涤液的泡沫稳定而持久。烷醇酰胺又称脂肪醇酰胺，在洗涤剂的配方中，它的主要作用是增稠和稳定泡沫，兼有悬浮污垢防止其再沉积的作用。常用的烷醇酰胺的品种主要有月桂酰二乙醇胺以及椰子油酰二乙醇胺等。

低泡沫洗涤剂在配方中需加入少量泡沫调节剂，使水溶液消泡或低泡。常用的有二十二烷酸皂或硅氧烷等。

(5) 助溶剂　在配制高浓度的液体洗涤剂时，往往有些活性物不能完全溶解，加入助溶剂就是为了解决这个问题。凡能减弱溶质及溶剂的内聚力，增加溶质与溶剂的吸引力而对洗涤功能无害、价格低廉的物质都可用作助溶剂。常用的助溶剂有甲苯磺酸钠、二甲苯磺酸钠、对异丙基苯磺酸钠、乙醇、异丙醇和尿素等。

(6) 溶剂　溶剂是用来溶解洗涤剂配方中的各种组分，主要为水和有机溶剂。水为介质，溶解可溶性污垢，分散溶解性差的污垢，并作为介质传递其他洗涤力。一般要对水进行软化处理，否则水质硬度高，会严重影响洗涤效果。有机溶剂本身就可以去除油性污垢，并具有提高表面活性剂在水中的溶解度，提高产品稠度等作用。常用的有机溶剂有乙醇、丙二醇、丁醇、己二醇单乙基醚、己二醇单丁基醚、酯类、松油和氯化溶剂等。

(7) 增稠剂　液体洗涤剂和膏状洗涤剂要求有一定的稠度，常用的增稠剂是水溶性高分子化合物和无机盐。水溶性高分子化合物有羧甲基纤维素、羟乙基纤维素、甲基羟丙基纤维素等。无机盐类经常使用的有氯化钠等。

提高洗涤性能的其他有机助剂还有香精、柔软剂和抗静电剂等。

第三节　洗涤剂配方设计原理

合成洗涤剂一般可按商品形式、用途范围、洗涤对象、洗涤难易程度，活性物含量、泡沫多少等分成不同的类型。按商品形式即按商品的外观形态可以分为粉状、空心颗粒状、液体、浆状、块状等。按用途可分为衣用洗涤剂、厨房用洗涤剂、住宅用洗涤剂等。按洗涤对象可分为丝毛织品类洗涤剂、通用类洗涤剂和一般类洗涤剂。丝毛织品类洗涤剂 pH 值为 6.6～8.5，适用于洗涤丝、毛、化学纤维等制成的细软织物；通用类洗涤剂 pH 值在 9.5～11.0 之间，适用于洗涤各种纤维制成的织品；一般类洗涤剂适于洗涤一般的棉、麻织品等。按洗涤难易程度可分为轻垢型洗涤剂和重垢型洗涤剂。按表面活性剂的种类和含量可分为Ⅰ类、Ⅱ类、Ⅲ类。Ⅰ类、Ⅱ类以阴离子表面活性剂为主，表面活性剂含量在 10%～30% 之间；Ⅲ类以非离子表面活性剂为主，表面活性剂含量是 10%～20% 之间。按泡沫多少可分为低泡型、中泡型和高泡型。低泡型适用于洗衣机洗涤，高泡型适用于人工搓洗，中泡型可以兼顾。按助洗剂的特点可分为加酶型、增白型、漂白型等。

洗涤剂种类繁多，配方设计原则有共性也有特定要求，即使同一品种，也会因原料和成本的不同形成不同的配方，目前，也没有完整的理论依据来指导配方设计，制定配方时，在对各种因素全面综合考虑下，主要是根据实验和经验来决定。本节将列举几类成熟而典型的洗涤剂配方设计。

一、粉状衣物洗涤剂

1. 洗衣粉标准

我国洗衣粉标准依据原轻工部标准 QB 510—84 规定。本标准规定的洗衣粉属于通用类：表面活性剂质量分数为 10%～30%，pH 值（0.1%，25℃）9.5～10.5 为弱碱性，水分质量分数≤15%，表面活性剂生物降解性>80%，去污力要大于标样洗衣粉。

本标准规定的标准洗衣粉配方如下：烷基苯磺酸钠 15%；三聚磷酸钠 17%；硅酸钠 10%；碳酸钠 3%；羧甲基纤维素 1%；硫酸钠 54%。标准洗衣粉的去污力是规定的最低标准，出售的商品洗衣粉的去污力必须高于标样洗衣粉的去污力。

2. 合成洗衣粉配方

合成洗衣粉是合成洗涤剂用品中主要大类，产品主要是空心粉状的，如果调整其中表面活性剂的配比以及加入特殊的助洗剂，就可以制成具有各种特点的洗衣粉，如复配型合成洗衣粉、加酶洗衣粉、低磷洗衣粉、无磷洗衣粉、浓缩洗衣粉等。

（1）复配型合成洗衣粉　目前，国内生产厂家大多采用复配型配方，如表 12-1、表 12-2 所示。这些洗衣粉表面活性剂总量较低，产品去污力强，泡沫少，易漂洗，成本较低，洗涤效果好。

表 12-1　复配型洗衣粉配方一（质量分数）　　　　　　　　　单位：%

组　分	配方 1	配方 2	配方 3
烷基苯磺酸钠	30.0	25.0	20.0
脂肪醇聚氧乙烯醚	1.0	2.0	0.5
壬基酚聚氧乙烯醚	1.0	—	2.0
三聚磷酸钠	30.0	25.0	10.0
硫酸钠	25.0	30.0	35.0
碳酸钠	—	5.0	15.0
硅酸钠	5.0	10.0	8.0
羧甲基纤维素钠	1.5	1.2	1.0
荧光增白剂	0.2	0.1	—
对甲基苯磺酸钠	2.5	1.5	—
水分	适量	适量	适量

表 12-2　复配型洗衣粉配方二（质量分数）　　　　　　　　　单位：%

组分/%	云竹牌	白猫牌	金猴牌	白佳牌
烷基苯磺酸钠	15.0	20.0	18.0	18.0
脂肪醇聚氧乙烯醚	0.5	1.0	2.4	2.0
脂肪醇聚氧乙烯醚硫酸盐	0.3	—	—	—
烷基酚聚氧乙烯醚	2.0	1.5	—	—
三聚磷酸钠	20.0	30.0	25.0	24.0
碳酸钠	5.0	—	10.0	5.0
硅酸钠	8.0	8.0	10.0	10.0
硫酸钠	34.5	22.9	21.0	28.0
羧甲基纤维素钠	1.4	1.4	1.0	1.2
荧光增白剂	0.1	0.2	0.1	0.1
对甲基苯磺酸钠	—	2.4	2.0	1.5
水分	平衡	平衡	平衡	平衡

（2）加酶洗衣粉　合成洗衣粉中加入了酶制剂可以提高去污能力，一般可提高 $30\%\sim60\%$，近几年来，有些国家加酶洗涤剂产品已占合成洗衣粉产量的 60% 以上。

（3）低磷和无磷洗衣粉　磷酸盐的环境污染问题日益受到重视，一些国家采用 4A 沸石、偏硅酸钠等产品替代磷酸盐生产低磷和无磷洗衣粉，其去污力高，易溶解。其基本配方见表 12-3 所示。

表 12-3　低磷和无磷洗衣粉配方（质量分数）　　　　　　单位：%

组　分	配方 1	配方 2	配方 3
非离子表面活性剂	10.0	15.0	20.0
三聚磷酸钠	10.0	—	—
4A 沸石	25.0	20.0	20.0
五水偏硅酸钠	10.0	20.0	15.0
硫酸钠	20.0	20.0	15.0
碳酸钠	20.0	15.0	20.0
硅酸钠	—	5.0	6.0
羧甲基纤维素钠	1.0	1.0	1.0
荧光增白剂	0.5	0.5	0.5
香精	0.1	0.1	0.1
水分	适量	适量	适量

（4）浓缩洗衣粉　浓缩洗衣粉采用非离子表面活性剂，去污力强，泡沫低，漂洗容易，适宜于洗衣机使用，见表 12-4 所示。

表 12-4　浓缩洗衣粉配方

组　分	质量分数/%	组　分	质量分数/%
脂肪醇聚氧乙烯醚	5.0	碳酸钠	20.0
壬基酚聚氧乙烯醚	10.0	羧甲基纤维素钠	1.0
三聚磷酸钠	40.0	荧光增白剂	1.0
硫酸钠	20.0	水分	适量

二、液体洗涤剂

液体洗涤剂是仅次于粉状洗涤剂的第二大类洗涤制品。洗涤剂由固态（粉状、块状）向液态发展也是一种必然趋势。因为液体洗涤剂本身具有显著的优点：节约资源，节省能源。液体洗涤剂的制造中无须添加填充剂芒硝，也不需要喷粉成型这一工艺过程，因此可以节省大量能源；制造液体洗涤剂的过程中无喷粉成型和包装操作工序，可避免粉尘污染；液体洗涤剂易于调整配方，通过加入不同用途的助剂，得到不同品种的洗涤制品，便于增加商品品种和改进产品质量；液体洗涤剂通常以水作介质，具有良好的水溶性，因此适于冷水洗涤，省去洗涤用水的加热，应用方便，节约能源，溶解迅速。此外，液体洗涤剂便于泵送和分装，产品外观精美，对消费者有吸引力。

1. 通用液体清洗剂

通用液体清洗剂为透明或带色液体，具有良好的去污力和发泡性，适于家庭日用品等的清洁去污，应用范围广泛。通用液体清洗剂所用的表面活性剂见表 12-5，通常是烷基苯磺酸盐、脂肪醇聚氧乙烯醚硫酸盐和烷基磺酸盐等；烷基醇酰胺用作增泡剂，焦磷酸四钠在水中的溶解度高，常在通用液体洗涤剂中加入。为提高液体黏度，可加入氯化钠等无机盐。

表 12-5　通用液体洗涤剂的典型配方

组分	质量分数/%	组分	质量分数/%
十二烷基苯磺酸钠	20.0	氢氧化钠	调 pH 至 9.5
十二醇硫酸钠	12.0	氯化钠	0.7
椰油酰二乙醇胺	3.0	聚乙烯吡咯烷酮	0.5
焦磷酸四钠	10.0	水	适量

2. 重垢液体洗涤剂

最早出现的液体洗涤剂是不加助剂或加很少助剂的中性液体洗涤剂，属于轻垢型的，这类液体洗涤剂的配方技术比较简单。加入各类洗涤助剂的是重垢液体洗涤剂，其表面活性物含量较高，加入的助剂种类比较多，加入量比较大，配方技术比较复杂，洗涤效果较好。

重垢液体洗涤剂是近年来发展较快的新型液体洗涤剂品种，外观呈均匀稳定流动状态，配制时需要较高的技巧。洗涤剂配方中的表面活性剂通常为十二烷基苯磺酸钠，其钠盐在水中的溶解性优于钾盐，但不如乙醇胺盐。常利用表面活性剂的相互增溶原理，选用不同类型的表面活性剂形成混合胶束，增强体系溶解稳定性。为添加足量的洗涤助剂，重垢洗涤剂配方中须选用特殊的助溶剂、螯合剂、抗再沉积剂和增白剂等。

在重垢洗涤剂配方中常以磷酸盐作为螯合剂，三聚磷酸钠在水中易水解，不适于在液体洗涤剂中应用，焦磷酸四钠和焦磷酸四钾在水中的溶解度高，并且在常温下水解很慢，应用较普遍。在配方中也可以用有机螯合剂，如二乙胺四乙酸钠（钾）。

配方中需要的碱主要来自胶体硅酸盐，硅酸钾在水中的溶解性优于硅酸钠。

常用的助溶剂有二甲苯磺酸钾（钠）、甲苯磺酸钾（钠）或乙苯磺酸钾（钠）等，助溶剂的质量用量约为成品的 5%～10%。

重垢液体洗涤剂配方中需加入适量的抗再沉积剂，如加入羧甲基纤维素钠，能得到不透明的悬浮液。如果希望在全部组分存在下仍能使溶液澄清透明，可以采用聚乙烯吡咯烷酮，并辅以一定浓度的无机盐（NaCl 和 Na_2SO_4）来防止其离析。表 12-6 列出了几组重垢液体洗涤剂的典型配方。

表 12-6　重垢液体洗涤剂的典型配方（质量分数）　　　　单位:%

组分	配方 1	配方 2	配方 3	配方 4
十二烷基苯磺酸钠	10.0	20.0	9.0	15.0
非离子表面活性剂	2.0	—	3.0	—
焦磷酸四钾	15.0	12.0	10.0	—
硅酸钾	4.0	3.0	4.0	—
羧甲基纤维素钠	—	1.0	1.0	—
聚乙烯吡咯烷酮	0.8	—	—	0.8
单乙醇胺	—	—	—	3.0
二乙醇胺	4.0	7.0	3.0	4.0
乙二胺四乙酸	—	—	—	5.0
二甲苯磺酸钾	5.0	5.0	4.0	4.0
荧光增白剂	0.1	0.1	0.1	0.1
水	余量	余量	余量	余量

三、家庭日用品洗涤剂

家庭日用品洗涤剂按照用途可分为三类，第一类是衣用洗涤剂，用于洗涤丝绸、毛纺品、棉麻织品等。第二类是厨房用洗涤剂，用来洗涤水果、蔬菜及餐具等。第三类住宅用洗涤剂，包括门窗玻璃洗涤剂、卫生间洗涤剂、硬表面清洗剂和地毯清洁剂等。下面将分别进行介绍。

1. 衣用洗涤剂

衣用洗涤剂包括一般洗涤剂、干洗剂、去斑剂、加酶洗涤剂、织物柔顺剂、各种面料洗涤剂，棉、麻、丝、毛、化纤及各种混纺织物的专用洗涤剂等。

衣用洗涤剂中丝绸、毛、麻等面料多用轻垢型洗涤剂，以液体为主，洗衣粉属重垢型洗涤剂。

（1）衣用轻垢型洗涤剂　轻垢型洗涤剂也称易护理型洗涤剂。衣用轻垢型洗涤剂主要以轻薄、贵重的真丝、羊毛及一些精细柔软的衣物为洗涤对象，一般不含碱性助剂，又称为中性洗涤剂，有粉状和液体等形式，以液体洗涤剂为主。洗涤方法主要是手洗、撞洗和推洗等。衣用液体轻垢洗涤剂的主要成分为表面活性剂和助剂。常用的表面活性剂有：直链烷基苯磺酸盐、烷基硫酸盐、脂肪醇聚氧乙烯醚硫酸盐等阴离子表面活性剂；脂肪醇聚氧乙烯醚、烷基酚聚氧乙烯醚、聚醚等非离子表面活性剂。洗涤助剂有螯合剂、抗再沉积剂和起泡剂等，此外还可以加入适量的色料、香精等，有漂白性能的需加入漂白剂。表12-7为无磷衣用液体轻垢洗涤剂配方。

表12-7　无磷衣用液体轻垢洗涤剂配方

组分	质量分数/%	组分	质量分数/%
十二烷基苯磺酸钠	6.0	氯化钠、颜料	适量
月桂醇聚氧乙烯醚硫酸钠	6.0	香精	0.2
十二烷基苯磺酸三乙醇胺	6.0	水	80.8
椰子油二乙醇酰胺	1.0		

（2）衣用重垢型洗涤剂　衣用重垢型洗涤剂也称强力洗涤剂，是指产品配方中除表面活性剂外还含有多种大量的助剂，以除去难以脱落的污垢，主要用于洗涤污垢严重的棉质服装、被褥、床单、内衣、工作服等。重垢型洗涤剂按洗涤方法分类有手洗和机洗，按形状分类有粉状的，液状的，还有块状、膜状、丸状和乳片状洗涤剂，其主要品种是洗衣粉。表12-8为重垢洗衣粉配方。

重垢型洗涤剂以阴离子表面活性剂为主体，目前发展趋势是逐渐降低表面活性剂的含量，增加助洗剂的含量，提高洗涤效果。重垢洗涤剂中配入的助洗剂主要有硅酸钠、芒硝、羧甲基纤维素、荧光增白剂、酶制剂、香料、着色剂等。重垢洗涤剂一般呈碱性，其pH值为9～13。

表12-8　重垢洗衣粉配方

组分	质量分数/%	组分	质量分数/%
十二烷基苯磺酸钠	25.0	硫酸钠	32.3
三聚磷酸钠	25.0	羧甲基纤维素	2.5
硅酸钠	15.0	荧光增白剂	0.2

（3）加酶衣用洗涤剂　衣物上的污垢主要是人体分泌的皮脂和外来的食用油和机械油等油性成分，空气中的灰尘及汗中的盐分等无机成分，人体新陈代谢产生的废物、血液、食品等蛋白质成分。添加酶制剂可以使难以洗去的污垢易于去除。阴离子表面活性剂十六烷基苯磺酸钠具有良好的去污、润湿、乳化及分散能力，非离子表面活性剂壬基酚聚氧乙烯醚、脂肪醇聚氧乙烯醚具有去污、渗透、乳化及分散能力，甲酸钠、氯化钙为酶制剂稳定剂，对甲苯磺酸钠用作助溶剂，单乙醇胺用作中和剂，二甲基硅油用作泡沫调节剂。表12-9为加酶衣用洗涤剂配方。

表 12-9　加酶衣用洗涤剂配方

组分	质量分数/%	组分	质量分数/%
十六烷基苯磺酸钠	10.0	壬基酚聚氧乙烯醚	2.0
脂肪醇聚氧乙烯醚	10.0	对甲苯磺酸钠	8.0
蛋白酶	1.0	甲酸钠	0.5
乙醇	8.0	氯化钙	0.05
单乙醇胺	适量	二甲基硅油	0.01
香精	适量	去离子水	余量

按表 12-9，在带搅拌的反应釜中加入去离子水、氯化钙、对甲苯磺酸钠，搅拌溶解后，加入其他组分搅拌均匀即制成产品。

（4）干洗剂　干洗剂是指非水系，以有机溶剂为主要成分的液体洗涤剂。它主要用于洗涤油性污垢，洗涤后衣服不变形，不缩水，适用于洗涤各种高级真丝、毛料、皮革等衣物。干洗剂主要是由表面活性剂、漂白剂和有机溶剂组成。其配方见表 12-10。有机溶剂的作用主要是去除油溶性污垢，用做干洗剂溶剂的是石油产品中的卤代烃，常用的溶剂有氯乙烯、四氯乙烯、三氯乙烷等。水溶性和油水均不溶的污垢主要靠表面活性剂的作用来去除，表面活性剂溶解在溶剂中，能强烈地增溶水，从而能更好地分散固体污垢，以利于洗涤。常用的表面活性剂有二烷基磺基琥珀酸盐、脂肪醇聚氧乙烯醚硫酸盐、脂肪醇聚氧乙烯醚、烷基酚聚氧乙烯醚等。

三氟三氯乙烷是优良的醇、烃及油类溶剂，脂肪醇聚氧乙烯醚具有良好的去污及分散能力，Span-20、十六醇琥珀酸单酯磺酸钠、三乙醇胺常用作乳化剂，异丙醇用作溶剂。

表 12-10　干洗剂配方

组分	质量分数/%	组分	质量分数/%
三氟三氯乙烷	30.0	脂肪醇聚氧乙烯醚	5.0
Span-20	5.0	十六醇琥珀酸单酯磺酸钠	6.0
三乙醇胺	适量	异丙醇	8.0
去离子水	余量		

在带搅拌的反应釜中加入脂肪醇聚氧乙烯醚、Span-20、十六醇琥珀酸单酯磺酸钠、去离子水，搅拌均匀溶解后，加入三氟三氯乙烷、异丙醇，搅拌均匀，再加入三乙醇胺，使混合液的 pH 值为 7.6～8.5，即制成产品。

使用时将干洗剂用清水稀释 4～6 倍，毛呢衣料可用软毛刷刷洗污垢部位，轻薄衣料可用纱布蘸取干洗剂擦洗，再用洁净的干布或湿毛巾吸附掉泡沫，晾干后即可。

2. 厨房用洗涤剂

厨房用洗涤剂按用途可以分为两类：一类是洗涤餐具用的洗涤剂，另一类是洗涤生鲜食品，如水果、蔬菜等用的洗涤剂。用于餐具的洗涤剂主要是清除附着于硬表面上的污垢，如油脂、淀粉、蛋白质等污垢；用于蔬菜、瓜果类洗涤剂主要能清除附着于其上的各种污垢、农药、微生物等。由于在食品和食器上沾污的污垢性质和被洗物的种类多，而且在卫生方面又有严格要求，所以厨房用洗涤剂的组成成分和洗涤方法有其特殊性。

厨房用洗涤剂要求具有去污性外，还要求具有杀菌、消毒的性能。具有杀菌作用的化学药剂主要有：季铵盐、两性离子表面活性剂、过氧化氢、醇类、氯系杀菌剂、甲醛、臭氧、磺系化合物等。

（1）餐具洗涤剂　餐具洗涤剂是厨房用洗涤剂中重要的一类，在产、销量上仅次于衣用洗涤剂，近年来餐具洗涤剂的功能更趋于完善，洗涤、杀菌、消毒等功能集于一体。餐具可用手洗也可用机洗，由于洗涤方法不同，所用洗涤剂在组成上也有所差异。

人工洗涤的餐具洗涤剂为了迅速去除餐具表面上的油性污垢，要求洗涤剂具有良好的渗透性和乳化去污性能，而且要求对人体安全，对皮肤无刺激。其主要成分表面活性剂常用的品种有烷基苯磺酸钠、脂肪醇聚氧乙烯醚硫酸盐等；助溶剂有乙醇、异丙醇、甲苯磺酸钠、尿素等品种，增泡剂选用烷醇酰胺非离子表面活性剂，增稠剂常用羧甲基纤维素或氯化钠。有些产品还加入次氯酸盐等杀菌成分和一些酶制剂。表 12-11 为人工洗涤餐具洗涤剂配方。

表 12-11　人工洗涤餐具洗涤剂配方（质量分数）　　　　　　单位：%

组分	配方 1	配方 2	配方 3
烷基苯磺酸钠	5.0	10.0	10.0
脂肪醇聚氧乙烯醚硫酸盐	—	5.0	7.0
脂肪醇聚氧乙烯醚	5.0	2.0	—
6501	—	3.0	2.0
甲苯磺酸钠	5.0	3.0	5.0
乙醇	3.0	5.0	4.0
增稠剂	—	1.0	1.0
氯化钠	0.5	—	—
水	余量	余量	余量

机洗餐具用洗涤剂主要用于公共场所的洗涤（饭店、食堂用），但所使用的洗涤剂属于高碱性，它具有去污力强、低泡性、对餐具无损害和对人体安全的特点。故多采用脂肪醇聚氧乙烯醚或烷基酚聚氧乙烯醚等非离子表面活性剂为活性物，为增强去污能力，较多地添加碱性助剂。机洗餐具后还需要使用冲洗剂、消毒剂等。

（2）果蔬用洗涤剂　果蔬用洗涤剂能有效洗涤和杀灭生鲜水果、蔬菜上的寄生虫卵、细菌和残留的农药等，但对人体无毒害；洗涤应不损伤水果、蔬菜中含有的维生素等营养成分。表 12-12 为果蔬用洗涤剂配方。

表 12-12　果蔬用洗涤剂配方

组分	质量分数/%	组分	质量分数/%
月桂酸钾	18.0	月桂酰二乙醇胺	2.0
月桂醇聚氧乙烯醚硫酸酯	5.0	甲基纤维素	0.3
乙醇	5.0	水	余量

3. 住宅用洗涤剂

（1）门窗玻璃用洗涤剂　门窗玻璃用洗涤剂其主要成分是表面活性剂、溶剂及其他辅助成分（配方见表 12-13）。配方中的表面活性剂起湿润、乳化和分散等作用；溶剂有利于油性污垢的去除；氨水用于调节溶液的酸碱度；对于表面粗糙，如厨房玻璃、楼玻璃等，用一般清洗方法很难洗净，清洗这类玻璃的清洗剂，可添加比较硬的胶体粒子，如氧化硅、硅藻土等，利用它们的研磨和吸附作用达到清洗目的。椰子油二乙醇酰胺又称椰油酰二乙醇胺、椰油脂肪酰二乙醇胺，可溶于水，具有去污、发泡和分散性能，可与其他阴离子或非离子表面活性剂混合使用。

表 12-13　门窗玻璃用洗涤剂配方

组分	质量分数/%	组分	质量分数/%
壬基酚聚氧乙烯醚	1.0	椰子油二乙醇酰胺	5.0
EDTA	0.1	硅藻土	3.0
乙醇	3.0	水	余量

（2）卫生间清洗剂　卫生间清洗剂适用于浴盆、浴室瓷砖、便池等的去污洗涤、杀菌和去臭。主要成分有表面活性剂、杀菌消毒剂等成分。便池的污垢主要是尿碱，可用硫酸钠去除，加入烷基苯磺酸，能改进清洗效果。表 12-14 为便池清洗剂配方。

表 12-14　便池清洗剂配方

组分	质量分数/%	组分	质量分数/%
十二烷基苯磺酸钠	0.2	次氯酸钠	10.0
壬基酚聚氧乙烯醚	10.0	硫酸钠	1.0
香料	1.0	水	余量

将表面活性剂、苛性钠、硫酸钠、次氯酸钠依次溶于水，便得到洁厕剂，可用于便池和抽水马桶的洗涤去垢。浴盆清洁剂（其配方见表 12-15）用于浴盆及各种瓷性硬表面的清洗，应具有泡沫丰富，去污力强，使用安全，不伤瓷性表面，并有杀菌消毒功能。浴盆上的污垢主要是钙皂和油脂，为改善去污能力可以加入少量非离子表面活性剂、助洗剂和杀菌剂。

表 12-15　浴盆清洗剂配方

组分	质量分数/%	组分	质量分数/%
烷基酚聚氧乙烯醚	24	缓蚀剂	1.0
硫脲	4	水	余量
盐酸	20		

（3）硬表面清洗剂　硬表面清洗剂有粉状和液体状两类，一般由具有良好乳化和润湿性能的聚氧乙烯型非离子表面活性剂和具有良好泡沫性能的阴离子表面活性剂复配而成，在重垢液体硬表面清洗剂中，可添加焦磷酸四钾以提高洗涤性能。椰油酰二乙醇胺具有去污、发泡和分散性能，可与其他阴离子或非离子表面活性剂混合使用。硬表面清洗剂用于陶瓷、塑料、漆面、水泥面、金属、木材等硬表面的去污洗涤，要求对材质表面无损伤。可采用擦洗、刷洗或喷淋洗涤。其典型配方如表 12-16。

表 12-16　硬表面洗涤剂配方

组分	质量分数/%	组分	质量分数/%
烷基苯磺酸（90%）	4.5	椰子油二乙醇酰胺（100%）	2.0
壬基酚聚氧乙烯醚	1.0	氢氧化钠（50%）	1.0
二甲基苯磺酸钠	3.0	硅酸钠	5.5
水	余量		

（4）地毯清洁剂　地毯清洁剂主要用于地毯及软垫的洗涤去污，要求具有润湿、渗透、发泡和去污性，可清洗地毯污垢、灰尘，使其恢复原有的洁净、色泽和手感。配方中的表面活性剂应容易粉化，以便吸取除去，如脂肪醇硫酸镁盐或锂盐等，苯乙烯马来酸酐共聚树脂的铵盐是较好的粉化剂，可用作配方的组分。N-月桂酰肌氨酸钠属阴离子表面活性剂，是一种较好的除垢剂和发泡剂。地毯清洁剂人工洗涤时，将地毯清洁剂用水稀释后喷洒于地毯上，再用刷子刷洗，然后用干布沾干，或用吸尘器把污垢和水分吸去。也可用机器刷洗。其典型配方如表 12-17。

表 12-17　地毯清洁剂配方

组分	质量分数/%	组分	质量分数/%
十二醇硫酸钠	20.0	N-月桂酰肌氨酸钠	15.0
苯乙烯马来酸酐共聚物	1.0	氨水	0.25
香精	适量	水	余量

四、个人卫生清洁剂

随着人们生活水平的提高，个人卫生清洁剂的种类日渐增多，人们对个人卫生清洁剂的要求也越来越高，不仅要求其具有清洁的功能，而且还要求有保护肌体的作用。个人卫生清洁剂包括口腔清洁剂、肌肤用清洁剂和洗发剂等品种。

1. 口腔清洁剂

口腔清洁剂包括牙膏、牙粉、含漱水等，它们能除掉牙齿表面的食物碎屑，清洁口腔和牙齿，防龋、祛除口臭，并使口腔留有清爽舒适的感觉。牙膏是最常用的清洁牙齿用品，可以使牙齿表面洁白光亮，保护牙龈，减少龋蛀机会，并能对减轻口臭有效。好的牙膏应具有良好的清洁作用和适当的摩擦作用，应不损伤牙釉，并对口腔无刺激作用。

牙膏按用途分为普通牙膏和药物牙膏两类。普通牙膏有甲级和乙级二种：摩擦剂以磷酸氢钙、二氧化硅为主的是甲级牙膏，以碳酸钙为主的是乙级牙膏。药物牙膏按加入的活性物质分为：含氟、含硅、含抗菌剂、含酶牙膏等。含氟牙膏加入氟化亚锡、单氟磷酸钠等氟化物，氟离子能与牙釉质的羟基磷灰石发生反应，生成氟磷灰石，使牙齿变硬，氟化物被认为是有效的龋齿预防剂。含酶牙膏加入蛋白质酶、纤维素酶、葡萄糖氧化酶等酶制剂而制成，从而有效地抑制龋齿发生，防止牙龈炎和牙出血，同时也能有效地清除吸烟和喝茶者牙齿表面和牙缝间的黄褐色素。

牙膏按照洗涤剂的类型分为肥皂牙膏和合成洗涤剂牙膏。按香型分类有留兰香、薄荷香、冬青香、水果香、豆蔻香、茴香等香型。

（1）牙膏的组成　牙膏是由表面活性剂、摩擦剂、黏合剂、保湿剂、甜味剂、防腐剂、香精和颜料等原料物质按配方工艺制得，所选用的原料须无毒，对口腔黏膜无刺激。

① 摩擦剂　摩擦剂是牙膏的主要成分之一，摩擦剂的作用是在刷牙时帮助牙刷清洁牙齿，去除污物和牙齿胶质薄膜的黏附物，以防止形成牙垢。摩擦剂大多为有适宜硬度和粒度的无机化合物粉末。摩擦剂在牙膏质量配方中一般占40%～50%。

常用的摩擦剂有碳酸钙、磷酸三钙、二水合磷酸钙、磷酸氢钙、焦磷酸钙、不溶性偏磷酸钙、氢氧化铝等。

② 胶黏剂　胶黏剂是制造牙膏胶基的原料，加入胶黏剂的目的是把膏体各组分胶合在一起，防止粉末成分与液体成分分离，并赋予膏体以适宜的黏弹性和挤出成型性，一般质量配方中占1%～2%。

常用的胶黏剂有天然胶质类（海藻酸钠）、合成纤维素类（如羧甲基纤维素钠、羟乙基纤维素等）、合成聚合物（如聚丙烯酸酯等）、无机成胶聚合物（如胶性二氧化硅等）、黄蓍树胶粉等。

③ 保湿剂　保湿剂可以使牙膏保持一定的水分、黏度和光滑度，防止膏体硬化而难以从管中挤出，同时可降低膏体的冻点，一般质量配方中占20%～30%。

常用的保湿剂有甘油、丙二醇、山梨醇、聚乙二醇等。

④ 表面活性剂　表面活性剂其作用是增加泡沫力和去污作用，通过降低表面张力使污物悬浮而达到清洁目的。一般质量配方中占1%～5%。常用的表面活性剂有十二烷基硫酸钠、月桂酰甲胺乙酸钠等。

⑤ 甜味剂　甜味剂可使膏体具有甜味，以掩盖其不良气味，一般质量配方中占0.1%～0.3%。常用的甜味剂有蔗糖、糖精、甜蜜素等。

另外，有时牙膏中还加入特殊物质，如防腐剂、染料等。

表12-18为牙膏典型配方。

表 12-18　牙膏典型配方（质量分数）　　单位:%

组　　分	配方 1	配方 2	配方 3	配方 4
碳酸钙	45.0	48.0	—	—
焦磷酸钙	—	—	40.0	50.0
海藻酸钠	1.5	—	1.2	—
羧甲基纤维素钠	—	1.2	—	1.5
山梨醇	25.0	—	30.0	—
甘油	—	20.0	—	2.8
十二烷基硫酸钠	2.0	—	1.5	3.0
月桂酰甲胺乙酸钠	—	3.0	1.5	—
氟化亚锡	0.5	0.7	—	0.3
糖精	0.3	0.2	0.3	0.1
防腐剂	适量	适量	适量	适量
水	余量	余量	余量	余量

（2）牙膏的生产工艺　牙膏的生产有湿法溶胶制膏工艺和干法溶胶制膏工艺两种。干法溶胶制膏工艺是将黏合剂粉料与摩擦剂粉料用粉料混合机预先混合均匀，再在捏合设备内与水、甘油溶液一次捏合成膏，此种工艺有利于自动化生产。

目前常采用的是湿法溶胶制膏工艺，先将黏合剂加入保湿剂中使其均匀分散，再加入水使黏合剂膨胀胶溶，经贮存陈化后加入粉料和表面活性剂、香精，经研磨后贮存陈化、真空脱气，即可制成。

2. 肌肤用清洁剂

清洁肌肤的目的，主要是除去从外部附着上的尘埃、污垢和从内部分泌的油脂、汗液以及老化了的角质层等，使皮肤保持干净，以利于更好地发挥其功能。问题的关键是如何去除皮肤的污垢。一般的衣物洗涤剂是把洗掉被洗物上的油性污垢作为性能指标，但皮肤上的污垢去除界限却不是那么明确。皮脂膜本身对皮肤有保护作用，若全部去掉会使皮肤过分干燥，而损伤皮肤表皮。用碱性强的洗涤剂来清洁肌肤，容易过多地洗掉油脂，反而达不到保护皮肤的作用。香皂是弱酸和强碱性结合的洗涤制品，皮肤分泌出来的酸性物和香皂的碱性相结合，可以防止过多地洗掉皮肤生理上所必要的油脂。

肌肤用清洁剂主要包括洗手、洗脸用的清洁剂和沐浴剂等

（1）香皂　香皂是洗手、洗脸最常用的清洁制品，可分为固体皂和液体皂两类。香皂性能温和，泡沫丰富，对皮肤无刺激。常采用牛油、羊油和椰子油为原料，所用油脂原料要经过碱炼、脱色、脱臭的精制处理。香皂典型配方如表 12-19。

表 12-19　香皂配方

组分	质量分数/%	组分	质量分数/%
牛脂-椰子油皂	9.0	椰油脂肪酸	8.0
硬脂酸	1.0	辛基甘油醚磺酸钠	65.0
氯化钠	4.0	水	余量

（2）液体香皂　液体香皂泡沫丰富，去污力好，清洗容易，使用方便。生产液体皂最常用的主要组分是表面活性剂月桂醇硫酸钠盐（十二烷基硫酸钠），它具有良好的洗净力和发泡性能，可防止微尘物污染，加入适当的添加剂可适用于不同的皮肤类型。液体香皂配方见表 12-20。

表 12-20 液体香皂配方

组分	质量分数/%	组分	质量分数/%
月桂醇硫酸钠	25.0	月桂酰二乙醇胺	5.0
硅酸钠	1.0	聚苯乙烯乳液	1.0
甲基对羟基苯甲酸酯	0.1	柠檬酸	0.2
氯化钠	0.1	香精、颜料	适量
水	余量		

配方中的泡沫稳定剂可选用月桂酰二乙醇胺或椰子油酰二乙醇胺,可改善泡沫性能,使泡沫丰富而持久;增稠剂可以用硅酸钠、硅酸铝;聚苯乙烯乳液可做遮光剂;甲基对羟基苯甲酸酯是做防腐剂,柠檬酸用来调整 pH 值,氯化钠可调节黏度。

α-烯基磺酸盐(AOS)也是液体皂中常用的表面活性剂主要组分,它可以与其他表面活性剂如椰子油酰氨基丙基甜菜碱、肌氨酸盐等复配使用,产品质量好。为防止皮肤由于脱脂而干燥,可选用肉豆蔻酸异丙酯作为加脂剂。表 12-21 为 α-烯基磺酸盐液体香皂配方。

表 12-21 α-烯基磺酸盐液体香皂配方

组分	质量分数/%	组分	质量分数/%
α-烯基磺酸盐	25.0	月桂酰二乙醇胺	4.0
椰子油酰氨基丙基甜菜碱	5.0	聚苯乙烯乳液	1.0
甲基对羟基苯甲酸酯	0.1	柠檬酸	0.2
氯化钠	0.1	乙二胺四乙酸	0.5
香精、颜料	适量	去离子水	余量

利用不同表面活性剂及添加剂制得的液体香皂具有广泛适应性,常用洗手液配方如表 12-22。

表 12-22 洗手液配方

组分	质量分数/%	组分	质量分数/%
羊毛脂醇萃取物	2.0	Span-80	15.0
白油	20.0	凡士林	18.0
香料	适量	去离子水	余量

(3) 浴油　浴油呈油状,可防止洗澡后皮肤发干,对皮肤有保湿作用,使肌肤柔软、光滑,还可赋予皮肤以清香,根据产品在水中的溶解和分散状态,分为漂浮型和乳化型两类。浴油主要成分有油脂、表面活性剂和香精等。常用的油脂有动物油、植物油和矿物油,如肉豆蔻酸异丙酯;表面活性剂有月桂基硫酸钠、聚氧乙烯硬化蓖麻油等。在室温下将各物料混合均匀即可。常用的浴油配方如表 12-23。

表 12-23 浴油配方

组分	质量分数/%	组分	质量分数/%
石蜡	64.0	肉豆蔻酸异丙酯	20.0
硬脂酸聚氧乙烯醚	9.0	聚氧乙烯硬化蓖麻油	1.0
香料	适量	去离子水	余量

(4) 泡沫浴　泡沫浴在欧美一些国家使用普遍,它能在水中产生大量泡沫,具有去污、清洁肌肤和促进血液循环的功效,同时赋予泡沫感和香味。泡沫浴剂的主要原料有洗涤发泡剂、发泡稳定剂、香精、增稠剂、螯合剂、颜料及其他添加剂。其中用量最大的是表面活性

剂，它在配方中的质量分数一般为 15%～35%。表 12-24 为泡沫浴配方。

表 12-24　泡沫浴配方

组分	质量分数/%	组分	质量分数/%
椰油酰二乙醇胺	4.0	椰油醇聚氧乙烯醚	3.0
月桂醇醚硫酸钠	32.0	氯化钠	2.0
香料	适量	去离子水	余量

3. 洗发剂

洗发剂又称洗发香波，要求具有良好的去污性、起泡性、美容性、疗效性和安全性，能去除头发和头皮上的污垢，还能促进头发、头皮的生理机能，使头发光亮、滑爽和美观。洗发剂有几种分类方式。按洗发香波用于不同发质可将洗发香波分为通用型、干性头发用、油性头发用和中性洗发香波等产品。按产品形态分类，可分为液体、膏状、粉状、块状、胶冻状香波及气雾剂型产品。按功效分，有调理香波、普通香波、药用香波、婴幼儿香波、抗头屑香波、烫发香波、染发香波等。

洗发剂的主要成分是表面活性剂，要求其泡沫丰富、去污力强、性能柔和，常采用脂肪醇硫酸盐、聚氧乙烯脂肪醇硫酸盐和聚氧乙烯烷基酚硫酸盐等阴离子表面活性剂，烷基甜菜碱、烷基咪唑啉等两性离子表面活性剂的洗涤性能不及阴离子表面活性剂，但刺激性低，常用于婴儿香波的配制。根据特定的需要，配方中常加入各种添加剂，以改善产品性能。

增稠剂包括电解质类、纤维素类和高分子聚合物类。电解质类主要是氯化钠、氯化铵及其他盐类；纤维素类包括羟乙基纤维素、羟丙基甲基纤维素等；高分子聚合物类包括各种丙烯酸、丙烯酸酯类以及各种高分子量的聚氧化乙烯，脂肪酸醇酰胺也是一种常用的增稠剂。

洗发香波配方中的二甲苯磺酸钠常做发泡剂，乙二胺四乙酸二钠（EDTA）做螯合剂，柠檬酸、磷酸氢二钠等可以做中和剂。

洗发香波的生产工艺可分为三种：冷配法、热配法、部分热配法。冷配法是指配方中全部是能够低温水溶的成分，这时可以用冷配法。热配法是配方体系中有固体油脂或其他需要高温加热才能溶解的固体成分，采用热配法。部分热配法是把一部分需要加热溶解的成分预先单独加热，然后再加入到整个体系中。

洗发香波的种类日渐繁多，下面介绍几种应用较广泛的洗发香波。

(1) 调理香波　调理香波具有洗发护发双重功效。洗发香波的调理剂包括高级醇、羊毛脂、乳化硅油等油脂和阳离子成分，用于改善头发的调理性能。常用的调理香波配方如表 12-25。

表 12-25　调理香波配方

组分	质量分数/%	组分	质量分数/%
蓖麻油酸聚氧乙烯酯	2.0	咪唑烷基脲	0.2
聚乙烯吡咯烷酮	3.0	水解动物蛋白	4.0
乙醇	5.0	色素	适量
香料	适量	去离子水	余量

(2) 去屑香波　去屑香波可抑制头皮角化细胞的分裂，具有去屑、杀菌和止痒的功能。常用的去屑剂有锌基吡啶、二硫化硒、水杨酸、十一烯酸衍生物等。常用的去屑香波配方如表 12-26。

表 12-26   去屑香波配方

组分	质量分数/%	组分	质量分数/%
脂肪醇聚氧乙烯醚硫酸铵	15.0	椰油烷基咪唑啉	6.0
椰油酰胺基丙基甜菜碱	3.0	二硫化硒	1.0
聚乙二醇 600	20.0	聚乙二醇 800	15.0
香料	适量	去离子水	余量

（3）儿童香波　儿童香波性能温和，脱脂力弱，对皮肤和眼睛无刺激。儿童香波配方中的表面活性剂要求无毒、无刺激，如脂肪醇聚氧乙烯醚硫酸盐、咪唑啉等两性离子表面活性剂。常用的儿童香波配方如表 12-27。

表 12-27   儿童香波配方

组分	质量分数/%	组分	质量分数/%
椰子油脂肪酸咪唑啉二羧酸衍生物	22.0	月桂醇硫酸钠	20.0
月桂酰二乙醇胺	1.0	乙二醇	2.0
失水山梨醇单月桂酸酯聚氧乙烯醚	1.0	精制水	54.0

五、工业用清洗剂

在各种工业生产过程中，几乎都离不开洗涤。为保证产品质量，生产之前要对设备进行清洗，生产过程中要对污染物进行清洗，成品包装之前也应保证清洁。在医药、食品、纺织、建筑、船舶、金属加工等领域，工业洗涤剂有着广泛的用途。在不同的工业生产部门，不同的工艺和产品，所需要的洗涤剂的性质也有很大差别。工业用清洗剂是指工业部门在生产过程中所使用的洗涤剂。工业用清洗剂在工业生产过程中能起到改进工艺，提高产品质量的作用。我国工业用表面活性剂的产量和品种都比较少，难以满足生产的需求，目前应大力发展新型工业用表面活性剂，提高复配技术，增强去污能力，以满足各个工业部门的需求。

1. 工业用清洗剂的技术要求

工业用清洗剂一般应满足一定的技术要求。

① 清洗污垢的速度快，溶垢彻底。清洗剂自身对污垢有很强的反应、分散或溶解清除能力，在较短的时间内，可彻底地除去污垢。

② 对清洗对象的损伤应在许可的限度内，对金属可能造成的腐蚀有相应的抑制措施。

③ 清洗所用药剂要便宜易得，清洗成本应低，不应造成过多的资源消耗。

④ 清洗剂对生物与环境无毒或低毒，所生成的废气、废液与废渣，应能够被处理到符合国家相关法规的要求。

⑤ 清洗条件温和，尽量不依赖于附加的强化条件，如对温度、压力、机械能等不需要过高的要求。

⑥ 清洗过程不在清洗对象表面残留下不溶物，不产生新污渍，不形成新的有害于后续工序的覆盖层，不影响产品的质量等。

2. 常见的工业清洗剂

（1）金属及其制品清洗剂　金属及其制品清洗剂是指清洗金属表面的污垢。金属表面污垢的清洗有两类，一是除油，二是除垢。金属的清洗一般是根据金属的类别和污垢的不同采取适宜的去污方法，以取得最佳的经济效益。

① 去除油性污垢的金属清洗剂　金属制品表面在加工制造和使用过程中容易附着润滑油、防锈油、燃烧油等油性污垢，如机车发动机、修理前后的机器和零件、油槽车等。清洗金属表面的油性污垢主要是借助表面活性剂的活性、溶剂的溶解和碱的化学反应等作用。通过摇动、搅拌、喷淋、电解、加热等方式，以取得好的去污效果。清洗金属表面油污的清洗

剂可分为碱性清洗剂、溶剂型金属清洗剂、复合型清洗剂和水基金属清洗剂四类。

a. 碱性清洗剂　碱性清洗剂去除油性污垢主要是利用碱的化学反应。在油性污垢较少时，使用碱类溶液清洗比较简便，因为它便宜而有效。在电镀、油漆、搪瓷或其他防护处理之前，有些金属常在碱性溶液中进行清洗，以排除油垢和其他污垢物。碱性金属清洗的主要方法是浸泡、喷雾和电解或几种方法兼用。碱性金属清洗剂的主要成分是氢氧化钠、碳酸钠、硅酸钠以及磷酸钠等，配方中添加表面活性剂可以提高去污效果。

将金属制品表面上附着的油性污垢，用碱性清洗剂（配方见表12-28）清洗后，需要用大量的水充分清洗。

表 12-28　碱性清洗剂配方

组分	质量分数/%	组分	质量分数/%
钢板用			
磷酸三钠	35.0	硅酸钠	30.0
氢氧化钠	13.0	表面活性剂	2.0
有色金属制品用①			
磷酸三钠	50.0	硅酸钠	30.0
碳酸钠	15.0	表面活性剂	5.0

① 本配方适用于铝、铜等有色金属。

b. 溶剂型金属清洗剂　使用溶剂型清洗剂除去金属制品表面的油性污垢，是经常使用的方法。溶剂去污是依靠其对油的溶解能力，溶解能力越高，清洗速度快，溶剂消耗量越小，使用时要注意溶剂的溶解性和金属表面油性污垢的种类间的关系。金属清洗剂所用溶剂有两类，一类是汽油、煤油、柴油等烃类；另一类是卤代烃类，如三氯乙烯、四氯乙烯、二氯甲烷、三氯乙烷等。适当提高温度，或采用摇动基材、搅拌溶剂、喷淋等方法可提高清洗效果。溶剂型金属制品表面清洗剂的配方如表12-29、表12-30。

表 12-29　溶剂型金属制品表面清洗剂配方一

组分	质量分数/%	组分	质量分数/%
壬基酚聚氧乙烯醚	3.0	聚氧乙烯脂肪胺	2.0
四氯乙烯	35.0	磷酸	60.0

表 12-30　溶剂型金属制品表面清洗剂配方二

组分	质量分数/%	组分	质量分数/%
烷基酚聚氧乙烯醚	2.5	油酸聚氧乙烯酯	2.5
煤油	95.0		

c. 复合型清洗剂　复合型清洗剂主要成分为表面活性剂和溶剂复配而成（配方见表12-31）。复合型清洗剂是依靠溶剂对油的溶解性和表面活性剂对油性污垢的乳化性共同去污。

表 12-31　复合型清洗剂配方

组分	质量分数/%	组分	质量分数/%
十二烷基苯磺酸	35.0	煤油	35.0
三氯乙烯	13.0	单乙醇胺	15.0
松油	2.0		

d. 水基金属清洗剂　水基金属清洗剂是以水为溶剂，表面活性剂为溶质，金属硬表面为清洗对象的液体清洗剂。为满足各种需要可在清洗液中添加多种助剂，以充分发挥各组分

的协同效应，使金属清洗效果更好。

表面活性剂去除油性污垢主要是利用它的乳化性。表面活性剂能使油脂乳化分散，从而易于脱离金属制品的表面，且不损伤金属制品的基材，是理想的金属制品表面油性污垢清洗剂。适于清洗油性污垢的表面活性剂主要是阴离子型表面活性剂和非离子型表面活性剂。如十二烷基苯磺酸钠、十二烷基硫酸钠、脂肪醇聚氧乙烯醚、烷基酚聚氧乙烯醚等，在应用中往往将聚氧乙烯型非离子表面活性剂和阴离子表面活性剂进行复配，产生的协同效应可以使浊点大大提高，增溶和去污力也大为改善。

水基金属清洗剂配方中各种添加物的作用也不可忽视，它们是协同表面活性剂达到清洗去污效果的必不可少的组分。按用途可分为助洗剂、缓蚀剂、消泡剂、稳定剂、增溶剂等。

助洗剂本身也是一种清洗剂，常用的助洗剂有三聚磷酸钠、六偏磷酸钠、碳酸钠、硅酸钠、乙二胺四乙酸钠等，这些物质和表面活性剂配合使用能降低溶液的表面张力及临界胶束浓度，减少表面活性剂的用量，提高去污力。

为提高金属清洗剂的综合能力，防止金属在清洗过程中生锈，配方中需加入少量缓蚀剂，也称防锈剂。黑色金属可选用油酸三乙醇酰胺、磷酸盐、苯甲酸钠、亚硝酸盐等黑色金属缓蚀剂；有色金属可选用硅酸钠、铬酸盐等有色金属缓蚀剂。

消泡剂可用憎水性的物质如硅油、失水山梨醇脂肪酸酯（商品名司盘）类中的司盘-20、司盘-80及乙醇等。

为防止已被洗下来的污垢再次沉积于金属表面，配方中还要加入稳定剂，即抗沉积剂。稳定剂常用的是羧甲基纤维素钠、三乙醇胺、烷基醇酰胺等。

为促进表面活性剂在水中溶解性和促进金属表面污垢在水中的分解效果，使清洗剂液态产品澄清透明，需加入增溶剂。常用的增溶剂有尿素等。

金属清洗剂的助剂除上述几种外，还有填充剂、香精、色料等。表 12-32 为水基金属制品清洗剂配方，表 12-33 为黑色金属清洗剂配方。

表 12-32　水基金属制品表面清洗剂配方

组分	质量分数/%	组分	质量分数/%
壬基酚聚氧乙烯醚	3.0	葡萄糖酸钠	12.0
烷基苯磺酸钠	2.0	40%氢氧化钠溶液	85.0

表 12-33　黑色金属清洗剂配方

组分	质量分数/%	组分	质量分数/%
脂肪醇聚氧乙烯醚	30.0	油酸三乙醇胺	30.0
二乙醇酰胺	20.0	油酸钠	5.0
羧甲基纤维素钠	15.0		

由于溶剂型金属清洗剂清洗金属表面时，毒性大、易着火和污染环境，浪费能源，而水基金属清洗剂不仅能清除金属表面的油性污物，也能同时清洗手汗、无机盐等水溶性污垢。还具有缓蚀防锈能力，且无毒不易燃，使用安全，是很有发展前途的一种金属清洗剂。

② 结垢清洗剂　沉积在水冷却系统、锅炉壁上和蒸汽管上的重金属不溶物层和在一定加热条件下，于钢铁表面形成的氧化层，经过一定时间牢固地附着在金属表面，用一般的去油清洗剂很难除掉，应使用强力的溶剂和表面活性剂制成结垢清洗剂。表 12-34 为除碳垢清洗剂配方。

表 12-34　除碳垢清洗剂配方

组分	质量分数/%	组分	质量分数/%
邻二氯苯	61.0	甲氧基甲酚	24.0
油酸	10.0	氢氧化钠	2.0
水	3.0		

将氢氧化钠溶于水，加入油酸皂化后，再加入甲氧基甲酚和邻二氯苯，充分搅拌后即成。专门洗涤发动机表面碳垢，若表面碳垢附着较少，可以在常温下加以擦洗，若碳垢强度较大，须将溶剂加热使用。

（2）汽车外壳清洗剂　汽车外壳所受的污染主要是尘埃、泥土和排出废气，清洗方法有手工擦净法和机械清洗法。汽车外壳清洗剂的活性成分是非离子表面活性剂，为提高洗涤性能，还须加入乳化剂、摩擦剂和溶剂等。表 12-35 为汽车外壳清洗剂配方。

表 12-35　汽车外壳清洗剂配方

组分	质量分数/%	组分	质量分数/%
壬基酚聚氧乙烯醚	2.0	硅藻土	5.0
聚氧乙烯山梨醇酐单硬脂酸酯	2.0	煤油	30.0
巴西棕榈蜡	5.0	水	余量

在带有搅拌的反应釜中，先加入水、壬基酚聚氧乙烯醚、聚氧乙烯山梨醇酐单硬脂酸酯、煤油、巴西棕榈蜡，充分搅匀后再加入硅藻土，搅匀后即可包装为成品。使用前先用水冲洗车体，再用本品擦净，兼有上光效果。

（3）食品机具专用清洗剂　食品机具专用清洗剂（见表 12-36）主要用于食品加工机具设备的清洗，属于碱性低泡型，不仅要求去污杀菌力强，还需具有无毒无腐蚀的特点。其中含有非离子表面活性剂和次氯酸钠等。

表 12-36　食品机具专用清洗剂配方

组分	质量分数/%	组分	质量分数/%
二己基二苯磺醚磺酸钠	1.5	次氯酸钠	20.0
EO 型非离子表面活性剂	0.5	EDTA	7.5
50%氢氧化钠溶液	20.0	水	50.5

先将氢氧化钠水溶液、次氯酸钠水溶液、EDTA 与水混合，再与剩余两种原料的混合物进行混合，制得食品机具专用清洗剂。配方中一般采用烷基磺酸钠作润湿剂和去污剂，烷基二甲基季铵盐作杀菌剂，三聚磷酸钠、六偏磷酸钠作除垢剂，尿素作增溶剂，马来酸酐-丙烯酸共聚物作污垢分散剂。表 12-37 为饮料瓶及食品包装瓶清洗剂配方。

表 12-37　饮料瓶及食品包装瓶清洗剂配方

组分	质量分数/%	组分	质量分数/%
烷基磺酸钠	10.0	烷基二甲基季铵盐	5.0
三聚磷酸钠	2.0	六偏磷酸钠	1.5
尿素	2.0	马来酸酐-丙烯酸共聚物	3.0
水	余量		

（4）印刷机清洗剂　印刷离不开油墨，油墨的主要成分是连结料和着色料，与涂料相似，附着力强，清洗困难。目前应用比较广泛的一类配方是由煤油和表面活性剂配制而成的一种乳浊液，用它清洗打印机，去污效果好，使用安全，对人体无毒。表 12-38 为印刷机清洗剂配方。

表 12-38　印刷机清洗剂配方

组分	质量分数/%	组分	质量分数/%
煤油	30.0	蓖麻油硫酸钠	0.5
烷基磺酸钠	0.2	油酸聚氧乙烯酯	2.0
乙二醇	1.0	十二烷基硫酸单乙醇胺	0.02
烷基二乙醇酰胺磷酸酯	2.0	水	余量

配方中煤油用作去污剂及渗透剂，蓖麻油硫酸钠作乳化剂及渗透剂，烷基磺酸钠作乳化剂，油酸聚氧乙烯酯作润湿剂，乙二醇作分散剂，十二烷基硫酸单乙醇胺作去污剂，烷基二乙醇酰胺磷酸酯作去污剂及防锈剂。

制备时先将水加入带搅拌的反应釜中，再加入其他原料，充分搅匀后即可出料装桶。

第四节　洗涤剂的生产技术

按洗涤剂产品的外观形式，可分为粉状洗涤剂、液体洗涤剂和浆状洗涤剂三类，下面将分别进行阐述。

一、粉状洗涤剂的生产

粉状洗涤剂是最常见的合成洗涤剂成型方式，是洗涤剂产品中产量和销量最大的一类，在我国占洗涤剂总量的80%以上。其优点是使用方便、产品质量稳定、包装成本较低、便于运输贮存、去污效果好。粉状洗涤剂的生产制造技术有多种，但无论采取哪一种方法，其解决的主要问题都是怎样才能将洗涤剂配方中所采用的各种原料混合均匀，如何减少粉尘污染和生产贮存期的吸湿结块。

粉状洗涤剂的制造方法有多种，最初人们用简单吸收法生产粉状洗涤剂，就是将液体表面活性物吸收于无机盐上，该技术在粉状洗涤剂中掺入的表面活性物有限，一般只用于生产活性物较低的工业用清洁剂。后来采用中和吸收相结合、干混法、附聚成型法等技术生产粉状洗涤剂，中和-吸收相结合是用纯碱同时中和与吸收烷基苯磺酸，此技术适合制造含有溶剂的粉状洗涤剂。干混法是将原来已干燥的浓缩洗涤剂与其他组分在干式混合机内干燥混合，生产中不加水，无废水产生，生产过程不需加热，节约能源。附聚成型法是用喷雾状硅酸盐溶液来黏结移动床上的干物料。20世纪50年代中期，出现了高塔喷雾干燥法，该法生产的洗衣粉呈空心颗粒状，易溶解，不飞扬，随着工艺技术的不断改进，设备的日趋完善，自动化程度的不断发展，高塔喷雾干燥法已成为目前生产空心颗粒粉状洗涤剂的主要方法。

1. 高塔喷雾干燥法

完整的高塔喷雾干燥工艺包括配料、喷雾干燥成型和后配料三部分。

(1) 配料　所谓配料就是将单体活性物和各种助剂，根据不同品种的配方而计算的投料量，按一定次序在配料缸中均匀混合制成料浆的操作。喷雾干燥工艺的料浆制备一步是很重要的，料浆质量的好坏，直接影响到成品的质量。根据配料操作的不同，配料可分为间歇式配料和连续式配料两种方式。

① 间歇式配料　间歇式配料是根据配料锅的大小，将各种物料按配方比例一次投入，搅拌均匀，将配料锅内料浆放完后，再进行下一锅配料的操作。由于设备简单，操作容易掌握，我国大部分都采用这种方法。操作中，将料浆含量控制在55%～65%之间。间歇配料生产工艺流程如图12-2所示。

间歇式配料，控制料浆温度是重要的。一定的料浆温度有助于助剂的溶解，有利于搅拌

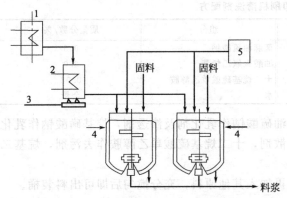

图 12-2　间歇配料工艺流程示意

1—单体贮槽；2—单体计量槽；3—单体计量秤；
4—配料锅；5—硅酸钠贮槽

和防止结块，使浆料呈均匀状态。温度过低，不利于助剂溶解，料浆黏度大，影响料浆的流动性；料浆温度提高，助剂易溶。但有的助剂例外，如碳酸钠，温度高于30℃后，溶解度反而下降。控制料浆温度要视具体品种而定，根据国内多年生产积累的经验来看，料浆温度控制在60℃左右为宜。

配料时投料的顺序会影响料浆的质量。一般情况下，应按下述规律进行投料：先投入难溶的物料，后投易溶的料；先投入密度小的物料，后投密度大的料；先投入用量少的物料，后投入用量大的料，边投料边搅拌，使料浆均匀一致。

投料完成后，一般要对料浆进行后处理，使其变成均匀、细腻、流动性好的料浆。料浆后处理一般包括过滤、脱气和研磨。过滤是将料浆中的块团、大颗粒物质以及其他不溶于水的物质除掉，防止设备磨损及管道堵塞，常用的设备有过滤筛、真空过滤机、磁过滤器等，所用滤网孔径一般在 3mm 以下。脱气是把料浆中的空气除去，以保障喷雾干燥后成品有合适的密度，常用的脱气设备是真空离心脱气机。研磨是为了使料浆更均匀，防止喷雾干燥时堵塞喷枪孔，常用的设备是胶体磨。

② 连续配料　连续配料是指各种固体和液体原料经自动计量后连续不断地加入配料锅内，同时连续不断地出料。采用连续配料，制得的料浆均匀一致，使成品质量稳定，而且连续进料是在密闭状态下进行，料浆混合时带气现象少，使料浆流动性好。为保证料浆组分和性质的恒定，采用连续进料和配料，比分批间歇进料有显著的优点。采用自动配料可以使料浆含量增加 3%～6%，这样可以不增加任何能量消耗的情况下，使喷粉能力提高30%～40%。连续配料生产工艺流程如图 12-3 所示。

（2）喷雾干燥成型　喷雾干燥是将溶液、乳浊液、悬浮液或含有水分的膏状物料、浆状物料制成粉状或颗粒状产品的生产工艺过程，其包括喷雾及干燥两个过程。喷雾与干燥二者必须紧密结合，才能取得良好的干燥效果和优质的产品。喷雾是将料浆经过雾化器的作用，喷洒成极细小的雾状液滴。干燥是将载热体（热空气）与雾滴均匀混合进行热交换和质交换，使水分蒸发的过程。

喷雾干燥具有许多优点，如干燥速度快，料浆经喷雾后成为几十微米大小的液滴，热交换迅速，水分蒸发极快，干燥过程一般为几秒至几十秒，可瞬间干燥；干燥过程中液滴的温度比较低，喷雾干燥采用的热载体温度较高，但干燥塔内的温度一般不会很高，液滴中仍有大量水分存在，这样能防止物料在塔内温度过高而导致产品质量下降；干燥得到的产品具有良好的流动性、疏松性、分散性和溶解性。液滴的干燥过程是在热空气中完成的，所得的产品颗粒能保持与液滴相似的球状；产品纯度高，环境污染少。干燥过程在密闭设备中进行，具有细粉回收装置，而且不会混入外来杂质；容易改变操作条件，以便调节或控制产品的质量指标。如产品颗粒的大小、水分含量等。

喷雾干燥法由于采用干燥塔而缩短了工艺流程，容易实现机械化、自动化。喷雾干燥法设备体积大，动力消耗大，热效率比较低，热敏性物料的应用受到限制，对气固分离的要求高，为回收废气中的细粉，需要有回收装置。

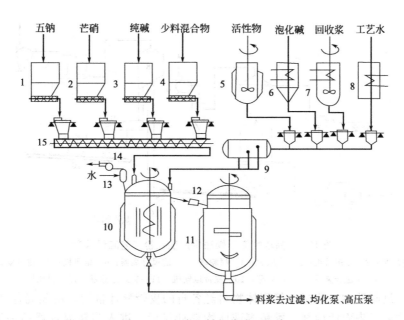

图 12-3　连续配料工艺流程示意

1～4—固体料仓及电子秤系统；5～8—液体料罐及电子秤系统；9—液体调整器；10—配料罐；
11—老化罐；12—磁滤器；13—水洗器；14—引风机；15—固体预混送料带

① 喷雾干燥工艺原理　料浆经过喷嘴喷成雾状的细小液滴，从塔顶到塔底，要经过预热、表面蒸发、内部扩散及冷却老化四个阶段，雾化的料浆在逐渐干燥的同时形成空心颗粒状。

雾化后的液滴与空气接触时，由于存在温差，表面水分受热蒸发，液滴内部水分由于其表面水分被蒸发而具有推动力向外扩散，内部水分逐渐减少。随着液滴表面水分的不断蒸发，液滴表面逐渐形成弹性薄膜，随着液滴下降，温度升高，表面蒸发速度加快，液滴薄膜增厚，内部蒸气压加大。由于内部蒸气通过薄膜有阻力，所以内部蒸气压迫弹性薄膜膨胀而将粉制成空心颗粒状，残余蒸气从薄膜处穿孔逸出。由于上升气流的影响，使液状雾滴的下降速度减慢，液滴在塔内停留 3～4s，有足够的干燥时间。已被干燥的颗粒进入塔底，经塔底冷风冷却，形成空心颗粒状洗衣粉。

根据在喷雾干燥塔中热空气与料浆在塔内的不同流向，喷雾干燥类型分为两种，一种是气液两相由上向下并流的顺式喷雾干燥法，另一种是气相由下向上，液相由上往下的逆流式喷雾干燥法。目前较多采用第二种方式，下面将阐述该种工艺的生产过程。

② 喷雾干燥工艺过程　高塔喷雾干燥工艺流程如图 12-4 所示。配制好的料浆用高压泵以 3～8MPa 的压力通过喷嘴在喷粉塔内雾化成微小的液滴，而干净的空气经热风炉加热后送至喷粉塔的下部，液滴和热空气在塔内相遇进行热交换而被干燥成颗粒状洗衣粉，再经风送老化，由振动筛筛分后作为基础粉去后配料。喷粉塔顶部出来的尾气经尾气净化系统净化后放入空中。而风送分离器顶部出来的热风经袋式过滤器（或子母式旋风分离器）除尘后排空或作为二次风送入热风炉。

（3）后配料工艺　家用洗衣粉的配方中常含有热敏性物质，如过硼酸钠、酶制剂、香料等，在加热时易分解，这些组分不能加入料浆中，需在喷雾干燥后加入。

将一些不适宜在前配料中加入的热敏性原料及一些非离子表面活性剂，与喷雾干燥制得的洗涤剂粉（基础粉）混合，从而生产出多品种洗涤剂的过程叫后配料。其工艺流程如图12-5 所示。

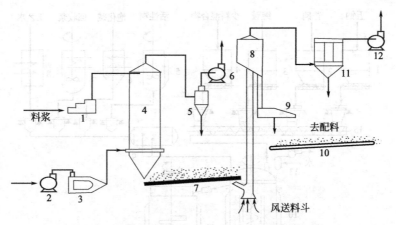

图 12-4　高塔喷雾干燥法生产洗衣粉工艺流程示意

1—高压泵；2—二次风机；3—热风炉；4—喷粉塔；5—旋风分离器；6—尾风机；7—皮带输送机；
8—风送分离器；9—振动筛；10—皮带运输机；11—袋式过滤器；12—引风机

基础粉、过碳酸钠、酶制剂等固体物料经各自的皮带秤计量后，由预混合输送带送入旋转混合器，非离子表面活性剂、香精等液体物料计量后，进入旋转混合器的一端喷成雾状，与固体物料充分混合后而成产品，从另一端出料，收集到一个料斗里为包装工序供成品粉。

后配料工序提高了粉的产量，节约了能耗，而且增加了新品种。后配非离子表面活性剂，生产复配洗衣粉，产生活性物协同效应，洗涤性能更完善；后配酶制剂生产加酶洗衣粉，能去除血迹、奶渍、果汁等；后配入过硼酸钠、过碳酸钠生产出具有漂白作用的洗衣粉。

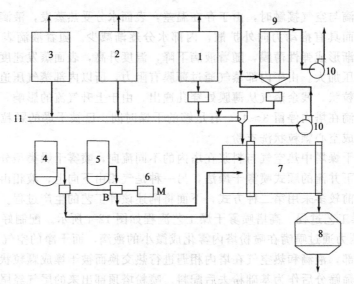

图 12-5　后配料工艺示意

1—基础粉料罐；2—过碳酸钠料罐；3—酶制剂料罐；4—非离子贮罐；5—香精贮罐；6—比例泵；
7—旋转混合器；8—成品粉料斗；9—袋式除尘器；10—引风机；11—固料预混输送带

2. 附聚成型法

附聚成型法是用喷雾状硅酸盐溶液来黏结移动床上的干物料。可水合的三聚磷酸钠和碳酸钠能使硅酸盐溶液失去水分而干燥形成干硅酸盐黏合剂，通过粒子间的桥接形成近似球状的附聚物。包括预混合、附聚、调理、干燥、后配料、筛分和包装等工序。

附聚成型法节省能源、投资省、占地少、产品相对密度大，质量优良，无粉尘和"三废"生成，适宜于生产多种洗涤剂，特别适合中小企业采用。附聚造粒-流化床干燥成型法是由 Schugi 公司研究开发的一种新型生产工艺，是一种既节能又高度连续化的生产方法。

二、液体洗涤剂的生产

液体洗涤剂是 20 世纪 70 年代开始推出的洗涤剂新形式，与粉状洗涤剂相比，具有如下一些优点：生产性投资低、设备少、工艺简单，节省大量能耗；使用方便，水溶迅速，便于局部强化清洗；酸碱度接近中性或微碱性，对人体皮肤无刺激，对水硬度不敏感，去污力强。液体洗涤剂在生产过程中既没有化学反应，也不需要造型，只是几种物料的混配，制备出以表面活性剂为主的均匀溶液，其生产工艺和设备比较简单，一般是采用间歇式批量化生产。

液体洗涤剂生产工艺所涉及的化工单元操作设备主要是带搅拌的混合罐、高效乳化或均质设备、物料输送泵和真空泵、计量泵、物料贮罐和计量罐、加热和冷却设备、过滤设备、包装和灌装设备。把这些设备用管道串联在一起，配以恰当的能源动力即组成液体洗涤剂的生产工艺流程。生产过程的产品质量控制非常重要，包括原料质量检验、加料的配比、计量、搅拌、加热、降温、过滤和成品检验等操作。液体洗涤剂生产工艺流程主要由以下几个操作程序所组成。

1. 原料准备

液体洗涤剂产品实际上是多种原料的混合物。其生产过程是从原料开始，按照工艺要求选择适当原料，并做好原料的预处理。熟悉所使用的各种原料物理化学特性，确定合适的物料配比及加料顺序与方式是至关重要的。

2. 混合或乳化

由于洗涤剂是由多种表面活性剂及各种添加剂组成的，所生产的产品又必须是均匀稳定的溶液，所以混合或乳化工艺是生产工艺流程中的关键工序。

无论是混合还是乳化，都离不开搅拌，搅拌器的作用，就是向液体提供能量，造成一种高度湍动的流动状态，只有通过搅拌操作才能使多种物料融为一体。在搅拌器作用下，容器内形成液体总体流动，这样每一种组分都会被均匀分布于容器各处，同时使液体微团尺寸减少，各组分间接触更紧密，接触面积更大，即混合的均匀度更高。

液体洗涤剂配制过程中，温度控制很重要，尤其是制备乳状液时，加热和冷却是至关重要的。由于混合过程不同于化学反应过程，加热温度一般不要求过高，最高 120℃即可，所以生产过程中一般采用蒸气加热；小型生产也可以采用热水或电加热。

生产操作中，一般采用调匀度和混合尺度来评价搅拌混合的效果。调匀度是在混合后样品各处取样分析与其平均浓度之间的偏离程度。调匀度≤1，越接近于 1，说明混合越均匀。

3. 混合物料的后处理

为保证产品质量和提高产品稳定性，包装前还需要后处理。

（1）过滤 在混合或乳化操作时，要加入各种各样物料，难免带入或残留一些机械杂质，或产生一些絮状物。这些都直接影响产品外观，所以物料包装前的过滤是非常必要的，可在混合乳化釜底的放料阀门之后加装一个管道过滤器，定期清理残渣。

（2）均质化 经过乳化的液体，其乳液稳定性往往较差，若经过均质化操作，使乳液中分散相的颗粒更细小，更均匀，得到高度稳定化的产品。

（3）排气 在搅拌的作用下，各种物料可以充分混合，但不可避免地将大量气体带入液体，另外由于物料中表面活性剂等的作用，产生大量的微小气泡混合在成品中。由于密度较低，气泡具有不断冲出液面的作用力，可以造成溶液稳定性较差，包装时计量产生误差。一般可采用抽真空排除气体，能快速将液体产品中的气泡排出。

（4）稳定　稳定，也称为老化，是指将物料在老化罐中静置贮存数小时，待其性能稳定后再进行包装。

4. 包装

在生产过程的最后一道工序，包装操作的质量是非常重要的，否则将前功尽弃。正规的生产应使用灌装机，包装流水线。小批量生产可以采用借助位置差实现手工灌装。包装过程应严格控制灌装量，做好封盖、贴标签、装箱和记载批号、合格证等工作。包装质量与产品内在质量同等重要。

图 12-6 为液体洗涤剂生产流程示意图。

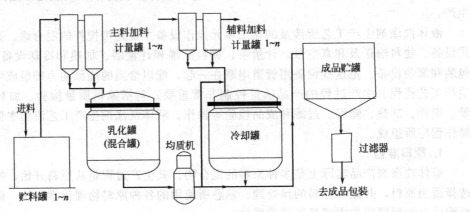

图 12-6　液体洗涤剂生产流程示意

三、浆状洗涤剂的生产

浆状洗涤剂又称洗衣膏，在我国部分地区很受人们的喜爱。浆状洗涤剂一般由表面活性剂、助剂和无机盐三部分组成。

表面活性剂主要选用阴离子表面活性剂，如烷基苯磺酸钠等，辅以少量的非离子表面活性剂，如烷基酚聚氧乙烯醚，可占配方总量的 15%～30%。助剂主要有三聚磷酸钠、碳酸钠、硅酸钠等，约占配方总量的 25%～40%。无机盐主要使用氯化钠和硫酸钠，约占配方总量的 3%左右。其余成分为水，约占总量的 20%～40%。

浆状洗涤剂一般有两种制法，一种是羧甲基纤维素钠法，该法是利用羧甲基纤维素钠作为胶黏剂，再配以阴离子和非离子表面活性剂及无机盐。另一种是肥皂法，利用肥皂中高级脂肪酸钠的吸着作用，同时配以阴离子和非离子表面活性剂及无机盐等。

思　考　题

1. 洗涤剂的定义是什么？
2. 叙述洗涤原理。
3. 洗涤剂中表面活性剂的主要种类及其性能。
4. 洗涤剂中洗涤助剂的主要品种及其作用。
5. 设计低磷、无磷洗衣粉配方各一个。
6. 设计牙膏的典型配方一个。
7. 粉状洗涤剂在进行配料操作时，应如何进行投料操作？
8. 高塔喷雾干燥工艺生产洗衣粉的工艺过程是怎样的？
9. 高塔喷雾干燥工艺具有哪些特点？
10. 叙述液体洗涤剂的生产过程。

参考文献

[1] 赵地顺．精细有机合成原理及应用．北京：化学工业出版社，2009.

[2] 王利民，邹刚．精细有机合成工艺．北京：化学工业出版社，2007.

[3] 张小华，王爱军．有机精细化工生产技术．北京：化学工业出版社，2008.

[4] 曾繁涤．精细化工产品及工艺学．北京：化学工业出版社，1997.

[5] 薛永强等．现代有机合成方法与技术．北京：化学工业出版社，2003.

[6] 钱伯章，王祖纲．精细化工技术进展与市场分析．北京：化学工业出版社，2004.

[7] 蒋登高，章亚东，周彩荣．精细有机合成反应及工艺．北京：化学工业出版社，2001.

[8] 张铸勇．精细有机合成单元反应．第2版．上海：华东理工大学出版社，2003.

[9] 程侣柏，胡家根，姚蒙正，高崑玉编译．精细化工产品的合成及应用．第2版．大连：大连理工大学
出版社，1994.

[10] 王彦林．精细化工单元反应与工艺．开封：河南大学出版社，1996.

[11] 唐培堃．精细有机合成化学及工艺学．天津：天津大学出版社，1997.

[12] 李和平．精细化工生产原理与技术．郑州：河南科技出版社，1994.

[13] 陈金龙．精细有机合成原理与工艺．北京：中国轻工业出版社，1994.

[14] 姚康德．智能材料．天津：天津大学出版社，1996.

[15] 何培之，王世驹，李绫娥．普通化学．北京：科学出版社，2001.

[16] 倪星元．纳米材料理化特性与应用．北京：化学工业出版社，2006.

[17] 朱屯，王福明，王习东等．国外纳米材料技术进展与应用，北京：化学工业出版社，2002.

[18] 王零森．特种陶瓷．长沙：中南工业大学出版社，2000.

[19] 冯端，师昌绪，刘治国，材料科学导论．北京：化学工业出版社，2002.

[20] 贡长生，张克力．新型功能材料．北京：化学工业出版社，2001.

[21] 宋小平，韩长日．精细有机化工产品实用生产技术．北京：中国石化出版社，2001.

[22] 张洁．精细化工工艺教程．北京：石油工业出版社，2004.

[23] 钱旭红，莫述诚．现代精细化工产品技术大全．北京：科学出版社，2001.

[24] 李和平．精细化工工艺学．北京：科学出版社，2007.

[25] 宋启煌．精细化工工艺学．北京：化学工业出版社，1995.

[26] 马榴强．精细化工工艺学．北京：化学工业出版社，2008.

[27] 李宗石，刘平芹，徐明新．表面活性剂合成与工艺．北京：中国轻工业出版社，1995.

[28] 崔英德．实用化工工艺中册．北京：化学工业出版社，2002.

[29] 陈长明．精细化学品制备手册．北京：企业管理出版社，2004.

[30] 李东光．精细化工产品配方与工艺（二）．北京：化学工业出版社，2001.

[31] 周学良．精细化工助剂．北京：化学工业出版社，2002.

[32] 张洁．精细化工工艺教程．北京：石油工业出版社，2004.

[33] 程丽华．石油产品基础知识．北京：中国石化出版社，2006.

[34] 张广林．炼油助剂．北京：中国石化出版社，2006.

[35] 贡长生．现代工业化学．武汉：华中科技大学出版社，2008.

[36] 周立国，段洪东，刘伟．精细化学品化学．北京：化学工业出版社，2007.

[37] 张志宇，段林峰．化工腐蚀与防护．北京：化学工业出版社，2005.

[38] 钟蕴英，关梦嫔，崔开仁等．煤化学．徐州：中国矿业大学出版社，1989.

[39] 应卫勇．煤基合成化学品．北京：化学工业出版社，2010.

[40] 倪玉德．涂料制造技术．北京：化学工业出版社，2003.

[41] 李和平．胶黏剂生产原理与技术．北京：化学工业出版社，2009.

[42] 张先亮，陈新兰．精细化学品化学．武汉：武汉大学出版社，1999.

[43] 杨春晖，陈兴娟，徐用军等．涂料配方设计与制备工艺．北京：化学工业出版社，2003.

[44] 仓理，丁志平．精细化工工艺．北京：化学工业出版社，1998．

[45] 钱旭红，徐玉芳，徐晓勇．精细化工概论．北京：化学工业出版社，2000．

[46] 程铸生，朱承炎，王雪梅．精细化学品化学．上海：华东理工大学出版社，1996．

[47] 黄元森，殷铭．新编涂料品种的开发配方与工艺手册．北京：化学工业出版社，2003．

[48] 韩长日，宋小平，吴莉宇．精细化工品实用生产技术手册：涂料制造技术．北京：科学技术文献出版
社，2000．

[49] 王训遒．纳米 $CaCO_3$ 的改性、分散及其复合涂料的制备（博士学位论文）．郑州：郑州大学，2006．

[50] 周强，金祝年．涂料化学．北京：化学工业出版社，2007．

[51] 仓理．涂料工艺．北京：化学工业出版社，2005．

[52] 姜英涛．涂料基础．第2版．北京：化学工业出版社，2004．

[53] 贺英，颜世锋，尹静波等．涂料树脂化学．北京：化学工业出版社，2007．

[54] 闫鹏飞，郝文辉，高婷．精细化学品化学．北京：化学工业出版社，2004．

[55] 洪啸吟，冯汉保．涂料化学．北京：科学出版社，1997．

[56] 陆辟疆，李春燕．精细化工工艺．北京：化学工业出版社，1996．

[57] 录华．精细化工概论．北京：化学工业出版社，1999．

[58] 朱洪法，朱剑青．精细化工产品配方与制造．北京：金盾出版社，2000．

[59] 刘德峥．精细化工生产工艺学．北京：化学工业出版社，2000．

[60] 唐冬雁，刘本才．化妆品配方设计与制备工艺．北京：化学工业出版社，2003．

[61] 陆辟疆．精细化工工艺．北京：化学工业出版社，1996．

[62] 裴炳毅．化妆品化学与工艺技术大全．北京：中国轻工业出版社，1997．

[63] 王培义．化妆品——原理·配方·生产工艺．北京：化学工业出版社，2001．

[64] 陈金芳．精细化学品配方设计原理．北京：化学工业出版社，2007．

[65] 钟有志．化妆品工艺．北京：中国轻工业出版社，1999．

[66] 何坚，李秀媛．实用日用化学品．北京：化学工业出版社，1998．

[67] 程铸生．精细化学品化学．上海：华东理工大学出版社，2003．

[68] 童琍琍，冯兰宾．化妆品工艺学．北京：中国轻工业出版社，1999．

[69] 包于珊．化妆品学．北京：中国纺织出版社，2000．

[70] 陆辟疆．精细化工工艺．北京：化学工业出版社，1996．

[71] 梁孟兰．表面活性剂和洗涤剂——制备、性质、应用．北京：科学技术文献出版社，1990．

[72] 宋小平，王佩华．精细化学品实用生产技术手册——洗涤剂制造技术．北京：科学技术文献出版
社，2004．

[73] 朱洪法，朱剑青．精细化工产品配方与制造．北京：金盾出版社，2000．

[74] 魏竹波，周继维．金属清洗技术．北京：化学工业出版社，2005．

[75] 合成洗涤剂生产工艺编写组．合成洗涤剂生产工艺．北京：中国轻工业出版社，1994．

[76] 何坚，李秀媛．实用日用化学品．北京：化学工业出版社，1998．

[77] 李东光．精细化学品配方．北京：科学技术出版社，2005．

[78] 李秋小，张高勇．中国表面活性剂/洗涤剂领域技术进展．日用化学品科学，2004．

[79] 刘德峥．精细化生产技术．北京：化学工业出版社，2004．

[80] 田禾．信息用化学品．北京：化学工业出版社，2002．